U0538718

導函數和不定積分 DERIVATIVES AND INTEGRALS

基本微分規則 Basic Differentiation Rules

1. $\dfrac{d}{dx}[cu] = cu'$

2. $\dfrac{d}{dx}[u \pm v] = u' \pm v'$

3. $\dfrac{d}{dx}[uv] = uv' + vu'$

4. $\dfrac{d}{dx}\left[\dfrac{u}{v}\right] = \dfrac{vu' - uv'}{v^2}$

5. $\dfrac{d}{dx}[c] = 0$

6. $\dfrac{d}{dx}[u^n] = nu^{n-1}u'$

7. $\dfrac{d}{dx}[x] = 1$

8. $\dfrac{d}{dx}[|u|] = \dfrac{u}{|u|}(u'), \quad u \neq 0$

9. $\dfrac{d}{dx}[\ln u] = \dfrac{u'}{u}$

10. $\dfrac{d}{dx}[e^u] = e^u u'$

11. $\dfrac{d}{dx}[\log_a u] = \dfrac{u'}{(\ln a)u}$

12. $\dfrac{d}{dx}[a^u] = (\ln a)a^u u'$

13. $\dfrac{d}{dx}[\sin u] = (\cos u)u'$

14. $\dfrac{d}{dx}[\cos u] = -(\sin u)u'$

15. $\dfrac{d}{dx}[\tan u] = (\sec^2 u)u'$

16. $\dfrac{d}{dx}[\cot u] = -(\csc^2 u)u'$

17. $\dfrac{d}{dx}[\sec u] = (\sec u \tan u)u'$

18. $\dfrac{d}{dx}[\csc u] = -(\csc u \cot u)u'$

19. $\dfrac{d}{dx}[\arcsin u] = \dfrac{u'}{\sqrt{1-u^2}}$

20. $\dfrac{d}{dx}[\arccos u] = \dfrac{-u'}{\sqrt{1-u^2}}$

21. $\dfrac{d}{dx}[\arctan u] = \dfrac{u'}{1+u^2}$

22. $\dfrac{d}{dx}[\text{arccot}\, u] = \dfrac{-u'}{1+u^2}$

23. $\dfrac{d}{dx}[\text{arcsec}\, u] = \dfrac{u'}{|u|\sqrt{u^2-1}}$

24. $\dfrac{d}{dx}[\text{arccsc}\, u] = \dfrac{-u'}{|u|\sqrt{u^2-1}}$

25. $\dfrac{d}{dx}[\sinh u] = (\cosh u)u'$

26. $\dfrac{d}{dx}[\cosh u] = (\sinh u)u'$

27. $\dfrac{d}{dx}[\tanh u] = (\text{sech}^2 u)u'$

28. $\dfrac{d}{dx}[\coth u] = -(\text{csch}^2 u)u'$

29. $\dfrac{d}{dx}[\text{sech}\, u] = -(\text{sech}\, u \tanh u)u'$

30. $\dfrac{d}{dx}[\text{csch}\, u] = -(\text{csch}\, u \coth u)u'$

31. $\dfrac{d}{dx}[\sinh^{-1} u] = \dfrac{u'}{\sqrt{u^2+1}}$

32. $\dfrac{d}{dx}[\cosh^{-1} u] = \dfrac{u'}{\sqrt{u^2-1}}$

33. $\dfrac{d}{dx}[\tanh^{-1} u] = \dfrac{u'}{1-u^2}$

34. $\dfrac{d}{dx}[\coth^{-1} u] = \dfrac{u'}{1-u^2}$

35. $\dfrac{d}{dx}[\text{sech}^{-1} u] = \dfrac{-u'}{u\sqrt{1-u^2}}$

36. $\dfrac{d}{dx}[\text{csch}^{-1} u] = \dfrac{-u'}{|u|\sqrt{1+u^2}}$

基本積分公式 Basic Integration Formulas

1. $\displaystyle\int kf(u)\, du = k\int f(u)\, du$

2. $\displaystyle\int [f(u) \pm g(u)]\, du = \int f(u)\, du \pm \int g(u)\, du$

3. $\displaystyle\int du = u + C$

4. $\displaystyle\int u^n\, du = \dfrac{u^{n+1}}{n+1} + C, \quad n \neq -1$

5. $\displaystyle\int \dfrac{du}{u} = \ln|u| + C$

6. $\displaystyle\int e^u\, du = e^u + C$

7. $\displaystyle\int a^u\, du = \left(\dfrac{1}{\ln a}\right)a^u + C$

8. $\displaystyle\int \sin u\, du = -\cos u + C$

9. $\displaystyle\int \cos u\, du = \sin u + C$

10. $\displaystyle\int \tan u\, du = -\ln|\cos u| + C$

11. $\displaystyle\int \cot u\, du = \ln|\sin u| + C$

12. $\displaystyle\int \sec u\, du = \ln|\sec u + \tan u| + C$

13. $\displaystyle\int \csc u\, du = -\ln|\csc u + \cot u| + C$

14. $\displaystyle\int \sec^2 u\, du = \tan u + C$

15. $\displaystyle\int \csc^2 u\, du = -\cot u + C$

16. $\displaystyle\int \sec u \tan u\, du = \sec u + C$

17. $\displaystyle\int \csc u \cot u\, du = -\csc u + C$

18. $\displaystyle\int \dfrac{du}{\sqrt{a^2-u^2}} = \arcsin \dfrac{u}{a} + C$

19. $\displaystyle\int \dfrac{du}{a^2+u^2} = \dfrac{1}{a}\arctan \dfrac{u}{a} + C$

20. $\displaystyle\int \dfrac{du}{u\sqrt{u^2-a^2}} = \dfrac{1}{a}\text{arcsec}\, \dfrac{|u|}{a} + C$

三角學 TRIGONOMETRY

六個三角函數的定義 Definition of the Six Trigonometric Functions

當 θ 為銳角時，以直角三角形定義。

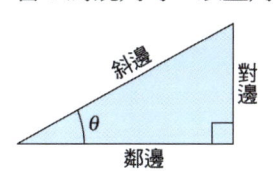

$$\sin\theta = \frac{\text{對邊}}{\text{斜邊}} \quad \csc\theta = \frac{\text{斜邊}}{\text{對邊}}$$

$$\cos\theta = \frac{\text{鄰邊}}{\text{斜邊}} \quad \sec\theta = \frac{\text{斜邊}}{\text{鄰邊}}$$

$$\tan\theta = \frac{\text{對邊}}{\text{鄰邊}} \quad \cot\theta = \frac{\text{鄰邊}}{\text{對邊}}$$

當 θ 為任意角時，以圓定義。

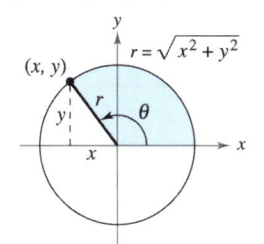

$$\sin\theta = \frac{y}{r} \quad \csc\theta = \frac{r}{y}$$

$$\cos\theta = \frac{x}{r} \quad \sec\theta = \frac{r}{x}$$

$$\tan\theta = \frac{y}{x} \quad \cot\theta = \frac{x}{y}$$

倒數關係 Reciprocal Identities

$$\sin x = \frac{1}{\csc x} \quad \sec x = \frac{1}{\cos x} \quad \tan x = \frac{1}{\cot x}$$

$$\csc x = \frac{1}{\sin x} \quad \cos x = \frac{1}{\sec x} \quad \cot x = \frac{1}{\tan x}$$

商數關係 Quotient Identities

$$\tan x = \frac{\sin x}{\cos x} \quad \cot x = \frac{\cos x}{\sin x}$$

畢氏恆等式 Pythagorean Identities

$$\sin^2 x + \cos^2 x = 1$$
$$1 + \tan^2 x = \sec^2 x \quad 1 + \cot^2 x = \csc^2 x$$

餘函數恆等式 Cofunction Identities

$$\sin\left(\frac{\pi}{2} - x\right) = \cos x \quad \cos\left(\frac{\pi}{2} - x\right) = \sin x$$

$$\csc\left(\frac{\pi}{2} - x\right) = \sec x \quad \tan\left(\frac{\pi}{2} - x\right) = \cot x$$

$$\sec\left(\frac{\pi}{2} - x\right) = \csc x \quad \cot\left(\frac{\pi}{2} - x\right) = \tan x$$

負角關係 Even/Odd Identities

$$\sin(-x) = -\sin x \quad \cos(-x) = \cos x$$
$$\csc(-x) = -\csc x \quad \tan(-x) = -\tan x$$
$$\sec(-x) = \sec x \quad \cot(-x) = -\cot x$$

和差公式 Sum and Difference Formulas

$$\sin(u \pm v) = \sin u \cos v \pm \cos u \sin v$$
$$\cos(u \pm v) = \cos u \cos v \mp \sin u \sin v$$
$$\tan(u \pm v) = \frac{\tan u \pm \tan v}{1 \mp \tan u \tan v}$$

倍角公式 Double-Angle Formulas

$$\sin 2u = 2\sin u \cos u$$
$$\cos 2u = \cos^2 u - \sin^2 u = 2\cos^2 u - 1 = 1 - 2\sin^2 u$$
$$\tan 2u = \frac{2\tan u}{1 - \tan^2 u}$$

平方約化公式 Power-Reducing Formulas

$$\sin^2 u = \frac{1 - \cos 2u}{2}$$
$$\cos^2 u = \frac{1 + \cos 2u}{2}$$
$$\tan^2 u = \frac{1 - \cos 2u}{1 + \cos 2u}$$

和差化積公式 Sum-to-Product Formulas

$$\sin u + \sin v = 2\sin\left(\frac{u+v}{2}\right)\cos\left(\frac{u-v}{2}\right)$$

$$\sin u - \sin v = 2\cos\left(\frac{u+v}{2}\right)\sin\left(\frac{u-v}{2}\right)$$

$$\cos u + \cos v = 2\cos\left(\frac{u+v}{2}\right)\cos\left(\frac{u-v}{2}\right)$$

$$\cos u - \cos v = -2\sin\left(\frac{u+v}{2}\right)\sin\left(\frac{u-v}{2}\right)$$

積化和差公式 Product-to-Sum Formulas

$$\sin u \sin v = \frac{1}{2}[\cos(u-v) - \cos(u+v)]$$

$$\cos u \cos v = \frac{1}{2}[\cos(u-v) + \cos(u+v)]$$

$$\sin u \cos v = \frac{1}{2}[\sin(u+v) + \sin(u-v)]$$

$$\cos u \sin v = \frac{1}{2}[\sin(u+v) - \sin(u-v)]$$

微積分 精華版 【第四版】
METRIC VERSION

Essential Calculus:
Early Transcendental Functions, 4e

原著　**Ron Larson・Bruce Edwards**
編譯　張海潮・辛靜宜

CENGAGE

Australia・Brazil・Canada・Mexico・Singapore・United Kingdom・United States

```
微積分精華版 / Ron Larson, Bruce Edwards 原著 ; 張海
    潮, 辛靜宜編譯. -- 修訂四版. -- 臺北市：新加坡商聖
智學習, 2021.08
    面； 公分
譯自 : Essential Calculus: Early Transcendental
Functions 4th ed.
    ISBN 978-957-9282-49-9 (平裝)

    1.微積分

314.1                                           108008080
```

微積分 精華版【第四版】

© 2021 年，新加坡商聖智學習亞洲私人有限公司台灣分公司著作權所有。本書所有內容，未經本公司事前書面授權，不得以任何方式（包括儲存於資料庫或任何存取系統內）作全部或局部之翻印、仿製或轉載。

© 2021 Cengage Learning Asia Pte. Ltd.

Original: Calculus: Early Transcendental Functions, 7e, Metric Version
    By Ron Larson・Bruce Edwards
    ISBN: 9781337782432
    © 2019 Cengage Learning
    All rights reserved.

1 2 3 4 5 6 7 8 9 2 0 2 1

出 版 商	新加坡商聖智學習亞洲私人有限公司台灣分公司
	104415 臺北市中山區中山北路二段 129 號 3 樓之 1
	http://www.cengageasia.com
	電話：(02) 2581-6588　　傳眞：(02) 2581-9118
原　　著	Ron Larson・Bruce Edwards
編　　譯	張海潮・辛靜宜
執行編輯	吳曉芳
印務管理	吳東霖
總 經 銷	臺灣東華書局股份有限公司
	地址：100004 臺北市中正區重慶南路一段 147 號 3 樓
	http://www.tunghua.com.tw
	郵撥：00064813
	電話：(02) 2311-4027
	傳眞：(02) 2311-6615
出版日期	2021 年 8 月　修訂四版一刷

ISBN 978-957-9282-49-9

(21SMS0)

編譯序

本書（第四版）的架構延續第三版的精神，源自於 Larson, *Essential Calculus: Early Transcendental Functions*, 4e (2018)，但精簡成適合國內技職院校微積分的中文版教科書，讓技職院校師生不必因為語言的隔閡與內容的博大精深（甚至太過充實），而非得用本土版的教科書。透過中文翻譯與精簡，讓國內技職院校師生也能使用經過國際市場考驗的教科書。而此次的改版，起因雖是配合英文版的更新，但也因此更加精緻化與客製化。

第四版改版說明

1. 將原先應用問題由英制改為公制，如長度方面將英呎、英吋等一律改為公尺、公分等，這樣不但方便國人的習慣，無形中也更生活化。
2. 部分章節增加例題（如畫函數圖與級數收斂判斷），尤其針對計算較繁雜，或是學生較不易由多種解題策略選擇出最合適的情況，加強統整的說明。
3. 部分章節增加習題，方便想加強演練的學生，不必另外找補充教材。
4. 習題難度分兩級，方便學生自我演練與提供教師參考。
5. 排版更新為左邊邊欄留白，不但與原英文書的排版一致，也方便學生上課時做筆記。
6. 部分習題有 QR Code®，學生可由此連結到英文講解（無中文字幕）的影片，本書很希望能將影片改成中文配音，唯目前作業不及，仍以原音重現。編譯者建議若學生能直接由 QR Code® 的英文講解影片學習，代表英文程度有相當的基礎，也可直接用原文教科書學習，將更有助益。

符號說明

本書有兩種符號

1. ◎：用於選材，教師授課時，可視其狀況，即使直接跳過標有◎的章節或內容，也不會影響後續的教學。
2. ★：表示該章節中屬較難的習題，通常是計算較難，應用題，或是觀念較深的題目。

請注意，以上兩種符號不是重點！

教學或研讀建議

正如前述，本書的目標族群是國內技職院校微積分教科書，因此在理論與計算方面，在不影響後續學習的前提下，保留應用的層面，但降低一點難度與繁雜性，其中理論以實用為取向，出於數學美感但卻很少用的概念一律刪除，不但可降低學生負擔，也不會影響後續學習，甚至因此對重點更加清楚，不會被旁枝末節分散而整體觀念錯亂。在計算方面，以點出章節重點的例題為主軸，盡量降低計算的繁雜。畢竟隨著 AI 的發展，計算工具更形簡便，計算能力不應成為學習微積分的絆腳石。

研讀本書時，建議涵蓋第一章到第六章（單變數函數的微積分），以及第八章與第九章（多變數函數的微積分），當中可跳過選材（標註◎）。至於第七章是無窮級數，其中雖僅在 7.2 收斂檢定加註◎，但教師可視其時間或需要調整，甚至可直接跳過第七章，在第七章一開始也有更完整的進度說明。

隨著時間的遞移，物換星移，教科書也會改版，但數學的精神與思考辯證的能力，是超越時空的限制與阻隔。本人在編譯本書的過程，對本書催生者張海潮教授的學養、努力與奉獻，真是萬分佩服，在此感謝張海潮教授的授權，更希望本書能幫助各位同學的學習。

辛靜宜

2018 年 3 月

本書特色

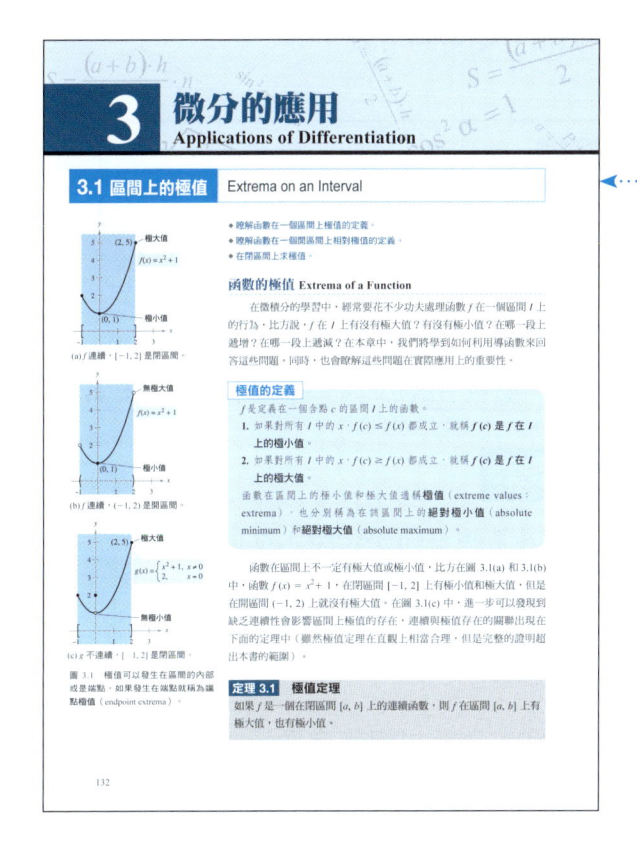

章節首頁
每一節的首頁都會說明本節的要旨，期望有助於教師的教學和學生的複習。

習題 QR Code® 和符號
習題解題過程可掃描 QR Code® 連結至英文解題影片，以及題目使用符號作區分，方便學生自我演練與提供教師參考。

SI 制
將應用問題由英制改為公制，方便讀者的使用習慣，無形中也更生活化。

歷史簡介

在教材中,適時介紹數學家的小故事及微積分的歷史發展,提供微積分學習的常識。

牛頓
（Isaac Newton,1642～1727）
除了發明微積分,他對物理有革命性的貢獻,包括萬有引力和他提出的運動學三大定律。

深入探索

察覺樣式 下列各積分函數都可以寫成 $f(g(x))g'(x)$ 的樣式,請確認樣式並求出積分。

a. $\int 2x(x^2+1)^4 dx$ b. $\int 3x^2\sqrt{x^3+1}\, dx$ c. $\int \sec^2 x(\tan x + 3)\, dx$

下面三個積分與前三個類似,請乘上一個數以後再求下列積分。

d. $\int x(x^2+1)^4 dx$ e. $\int x^2\sqrt{x^3+1}\, dx$ f. $\int 2\sec^2 x(\tan x + 3)\, dx$

深入探索

在正式進入某些章節學習時,從啟發概念的角度,幫助學生學習時能夠具體掌握。

定理

所有定理和定義都以粗體字顯示,課文中盡量提供定理的證明,稍為繁複的證明則移至附錄 B。

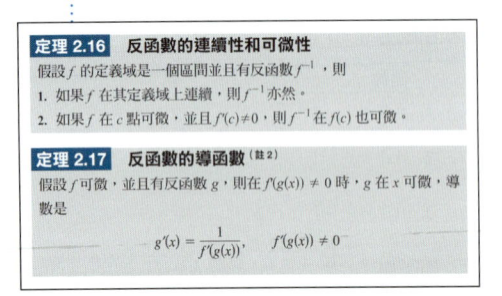

定理 2.16　反函數的連續性和可微性
假設 f 的定義域是一個區間並且有反函數 f^{-1},則
1. 如果 f 在其定義域上連續,則 f^{-1} 亦然。
2. 如果 f 在 c 點可微,並且 $f'(c)\neq 0$,則 f^{-1} 在 $f(c)$ 也可微。

定理 2.17　反函數的導函數 (註2)
假設 f 可微,並且有反函數 g,則在 $f'(g(x))\neq 0$ 時,g 在 x 可微,導數是

$$g'(x) = \frac{1}{f'(g(x))}, \quad f'(g(x))\neq 0$$

例 4　對 y 積分,兩個積分的情形
求以圖形 $y = x^2 + 1$、$y = 0$、$x = 0$ 和 $x = 1$ 為界的區域繞 y 軸旋轉所得旋轉體的體積,如圖 6.21 所示。

圖 6.21

解 圖 6.21 中的區域,外緣半徑 $R = 1$,但是內緣半徑 r 無法單一表示。當 $0 \leq y \leq 1$ 是 $r = 0$,而 $1 \leq y \leq 2$ 時,r 是被方程式 $y = x^2 + 1$ 決定的,也就是說 r 應該是 $r = \sqrt{y-1}$,所以

$$r(y) = \begin{cases} 0, & 0 \leq y \leq 1 \\ \sqrt{y-1}, & 1 \leq y \leq 2 \end{cases}$$

利用 $r(y)$ 的兩種情形,將體積以兩個積分式表達

圖 6.22

圖示

大量精美的圖形協助學生對複雜概念的理解,特別是三度空間的立體圖形。

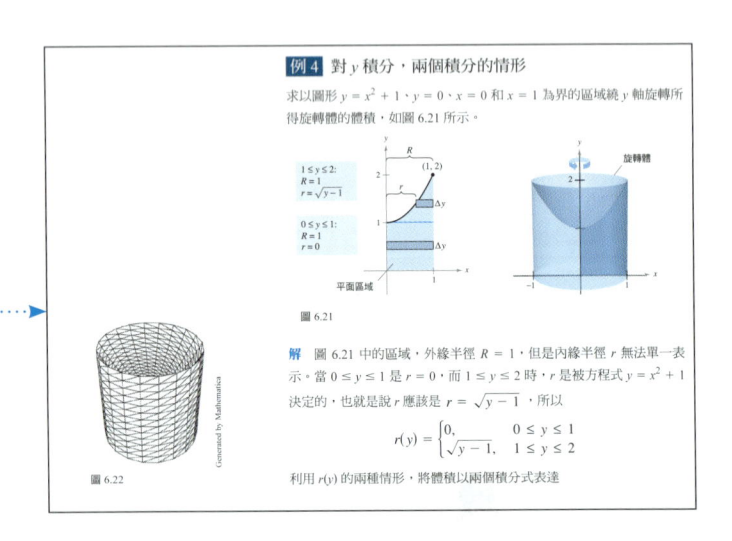

研讀指引

指引的設計是為了讓學生避免錯誤,並藉一些特殊的問題來展現理論的意義。

研讀指引 注意到利用對數性質可以將例 2 中的 k 寫成 $\ln(\sqrt{2})$。因此,模型就變成 $y = 2e^{(\ln\sqrt{2})t}$,進一步可以改寫成 $y = 2(\sqrt{2})^t$。

目錄

編譯序　III

本書特色　V

第 1 章　極限及其性質　1

◎ 1.1　線性模型和變化率　1

1.2　函數和函數圖形　8

1.3　反函數　19

1.4　指數和對數函數　28

1.5　以畫圖和數值方法求極限　34

1.6　以解析的方法處理極限　40

1.7　連續和單側極限　49

1.8　無窮極限　59

本章習題　65

第 2 章　微分　67

2.1　導數和切線　67

2.2　基本微分規則和變率　76

2.3　積和商的規則及高階導數　86

2.4　連鎖規則　94

2.5　隱微分法　105

2.6　反函數的導函數　113

2.7　相關變率　120

◎ 2.8　牛頓法　126

本章習題　131

第 3 章　微分的應用　132

3.1　區間上的極值　132

◎ 3.2　Rolle 定理和均值定理　138

3.3　函數的遞增、遞減和一階導數檢定　142

3.4　凹性和二階導數檢定　149

3.5　在無窮遠處的極限　155

3.6　最佳化問題　167

3.7　微分　174

3.8　不定型與羅必達規則　181

本章習題　189

第 4 章　積分　190

4.1　反導數和不定積分　190

4.2　面積　199

4.3　黎曼和與定積分　208

4.4　微積分基本定理　216

4.5　變數代換法求不定積分　228

4.6　自然對數函數：積分　238

4.7　反三角函數：積分　246

本章習題　252

第 5 章　積分技巧　254

- 5.1　分部積分法　254
- 5.2　三角函數的積分　262
- ◎ 5.3　三角代換法　269
- 5.4　部分分式法　275
- ◎ 5.5　數值積分　284
- 5.6　使用積分表和其他方法求積分　290
- 5.7　瑕積分　295
- 本章習題　302

第 6 章　積分的應用　303

- 6.1　兩曲線之間區域的面積　303
- ◎ 6.2　體積：圓盤法　311
- ◎ 6.3　體積：圓柱殼法　320
- ◎ 6.4　弧長和旋轉面　326
- ◎ 6.5　微分方程：成長與衰退　332
- 本章習題　339

第 7 章　無窮級數　340

- 7.1　數列、級數和收斂　340
- ◎ 7.2　收斂檢定　351
- 7.3　泰勒多項式和近似值　363
- 7.4　冪級數　369
- 7.5　以冪級數表示函數　375
- 7.6　泰勒和馬克勞林級數　380
- 本章習題　387

第 8 章　多變數函數　388

8.1　多變數函數導論　388

8.2　極限與連續　395

8.3　偏導數　400

8.4　微分與連鎖規則　407

8.5　方向導數、梯度向量和切平面　416

8.6　雙變數函數的相對極值　424

◎ 8.7　拉格朗日乘子法　428

本章習題　432

第 9 章　多重積分　433

9.1　逐次積分　433

9.2　二重積分和體積　436

◎ 9.3　積分變數變換：極坐標　445

本章習題　450

附錄

附錄 A　極坐標、空間坐標和向量　A1

附錄 B　部分定理的證明　A8

附錄 C　積分表　A12

索引

中文索引　I1

英文索引　I6

1 極限及其性質
Limits and Their Properties

◎ 1.1 線性模型和變化率(註) Linear Models and Rates of Change

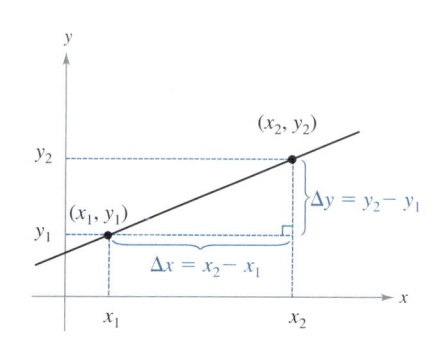

- 已知直線上兩點,求此直線的斜率。
- 已知直線上一點及其斜率,求此直線的方程式。
- 從實際生活的應用中以比率或變化率,來解釋斜率。
- 斜(率)截(距)式代表的直線圖形。
- 求與給定直線平行或垂直的直線方程式。

直線的斜率 The Slope of a Line

非鉛直直線的**斜率**(slope)是指沿著這條直線從左向右行進時,每經過單位水平距離,該直線上升(或下降)的幅度。考慮圖 1.1 中直線上的兩點 (x_1, y_1) 和 (x_2, y_2),當我們沿著直線從左向右行進,對應於水平方向的變化(量)是

$$\Delta x = x_2 - x_1 \qquad x\text{ 坐標的變化(量)}$$

鉛直方向的變化(量)是

$$\Delta y = y_2 - y_1 \qquad y\text{ 坐標的變化(量)}$$

(上式中的符號 Δ 是希臘字母大寫的 delta,記號 Δy 和 Δx 分別唸作 delta y 和 delta x。)

圖 1.1
$\Delta y = y_2 - y_1 = y$ 坐標的變化量
$\Delta x = x_2 - x_1 = x$ 坐標的變化量

注意 在使用斜率的算式時,由於
$$\frac{y_2 - y_1}{x_2 - x_1} = \frac{-(y_1 - y_2)}{-(x_1 - x_2)} = \frac{y_1 - y_2}{x_1 - x_2}$$
所以只要分子分母中的減數和被減數均分別來自同一點的 y 坐標和 x 坐標,答案就會一樣,與算式中減法的順序無關。

直線斜率的定義

連接兩點 (x_1, y_1) 和 (x_2, y_2) 的非鉛直直線的**斜率** m 是

$$m = \frac{\Delta y}{\Delta x} = \frac{y_2 - y_1}{x_2 - x_1}, \qquad x_1 \neq x_2$$

當 $x_1 = x_2$ 時,過 (x_1, y_1) 和 (x_2, y_2) 的直線是鉛直的,鉛直的直線不定義斜率。

圖 1.2 畫出四條直線:斜率分別是正數、零、負數和無定義。通常,斜率的絕對值越大,代表直線越陡,例如在圖 1.2 中,斜率是 -5 的直線比斜率是 $1/5$ 的直線更為陡峭。

註:◎符號表示列為選材。1.1 節為中學數學複習。

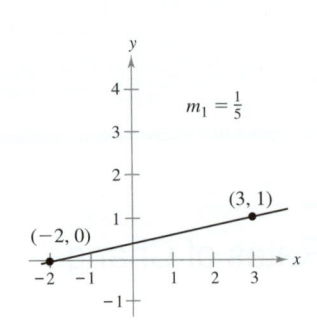

當 m 是正數的時候，直線從左下升至右上。

圖 1.2

當 m 為 0 的時候，直線是水平的。

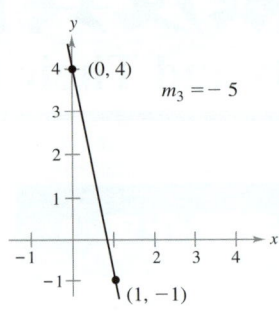

如果 m 是負數，直線從左上降到右下。

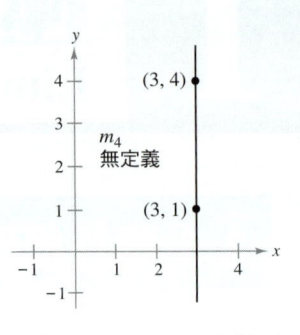

鉛直的直線，不定義斜率。

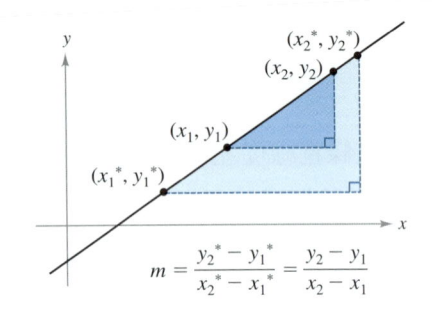

圖 1.3 在非鉛直直線上任取兩點，利用 y 坐標的差和 x 坐標的差求比值，可以得到該直線的斜率。

直線方程式 Equations of Lines

在一條非鉛直的直線上任取兩點，計算這兩點縱坐標的差和橫坐標的差的比值，可得此直線的斜率（圖 1.3）。如此求得的斜率與此兩點的選取無關，原因是它們所決定的三角形彼此相似，因此對應邊的比值相等。

如果已知某一非鉛直線的斜率是 m，並且知道線上一點的坐標 (x_1, y_1)，則此直線上其他任何一點的坐標 (x, y) 必定滿足方程式

$$\frac{y - y_1}{x - x_1} = m$$

此一涉及兩變數 x 和 y 的方程式可改寫為

$$y - y_1 = m(x - x_1)$$

稱為該**直線的點斜式**（point-slope equation of a line）。

注意 鉛直的直線無法寫成點斜式，例如過點 $(1, -2)$ 的鉛直直線，它的方程式是 $x = 1$；式中，變數 y 不會出現。只有非鉛直的直線才能寫成點斜式。

直線的點斜式

過點 (x_1, y_1) 且斜率為 m 的直線方程式是
$$y - y_1 = m(x - x_1) \qquad 點斜式$$

例 1 求直線方程式

求斜率為 3，過點 $(1, -2)$ 的直線方程式，並畫出此直線。

解

$$\begin{aligned}
y - y_1 &= m(x - x_1) & &點斜式\\
y - (-2) &= 3(x - 1) & &y_1\ 以\ -2，x_1\ 以\ 1，m\ 以\ 3\ 代入\\
y + 2 &= 3x - 3 & &化簡\\
y &= 3x - 5 & &以\ x\ 表\ y
\end{aligned}$$

圖 1.4 斜率為 3，過點 (1, −2) 的直線。

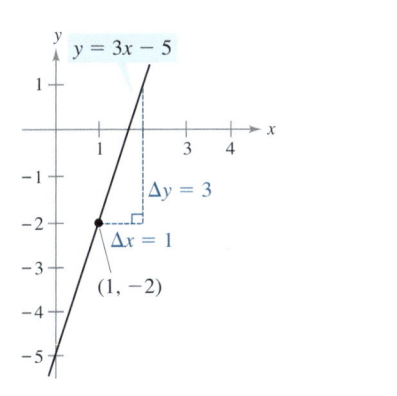

要畫此直線，首先在坐標平面上標出點 (1, −2)。其次，因為此直線的斜率是 3，所以我們只需在點 (1, −2)，先往右移一單位，再往上移三單位，即可找到此直線上的另一點。最後，將此兩點連接，即可得直線的圖形，見圖 1.4。

比率和變率 Ratios and Rates of Change

直線和斜率可以看成比率或變化率（變率）。如果 x 軸和 y 軸代表相同單位的量，由於斜率是 Δy 和 Δx 的**比率**（ratio），因此不具單位。反之，如果 x 軸和 y 軸的單位不同，斜率就代表一種**變化率**（rate of change）。在學習微積分的時候，這兩種解釋都會用到。

例 2 將斜率視為比值

根據研究，無障礙（輪椅用）坡道的斜率至多是 $\frac{1}{12}$。某公司打算建一無障礙坡道，其長度是 7.3 公尺，而高度是 56 公分，如圖 1.5 所示。則此公司的設計是否違反研究結果？（資料來源：符合 ADA 標準之可用設計）

解 此設計的坡道長度是 7.3 公尺，即 730 公分。因此，此無障礙坡道的斜率即高度與長度的比值，即坡道斜率 $= \frac{高度}{長度} = \frac{56 \text{ 公分}}{730 \text{ 公分}} \approx 0.077$

圖 1.5

另一方面，研究建議坡道斜率至多是 $\frac{1}{12} \approx 0.083$，因此該公司的設計是符合研究結果，不會太陡。注意：斜率為一個比值，因此是沒有單位的。

例 3 將斜率視為變化率

奧勒岡州的人口在 2010 年和 2014 年分別是 3,831,000 人和 3,970,000 人。求這 4 年間，人口的平均變化率。再依此結果預估 2024 年時，奧勒岡州的人口數為何？（資料來源：美國戶政部門）

圖 1.6 奧勒岡州的人口。

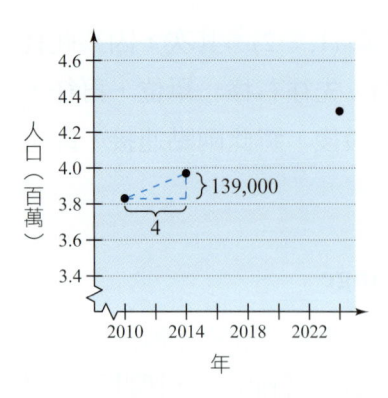

解 在這 4 年間，人口的平均變（化）率是

$$變化率 = \frac{人口的變化量（人）}{時間的變化量（年）}$$

$$= \frac{3,970,000 - 3,831,000}{2014 - 2010}$$

$$= 34,750（人／年）$$

若接下來 10 年，奧勒岡州的人口以相同的變化率增加，則到了 2024 年，該州人口達 4,318,000（見圖 1.6）。

例 3 求得的變率是一個**平均變化率**（average rate of change）。求平均變化率時，通常要先取定一區間，再求此區間變化量的比值，本題所取區間是 [2010, 2014]。在第 2 章，我們將學習另一種形態的變化率，稱為瞬間變化率。

線性模型繪圖 Graphing Linear Models

解析幾何（或坐標幾何）的問題大致可以分成兩類：(1) 給定圖形（或圖形的一部分），求其方程式；(2) 給定方程式，求方程式代表的圖形。以點斜式為例，一旦我們知道直線，從直線上一點的坐標和直線的斜率，便可求出直線滿足的方程式。但是，知道點斜式，尤其是整理好了以後的點斜式，對畫圖並不是最有幫助的。對畫直線來說，最方便的方程式是下面要談到**直線的斜（率）截（距）式**（slope-intercept form of the equation of a line）。

注意 直線與 y 軸的交點稱為 y 截距，有些教科書將 y 截距定義為該交點 $(0, b)$ 的縱坐標 b。在本書中，截距一詞或指直線與 y 軸的交點，或指該交點的縱坐標，並不特別區分。

直線的斜截式

線性方程式

$$y = mx + b \quad 斜截式$$

的圖形是與 y 軸的截距為 $(0, b)$ 且斜率為 m 的直線。

例 4 平面上直線的繪圖

畫出下列方程式代表的圖形。

a. $y = 2x + 1$　　　　**b.** $y = 2$　　　　**c.** $3y + x - 6 = 0$

解

a. 因為 $b = 1$，y 截距是 $(0, 1)$，又因為斜率 m 是 2，方程式代表的直線從左到右以水平方向每 1 單位、鉛直方向 2 單位的比率上升〔圖 1.7(a)〕。

b. 將原式 $y = 2$ 視為斜截式的形式

$$y = (0)x + 2$$

可得其斜率 $m = 0$ 且 y 截距為 $(0, 2)$。又因為斜率 m 是 0，方程式代表的直線是水平的〔圖 1.7(b)〕。

c. 先將方程式改寫為斜截式

$$3y + x - 6 = 0 \qquad \text{原式}$$
$$3y = -x + 6 \qquad \text{將 } y \text{ 項留在等號左邊}$$
$$y = -\frac{1}{3}x + 2 \qquad \text{斜截式}$$

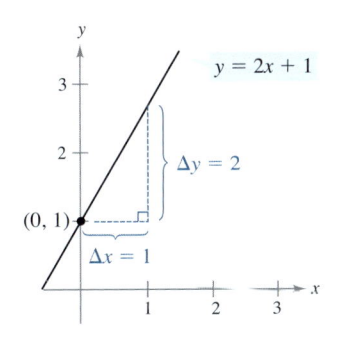

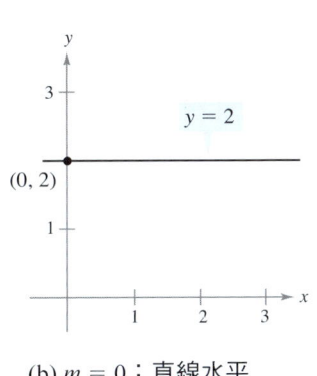

(a) $m = 2$；直線上升

(b) $m = 0$；直線水平

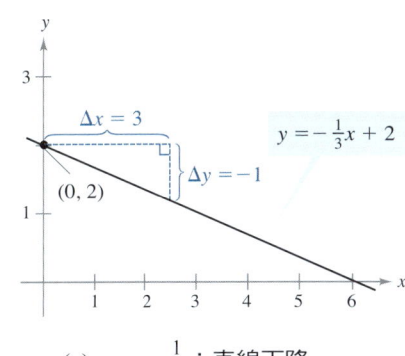

(c) $m = -\frac{1}{3}$；直線下降

圖 1.7

從斜截式中，可以看出 y 截距是 $(0, 2)$，斜率 m 是 $-\frac{1}{3}$，方程式代表的直線從左到右以水平方向每 3 單位、鉛直方向 1 單位的比率下降〔圖 1.7(c)〕。

由於鉛直線的斜率無定義，因此鉛直線的方程式不能寫成斜截式。雖然如此，所有直線的方程式都可以寫成**一般式**（general form）

$$Ax + By + C = 0 \qquad \text{直線的一般式}$$

其中 A、B 不全為 0。以鉛直線 $x = a$ 為例，一般式就是 $x - a = 0$。

直線方程式摘要

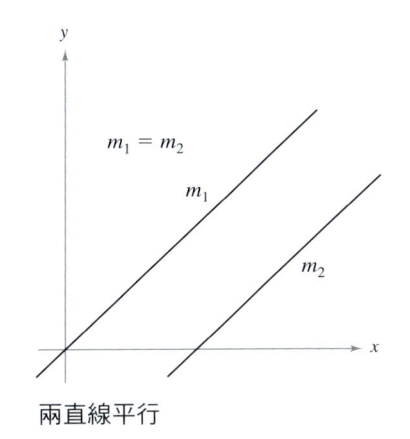

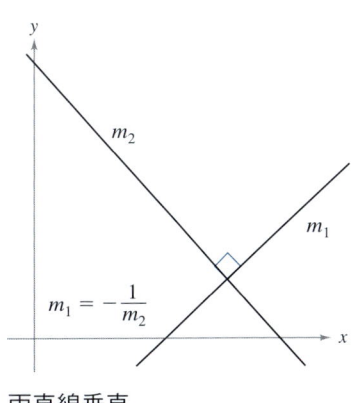

1. 一般式　　　　$Ax + By + C = 0$
2. 鉛直線　　　　$x = a$
3. 水平線　　　　$y = b$
4. 點斜式　　　　$y - y_1 = m(x - x_1)$
5. 斜截式　　　　$y = mx + b$

兩直線平行

兩直線垂直

圖 1.8

平行直線和垂直直線 Parallel and Perpendicular Lines

如圖 1.8 所示，要判斷兩條直線是否平行或垂直，斜率是一個非常方便的工具。具體而言，非鉛直的兩直線如果斜率相等，則彼此平行，非鉛直的兩直線如果斜率互為負倒數，則彼此垂直。

平行直線和垂直直線

1. 兩條非鉛直直線互相**平行**（parallel）的充要條件是斜率相等，亦即 $m_1 = m_2$。
2. 兩條非鉛直直線互相**垂直**（perpendicular）的充要條件是斜率互為負倒數，亦即 $m_1 = -\dfrac{1}{m_2}$。

注意：以框中的第一個敘述為例，其實它代表了以下兩件事情同時成立：
a. 若兩條相異的非鉛直線互相平行，則其斜率相等。
b. 若兩條相異的非鉛直線的斜率相等，則此二直線平行。

例 5 求平行直線和垂直直線

a. 求過點 $(2, -1)$ 並和直線 $2x - 3y = 5$ 平行的直線的一般式。
b. 求過點 $(2, -1)$ 並和直線 $2x - 3y = 5$ 垂直的直線的一般式。

解 將 $2x - 3y = 5$ 改寫成斜截式 $y = \dfrac{2}{3}x - \dfrac{5}{3}$，方程式所定義的直線斜率是 $\dfrac{2}{3}$。（見圖 1.9）

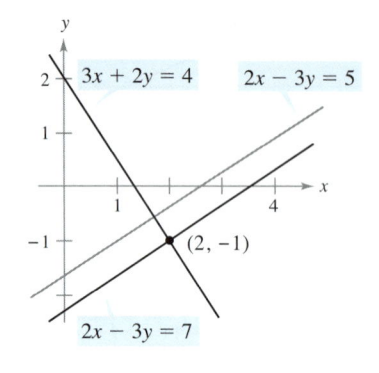

圖 1.9　與 $2x - 3y = 5$ 平行或垂直的直線。

a. 過點 $(2, -1)$ 並且平行於直線 $2x - 3y = 5$ 的直線斜率也是 $\dfrac{2}{3}$，所滿足的方程式為

$$y - y_1 = m(x - x_1) \qquad \text{點斜式}$$
$$y - (-1) = \tfrac{2}{3}(x - 2) \qquad \text{代值}$$
$$3(y + 1) = 2(x - 2) \qquad \text{化簡}$$
$$2x - 3y - 7 = 0 \qquad \text{一般式}$$

注意上式與 $2x - 3y = 5$ 只差一個常數。

b. 與斜率 $\dfrac{2}{3}$ 的直線垂直的直線斜率 $-\dfrac{3}{2}$，同為直線，過點 $(2, -1)$，所以方程式為

$$y - y_1 = m(x - x_1) \qquad \text{點斜式}$$
$$y - (-1) = -\tfrac{3}{2}(x - 2) \qquad \text{代值}$$
$$2(y + 1) = -3(x - 2) \qquad \text{化簡}$$
$$3x + 2y - 4 = 0 \qquad \text{一般式}$$

習題 1.1

習題 1～2，描繪下列給定的兩點，並求出通過此兩點的直線斜率。

1. (4, 6), (4, 1)
2. (3, –5), (5, –5)

習題 3～4，求過已知點與指定斜率的直線圖形，請將同一題的不同直線畫在同一坐標平面上。

點	斜率
3. (3, 4)	(a) 1 (b) –2 (c) $-\frac{3}{2}$ (d) 無定義
4. (–2, 5)	(a) 3 (b) –3 (c) $\frac{1}{3}$ (d) 0

習題 5～6，求過已知點與指定斜率之直線上的任何其他 3 個點。（正確答案不只一組）

點	斜率	點	斜率
5. (6, 2)	$m = 0$	6. (–2, –2)	$m = 2$

習題 7～10，給定一點坐標與斜率 m，求過此點且斜率為 m 的直線方程式，再畫出其圖形。

點	斜率	點	斜率
7. (0, 3)	$m = \frac{3}{4}$	8. (1, 2)	m 無定義
9. (0, 4)	$m = 0$	10. (3, –2)	$m = 3$

習題 11～13，求下列直線的斜率與 y 截距（假如存在的話）。

11. $y = 4x - 3$
12. $5x + y = 20$
13. $x = 4$

習題 14～15，畫下列直線方程式的圖形。

14. $y - 2 = \frac{3}{2}(x - 1)$
15. $3x - 3y + 1 = 0$
16. 求過點 (4, 3) 與點 (0, –5) 的直線方程式。

習題 17～18，求過已知點且與指定直線 (a) 平行；(b) 垂直的直線方程式。

點	直線	點	直線
17. (–3, 2)	$x + y = 7$	18. $(\frac{3}{4}, \frac{7}{8})$	$5x - 3y = 0$

習題 19～20，判斷下列給定的 3 個點是否共線。

19. (–2, 1), (–1, 0), (2, –2)
20. (0, 4), (7, –6), (–5, 11)

★ 21. 某業務員目前的待遇是月薪 2000 元，並另有銷售額 7% 的佣金。而另一家公司對該名業務員提出月薪 2300 元，另有銷售額 5% 的佣金的待遇。

(a) 令此業務員每月收入為 W（以元計），而每個月的銷售額為 S（以元計），分別針對現在任職的公司及另一家公司，將 W 表成 S 的方程式。

(b) 求上述二個方程式的交點。並說明其意義。

(c) 若此業務員預估自己每個月的銷售額是 20,000 元，則他是否要跳槽？

註：標誌 ▦ 與有色習題題號表示可用智慧型手機的二維條碼閱讀器掃描，直接找到教師的英語講解影片（無字幕）。

注意：中譯本章節和習題題號與原文書不同。

標誌 ★ 表示稍難題目。

1.2 函數和函數圖形　Functions and Their Graphs

- 使用函數的符號，以及求函數數值。
- 找出給定函數的定義域以及值域。
- 對基本函數有初步的認識。
- 瞭解函數圖的概念。
- 瞭解函數合成的概念。

函數和函數的記號　Functions and Function Notation

函數是數學上常見的名詞，用以說明兩個量之間的關係。這兩個量，一個稱為**自變量（數）**（independent variable）通常以 x 表示；另一個稱為**應變量（數）**（dependent variable）通常以 y 表示；當 y 因為 x 的變化而相應的變化時，我們稱 y 是 x 的函數。例如正方形的面積 y 是邊長 x 的函數，這是因為當邊長改變的時候，正方形的面積也跟著改變。此時，y 與 x 之間的關係式是 $y = x^2$，具體說明了這個函數自變數 x（邊長）和應變數 y（面積）之間的關係。在本書，也常用函數的符號 f，此時也常將 $y = x^2$（方程式型式）改寫成 $f(x) = x^2$（函數型式）。函數的正式定義如下。

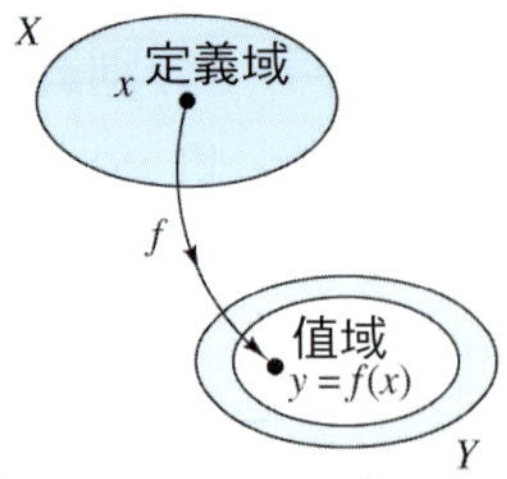

> **自變數為實數的實數值函數的定義**
>
> 令 X 與 Y 均為由某些（部分或全部）實數所組成的集合。則由 X 對應到 Y 的**實數值函數** f，是一種對應關係，針對任何一個 X 上的**元素** x，f 將會指派 x 到一個（不多不少，恰好一個）Y 上的元素 y。
>
> 其中，我們稱 X 為 f 的定義域（domain），並令
> $$\{y \in Y \mid \text{可找到 } x \in X\text{，使得 } f(x) = y\}$$
> 為其值域（range），見圖 1.10。

圖 1.10　自變數為實數的實數值函數 f。

正如前述，函數的表達方式有很多種，如用方程式表示或以 f 表示。在本書，你常看到函數以方程式（內有自變數及應變數）的方式呈現。舉例而言，方程式

$$x^2 + 2y = 1 \qquad \text{隱函數型式的方程式}$$

其實也是一個函數，其中 x 是自變數，而 y 是應變數，此時並未明確將 y 表成 x 的方程式，所以稱此型式是隱函數型式。但若我們移項，可得

$$y = \frac{1}{2}(1 - x^2) \qquad \text{顯函數型式的方程式}$$

此時，我們就可導入函數的符號，

$$f(x) = \frac{1}{2}(1 - x^2) \qquad \text{使用函數的符號}$$

簡而言之，函數指自變數 x 與應變數 y 有關聯，可用以下三種表示法，但都代表相同的意涵：

$$x^2 + 2y = 1 \qquad \text{隱函數}$$
$$y = \frac{1}{2}(1-x^2) \qquad \text{顯函數}$$
$$f(x) = \frac{1}{2}(1-x^2) \qquad \text{使用函數的符號}$$

至於 $f(x)$ 與 f 兩個符號都是指函數 f，只是前者強調 f 是以 x 為自變數。至於函數值，則是將特定的 x 值代入 f 而得的數值，例如：$f(3)$ 即是將 $x = 3$ 代入 f 而得。以下就來看函數值的例子。

例 1　求函數值

令 $f(x) = x^2 + 7$，求下列各值。

a. $f(3a)$　　b. $f(b-1)$　　c. $\dfrac{f(x+\Delta x) - f(x)}{\Delta x}$

解　注意 $f(x) = x^2 + 7$，式子 $x^2 + 7$ 當中的 x 必須跟著括號中的 x 而變，所以 $f(t) = t^2 + 7$，同理

a. $f(3a) = (3a)^2 + 7 = 9a^2 + 7$

b. $f(b-1) = (b-1)^2 + 7 = b^2 - 2b + 1 + 7 = b^2 - 2b + 8$

c. $\dfrac{(x+\Delta x) - f(x)}{\Delta x} = \dfrac{[(x+\Delta x)^2 + 7] - (x^2 + 7)}{\Delta x}$

$\qquad = \dfrac{x^2 + 2x\Delta x + (\Delta x)^2 + 7 - x^2 - 7}{\Delta x}$

$\qquad = \dfrac{2x\Delta x + (\Delta x)^2}{\Delta x}$

$\qquad = \dfrac{\Delta x(2x + \Delta x)}{\Delta x}$

$\qquad = 2x + \Delta x，\Delta x \neq 0$

注意　例 1(c) 的式子稱為差商 (difference quotient)，它在微積分有特殊重要的意涵，將於 2-1 節深入說明。

函數的定義域和值域 The Domain and Range of a Function

我們可以直接指定一個函數的定義域；或者以定義該函數的方程式間接說明，此時函數的**定義域**就是使定義該函數的方程式有意義的所有實數。例如下面這個式子

$$f(x) = \frac{1}{x^2 - 4}, \qquad 4 \leq x \leq 5$$

直接指定函數 $f(x)$ 的定義域是 $\{x: 4 \leq x \leq 5\}$ 或閉區間 $[4, 5]$ [註]。而方程式

註：閉區間是指滿足不等式 $a \leq x \leq b$ 的所有 x，通常記成 $[a, b]$，a 是左端點，b 是右端點。類似的記號像 $[a, \infty)$ 表示大於或等於 a 的所有實數，$(-\infty, b]$ 表示小於或等於 b 的所有實數，中括號包含端點，小括號則否。$(-\infty, \infty)$ 代表實數全體。

$$g(x) = \frac{1}{x^2 - 4}$$

則間接說明函數 $g(x)$ 的定義域是令分母不為零的所有實數 $\{x: x \neq \pm 2\}$。函數 $f(x)$ 的值域是指當 x 在定義域中變動時，函數值 $f(x)$ 所形成的集合全體。

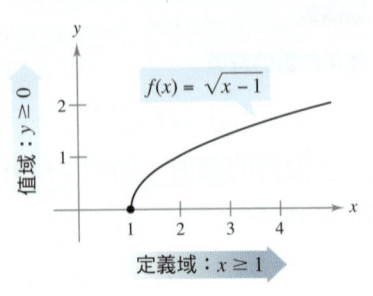

例 2　決定函數的定義域和值域

求下列函數的定義域與值域。

a. $f(x) = \sqrt{x-1}$　　**b.** $g(x) = \sqrt{4-x^2}$

解

a. 函數
$$f(x) = \sqrt{x-1}$$
的定義域是所有滿足 $x - 1 \geq 0$ 之 x 值所成的集合，即區間 $[1, \infty)$。至於其值域，因 $f(x) = \sqrt{x-1}$ 必不為負，所以值域是區間 $[0, \infty)$，如圖 1.11(a) 所示。

b. 函數
$$g(x) = \sqrt{4-x^2}$$
的定義域是所有滿足 $4 - x^2 \geq 0$（也可說 $x^2 \leq 4$）之 x 值所成的集合。因此，g 的定義域是區間 $[-2, 2]$。至於其值域，因 $g(x) = \sqrt{4-x^2}$ 必不為負，且至多是 2，所以值域是區間 $[0, 2]$，如圖 1.11(b) 所示。注意：g 的函數圖是半徑為 2 的半圓。

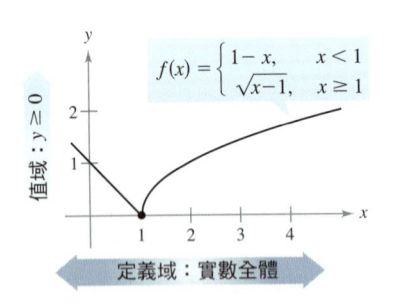

(a) f 的定義域是 $[1, \infty)$，值域是 $[0, \infty)$。

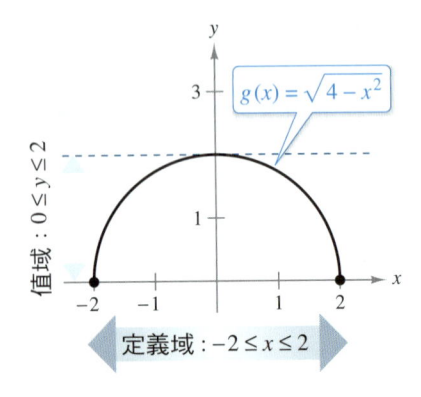

(b) g 的定義域是 $[-2, 2]$，值域是 $[0, 2]$。

圖 1.11

例 3　兩個方程式定義的函數

求分段函數 $f(x) = \begin{cases} 1-x, & x < 1 \\ \sqrt{x-1}, & x \geq 1 \end{cases}$ 的定義域和值域。

解　由於對 $x < 1$ 和 $x \geq 1$，$f(x)$ 都有定義，因此定義域是實數全體。在 $x \geq 1$ 這一部分，函數和例 2(a) 所定的一樣。而在 $x < 1$ 時，函數值 $1 - x$ 恆正，因此值域是 $[0, \infty)$（圖 1.12）。

如果函數 $y = f(x)$ 對定義域中不同的 x 值，所取得的 y 值均不相同，我們就稱 f 是一個**一對一**（one-to-one）的函數，在上面的例子中，例 1(a) 是一對一的函數，例 2(b) 和例 3 都不是一對一的函數。

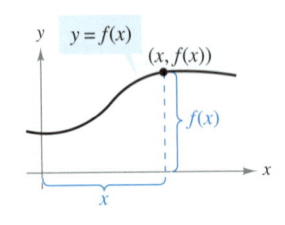

函數的圖形 The Graph of a Function

函數 $y = f(x)$ 的圖形是指在坐標平面上描出所有的點 $(x, f(x))$，其中 x 屬於函數 f 的定義域。在圖 1.13 中注意到

圖 1.12　f 的定義域是 $(-\infty, \infty)$，值域是 $[0, \infty)$。

圖 1.13　函數的圖形

$$x = \text{到 } y \text{ 軸的有向距離}$$
$$f(x) = \text{到 } x \text{ 軸的有向距離}$$

函數圖形和任何一條鉛直線最多相交一次，這個現象稱為**鉛直線檢定**（Vertical Line Test）。例如在圖 1.14(a) 中，由於有鉛直線和圖形交在兩點，所以圖形並非 x 的函數，而圖 1.14(b) 和 1.14(c) 的圖形均滿足鉛直線檢定，因此都是 x 的函數。

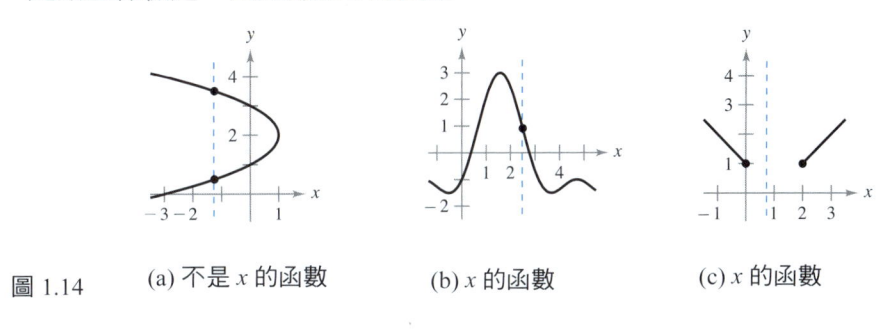

圖 1.14　(a) 不是 x 的函數　　(b) x 的函數　　(c) x 的函數

圖 1.15 繪製了八個基本函數的圖形（下一段再仔細介紹），其中 $y = x$、$y = x^2$、$y = x^3$ 是多項式函數；$y = \sqrt{x}$ 是根式函數；$y = |x|$ 是絕對值函數，由兩條從原點出發的半射線構成；$y = \frac{1}{x}$ 是有理函數；$y = \sin x$ 和 $y = \cos x$ 是三角函數，兩者均為週期 2π 的週期函數。

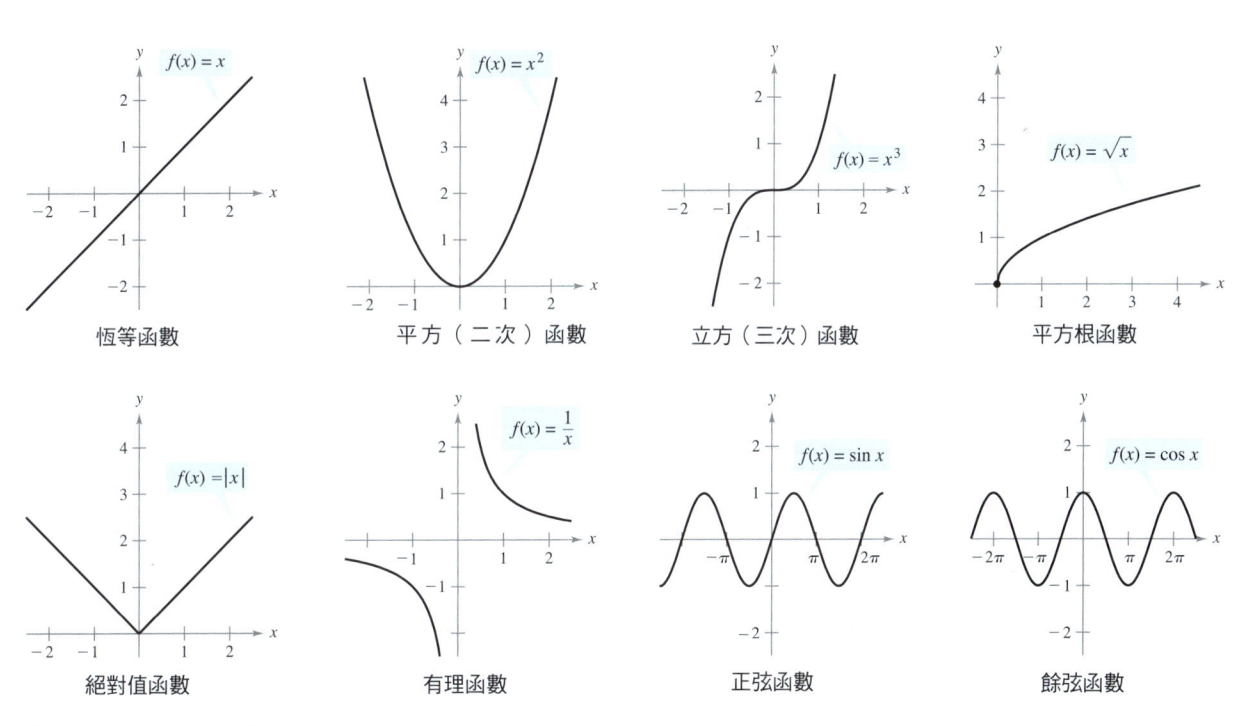

恆等函數　　平方（二次）函數　　立方（三次）函數　　平方根函數

絕對值函數　　有理函數　　正弦函數　　餘弦函數

圖 1.15　八個基本函數的圖形。

函數的分類

早在十八世紀末期，科學家和數學家就已經發現許多實際的現

象可以用一組特定的函數來建立數學模型，這組函數稱為**基本函數**（elementary functions）。基本函數大體可以分成三類：

第一類：代數函數（包含多項式、根式函數、有理函數等）
第二類：三角函數（包含正弦、餘弦、正切等函數）
第三類：指數和對數函數

我們將在本節複習代數函數、三角函數，然後在 1.3 節和 1.4 節，分別複習反三角函數和指、對數函數。

多項式函數 Polynomial Function

形如 $f(x) = a_n x^n + a_{n-1} x^{n-1} + \cdots + a_2 x^2 + a_1 x + a_0$ 的函數稱為多項式，記號 x 是多項式 $f(x)$ 的變數，$a_0, a_1, \ldots, a_n$ 是多項式 $f(x)$ 的係數，其中 a_n 稱為**領導係數**（leading coefficient）或首項係數，a_0 稱為常數項。當 $a_n \neq 0$ 時，定多項式 $f(x)$ 的次數為 n。一個特殊的情形是 $a_0 = a_1 = \cdots = a_n = 0$，此時 $f(x)$ 稱為零多項式，零多項式不定義次數。

以下是低次多項式常見的寫法（式中 $a \neq 0$）

零次（多項式）：	$f(x) = a$	常數函數
一次（多項式）：	$f(x) = ax + b$	線性函數
二次（多項式）：	$f(x) = ax^2 + bx + c$	二次函數
三次（多項式）：	$f(x) = ax^3 + bx^2 + cx + d$	三次函數

多項式函數的圖形通常會上上下下轉好幾個彎，但當自變數分向 x 軸的兩端無限延伸時，圖形會向上或向下無限延伸，不再拐彎。

多項式 $f(x) = a_n x^n + a_{n-1} x^{n-1} + \cdots + a_2 x^2 + a_1 x + a_0$ 的圖形在 x 軸的兩端升降的情形端視 $f(x)$ 的次數（奇次或偶次）和領導係數 a_n 的正負而定（圖 1.16）。注意，圖形 1.16 的虛線部分，表示圖形可能發生的上彎或下彎，而圖形的實線部分，則是表示在接近 x 軸的兩端時，圖形持續上升或下降的情形。

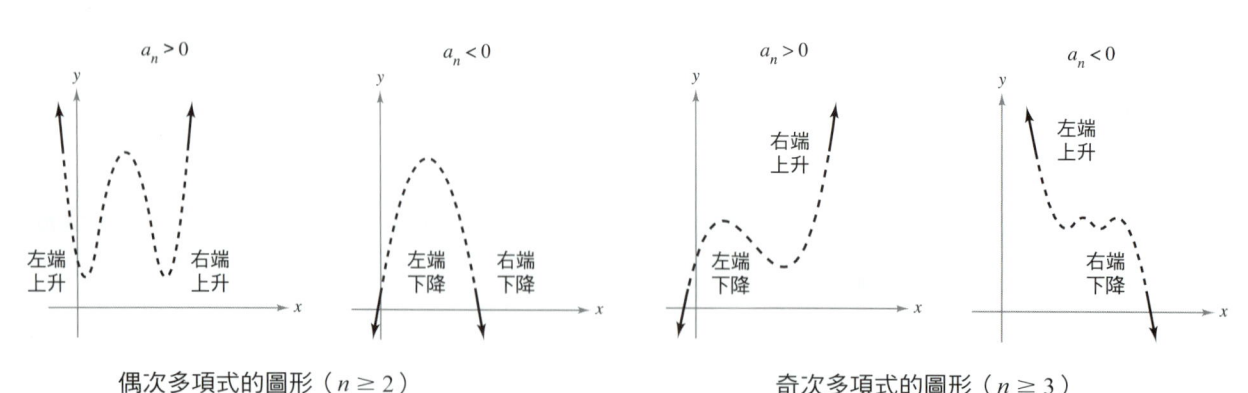

偶次多項式的圖形（$n \geq 2$）　　　　　奇次多項式的圖形（$n \geq 3$）

圖 1.16　領導係數決定圖形在兩端的升降。

有理函數 Rational Function

在國中和高中的時候，我們曾經學過有理數這個名詞，它指的是兩個整數的比值。現在，我們以類似的想法來定義**有理函數**（rational function），一個有理函數是指兩個多項式函數的比值，有理函數也稱為有理式或分式，因此一個有理函數 f 的表示是

$$f(x) = \frac{p(x)}{q(x)}, \, q(x) \neq 0$$

其中 $p(x)$ 和 $q(x)$ 都是多項式，根據這個想法，我們把一些涉及 x^n 的式子透過加、減、乘、除和開根號，進行有限次的運算後所得到的函數統稱為**代數函數**（algebraic function），下面的例子都是代數函數。

1. 多項式
2. 有理函數
3. 根式函數（多項式開根號，如 $\sqrt{x}$、$x^{\frac{1}{3}}$、$\sqrt{1-x^2}$ 等）
4. 上述函數的代數組合（如 $\frac{1}{\sqrt{1-x^2}}$、$\frac{\sqrt{1+x}}{x}$、$x^2 + \sqrt{x} + 1$ 等）

代數函數以外的函數，稱為**超越函數**（transcendental function）。下面要介紹的三角函數就是一種超越函數。

三角函數 Trigonometric Function

銳角的三角函數：三角函數的自變數是角度，在底下的討論中，我們先將角度限制在銳角，對銳角的情形定好三角函數之後，再從銳角擴充到任意的角。假設 θ 是一個銳角〔圖 1.17 (a)〕，我們將 θ 想成是直角三角形的一個角〔圖 1.17 (b)〕

利用直角三角形三個邊長之間的比值，可以定出下列六個三角函數

$$\sin\theta = \frac{對邊}{斜邊} = 正弦函數 \qquad \csc\theta = \frac{斜邊}{對邊} = 餘割函數$$

$$\cos\theta = \frac{鄰邊}{斜邊} = 餘弦函數 \qquad \sec\theta = \frac{斜邊}{鄰邊} = 正割函數$$

$$\tan\theta = \frac{對邊}{鄰邊} = 正切函數 \qquad \cot\theta = \frac{鄰邊}{對邊} = 餘切函數$$

由於相似三角形的邊長之間成比例，所以上述的定義只與角度 θ 的大小有關，而與直角三角形的選取無關。當 θ 是一些特別角時，利用直角三角形的邊角關係，我們可以得到

(a)

(b)

圖 1.17

$$\sin 45° = \frac{1}{\sqrt{2}} \qquad \csc 45° = \sqrt{2}$$

$$\cos 45° = \frac{1}{\sqrt{2}} \qquad \sec 45° = \sqrt{2}$$

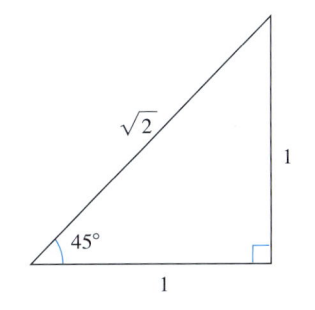

$$\tan 45° = 1 \qquad \cot 45° = 1$$

圖 1.17 (c)

圖 1.17 (d)

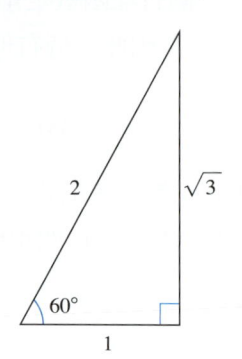

$\sin 30° = \dfrac{1}{2}$ $\csc 30° = 2$

$\cos 30° = \dfrac{\sqrt{3}}{2}$ $\sec 30° = \dfrac{2}{\sqrt{3}}$

$\tan 30° = \dfrac{1}{\sqrt{3}}$ $\cot 30° = \sqrt{3}$

$\sin 60° = \dfrac{\sqrt{3}}{2}$ $\csc 60° = \dfrac{2}{\sqrt{3}}$

$\cos 60° = \dfrac{1}{2}$ $\sec 60° = 2$

$\tan 60° = \sqrt{3}$ $\cot 60° = \dfrac{1}{\sqrt{3}}$

圖 1.17 (e)

此外，當 $\theta = 0°$ 時，我們定義

$$\sin 0° = 0 \qquad \csc 0° \text{ 無定義}$$
$$\cos 0° = 1 \qquad \sec 0° = 1$$
$$\tan 0° = 0 \qquad \cot 0° \text{ 無定義}$$

當 $\theta = 90°$ 時，我們定義

$$\sin 90° = 1 \qquad \csc 90° = 1$$
$$\cos 90° = 0 \qquad \sec 90° \text{ 無定義}$$
$$\tan 90° \text{ 無定義} \qquad \cot 90° = 0$$

任意角的三角函數

如圖 1.18 (a)，若令直角三角形中，角 θ 的斜邊、對邊、鄰邊之長分別為 r、x、y；由於 $r^2 = x^2 + y^2$，因此可以將上圖置於半徑為 r 的圓中，而將相關的三角函數以半徑和點 (x, y) 的坐標表達〔見圖 1.18(b)〕。

$$\sin \theta = \dfrac{y}{r} \qquad \csc \theta = \dfrac{r}{y}$$
$$\cos \theta = \dfrac{x}{r} \qquad \sec \theta = \dfrac{r}{x}$$
$$\tan \theta = \dfrac{y}{x} \qquad \cot \theta = \dfrac{x}{y}$$

由於三角函數的定義與直角三角形大小無關，不妨選擇半徑 $r = 1$ 的圓〔見圖 1.18 (c)〕，此時，易見三角函數變成

$$\sin \theta = y \qquad \csc \theta = \dfrac{1}{y}$$
$$\cos \theta = x \qquad \sec \theta = \dfrac{1}{x}$$
$$\tan \theta = \dfrac{y}{x} \qquad \cot \theta = \dfrac{x}{y}$$

對任意角 θ，不管 θ 的度數為何，都可以在單位圓（半徑為 1 的圓）上將 θ 標出〔見圖 1.8(d)〕，其標定的方式是將 θ 扣掉或加上 $360°$ 的適當倍數之後，表成

$$\theta = n \cdot 360° + \alpha, \quad 0° \leq \alpha < 360°$$

然後再由 x 軸的正向逆時針旋轉 α 的角度以得到 θ，θ 和 α 的關係稱為同位角。θ 因此決定單位圓上的一點 (x, y)，根據此點 (x, y) 的坐標，我們可以定義任意角的三角函數，定義的方式如下：

$$x^2 + y^2 = 1$$

$$\sin \theta = y \qquad \csc \theta = \frac{1}{y}$$

$$\cos \theta = x \qquad \sec \theta = \frac{1}{x}$$

$$\tan \theta = \frac{y}{x} \qquad \cot \theta = \frac{x}{y}$$

由於點 (x, y) 因所在象限而有坐標的正負，因此三角函數也因角 θ 所在的象限而有正負，例如當 θ 在三、四象限時，$\sin \theta$ 取負值。

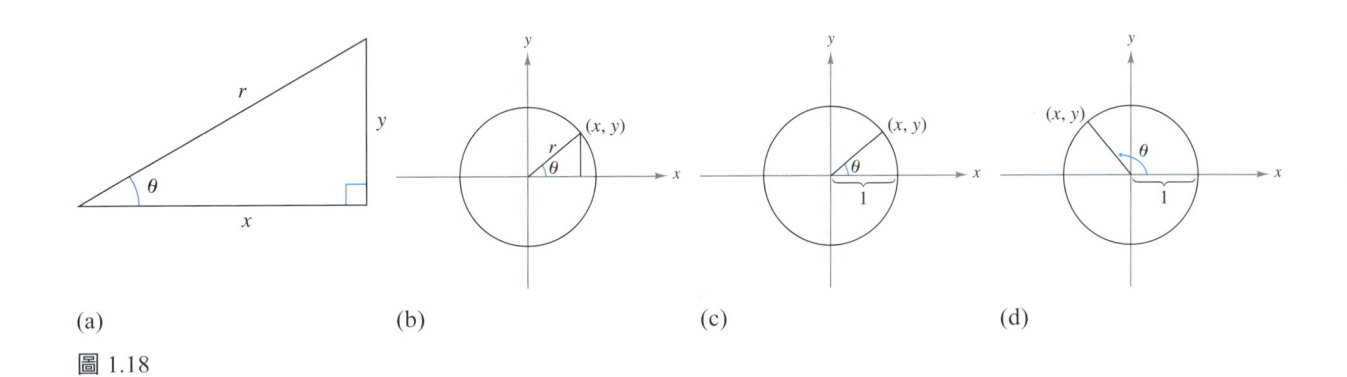

(a) (b) (c) (d)

圖 1.18

角度的單位

在日常生活裡，常用的角度單位是度，度度量將直角定為 $90°$，平角定為 $180°$。但是在微積分的討論中，我們經常採取另一個單位系統，稱為弧度量（或弳度量）。弧度量將直角定為 $\frac{\pi}{2}$（$\pi \approx 3.1416$ 是圓周率），平角定為 π，並將一周 $360°$ 的弧度定為 2π。如此定義之下，在一個半徑為 r 的圓中，弧度量為 θ 的扇形，弧長 s 與 θ 的關係是 $s = r\theta$；換句話說，弧度量是弧長和半徑的比值，而在單位圓 $r = 1$ 的情形，弧度量和弧長同義（圖 1.19）。

$\theta =$ 弧度
$s = r\theta$

圖 1.19

以下是度度量與弧度量之間的換算關係：

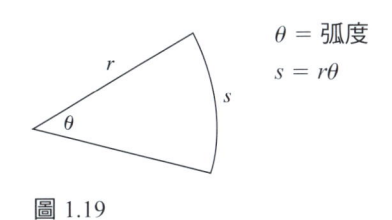

度度量	弧度量
0°	0
30°	$\frac{\pi}{6}$
45°	$\frac{\pi}{4}$
90°	$\frac{\pi}{2}$
180°	π
360°	2π
$\theta°$	$\theta \cdot \frac{\pi}{180}$

某些特別角的 sin 函數值，可以弧度量表示如下：

$$\sin 0 = 0 \text{，} \sin \frac{\pi}{6} = \frac{1}{2} \text{，} \sin \frac{\pi}{4} = \frac{\sqrt{2}}{2} \text{，} \sin \frac{\pi}{2} = 1 \text{，} \sin \pi = 0\text{，}$$

$$\sin 322\pi = -1 \text{，} \sin 2\pi = 0$$

在本書中，如無特別說明，三角函數的自變數均代表弧度量，例如 $\sin x = \frac{1}{2}$ 表示 x 弧度的正弦值是 $\frac{1}{2}$，因此 x 的可能值是 $\frac{\pi}{6} \pm 2n\pi$ 或 $\frac{5\pi}{6} \pm 2n\pi$（n 為整數）。

三角函數的週期

六個三角函數都是週期函數，它們滿足下面的恆等式

$$\sin(x + 2\pi) = \sin x \qquad \csc(x + 2\pi) = \csc x$$
$$\cos(x + 2\pi) = \cos x \qquad \sec(x + 2\pi) = \sec x$$
$$\tan(x + \pi) = \tan x \qquad \cot(x + \pi) = \cot x$$

其中的 2π 或 π 稱為相關函數的週期。

三角恆等式

三角函數之間所滿足的各種關係式統稱為三角恆等式，例如 $\sin^2 x + \cos^2 x = 1$，$\sin 2x = 2 \sin x \cos x$，$\tan(x + y) = \dfrac{\tan x + \tan y}{1 - \tan x \tan y}$ 等。

函數的組成 Combinations of Functions

我們可將兩個函數以多種不同（如加、減、乘、除）的方式組合成一個新的函數。現以 $f(x) = 2x - 3$ 與 $g(x) = x^2 + 1$ 說明這兩個函數的加、減、乘、除如下

$$(f + g)(x) = f(x) + g(x) = (2x - 3) + (x^2 + 1) \qquad \text{和}$$
$$(f - g)(x) = f(x) - g(x) = (2x - 3) - (x^2 + 1) \qquad \text{差}$$
$$(fg)(x) = f(x)g(x) = (2x - 3)(x^2 + 1) \qquad \text{積}$$
$$(f/g)(x) = \frac{f(x)}{g(x)} = \frac{2x - 3}{x^2 + 1} \qquad \text{商}$$

除此之外，函數的組合還有一種方式：**合成 (composition)**，而組合後所得的函數即稱為**合成函數 (composite function)**。

> **合成函數的定義**
>
> 如果函數 g 在 x 的值 $g(x)$，恰好落在函數 f 的定義域中，則 f 可以在 $g(x)$ 取值，得到 $f(g(x))$，這樣得到的函數稱為 f 和 g 的**合成函數**，以 $f \circ g$ 表示。$f \circ g$ 的定義域是 g 的定義域中，使 $f(g(x))$ 有意義的 x 值，見圖 1.20。

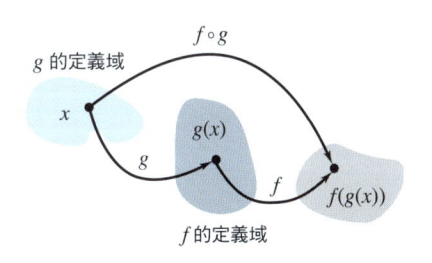

圖 1.20　合成函數 $f \circ g$ 的定義域。

在例 2(a) 中，若以 $h(x) = \sqrt{x}$，$g(x) = x - 1$，則 $h \circ g(x) = \sqrt{x-1}$，縱然 g 的定義域是 $(-\infty, \infty)$，但是為了使 $\sqrt{x-1}$ 有意義，$h \circ g(x)$ 的定義域變成了 $[1, \infty)$。

將 $g(x)$ 合成到 $f(x)$ 而得 $f \circ g(x) = f(g(x))$，以及將 $f(x)$ 合成到 $g(x)$ 而得 $g \circ f(x) = g(f(x))$，兩者通常不會相等，如下例。

例 4　求合成函數

已知 $f(x) = 2x - 3$，$g(x) = x^2 + 1$，求

a. $f \circ g$　　　　　　**b.** $g \circ f$

解

a. $(f \circ g)(x) = f(g(x))$　　　　　$f \circ g$ 的定義

　　　　　　$= f(x^2 + 1)$　　　　　將 $g(x)$ 以 $x^2 + 1$ 代入

　　　　　　$= 2(x^2 + 1) - 3$　　　$f(x)$ 的定義

　　　　　　$= 2x^2 + 1$　　　　　　化簡

b. $(g \circ f)(x) = g(f(x))$　　　　　$g \circ f$ 的定義

　　　　　　$= g(2x - 3)$　　　　　將 $f(x)$ 以 $2x - 3$ 代入

　　　　　　$= (2x - 3)^2 + 1$　　　$g(x)$ 的定義

　　　　　　$= 4x^2 - 12x + 10$　　化簡

注意 $(f \circ g)(x) \neq (g \circ f)(x)$。

習題 1.2

習題 1～2，求下列各函數值，並請化簡最後答案。

1. $f(x) = \sqrt{x^2 + 4}$
 (a) $f(-2)$
 (b) $f(3)$
 (c) $f(2)$
 (d) $f(x + bx)$

2. $g(x) = 5 - x^2$
 (a) $g(0)$
 (b) $g(\sqrt{5})$
 (c) $g(-2)$
 (d) $g(t - 1)$

習題 3～6，求下列函數的定義域和值域。

3. $f(x) = 4x^2$

4. $f(x) = \sqrt{16 - x^2}$

5. $f(x) = |x - 3|$

6. $f(x) = \dfrac{3}{x}$

習題 7～8，求下列函數的定義域。

7. $f(x) = \sqrt{x} + \sqrt{1 - x}$

8. $f(x) = \dfrac{1}{|x + 3|}$

習題 9～10，求下列各題之值。

9. $f(x) = \begin{cases} 2x + 1, & x < 0 \\ 2x + 2, & x \geq 0 \end{cases}$
 (a) $f(-1)$ (b) $f(0)$ (c) $f(2)$ (d) $f(t^2 + 1)$

10. $f(x) = \begin{cases} |x| + 1, & x < 1 \\ -x + 1, & x \geq 1 \end{cases}$
 (a) $f(-3)$ (b) $f(1)$ (c) $f(3)$ (d) $f(b^2 + 1)$

習題 11～12，使用鉛直線檢定，檢驗 y 是否為 x 的函數。

11. $x - y^2 = 0$

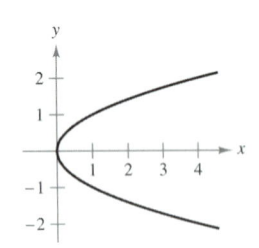

★**12.** $y = \begin{cases} x + 1, & x \leq 0 \\ -x + 2, & x > 0 \end{cases}$

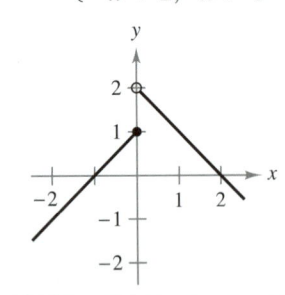

習題 13～14，判斷下列方程式中 y 是否為 x 的函數。

13. $x^2 + y = 16$

★**14.** $y^2 = x^2 - 1$

15. 令 $f(x) = \sqrt{x}$，$g(x) = x^2 - 1$，求下列各值。
 (a) $f(g(1))$ (b) $g(f(1))$ (c) $g(f(0))$
 (d) $f(g(-4))$ (e) $f(g(x))$ (f) $g(f(x))$

16. 令 $f(x) = 2x - 5$，$g(x) = 4 - 3x$
 求 (a) $f(x) + g(x)$ (b) $f(x) - g(x)$
   (c) $f(x) \cdot g(x)$ (d) $f(x) / g(x)$。

習題 17～18，求合成函數 $(f \circ g)$ 與 $(g \circ f)$。

17. $f(x) = x^2$
  $g(x) = \sqrt{x}$

18. $f(x) = \dfrac{3}{x}$
  $g(x) = x^2 - 1$

★**19.** 函數 f 與 g 的圖形如下，用圖求下列各值。 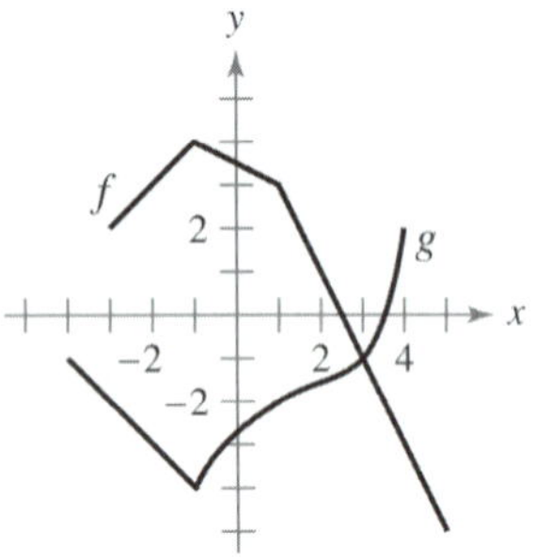
 (a) $(f \circ g)(3)$
 (b) $g(f(2))$
 (c) $g(f(5))$
 (d) $(f \circ g)(-3)$
 (e) $(g \circ f)(-1)$
 (f) $f(g(-1))$

習題 20～21，畫一個直角三角形，其中有一銳角為 θ，再由給定條件求出其他五個三角函數值。

20. $\sin \theta = \dfrac{1}{2}$

21. $\cos \theta = \dfrac{4}{5}$

習題 22～23，求下列各角的 sine 值、cosine 值與 tangent 值。

22. (a) $60°$ (b) $120°$ (c) $\dfrac{\pi}{4}$ (d) $\dfrac{5\pi}{4}$

23. (a) $225°$ (b) $-225°$ (c) $\dfrac{5\pi}{3}$ (d) $\dfrac{11\pi}{6}$

註：標誌 ★ 表示稍難題目。

1.3 反函數（註1） Inverse Functions

◆ 驗證某一個函數是另一個函數的反函數。
◆ 判斷一個函數是否有反函數。
◆ 三角函數的反函數。

◎ 反函數 Inverse Functions

一個函數 $f(x)$ 也可以利用 x 為橫坐標，$f(x)$ 為縱坐標，表示成有序實數對。例如 $f(x) = x + 3$，當 x 取成是 1、2、3 或 4 時，$f(x)$ 分別是 4、5、6 或 7，這一個部分的關係可以表成

$$f：\{(1, 4), (2, 5), (3, 6), (4, 7)\}$$

如果把橫坐標和縱坐標互相調換，就得到 f 的反函數，此一反函數以 f^{-1} 表示，它變成一個定義在 4、5、6 或 7 上的函數，函數值分別是 1、2、3 或 4，因此

$$f^{-1}：\{(4, 1), (5, 2), (6, 3), (7, 4)\}$$

注意到 f 的定義域變成了 f^{-1} 的值域，而 f 的值域變成了 f^{-1} 的定義域，如圖 1.21 所示。函數 f 和 f^{-1} 可以說是互相還原，也就是說如果以 f 和 f^{-1} 作合成函數，就會得到恆等函數，亦即

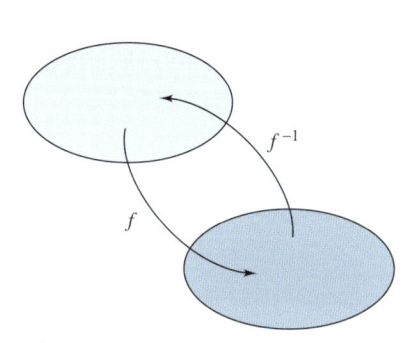

$$f(f^{-1}(x)) = x \quad 並且 \quad f^{-1}(f(x)) = x$$

圖 1.21
定義域 f ＝ 值域 f^{-1}
定義域 f^{-1} ＝ 值域 f

深入探索

求反函數 解釋如何才能還原下列各函數，然後照您的解釋寫下 f 的反函數。

a. $f(x) = x - 5$
b. $f(x) = 6x$
c. $f(x) = \dfrac{x}{2}$
d. $f(x) = 3x + 2$
e. $f(x) = x^3$
f. $f(x) = 4(x - 2)$

畫 f 和 f^{-1} 的圖形，這兩個圖形間有什麼關係？

反函數的定義

如果函數 g 和函數 f 之間，對函數 g 的定義域中每一個 x 恆有
$$f(g(x)) = x$$
並且對函數 f 的定義域中的每一個 x 也恆有
$$g(f(x)) = x$$
我們就稱 g 是 f 的**反函數**（inverse function），以 f^{-1} 表（英文讀作「f inverse」）（註2）。

注意 此處 -1 的用法是特指反函數這個概念，和指數的用法不同，也就是說 $f^{-1}(x) \neq 1/f(x)$。

以下是有關反函數的重要概念。

註1：本節的前半段反函數列為選材（◎），但後半段反三角函數為教材。
註2：g 和 f 的關係是對稱的，我們也說 g 和 f 兩者互為反函數，為了稱呼上的方便，有時也說 g 是反函數，f 是正函數。

1. 如果 g 是 f 的反函數，則 f 也是 g 的反函數。
2. f^{-1} 的定義域就是 f 的值域，而 f^{-1} 的值域是 f 的定義域。
3. 一個函數未必有反函數，但是如果有的話，就只能有一個。

我們可以將 f^{-1} 想成是 f 的還原。例如減法是加法的還原，而除法是乘法的還原。請從反函數的定義檢驗下列說法。

$$f(x) = x + c \text{ 和 } f^{-1}(x) = x - c \text{ 互為反函數。}$$

$$f(x) = cx \text{ 和 } f^{-1}(x) = \frac{x}{c}, c \neq 0 \text{ ，也互為反函數。}$$

例1 驗證反函數

說明 $f(x) = 2x^3 - 1$ 和 $g(x) = \sqrt[3]{\frac{x+1}{2}}$ 互為反函數。

解 因為 f 和 g 的定義域和值域都是實數全體，因此它們的合成函數到處都有定義，先作 g 再作 f 得到

$$f(g(x)) = 2\left(\sqrt[3]{\frac{x+1}{2}}\right)^3 - 1 = 2\left(\frac{x+1}{2}\right) - 1$$
$$= x + 1 - 1 = x$$

先作 f 再作 g 得到

$$g(f(x)) = \sqrt[3]{\frac{(2x^3 - 1) + 1}{2}} = \sqrt[3]{\frac{2x^3}{2}}$$
$$= \sqrt[3]{x^3} = x$$

因為 $f(g(x)) = x$ 且 $g(f(x)) = x$ ，可知 f 和 g 確實互為反函數（圖 1.22）。

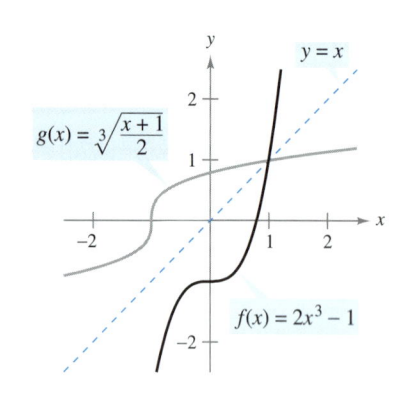

圖 1.22 f 和 g 互為反函數。

> **研讀指引** 在例 1 中，以口頭說明比較函數 f 和 g 的功能。
> 函數 f 的功能是：先將 x 立方，再乘以 2，最後再減 1。
> 函數 g 的功能是：先將 x 加 1，再除以 2，最後再開立方根。
> 看得出來它們之間互相還原的樣式嗎？

在圖 1.22 中，f 的圖形和 $g = f^{-1}$ 的圖形以直線 $y = x$ 互為對稱軸，f^{-1} 的圖形是 f 圖形對直線 $y = x$ 的**鏡射**（reflection）。我們將這個看法推廣如下。

反函數的反身性質

點 (a, b) 在函數 f 圖形上的充要條件是點 (b, a) 在函數 f^{-1} 的圖形上。

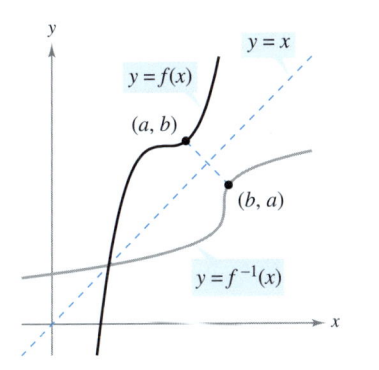

圖 1.23　f^{-1} 的圖形是 f 圖形對直線 $y = x$ 的鏡射。

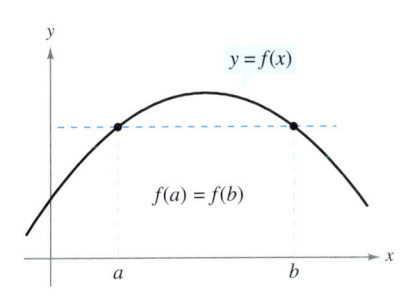

在此說明上述的性質：如果點 (a, b) 在 f 的圖形上，則 $f(a) = b$，因此

$$f^{-1}(b) = f^{-1}(f(a)) = a$$

所以點 (b, a) 會在 f^{-1} 的圖形上，如圖 1.23 所示。同樣的論證可以解釋另一個方向的結果。

反函數的存在 Existence of an Inverse Function

並不是每一個函數都有反函數，反函數的反身性質提供了一個利用函數圖形檢測有無反函數的方法，稱為反函數的**水平線檢定**（Horizontal Line Test）。該檢定的內容是說，一個函數具有反函數的充要條件是每一條水平線和 f 的圖形最多只能交一點（見圖 1.24），函數 f 的這個性質稱為一對一。以下正式說明這個檢定。

> **反函數的存在**
> 一個函數具有反函數的充要條件是一對一。

函數 f 一對一的另一種說法是，如果在定義域上的 x_1 與 x_2 有 $f(x_1) = f(x_2)$ 的話，則必有 $x_1 = x_2$，亦即，只要 $x_1 \neq x_2$，$f(x_1)$ 與 $f(x_2)$ 就不會相等。

圖 1.24　如果一條水平線和 f 的圖形有兩點相交，f 就不是一對一。

例 2　反函數的存在

下面哪個函數有反函數？

a. $f(x) = x^3 - 1$　　　　　　　　　　**b.** $f(x) = x^3 - x + 1$

解

a. 從圖 1.25(a) 可以看出 f 是一對一。進一步驗證如下，如果 $f(x_1) = f(x_2)$，則

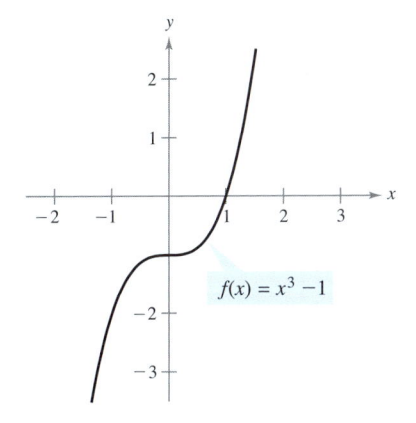

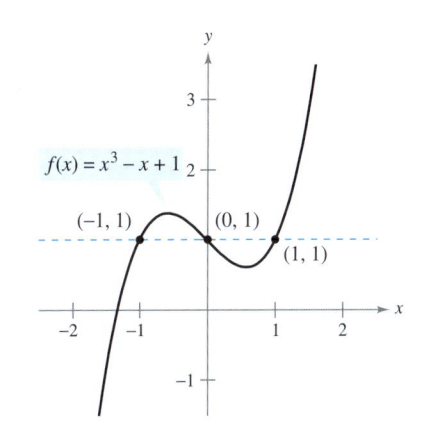

圖 1.25　　(a) f 在整個定義域上一對一，因此有反函數。　　(b) f 不是一對一，因此不可能有反函數。

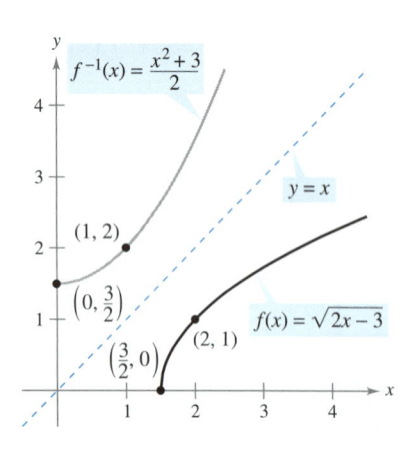

$$x_1{}^3 - 1 = x_2{}^3 - 1$$
$$x_1{}^3 = x_2{}^3$$
$$\sqrt[3]{x_1{}^3} = \sqrt[3]{x_2{}^3}$$
$$x_1 = x_2$$

所以 f 是一對一，因此 f 具有反函數。

b. 從 1.25(b) 的圖形可以看出本函數無法通過水平線檢定，換句話說，它不是一對一。例如，f 在 $x = -1$、0 和 1 有相同的值。

$$f(-1) = f(1) = f(0) = 1 \quad \text{非一對一}$$

因此，f 不可能有反函數。

下面提供一個求反函數的步驟。

求反函數的指導原則

1. 決定函數 $y = f(x)$ 是否有反函數。
2. 如果有反函數的話，從 $y = f(x)$ 倒過來解 x，把 x 寫成 y 的函數。$x = g(y) = f^{-1}(y)$。
3. 將步驟 2 得到的 $x = f^{-1}(y)$ 中 x 與 y 的記號互換，而得到 $y = f^{-1}(x)$ 這個函數。
4. 將 f^{-1} 的定義域定為 f 的值域。
5. 驗證 $f(f^{-1}(x)) = x$ 和 $f^{-1}(f(x)) = x$。

例 3　求反函數

求 $f(x) = \sqrt{2x - 3}$ 的反函數。

解　因為 $f(x)$ 在整個定義域上都是遞增，所以 $f(x)$ 有反函數（圖 1.26）。現在，令 $y = f(x)$，再以 y 來解出 x。

$$\sqrt{2x - 3} = y \quad \text{令 } y = f(x)$$
$$2x - 3 = y^2 \quad \text{兩邊平方}$$
$$x = \frac{y^2 + 3}{2} \quad \text{以 } y \text{ 來解出 } x$$
$$y = \frac{x^2 + 3}{2} \quad \text{記號 } x \text{ 和 } y \text{ 互換}$$
$$f^{-1}(x) = \frac{x^2 + 3}{2} \quad \text{以 } f^{-1}(x) \text{ 代 } y$$

f 的值域 $[0, \infty)$ 就是 f^{-1} 的定義域（註）（f 的定義域 $[3/2, \infty)$ 是 f^{-1}

圖 1.26　f^{-1} 的定義域 $[0, \infty)$ 就是 f 的值域。

註：表面上 $f^{-1}(x) = \frac{x^2+3}{2}$ 中 x 可以代入負數，但是因為此處 f^{-1} 是從 f 定出的反函數，所以它的定義域必須是 f 的值域：$[0, \infty)$。

的值域）。下面是對所求 f^{-1} 的驗算。

$$f(f^{-1}(x)) = \sqrt{2\left(\frac{x^2+3}{2}\right)-3} = \sqrt{x^2} = x, \qquad x \geq 0$$

$$f^{-1}(f(x)) = \frac{(\sqrt{2x-3})^2+3}{2} = \frac{2x-3+3}{2} = x, \qquad x \geq \frac{3}{2}$$

注意　一個函數的獨立變數（自變數）可以用任意字母表示。因此，

$$f^{-1}(y) = \frac{y^2+3}{2}, \quad f^{-1}(x) = \frac{x^2+3}{2}, \quad f^{-1}(s) = \frac{s^2+3}{2}$$

這三式都代表同一個函數。

　　如果有一個函數在整個定義域上並非一對一，但是可能在某一個區間上是一對一，將此函數的定義域重新限制在此一區間之上，如此得來的函數在新的定義域上具有反函數。

例 4　檢驗函數是不是一對一

證明正弦函數 $f(x) = \sin x$ 在整個實數線上並非一對一，並說明 f 在閉區間 $[-\pi/2, \pi/2]$ 上是一對一。

解　從很多不同的 x 值都可以得到相同的 y 值，例如

$$\sin(0) = 0 = \sin(\pi)$$

所以，f 很顯然不是一對一。進一步可以從圖 1.27 $\sin x$ 的圖形中看出函數在閉區間 $[-\pi/2, \pi/2]$ 上是一對一的。

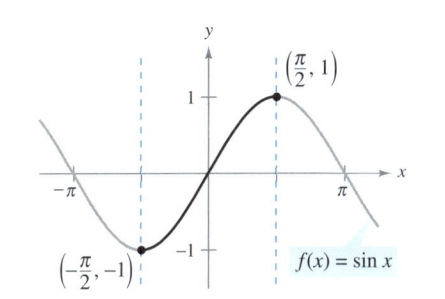

圖 1.27　f 在區間 $[-\pi/2, \pi/2]$ 上一對一。

反三角函數　Inverse Trigonometric Functions

　　從 1.2 節和該節的習題，我們學習到三角函數的週期性和繪製三角函數的圖形，這些經驗告訴我們三角函數不是一對一的函數。因此，它們不應該有反函數。本節的重點之一是先檢查這些函數是否可以透過對定義域的限制而有反函數。

　　本節的例 4 說明了正弦函數在區間 $[-\pi/2, \pi/2]$ 上是一對一的，因此我們在此區間上定義正弦函數的反函數為

$$y = \arcsin x \qquad 若且唯若^{(註)} \qquad \sin y = x$$

式中 $-1 \leq x \leq 1$ 並且 $-\pi/2 \leq \arcsin x \leq \pi/2$。從圖 1.28(a) 和 (b) 可以看出 $y = \arcsin x$ 和 $y = \sin x$ 兩者的函數圖形以直線 $y = x$ 為對稱軸而互為鏡射。

(a)

(b)

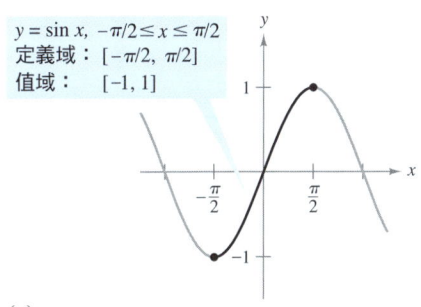

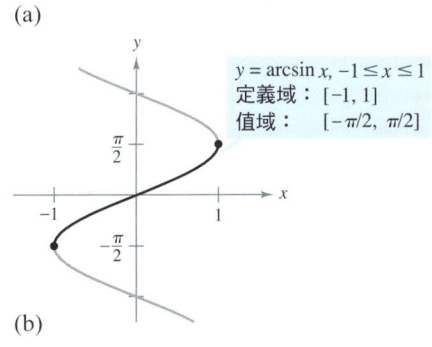

圖 1.28

註：若且唯若表兩個陳述互為因果。另一種說法是兩個陳述互為充要條件，表示一個陳述成立，則另一個陳述也會成立，反之亦然。

在對定義域適當的限制之下，六個三角函數都是一對一，因此有反函數，如下表所示。

反三角函數的定義

函數			定義域	值域
$y = \arcsin x$	若且唯若	$\sin y = x$	$-1 \leq x \leq 1$	$-\dfrac{\pi}{2} \leq y \leq \dfrac{\pi}{2}$
$y = \arccos x$	若且唯若	$\cos y = x$	$-1 \leq x \leq 1$	$0 \leq y \leq \pi$
$y = \arctan x$	若且唯若	$\tan y = x$	$-\infty < x < \infty$	$-\dfrac{\pi}{2} < y < \dfrac{\pi}{2}$
$y = \text{arccot } x$	若且唯若	$\cot y = x$	$-\infty < x < \infty$	$0 < y < \pi$
$y = \text{arcsec } x$	若且唯若	$\sec y = x$	$|x| \geq 1$	$0 \leq y \leq \pi,\ y \neq \dfrac{\pi}{2}$
$y = \text{arccsc } x$	若且唯若	$\csc y = x$	$|x| \geq 1$	$-\dfrac{\pi}{2} \leq y \leq \dfrac{\pi}{2},\ y \neq 0$

「arcsin x」英文讀作「the arcsine of x」或「the angle whose sine is x」；另一個常用的記號是「$\sin^{-1} x$」，此符號與反函數符號 $f^{-1}(x)$ 一致。圖 1.29 畫出六個反三角函數的圖形。

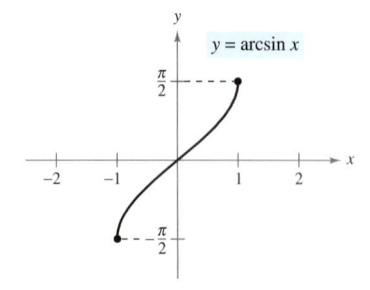

$y = \arcsin x$
定義域：$[-1, 1]$
值域：$[-\pi/2, \pi/2]$

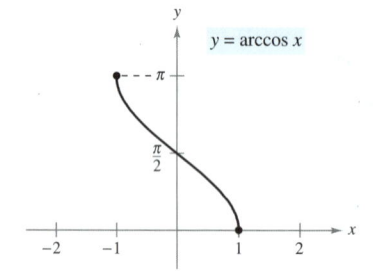

$y = \arccos x$
定義域：$[-1, 1]$
值域：$[0, \pi]$

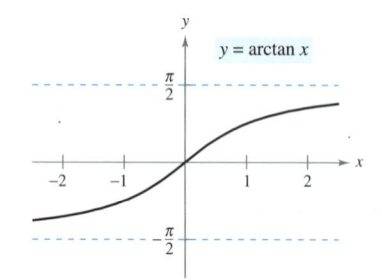

$y = \arctan x$
定義域：$(-\infty, \infty)$
值域：$(-\pi/2, \pi/2)$

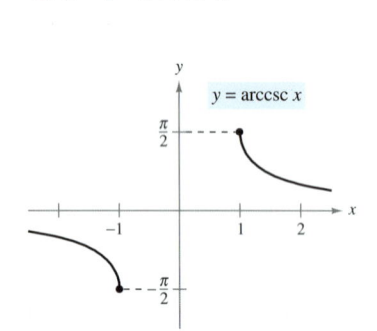

$y = \text{arccsc } x$
定義域：$(-\infty, -1] \cup [1, \infty)$
值域：$[-\pi/2, 0) \cup (0, \pi/2]$

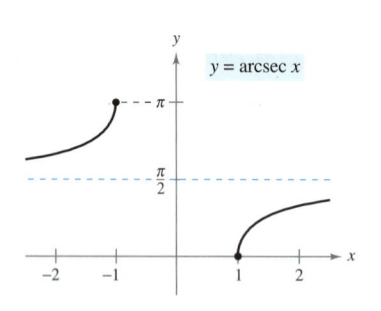

$y = \text{arcsec } x$
定義域：$(-\infty, -1] \cup [1, \infty)$
值域：$[0, \pi/2) \cup (\pi/2, \pi]$

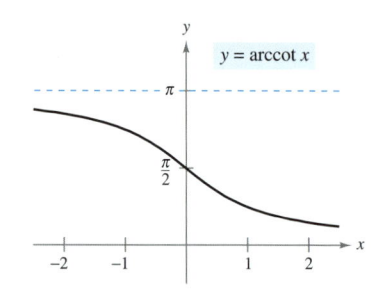

$y = \text{arccot } x$
定義域：$(-\infty, \infty)$
值域：$(0, \pi)$

圖 1.29

提醒一下：反三角函數的值是以弧度量（弳度量）表示一個角的大小。

例 5　計算反三角函數

計算下列各題的值。

a. $\arcsin\left(-\dfrac{1}{2}\right)$　　**b.** $\arccos 0$　　**c.** $\arctan \sqrt{3}$　　**d.** $\arcsin(0.3)$

解

a. 由定義，從 $y = \arcsin\left(-\tfrac{1}{2}\right)$ 可得 $\sin y = -\tfrac{1}{2}$，在區間 $[-\pi/2, \pi/2]$ 中，y 的正確答案是 $-\pi/6$，因此

$$\arcsin\left(-\dfrac{1}{2}\right) = -\dfrac{\pi}{6}$$

b. 由定義，從 $y = \arccos 0$ 可得 $\cos y = 0$，在區間 $[0, \pi]$ 中，y 的正確答案是 $y = \pi/2$，因此

$$\arccos 0 = \dfrac{\pi}{2}$$

c. 由定義，從 $y = \arctan \sqrt{3}$ 可得 $\tan y = \sqrt{3}$，在區間 $(-\pi/2, \pi/2)$ 中，y 的正確答案是 $y = \pi/3$，因此

$$\arctan \sqrt{3} = \dfrac{\pi}{3}$$

d. 以計算機求出

$$\arcsin(0.3) \approx 0.3047$$

反函數的基本性質就是

$$f(f^{-1}(x)) = x \qquad 和 \qquad f^{-1}(f(x)) = x$$

討論反三角函數時，切記此時（正）三角函數的定義域已經做了限制，這個限制的定義域正是反三角函數的值域。如果 x 不在這個限制的定義域中，上面的性質不會成立。例如 $\arcsin(\sin \pi)$ 等於 0，不等於 π，因為 π 不在 $[-\pi/2, \pi/2]$ 中。

反三角函數的性質

如果 $-1 \leq x \leq 1$ 並且 $-\pi/2 \leq y \leq \pi/2$，則有

$$\sin(\arcsin x) = x \qquad 和 \qquad \arcsin(\sin y) = y$$

如果 $-\pi/2 \leq y \leq \pi/2$，則有

$$\tan(\arctan x) = x \qquad 和 \qquad \arctan(\tan y) = y$$

如果 $|x| \geq 1$ 並且 $0 \leq y < \pi/2$ 或者 $\pi/2 < y \leq \pi$，則有

$$\sec(\text{arcsec } x) = x \qquad 和 \qquad \text{arcsec}(\sec y) = y$$

其他反三角函數也有類似的性質。

例 6　解方程式

$$\arctan(2x-3) = \frac{\pi}{4} \quad\quad \text{原式}$$

$$\tan[\arctan(2x-3)] = \tan\frac{\pi}{4} \quad\quad \text{兩邊取正切}$$

$$2x - 3 = 1 \quad\quad \tan(\arctan x) = x$$

$$x = 2 \quad\quad \text{解 } x$$

有時需要將 $\cos(\arcsin x)$ 這類表示寫成 x 的代數式，請見例 7。

例 7　利用直角三角形

a. 已知 $y = \arcsin x$，$0 < y < \pi/2$，求 $\cos y$。

b. 已知 $y = \mathrm{arcsec}(\sqrt{5}/2)$，求 $\tan y$。

解

a. 從 $y = \arcsin x$，可知 $\sin y = x$，所以以一個直角三角形表示 x 和 y 的關係，如圖 1.30 所示。

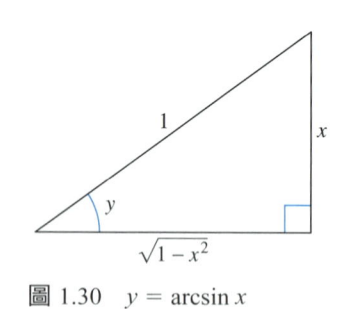

圖 1.30　$y = \arcsin x$

$$\cos y = \cos(\arcsin x) = \frac{\text{鄰邊}}{\text{斜邊}} = \sqrt{1 - x^2}$$

（此結果亦適用於 $-\pi/2 < y < 0$）。

b. 以圖 1.31 中的直角三角形來看

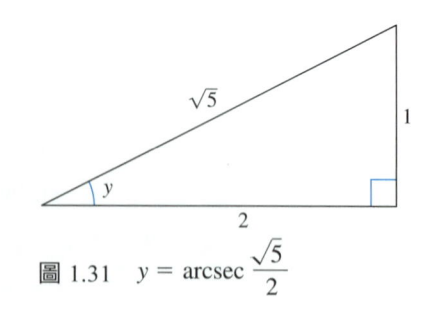

圖 1.31　$y = \mathrm{arcsec}\dfrac{\sqrt{5}}{2}$

$$\tan y = \tan\left(\mathrm{arcsec}\frac{\sqrt{5}}{2}\right) = \frac{\text{對邊}}{\text{鄰邊}} = \frac{1}{2}$$

習題 1.3

◎習題 1～3，在下列問題中，分別以解析方法與圖形說明 f 和 g 互為反函數。

1. $f(x) = 5x + 1$ $g(x) = \dfrac{x-1}{5}$
2. $f(x) = x^3$ $g(x) = \sqrt[3]{x}$
3. $f(x) = \dfrac{1}{x}$ $g(x) = \dfrac{1}{x}$

◎習題 4～7，在下列問題中，將函數 (a)、(b)、(c)、(d) 與它們的反函數配對。

(a)   (b) 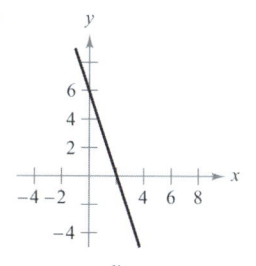   (c) 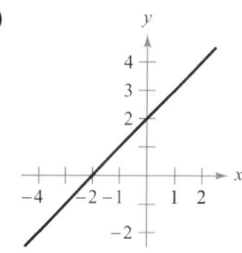   (d)

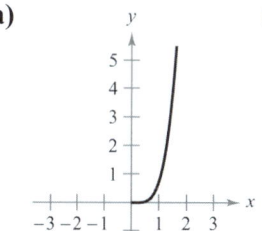

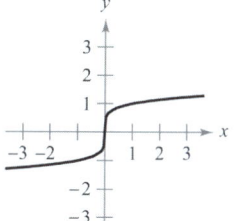

4. 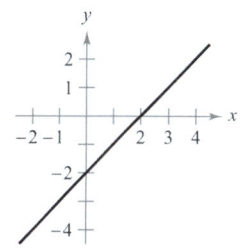   5. 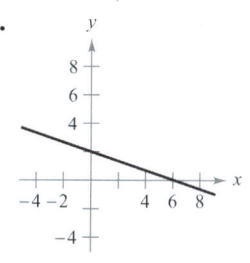   6. 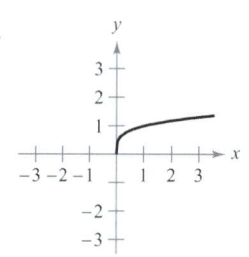   7.

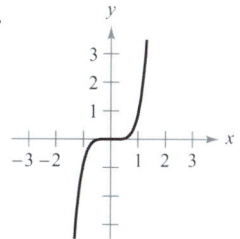

◎習題 8～9，在下列問題中，以水平線檢定判斷哪個函數在其整個定義域上是一對一，因此具有反函數。

8. $f(\theta) = \sin\theta$ 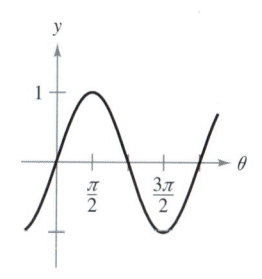
9. $f(x) = 5x - 3$

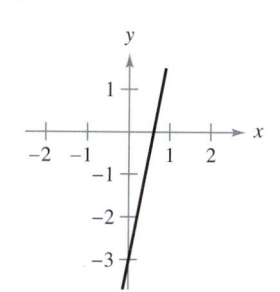

◎ 10. 已知 $f(x) = 2x - 3$
   (a) 求 f 的反函數。
   (b) 將 $f(x)$ 及 $f^{-1}(x)$ 的函數圖畫在同一坐標平面上。
   (c) 說明這兩個函數圖的關聯。
   (d) 分別求 f 及 f^{-1} 的定義域與值域。

◎ 11. 已知 $f(x)$ 是一對一函數，若 $f(-3) = 8$，求 $f^{-1}(8)$ 之值。

◎習題 12～14，判斷下列函數是否一對一，若是的話，再求其反函數。

12. $f(x) = \sqrt{x-2}$ 13. $f(x) = -3$

◎ 14. $f(x) = ax + b,\ a \neq 0$

15. 如圖，已知 $y = \arccos x$，其中 $0 < y < \dfrac{\pi}{2}$，求 $\cos y$ 與 $\tan y$。

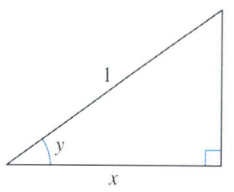

習題 16～17，求下列各題的值。

16. (a) $\sin\left(\arctan\dfrac{3}{4}\right)$ (b) $\sec\left(\arcsin\dfrac{4}{5}\right)$

17. (a) $\tan\left(\arccos\dfrac{\sqrt{2}}{2}\right)$ (b) $\cos\left(\arcsin\dfrac{5}{13}\right)$

★ 18. 將 $\sin(\text{arcsec } x)$ 化簡成代數式，使之不含三角與反三角的符號。

註：標誌 ◎ 為選材題目。
    標誌 ★ 表示稍難題目。

1.4 指數和對數函數　Exponential and Logarithmic Functions

◆ 瞭解指數函數的性質。
◆ 瞭解自然指數函數的底數 e（尤拉數）。
◆ 應用自然對數函數的性質。

指數函數　Exponential Functions

在一個**指數函數**（exponential function）的算式中，例如 $f(x) = 2^x$，2 稱為底數，x 稱為指數，2^x 代表 2 的 x 次方。當 x 是有理數時，2^x 的意義很清楚，以 $x = 0$、2、-1 或 $\frac{1}{2}$ 為例

$$2^0 = 1,\ 2^2 = 4,\ 2^{-1} = \frac{1}{2},\ 2^{1/2} = \sqrt{2} \approx 1.4142136$$

如果 x 是無理數，要定義 2^x，必須利用一個逼近 x 的有理數數列。我們以下面這個例子來解釋一般的定義方法。如果我們想定義 $2^{\sqrt{2}}$，由於 $\sqrt{2} = 1.414213\ldots$，考慮下面這串數值，每一個值都是 2^r 的形式，其中 r 是有理數，r 與 $\sqrt{2}$ 越來越接近。

$$2^1 = 2 < 2^{\sqrt{2}} < 4 = 2^2$$
$$2^{1.4} = 2.639015\ldots < 2^{\sqrt{2}} < 2.828427\ldots = 2^{1.5}$$
$$2^{1.41} = 2.657371\ldots < 2^{\sqrt{2}} < 2.675855\ldots = 2^{1.42}$$
$$2^{1.414} = 2.664749\ldots < 2^{\sqrt{2}} < 2.666597\ldots = 2^{1.415}$$
$$2^{1.4142} = 2.665119\ldots < 2^{\sqrt{2}} < 2.665303\ldots = 2^{1.4143}$$
$$2^{1.41421} = 2.665137\ldots < 2^{\sqrt{2}} < 2.665156\ldots = 2^{1.41422}$$
$$2^{1.414213} = 2.665143\ldots < 2^{\sqrt{2}} < 2.665144\ldots = 2^{1.414214}$$

由上述的計算看出，$2^{\sqrt{2}}$ 的一個合理的近似值應該是 2.66514。在實際應用的時候，可以使用計算機來得到 $2^{\sqrt{2}}$ 的近似值。

一般而言，任何一個不等於 1 的正數 a 都可以作為指數函數的底數，以 a 為底的指數函數記為 $f(x) = a^x$，其中 x 為任意數。指數函數具有下列性質，一般稱為指數率（如下表所列）。

注意　指數函數必須排除底數 $a = 1$ 的情況，這是因為此時 $f(x) = 1^x = 1$，根本就是常數函數，而不是指數函數。

指數律

令 a、b 為正數，x 和 y 為任意數，則

1. $a^0 = 1$　　2. $a^x a^y = a^{x+y}$　　3. $(a^x)^y = a^{xy}$　　4. $(ab)^x = a^x b^x$

5. $\dfrac{a^x}{a^y} = a^{x-y}$　　6. $\left(\dfrac{a}{b}\right)^x = \dfrac{a^x}{b^x}$　　7. $a^{-x} = \dfrac{1}{a^x}$

例 1　運用指數律化簡下列各式

a. $(2^2)(2^3) = 2^{2+3} = 2^5$　　**b.** $\dfrac{2^2}{2^3} = 2^{2-3} = 2^{-1} = \dfrac{1}{2}$

c. $(3^x)^3 = 3^{3x}$　　**d.** $\left(\dfrac{1}{3}\right)^{-x} = (3^{-1})^{-x} = 3^x$

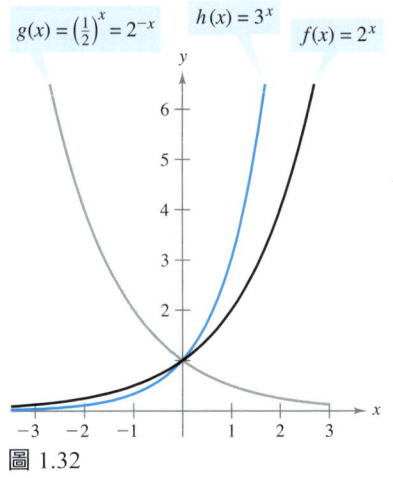

例 2　指數函數的圖形

繪製下列函數的圖形。

$$f(x) = 2^x, \quad g(x) = \left(\dfrac{1}{2}\right)^x = 2^{-x}, \quad h(x) = 3^x$$

解　畫圖時，先列出函數值表。根據表格，在坐標平面上描點，然後以平滑曲線連結，如圖 1.32。

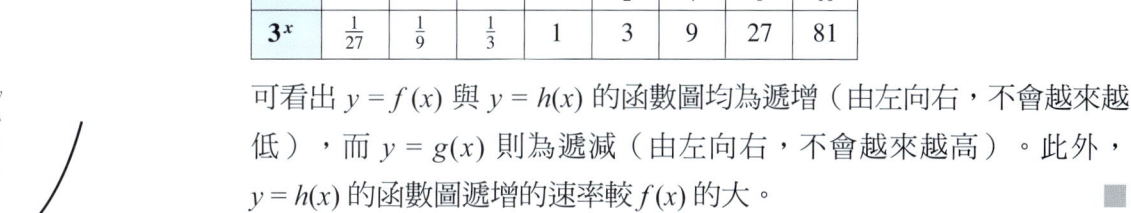

x	-3	-2	-1	0	1	2	3	4
2^x	$\dfrac{1}{8}$	$\dfrac{1}{4}$	$\dfrac{1}{2}$	1	2	4	8	16
2^{-x}	8	4	2	1	$\dfrac{1}{2}$	$\dfrac{1}{4}$	$\dfrac{1}{8}$	$\dfrac{1}{16}$
3^x	$\dfrac{1}{27}$	$\dfrac{1}{9}$	$\dfrac{1}{3}$	1	3	9	27	81

可看出 $y = f(x)$ 與 $y = h(x)$ 的函數圖均為遞增（由左向右，不會越來越低），而 $y = g(x)$ 則為遞減（由左向右，不會越來越高）。此外，$y = h(x)$ 的函數圖遞增的速率較 $f(x)$ 的大。

圖 1.32 所列的指數函數圖其實是十分典型的，若 $a > 1$，指數函數 $f(x) = a^x$ 及 $g(x) = a^{-x}$ 的圖見 1.33，可看出它們和圖 1.32 頗類似。

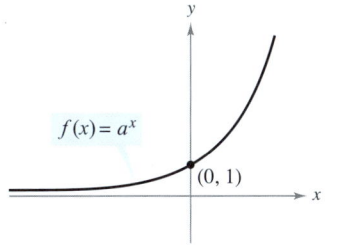

指數函數的性質

令 a 為大於 1 的實數
1. $f(x) = a^x$ 和 $g(x) = a^{-x}$ 的定義域都是 $(-\infty, \infty)$。
2. $f(x) = a^x$ 和 $g(x) = a^{-x}$ 的值域都是 $(0, \infty)$。
3. $f(x) = a^x$ 和 $g(x) = a^{-x}$ 的 y 截距都是 $(0, 1)$。
4. 函數 $f(x) = a^x$ 和 $g(x) = a^{-x}$ 都是一對一。

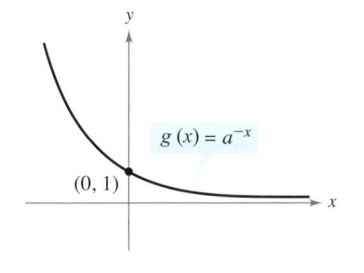

在高中的時候，指數函數常用的底數是 10，但是在微積分的學習中，最常用的底數是尤拉數 e。e 是一個無理數，近似值是

$$e \approx 2.71828182846$$

$f(x) = e^x$ 稱為自然指數函數。

例 3　自然指數函數的底數 e

繪製函數 $f(x) = (1+x)^{1/x}$ 的圖形，並描述 x 靠近 0 時，函數的行為。

解　先列出 $f(x)$ 的函數值表

x	-0.01	-0.001	-0.0001	0.0001	0.001	0.01
$(1+x)^{1/x}$	2.7320	2.7196	2.7184	2.7181	2.7169	2.7048

從表中可以看出，當 x 靠近 0 時，$(1+x)^{1/x}$ 靠近 e。利用描點作圖，可得 $f(x)$ 函數圖，如圖 1.34。我們也可由圖看出：只要 x 越來越接近 0，$f(x)$ 的值就會越來越接近 $e \approx 2.71828182846$。在 1.5 節學了極限以後，上述的結果可以寫成

$$\lim_{x \to 0} (1+x)^{1/x} = e$$

讀作，「當 x 趨近 0 時，$(1+x)^{1/x}$ 的極限是 e」。

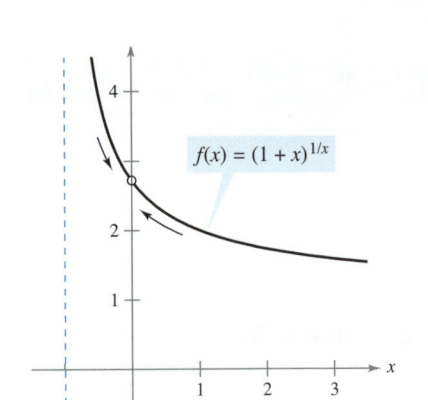

圖 1.34

例 4　自然指數函數的圖形

繪製函數 $f(x) = e^x$ 的圖形。

解　先列出 $f(x) = e^x$ 的函數值表如下，再用描點作圖，可得函數圖如圖 1.35。

x	-2	-1	0	1	2
e^x	$\dfrac{1}{e^2} \approx 0.135$	$\dfrac{1}{e} \approx 0.368$	1	$e \approx 2.718$	$e^2 \approx 7.389$

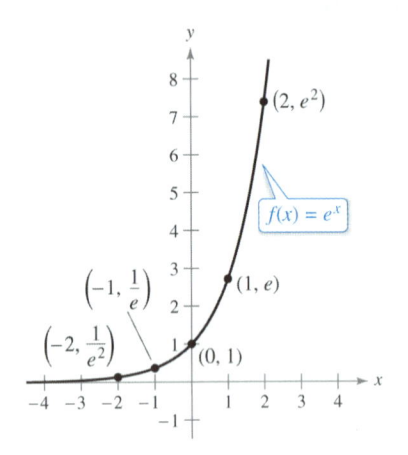

圖 1.35

自然對數函數 The Natural Logarithmic Function

由於自然指數函數 $f(x) = e^x$ 是一對一，所以具有反函數，$f(x) = e^x$ 的反函數稱為**自然對數函數**（natural logarithmic function）。自然對數函數的定義域是所有的正數。

> **自然對數函數的定義**
>
> 令 x 為正數，定 x 的自然對數函數 $\ln x$ (註) 如下：
>
> $\ln x = b$　　若且唯若　　$e^b = x$

亦即 $\ln x = b$ 成立的等價敘述是 $e^b = x$，請見下面的例子。

註：記號 $\ln x$ 中的 l 代表對數，n 代表自然，英文讀作 el en of x 或 the natural log of x。

對數敘述	指數敘述
$\ln 1 = 0$	$e^0 = 1$
$\ln e = 1$	$e^1 = e$
$\ln e^{-1} = -1$	$e^{-1} = \dfrac{1}{e}$

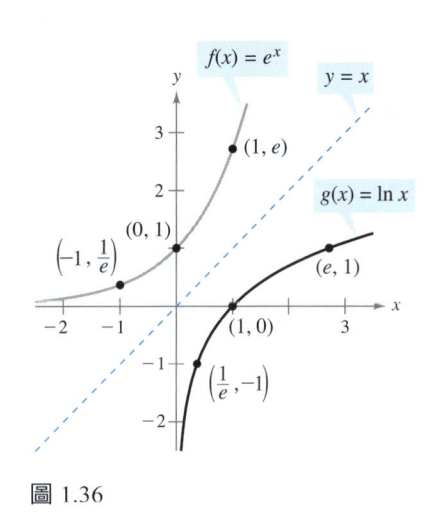

因為函數 $g(x) = \ln x$ 和 $f(x) = e^x$ 互為反函數，它們的函數圖形以直線 $y = x$ 為對稱軸互為鏡射，如圖 1.36 所示。正函數 $f(x) = e^x$ 的若干性質直接反映到反函數 $g(x) = \ln x$，請看下表。

圖 1.36

自然對數函數的性質

1. $g(x) = \ln x$ 的定義域是 $(0, \infty)$
2. $g(x) = \ln x$ 的值域是 $(-\infty, \infty)$
3. $g(x) = \ln x$ 的 x 截距是 $(1, 0)$
4. $g(x) = \ln x$ 是一對一

$g(x) = \ln x$ 和 $f(x) = e^x$ 互為反函數的等價敘述是

$$\ln e^x = x \qquad 和 \qquad e^{\ln x} = x$$

對數的性質 Properties of Logarithms

指數律將加法的運算 $x + y$ 轉換成指數的乘法
$$e^x e^y = e^{x+y}$$
對數是指數的反函數，因此所謂的對數律就是將乘法的運算 xy 轉換成對數的加法
$$\ln xy = \ln x + \ln y$$
對數律如下表。

對數律

令 x、y 為正數，z 為任意數，則

1. $\ln xy = \ln x + \ln y$
2. $\ln \dfrac{x}{y} = \ln x - \ln y$
3. $\ln x^z = z \ln x$

例 5 運用對數性質化簡下列各式

a. $\ln \dfrac{10}{9} = \ln 10 - \ln 9$　　　　　　　　性質 2

b. $\ln \sqrt{3x+2} = \ln(3x+2)^{1/2}$　　　　　以有理指數改寫根式

　　　　　　　$= \dfrac{1}{2}\ln(3x+2)$　　　　　性質 3

c. $\ln \dfrac{6x}{5} = \ln(6x) - \ln 5$　　　　　　　性質 2

　　　　　$= \ln 6 + \ln x - \ln 5$　　　　　　性質 1

d. $\ln \dfrac{(x^2+3)^2}{x\sqrt[3]{x^2+1}} = \ln(x^2+3)^2 - \ln\left(x\sqrt[3]{x^2+1}\right)$

　　　　　　　$= 2\ln(x^2+3) - [\ln x + \ln(x^2+1)^{1/3}]$

　　　　　　　$= 2\ln(x^2+3) - \ln x - \ln(x^2+1)^{1/3}$

　　　　　　　$= 2\ln(x^2+3) - \ln x - \dfrac{1}{3}\ln(x^2+1)$

運用對數律改寫算式時，注意在改寫前後，函數的定義域要一致。例如，$f(x) = \ln(x^2)$ 的定義域是不為 0 的所有實數，但是 $g(x) = 2\ln x$ 的定義域只是所有的正數，因此正確的改寫應該是 $\ln(x^2) = 2\ln|x|$。

例 6 解指對數方程式

解 **a.** $7 = e^{x+1}$　　　　**b.** $\ln(2x-3) = 5$

解

a.　　　　$7 = e^{x+1}$　　　　　　原式

　　　$\ln 7 = \ln(e^{x+1})$　　　　兩邊取自然對數

　　　$\ln 7 = x + 1$　　　　　　指對數關係

　　$-1 + \ln 7 = x$　　　　　　解出 x

　　　$0.946 \approx x$　　　　　　求近似值

b. $\ln(2x-3) = 5$　　　　　　原式

　　$e^{\ln(2x-3)} = e^5$　　　　　　兩邊取自然指數

　　　$2x - 3 = e^5$　　　　　　指對數關係

　　　　$x = \dfrac{1}{2}(e^5 + 3)$　　　解出 x

　　　　$x \approx 75.707$　　　　求近似值

習題 1.4

1. 求下列各題的值。
(a) $25^{3/2}$ (b) $81^{1/2}$ (c) 3^{-2} (d) $27^{-1/3}$

習題 2～3，運用指數律化簡下列各式。

2. (a) $(5^2)(5^3)$ (b) $(5^2)(5^{-3})$
(c) $\dfrac{5^3}{25^2}$ (d) $\left(\dfrac{1}{4}\right)^2 2^6$

3. (a) $e^2(e^4)$ (b) $(e^3)^4$
(c) $(e^3)^{-2}$ (d) $\left(\dfrac{e^{-6}}{e^{-2}}\right)^2$

習題 4～9，解下列方程式。

4. $3^x = 81$

5. $6^{x-2} = 36$

6. $\left(\dfrac{1}{3}\right)^{x-1} = 27$

7. $4^3 = (x+2)^3$

8. $x^{3/4} = 8$

9. $e^x = e^{2x+1}$

習題 10～11，描繪下列函數的圖形。

★ **10.** $y = 4^x$

★ **11.** $y = \left(\dfrac{1}{3}\right)^x$

習題 12～13，畫下列函數的圖形，並描述各函數的定義域。

★ **12.** $f(x) = 3 \ln x$

★ **13.** $f(x) = \ln(x-3)$

習題 14～16，化簡下列函數（若已學過 1.3 反函數單元，可用反函數的概念解題）。

14. $\ln e^{x^2}$

15. $e^{\ln(5x+2)}$

16. $-1 + \ln e^{2x}$

習題 17～20，運用對數律化簡下列各式。

17. $\ln \dfrac{x}{4}$

18. $\ln(x\sqrt{x^2+5})$

19. $\ln\left(\sqrt{\dfrac{x-1}{x}}\right)$

20. $\ln(3e^2)$

習題 21～22，將下列寫成單一對數形式。

21. $\dfrac{1}{3}[2\ln(x+3) + \ln x - \ln(x^2-1)]$

22. $2\ln 3 - \dfrac{1}{2}\ln(x^2+1)$

★ **23.** 解下列各方程式
(a) $e^{\ln x} = 4$ (b) $\ln e^{2x} = 3$

註：標誌 ★ 表示稍難題目。

1.5 以畫圖和數值方法求極限　Finding Limits Graphically and Numerically

◆ 利用畫圖或數值方法估計極限。
◆ 極限可能不存在的幾種情形。

介紹極限 An Introduction to Limits

如果我們要畫 $f(x)$ 的函數圖形

$$f(x) = \frac{x^3 - 1}{x - 1}, \quad x \neq 1$$

只要 $x \neq 1$，我們可以用一般的方式來畫，但是在 $x = 1$ 的時候，情形不甚明朗（因為分母會是 0）。為了瞭解 f 在 x 靠近 1 時的行為，我們考慮兩組 x 值，一組從左邊趨近 1，一組從右邊趨近 1。

x 從 1 的左方趨近　　*x 從 1 的右方趨近*

x	0.75	0.9	0.99	0.999	1	1.001	1.01	1.1	1.25
$f(x)$	2.313	2.710	2.970	2.997	?	3.003	3.030	3.310	3.813

f(x) 趨近 3　　*f(x) 趨近 3*

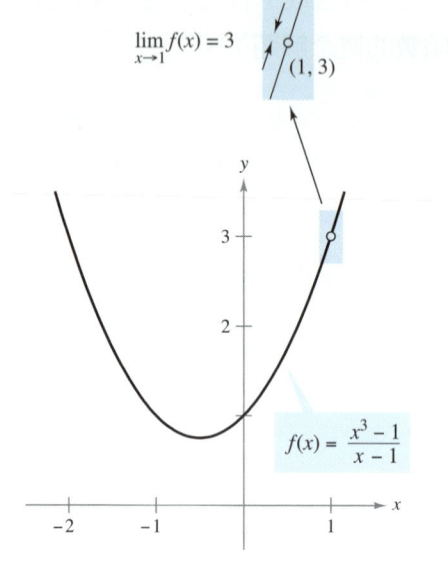

圖 1.37　當 x 趨近 1 時，$f(x)$ 的極限是 3。

$\lim_{x \to 1} f(x) = 3$　　(1, 3)

$f(x) = \dfrac{x^3 - 1}{x - 1}$

f 的圖形是一個缺了 (1, 3) 這點的拋物線（圖 1.37），雖然 x 不會等於 1，但是卻可以和 1 任意接近，結果 $f(x)$ 也會和 3 任意接近，以極限的符號表示，就是

$$\lim_{x \to 1} f(x) = 3 \qquad 讀作「當 x 趨近 1 時，f(x) 的極限是 3」$$

上面的討論引導出對極限的一個非正式的說明，亦即當 x 從 c 的左、右方趨近 c 時，$f(x)$ 可以與一個固定值 L 任意接近的話，我們就說當 x 趨近 c 時，$f(x)$ 的**極限**（limit）是 L，如下所示[註]。

$$\lim_{x \to c} f(x) = L$$

例 1　以數值方法估計極限

在 $x = 0$ 的附近選一些點，來計算 $f(x) = x/\left(\sqrt{x + 1} - 1\right)$ 的函數值，再利用計算的結果來估計

$$\lim_{x \to 0} \frac{x}{\sqrt{x + 1} - 1}$$

註：當我們說 x 趨近 c 時，我們已經約定好 x 不能等於 c。

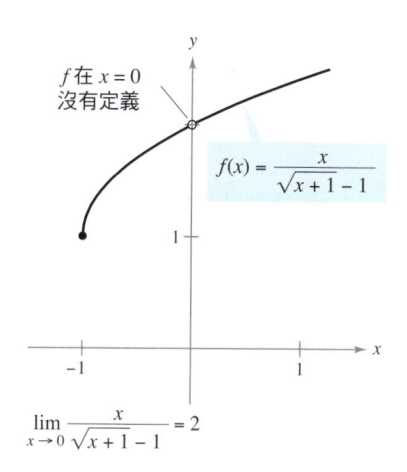

圖 1.38　當 x 趨近 0 時，$f(x)$ 的極限是 2。

$$\lim_{x\to 0}\frac{x}{\sqrt{x+1}-1}=2$$

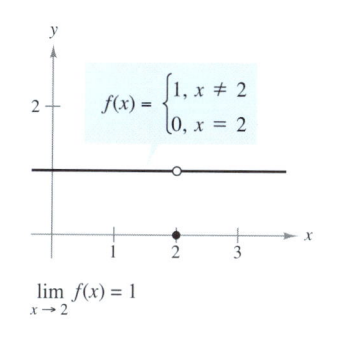

圖 1.39　當 x 趨近 2 時，$f(x)$ 的極限是 1。

$$\lim_{x\to 2}f(x)=1$$

解　下表列出在 0 的附近一些 $f(x)$ 的值

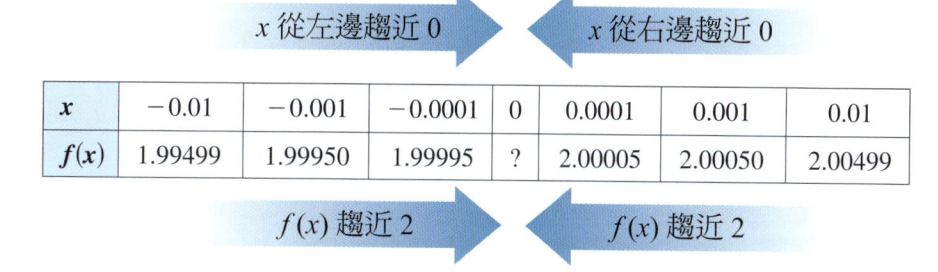

x 從左邊趨近 0				x 從右邊趨近 0		
x	-0.01	-0.001	-0.0001	0	0.0001	0.001	0.01
$f(x)$	1.99499	1.99950	1.99995	?	2.00005	2.00050	2.00499

$f(x)$ 趨近 2　　　　$f(x)$ 趨近 2

從表列的結果，我們估計極限值應該是 2。圖 1.38 也支持這個結果。

注意在例 1 中，$f(x)$ 在 $x=0$ 原本沒有定義，但是當 x 趨近於 0 時，$f(x)$ 有極限，這種現象經常發生。必須指出：一般而言，$f(x)$ 在 $x=c$ 有沒有定義，以及 x 趨近 c 時 $f(x)$ 有沒有極限，兩者並沒有關係。

例 2　求極限

$f(x)=\begin{cases}1, & x\neq 2\\ 0, & x=2\end{cases}$，求 x 趨近 2 時 $f(x)$ 的極限。

解　因為除了 $x=2$ 以外，$f(x)$ 永遠是 1，所以所求的極限是 1（圖 1.39）。因此

$$\lim_{x\to 2}f(x)=1$$

雖然 $f(2)$ 是 0，但是這件事和 x 趨近 2 時 $f(x)$ 的極限是 1 無關，譬如：若 $f(x)$ 的定義改成

$$f(x)=\begin{cases}1, & x\neq 2\\ 2, & x=2\end{cases}$$

極限還是一樣，亦即 $\lim_{x\to 2}f(x)=1$。

到目前為止，我們已經利用畫圖和數值方法估計極限。在下節中，我們要學習利用解析的技巧來計算極限。同學們在課程中，應該要養成以這三種方式交替處理問題的習慣。

1. 數值方法（表列相關的數值）。
2. 畫圖方法（以繪圖軟體或手畫呈現函數圖形）。
3. 解析方法（利用代數或微積分處理極限）。

極限不存在的情形 Limits That Fail to Exist

下面三個例子，相關的極限都不存在。

例 3　從左、右兩邊趨近時，答案不一樣的情形

求證 $\lim_{x \to 0} \dfrac{|x|}{x}$ 不存在。

解　畫 $f(x) = \dfrac{|x|}{x}$ 的函數圖形，如圖 1.40。由絕對數值定義，可得

$$|x| = \begin{cases} x, & x \geq 0 \\ -x, & x < 0 \end{cases}$$　　絕對值的定義

因此

$$\dfrac{|x|}{x} = \begin{cases} 1, & x > 0 \\ -1, & x < 0 \end{cases}$$

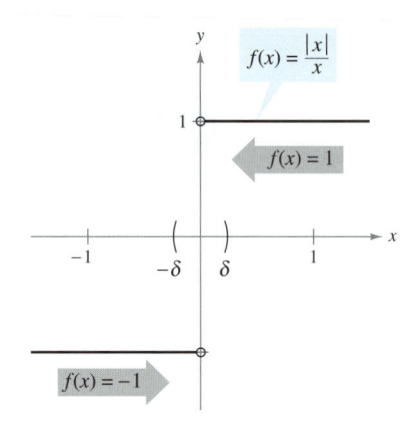

圖 1.40　$\lim_{x \to 0} f(x)$ 不存在。

這表示，無論 x 多麼接近 0，總是會有正的 x 值或負的 x 值讓 $f(x)$ 等於 1 或 -1。如果 δ（希臘小寫字母，讀作 delta）是一個正數，則當 $0 < |x| < \delta$ 時，$\dfrac{|x|}{x}$ 的值會分成兩類。

x 在區間 $(-\delta, 0)$　　　　x 在區間 $(0, \delta)$

$x < 0$ 得到 $\dfrac{|x|}{x} = -1$　　　$x > 0$ 得到 $\dfrac{|x|}{x} = 1$

因此，該極限無法存在。

例 4　沒有界限的情形

討論 $\lim_{x \to 0} \dfrac{1}{x^2}$。

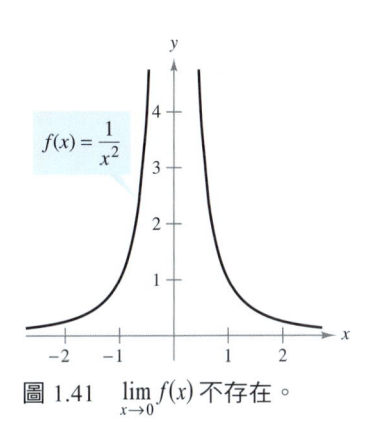

解 令 $f(x) = \dfrac{1}{x^2}$，其圖形見圖 1.41。在圖 1.41 中，不論 x 從右邊或是從左邊趨近 0，$f(x)$ 的值都會無限制的增大。這表示只要讓 x 與 0 靠得夠近，$f(x)$ 要多大就有多大。比方說，只要 x 在 0 和 $\dfrac{1}{10}$ 之間，$f(x)$ 就會大於 100，亦即

$$0 < |x| < \dfrac{1}{10} \implies f(x) = \dfrac{1}{x^2} > 100$$

同理，也可以讓 $f(x)$ 大於 $1{,}000{,}000$，只要

$$0 < |x| < \dfrac{1}{1000} \implies f(x) = \dfrac{1}{x^2} > 1{,}000{,}000$$

因為當 x 趨近 0 時，$f(x)$ 無法趨近一個固定的實數 L，因此該極限也不存在。

圖 1.41　$\lim\limits_{x \to 0} f(x)$ 不存在。

例 5　振盪行為

討論 $\lim\limits_{x \to 0} \sin \dfrac{1}{x}$ 是否存在。

解　圖 1.42 是 $f(x) = \sin \dfrac{1}{x}$ 的函數圖形，可以看出當 x 趨近 0 時，$f(x)$ 在 1 和 -1 之間振盪。無論正數 δ 取得多麼小，在 0 的左右 δ 範圍內都可以選到 x_1 和 x_2 使得 $\sin(1/x_1) = 1$，$\sin(1/x_2) = -1$，因此該極限無法存在，正如下表所示：

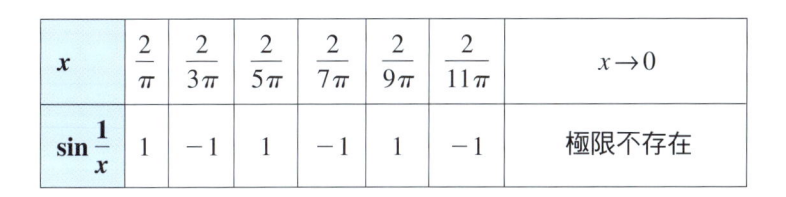

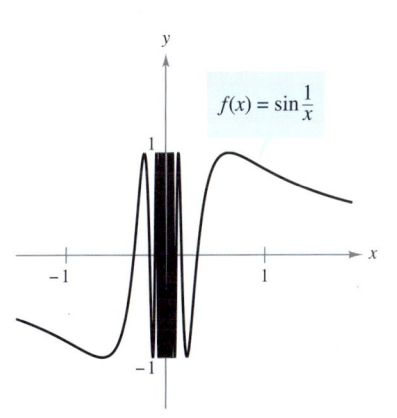

x	$\dfrac{2}{\pi}$	$\dfrac{2}{3\pi}$	$\dfrac{2}{5\pi}$	$\dfrac{2}{7\pi}$	$\dfrac{2}{9\pi}$	$\dfrac{2}{11\pi}$	$x \to 0$
$\sin\dfrac{1}{x}$	1	-1	1	-1	1	-1	極限不存在

圖 1.42　$\lim\limits_{x \to 0} f(x)$ 不存在。

極限不存在的幾個共通點

1. x 從 c 的左邊和右邊趨近 c 時，$f(x)$ 趨近不同的值。
2. 當 x 趨近 c 時，$f(x)$ 無限制的增加或減少。
3. 當 x 趨近 c 時，$f(x)$ 在兩個定值之間振盪。

有許多有趣的函數，其極限值呈現很有趣的行為，其中一個出名的例子是所謂的 Dirichlet 函數，其定義是

$$f(x) = \begin{cases} 0, & \text{若 } x \text{ 是有理數} \\ 1, & \text{若 } x \text{ 是無理數} \end{cases}$$

對任意實數 c 而言，$\lim\limits_{x \to c} f(x)$ 都不存在，因此 $f(x)$ 在任何一點 $x = c$ 都不連續。在 1.7 節，將對「連續」有更深入的介紹。

極限的定義（直觀式） A Definition of a Limit (Informal)

> **極限的定義**
>
> 給定函數 $f(x)$ 及定數 c，若我們可找到某數 L，使得「只要選取足夠接近 c 的 x，$f(x)$ 就可按照我們所期望的程度去接近 L」，我們就可說「當 x 趨近於 c 時，$f(x)$ 的極限為 L」，並以
> $$\lim_{x \to c} f(x) = L$$
> 記之。

注意，c 不一定要在 $f(x)$ 的定義域上，而 x 只要接近 c 即可，x 可以比 c 大，也可以比 c 小，但 x 不可為 c。

此外，$\lim\limits_{x \to c} f(x) = L$，也可說成「當 x 趨近於 c 時，$f(x)$ 會趨近於 L」。換言之，此處的「極限」其實就是「趨近（逼近、接近）」的概念。

在圖 1.43 中，$\lim\limits_{x \to 1} f(x) = 2$，但在 (a) 圖中，$f(1) = 2$；而在 (b) 圖中，$f(1) = 1$；但在 (c) 圖中，$f(1)$ 不存在（無定義）。這都是在說明「當我們考慮 $\lim\limits_{x \to 1} f(x)$ 時，$f(1)$ 的值〔甚至 $f(1)$ 存在與否〕並不重要」。

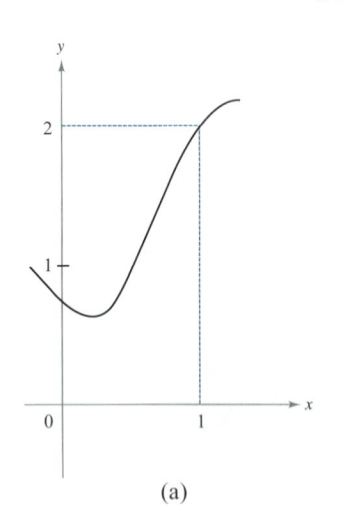

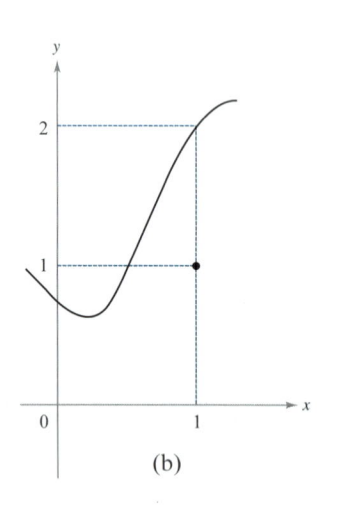

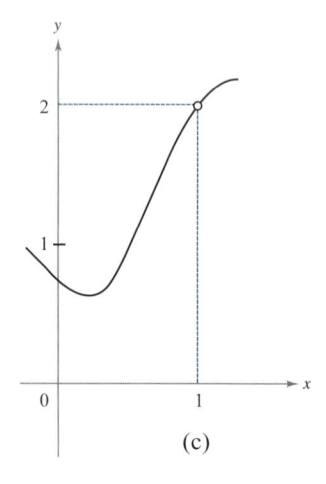

圖 1.43　在以上三圖，都是 $\lim\limits_{x \to 1} f(x) = 2$。

習題 1.5

1. 填下表，再估計 $\lim_{x\to 4}\dfrac{x-4}{x^2-5x+4}$ 此極限值。

x	3.9	3.99	3.999	4	4.001	4.01	4.1
$f(x)$				?			

習題 2～6，以所附之圖形來求極限，如果極限不存在，請解釋理由。

2. $\lim_{x\to 3}(4-x)$

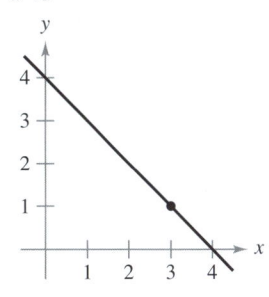

3. $\lim_{x\to 2}f(x)$

$f(x)=\begin{cases}4-x, & x\neq 2\\ 0, & x=2\end{cases}$

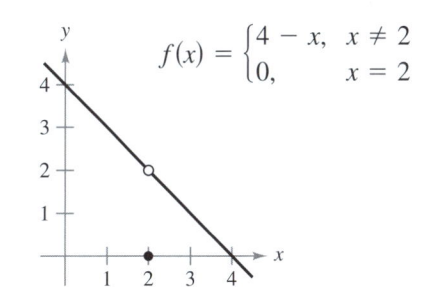

4. $\lim_{x\to 1}f(x)$

$f(x)=\begin{cases}x^2+3, & x\neq 1\\ 2, & x=1\end{cases}$

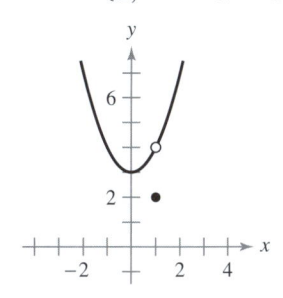

5. $\lim_{x\to 2}\dfrac{|x-2|}{x-2}$

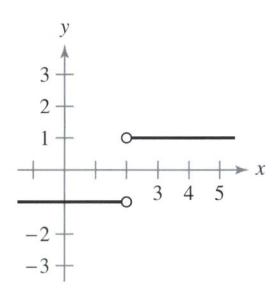

6. $\lim_{x\to 0}\cos\dfrac{1}{x}$

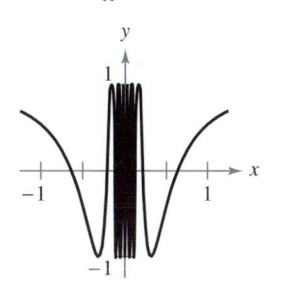

習題 7～8，以所附之圖形來決定下列數值，若存在，求其值；若不存在，請解釋理由。

7. (a) $f(1)$
(b) $\lim_{x\to 1}f(x)$
(c) $f(4)$
(d) $\lim_{x\to 4}f(x)$

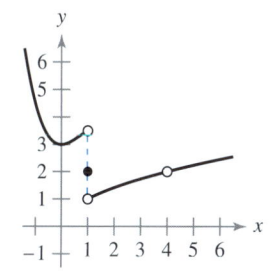

8. (a) $f(-2)$
(b) $\lim_{x\to -2}f(x)$
(c) $f(0)$
(d) $\lim_{x\to 0}f(x)$
(e) $f(2)$
(f) $\lim_{x\to 2}f(x)$
(g) $f(4)$
(h) $\lim_{x\to 4}f(x)$

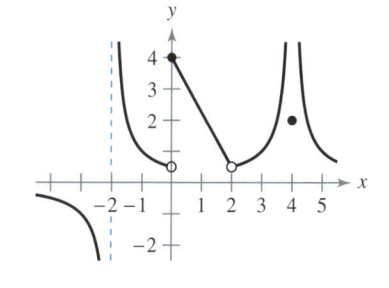

★ **9.** 畫出函數 f 的圖形，並求出所有使得 $\lim_{x\to c}f(x)$ 存在的 c 值。

$f(x)=\begin{cases}x^2, & x\leq 2\\ 8-2x, & 2<x<4\\ 4, & x\geq 4\end{cases}$

習題 10～11，畫出符合下列條件的函數圖 $y=f(x)$。
註：可能的答案有很多個，但只要畫出其中一個即可。

★ **10.** $f(0)$ 無定義
$\lim_{x\to 0}f(x)=4$
$f(2)=6$
$\lim_{x\to 2}f(x)=3$

★ **11.** $f(-2)=0$
$f(2)=0$
$\lim_{x\to -2}f(x)=0$
$\lim_{x\to 2}f(x)$ 不存在

註：標誌 ★ 表示稍難題目。

1.6 以解析的方法處理極限　Evaluating Limits Analytically

◆ 以性質求極限值。
◆ 發展一些策略求極限值。
◆ 將分子分母約分及將分式有理化來處理極限。
◆ 應用夾擠定理求極限值。

極限的性質　Properties of Limits

在 1.5 節我們學到當 x 趨近 c 時，$f(x)$ 的極限與 f 在 c 的函數值無關。當然，也有可能此一極限就是 $f(c)$，如果是這種情形，以**直接代值**（direct substitution）就可以求出極限，也就是說

$$\lim_{x \to c} f(x) = f(c) \qquad x \text{ 以 } c \text{ 代入}$$

我們稱這類行為良好的函數**在 c 點連續**（continuous at c），1.7 節會有進一步的討論。

定理 1.1　一些基本的極限

假設 b、c 是實數，而 n 是正整數，則

1. $\lim\limits_{x \to c} b = b$　　2. $\lim\limits_{x \to c} x = c$　　3. $\lim\limits_{x \to c} x^n = c^n$

例 1　計算基本極限

a. $\lim\limits_{x \to 2} 3 = 3$　　b. $\lim\limits_{x \to -4} x = -4$　　c. $\lim\limits_{x \to 2} x^2 = 2^2 = 4$　　（讀作「x^2 在 x 趨近 2 的極限是 4」）

定理 1.2　極限的性質

令 b、c 為實數，n 是正整數。若 f 和 g 的極限存在，分別是 $\lim\limits_{x \to c} f(x) = L$ 和 $\lim\limits_{x \to c} g(x) = K$，則

1. 伸縮倍數　　$\lim\limits_{x \to c} [b f(x)] = bL$
2. 和或差　　　$\lim\limits_{x \to c} [f(x) \pm g(x)] = L \pm K$
3. 乘積　　　　$\lim\limits_{x \to c} [f(x)g(x)] = LK$
4. 商　　　　　$\lim\limits_{x \to c} \dfrac{f(x)}{g(x)} = \dfrac{L}{K}$，其中 $K \neq 0$
5. 冪次　　　　$\lim\limits_{x \to c} [f(x)]^n = L^n$

例2 多項式的極限

求 $\lim\limits_{x \to 2} (4x^2 + 3)$。

解

$$\begin{aligned}\lim_{x \to 2} (4x^2 + 3) &= \lim_{x \to 2} 4x^2 + \lim_{x \to 2} 3 & &\text{定理 1.2 的性質 2}\\ &= 4\left(\lim_{x \to 2} x^2\right) + \lim_{x \to 2} 3 & &\text{定理 1.2 的性質 1}\\ &= 4(2^2) + 3 & &\text{定理 1.1 的性質 1 與 3}\\ &= 19 & &\text{化簡}\end{aligned}$$

此極限值也可由 $f(x) = 4x^2 + 3$ 的函數圖（如圖 1.44）得到驗證。

注意在例 2 中，當 $x \to 2$ 時，多項式函數 $p(x) = 4x^2 + 3$ 的極限就是 $p(x)$ 在 $x = 2$ 的值。

$$\lim_{x \to 2} p(x) = p(2) = 4(2^2) + 3 = 19$$

直接代值求極限的方法適用於所有多項式函數及（代值時）分母不等於 0 的有理函數。

定理 1.3　多項式函數及有理函數的極限

如果 p 是多項式函數且 c 是一個實數，則

$$\lim_{x \to c} p(x) = p(c)$$

如果 $r(x) = p(x)/q(x)$，其中 p 與 q 均是多項式並且 $q(c) \neq 0$，則

$$\lim_{x \to c} r(x) = r(c) = \frac{p(c)}{q(c)}$$

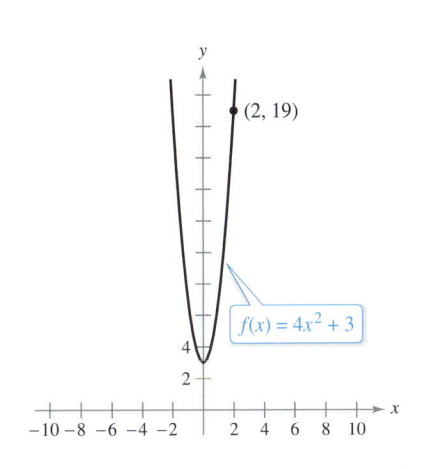

圖1.44　當 x 趨近到 2 時，$f(x)$ 的極限值是 19。

例3 有理函數的極值

求 $\lim\limits_{x \to 1} \dfrac{x^2 + x + 2}{x + 1}$ 的極值。

解　由於 x 以 1 代入時，分母不為 0，所以由定理 1.3 得出

$$\lim_{x \to 1} \frac{x^2 + x + 2}{x + 1} = \frac{1^2 + 1 + 2}{1 + 1} = \frac{4}{2} = 2 \quad \text{如圖 1.45}$$

多項式函數及有理函數是所謂的代數函數三種類型之二，定理 1.4 討論代數函數的第三種類型——開根號。

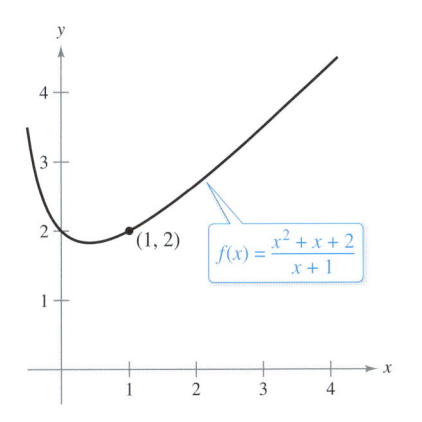

圖1.45　當 x 趨近到 1 時，$f(x)$ 的極限值是 2。

> **定理 1.4　帶根號的函數的極限**
> 令 n 為正整數。如果 n 是奇數，則 $\lim\limits_{x\to c}\sqrt[n]{x}=\sqrt[n]{c}$；
> 如果 n 是偶數且 $c>0$，仍然有 $\lim\limits_{x\to c}\sqrt[n]{x}=\sqrt[n]{c}$。

利用下面這個定理處理合成函數的極限，大大擴充了可能遇到的函數極限問題。

> **定理 1.5　合成函數的極限**
> 如果 $\lim\limits_{x\to c}g(x)=L$ 且 $\lim\limits_{x\to L}f(x)=f(L)$，則
> $$\lim_{x\to c}f(g(x))=f\left(\lim_{x\to c}g(x)\right)=f(L)$$

例 4　合成函數的極限

a. 因為 $\lim\limits_{x\to 0}(x^2+4)=0^2+4=4$ 並且 $\lim\limits_{x\to 4}\sqrt{x}=2$

得出 $\lim\limits_{x\to 0}\sqrt{x^2+4}=\sqrt{4}=2$。

b. 因為 $\lim\limits_{x\to 3}(2x^2-10)=2(3^2)-10=8$ 且 $\lim\limits_{x\to 8}\sqrt[3]{x}=\sqrt[3]{8}=2$

所以 $\lim\limits_{x\to 3}\sqrt[3]{2x^2-10}=\sqrt[3]{8}=2$

我們從定理 1.4 和 1.5 已經看到：許多代數函數的極限可以直接代入求出。超越函數（三角，指、對數函數）也有同樣的結果，請看下面的定理。

> **定理 1.6　超越函數的極限**
> 令 c 是一個實數，我們可以直接代入來求極限。
> 1. $\lim\limits_{x\to c}\sin x=\sin c$
> 2. $\lim\limits_{x\to c}\cos x=\cos c$
> 3. $\lim\limits_{x\to c}\tan x=\tan c$
> 4. $\lim\limits_{x\to c}\cot x=\cot c$
> 5. $\lim\limits_{x\to c}\sec x=\sec c$
> 6. $\lim\limits_{x\to c}\csc x=\csc c$
> 7. $\lim\limits_{x\to c}a^x=a^c,\ a>0$
> 8. $c>0,\ \lim\limits_{x\to c}\ln x=\ln c$

例 5　超越函數的極限

a. $\lim\limits_{x\to 0}\tan x=\tan(0)=0$

b. $\lim\limits_{x\to 0}\sin^2 x=\lim\limits_{x\to 0}(\sin x)^2=0^2=0$

c. $\lim\limits_{x\to -1} xe^x = \left(\lim\limits_{x\to -1} x\right)\left(\lim\limits_{x\to -1} e^x\right) = (-1)(e^{-1}) = -e^{-1}$

d. $\lim\limits_{x\to e} \ln x^3 = \lim\limits_{x\to e} 3\ln x = 3(1) = 3$

求極限的策略 A Strategy for Finding Limits

從前面幾節，我們已經知道有一些函數的極限可以直接代入來求得，如果再加上定理 1.7，就可以用來求某一類型的極限問題。

定理 1.7　兩個函數除了一點之外完全重合

令 c 是一個實數，並且假設函數 $f(x)$ 和 $g(x)$ 在一個包含 c 的開區間上對所有的 $x \neq c$ 函數值都相等。如果 x 趨近 c 時 $g(x)$ 的極限存在，則 $f(x)$ 的極限也存在，並且

$$\lim_{x\to c} f(x) = \lim_{x\to c} g(x)$$

例 6　求函數的極限

求 $\lim\limits_{x\to 1} \dfrac{x^3-1}{x-1}$ 的極限。

解　令 $f(x) = (x^3-1)/(x-1)$，上、下約分後 f 可以寫成

$$f(x) = \frac{(x-1)(x^2+x+1)}{(x-1)} = x^2+x+1 = g(x)，x \neq 1$$

因此，只要 $x \neq 1$，f 和 g 相合，如圖 1.46。由於 $\lim\limits_{x\to c} g(x)$ 存在，應用定理 1.7 可以得出 f 和 g 在 $x=1$ 的極限相等。

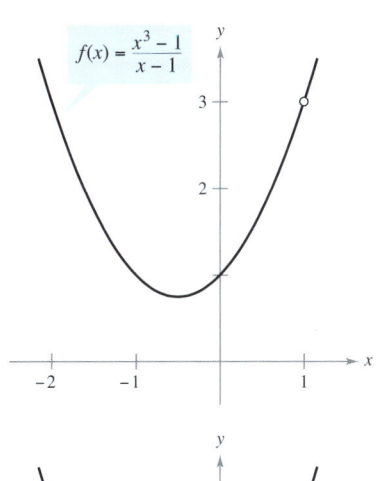

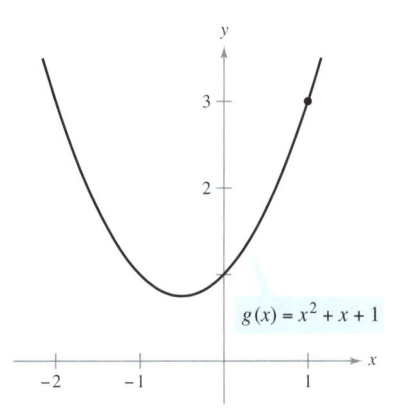

$$\begin{aligned}
\lim_{x\to 1}\frac{x^3-1}{x-1} &= \lim_{x\to 1}\frac{(x-1)(x^2+x+1)}{x-1} & &\text{分解因式}\\
&= \lim_{x\to 1}\frac{(x-1)(x^2+x+1)}{x-1} & &\text{約分}\\
&= \lim_{x\to 1}(x^2+x+1) & &\text{應用定理 1.7}\\
&= 1^2+1+1 & &\text{直接代入}\\
&= 3 & &\text{化簡}
\end{aligned}$$

圖 1.46　f 和 g 除了一點完全重合。

研讀指引　以此策略求極限時，記得有些函數的極限本來就不存在。例如：

$$\lim_{x\to 1} \frac{x^3+1}{x-1}$$

> **求極限的策略**
>
> 1. 先學會哪類極限問題可以直接代入來求（請見定理 1.1 到 1.6）。
> 2. 如果 x 趨近 c 時，$f(x)$ 的極限不能直接代入，想辦法找一個函數 g，與 f 除了 $x = c$ 以外處處相等（g 要選成是可以直接代入 c 求極限的）。
> 3. 應用定理 1.7 分析推論 $\lim_{x \to c} f(x) = \lim_{x \to c} g(x) = g(c)$。
> 4. 利用畫圖或列表以支持您的結論。

約分和有理化 Dividing Out and Rationalizing Techniques

我們將以例 7 和例 8 說明兩個求極限的解析方法，第一個方法是約分，第二個方法是把分式的分子有理化。

例 7 約分

求 $\lim_{x \to -3} \dfrac{x^2 + x - 6}{x + 3}$ 的極限。

解 如果直接把 x 以 -3 代入，分母為 0，分子也為 0，得不出結果，但是分子和分母都有因式 $x + 3$，所以在 $x \neq -3$ 時，我們可以得到

$$f(x) = \frac{x^2 + x - 6}{x + 3} = \frac{(x + 3)(x - 2)}{x + 3} = x - 2 = g(x),$$

$x \neq -3$

再利用定理 1.7 得出

$$\lim_{x \to -3} \frac{x^2 + x - 6}{x + 3} = \lim_{x \to -3} (x - 2) \quad \text{應用定理 1.7}$$
$$= -5 \quad \text{直接代入}$$

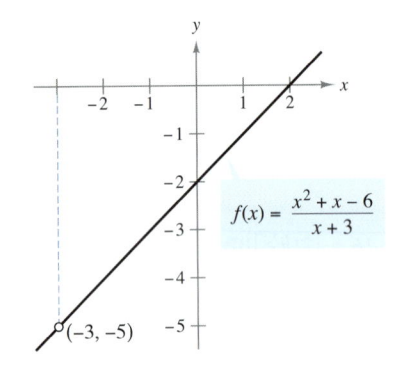

圖 1.47 f 在 $x = -3$ 沒有定義。

上述結果在圖 1.47 中可以看出。注意 f 和 g 的函數圖形在 $x \neq -3$ 時重合，只是 f 的圖形缺了 $(-3, -5)$ 這一點。

在例 7 中，直接代入會得到 0/0 這個無意義的分數，這種 0/0 的情形稱為**不定型**（indeterminate form），我們無法從這種型式求出極限。當我們遇到不定型時，謹記要想辦法重新改寫分式，讓分母不至於以 0 為極限，一個辦法是像例 7（同時對分子分母作約分）；另一個方法是把分子有理化，請看例 8。

有理化的技巧 Rationalizing Technique

用解析方法求極限值時，針對根式的分式函數，也常用有理化的方式。所謂有理化就是將分子與分母同時乘上某一根式，使得分子或分母不再含有根式。如針對

$$\frac{\sqrt{x}+4}{x}$$

的分子有理化，只需將分子與分母同時乘上 $\sqrt{x}+4$ 的共軛根式，即 $\sqrt{x}-4$。

例 8 有理化

求極限 $\lim\limits_{x\to 0}\dfrac{\sqrt{x+1}-1}{x}$。

解 如果直接把 x 以 0 代入，會得到不定型 0/0。

$$\lim_{x\to 0}\frac{\sqrt{x+1}-1}{x} \quad \begin{array}{l} \nearrow \lim\limits_{x\to 0}(\sqrt{x+1}-1)=0 \\ \searrow \lim\limits_{x\to 0} x = 0 \end{array}$$

直接代入失效

但是，我們可以藉著把分子有理化來改寫這個分式。

$$\frac{\sqrt{x+1}-1}{x} = \left(\frac{\sqrt{x+1}-1}{x}\right)\left(\frac{\sqrt{x+1}+1}{\sqrt{x+1}+1}\right)$$

$$= \frac{(x+1)-1}{x(\sqrt{x+1}+1)} = \frac{\cancel{x}}{\cancel{x}(\sqrt{x+1}+1)}$$

$$= \frac{1}{\sqrt{x+1}+1}, \quad x \neq 0$$

接著，再使用定理 1.7，我們可以得到極限如下：

$$\lim_{x\to 0}\frac{\sqrt{x+1}-1}{x} = \lim_{x\to 0}\frac{1}{\sqrt{x+1}+1} = \frac{1}{1+1} = \frac{1}{2}$$

列表或畫圖可以強化結論：極限確實等於 $\dfrac{1}{2}$（見圖 1.48）。

注意 有理化一個根式函數時，其實是乘上一個值為 1 的恰當式子。在例 8 中，這個恰當的式子是

$$1 = \frac{\sqrt{x+1}+1}{\sqrt{x+1}+1}$$

也就是分子與分母同時乘上 $\sqrt{x+1}+1$。

x 從 0 的左邊趨近 ⟶   ⟵ x 從 0 的右邊趨近

x	-0.25	-0.1	-0.01	-0.001	0	0.001	0.01	0.1	0.25
$f(x)$	0.5359	0.5132	0.5013	0.5001	?	0.4999	0.4988	0.4881	0.4721

$f(x)$ 趨近 0.5 ⟶   ⟵ $f(x)$ 趨近 0.5

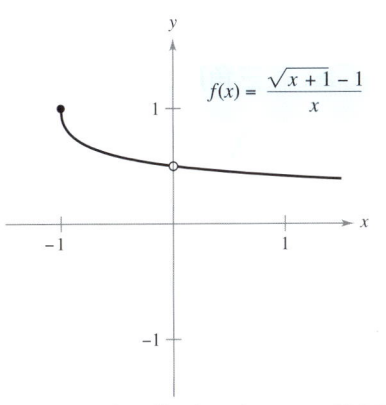

圖 1.48 當 x 趨近 0 時，$f(x)$ 的極限是 $\dfrac{1}{2}$。

$f(x) = \dfrac{\sqrt{x+1}-1}{x}$

習題 1.6

習題 1～5，求下列各極限。

1. $\lim_{x \to -3} (x^2 + 3x)$ **2.** $\lim_{x \to 3} \sqrt{x+8}$

3. $\lim_{x \to 7} \dfrac{3x}{\sqrt{x+2}}$ **4.** $\lim_{x \to \pi/2} \sin x$

5. $\lim_{x \to 0} e^x \cos 2x$

習題 6～7，求下列各極限。

6. $f(x) = 5 - x, g(x) = x^3$
 (a) $\lim_{x \to 1} f(x)$ (b) $\lim_{x \to 4} g(x)$ (c) $\lim_{x \to 1} g(f(x))$

7. $f(x) = 4 - x^2, g(x) = \sqrt{x+1}$
 (a) $\lim_{x \to 1} f(x)$ (b) $\lim_{x \to 3} g(x)$ (c) $\lim_{x \to 1} g(f(x))$

習題 8～9，利用給定的條件求下列極限。

8. $\lim_{x \to c} f(x) = \tfrac{2}{5}$
 $\lim_{x \to c} g(x) = 2$
 (a) $\lim_{x \to c} [5g(x)]$
 (b) $\lim_{x \to c} [f(x) + g(x)]$
 (c) $\lim_{x \to c} [f(x)g(x)]$
 (d) $\lim_{x \to c} \dfrac{f(x)}{g(x)}$

9. $\lim_{x \to c} f(x) = 16$
 (a) $\lim_{x \to c} [f(x)]^2$
 (b) $\lim_{x \to c} \sqrt{f(x)}$
 (c) $\lim_{x \to c} [3f(x)]$
 (d) $\lim_{x \to c} [f(x)]^{3/2}$

習題 10～20，求下列極限（如果存在的話）。

10. $\lim_{x \to -1} \dfrac{x^2 - 1}{x+1}$

★ **11.** $\lim_{x \to 2} \dfrac{x^3 - 8}{x-2}$

12. $\lim_{x \to -4} \dfrac{(x+4)\ln(x+6)}{x^2 - 16}$

13. $\lim_{x \to 0} \dfrac{x}{x^2 - x}$

14. $\lim_{x \to 4} \dfrac{x-4}{x^2 - 16}$

15. $\lim_{x \to -3} \dfrac{x^2 + x - 6}{x^2 - 9}$

16. $\lim_{x \to 4} \dfrac{\sqrt{x+5} - 3}{x-4}$

17. $\lim_{x \to 0} \dfrac{\sqrt{x+5} - \sqrt{5}}{x}$

★ **18.** $\lim_{x \to 0} \dfrac{[1/(3+x)] - (1/3)}{x}$

19. $\lim_{\Delta x \to 0} \dfrac{2(x + \Delta x) - 2x}{\Delta x}$

★ **20.** $\lim_{\Delta x \to 0} \dfrac{(x+\Delta x)^2 - 2(x+\Delta x) + 1 - (x^2 - 2x + 1)}{\Delta x}$

習題 21～25，求下列超越函數的極限（如果存在的話）。

21. $\lim_{x \to 0} \dfrac{\sin x}{5x}$

22. $\lim_{x \to 0} \dfrac{(\sin x)(1 - \cos x)}{x^2}$

★ **23.** $\lim_{x \to 0} \dfrac{\sin^2 x}{x}$

24. $\lim_{x \to 0} \dfrac{6 - 6\cos x}{3}$

★ **25.** $\lim_{x \to 0} \dfrac{\sin 2x}{\sin 3x}$（提示：求 $\lim_{x \to 0} \left(\dfrac{2\sin 2x}{2x}\right)\left(\dfrac{3x}{3\sin 3x}\right)$）

★ **26.** $f(x) = x^2 - 4x$，求 $\lim_{\Delta x \to 0} \dfrac{f(x + \Delta x) - f(x)}{\Delta x}$。

★ **27.** 若 $4 - x^2 \leq f(x) \leq 4 + x^2$，用夾擠定理求 $\lim_{x \to 0} f(x)$。

註：標誌 ★ 表示稍難題目。

1.7 連續和單側極限　Continuity and One-Sided Limits

◆ 判定在一點及在開區間上的連續性。
◆ 在閉區間的端點判定單側極限及連續性。
◆ 連續性質的運用。
◆ 理解和應用中間值定理。

在一點和在一開區間上的連續性
Continuity at a Point and on an Open Interval

在數學上，連續一詞的意義正如在日常生活中所指。直觀而言，我們稱函數 f 在 $x = c$ 連續通常是指 f 的函數圖形在點 c 之上無斷點，既不斷裂，也沒有洞，也不跳躍，也無間隙。圖 1.51 顯示三種 f 在某一點 c 不連續的情形，而在其他在區間 (a, b) 上的點，f 都是**連續**（continuous）的。

圖 1.51 中，f 在 $x = c$ 失去連續性，主要來自三種可能：
1. 函數 f 在 $x = c$ 無定義。
2. 當 x 趨近 c 時，$f(x)$ 的極限不存在。
3. 極限雖然存在，但是卻不等於 $f(c)$。

若上面三種情形都不發生，f 在 c 就會連續，請看下面對連續的定義。

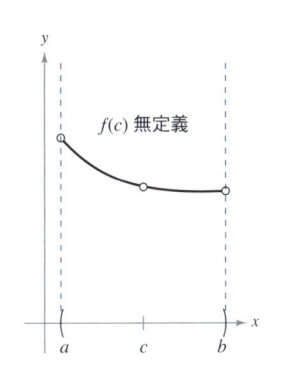

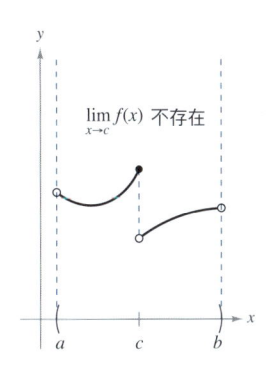

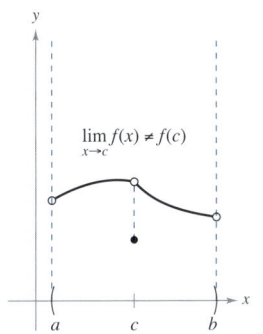

圖 1.51　f 在 c 不連續的三種情形。

> **連續的定義**
>
> 在一點連續：函數 f 如果同時滿足下列三個條件，就稱 f **在 c 點連續**（continuous at c）
> 1. $f(c)$ 有定義。
> 2. $\lim\limits_{x \to c} f(x)$ 存在。
> 3. $\lim\limits_{x \to c} f(x) = f(c)$。
>
> 在開區間上連續：如果 f 在開區間 (a, b) 中的每一個點都連續，就稱 f **在開區間 (a, b) 上連續**〔continuous on an open interval (a, b)〕。如果 f 在每一個實數點都連續，我們稱 f 在 $(-\infty, \infty)$ 上**處處連續**（everywhere continuous），記號 $(-\infty, \infty)$ 代表全體實數所成的集合。

設 c 是開區間 I 中一個點，函數 f 定義在 I 上，但是在 c 點不見得有定義，並且假設 f 在 c 不連續，我們就稱 f 在 c 點有**不連續性**（discontinuity）。不連續性分成兩類：一類**可以消除**（removable）和另一類**不可消除**（nonremovable）。如果可以透過 f 對 c 點取值

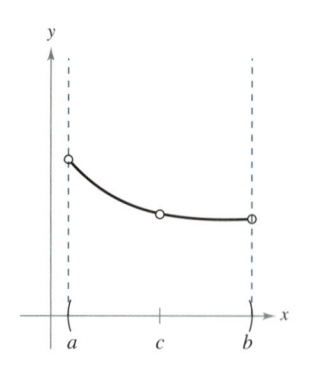

(a) 可以消除的不連續點。

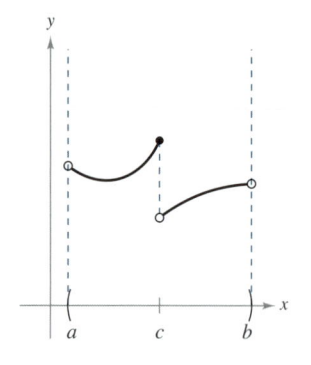

(b) 無法消除的不連續點。

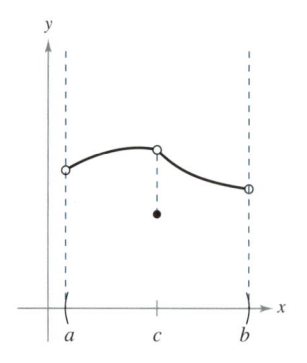

(c) 可以消除的不連續點。

圖 1.52

的重新定義而讓 f 連續的話，不連續性就可以消除。例如圖 1.52(a) 和 (c) 中的函數在 c 的不連續性可以消除，但是在圖 1.52(b) 中的函數在 c 的不連續性無法消除，亦即不管用什麼方式重新定義 $f(c)$，f 在 c 都不連續。

例 1 函數的連續性

討論下列四個函數的連續性：

a. $f(x) = \dfrac{1}{x}$ **b.** $g(x) = \dfrac{x^2 - 1}{x - 1}$ **c.** $h(x) = \begin{cases} x + 1, & x \leq 0 \\ e^x, & x > 0 \end{cases}$ **d.** $y = \sin x$

解

a. f 的定義域是所有非零的實數，從定理 1.3 可知 f 在它的定義域中到處連續。在 $x = 0$，f 的不連續性無法消除，如圖 1.53(a) 所示。換句話說，不管怎麼定 $f(0)$，f 在 $x = 0$ 都不連續。

b. g 的定義域是除 1 之外所有的實數，從定理 1.3 可知 g 在定義域中到處連續。在 $x = 1$ 函數的不連續性可以消除，如圖 1.53(b) 所示。如果定 $g(1)$ 為 2，那麼這個「新定的函數」就會在所有的實數上連續。

c. h 的定義域是所有的實數。h 在 $(-\infty, 0)$ 和 $(0, \infty)$ ^(註) 上連續，又因為 $\lim\limits_{x \to 0} h(x) = 1$，$h$ 在整條實數線上都連續，如圖 1.53(c) 所示。

d. y 的定義域是所有的實數，從定理 1.6 可知正弦函數在整個定義域 $(-\infty, \infty)$ 上連續，如圖 1.53(d) 所示。

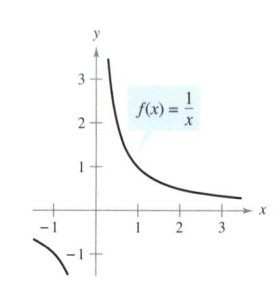

(a) 在 $x = 0$ 的不連續性無法消除。

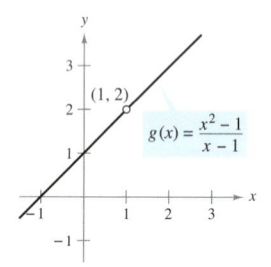

(b) 在 $x = 1$ 的不連續性可以消除。

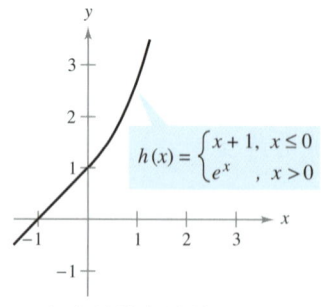

(c) 在實數線上連續。

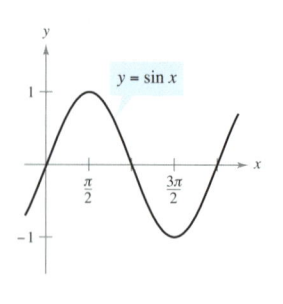

(d) 在實數線上連續。

圖 1.53

註：$(-\infty, 0)$ 指所有的負數，$(0, \infty)$ 指所有的正數，$(-\infty, \infty)$ 指所有的實數。

研讀指引 有些人稱例 1(a) 的函數是一個不連續的函數,我們覺得這麼說容易引起困擾,我們想說成「$f(x)$ 在 $x = 0$ 不連續」意思會比較完整,因為事實上 f 在 $x = 0$ 以外到處都連續。

單側極限與閉區間上的連續性
One-Sided Limits and Continuity on a Closed Interval

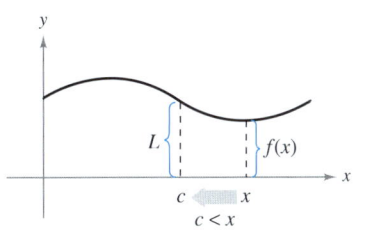

為了談論在閉區間上的連續性,我們應該先瞭解什麼是**單側極限**(one-sided limit)。例如,在 c 點的**右極限**(limit from the right)是指當 x 從 c 的右方,或從大於 c 的一方,趨近於 c〔如圖 1.54(a)〕,這樣得到的極限記成

$$\lim_{x \to c^+} f(x) = L \qquad \text{右極限}$$

同理,我們可以定義**左極限**(limit from the left),x 從小於 c 的一方趨近 c〔如圖 1.54(b)〕,得到的極限記成

$$\lim_{x \to c^-} f(x) = L \qquad \text{左極限}$$

左極限的定義如下,用類似的手法,即可得右極限的定義。

左極限的定義

給定函數 $f(x)$ 及定數 c,若我們可找到某數 L,使得「只要選取足夠接近 c 的 x,且 $x < c$,$f(x)$ 就可依我們所期望的程度去接近 L」,我們就稱「當 x 趨近於 c 時,$f(x)$ 的左極限為 L」,並以
$$\lim_{x \to c^-} f(x) = L$$
記之。

(a) 右極限

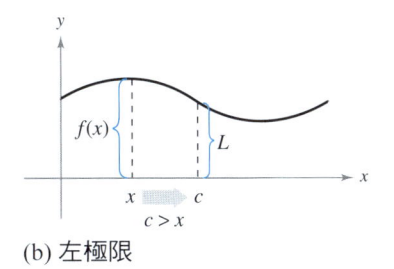

(b) 左極限

圖 1.54

單側極限至少會用在討論根式的極限,比方,如果 n 是偶數,$\sqrt[n]{x}$ 只在 $x \geq 0$ 時有意義。所以取右極限得到:

$$\lim_{x \to 0^+} \sqrt[n]{x} = 0$$

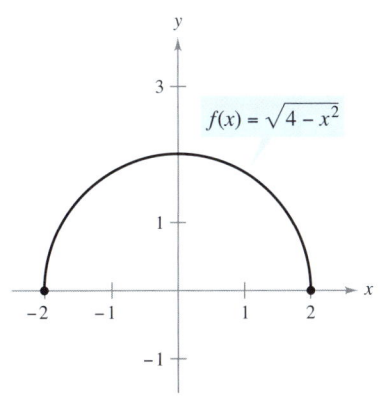

例 2 單側極限

求 x 從 -2 的右方趨近時,$f(x) = \sqrt{4 - x^2}$ 的極限。

解 從圖 1.55 看出,當 x 從 -2 的右方趨近 -2 時,$\lim_{x \to -2^+} \sqrt{4 - x^2} = 0$。

圖 1.55 當 x 從 -2 的右方趨近 -2 時,$f(x)$ 的極限是 0。

單側極限也可以用來考察**階梯函數**（step function）的行為，一個常見的階梯函數是**最大整數函數**（greatest integer function）〖x〗，它的定義是

〖x〗＝小或等於 x 的最大整數　　　最大整數函數

例如：〖2.5〗＝2，〖−2.5〗＝−3，〖2〗＝2。

例 3　最大整數函數

求 x 從 0 的左、右方趨近 0 時，$f(x) = $〖x〗 的單側極限。

解　如圖 1.56，可以看出 $\lim_{x \to 0^-}$〖x〗$= -1$，而 $\lim_{x \to 0^+}$〖x〗$= 0$。

由於在 0 點的左、右極限不相等，所以最大整數函數在 0 點不連續，同理，可以看出這個函數在任意的整數點都不連續。

如果左極限和右極限不相等，極限（或雙側的極限）就不能存在。下面的定理將此現象說得更明顯。

定理 1.10　有關極限的存在性

令 f 是一個函數，而 c 和 L 是實數。當 x 趨近 c 時，$f(x)$ 的極限是 L 若且唯若 $\lim_{x \to c^-} f(x) = L$ 和 $\lim_{x \to c^+} f(x) = L$ 同時成立。

單側極限的概念容許我們把連續的概念擴充到閉區間上。基本上，一個函數若在一個閉區間的內部連續，並且在端點滿足單側連續，我們就稱該函數在整個閉區間上連續。我們正式定義如下：

在閉區間上連續的定義

某函數 $f(x)$ 如果在開區間 (a, b) 上連續，並且同時滿足

$$\lim_{x \to a^+} f(x) = f(a) \quad \text{和} \quad \lim_{x \to b^-} f(x) = f(b)$$

亦即 f **從右邊看來在 a 連續**（continuous from the right），**從左邊看來在 b 連續**（continuous from the left），我們就稱 f 在閉區間 $[a, b]$ 上連續（見圖 1.57）。

同理，我們可以在半開半閉的區間 $(a, b]$ 和 $[a, b)$ 或者在無窮區間上以類似的方式定義連續，例如：函數

$$f(x) = \sqrt{x}$$

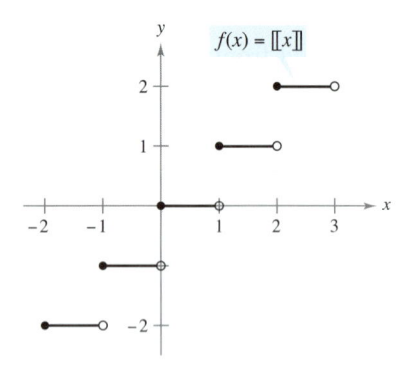

圖 1.56　最大整數函數。

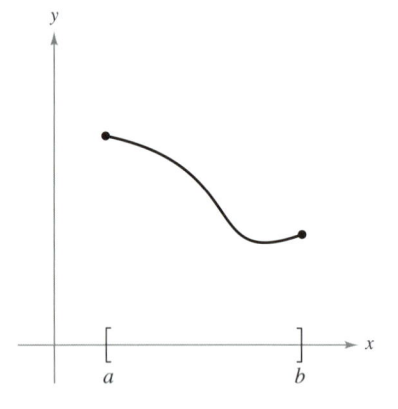

圖 1.57　閉區間上的連續函數。

在無窮區間 $[0, \infty)$ 上連續，而函數

$$g(x) = \sqrt{2-x}$$

在無窮區間 $(-\infty, 2]$ 上連續。

例 4　閉區間上的連續性

討論 $f(x) = \sqrt{1-x^2}$ 的連續性。

解　函數 f 的定義域是閉區間 $[-1, 1]$，在開區間 $(-1, 1)$ 上，由定理 1.4 和 1.5 可知 f 連續，又因為

$$\lim_{x \to -1^+} \sqrt{1-x^2} = 0 = f(-1) \qquad \text{從 } -1 \text{ 的右邊連續}$$

並且

$$\lim_{x \to 1^-} \sqrt{1-x^2} = 0 = f(1) \qquad \text{從 } 1 \text{ 的左邊連續}$$

我們可以結論 f 在閉區間 $[-1, 1]$ 上連續，如圖 1.58 所示。

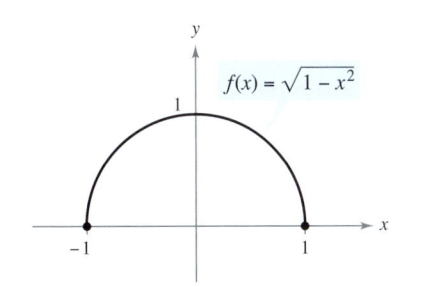

圖 1.58　f 在 $[-1, 1]$ 上連續。

下例將說明如何利用單側極限來標定凱氏溫度計上的絕對零度。

注意　查理定律：在等壓下，氣體有下列特性

$$V = kT$$

其中 V 表體積，k 表常數，而 T 表溫度。

例 5　查理定律和絕對零度

絕對零度是凱氏溫度計上的零度，記成 0 K，雖然在實驗室中已經可以降到近似 0 K，但從來無法達到真正的絕對零度。實際上，證據顯示絕對零度是永遠達不到的，那麼，科學家究竟如何把 0 K 定成是物質溫度的最下限呢？對照攝氏溫度計，絕對零度應該是攝氏幾度？

解　絕對零度的標定工作始於法國物理學家 Jacques Charles（1746～1823）。Charles 發現在等壓之下，氣體的體積與溫度成正比（見下表），表中列出一個莫耳的氫在一大氣壓下，溫度與體積的關係，體積 V 的單位是升，而溫度 T 以攝氏表示。

T	-40	-20	0	20	40	60	80
V	19.1482	20.7908	22.4334	24.0760	25.7186	27.3612	29.0038

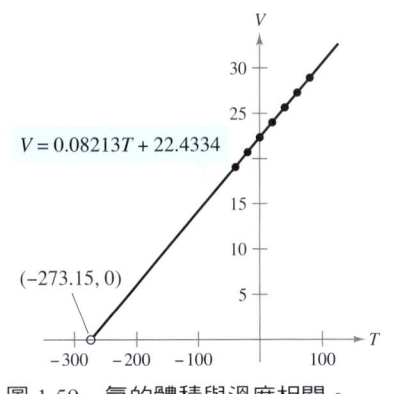

圖 1.59　氫的體積與溫度相關。

圖 1.59 上的點對應於表中相關的 T 和 V 值，不難算出 T 和 V 之間以一個線性方程聯結

$$V = 0.08213T + 22.4334 \qquad \text{移項可得} \qquad T = \frac{V - 22.4334}{0.08213}$$

令氣體的體積趨近於 0（但是絕不等於 0，也不小於 0）來作推論，可以標出最小可能的溫度是

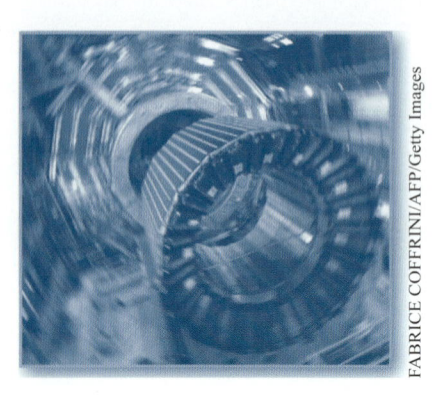

液態氦用於冷卻超導磁體，如磁共振成像（MRI）機，或大型強子對撞機（如上圖）。製造這些磁體的材質只有在高於絕對零度一點點的極低溫下，才有超導特性，而要達到這樣的低溫就需液態氦：氦在 $-269°C$，即 $4.15K$ 時液化。

$$\lim_{V \to 0^+} T = \lim_{V \to 0^+} \frac{V - 22.4334}{0.08213}$$

$$= \frac{0 - 22.4334}{0.08213} \quad \text{以 } V = 0 \text{ 直接代入}$$

$$\approx -273.15$$

因此絕對零度（0 K）近似於攝氏 $-273.15°$。

連續的性質 Properties of Continuity

在 1.6 節中，我們學了若干有關極限的性質，每一個性質都對應一個連續函數的屬性，比方說，定理 1.11 是定理 1.2 的直接結果。

定理 1.11　連續的性質

已知 f 和 g 在 $x = c$ 連續，b 是一個實數，則下列各函數都在 c 點連續。

1. 伸縮倍數：bf
2. 和差：$f \pm g$
3. 乘積：fg
4. 商：$\dfrac{f}{g}$，其中 $g(c) \neq 0$

下列類型的函數，在定義域上每一點都連續。

1. 多項式函數　　$p(x) = a_n x^n + a_{n-1} x^{n-1} + \cdots + a_1 x + a_0$
2. 有理函數　　　$r(x) = \dfrac{p(x)}{q(x)}$，$q(x) \neq 0$
3. 根式函數　　　$f(x) = \sqrt[n]{x}$
4. 三角函數　　　$\sin x, \cos x, \tan x, \cot x, \sec x, \csc x$
5. 指數和對數函數　$f(x) = a^x$，$f(x) = e^x$，$f(x) = \ln x$

如果將此五種類型與定理 1.11 的操作結合，就可以得出一大堆所謂的「基本函數」[註]，它們在自己的定義域中到處連續。

例 6　連續性質的應用

由定理 1.11，我們知道下列各函數在自己的定義域中連續。

$$f(x) = x + e^x, \quad f(x) = 3 \tan x, \quad f(x) = \frac{x^2 + 1}{\cos x}$$

註：基本函數通常包括：1. 代數函數（多項式、有理函數與根式函數）；2. 三角函數；3. 指數和對數函數；以及 4. 它們的加、減、乘、除和合成函數。

應用定理 1.5，可以得出定理 1.12，以決定合成函數是否連續，如

$$f(x) = \ln 3x, \quad f(x) = \sqrt{x^2 + 1}, \quad f(x) = \tan \frac{1}{x}$$

注意 如果函數 f 和 g 滿足定理 1.12 的條件，利用該定理，我們可得：當 x 趨近 c 時，$f(g(x))$ 的極限是 $\lim_{x \to c} f(g(x)) = f(g(c))$。

定理 1.12　合成函數的連續性

已知 g 在 c 連續，而 f 又在 $g(c)$ 連續，則合成函數 $(f \circ g)(x) = f(g(x))$ 也會在 c 點連續。

例 7　連續性的檢驗

描述下列各函數連續的區間。

a. $f(x) = \tan x$　**b.** $g(x) = \begin{cases} \sin \dfrac{1}{x}, & x \neq 0 \\ 0, & x = 0 \end{cases}$　**c.** $h(x) = \begin{cases} x \sin \dfrac{1}{x}, & x \neq 0 \\ 0, & x = 0 \end{cases}$

解

a. $f(x) = \tan x$ 在 $x = \dfrac{\pi}{2} + n\pi$（$n$ 為整數）無定義。

而在其他所有的點 $f(x)$ 都連續，所以 $f(x)$ 在開區間

$$\ldots, \left(-\frac{3\pi}{2}, -\frac{\pi}{2}\right), \left(-\frac{\pi}{2}, \frac{\pi}{2}\right), \left(\frac{\pi}{2}, \frac{3\pi}{2}\right), \ldots$$

上連續，參見圖 1.60(a)。

b. 因為 $y = 1/x$ 在 $x = 0$ 以外的點都連續，加上正弦函數又到處連續，所以由定理 1.12，得 $y = \sin(1/x)$ 在 $x = 0$ 以外也到處連續。在 $x = 0$，$g(x)$ 的極限不存在（見 1.5 節，例 5），所以 g 在區間 $(-\infty, 0)$ 和 $(0, \infty)$ 上連續，見圖 1.60(b)。

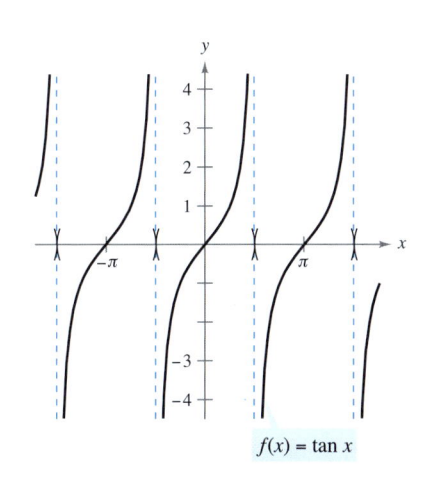

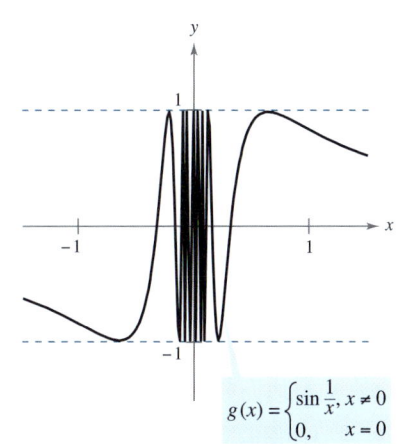

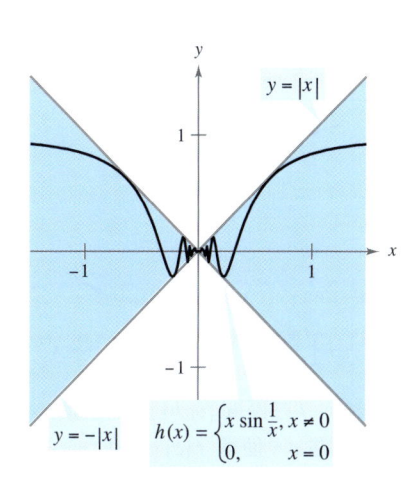

(a) f 在定義域中，每一個開區間上都連續。

(b) g 在 $(-\infty, 0)$ 和 $(0, \infty)$ 上連續。

(c) h 在整條實數線上連續。

圖 1.60

c. 函數 h 與函數 g 有點類似，只是 h 的振盪被 x 這個因子減幅，利用夾擠定理得到

$$-|x| \leq x\sin\frac{1}{x} \leq |x|, \quad x \neq 0$$

所以有

$$\lim_{x \to 0} h(x) = 0$$

因此，h 在整個實數線上連續，見圖 1.60(c)。

中間值定理 The Intermediate Value Theorem

接著，我們要討論一個在閉區間上，有關連續函數行為的重要定理。

定理 1.13　中間值定理
如果 f 在區間 [a, b] 上連續，而實數 k 介於 f(a) 和 f(b) 之間，則至少存在一個 c，c 介於 a、b 之間，並且 f(c) = k。

> **註**：中間值定理只告訴我們至少有一個 c 存在，但是並沒有說如何求出 c，這種類型的定理一般稱為**存在定理**（existence theorems）。本定理說明了如果當 x 在 a、b 之間取值時，連續函數 f 一定會取到所有介於 f(a) 和 f(b) 之間的值（故稱為中間值定理）。

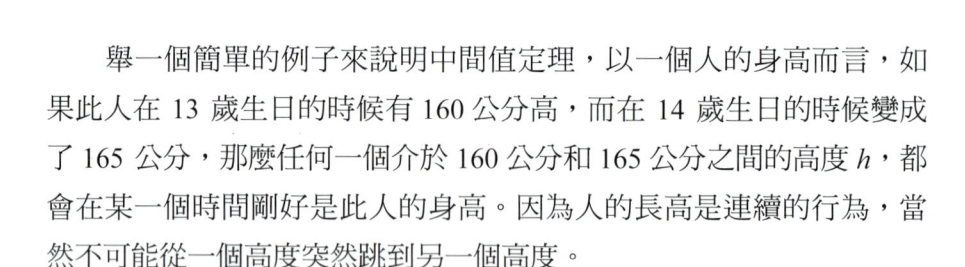

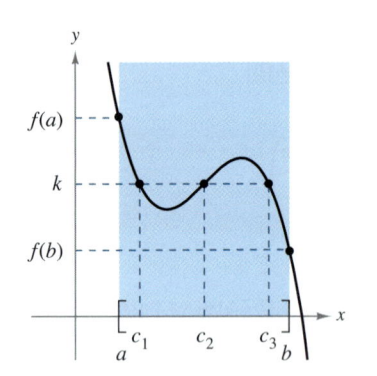

圖 1.61　f 在區間 [a, b] 上連續。〔存在三個 c，都滿足 f(c) = k〕

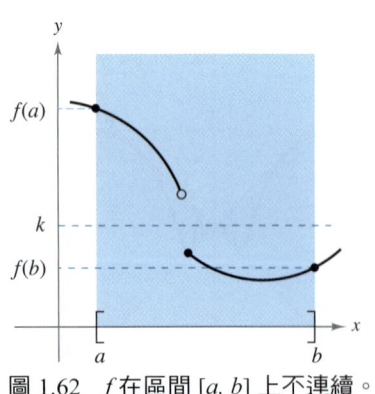

圖 1.62　f 在區間 [a, b] 上不連續。〔不存在 c，使得 f(c) = k〕

舉一個簡單的例子來說明中間值定理，以一個人的身高而言，如果此人在 13 歲生日的時候有 160 公分高，而在 14 歲生日的時候變成了 165 公分，那麼任何一個介於 160 公分和 165 公分之間的高度 h，都會在某一個時間剛好是此人的身高。因為人的長高是連續的行為，當然不可能從一個高度突然跳到另一個高度。

中間值定理保證 c 在區間 [a, b] 的存在性，當然，也可能有更多的 c 也滿足 f(c) = k（見圖 1.61）。但是函數若不連續，中間值定理就不一定成立了。比方，圖 1.62 顯示圖形從直線 y = k 的一邊跳到另外一邊，因此方程式 f(c) = k，c 在區間 [a, b] 上根本無解。

中間值定理常常用來檢驗閉區間上連續函數是否有零根，如果 f 在區間 [a, b] 上連續，而 f(a) 和 f(b) 符號相反，我們從中間值定理知道，f 在區間 [a, b] 上至少有一個零根。

例 8　中間值定理的應用

利用中間值定理說明多項式 $f(x) = x^3 + 2x - 1$ 在區間 [0, 1] 上有根。

解　注意到 f 在區間 [0, 1] 上連續，又因 $f(0) = -1$ 和 $f(1) = 2$。所以 $f(0)$ 和 $f(1)$ 異號，因而從中間值定理，可以推得至少在 0、1 之間，$f(c) = 0$ 有解，見圖 1.63。

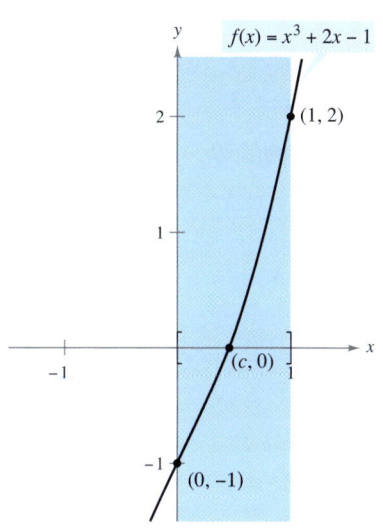

圖 1.63　f 在區間 [0, 1] 上連續，並且 $f(0) < 0$，$f(1) > 0$。

以**二分法**（bisection method）求一個連續函數的實根，和例 8 的方法類似。若已知連續函數 $f(x)$ 在區間 [a, b] 上有根，根不是落在區間 [a, (a + b)/2] 上就是落在區間 [(a + b)/2, b] 上。從 $f((a + b)/2)$ 的正負，可以決定根落在哪個區間。重複二分這個區間，可以更加接近函數的零根。

習題 1.7

習題 1～4，利用圖形決定下列各題的極限，並討論在 c 點的連續性。

(a) $\lim\limits_{x \to c^+} f(x)$　(b) $\lim\limits_{x \to c^-} f(x)$　(c) $\lim\limits_{x \to c} f(x)$

1.

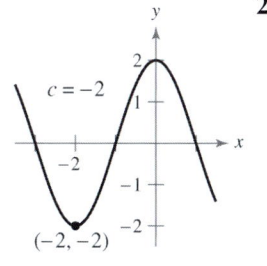

2.

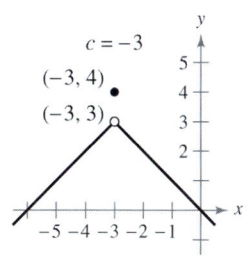

3.

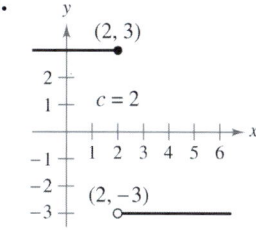

4.

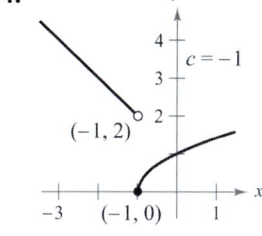

習題 5～10，求下列各題的極限，如果極限不存在，請說明理由。

5. $\lim\limits_{x \to 5^+} \dfrac{x - 5}{x^2 - 25}$

6. $\lim\limits_{x \to -3^-} \dfrac{x}{\sqrt{x^2 - 9}}$ 7. $\lim\limits_{x \to 0^-} \dfrac{|x|}{x}$

★ 8. $\lim\limits_{\Delta x \to 0^-} \dfrac{\dfrac{1}{x + \Delta x} - \dfrac{1}{x}}{\Delta x}$

9. $\lim\limits_{x \to -3^-} f(x)$，其中 $f(x) = \begin{cases} \dfrac{x + 2}{2}, & x < 3 \\ \dfrac{12 - 2x}{3}, & x > 3 \end{cases}$

10. $\lim\limits_{x \to 3} f(x)$，其中 $f(x) = \begin{cases} x^2 - 4x + 6, & x < 3 \\ -x^2 + 4x - 2, & x \geq 3 \end{cases}$

習題 11～12，找出下列函數不連續的點。

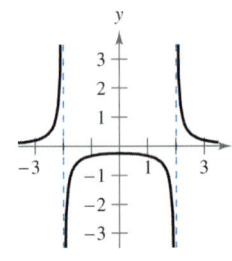

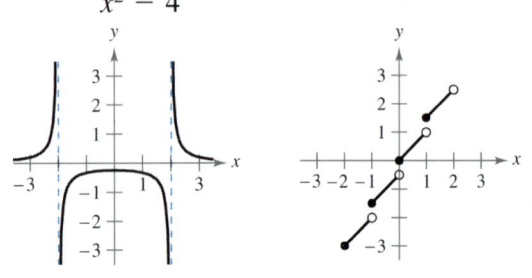

11. $f(x) = \dfrac{1}{x^2 - 4}$ 12. $f(x) = \tfrac{1}{2}[\![x]\!] + x$

習題 13～14，討論下列函數在其指定區間的連續性。

函數　　　　　　　　　區間

13. $g(x) = \sqrt{49 - x^2}$　　$[-7, 7]$

14. $f(x) = \begin{cases} 3 - x, & x \leq 0 \\ 3 + \tfrac{1}{2}x, & x > 0 \end{cases}$　$[-1, 4]$

15. $g(x) = \dfrac{1}{x^2 - 4}$　　$[-1, 2]$

習題 16～19，求下列問題中 f 不連續的點，請問其中哪些是可消除的？

16. $f(x) = \dfrac{x}{x^2 - x}$

17. $f(x) = \dfrac{x + 2}{x^2 - 3x - 10}$

18. $f(x) = \dfrac{|x + 7|}{x + 7}$

19. $f(x) = \begin{cases} \tfrac{1}{2}x + 1, & x \leq 2 \\ 3 - x, & x > 2 \end{cases}$

習題 20～21，求常數 a，使得函數 f 在整個實數線上皆連續。

20. $f(x) = \begin{cases} x^3, & x \leq 2 \\ ax^2, & x > 2 \end{cases}$

21. $g(x) = \begin{cases} \dfrac{x^2 - a^2}{x - a}, & x \neq a \\ 8, & x = a \end{cases}$

習題 22～24，說明下列函數在哪些區間連續。

22. $f(x) = \dfrac{x}{x^2 + x + 2}$

23. $f(x) = 3 - \sqrt{x}$

24. $f(x) = \begin{cases} \dfrac{x^2 - 1}{x - 1}, & x \neq 1 \\ 2, & x = 1 \end{cases}$

★ 25. 說明函數 $f(x) = \tfrac{1}{12}x^4 - x^3 + 4$ 在閉區間 $[1, 2]$ 中至少有一根。

★ 26. 令 $f(x) = x^2 + x - 1$，利用中間值定理，說明在閉區間 $[0, 5]$ 中至少有一數 c，使得 $f(c) = 11$。

27. 令 $f(x) = \begin{cases} 1 - x^2, & x \leq c \\ x, & x > c \end{cases}$

若 $f(x)$ 在 $(-\infty, \infty)$ 連續，求 c 值。

註：標誌 ★ 表示稍難題目。

1.8 無窮極限　Infinite Limits

◆ 從左方，或從右方求無窮極限。
◆ 畫函數圖形的鉛直漸近線。

無窮極限 Infinite Limits

已知函數 $f(x) = \dfrac{3}{x-2}$

從圖 1.64 和下表可以看出，當 x 從左方趨近於 2 時，$f(x)$ 無止境的減小，而當 x 從右方趨近於 2 時，$f(x)$ 無止境的增大。

x 從左方趨近 2　　　x 從右方趨近 2

x	1.5	1.9	1.99	1.999	2	2.001	2.01	2.1	2.5
$f(x)$	-6	-30	-300	-3000	?	3000	300	30	6

$f(x)$ 無止境的減小　　　$f(x)$ 無止境的增大

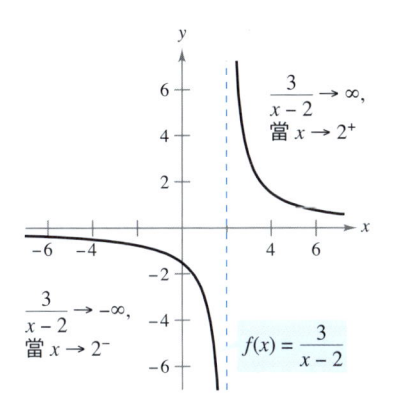

圖 1.64　當 x 趨近 2 時，$f(x)$ 無止境的增大及減小。

我們記成

$$\lim_{x \to 2^-} \frac{3}{x-2} = -\infty \quad \text{當 } x \text{ 從左方趨近於 2 時，} f(x) \text{ 無止境的減小}$$

$$\lim_{x \to 2^+} \frac{3}{x-2} = \infty \quad \text{當 } x \text{ 從右方趨近於 2 時，} f(x) \text{ 無止境的增大}$$

符號 ∞ 及 $-\infty$ 分別代表正無窮及負無窮，這兩個符號都不是代表實數（我們也無法在實數線上標出 ∞ 及 $-\infty$），只是單純用這兩個符號分別描述無止境的增加及無止境的減少。簡而言之，這是為了方便起見而衍生的兩個符號。當 x 趨近 c，$f(x)$ 若是無止境的減少，或是無止境的增加，都稱之為**無窮極限**（infinite limit）。

> ### 無窮極限的定義
>
> 給定函數 $f(x)$ 以及定數 c，若「不論對任何數 M，只要我們選取足夠靠近 c 的 x，都有 $f(x) > M$」，我們就以
>
> $$\lim_{x \to c} f(x) = \infty$$
>
> 或
>
> 當 $x \to c$ 時，$f(x) \to \infty$
>
> 記之。

圖 1.65 $\lim_{x \to a} f(x) = \infty$

圖 1.66 $\lim_{x \to a} f(x) = -\infty$

以上這個定義可參照圖 1.65。同理，給定函數 $f(x)$ 及定數 c，若「不論對任何數 M，只要我們選取足夠靠近 c 的 x，都有 $f(x) < M$」，我們就以

$$\lim_{x \to c} f(x) = -\infty$$

或

當 $x \to c$ 時，$f(x) \to -\infty$

記之。以上定義，可參照圖 1.66。

切記，雖然在記號 $\lim f(x) = \infty$ 中有一個等號，這並不表示極限存在，恰恰相反，它告訴您極限不存在的原因是：因為當 x 趨近 c 時，$f(x)$ 的值沒有界限。

在單側極限，也有極為類似的定義，在此不一一贅述。

$$\lim_{x \to c^-} f(x) = \infty \qquad \lim_{x \to c^+} f(x) = \infty$$
$$\lim_{x \to c^-} f(x) = -\infty \qquad \lim_{x \to c^+} f(x) = -\infty$$

同之前，「$x \to c^-$」時，我們只考慮比 c 小的 x；而「$x \to c^+$」時，我們只考慮比 c 大的 x。

例 1　從圖形決定無窮極限

利用圖 1.67 決定在 x 趨近於 1 的左極限和右極限。

解

a. 當 x 由左或右方趨近 1 時，$(x-1)^2$ 為非常小的正數。所以 $1/(x-1)^2$ 為一非常大的正數。故無論 x 由左或右方趨近 1 時，$f(x)$ 皆趨近無限大。所以我們有：

$$\lim_{x \to 1} \frac{1}{(x-1)^2} = \infty \qquad \text{左右極限皆為無限}$$

圖形 1.67 (a) 驗證了此分析。

b. 當 x 由左方趨近 1 時，$x-1$ 為非常小的負數。所以 $-1/(x-1)$ 為一非常大的正數。故 x 由左方趨近 1 時，$f(x)$ 趨近無限大。所以我們有：

$$\lim_{x \to 1^-} \frac{-1}{x-1} = \infty \qquad \text{左極限為無窮大}$$

當 x 由右方趨近 1 時，$x-1$ 為非常小的正數。所以 $-1/(x-1)$ 為一非常大的負數。故 x 由右方趨近 1 時，$f(x)$ 趨近負的無限大。所以我們有：

$$\lim_{x \to 1^+} \frac{-1}{x-1} = -\infty \qquad \text{右極限為負無窮大}$$

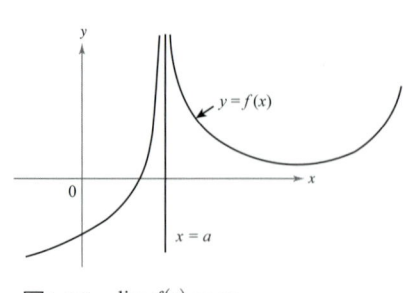

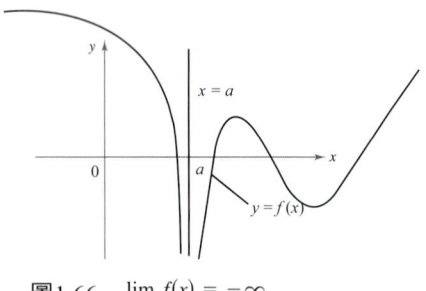

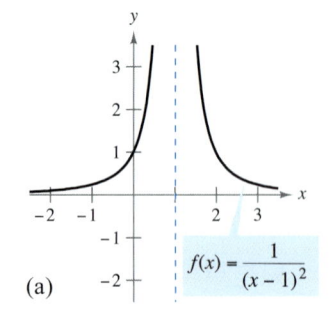

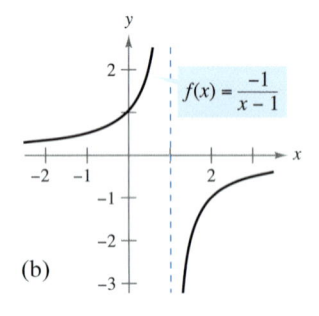

(a) $f(x) = \dfrac{1}{(x-1)^2}$

(b) $f(x) = \dfrac{-1}{x-1}$

圖 1.67　每一個圖形在 $x = 1$ 都有漸近線。

1.8 無窮極限 | 61

圖形 1.67 (b) 驗證了此分析。

鉛直漸近線 Vertical Asymptotes

如果可以把圖 1.67 中的圖形向正、負無限遠處延伸的話，圖形會和 $x = 1$ 這條鉛直線任意靠近，這條直線是 f 的一條**鉛直漸近線**（vertical asymptote）（在 3.5 節，我們會看到其他類型的漸近線）。

注意 如果函數 f 在 $x = c$ 有鉛直漸近線的話，f 在 c 不可能連續。

> **鉛直漸近線的定義**
>
> 當 x 從 c 的左方或右方趨近 c 時，如果 $f(x)$ 趨近無窮大（或負無窮大），我們就稱 $x = c$ 是 f 函數圖形的一條**鉛直漸近線**。

在例 1 中我們可以注意到，每一個函數都是分式，鉛直漸近線恰好發生在分母為 0，而分子不為 0 處，將此一觀察推廣之後，得到下面的定理。

> **定理 1.14　鉛直漸近線**
>
> 已知 f 和 g 在含 c 的一個開區間上連續。如果 $f(c) \neq 0$，$g(c) = 0$，並且在一個含 c 的開區間上，除了 c 之外，$g(x)$ 都不為 0，則
>
> $$h(x) = \frac{f(x)}{g(x)}$$
>
> 的函數圖形在 $x = c$ 有鉛直漸近線。

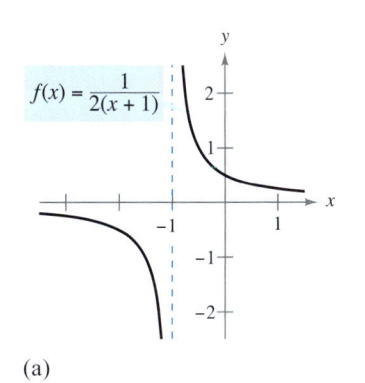

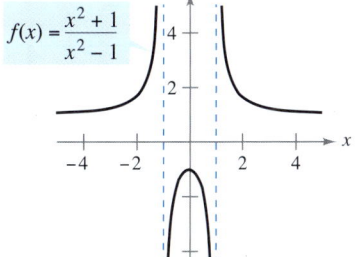

例 2　求鉛直漸近線

求下列各函數圖形的鉛直漸近線。

a. $f(x) = \dfrac{1}{2(x + 1)}$ **b.** $f(x) = \dfrac{x^2 + 1}{x^2 - 1}$ **c.** $f(x) = \cot x$

解

a. 當 $x = -1$ 時，$f(x) = \dfrac{1}{2(x + 1)}$ 的分母為 0，而分子不為 0，因此，從定理 1.14 可以得出 $x = -1$ 是鉛直漸近線，見圖 1.68(a)。

b. $f(x) = \dfrac{x^2 + 1}{x^2 - 1} = \dfrac{x^2 + 1}{(x - 1)(x + 1)}$ 同理可得在 $x = 1$，和 $x = -1$ 各有一條鉛直漸近線，見圖 1.68(b)。

c. 由於 $f(x) = \cot x = \dfrac{\cos x}{\sin x}$，因此在 $\sin x = 0$，但是 $\cos x \neq 0$ 處都有鉛直漸近線，如圖 1.68(c) 所示。$\cot x$ 的函數圖形有無窮多條鉛直漸近線，發生在 $x = n\pi$，n 是任意整數（從 $\sin x = 0$ 自然會得出 $\cos x \neq 0$）。

圖 1.68　函數圖形有鉛直漸近線。

定理 1.14 要求分子在 $x = c$ 時不為 0，如果分子和分母在 $x = c$ 同時為 0，我們就得到了所謂的不定型 0/0，必須要進一步探討，才能理解在 $x = c$ 函數的極限行為。請見例 3。

例 3　可以約分的有理函數

求 $f(x) = \dfrac{x^2 + 2x - 8}{x^2 - 4}$ 所有的鉛直漸近線。

解　先做約分如下：

$$f(x) = \frac{x^2 + 2x - 8}{x^2 - 4} = \frac{(x+4)(x-2)}{(x+2)(x-2)}$$

$$= \frac{x + 4}{x + 2}, \quad x \neq 2$$

除了 $x = 2$，$f(x)$ 的圖形和 $g(x) = (x+4)/(x+2)$ 的圖形重合，對函數 g 應用定理 1.14，在 $x = -2$ 可得一條鉛直漸近線（圖 1.69），又從圖可以看出

$$\lim_{x \to -2^-} \frac{x^2 + 2x - 8}{x^2 - 4} = -\infty \quad \text{和} \quad \lim_{x \to -2^+} \frac{x^2 + 2x - 8}{x^2 - 4} = \infty$$

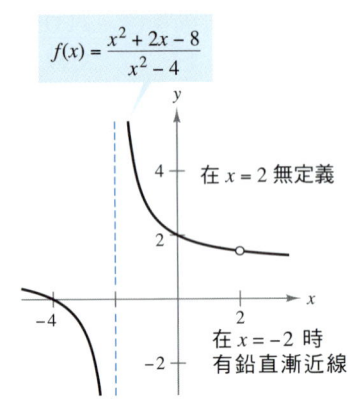

圖 1.69　當 x 趨近 -2 時，$f(x)$ 會無限制的增大和減小。

注意　在 $x = 2$ 處並無鉛直漸近線。

例 4　求無窮極限

求下列極限。

$$\lim_{x \to 1^-} \frac{x^2 - 3x}{x - 1} \quad \text{和} \quad \lim_{x \to 1^+} \frac{x^2 - 3x}{x - 1}$$

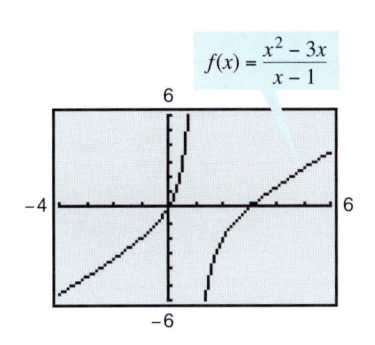

圖 1.70 $f(x) = \dfrac{x^2 - 3x}{x - 1}$

圖 1.70　f 在 $x = 1$ 有鉛直漸近線。

解　由於在 $x = 1$ 處，分母為 0，分子不為 0，所以 $f(x) = \dfrac{x^2 - 3x}{x - 1}$ 的函數圖形在 $x = 1$ 有鉛直漸近線，這代表所求的極限是 ∞ 或 $-\infty$。從圖 1.70 可以看出從 $x = 1$ 的左方過來，圖形趨近 ∞，而從右方過來，圖形趨近 $-\infty$，亦即

$$\lim_{x \to 1^-} \frac{x^2 - 3x}{x - 1} = \infty \qquad \text{左極限是無窮大}$$

$$\lim_{x \to 1^+} \frac{x^2 - 3x}{x - 1} = -\infty \qquad \text{右極限是負無窮大}$$

定理 1.15　無窮極限的性質

c 和 L 是實數，而 f 和 g 的相關極限是

$$\lim_{x \to c} f(x) = \infty \quad \text{和} \quad \lim_{x \to c} g(x) = L$$

則

1. 和或差：$\displaystyle\lim_{x \to c} [f(x) \pm g(x)] = \infty$

2. 乘積：$\displaystyle\lim_{x \to c} [f(x)g(x)] = \infty, \quad L > 0$

$\displaystyle\lim_{x \to c} [f(x)g(x)] = -\infty, \quad L < 0$

3. 商：$\displaystyle\lim_{x \to c} \frac{g(x)}{f(x)} = 0$

類似的性質對單側極限或 $\displaystyle\lim_{x \to c} f(x) = -\infty$ 的情形都會成立。

例 5　判定極限

定理 1.15 性質 1　**a.** 因為 $\displaystyle\lim_{x \to 0} 1 = 1$ 和 $\displaystyle\lim_{x \to 0} \frac{1}{x^2} = \infty$，因此 $\displaystyle\lim_{x \to 0} \left(1 + \frac{1}{x^2}\right) = \infty$

定理 1.15 性質 3　**b.** 因為 $\displaystyle\lim_{x \to 1^-} (x^2 + 1) = 2$ 和 $\displaystyle\lim_{x \to 1^-} (\cot \pi x) = -\infty$，因此 $\displaystyle\lim_{x \to 1^-} \frac{x^2 + 1}{\cot \pi x} = 0$

定理 1.15 性質 2　**c.** 因為 $\displaystyle\lim_{x \to 0^+} 3 = 3$ 和 $\displaystyle\lim_{x \to 0^+} \ln x = -\infty$，因此 $\displaystyle\lim_{x \to 0^+} 3 \ln x = -\infty$

定理 1.15 性質 1　**d.** 因為 $\displaystyle\lim_{x \to 0^-} x^2 = 0$ 和 $\displaystyle\lim_{x \to 0^-} \frac{1}{x} = -\infty$，因此 $\displaystyle\lim_{x \to 0^-} \left(x^2 + \frac{1}{x}\right) = -\infty$

說明一下：其實例 5(d) 是使用定理 1.15 性質 1 的變化版〔此時 $\displaystyle\lim_{x \to 0} f(x) = -\infty$〕。

習題 1.8

習題 1～4，當 x 分別從左方與從右方趨近 -2 時，判斷下列問題中 $f(x)$ 趨近 ∞ 或 $-\infty$。

1. $f(x) = 2\left|\dfrac{x}{x^2-4}\right|$

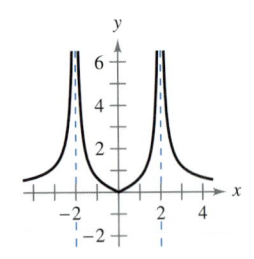

2. $f(x) = \dfrac{1}{x+2}$

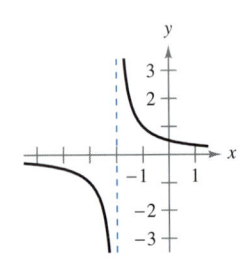

3. $f(x) = \tan\dfrac{\pi x}{4}$

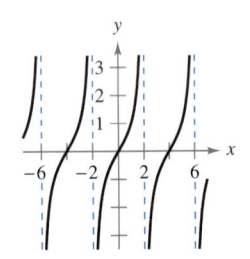

4. $f(x) = \sec\dfrac{\pi x}{4}$

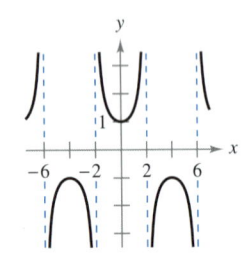

習題 5～8，求出下列函數的鉛直漸近線。

5. $f(x) = \dfrac{x^2}{x^2-4}$

6. $g(t) = \dfrac{t-1}{t^2+1}$

7. $f(x) = \dfrac{3}{x^2+x-2}$

★ 8. $f(x) = \dfrac{e^{-2x}}{x-1}$

習題 9～11，請問下列函數在 $x = -1$ 是否有鉛直漸近線，或者在 $x = -1$ 是一個可以消除的不連續點？

9. $f(x) = \dfrac{x^2-1}{x+1}$

10. $f(x) = \dfrac{x^2-2x-8}{x+1}$

★ 11. $f(x) = \dfrac{\ln(x^2+1)}{x+1}$

習題 12～17，求下列極限。

12. $\lim\limits_{x \to 2^+} \dfrac{x}{x-2}$

13. $\lim\limits_{x \to 2^-} \dfrac{x^2}{x^2+4}$

14. $\lim\limits_{x \to -3^-} \dfrac{x+3}{x^2+x-6}$

15. $\lim\limits_{x \to (-1/2)^+} \dfrac{6x^2+x-1}{4x^2-4x-3}$

16. $\lim\limits_{x \to 0^-} \left(1 + \dfrac{1}{x}\right)$

17. $\lim\limits_{x \to 0^+} \left(6 - \dfrac{1}{x^3}\right)$

註：標誌 ★ 表示稍難題目。

本章習題

◎ **1.** 在以下各小題，分別求具有下列特性且過點 $(-3, 5)$ 的直線方程式。
   (a) 斜率為 $\dfrac{7}{16}$
   (b) 與直線 $5x - 3y = 3$ 平行
   (c) 與直線 $3x + 4y = 8$ 垂直
   (d) 與 y 軸平行

2. 求函數 $f(x) = x^2 + 3$ 的定義域與值域。

習題 3 ～ 4，用鉛直線檢定判斷 y 是否為 x 的函數。

3. $x + y^2 = 2$

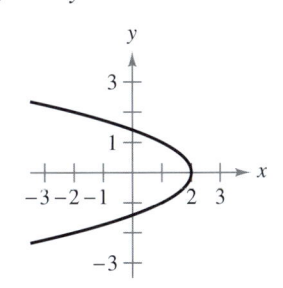

4. $x^2 - y = 0$

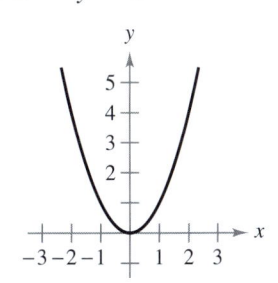

5. 令 $f(x) = 3x + 1$，$g(x) = -x$，分別求 $f \circ g$ 與 $g \circ f$，兩者是否相等？

◎ **6.** 分別以解析方法與圖形說明 $f(x) = 4x - 1$ 與 $g(x) = \dfrac{x + 1}{4}$ 互為反函數。

習題 7 ～ 8，求下列函數 $f(x)$ 的反函數 $f^{-1}(x)$。

◎ **7.** $f(x) = \frac{1}{2}x - 3$

◎ **8.** $f(x) = \sqrt{x + 1}$

9. 化簡 $\arctan 1$。

10. 求值 (a) $\sin\left(\arcsin \frac{1}{2}\right)$；(b) $\cos\left(\arcsin \frac{1}{2}\right)$。

11. 用指數律化簡後求值。
   (a) $(3^3)(3^{-1})$ (b) $(3^2)^4$ (c) $\dfrac{3^4}{3^{-2}}$ (d) $\left(\dfrac{1}{3}\right)^2 9^2$

12. 解方程式 $3^{x/2} = 81$。

習題 13 ～ 16，將以下各圖 (a) ～ (d) 與其函數配對。

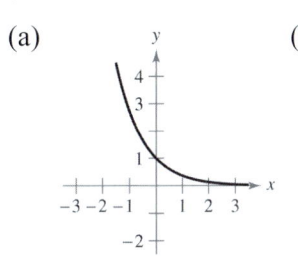

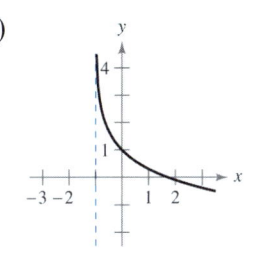

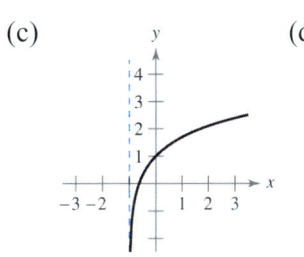

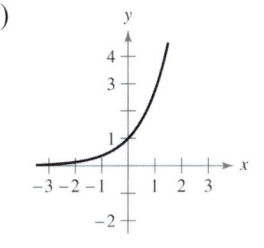

★ **13.** $f(x) = e^x$

★ **14.** $f(x) = e^{-x}$

★ **15.** $f(x) = \ln(x + 1) + 1$

★ **16.** $f(x) = -\ln(x + 1) + 1$

17. 用對數律展開 $\ln \sqrt[5]{\dfrac{4x^2 - 1}{4x^2 + 1}}$。

習題 18 ～ 24，求下列各極限。

18. $\displaystyle\lim_{x \to -6} x^2$

19. $\displaystyle\lim_{x \to 27} \left(\sqrt[3]{x} - 1\right)^4$

20. $\displaystyle\lim_{x \to 4} \dfrac{4}{x - 1}$

21. $\displaystyle\lim_{x \to -3} \dfrac{2x^2 + 11x + 15}{x + 3}$

22. $\displaystyle\lim_{x \to 4} \dfrac{\sqrt{x - 3} - 1}{x - 4}$

23. $\displaystyle\lim_{x \to 0} \dfrac{[1/(x + 1)] - 1}{x}$

★ **24.** $\displaystyle\lim_{x \to 0} \dfrac{1 - \cos x}{\sin x}$

註：標誌 ◎ 為選材題目。
　　標誌 ★ 表示稍難題目。

習題 25～26，已知 $\lim_{x \to c} f(x) = -6$ 且 $\lim_{x \to c} g(x) = \frac{1}{2}$，求下列各極限值。

25. $\lim_{x \to c} \dfrac{f(x)}{g(x)}$

26. $\lim_{x \to c} [f(x) + 2g(x)]$

習題 27～32，求下列極限值（若存在的話）。

27. $\lim_{x \to 3^+} \dfrac{1}{x+3}$

28. $\lim_{x \to 3^-} \dfrac{|x-3|}{x-3}$

29. $\lim_{x \to 2} f(x)$，其中 $f(x) = \begin{cases} (x-2)^2, & x \leq 2 \\ 2-x, & x > 2 \end{cases}$

30. $\lim_{t \to 1} h(t)$，其中 $h(t) = \begin{cases} t^3 + 1, & t < 1 \\ \frac{1}{2}(t+1), & t \geq 1 \end{cases}$

31. $\lim_{s \to -2} f(s)$，其中 $f(s) = \begin{cases} -s^2 - 4s - 2, & s \leq -2 \\ s^2 + 4s + 6, & s > -2 \end{cases}$

32. $\lim_{x \to 2^-} \dfrac{x^2 - 4}{|x-2|}$

33. 令 $f(x) = \begin{cases} x+3, & x \leq 2 \\ cx+6, & x > 2 \end{cases}$。若 $f(x)$ 在整條實數線都連續，求 c 值。

習題 34～37，說明下列函數在哪些區間連續。

34. $f(x) = -3x^2 + 7$

35. $f(x) = \sqrt{x} + \cos x$

36. $f(x) = \begin{cases} \dfrac{3x^2 - x - 2}{x-1}, & x \neq 1 \\ 0, & x = 1 \end{cases}$

37. $f(x) = \begin{cases} 5 - x, & x \leq 2 \\ 2x - 3, & x > 2 \end{cases}$

★38. 用中間值定理說明 $f(x) = 2x^3 - 3$ 在區間 $[1, 2]$ 中必有一零根。

39. 求 $f(x) = \dfrac{x^3}{x^2 - 9}$ 的垂直漸近線。

習題 40～42，求下列單側極限（若存在的話）。

40. $\lim_{x \to 1^-} \dfrac{x^2 + 2x + 1}{x - 1}$

41. $\lim_{x \to -1^+} \dfrac{x+1}{x^3 + 1}$

42. $\lim_{x \to 0^+} \dfrac{\sin 4x}{5x}$

★43. 某火力發電廠為了要處理其排放的廢氣而產生的空氣汙染的 $p\%$ 就必須花費

$$C = \dfrac{80{,}000P}{100 - P} \text{元}, \quad 0 \leq P < 100。$$

(a) 求處理 50% 的空汙的花費。

(b) 求處理 90% 的空汙的花費。

(c) 求 p 趨近於 100 時，C 的左極限為何，並說明其意涵。

2 微分 Differentiation

2.1 導數和切線　The Derivative and the Tangent Line Problem

◆ 求曲線上一點切線的斜率。
◆ 利用極限定義的方式求函數的導數。
◆ 瞭解可微和連續之間的關係。

切線問題　The Tangent Line Problem

微積分這門學問是從十七世紀歐洲數學家研究的四個主要問題發展出來的。

1. 切線問題（本節）
2. 速度和加速度問題（2.2 和 2.3 節）
3. 極小極大問題（3.1 節）
4. 面積問題（4.2 節）

這四個問題都涉及極限，我們可從其中任何一個開始介紹微積分。

雖然費馬（Pierre de Fermat，1601～1665）、笛卡爾（René Descartes，1596～1650）、惠更斯（Christian Huygens，1629～1695）和巴洛（Isaac Barrow，1630～1677）都曾研究切線問題，不過，第一次全面性的解決還是歸功於牛頓（1642～1727）和萊布尼茲（1646～1716）。牛頓對切線問題的研究源自於對光學和折射現象的興趣。

在一曲線上某一點的切線究竟代表什麼意義？以圓來說，如圖 2.1 所示，在 P 點的切線是指與過 P 點且與半徑垂直的直線。

至於一般的曲線，問題比較困難，例如，如何定義圖 2.2 中的切線？您也許會說，在 P 點的切線是一條在 P 點貼著曲線，而不是在 P 點穿過曲線的直線。這個定義對圖 2.2 中第一條曲線適用，但是對第二條曲線就不適用了，或者您也可以說，如果一條直線與曲線恰在一點相貼或相交就是此曲線的切線，這個定義只適用於圓，但不適用較一般的曲線，如圖 2.2 中的第三條曲線。

牛頓
（Isaac Newton，1642～1727）
除了發明微積分，他對物理有革命性的貢獻，包括萬有引力和他提出的運動學三大定律。

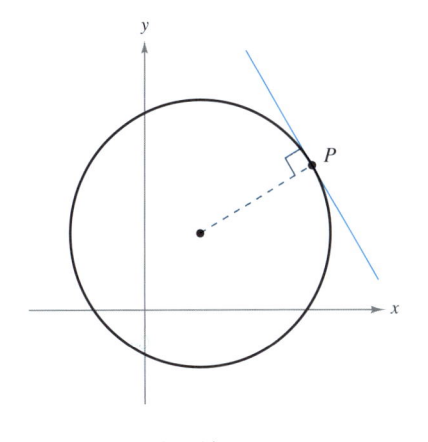

圖 2.1　圓的切線。

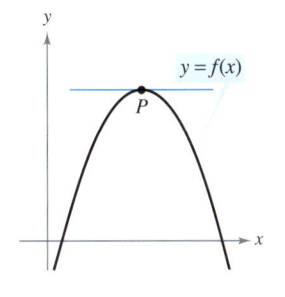

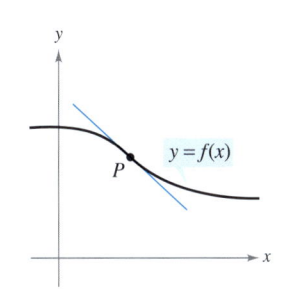

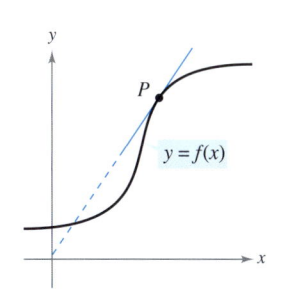

圖 2.2　在曲線上一點的切線。

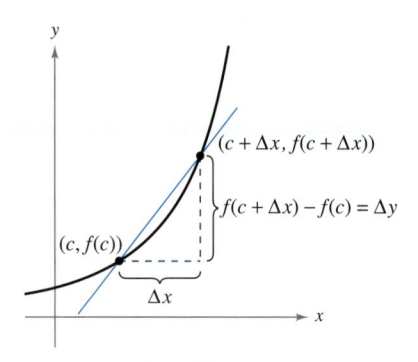

圖 2.3 過 $(c, f(c))$ 以及 $(c + \Delta x, f(c + \Delta x))$ 的割線。

本質上，求過 P 點的切線歸結於求該切線的斜率，我們可以用過 P 和曲線上另一點的**割線**（secant line）的斜率來作近似（見圖 2.3）。如果 $(c, f(c))$ 是切點而 $(c + \Delta x, f(c + \Delta x))$ 是函數圖形上的另一點，連結這兩點割線的斜率是

$$m_{\text{sec}} = \frac{f(c + \Delta x) - f(c)}{(c + \Delta x) - c} \qquad \begin{array}{l} y \text{ 坐標的變化（量）} \\ x \text{ 坐標的變化（量）} \end{array}$$

$$m_{\text{sec}} = \frac{f(c + \Delta x) - f(c)}{\Delta x} \qquad \text{割線的斜率}$$

等式右邊是所謂的**差商**（difference quotient），分母 Δx 表 **x 的變化量**（change in x），分子 $\Delta y = f(c + \Delta x) - f(c)$ 表 **y 的變化量**（change in y）。

這個過程美妙之處在於一旦選擇的點越來越靠近切點，所得的差商就會越來越近似切線的斜率，如圖 2.4 所示。

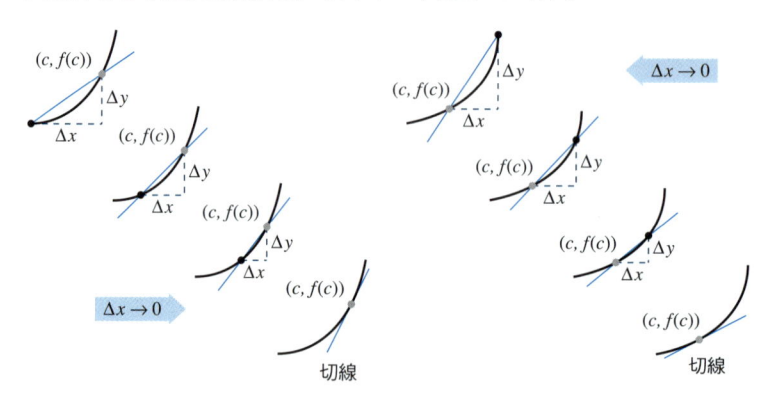

圖 2.4 近似切線的過程。

切線斜率為 m 的定義

已知 f 定義在含 c 的一個開區間上，並且如果極限

$$\lim_{\Delta x \to 0} \frac{\Delta y}{\Delta x} = \lim_{\Delta x \to 0} \frac{f(c + \Delta x) - f(c)}{\Delta x} = m$$

存在，則稱過點 $(c, f(c))$ 且斜率為 m 的這條直線，是函數 f 的圖形在點 $(c, f(c))$ 的**切線**（tangent line）。

上述切線的斜率也稱為**函數 f 的圖形在 $x = c$ 的斜率**（slope of the graph of at $x = c$）。

例 1　線性函數圖形的斜率

求 $f(x) = 2x - 3$ 圖形在點 $(2, 1)$ 的斜率。

解　利用剛學到的定義，切線斜率的計算如下：

$$\lim_{\Delta x \to 0} \frac{f(2 + \Delta x) - f(2)}{\Delta x} = \lim_{\Delta x \to 0} \frac{[2(2 + \Delta x) - 3] - [2(2) - 3]}{\Delta x}$$

$$= \lim_{\Delta x \to 0} \frac{4 + 2\Delta x - 3 - 4 + 3}{\Delta x}$$

$$= \lim_{\Delta x \to 0} \frac{2\Delta x}{\Delta x} = \lim_{\Delta x \to 0} 2 = 2$$

因此在點 $(c, f(c)) = (2, 1)$ 的斜率 m 是 2，如圖 2.5 所示。

在例 1 中，以切線定義計算出來的結果和 $y = 2x - 3$ 這條直線本身的斜率是一致的（見 1.1 節）。

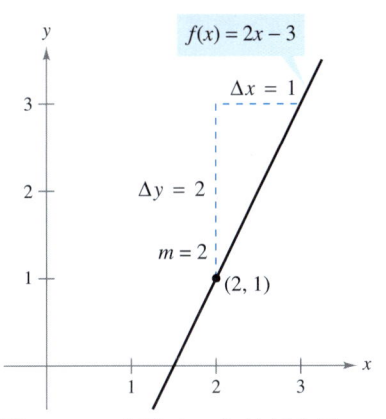

圖 2.5　f 在點 $(2, 1)$ 的斜率是 $m = 2$。

線性函數在圖形上每一點的斜率都一樣，非線性的函數不會有這樣的結果，請看下例。

例 2　非線性函數圖形的切線

求函數 $f(x) = x^2 + 1$ 圖形在點 $(0, 1)$ 和點 $(-1, 2)$ 切線的斜率（圖 2.6）。

解　$(c, f(c))$ 是 f 圖形上任一點，過此點切線斜率的計算如下：

$$\lim_{\Delta x \to 0} \frac{f(c + \Delta x) - f(c)}{\Delta x} = \lim_{\Delta x \to 0} \frac{[(c + \Delta x)^2 + 1] - (c^2 + 1)}{\Delta x}$$

$$= \lim_{\Delta x \to 0} \frac{c^2 + 2c(\Delta x) + (\Delta x)^2 + 1 - c^2 - 1}{\Delta x}$$

$$= \lim_{\Delta x \to 0} \frac{2c(\Delta x) + (\Delta x)^2}{\Delta x}$$

$$= \lim_{\Delta x \to 0} (2c + \Delta x) = 2c$$

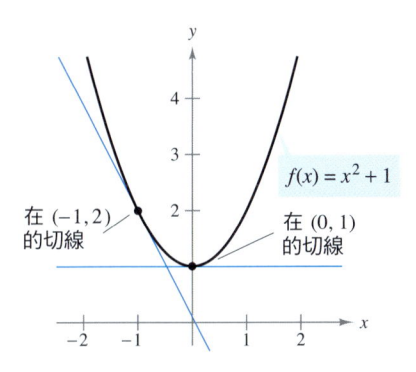

圖 2.6　在任一點 $(c, f(c))$ 的切線斜率是 $m = 2c$。

所以在點 $(c, f(c))$ 的斜率是 $m = 2c$。在點 $(0, 1)$，$m = 2(0) = 0$，而在點 $(-1, 2)$，$m = 2(-1) = -2$。

特別提醒：在例 2，令 $\Delta x \to 0$ 求極限的過程中，從頭到尾 c 都是常數，保持不變。

有關曲線切線的定義並沒有涵蓋鉛直的切線，對於鉛直的切線，我們用下面的方式定義。如果 f 在 c 點連續，並且

$$\lim_{\Delta x \to 0} \frac{f(c + \Delta x) - f(c)}{\Delta x} = \infty \quad \text{或} \quad \lim_{\Delta x \to 0} \frac{f(c + \Delta x) - f(c)}{\Delta x} = -\infty$$

此時通過 $x = c$ 同時也通過點 $(c, f(c))$ 的鉛直線就是圖形 f 的一條**鉛直切線**（vertical tangent line）。例如，圖 2.7 中的函數在點 $(c, f(c))$ 有一條鉛直的切線。如果 f 的定義域是閉區間 $[a, b]$，我們可以把鉛直切線

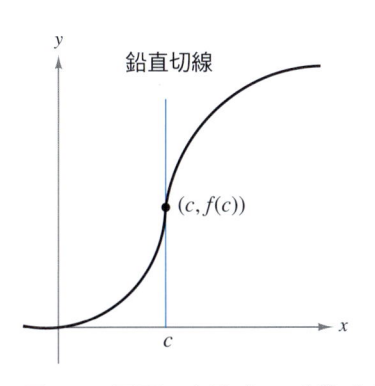

圖 2.7　圖形 f 在點 $(c, f(c))$ 有鉛直切線。

的定義擴充，利用從右方趨近 a，或從左方趨近 b，考慮 f 的單側連續性和差商的單側極限，以涵蓋閉區間的端點。

函數的導函數 The Derivative of a Function

我們現在即將進入學習微積分的一大重要主題。用來定義切線斜率的極限公式也同時用以定義微積分最基本的兩個運算之一 —— **微分**（differentiation）。

> **函數的導函數定義**
>
> 如果下列極限
> $$f'(x) = \lim_{\Delta x \to 0} \frac{f(x + \Delta x) - f(x)}{\Delta x}$$
> 存在，我們以符號 $f'(x)$ (註) 表示，稱為 f 在 x 的**導數**（derivative）。對於上述極限能夠存在的所有 x 而言，f' 是這些 x 的函數，稱為 f 的導函數。

註：符號 $f'(x)$ 讀作「f prime of x」。

注意：導函數和導數，英文都是 Derivative，導函數強調 $f'(x)$ 作為一個函數的角色，導數通常指 f' 在特定一點的函數值。

對於一個 x 的函數 f 所求出的導數，自然也成為另一個 x 的函數（以 f' 表，稱為 f 的導函數）。這個「新」函數對圖形 f 上的點 $(x, f(x))$ 而言，當通過該點的切線存在的時候，恰好給出該條切線的斜率。導數也可用來求其一變數對另外一個變數的瞬時變化率（也可簡稱為變化率，或變率）。

求導數的過程稱為微分 (註)，一個函數如果在 x 的導數存在，我們稱該函數在 x **可微**（differentiable），如果 f 在整個開區間 (a, b) 上的每一點都可微，就稱 f **在開區間** (a, b) **上可微**〔differentiable on an open interval (a, b)〕。除了 $f'(x)$（讀作 f prime of x）以外，還有一些符號也常用來表達 $f(x)$ 的導函數，最常見的如：

註：導數或導函數有時也稱「微分」，比方說：f 在 a 點的導數也可說是 f 在 a 點的微分；而 f 的導函數也可稱為 f 的微分。

$$f'(x), \quad \frac{dy}{dx}, \quad y', \quad \frac{d}{dx}[f(x)], \quad D_x[y]$$

導函數的符號

符號 dy/dx 讀作「y 對 x 的導數」，以極限符號可以寫成下式：

$$\frac{dy}{dx} = \lim_{\Delta x \to 0} \frac{\Delta y}{\Delta x} = \lim_{\Delta x \to 0} \frac{f(x + \Delta x) - f(x)}{\Delta x} = f'(x)$$

例 3 以極限方法求導函數

用導數的定義，求 $f(x) = x^3 + 2x$ 的導函數。

解

$$\begin{aligned}
f'(x) &= \lim_{\Delta x \to 0} \frac{f(x + \Delta x) - f(x)}{\Delta x} \qquad \text{導數的定義}\\
&= \lim_{\Delta x \to 0} \frac{(x + \Delta x)^3 + 2(x + \Delta x) - (x^3 + 2x)}{\Delta x}\\
&= \lim_{\Delta x \to 0} \frac{x^3 + 3x^2\Delta x + 3x(\Delta x)^2 + (\Delta x)^3 + 2x + 2\Delta x - x^3 - 2x}{\Delta x}\\
&= \lim_{\Delta x \to 0} \frac{3x^2\Delta x + 3x(\Delta x)^2 + (\Delta x)^3 + 2\Delta x}{\Delta x}\\
&= \lim_{\Delta x \to 0} \frac{\Delta x [3x^2 + 3x\Delta x + (\Delta x)^2 + 2]}{\Delta x}\\
&= \lim_{\Delta x \to 0} [3x^2 + 3x\Delta x + (\Delta x)^2 + 2] = 3x^2 + 2
\end{aligned}$$

> **研讀指引**　用定義求函數的導函數時，一個關鍵是將差商重新改寫，讓 Δx 從分母中消去。

不要忘記，函數 f 的導函數本身也是一個函數，可以用來求過 f 圖形上一點 $(x, f(x))$ 的切線的斜率。

例 4 利用導函數求過圖形上一點切線的斜率

求 $f(x) = \sqrt{x}$ 的導函數 $f'(x)$。求 f 的圖形在點 $(1, 1)$ 和 $(4, 2)$ 的斜率。討論 f 在點 $(0, 0)$ 的行為。

解　以將分子有理化的方式，處理極限（見 1.6 節），可得

$$\begin{aligned}
f'(x) &= \lim_{\Delta x \to 0} \frac{f(x + \Delta x) - f(x)}{\Delta x} \qquad \text{導數的定義}\\
&= \lim_{\Delta x \to 0} \frac{\sqrt{x + \Delta x} - \sqrt{x}}{\Delta x}\\
&= \lim_{\Delta x \to 0} \left(\frac{\sqrt{x + \Delta x} - \sqrt{x}}{\Delta x}\right)\left(\frac{\sqrt{x + \Delta x} + \sqrt{x}}{\sqrt{x + \Delta x} + \sqrt{x}}\right)\\
&= \lim_{\Delta x \to 0} \frac{(x + \Delta x) - x}{\Delta x(\sqrt{x + \Delta x} + \sqrt{x})}\\
&= \lim_{\Delta x \to 0} \frac{\Delta x}{\Delta x(\sqrt{x + \Delta x} + \sqrt{x})}\\
&= \lim_{\Delta x \to 0} \frac{1}{\sqrt{x + \Delta x} + \sqrt{x}} = \frac{1}{2\sqrt{x}} \ , \ x > 0
\end{aligned}$$

在點 (1, 1)，斜率是 $f'(1) = \frac{1}{2}$；在點 (4, 2)，斜率是 $f'(4) = \frac{1}{4}$（圖 2.8）。因 f' 的定義域是所有的正數 $x > 0$，所以 f 在點 (0, 0) 的斜率沒有定義。但 f 的函數圖在點 (0, 0) 有鉛直切線。

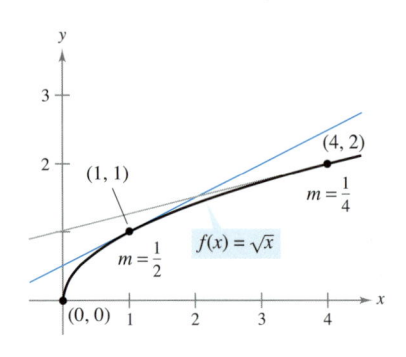

圖 2.8　f 在點 $(x, f(x))$ 的斜率是 $m = 1/(2\sqrt{x})$，其中 $x > 0$。

註：有許多應用，不一定以 x 作獨立變數，如例 5 所示。

例 5　求函數的導函數

求函數 $y = 2/t$ 對 t 的導函數。

解

$$\begin{aligned}
\frac{dy}{dt} &= \lim_{\Delta t \to 0} \frac{f(t + \Delta t) - f(t)}{\Delta t} &&\text{導數的定義}\\
&= \lim_{\Delta t \to 0} \frac{\dfrac{2}{t + \Delta t} - \dfrac{2}{t}}{\Delta t} &&f(t + \Delta t) = 2/(t + \Delta t)\ \text{且}\ f(t) = 2/t\\
&= \lim_{\Delta t \to 0} \frac{\dfrac{2t - 2(t + \Delta t)}{t(t + \Delta t)}}{\Delta t} &&\text{分子通分相減}\\
&= \lim_{\Delta t \to 0} \frac{-2\Delta t}{\Delta t(t)(t + \Delta t)} &&\text{約去}\ \Delta t\\
&= \lim_{\Delta t \to 0} \frac{-2}{t(t + \Delta t)} &&\text{化簡}\\
&= -\frac{2}{t^2} &&\text{令}\ \Delta t \to 0\ \text{求極限}
\end{aligned}$$

可微與連續　Differentiability and Continuity

下面以另一種型式，用極限方法求導數，這對探討可微和連續之間的關聯相當有用。如果下列極限存在，f 在 c 的導數 $f'(c)$ 就是

$$f'(c) = \lim_{x \to c} \frac{f(x) - f(c)}{x - c} \quad \text{(註)}$$

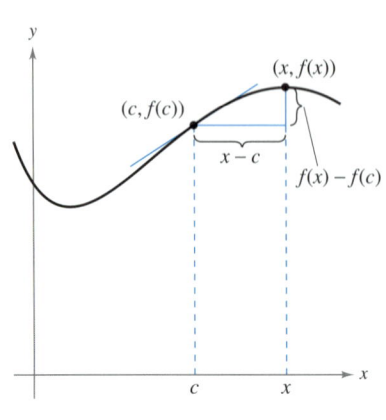

導數的另一種形式

圖 2.9　當 x 趨近 c 時，割線會趨近切線。

（見圖 2.9）。注意上述極限的存在要求單側極限

$$\lim_{x \to c^-} \frac{f(x) - f(c)}{x - c} \quad \text{和} \quad \lim_{x \to c^+} \frac{f(x) - f(c)}{x - c}$$

同時存在並且相等，這兩個單側極限又分別稱為**左導數**（derivatives from the left）和**右導數**（derivatives from the right）。如果 f 在區間 (a, b) 上可微，而在 a 的右導數和在 b 的左導數都存在的話，我們就稱 f

註：此「導數的另一種形式」與「函數的導函數定義」代表相同的意涵，詳細證明可見附錄 B。

在閉區間 [a, b] 上可微分（differentiable on the closed interval [a, b]）（簡稱可微）。

一個函數在 $x = c$ 如果不連續的話，自然在 $x = c$ 也不會可微。例如，最大整數函數 $f(x) = [\![x]\!]$ 在 $x = 0$ 不連續，直接計算 f 的左、右導數得出

$$\lim_{x \to 0^-} \frac{f(x) - f(0)}{x - 0} = \lim_{x \to 0^-} \frac{[\![x]\!] - 0}{x} = \infty \quad \text{左導數}$$

和

$$\lim_{x \to 0^+} \frac{f(x) - f(0)}{x - 0} = \lim_{x \to 0^+} \frac{[\![x]\!] - 0}{x} = 0 \quad \text{右導數}$$

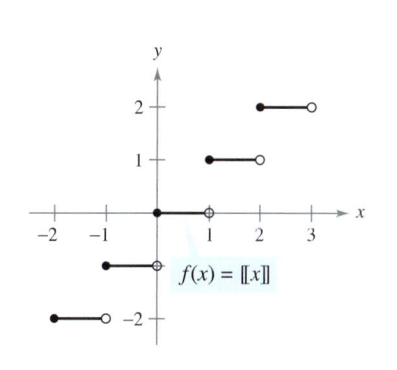

圖 2.10 最大整數函數在 $x = 0$ 既不連續也不可微。

因此 f 在 $x = 0$ 不可微（圖 2.10）。

雖然從可微可以推得連續（見定理 2.1），但逆敘述並不成立，也就是說，一個函數可以在 $x = c$ 連續而在 $x = c$ 不可微。例 6 和例 7 說明了這個現象。

例 6　圖形有尖點

函數 $f(x) = |x - 2|$（圖 2.11）在 $x = 2$ 連續，但是導數的兩個單側極限

$$\lim_{x \to 2^-} \frac{f(x) - f(2)}{x - 2} = \lim_{x \to 2^-} \frac{|x - 2| - 0}{x - 2} = -1 \quad \text{左導數}$$

和

$$\lim_{x \to 2^+} \frac{f(x) - f(2)}{x - 2} = \lim_{x \to 2^+} \frac{|x - 2| - 0}{x - 2} = 1 \quad \text{右導數}$$

並不相等。所以 f 在 $x = 2$ 不可微，圖形在點 $(2, 0)$ 的切線也不存在。

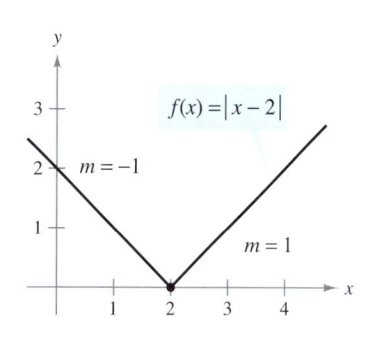

圖 2.11　f 在 $x = 2$ 的左導數和右導數不等，f 在此點不可微。

例 7　具鉛直切線的圖形

函數 $f(x) = x^{1/3}$ 在 $x = 0$ 連續（圖 2.12）。但是，因為

$$\lim_{x \to 0} \frac{f(x) - f(0)}{x - 0} = \lim_{x \to 0} \frac{x^{1/3} - 0}{x} = \lim_{x \to 0} \frac{1}{x^{2/3}} = \infty$$

得到的極限是無窮大，我們可以說在 $x = 0$ 有一條鉛直切線。但是 f 在 $x = 0$ 仍然不可微。

從例 6 和例 7，您可以看到如果函數圖形有尖點，或是有鉛直切線，函數在此點必不可微。

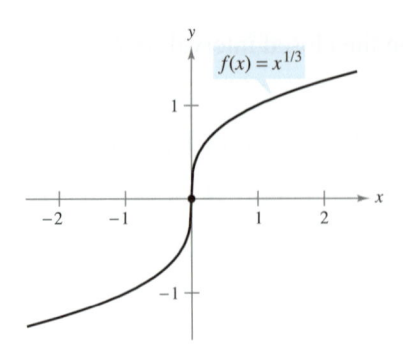

圖 2.12　f 在 $x = 0$ 有一條鉛直切線，因此 f 在 $x = 0$ 也不可微。

定理 2.1　可微必定連續
如果 f 在 $x = c$ 可微，則 f 在 $x = c$ 連續。

證明　只要能夠證出當 $x \to c$ 時，$f(x)$ 趨近 $f(c)$，f 就會在 $x = c$ 連續，利用 f 在 $x = c$ 可微這個事實，可以理解 $\dfrac{f(x) - f(c)}{x - c}$ 在 $x \to c$ 時極限存在（當然不是 $\pm \infty$），因此

$$\begin{aligned}
\lim_{x \to c} [f(x) - f(c)] &= \lim_{x \to c} \left[(x - c)\left(\frac{f(x) - f(c)}{x - c}\right)\right] \\
&= \left[\lim_{x \to c} (x - c)\right]\left[\lim_{x \to c} \frac{f(x) - f(c)}{x - c}\right] \\
&= (0)[f'(c)] = 0
\end{aligned}$$

再從 $\lim\limits_{x \to c} [f(x) - f(c)] = 0$，可以直接證出 $\lim\limits_{x \to c} f(x) = f(c)$。〔$f(c)$ 是常數！〕所以 f 在 $x = c$ 連續。

我們總結可微和連續的關係如下：

1. 如果函數在 $x = c$ 可微，則函數在 $x = c$ 連續，亦即可微的函數一定連續。
2. 有的函數在 $x = c$ 連續，但是在 $x = c$ 卻不可微。也就是說，連續的函數不一定可微（見例 6 與例 7）。

習題 2.1

習題 1～2，求下列函數圖形在指定點的切線斜率。

1. $f(x) = 3 - 5x$, $(-1, 8)$

2. $f(x) = 2x^2 - 3$, $(2, 5)$

習題 3～4，用求極限的方式（即導數的定義），求下列函數的導函數。

3. $h(s) = 3 + \frac{2}{3}s$ **4.** $f(x) = x^2 + x - 3$

習題 5～6，求 $f(x)$ 的函數圖形在指定點的切線方程式。

5. $f(x) = x^3$, $(2, 8)$ ★**6.** $f(x) = \sqrt{x}$, $(1, 1)$

習題 7～8，求下列函數圖形上與給定直線平行的切線方程式。

函數	直線
★**7.** $f(x) = x^3$	$3x - y + 1 = 0$
★**8.** $f(x) = \dfrac{1}{\sqrt{x}}$	$x + 2y - 6 = 0$

習題 9～11，用 f 的圖形描繪 f' 的圖形。

9.

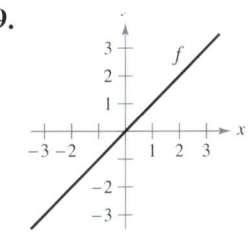

10.

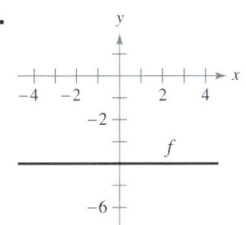

★**11.**

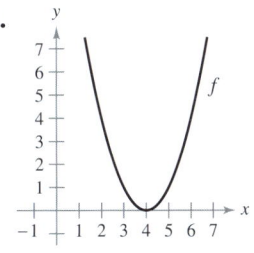

★**12.** 已知 $y = g(x)$ 的圖形在其上一點 $(4, 5)$ 的切線，也通過點 $(7, 0)$，求 $g(4)$ 和 $g'(4)$。

習題 13～14，在下面的問題中，每一個極限都代表某函數 f 在 c 的導數 $f'(c)$，試求 f 和 c。

★**13.** $\lim\limits_{\Delta x \to 0} \dfrac{[5 - 3(1 + \Delta x)] - 2}{\Delta x}$

★**14.** $\lim\limits_{x \to 6} \dfrac{-x^2 + 36}{x - 6}$

★**15.** 以求導數的另一種形式，即
$f'(c) = \lim\limits_{x \to c} \dfrac{f(x) - f(c)}{x - c}$，求
$f(x) = x^3 + 2x^2 + 1$ 在 $c = -2$ 的導數。

習題 16～19，說明下列函數的可微分區域。

16. $f(x) = (x+4)^{2/3}$ **17.** $f(x) = \dfrac{x^2}{x^2 - 4}$

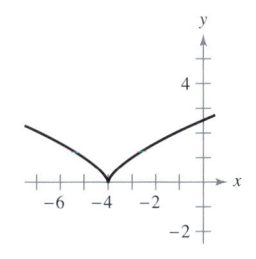

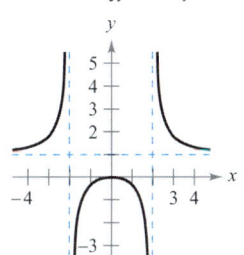

18. $f(x) = \sqrt{x+1} + 1$

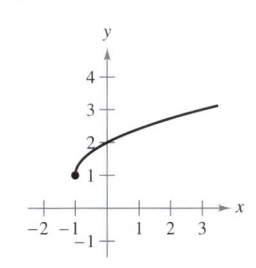

19. $f(x) = \begin{cases} x^2 - 4, & x \leq 0 \\ 4 - x^2, & x > 0 \end{cases}$

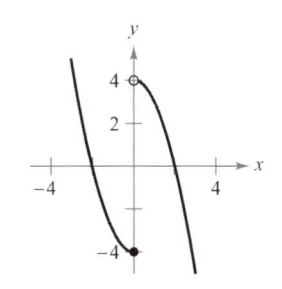

習題 20～21，判斷下列函數在 $x = 2$ 是否可微。

★**20.** $f(x) = \begin{cases} x^2 + 1, & x \leq 2 \\ 4x - 3, & x > 2 \end{cases}$

★**21.** $f(x) = \begin{cases} \frac{1}{2}x + 1, & x < 2 \\ \sqrt{2x}, & x \geq 2 \end{cases}$

註：標誌 ★ 表示稍難題目。

2.2 基本微分規則和變率　Basic Differentiation Rules and Rates of Change

◆ 利用常數規則求常數函數的導函數。
◆ 利用指數規則求函數的導函數。
◆ 利用倍數規則求函數的導函數。
◆ 利用和差規則求函數的導函數。
◆ 求正弦、餘弦和指數函數的導函數。
◆ 利用導數求變率（變化率）。

常數規則　The Constant Rule

在 2.1 節中，我們利用極限的方式定義和求出導數。在本節和下兩節中，我們將介紹幾個微分規則，可以直接計算出導數而不必每次都利用定義來作計算。

定理 2.2　常數規則

常數函數的導函數為 0。亦即，如果 c 是一個實數，那麼

$$\frac{d}{dx}[c] = 0$$

證明　令 $f(x) = c$，則由導數的定義

$$\frac{d}{dx}[c] = f'(x) = \lim_{\Delta x \to 0} \frac{f(x + \Delta x) - f(x)}{\Delta x} = \lim_{\Delta x \to 0} \frac{c - c}{\Delta x} = \lim_{\Delta x \to 0} 0 = 0$$

水平直線的斜率為 0。

$f(x) = c$

常數函數的導函數為 0。

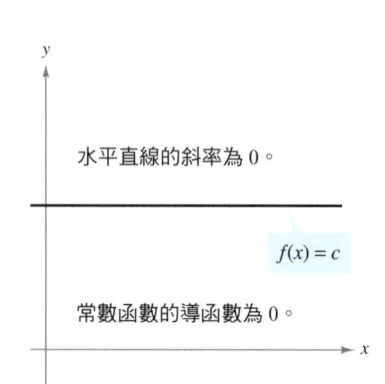

圖 2.13　常數規則。

注意　在圖 2.13 中，常數規則其實就是說水平直線的斜率為 0，斜率與導數的關聯正是如此。

例 1　利用常數規則

函數	導函數
a. $y = 7$	$\dfrac{dy}{dx} = 0$
b. $f(x) = 0$	$f'(x) = 0$
c. $s(t) = -3$	$s'(t) = 0$
d. $y = k\pi^2$，k 是常數	$y' = 0$

指數規則　The Power Rule

說明此規則以前，必得複習一下二項展開式。

$$(x + \Delta x)^2 = x^2 + 2x\Delta x + (\Delta x)^2$$
$$(x + \Delta x)^3 = x^3 + 3x^2\Delta x + 3x(\Delta x)^2 + (\Delta x)^3$$
$$(x + \Delta x)^4 = x^4 + 4x^3\Delta x + 6x^2(\Delta x)^2 + 4x(\Delta x)^3 + (\Delta x)^4$$
$$(x + \Delta x)^5 = x^5 + 5x^4\Delta x + 10x^3(\Delta x)^2 + 10x^2(\Delta x)^3 + 5x(\Delta x)^4 + (\Delta x)^5$$

指數為正整數 n 的一般二項展開式是

$$(x + \Delta x)^n = x^n + nx^{n-1}(\Delta x) + \underbrace{\frac{n(n-1)x^{n-2}}{2}(\Delta x)^2 + \cdots + (\Delta x)^n}_{(\Delta x)^2 \text{ 是這些項的公因式}}$$

二項展開式可以用來證明指數規則的一個特例。

定理 2.3　指數規則

如果 n 是有理數，則 $f(x) = x^n$ 可微，並且

$$\frac{d}{dx}[x^n] = nx^{n-1}$$

只要 x^{n-1} 在包含 0 的一個開區間上都有定義，$f(x) = x^n$ 也會在 $x = 0$ 可微，$f'(x) = nx^{n-1}$。

注意　我們由 2.1 節的例 7 知道函數 $f(x) = x^{1/3}$ 在點 $x = 0$ 有定義，但是不可微分。這是因為 $x^{-2/3}$ 在任何包含 0 的區間上都無法定義。

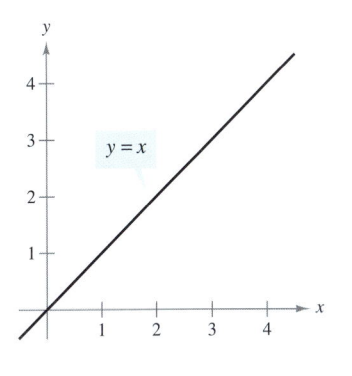

在使用指數規則時，建議把 $n = 1$ 的情形當成是一個單獨的規則，亦即

$$\frac{d}{dx}[x] = 1 \qquad n = 1 \text{ 的指數規則}$$

這個規則和直線 $y = x$ 的斜率等於 1 意義相同，如圖 2.14 所示。

圖 2.14　直線 $y = x$ 的斜率是 1。

例 2　指數規則的應用

函數	導函數
a. $f(x) = x^3$	$f'(x) = 3x^2$
b. $g(x) = \sqrt[3]{x}$	$g'(x) = \frac{d}{dx}[x^{1/3}] = \frac{1}{3}x^{-2/3} = \frac{1}{3x^{2/3}}$
c. $y = \frac{1}{x^2}$	$\frac{dy}{dx} = \frac{d}{dx}[x^{-2}] = (-2)x^{-3} = -\frac{2}{x^3}$

上例 2c 中，在微分 $1/x^2$ 之前，我們先將其改寫成 x^{-2}。許多求微分的問題，第一步都是先將所求方程式改寫成方便的形式。

已知：	改寫：	利用微分規則：	化簡：
$y = \dfrac{1}{x^2}$	$y = x^{-2}$	$\dfrac{dy}{dx} = (-2)x^{-3}$	$\dfrac{dy}{dx} = -\dfrac{2}{x^3}$

例 3　求圖形的斜率

求 $f(x) = x^4$ 的圖形在下列各點的斜率。

a. $x = -1$　　**b.** $x = 0$　　**c.** $x = 1$

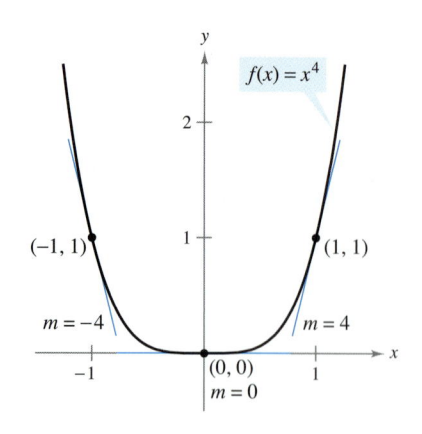

圖 2.15 注意到在點 (−1, 1)，函數圖的斜率是負的；在點 (0, 0)，函數圖的斜率是零；而在點 (1, 1)，函數圖的斜率是正的。

解 函數圖形在一點的斜率就是函數在該點的導數。f 的導函數是 $f'(x) = 4x^3$。

a. 當 $x = -1$ 時，所求斜率是 $f'(-1) = 4(-1)^3 = -4$　　斜率為負
b. 當 $x = 0$ 時，所求斜率是 $f'(0) = 4(0)^3 = 0$　　斜率為 0
c. 當 $x = 1$ 時，所求斜率是 $f'(1) = 4(1)^3 = 4$　　斜率為正

在圖 2.15 中，注意圖形在點 $(-1, 1)$ 的斜率為負，在點 $(0, 0)$ 的斜率為 0，在點 $(1, 1)$ 的斜率為正。

例 4　求切線的方程式

求 $f(x) = x^2$ 的圖形在 $x = -2$ 的切線方程式。

解 先把圖上 $x = -2$ 的點找出來。圖上的點是

$$(-2, f(-2)) = (-2, 4)$$　　圖形上的點

求 $x = -2$ 時圖形的斜率，把導函數 $f'(x) = 2x$，x 以 -2 代入，得到

$$m = f'(-2) = -4$$　　在 (−2, 4) 圖形的斜率

再利用直線的點斜式，寫下

$$y - y_1 = m(x - x_1)$$　　點斜式
$$y - 4 = -4\,[x - (-2)]$$　　y_1、m 和 x_1 代值
$$y = -4x - 4$$　　化簡

（見圖 2.16）

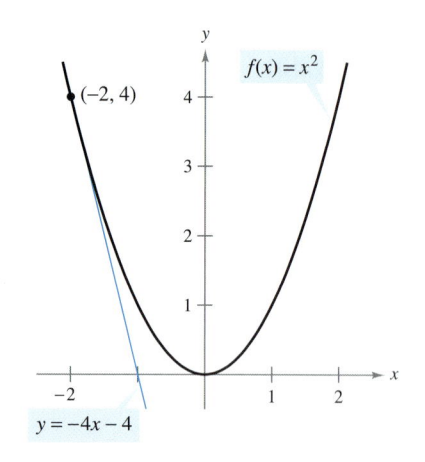

圖 2.16 直線 $y = -4x - 4$ 是 $f(x) = x^2$ 的函數圖在點 $(-2, 4)$ 的切線。

倍數規則　The Constant Multiple Rule

定理 2.4　倍數規則

如果 f 可微，而 c 是一個實數，則 cf 也可微並且

$$\frac{d}{dx}[cf(x)] = cf'(x)$$

證明

$$\frac{d}{dx}[cf(x)] = \lim_{\Delta x \to 0} \frac{cf(x + \Delta x) - cf(x)}{\Delta x}$$　　導數的定義

$$= \lim_{\Delta x \to 0} c\left[\frac{f(x + \Delta x) - f(x)}{\Delta x}\right]$$

$$= c\left[\lim_{\Delta x \to 0} \frac{f(x + \Delta x) - f(x)}{\Delta x}\right] = cf'(x)$$

簡而言之，倍數規則說明倍數可以在微分中直接提出，即使在分母亦然。

$$\frac{d}{dx}[cf(x)] = c\frac{d}{dx}[f(x)] = cf'(x)$$

$$\frac{d}{dx}\left[\frac{f(x)}{c}\right] = \frac{d}{dx}\left[\left(\frac{1}{c}\right)f(x)\right] = \left(\frac{1}{c}\right)\frac{d}{dx}[f(x)] = \left(\frac{1}{c}\right)f'(x)$$

例 5 倍數規則的應用

函數	導函數
a. $y = 5x^3$	$\dfrac{dy}{dx} = \dfrac{d}{dx}[5x^3] = 5(3)x^2 = 15x^2$
b. $y = \dfrac{2}{x}$	$\dfrac{dy}{dx} = \dfrac{d}{dx}[2x^{-1}] = 2\dfrac{d}{dx}[x^{-1}] = 2(-1)x^{-2} = -\dfrac{2}{x^2}$
c. $f(t) = \dfrac{4t^2}{5}$	$f'(t) = \dfrac{d}{dt}\left[\dfrac{4}{5}t^2\right] = \dfrac{4}{5}\dfrac{d}{dt}[t^2] = \dfrac{4}{5}(2t) = \dfrac{8}{5}t$
d. $y = 2\sqrt{x}$	$\dfrac{dy}{dx} = \dfrac{d}{dx}[2x^{1/2}] = 2\left(\dfrac{1}{2}x^{-1/2}\right) = x^{-1/2} = \dfrac{1}{\sqrt{x}}$
e. $y = \dfrac{1}{2\sqrt[3]{x^2}}$	$\dfrac{dy}{dx} = \dfrac{d}{dx}\left[\dfrac{1}{2}x^{-2/3}\right] = \dfrac{1}{2}\left(-\dfrac{2}{3}\right)x^{-5/3} = -\dfrac{1}{3x^{5/3}}$
f. $y = -\dfrac{3x}{2}$	$y' = \dfrac{d}{dx}\left[-\dfrac{3}{2}x\right] = -\dfrac{3}{2}(1) = -\dfrac{3}{2}$

注意 微分之前，為計算方便，先將 $\sqrt{x}$ 改寫成 $x^{\frac{1}{2}}$。

倍數和指數規則可以合而為一，亦即

$$\frac{d}{dx}[cx^n] = cnx^{n-1}。$$

例 6 微分時如何使用括弧記號

原始函數	改寫	微分	化簡
a. $y = \dfrac{5}{2x^3}$	$y = \dfrac{5}{2}(x^{-3})$	$y' = \dfrac{5}{2}(-3x^{-4})$	$y' = -\dfrac{15}{2x^4}$
b. $y = \dfrac{5}{(2x)^3}$	$y = \dfrac{5}{8}(x^{-3})$	$y' = \dfrac{5}{8}(-3x^{-4})$	$y' = -\dfrac{15}{8x^4}$
c. $y = \dfrac{7}{3x^{-2}}$	$y = \dfrac{7}{3}(x^2)$	$y' = \dfrac{7}{3}(2x)$	$y' = \dfrac{14x}{3}$
d. $y = \dfrac{7}{(3x)^{-2}}$	$y = 63(x^2)$	$y' = 63(2x)$	$y' = 126x$

和差規則 The Sum and Difference Rules

定理 2.5 **和差規則**

兩個可微函數的和（或差）仍然可微，微分的結果是分別微分的和（或差）。

$$\frac{d}{dx}[f(x)+g(x)] = f'(x) + g'(x) \quad \text{和的規則}$$

$$\frac{d}{dx}[f(x)-g(x)] = f'(x) - g'(x) \quad \text{差的規則}$$

證明 應用定理 1.2 來求證和的情形（差的情形證明方法類似）。

$$\frac{d}{dx}[f(x)+g(x)] = \lim_{\Delta x \to 0} \frac{[f(x+\Delta x)+g(x+\Delta x)]-[f(x)+g(x)]}{\Delta x}$$

$$= \lim_{\Delta x \to 0} \frac{f(x+\Delta x)+g(x+\Delta x)-f(x)-g(x)}{\Delta x}$$

$$= \lim_{\Delta x \to 0} \left[\frac{f(x+\Delta x)-f(x)}{\Delta x} + \frac{g(x+\Delta x)-g(x)}{\Delta x}\right]$$

$$= \lim_{\Delta x \to 0} \frac{f(x+\Delta x)-f(x)}{\Delta x} + \lim_{\Delta x \to 0} \frac{g(x+\Delta x)-g(x)}{\Delta x}$$

$$= f'(x) + g'(x)$$

和差規則可以進一步應用到任意有限多個函數，例如：

如果 $F(x) = f(x) + g(x) - h(x)$，則 $F'(x) = f'(x) + g'(x) - h'(x)$

例 7 和差規則的應用

函數	導函數
a. $f(x) = x^3 - 4x + 5$	$f'(x) = 3x^2 - 4$
b. $g(x) = -\dfrac{x^4}{2} + 3x^3 - 2x$	$g'(x) = -2x^3 + 9x^2 - 2$
c. $y = \dfrac{3x^2 - x + 1}{x} = 3x - 1 + \dfrac{1}{x}$	$y' = 3 - \dfrac{1}{x^2} = \dfrac{3x^2 - 1}{x^2}$

注意 在例 7(c)，在微分前，我們要先化簡 $\dfrac{3x^2 - x + 1}{x}$ 為 $3x - 1 + \dfrac{1}{x}$。

正弦和餘弦函數的導函數
Derivatives of Sine and Cosine Functions

我們在 1.6 節中，學過下列極限。

$$\lim_{\Delta x \to 0} \frac{\sin \Delta x}{\Delta x} = 1 \quad \text{和} \quad \lim_{\Delta x \to 0} \frac{1 - \cos \Delta x}{\Delta x} = 0$$

從這兩個極限可以得出正弦和餘弦函數的微分規則（其他四個三角函數的導數見 2.3 節）。

定理 2.6　正弦和餘弦函數的導函數

$$\frac{d}{dx}[\sin x] = \cos x \qquad \frac{d}{dx}[\cos x] = -\sin x$$

證明　兩個式子的證明類似，都是要用三角函數的和角公式，在此只證正弦函數 $\sin x$ 的導函數公式如下，

$$\frac{d}{dx}[\sin x] = \lim_{\Delta x \to 0} \frac{\sin(x + \Delta x) - \sin x}{\Delta x} \qquad \text{導數的定義}$$

$$= \lim_{\Delta x \to 0} \frac{\sin x \cos \Delta x + \cos x \sin \Delta x - \sin x}{\Delta x}$$

$$= \lim_{\Delta x \to 0} \frac{\cos x \sin \Delta x - (\sin x)(1 - \cos \Delta x)}{\Delta x}$$

$$= \lim_{\Delta x \to 0} \left[(\cos x)\left(\frac{\sin \Delta x}{\Delta x}\right) - (\sin x)\left(\frac{1 - \cos \Delta x}{\Delta x}\right) \right]$$

$$= \cos x \left(\lim_{\Delta x \to 0} \frac{\sin \Delta x}{\Delta x} \right) - \sin x \left(\lim_{\Delta x \to 0} \frac{1 - \cos \Delta x}{\Delta x} \right)$$

$$= (\cos x)(1) - (\sin x)(0) = \cos x$$

此微分規則如圖 2.17 所示，在每一點 x，正弦函數的斜率剛好是 $\cos x$。

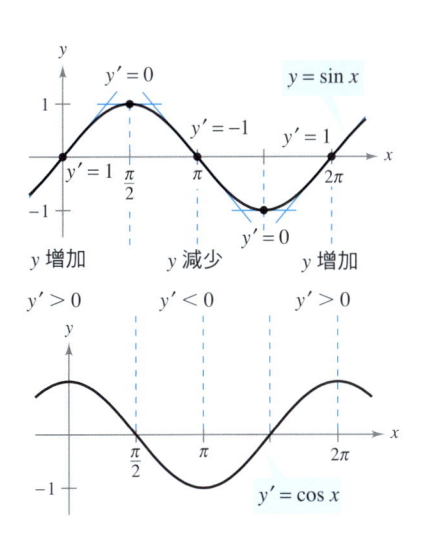

圖 2.17　正弦函數的導函數是餘弦函數。

例 8　含有正弦和餘弦在內的導函數

函數	導函數
a. $y = 2 \sin x$	$y' = 2 \cos x$
b. $y = \dfrac{\sin x}{2} = \dfrac{1}{2} \sin x$	$y' = \dfrac{1}{2} \cos x = \dfrac{\cos x}{2}$
c. $y = x + \cos x$	$y' = 1 - \sin x$
d. $y = \cos x - \dfrac{\pi}{3} \sin x$	$y' = -\sin x - \dfrac{\pi}{3} \cos x$

指數函數的導函數　Derivatives of Exponential Functions

（自然）指數函數有一個非常重要的性質，就是自己是自己的導函數，證明如下。

令 $f(x) = e^x$，則

$$f'(x) = \lim_{\Delta x \to 0} \frac{f(x + \Delta x) - f(x)}{\Delta x}$$

$$= \lim_{\Delta x \to 0} \frac{e^{x + \Delta x} - e^x}{\Delta x} = \lim_{\Delta x \to 0} \frac{e^x(e^{\Delta x} - 1)}{\Delta x}$$

註：求 $f(x) = e^x$ 的導函數時，關鍵的一步是
$$\lim_{x \to 0} (1 + x)^{1/x} = e$$
上式在 1.4 節例 3 與 1.6 節定理 1.9 介紹過。現只需將 x 替換成 $\Delta x \approx 0$，可得 $(1 + \Delta x)^{1/\Delta x} \approx e$

從 e 的定義（1.4 節）
$$\lim_{\Delta x \to 0} (1 + \Delta x)^{1/\Delta x} = e \quad \text{（註）}$$

因此 $e^{\Delta x} \approx 1 + \Delta x$。將上式的 $e^{\Delta x}$ 以 $1 + \Delta x$ 代入，得到

$$f'(x) = \lim_{\Delta x \to 0} \frac{e^x[e^{\Delta x} - 1]}{\Delta x} = \lim_{\Delta x \to 0} \frac{e^x[(1 + \Delta x) - 1]}{\Delta x}$$
$$= \lim_{\Delta x \to 0} \frac{e^x \Delta x}{\Delta x} = e^x$$

我們有下面的定理。

定理 2.7　自然指數函數的導函數
$$\frac{d}{dx}[e^x] = e^x$$

定理 2.7 表示在 $f(x) = e^x$ 函數圖形上任一點 (x, e^x) 的斜率恰好等於該點的縱坐標。如圖 2.18 所示。

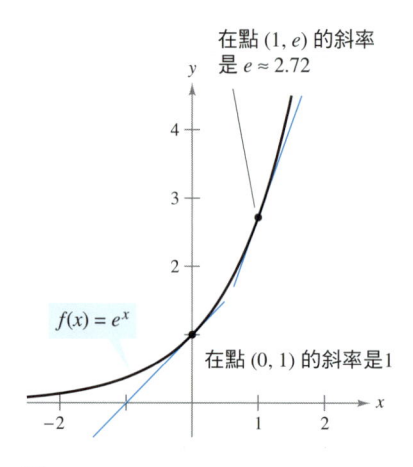

圖 2.18

例 9　指數函數的導函數

求下列函數的導函數

a. $f(x) = 3e^x$　　**b.** $f(x) = x^2 + e^x$　　**c.** $f(x) = \sin x - e^x$

解

a. $f'(x) = 3 \dfrac{d}{dx}[e^x] = 3e^x$

b. $f'(x) = \dfrac{d}{dx}[x^2] + \dfrac{d}{dx}[e^x] = 2x + e^x$

c. $f'(x) = \dfrac{d}{dx}[\sin x] - \dfrac{d}{dx}[e^x] = \cos x - e^x$

變化率　Rates of Change

我們已經看到如何以導數決定斜率，導數亦可以用來決定一個變數相對於另外一個變數的變化率。變化率的應用處處可見，諸如人口增加率、單位時間的產量、流速、速度和加速度。

我們常以變化率描述一物體的直線運動。此時，以一條指定好原點的水平或鉛直的直線來代表運動的路線。向右（或向上）表示正方向的運動，而向左（或向下）則表示反方向的運動。

相對於原點的位置是一個時間 t 的函數 s，稱之為**位置函數**（position function）。如果，在一段時間 Δt 中，物體位置的改變是 $\Delta s = s(t + \Delta t) - s(t)$，則由公式

$$速率 = \frac{距離}{時間}$$

我們得出**平均速度**（average velocity）如下：

$$\frac{距離的變化（量）}{時間的變化（量）} = \frac{\Delta s}{\Delta t} \qquad 平均速度$$

例 10　求落體的平均速度

一撞球從 100 公尺的高度落下，其在 t 時刻的高度以位置函數 s 表示

$$s = -4.9t^2 + 100 \qquad 位置函數$$

s 的單位是公尺，t 的單位是秒，請求出下列各時間區間的平均速度。

a. [1, 2]　　**b.** [1, 1.5]　　**c.** [1, 1.1]

解

a. 在時間區間 [1, 2]，物體從高度 $s(1) = -4.9(1)^2 + 100 = 95.1$ 公尺落到高度 $s(2) = -4.9(2)^2 + 100 = 80.4$ 公尺，平均速度是

$$\frac{\Delta s}{\Delta t} = \frac{80.4 - 95.1}{2 - 1} = \frac{-14.7}{1} = -14.7 \text{ 公尺 / 秒}$$

b. 在時間區間 [1, 1.5]，物體從高度 95.1 公尺落到高度 $s(1.5) = -4.9(1.5)^2 + 100 = 88.975$ 公尺，平均速度是

$$\frac{\Delta s}{\Delta t} = \frac{88.975 - 95.1}{1.5 - 1} = \frac{-6.125}{0.5} = -12.25 \text{ 公尺 / 秒}$$

c. 在時間區間 [1, 1.1]，物體從高度 95.1 公尺落到高度 $s(1.1) = -4.9(1.1)^2 + 100 = 94.071$ 公尺，平均速度是

$$\frac{\Delta s}{\Delta t} = \frac{94.071 - 95.1}{1.1 - 1} = \frac{-1.029}{0.1} = -10.29 \text{ 公尺 / 秒}$$

注意此處平均速度小於 0，表示物體往下方運動。

　　假設在例 10 中，欲求出當 $t = 1$ 時，運動物體的瞬時速度（簡言之，就是速度），正如我們以割線的斜率來近似切線的斜率，我們也可以計算在一段短的時間區間 $[1, 1 + \Delta t]$ 內的平均速度來近似在 $t = 1$ 的速度（見圖 2.19）。再令 Δt 趨近於 0，就可以得出 $t = 1$ 的速度。計算 $\Delta t \to 0$ 的極限可以得出 $t = 1$ 時的速度是 -9.8 公尺 / 秒。

　　通常，如果 $s = s(t)$ 表示沿直線運動物體的位置函數，則在時間 t 物體的**速度**（velocity）是

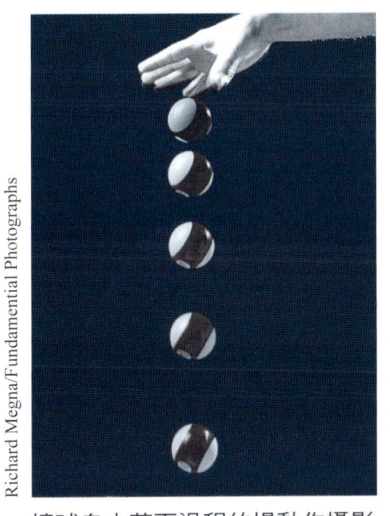

撞球自由落下過程的慢動作攝影。

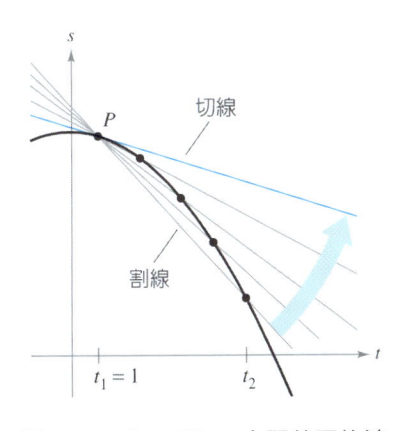

圖 2.19　在 t_1 和 t_2 之間的平均速度是割線的斜率，而在 t_1 的瞬時速度是切線的斜率。

$$v(t) = \lim_{\Delta t \to 0} \frac{s(t + \Delta t) - s(t)}{\Delta t} = s'(t)$$ 速度函數

換言之,速度函數正是位置函數的導函數,速度可能小於 0、等於 0 或大於 0。**速率**(speed)是指速度的絕對值,速率不會小於 0。

在不考慮空氣阻力的影響下,自由落體的位置可以表示成

$$s(t) = \frac{1}{2}gt^2 + v_0 t + s_0$$ 位置函數

式中 s_0 是物體的初始高度,v_0 是物體的初始速度,g 是重力加速度,接近地球表面 g 的近似值是 -9.8 公尺/秒^2,相當於 -32 呎/秒^2。

例 11　利用導數求速度

在 $t = 0$ 時,一人自跳板跳下,跳板距水面 9.8 公尺(見圖 2.20),若跳水者起跳的速度是每秒 4.9 公尺,求

a. 跳水者何時入水?
b. 在接觸水面的瞬間,跳水者速度為何?

解

由重力加速度 $g = 9.8$ 公尺/秒^2,初始速度 $v_0 = 4.9$ 公尺/秒,且起始位置是 $s_0 = 9.8$ 公尺,可得位置函數

$$s(t) = -\frac{1}{2}(9.8)t^2 + 4.9t + 9.8$$

$$= -4.9t^2 + 4.9t + 9.8 \qquad \text{位置函數}$$

要求跳水者的入水時間點,則要令 $s = 0$,去解 t,如下:

a. 令 $s = 0$,解 t,

$-4.9t^2 + 4.9t + 9.8 = 0$	令 s 為 0
$-4.9(t + 1)(t - 2) = 0$	分解因式
$t = -1$ 或 2	解 t

因為 $t \geq 0$,由 t 的正根解知道此人入水的時間是 $t = 2$ 秒。

b. 速度函數是 $s(t)$ 的導函數 $s'(t) = -9.8t + 4.9$。因此,在 $t = 2$ 時的速度是

$$s'(2) = -9.8(2) + 4.9 = -14.7 \text{ 公尺 / 秒}$$

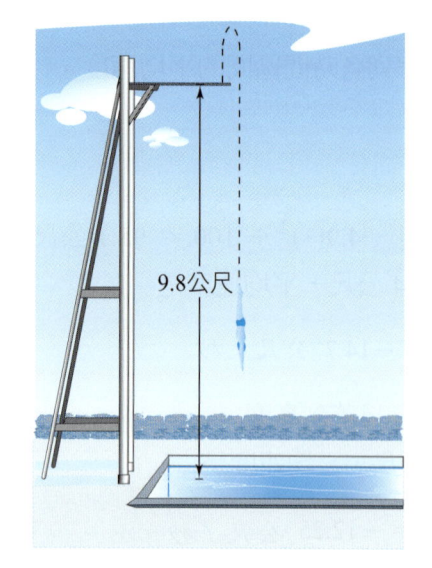

圖 2.20　當物體持續上升時,速度為正,持續下降時,速度為負。圖中,跳水者先向上跳,在 $0 < t < 1/2$ 時,速度為正。當速度為 0 時,跳水者到達最大高度。

注意　$s'(t)$ 的單位是 s 的單位(公尺)除以 t 的單位(秒)。一般而言,$f'(x)$ 的單位是 f 的單位除以 x 的單位。

習題 2.2

習題 1～10，求下列各函數的導函數。

1. $y = 12$
2. $y = x^7$
3. $y = \dfrac{1}{x^5}$
4. $f(x) = \sqrt[9]{x}$
5. $f(x) = x + 11$
6. $f(t) = -3t^2 + 2t - 4$
7. $s(t) = t^3 + 5t^2 - 3t + 8$
★ 8. $y = \dfrac{\pi}{2} \sin\theta$
9. $y = x^2 - \dfrac{1}{2}\cos x$
★ 10. $y = \dfrac{1}{2}e^x - 3\sin x$

習題 11～12，求函數圖形在指定點的斜率。

函數	指定點
11. $f(x) = \dfrac{8}{x^2}$	$(2, 2)$
12. $f(x) = -\dfrac{1}{2} + \dfrac{7}{5}x^3$	$\left(0, -\dfrac{1}{2}\right)$

習題 13～20，求各函數的導函數。

13. $f(x) = x^2 + 5 - 3x^{-2}$
14. $g(t) = t^2 - \dfrac{4}{t^3}$
★ 15. $f(x) = \dfrac{x^3 - 3x^2 + 4}{x^2}$
★ 16. $g(t) = \dfrac{3t^2 + 4t - 8}{t^{3/2}}$
★ 17. $y = x(x^2 + 1)$
18. $f(x) = \sqrt{x} - 6\sqrt[3]{x}$
★ 19. $f(x) = 6\sqrt{x} + 5\cos x$
20. $f(x) = x^{-2} - 2e^x$

21. 求函數 $f(x) = \dfrac{2}{\sqrt[4]{x^3}}$ 在點 $(1, 2)$ 的切線方程式。

★ 22. 求函數 $y = x^4 - 2x^2 + 3$ 產生水平切線的位置點。

★ 23. 令 $f(x) = k - x^2$，若 $y = -6x + 1$ 是函數 $f(x)$ 的一條切線，求 k 之值。

★ 24. 求 $y = x^2$ 與 $y = -x^2 + 6x - 5$ 的兩條公切線。

★ 25. 令 $f(x) = \begin{cases} ax^3, & x \leq 2 \\ x^2 + b, & x > 2 \end{cases}$，求 a 與 b，使得函數 f 到處可微。

註：標誌 ★ 表示稍難題目。

2.3 積和商的規則及高階導數

Product and Quotient Rules and Higher-Order Derivatives

- 利用積的規則求導函數。
- 利用商的規則求導函數。
- 求三角函數的導函數。
- 求高階導數。

積的規則 The Product Rule

在 2.2 節，我們看到兩個函數和的導函數，就是個別導函數的和。至於兩個函數積或商的導函數，其與個別導函數的關係會比較複雜，不再個別是導函數的積或商。

定理 2.8　積的規則

兩個可微函數 f 和 g 的乘積仍然可微。乘積 fg 的導函數是 f 和 g' 的乘積再加上 g 和 f' 的乘積。

$$\frac{d}{dx}[f(x)g(x)] = f'(x)g(x) + f(x)g'(x)$$

積的規則也能進一步應用於兩個以上函數的乘積，例如，如果 f、g 和 h 都是 x 的可微函數，則有

$$\frac{d}{dx}[f(x)g(x)h(x)] = f'(x)g(x)h(x) + f(x)g'(x)h(x) + f(x)g(x)h'(x)$$

例如，$y = x^2 \sin x \cos x$ 的導函數是

$$\frac{dy}{dx} = 2x \sin x \cos x + x^2 \cos x \cos x + x^2 \sin x(-\sin x)$$
$$= 2x \sin x \cos x + x^2(\cos^2 x - \sin^2 x)$$

兩個函數乘積的導函數與其個別導函數的乘積通常不會一樣，請見例 1。

例 1　應用積的規則

求 $h(x) = (3x - 2x^2)(5 + 4x)$ 的導函數。

解

$$h'(x) = \overbrace{(3x-2x^2)}^{\text{第一個函數}}\overbrace{\frac{d}{dx}[5+4x]}^{\text{第二個的導函數}} + \overbrace{(5+4x)}^{\text{第二個函數}}\overbrace{\frac{d}{dx}[3x-2x^2]}^{\text{第一個的導函數}} \quad \text{應用積的規則}$$

$$= (3x-2x^2)(4) + (5+4x)(3-4x)$$
$$= (12x-8x^2) + (15-8x-16x^2)$$
$$= -24x^2 + 4x + 15$$

例 1 中，我們也可以不用積的規則，先乘開後再微分。

$$D_x[(3x-2x^2)(5+4x)] = D_x[-8x^3 + 2x^2 + 15x]$$
$$= -24x^2 + 4x + 15$$

但是在例 2 中，一定要使用積的規則才能得解。

例 2 應用積的規則

求 $y = xe^x$ 的導函數。

解

$$\frac{d}{dx}[xe^x] = x\frac{d}{dx}[e^x] + e^x\frac{d}{dx}[x] \quad \text{應用積的規則}$$

$$= xe^x + e^x(1)$$
$$= e^x(x+1)$$

例 3 應用積的規則

求 $y = 2x\cos x - 2\sin x$ 的導函數。

解

$$\frac{dy}{dx} = \overbrace{(2x)\left(\frac{d}{dx}[\cos x]\right) + (\cos x)\left(\frac{d}{dx}[2x]\right)}^{\text{積的規則}} - \overbrace{2\frac{d}{dx}[\sin x]}^{\text{倍數規則}}$$

$$= (2x)(-\sin x) + (\cos x)(2) - 2(\cos x)$$
$$= -2x\sin x$$

注意 在例 3 中，當乘積的兩項都是變量時，要使用積的規則，但是兩項中有一項是常數時，就要使用倍數規則。

商的規則 The Quotient Rule

定理 2.9 商的規則

兩個可微函數 f 和 g 的商 f/g 在所有的 x〔只要 $g(x) \neq 0$〕都可微分，f/g 的導函數公式如下：

$$\frac{d}{dx}\left[\frac{f(x)}{g(x)}\right] = \frac{f'(x)g(x) - f(x)g'(x)}{[g(x)]^2}, \qquad g(x) \neq 0$$

注意 就像「積的規則」，兩個函數的商之導函數通常也不會是直接微分再求其商。

例 4　應用商的規則

求 $y = \dfrac{5x-2}{x^2+1}$ 的導函數。

解

$$\dfrac{d}{dx}\left[\dfrac{5x-2}{x^2+1}\right] = \dfrac{(x^2+1)\dfrac{d}{dx}[5x-2]-(5x-2)\dfrac{d}{dx}[x^2+1]}{(x^2+1)^2} \quad \text{應用商的規則}$$

$$= \dfrac{(x^2+1)(5)-(5x-2)(2x)}{(x^2+1)^2}$$

$$= \dfrac{(5x^2+5)-(10x^2-4x)}{(x^2+1)^2} = \dfrac{-5x^2+4x+5}{(x^2+1)^2}$$

　　注意在例 4 中括號的使用，建議同學在微分的時候多多使用括號。比方說，處理商的規則時，不妨將每一個函數及導函數都加上括號，如此才能特別留意分子中應出現的減號。

　　在上一節，我們曾經強調在微分之前，經常需要適當改寫原來的式子，請見下例。

例 5　微分前的改寫

求 $f(x) = \dfrac{3-(1/x)}{x+5}$ 的圖形在點 $(-1, 1)$ 的切線方程式。

解　先將函數改寫成

$$f(x) = \dfrac{3-(1/x)}{x+5} \quad \text{寫下原函數}$$

$$= \dfrac{x\left(3-\dfrac{1}{x}\right)}{x(x+5)} \quad \text{分子分母同乘 } x$$

$$= \dfrac{3x-1}{x^2+5x} \quad \text{改寫}$$

此時，再套用商的規則如下

$$f'(x) = \dfrac{(x^2+5x)(3)-(3x-1)(2x+5)}{(x^2+5x)^2} \quad \text{商的規則}$$

$$= \dfrac{(3x^2+15x)-(6x^2+13x-5)}{(x^2+5x)^2}$$

$$= \dfrac{-3x^2+2x+5}{(x^2+5x)^2} \quad \text{化簡}$$

計算 $f'(-1)$，得出切線在 $(-1, 1)$ 的斜率

$$f'(-1) = 0 \qquad\qquad \text{在 } (-1, 1) \text{ 圖形的斜率}$$

由於切線過點 $(-1, 1)$ 且斜率為 0，利用點斜式可得過點 $(-1, 1)$ 的切線方程式為 $y = 1$，見圖 2.21。

並非所有的商在微分時都要使用商的規則，如下例中，每一個商其實不過是一個 x 函數的常數倍，此時，只要使用倍數規則即可。

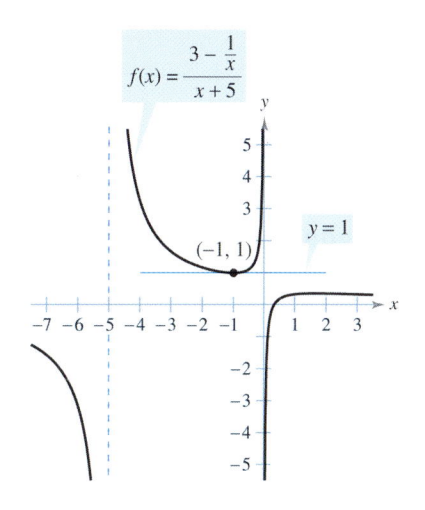

圖 2.21　直線 $y = 1$ 是 $f(x)$ 圖形在 $(-1, 1)$ 的切線。

注意　您當然也可以利用商的規則處理例 6，答案是一樣的，只是太費力了。

例 6　應用倍數規則

原函數	改寫	微分	化簡
a. $y = \dfrac{x^2 + 3x}{6}$	$y = \dfrac{1}{6}(x^2 + 3x)$	$y' = \dfrac{1}{6}(2x + 3)$	$y' = \dfrac{2x + 3}{6}$
b. $y = \dfrac{5x^4}{8}$	$y = \dfrac{5}{8}x^4$	$y' = \dfrac{5}{8}(4x^3)$	$y' = \dfrac{5}{2}x^3$
c. $y = \dfrac{-3(3x - 2x^2)}{7x}$	$y = -\dfrac{3}{7}(3 - 2x)$	$y' = -\dfrac{3}{7}(-2)$	$y' = \dfrac{6}{7}$
d. $y = \dfrac{9}{5x^2}$	$y = \dfrac{9}{5}(x^{-2})$	$y' = \dfrac{9}{5}(-2x^{-3})$	$y' = -\dfrac{18}{5x^3}$

在 2.2 節中，我們只對正整數指數的情形證明指數規則，接下來例 7 將討論負整數指數的情形。

例 7　指數規則的證明（負整數指數的情形）

假設 $n = -k$，k 是正整數，則由商的規則可得

$$\begin{aligned}
\frac{d}{dx}[x^n] &= \frac{d}{dx}\left[\frac{1}{x^k}\right] \\
&= \frac{x^k(0) - (1)(kx^{k-1})}{(x^k)^2} \qquad \text{商的規則}\\
&= \frac{0 - kx^{k-1}}{x^{2k}} \\
&= -kx^{-k-1} \\
&= nx^{n-1} \qquad\qquad\qquad\quad n = -k
\end{aligned}$$

所以，指數規則

$$D_x[x^n] = nx^{n-1} \qquad \text{指數規則}$$

對任意整數而言都會成立，而且其實對 n 是有理數的情形也成立。

三角函數的導函數 Derivatives of Trigonometric Functions

已知正、餘弦函數的導函數，利用商的規則可以求得其他四個三角函數的導函數。

定理 2.10　三角函數的導函數

$$\frac{d}{dx}[\tan x] = \sec^2 x \qquad \frac{d}{dx}[\cot x] = -\csc^2 x$$

$$\frac{d}{dx}[\sec x] = \sec x \tan x \qquad \frac{d}{dx}[\csc x] = -\csc x \cot x$$

注意 定理 2.10 的證明會用到三角恆等式 $\sin^2 x + \cos^2 x = 1$ 以及 $\sec x = \dfrac{1}{\cos x}$。在蝴蝶頁中亦列出其他三角恆等式。

證明 在此只證明第一個公式，其他三個證明類似。對 $\tan x = (\sin x)/(\cos x)$ 應用商的規則，得到

$$\frac{d}{dx}[\tan x] = \frac{(\cos x)(\cos x) - (\sin x)(-\sin x)}{\cos^2 x} \qquad \text{應用商的規則}$$

$$= \frac{\cos^2 x + \sin^2 x}{\cos^2 x} = \frac{1}{\cos^2 x} = \sec^2 x$$

例 8　三角函數的微分

函數	導函數
a. $y = x - \tan x$	$\dfrac{dy}{dx} = 1 - \sec^2 x$
b. $y = x \sec x$	$y' = x(\sec x \tan x) + (\sec x)(1)$ $= (\sec x)(1 + x \tan x)$

注意 由於三角恆等式的關係，三角函數的導函數表示法不一，因此做完習題之後，您可能要將答案化成本書習題解答的形式，這對您三角演算功力是一大挑戰。

例 9　導函數的各種形式

求 $y = \dfrac{1 - \cos x}{\sin x} = \csc x - \cot x$ 以兩種不同形式表示的導函數。

解

第一種形式：
$$y = \frac{1 - \cos x}{\sin x}$$

$$y' = \frac{(\sin x)(\sin x) - (1 - \cos x)(\cos x)}{\sin^2 x}$$

$$= \frac{\sin^2 x + \cos^2 x - \cos x}{\sin^2 x} = \frac{1 - \cos x}{\sin^2 x} \qquad \sin^2 x + \cos^2 x = 1$$

第二種形式：$y = \csc x - \cot x$
$$y' = -\csc x \cot x + \csc^2 x$$

這兩種形式相等，因為

$$\frac{1-\cos x}{\sin^2 x} = \frac{1}{\sin^2 x} - \left(\frac{1}{\sin x}\right)\left(\frac{\cos x}{\sin x}\right) = \csc^2 x - \csc x \cot x$$

下表顯示在微分之後，還要花點功夫才能化簡所得，一個化簡的形式至少要合併同類項，也不能有負指數。

	微分後，化簡前的 $f'(x)$	化簡後的 $f'(x)$
例 1	$(3x - 2x^2)(4) + (5 + 4x)(3 - 4x)$	$-24x^2 + 4x + 15$
例 3	$(2x)(-\sin x) + (\cos x)(2) - 2(\cos x)$	$-2x \sin x$
例 4	$\dfrac{(x^2 + 1)(5) - (5x - 2)(2x)}{(x^2 + 1)^2}$	$\dfrac{-5x^2 + 4x + 5}{(x^2 + 1)^2}$
例 5	$\dfrac{(x^2 + 5x)(3) - (3x - 1)(2x + 5)}{(x^2 + 5x)^2}$	$\dfrac{-3x^2 + 2x + 5}{(x^2 + 5x)^2}$
例 9	$\dfrac{(\sin x)(\sin x) - (1 - \cos x)(\cos x)}{\sin^2 x}$	$\dfrac{1 - \cos x}{\sin^2 x}$

高階導函數 Higher-Order Derivatives

正如微分位置函數可以得到速度函數，若是把速度函數再微分，就可以得到**加速度**（acceleration）函數。換一種說法，加速度函數可以由位置函數連續微分兩次而得。

$$\begin{aligned} s(t) & \quad \text{位置函數} \\ v(t) &= s'(t) \quad \text{速度函數} \\ a(t) &= v'(t) = s''(t) \quad \text{加速度函數} \end{aligned}$$

$a(t)$ 稱為 $s(t)$ 的**二階導函數**（second derivative），以 $s''(t)$ 表示。

二階導函數是**高階導函數**（higher-order derivative）的特例，我們可以定義任意正整數階的導函數，例如**三階導函數**（third derivative）就是二階導函數的導函數，各階導函數符號的表示如下。

一階導函數： y', $f'(x)$, $\dfrac{dy}{dx}$, $\dfrac{d}{dx}[f(x)]$, $D_x[y]$

二階導函數： y'', $f''(x)$, $\dfrac{d^2y}{dx^2}$, $\dfrac{d^2}{dx^2}[f(x)]$, $D_x^2[y]$

三階導函數： y''', $f'''(x)$, $\dfrac{d^3y}{dx^3}$, $\dfrac{d^3}{dx^3}[f(x)]$, $D_x^3[y]$

四階導函數： $y^{(4)}$, $f^{(4)}(x)$, $\dfrac{d^4y}{dx^4}$, $\dfrac{d^4}{dx^4}[f(x)]$, $D_x^4[y]$

⋮

n 階導函數： $y^{(n)}$, $f^{(n)}(x)$, $\dfrac{d^n y}{dx^n}$, $\dfrac{d^n}{dx^n}[f(x)]$, $D_x^n[y]$

例 10　求重力加速度

由於在月球上沒有大氣層，所以在月球上的自由落體當然也不會受到空氣阻力。太空人 David Scott 於 1971 年在月球表面表演羽毛和鐵槌同步落下的情形。羽毛和鐵槌的位置函數同樣都是

$$s(t) = -0.81t^2 + 2$$

式中高度 $s(t)$ 的單位是公尺，時間 t 的單位是秒，試求出地球和月球的重力比。

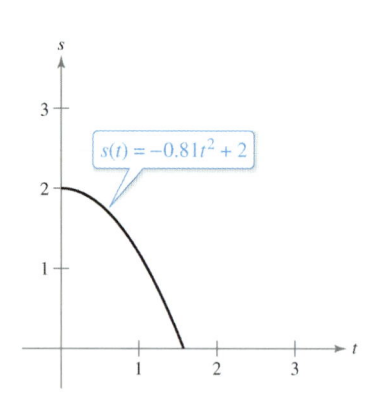

月球

月球的質量是 7.349×10^{22} 公斤，地球的質量是 5.976×10^{24} 公斤，月球半徑是 1737 公里，而地球的半徑是 6378 公里。由於在行星表面的重力是與質量成正比而且與半徑的平方成反比，因此，地球和月球的重力比是

$$\frac{(5.976 \times 10^{24})/6378^2}{(7.349 \times 10^{22})/1737^2} \approx 6.0$$

解　將位置函數連微兩次，得到加速度。

$$s(t) = -0.81t^2 + 2 \quad \text{位置函數}$$
$$s'(t) = -1.62t \quad \text{速度函數}$$
$$s''(t) = -1.62 \quad \text{加速度函數}$$

因 $s''(t) = -g$，在月球上的重力加速度是 $g = 1.62$ 公尺 / 秒^2，但在地球表面的重力加速度是 9.8 公尺 / 秒^2，兩者之比是

$$\frac{\text{地球的重力}}{\text{月球的重力}} = \frac{9.8}{1.62} \approx 6.0$$

習題 2.3

習題 1～2，用積的規則求其導函數。

1. $f(x) = e^x \cos x$

2. $g(x) = \sqrt{x} \sin x$

習題 3～6，用商的規則求下列函數的導函數。

3. $f(x) = \dfrac{x}{x-5}$

4. $g(t) = \dfrac{3t^2-1}{2t+5}$

5. $g(x) = \dfrac{\sin x}{e^x}$

6. $f(t) = \dfrac{\cos t}{t^3}$

習題 7～9，求 $f'(x)$ 及 $f'(c)$。

7. $f(x) = (x^3+4x)(3x^2+2x-5),\ c=0$

8. $f(x) = \dfrac{x^2-4}{x-3},\ c=1$

9. $f(x) = e^x \sin x,\ c=0$

習題 10～14，求下列代數函數的導函數。

10. $f(x) = \dfrac{4-3x-x^2}{x^2-1}$

11. $f(x) = x\left(1 - \dfrac{4}{x+3}\right)$

12. $f(x) = \dfrac{3x-1}{\sqrt{x}}$

13. $f(x) = \dfrac{2-\dfrac{1}{x}}{x-3}$

14. $g(s) = s^3\left(5 - \dfrac{s}{s+2}\right)$

習題 15～20，求下列超越函數的導函數。

15. $f(t) = t^2 \sin t$

16. $f(x) = \dfrac{\sin x}{x^3}$

17. $g(t) = \sqrt[4]{t} + 6 \csc t$

18. $y = \dfrac{3(1-\sin x)}{2\cos x}$

19. $f(x) = x^2 \tan x$

20. $y = 2x \sin x + x^2 e^x$

習題 21～22，求下列各函數圖形中過指定點的切線方程式。

函數	指定點
21. $f(x) = \dfrac{x}{x+4}$	$(-5, 5)$
22. $f(x) = (x-1)e^x$	$(1, 0)$

★ 23. 一矩形的長是 $6t+5$，寬是 $\sqrt{t}$，請求出此矩形的面積函數對 t 的變化率。

習題 24～25，求下列函數的二階導函數。

24. $f(x) = x^2 + 7x - 4$

25. $f(x) = \dfrac{x}{x-1}$

26. $f'(x) = x^3 - x^{2/5}$，求 $f^{(3)}(x)$。

★ 27. $f''(x) = -\sin x$，求 $f^{(8)}(x)$。

習題 28～30，用下列條件求 $f'(2)$。

$g(2) = 3,\quad g'(2) = -2$
$h(2) = -1,\quad h'(2) = 4$

28. $f(x) = 2g(x) + h(x)$

★ 29. $f(x) = \dfrac{g(x)}{h(x)}$

★ 30. $f(x) = g(x)h(x)$

★ 31. $f(x) = \dfrac{1}{x}$，求 $f^{(n)}(x)$。

註：標誌 ★ 表示稍難題目。

2.4 連鎖規則　The Chain Rule

- 以連鎖規則求合成函數的導函數。
- 以廣義指數規則求函數的導函數。
- 以代數技巧化簡函數的導函數。
- 以連鎖規則求超越函數的導函數。
- 求涉及自然對數函數的導函數。
- 求任意底數的指數函數的導函數。

連鎖規則 The Chain Rule

現在，我們要討論一個最具威力的微分規則——**連鎖規則**（Chain Rule）。此一規則處理合成函數的微分，與前兩節所學的規則比較起來，涵蓋的層面更廣。例如下表中，左列函數的微分不需要使用連鎖規則，但是右列函數則最好運用連鎖規則來處理。

不需使用連鎖規定	需使用連鎖規定
$y = x^2 + 1$	$y = \sqrt{x^2 + 1}$
$y = \sin x$	$y = \sin 6x$
$y = 3x + 2$	$y = (3x + 2)^5$
$y = e^x + \tan x$	$y = e^{5x} + \tan x^2$

基本上，連鎖規則告訴我們，如果 y 對 u 的變率是 dy/du，而 u 對 x 的變率是 du/dx，則 y 對 x 的變率就是 $(dy/du)(du/dx)$。

註：連鎖規則的證明請見附錄 B。

> **定理 2.11　連鎖規則**（註）
>
> 假設 $y = f(u)$ 是 u 的可微函數，$u = g(x)$ 是 x 的可微函數，則 $y = f(g(x))$ 也是 x 的可微函數，並且有
>
> $$\frac{dy}{dx} = \frac{dy}{du} \cdot \frac{du}{dx} \quad 亦即 \quad \frac{d}{dx}[f(g(x))] = f'(g(x))g'(x)$$

應用連鎖規則時，不妨把合成函數 $f \circ g$ 想像成兩個部分：即一內一外。

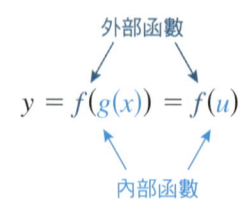

外部函數
$$y = f(g(x)) = f(u)$$
內部函數

$y = f(u)$ 對 x 的導數是外部函數（對內部函數 u）的導數與內部函數（對 x）的導數相乘所得

$$y' = f'(u) \cdot u'$$

外部函數的導函數　　內部函數的導函數

例 1　合成函數的分解

$y = f(g(x))$	$u = g(x)$	$y = f(u)$
a. $y = \dfrac{1}{x+1}$	$u = x + 1$	$y = \dfrac{1}{u}$
b. $y = \sin 2x$	$u = 2x$	$y = \sin u$
c. $y = \sqrt{3x^2 - x + 1}$	$u = 3x^2 - x + 1$	$y = \sqrt{u}$
d. $y = \tan^2 x$	$u = \tan x$	$y = u^2$

例 2　應用連鎖規則

函數 $y = (x^2 + 1)^3$，求 dy/dx。

解　我們可以把 $x^2 + 1$ 看成是內部函數 u。由連鎖規則，得到

$$\frac{dy}{dx} = \underbrace{3(x^2 + 1)^2}_{\frac{dy}{du}}\underbrace{(2x)}_{\frac{du}{dx}} = 6x(x^2 + 1)^2$$

注意：要解例 2，你也可以不用連鎖規則，直接將 $(x^2+1)^3$ 乘開再微分，即

$$y = (x^2+1)^3 = x^6 + 3x^4 + 3x^2 + 1$$

因此 $y' = 6x^5 + 12x^3 + 6x = 6x(x^4 + 2x + 1) = 6x(x^2 + 1)^2$

這與例 2 的答案相同。但問題是若你要解 $\dfrac{d}{dx}(x^2 + 1)^{50}$，就必得用連鎖規則，而不是直接乘開再微分。

廣義指數規則 The General Power Rule

例 2 中的函數 $y = (x^2 + 1)^3$ 是合成函數 $y = [u(x)]^n$ 最常見的一個範例。這一類函數的微分規則稱為**廣義指數規則**（General Power Rule），是連鎖規則的特殊情形。

定理 2.12　廣義指數規則

如果 u 是 x 的可微函數，n 是有理數，並且 $y = [u(x)]^n$，則

$$\frac{dy}{dx} = n[u(x)]^{n-1}\frac{du}{dx} \quad \text{亦即} \quad \frac{d}{dx}[u^n] = nu^{n-1} u'$$

例 3　應用廣義指數規則

求 $f(x) = (3x - 2x^2)^3$ 的導函數。

解　令 $u = 3x - 2x^2$，則

$$f(x) = (3x - 2x^2)^3 = u^3$$

然後，利用廣義指數規則，導函數是

$$f'(x) = 3(3x - 2x^2)^2 \frac{d}{dx}[3x - 2x^2] \quad \text{應用廣義指數規則}$$

$$= 3(3x - 2x^2)^2 (3 - 4x) \quad \text{微分 } 3x - 2x^2$$

例 4　根式函數的微分

求 $f(x) = \sqrt[3]{(x^2 - 1)^2}$ 圖形上導函數為 0，以及導函數不存在的點。

解　先把 $f(x)$ 改寫為

$$f(x) = (x^2 - 1)^{2/3}$$

然後，應用廣義指數規則（此時 $u = x^2 - 1$）得出

$$f'(x) = \frac{2}{3}(x^2 - 1)^{-1/3}(2x) \quad \text{應用廣義指數規則}$$

$$= \frac{4x}{3\sqrt[3]{x^2 - 1}} \quad \text{寫成根式函數}$$

所以當 $x = 0$ 時 $f'(x) = 0$；當 $x = \pm 1$ 時，$f'(x)$ 不存在，見圖 2.22。

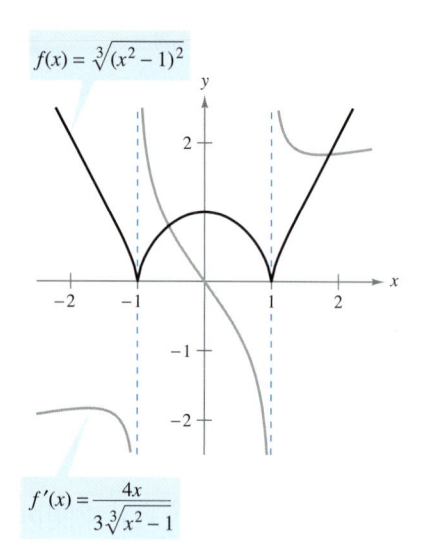

圖 2.22　f 在 $x = 0$ 的導數為 0，而在 $x = \pm 1$ 沒有定義。

例 5　分子為常數的分式微分

對函數 $g(t) = \dfrac{-7}{(2t - 3)^2}$ 微分。

解　先把 $g(t)$ 改寫為

$$g(t) = -7(2t-3)^{-2}$$

然後，應用廣義指數規則得出

$$g'(t) = (-7)(-2)(2t - 3)^{-3}(2) \quad \text{應用廣義指數規則}$$

（倍數規則）

$$= 28(2t - 3)^{-3} \quad \text{化簡}$$

$$= \frac{28}{(2t - 3)^3} \quad \text{以正指數表示結果}$$

注意　例 5 的微分也可以應用商的規則求得，但是使用廣義指數規則會更有效率。

化簡導數 Simplifying Derivatives

下面三個例子示範如何將初步計算出來的積、商和合成函數的導函數逐步化簡。

例 6　利用提出公因式化簡導函數

求 $f(x) = x^2\sqrt{1-x^2}$ 的導函數。

解

$$\begin{aligned}
f(x) &= x^2\sqrt{1-x^2} & &\text{原始函數}\\
&= x^2(1-x^2)^{1/2} & &\text{改寫}\\
f'(x) &= x^2\frac{d}{dx}[(1-x^2)^{1/2}] + (1-x^2)^{1/2}\frac{d}{dx}[x^2] & &\text{積的規則}\\
&= x^2\left[\frac{1}{2}(1-x^2)^{-1/2}(-2x)\right] + (1-x^2)^{1/2}(2x) & &\text{廣義指數規則}\\
&= -x^3(1-x^2)^{-1/2} + 2x(1-x^2)^{1/2} & &\text{化簡}\\
&= x(1-x^2)^{-1/2}[-x^2(1) + 2(1-x^2)] & &\text{提出公因式}\\
&= \frac{x(2-3x^2)}{\sqrt{1-x^2}} & &\text{化簡}
\end{aligned}$$

例 7　化簡商的導函數

$$\begin{aligned}
f(x) &= \frac{x}{\sqrt[3]{x^2+4}} & &\text{原始函數}\\
&= \frac{x}{(x^2+4)^{1/3}} & &\text{改寫}\\
f'(x) &= \frac{(x^2+4)^{1/3}(1) - x(1/3)(x^2+4)^{-2/3}(2x)}{(x^2+4)^{2/3}} & &\text{商的規則}\\
&= \frac{1}{3}(x^2+4)^{-2/3}\left[\frac{3(x^2+4) - (2x^2)(1)}{(x^2+4)^{2/3}}\right] & &\text{提出公因式}\\
&= \frac{x^2+12}{3(x^2+4)^{4/3}} & &\text{化簡}
\end{aligned}$$

例 8　化簡指數形式的導函數

$$y = \left(\frac{3x-1}{x^2+3}\right)^2 \qquad \text{原始函數}$$

$$y' = 2\overbrace{\left(\frac{3x-1}{x^2+3}\right)}^{u^{n-1}}\overbrace{\frac{d}{dx}\left[\frac{3x-1}{x^2+3}\right]}^{u'} \quad \text{廣義指數規則}$$

$$= \left[\frac{2(3x-1)}{x^2+3}\right]\left[\frac{(x^2+3)(3)-(3x-1)(2x)}{(x^2+3)^2}\right] \quad \text{商的規則}$$

$$= \frac{2(3x-1)(3x^2+9-6x^2+2x)}{(x^2+3)^3} \quad \text{相乘}$$

$$= \frac{2(3x-1)(-3x^2+2x+9)}{(x^2+3)^3} \quad \text{化簡}$$

三角函數和連鎖規則
Trigonometric Functions and the Chain Rule

下面是六個三角函數和 $u(x)$ 的合成函數，以連鎖規則求出的導函數。

$$\frac{d}{dx}[\sin u] = (\cos u)\, u' \qquad \frac{d}{dx}[\cos u] = -(\sin u)\, u'$$

$$\frac{d}{dx}[\tan u] = (\sec^2 u)\, u' \qquad \frac{d}{dx}[\cot u] = -(\csc^2 u)\, u'$$

$$\frac{d}{dx}[\sec u] = (\sec u \tan u)\, u' \qquad \frac{d}{dx}[\csc u] = -(\csc u \cot u)\, u'$$

例 9　應用連鎖規則求超越函數的導函數

a. $y = \sin 2x$ 　　$y' = \cos 2x \dfrac{d}{dx}[2x] = (\cos 2x)(2) = 2\cos 2x$

b. $y = \cos(x-1)$ 　　$y' = -\sin(x-1)\dfrac{d}{dx}[x-1] = -\sin(x-1)$

c. $y = e^{3x}$ 　　$y' = e^{3x}\dfrac{d}{dx}[3x] = 3e^{3x}$

請注意：三角函數常因方便起見而省略括號，以例 9(a) 來說，$\sin 2x$ 是 $\sin(2x)$ 的意思。同學在處理三角函數時，要小心這些隱含的括號，不要誤解。

例 10 左列四個函數均有明確的括號註解，右列是相關的導函數

a. $y = \cos 3x^2 = \cos(3x^2)$ $y' = (-\sin 3x^2)(6x) = -6x \sin 3x^2$
b. $y = (\cos 3)x^2$ $y' = (\cos 3)(2x) = 2x \cos 3$
c. $y = \cos(3x)^2 = \cos(9x^2)$ $y' = (-\sin 9x^2)(18x) = -18x \sin 9x^2$
d. $y = \cos^2 x = (\cos x)^2$ $y' = 2(\cos x)(-\sin x) = -2 \cos x \sin x$
e. $y = \sqrt{\cos x} = (\cos x)^{\frac{1}{2}}$ $y' = \frac{1}{2}(\cos x)^{-\frac{1}{2}}(-\sin x) = -\frac{\sin x}{2\sqrt{\cos x}}$

如果是求函數 $k(x) = f(g(h(x)))$ 的導函數，必須使用連鎖規則兩次，見例 11。

例 11 重複使用連鎖規則

$f(t) = \sin^3 4t$ 原始函數
$ = (\sin 4t)^3$ 改寫
$f'(t) = 3(\sin 4t)^2 \dfrac{d}{dt}[\sin 4t]$ 第一次使用連鎖規則

$ = 3(\sin 4t)^2 (\cos 4t) \dfrac{d}{dt}[4t]$ 第二次使用

$ = 3(\sin 4t)^2 (\cos 4t)(4)$
$ = 12 \sin^2 4t \cos 4t$ 化簡

自然對數函數的導函數
The Derivative of the Natural Logarithmic Function

到目前為止，我們學了代數函數和某些超越函數的導函數；代數函數的導函數一定是代數函數。但是，下面這個定理指出超越函數 $\ln x$ 的導函數卻是 $1/x$ 這個代數（有理）函數。

定理 2.13　自然對數函數的導函數

已知 u 是 x 的可微函數，則

1. $\dfrac{d}{dx}[\ln x] = \dfrac{1}{x}, \quad x > 0$

2. $\dfrac{d}{dx}[\ln u] = \dfrac{1}{u}\dfrac{du}{dx} = \dfrac{u'}{u}, \quad u > 0$

把 1. 部分的結果以連鎖規則處理即得 2. 部分的證明。

例 12　對數函數的微分

a. $\dfrac{d}{dx}[\ln(2x)] = \dfrac{u'}{u} = \dfrac{2}{2x} = \dfrac{1}{x}$　　　　　　$u = 2x$

b. $\dfrac{d}{dx}[\ln(x^2+1)] = \dfrac{u'}{u} = \dfrac{2x}{x^2+1}$　　　　$u = x^2+1$

c. $\dfrac{d}{dx}[x \ln x] = x\left(\dfrac{d}{dx}[\ln x]\right) + (\ln x)\left(\dfrac{d}{dx}[x]\right)$　　積的規則

$\qquad\qquad\quad = x\left(\dfrac{1}{x}\right) + (\ln x)(1) = 1 + \ln x$

d. $\dfrac{d}{dx}[(\ln x)^3] = 3(\ln x)^2 \dfrac{d}{dx}[\ln x]$　　　　　　連鎖規則

$\qquad\qquad\quad = 3(\ln x)^2 \dfrac{1}{x}$

下面的例子顯示在進行積、商和指數的微分時，對數律是很有用的工具。

例 13　善用對數律去求微分

求 $f(x) = \ln\sqrt{x+1}$ 的微分。

解

$$f(x) = \ln\sqrt{x+1} = \ln(x+1)^{1/2} = \dfrac{1}{2}\ln(x+1)\qquad \text{先用對數律改寫}$$

微分可得

$$f'(x) = \dfrac{1}{2}\left(\dfrac{1}{x+1}\right) = \dfrac{1}{2(x+1)}\qquad \text{微分}$$

例 14　善用對數律去求微分

求 $f(x) = \ln\dfrac{x(x^2+1)^2}{\sqrt{2x^3-1}}$ 的微分。

解　注意：微分之前，我們要先用下面三個對數律來化簡函數 $f(x)$

$\quad \ln xy = \ln x + \ln y,\ \ \ln\dfrac{x}{y} = \ln x - \ln y\ $ 與 $\ \ln x^z = z\ln x$

因此可得

$$f(x) = \ln \frac{x(x^2+1)^2}{\sqrt{2x^3-1}} \qquad \text{原式}$$

$$= \ln x + 2\ln(x^2+1) - \frac{1}{2}\ln(2x^3-1) \qquad \text{先用對數律改寫}$$

$$f'(x) = \frac{1}{x} + 2\left(\frac{2x}{x^2+1}\right) - \frac{1}{2}\left(\frac{6x^2}{2x^3-1}\right) \qquad \text{微分}$$

$$= \frac{1}{x} + \frac{4x}{x^2+1} - \frac{3x^2}{2x^3-1} \qquad \text{化簡}$$

注意 在例 13 和 14 中，如果不以對數律（列在 1.4 節，與例 14 的解）先行改寫，計算的困難度會大大增加。

因為對於負數無法定義自然對數，所以我們常常要用到 $\ln|u|$ 這類表示。下面的定理說明在微分 $y = \ln|u|$ 時，絕對值符號不影響結果。

定理 2.14

已知 u 是 x 的可微函數，並且 $u \neq 0$，則

$$\frac{d}{dx}[\ln|u|] = \frac{u'}{u}$$

一般底數 Bases Other than e

自然指數函數的**底數**（base）是尤拉數 e，而其他底數的情形可以藉「自然發生的」a 來定義。

定義以 a 為底數的指數函數

如果 a 是一個不等於 1 的正數，x 是任意數，**以 a 為底的指數函數**（exponential function to the base a）記為 a^x，定義是

$$a^x = e^{(\ln a)x} \text{（註）}$$

類似的方法可以用來定義以 a 為底的對數函數。

定義以 a 為底數的對數函數

如果 a 是一個不等於 1 的正數，**以 a 為底的對數函數**（logarithmic function to the base a）記為 $\log_a x$，定義是

$$\log_a x = \frac{1}{\ln a} \ln x$$

求一般指數和對數函數的導函數有兩種方法：(1) 從定義出發並且利用自然指數和對數的規則；(2) 利用下面定理得出的微分規則。

註：如果 $a = 1$，則 $y = 1^x = 1$ 是一個常數函數。

注意 這些微分規則和自然指、對數函數類似，只差一個常數倍 $\ln a$ 和 $1/\ln a$。這一點多少也指出為什麼在微積分中，e 反而是最方便的底數。

定理 2.15　一般底數的導函數

a 是不等於 1 的正數，u 是 x 的可微分函數，則有

1. $\dfrac{d}{dx}[a^x] = (\ln a)a^x$
2. $\dfrac{d}{dx}[a^u] = (\ln a)a^u \dfrac{du}{dx}$
3. $\dfrac{d}{dx}[\log_a x] = \dfrac{1}{(\ln a)x}$
4. $\dfrac{d}{dx}[\log_a u] = \dfrac{1}{(\ln a)u}\dfrac{du}{dx}$

證明　由定義，$a^x = e^{(\ln a)x}$。上述第一條規則可以令 $u = (\ln a)x$，然後以 e 為底，利用連鎖規則，得到

$$\frac{d}{dx}[a^x] = \frac{d}{dx}[e^{(\ln a)x}] = e^u \frac{du}{dx} = e^{(\ln a)x}(\ln a) = (\ln a)a^x$$

證明第三條規則，可以將 $\log_a x$ 改寫

$$\frac{d}{dx}[\log_a x] = \frac{d}{dx}\left[\frac{1}{\ln a}\ln x\right] = \frac{1}{\ln a}\left(\frac{1}{x}\right) = \frac{1}{(\ln a)x}$$

第二條和第四條規則則是將第一、三兩條規則再加上連鎖規則。∎

例 15　一般底數函數的微分

求下列函數的導函數。

a. $y = 2^x$　　**b.** $y = 2^{3x}$　　**c.** $y = \log_{10}\cos x$　　**d.** $y = \log_3 \dfrac{\sqrt{x}}{x+5}$

解

a. $y' = \dfrac{d}{dx}[2^x] = (\ln 2)2^x$

b. $y' = \dfrac{d}{dx}[2^{3x}] = (\ln 2)2^{3x}(3) = (3\ln 2)2^{3x}$　（註）

c. $y' = \dfrac{d}{dx}[\log_{10}\cos x] = \dfrac{-\sin x}{(\ln 10)\cos x} = -\dfrac{1}{\ln 10}\tan x$

d. 利用對數律將 y 化簡成

$$y = \log_3 \frac{\sqrt{x}}{x+5} = \frac{1}{2}\log_3 x - \log_3(x+5)$$

再用定理 2.15 求 y 的導函數

$$y' = \frac{d}{dx}\left[\frac{1}{2}\log_3 x - \log_3(x+5)\right]$$
$$= \frac{1}{2(\ln 3)x} - \frac{1}{(\ln 3)(x+5)} = \frac{5-x}{2(\ln 3)x(x+5)}$$

註：2^{3x} 亦可改寫成 8^x，再微分可得 $y' = (\ln 8)(8^x) = (\ln 2^3)((2^3)^x) = (3\ln 2)2^{3x}$，與 b 的答案相同。

總結目前學到的微分規則如下。記住有的函數（例如餘弦，餘切和餘割）的導函數前面帶有一個負號。

微分規則摘要整理
一般性規則

令 c 是某實數，n 是某有理數，u 與 v 是 x 的可微函數，f 是 u 的可微函數，而 a 是某正的實數（$a \neq 1$）。

常數規則
$$\frac{d}{dx}[c] = 0$$

（簡單）指數規則
$$\frac{d}{dx}[x^n] = nx^{n-1} \quad \frac{d}{dx}[x] = 1$$

倍數規則
$$\frac{d}{dx}[cu] = cu'$$

和差規則
$$\frac{d}{dx}[u \pm v] = u' \pm v'$$

積的規則
$$\frac{d}{dx}[uv] = uv' + vu'$$

商的規則
$$\frac{d}{dx}\left[\frac{u}{v}\right] = \frac{vu' - uv'}{v^2}$$

連鎖規則
$$\frac{d}{dx}[f(u)] = f'(u)\, u'$$

廣義指數規則
$$\frac{d}{dx}[u^n] = nu^{n-1}\, u'$$

三角函數的導函數

$$\frac{d}{dx}[\sin x] = \cos x \quad \frac{d}{dx}[\tan x] = \sec^2 x \quad \frac{d}{dx}[\sec x] = \sec x \tan x$$

$$\frac{d}{dx}[\cos x] = -\sin x \quad \frac{d}{dx}[\cot x] = -\csc^2 x \quad \frac{d}{dx}[\csc x] = -\csc x \cot x$$

指、對數函數的導函數

$$\frac{d}{dx}[e^x] = e^x \qquad \frac{d}{dx}[\ln x] = \frac{1}{x}$$

$$\frac{d}{dx}[a^x] = (\ln a)a^x \qquad \frac{d}{dx}[\log_a x] = \frac{1}{(\ln a)x}$$

習題 2.4

習題 1～7，求下列函數的導函數。

1. $y = 5(2 - x^3)^4$ **2.** $h(s) = -2\sqrt{5s^2 + 3}$

3. $g(s) = \dfrac{6}{(s^3 - 2)^3}$ **4.** $g(t) = \dfrac{1}{\sqrt{t^2 - 2}}$

5. $f(x) = x(2x - 5)^3$ **6.** $g(x) = \left(\dfrac{x + 5}{x^2 + 2}\right)^2$

7. $f(x) = [(x^2 + 3)^5 + x]^2$

習題 8～23，求下列函數的導函數。

8. $y = \cos 4x$ **9.** $g(x) = 5 \tan 3x$

10. $h(x) = \sin 2x \cos 2x$ ★ **11.** $f(\theta) = \frac{1}{4}\sin^2 2\theta$

12. $y = e^{5x}$

13. $y = e^{\sqrt{x}}$ ★ **14.** $g(t) = (e^{-t} + e^t)^3$

15. $y = x^2 e^x - 2xe^x + 2e^x$ **16.** $y = \dfrac{2}{e^x + e^{-x}}$

17. $y = \dfrac{e^x + 1}{e^x - 1}$ **18.** $f(x) = \ln(x^2 + 3)$

19. $y = (\ln x)^4$

20. $y = x^2 \ln x$ **21.** $y = \ln(t + 1)^2$

★ **22.** $y = \ln(\ln x^2)$ **23.** $y = \ln\sqrt{\dfrac{x + 1}{x - 1}}$

24. 令 $y = \sqrt[5]{3x^3 + 4x}$，求此函數在點 (2, 2) 的切線方程式。

習題 25～29，求下列函數的導函數。

★ **25.** $f(x) = 4^x$

★ **26.** $g(t) = t^2 2^t$

★ **27.** $f(t) = \dfrac{-2t^2}{8^t}$

★ **28.** $y = \log_3 x$

★ **29.** $y = \log_5 \sqrt{x^2 - 1}$

★ **30.** 令 $g(x) = f(x) - 2$，$h(x) = 2f(x)$，$r(x) = f(-3x)$，$s(x) = f(x + 2)$，分別求 $g'(x)$、$h'(x)$、$r'(x)$ 與 $s'(x)$ 並完成下表（如果存在的話）。

x	-2	-1	0	1	2	3
$f'(x)$	4	$\frac{2}{3}$	$-\frac{1}{3}$	-1	-2	-4
$g'(x)$						
$h'(x)$						
$r'(x)$						
$s'(x)$						

★ **31.** 已知 $g(5) = -3$，$g'(5) = 6$，$h(5) = 3$，且 $h'(5) = -2$，如果可能，請計算 $f'(5)$。

(a) $f(x) = g(x)h(x)$ (b) $f(x) = g(h(x))$

(c) $f(x) = \dfrac{g(x)}{h(x)}$ (d) $f(x) = [g(x)]^3$

★ **32.** f 與 g 的函數圖如下，且 $h(x) = f(g(x))$，$s(x) = g(f(x))$，求下列各值（若存在的話）。

(a) 求 $h'(1)$。

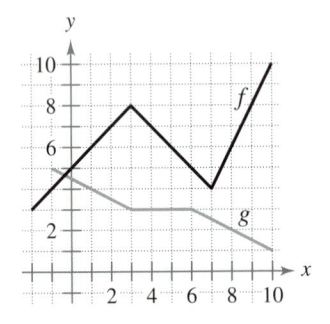

(b) 求 $s'(5)$。

★ **33.** f 與 g 的函數圖如下，且 $r(x) = f(g(x))$，$s(x) = g(f(x))$，求 $r'(1)$ 與 $s'(4)$。

註：標誌 ★ 表示稍難題目。

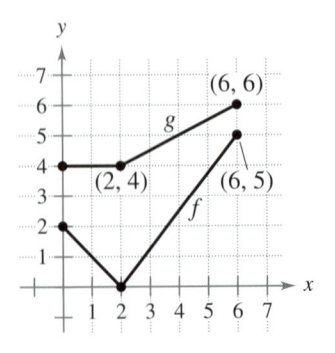

2.5 隱微分法　Implicit Differentiation

◆ 分辨隱函數和顯函數。
◆ 以隱微分法求函數的導函數。
◆ 以對數微分求函數的導函數。

隱函數和顯函數　｜　Implicit and Explicit Functions

本書到目前為止，絕大部分的函數都以**顯形式**（explicit form）表示，例如方程式

$$y = 3x^2 - 5 \qquad \text{顯形式}$$

式中，變數 y 明顯的以 x 的函數表示，但是有些函數只是**隱藏**（implicitly）在某一個方程式中，例如 $y = 1/x$ 可說是隱藏在 $xy = 1$ 之中，如果要對此方程式求出 dy/dx，您可以先把 y 以 x 明顯的表示出來，再進行微分。

隱函數形式	顯函數形式	導函數
$xy = 1$	$y = \dfrac{1}{x} = x^{-1}$	$\dfrac{dy}{dx} = -x^{-2} = -\dfrac{1}{x^2}$

只要能將 y 以 x 表示出來，就可以應用公式來進行微分。可是如果 y 無法以 x 表示時，就要以其他方式求其導函數。例如關係 x、y 的方程式是

$$x^2 - 2y^3 + 4y = 2$$

此時要把 y 明顯的寫成 x 的函數幾乎不可能，需要另外想個辦法來求 dy/dx。這就是下面要談到的**隱微分法**（implicit differentiation）[註]。

首先，我們要瞭解，微分是對 x 做的，也就是說，如果微分的對象只牽涉到 x 的話，做法跟從前沒有兩樣，但是一旦微分的對象牽涉到 y，由於 y 其實是一個隱含定義的可微函數，因此處理微分的時候就必須使用連鎖規則。

例 1　對 x 微分

a. $\dfrac{d}{dx}[x^3] = 3x^2$　　　　　變數都是 x，以指數規則處理

變數都是 x

註：亦稱隱函數微分法。

b. $\dfrac{d}{dx}[\overbrace{y^3}^{u^n}] = \overbrace{3y^2 \dfrac{dy}{dx}}^{nu^{n-1}\,u'}$ y 非 x，y 是 x 的函數，以連鎖規則處理

一個是 x，一個是 y

c. $\dfrac{d}{dx}[x + 3y] = 1 + 3\dfrac{dy}{dx}$ 連鎖規則：$\dfrac{d}{dx}[3y] = 3y'$

d. $\dfrac{d}{dx}[xy^2] = x\dfrac{d}{dx}[y^2] + y^2\dfrac{d}{dx}[x]$ 積的規則

$\quad = x\left(2y\dfrac{dy}{dx}\right) + y^2(1)$ 連鎖規則

$\quad = 2xy\dfrac{dy}{dx} + y^2$ 化簡

隱微分法 Implicit Differentiation

隱微分法指導原則

1. 將 x、y 的關係式（方程式）左右兩邊同時對 x 微分。
2. 將含有 dy/dx 的所有項都移到式子左邊，而把其他項都移到式子右邊。
3. 左邊提出 dy/dx。
4. 把式子左邊不含 dy/dx 的項除到右邊，解出 dy/dx。

在例 2，可看到以隱微分法得到的 dy/dx 表示式中含有 x，也含有 y。

例 2　隱微分法

已知 $y^3 + y^2 - 5y - x^2 = -4$，求 dy/dx。

解

1. 左右兩邊同時對 x 微分。

$$\dfrac{d}{dx}[y^3 + y^2 - 5y - x^2] = \dfrac{d}{dx}[-4]$$

$$\dfrac{d}{dx}[y^3] + \dfrac{d}{dx}[y^2] - \dfrac{d}{dx}[5y] - \dfrac{d}{dx}[x^2] = \dfrac{d}{dx}[-4]$$

$$3y^2\dfrac{dy}{dx} + 2y\dfrac{dy}{dx} - 5\dfrac{dy}{dx} - 2x = 0$$

2. 將含 dy/dx 的項留在方程式的左邊，其他項移到右邊，可得

$$3y^2\dfrac{dy}{dx} + 2y\dfrac{dy}{dx} - 5\dfrac{dy}{dx} = 2x$$

圖上的點	圖的斜率
$(2, 0)$	$-\frac{4}{5}$
$(1, -3)$	$\frac{1}{8}$
$x = 0$	0
$(1, 1)$	無定義

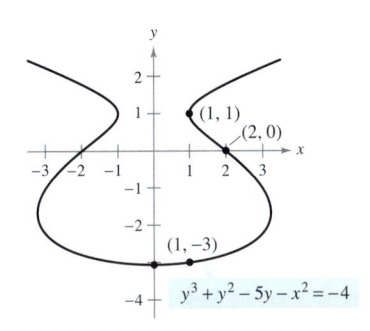

隱函數方程式

$y^3 + y^2 - 5y - x^2 = -4$ 的導函數是

$$\frac{dy}{dx} = \frac{2x}{3y^2 + 2y - 5}$$

圖 2.23

(a)

(b)

(c)

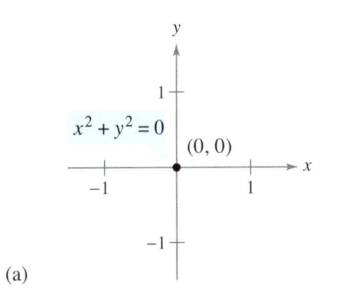

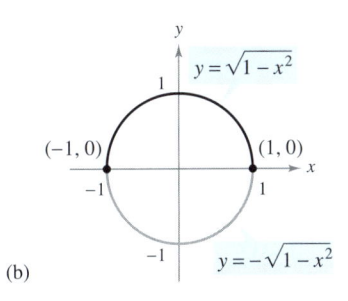

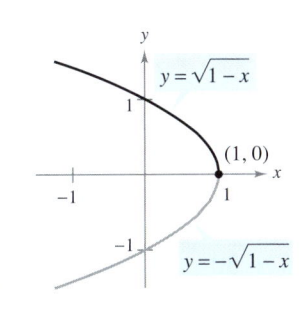

圖 2.24 某些圖形的一段可以表成可微的函數圖形。

3. 提出 dy/dx。

$$\frac{dy}{dx}(3y^2 + 2y - 5) = 2x$$

4. 兩邊同除以 $(3y^2 + 2y - 5)$，解出 dy/dx。

$$\frac{dy}{dx} = \frac{2x}{3y^2 + 2y - 5}$$

方程式所定出的圖形如圖 2.23 所示，雖然 y 並非 x 的函數，但是例 2 所求出的導函數仍然給出圖上一點切線的斜率，圖形下方列出圖上若干點切線的斜率。

如果一個 x、y 的方程式無解，求 dy/dx 就變得毫無意義（例如，方程式 $x^2 + y^2 = -4$ 就是如此）。但是如果圖形的一段可以用可微函數表示，dy/dx 就代表此段上各點的斜率，記住：函數在 (1) 具鉛直切線的點；(2) 在不連續的點，都不可微分。

例 3　以可微函數表示一圖形

在下列圖形中，將 y 表成 x 的可微函數。

a. $x^2 + y^2 = 0$　　**b.** $x^2 + y^2 = 1$　　**c.** $x + y^2 = 1$

解

a. 此方程式的圖形是一個點，因此無法將 y 表成 x 的可微函數，如圖 2.24(a)。

b. 此方程式的圖形是單位圓，圓心在 $(0, 0)$。上半圓代表可微函數。

$$y = \sqrt{1 - x^2}, \quad -1 < x < 1$$

下半圓則是

$$y = -\sqrt{1 - x^2}, \quad -1 < x < 1$$

在點 $(-1, 0)$ 和點 $(1, 0)$，圖形的斜率沒有定義（因為此處的切線是鉛直線），如圖 2.24(b)。

c. 拋物線的上半部以可微函數

$$y = \sqrt{1 - x}, \quad x < 1$$

來表示，下半部則以

$$y = -\sqrt{1 - x}, \quad x < 1$$

表示，在點 $(1, 0)$，圖形的斜率沒有定義，如圖 2.24(c)。

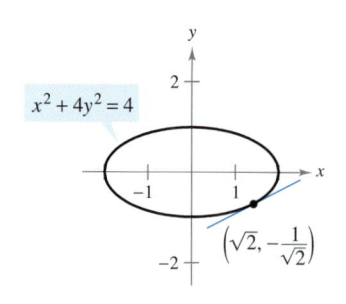

圖 2.25 切線的斜率是 1/2。

例 4　以隱微分法求圖形的斜率

求圖形 $x^2 + 4y^2 = 4$ 在點 $(\sqrt{2}, -1/\sqrt{2})$ 的切線的斜率（見圖 2.25）。

解

$$x^2 + 4y^2 = 4 \qquad \text{寫下原方程式}$$

$$2x + 8y\frac{dy}{dx} = 0 \qquad \text{兩邊同時對 } x \text{ 微分}$$

$$\frac{dy}{dx} = \frac{-2x}{8y} = \frac{-x}{4y} \qquad \text{解 } dy/dx \text{ 並化簡}$$

所以，在 $(\sqrt{2}, -1/\sqrt{2})$，斜率是

$$\frac{dy}{dx} = \frac{-\sqrt{2}}{-4/\sqrt{2}} = \frac{1}{2} \qquad x = \sqrt{2},\, y = -\frac{1}{\sqrt{2}} \quad \text{代入求 } dy/dx$$

注意：若以 y 的顯函數形式 $y = -\frac{1}{2}\sqrt{4 - x^2}$ 來重新解例 4，自然就會理解隱微分法的好處。

例 5　以隱微分法求圖形的斜率

求 $3(x^2 + y^2)^2 = 100\,xy$ 的圖形在點 $(3, 1)$ 的斜率。

解

$$\frac{d}{dx}[3(x^2 + y^2)^2] = \frac{d}{dx}[100xy]$$

$$3(2)(x^2 + y^2)\left(2x + 2y\frac{dy}{dx}\right) = 100\left[x\frac{dy}{dx} + y(1)\right]$$

$$12y(x^2 + y^2)\frac{dy}{dx} - 100x\frac{dy}{dx} = 100y - 12x(x^2 + y^2)$$

$$[12y(x^2 + y^2) - 100x]\frac{dy}{dx} = 100y - 12x(x^2 + y^2)$$

$$\frac{dy}{dx} = \frac{100y - 12x(x^2 + y^2)}{-100x + 12y(x^2 + y^2)}$$

$$= \frac{25y - 3x(x^2 + y^2)}{-25x + 3y(x^2 + y^2)}$$

函數圖形在點 $(3, 1)$ 的斜率是

$$\frac{dy}{dx} = \frac{25(1) - 3(3)(3^2 + 1^2)}{-25(3) + 3(1)(3^2 + 1^2)} = \frac{25 - 90}{-75 + 30} = \frac{-65}{-45} = \frac{13}{9}$$

如圖 2.26 所示，此圖稱為**雙紐線**（lemniscate）。

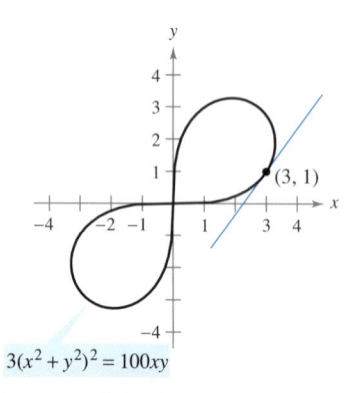

圖 2.26　雙紐線。

例 6 決定可微函數的範圍

以隱微分法求方程式 $\sin y = x$ 的 dy/dx，並求一個最大可能的範圍 $-a < y < a$，使得 y 在其上可以看成是 x 的可微函數（見圖 2.27）。

解

$$\frac{d}{dx}[\sin y] = \frac{d}{dx}[x]$$

$$\cos y \frac{dy}{dx} = 1$$

$$\frac{dy}{dx} = \frac{1}{\cos y}$$

一個使 y 成為 x 的可微函數的最大範圍是 $-\pi/2 < y < \pi/2$。因為 $\cos y$ 在這個區間上恆正，並且在端點為 0，此時，$dy/dx = 1/\cos y$ 可以明顯的寫成 x 的函數。利用下式

$$\cos y = \sqrt{1 - \sin^2 y} = \sqrt{1 - x^2}, \quad -\frac{\pi}{2} < y < \frac{\pi}{2}$$

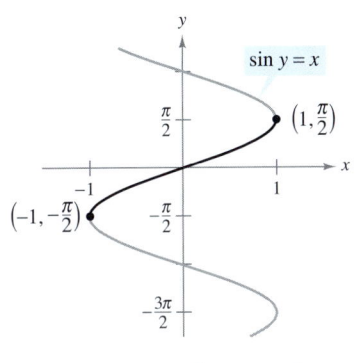

可以得出

$$\frac{dy}{dx} = \frac{1}{\sqrt{1 - x^2}}$$

在 2.6 節討論反三角函數時，我們會進一步學習。

圖 2.27 導函數 $\dfrac{dy}{dx} = \dfrac{1}{\sqrt{1-x^2}}$。

如例 6 所示，利用原方程式經常可以化簡以隱微分法得到的導函數，類似的技巧也適用於求高階導函數。

例 7 以隱微分法求二階導函數

已知 $x^2 + y^2 = 25$，求 $\dfrac{d^2 y}{dx^2}$。

解 將方程式 $x^2 + y^2 = 25$ 的每一項對 x 微分，可得

$$2x + 2y \frac{dy}{dx} = 0$$

$$2y \frac{dy}{dx} = -2x$$

$$\frac{dy}{dx} = \frac{-2x}{2y} = -\frac{x}{y}$$

對 x 再微一次，得到

$$\begin{aligned}\frac{d^2y}{dx^2} &= -\frac{(y)(1)-(x)(dy/dx)}{y^2} && \text{商的規則}\\ &= -\frac{y-(x)(-x/y)}{y^2} && \text{以 } -x/y \text{ 代 } dy/dx\\ &= -\frac{y^2+x^2}{y^3} && \text{化簡}\\ &= -\frac{25}{y^3} && \text{以 25 代 } x^2+y^2\end{aligned}$$

例 8 求圖形的切線

求方程式 $x^2(x^2+y^2)=y^2$ 的圖形在點 $\left(\sqrt{2}/2, \sqrt{2}/2\right)$ 的切線（圖 2.28）。

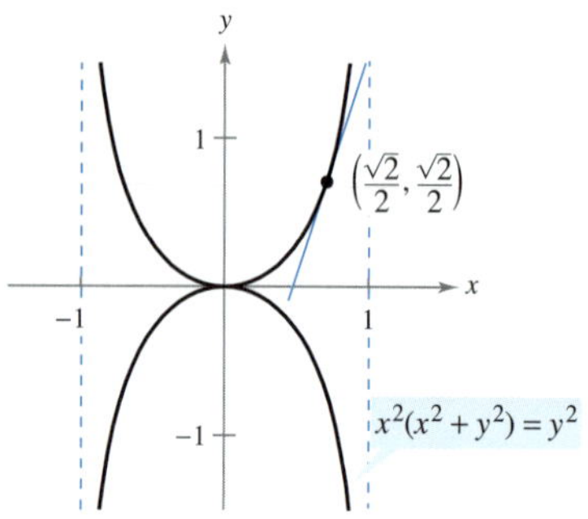

圖 2.28 $x^2(x^2+y^2)=y^2$ 的圖形。

解 改寫方程式，再作隱微分，得到

$$\begin{aligned}x^4+x^2y^2-y^2&=0\\ 4x^3+x^2\left(2y\frac{dy}{dx}\right)+2xy^2-2y\frac{dy}{dx}&=0\\ 2y(x^2-1)\frac{dy}{dx}&=-2x(2x^2+y^2)\\ \frac{dy}{dx}&=\frac{x(2x^2+y^2)}{y(1-x^2)}\end{aligned}$$

在點 $\left(\sqrt{2}/2, \sqrt{2}/2\right)$，斜率是

$$\frac{dy}{dx}=\frac{\left(\sqrt{2}/2\right)[2(1/2)+(1/2)]}{\left(\sqrt{2}/2\right)[1-(1/2)]}=\frac{3/2}{1/2}=3$$

再用點斜式，可得在該點的切線是

$$\begin{aligned}y-\frac{\sqrt{2}}{2}&=3\left(x-\frac{\sqrt{2}}{2}\right)\\ y&=3x-\sqrt{2}\end{aligned}$$

對數微分 Logarithmic Differentiation

有時，甚至非對數形式函數的微分，也可以先取對數再進行微分，這個方法稱為對數微分。

注意 要解例 9，也可直接用積的規則、連鎖規則及商的規則，而不用對數微分，兩者的答案經運算可發現是相等的，但此時運算會十分複雜，用對數微分較簡便。

例 9 對數微分

求 $y=\dfrac{(x-2)^2}{\sqrt{x^2+1}}$, $x\neq 2$ 的導函數。

解 注意到當 $x \neq 2$ 時，$y > 0$，因此 $\ln y$ 有定義。先把上式左右兩邊都取對數，然後，以對數律進行隱函數的微分，最後，再將 y' 解出。

$$y = \frac{(x-2)^2}{\sqrt{x^2+1}}, \quad x \neq 2 \qquad \text{原式}$$

$$\ln y = \ln \frac{(x-2)^2}{\sqrt{x^2+1}} \qquad \text{左右兩邊取自然對數}$$

$$\ln y = 2\ln(x-2) - \frac{1}{2}\ln(x^2+1) \qquad \text{使用對數律}$$

$$\frac{y'}{y} = 2\left(\frac{1}{x-2}\right) - \frac{1}{2}\left(\frac{2x}{x^2+1}\right) \qquad \text{對 } x \text{ 微分}$$

$$= \frac{2}{x-2} - \frac{x}{x^2+1} \qquad \text{化簡}$$

$$y' = y\left(\frac{2}{x-2} - \frac{x}{x^2+1}\right) \qquad \text{解 } y'$$

$$= \frac{(x-2)^2}{\sqrt{x^2+1}}\left[\frac{x^2+2x+2}{(x-2)(x^2+1)}\right] \qquad \text{將 } y \text{ 代入}$$

$$= \frac{(x-2)(x^2+2x+2)}{(x^2+1)^{3/2}} \qquad \text{化簡}$$

例 10 對數微分

求 $y = x^{2x}$ 的導函數，其中 $x > 0$。

解 注意到當 $x > 0$ 時，$y > 0$，因此 $\ln y$ 有定義。
如例 9 的對數微分之步驟如下，

$$y = x^{2x} \qquad \text{原式}$$

$$\ln y = \ln(x^{2x}) \qquad \text{左右兩邊取自然對數}$$

$$\ln y = (2x)(\ln x) \qquad \text{使用對數律}$$

$$\frac{y'}{y} = 2x\left(\frac{1}{x}\right) + 2\ln x \qquad \text{對 } x \text{ 微分}$$

$$\frac{y'}{y} = 2(1 + \ln x) \qquad \text{化簡}$$

$$y' = 2y(1 + \ln x) \qquad \text{移項解 } y'$$

$$y' = 2x^{2x}(1 + \ln x) \qquad \text{將 } y \text{ 代入}$$

對數微分常用於以下兩種狀況：(1) 函數本身含有很多因式，如例 9；(2) 函數中底數與指數部分都含有自變數，如例 10。

習題 2.5

習題 1～6，在下列問題中，以隱微分法求 dy/dx。

1. $x^5 + y^5 = 16$
2. $x^3 - xy + y^2 = 7$
3. $x^3 y^3 - y = x$
4. $x^3 - 3x^2 y + 2xy^2 = 12$
★ 5. $xe^y - 10x + 3y = 0$
★ 6. $x^2 - 3\ln y + y^2 = 10$

習題 7～8，在下列問題中，(a) 以 x 解 y，將 y 寫成兩個顯函數；(b) 畫方程式的圖形，並在各部分標出對應的顯函數；(c) 將顯函數微分；(d) 以隱微分法求 dy/dx，再與 (c) 比較。

★ 7. $x^2 + y^2 = 64$
★ 8. $16y^2 - x^2 = 16$

習題 9～10，以隱微分法求下列各題之 dy/dx，再求指定點的切線斜率。

9. $xy = 6$, $(-6, -1)$
★ 10. $3e^{xy} - x = 0$, $(3, 0)$

習題 11～12，以隱微分法求函數圖形在指定點上的切線斜率。

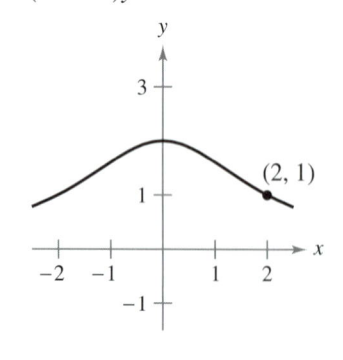

11. $(x^2 + 4)y = 8$

★ 12. $(x^2 + y^2)^2 = 4x^2 y$

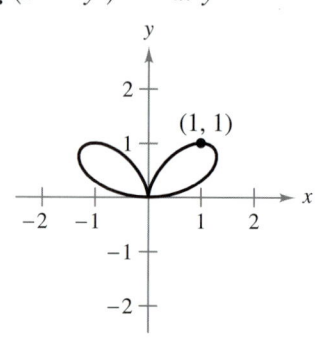

習題 13～14，用隱微分求下列方程式在其指定點的切線方程式。

13. $4xy = 9$, $\left(1, \dfrac{9}{4}\right)$
14. $x^2 + xy + y^2 = 4$, $(2, 0)$

習題 15～16，在下列問題中，求 $d^2 y/dx^2$。

★ 15. $x^2 y - 4x = 5$
★ 16. $xy - 1 = 2x + y^2$

習題 17～21，利用對數微分求下列函數的導函數 dy/dx。

17. $y = x\sqrt{x^2 + 1}$, $x > 0$
★ 18. $y = \dfrac{x^2 \sqrt{3x - 2}}{(x+1)^2}$, $x > \dfrac{2}{3}$
19. $y = x^{2/x}$, $x > 0$
20. $y = (x - 2)^{x+1}$, $x > 2$
★ 21. $y = x^{\ln x}$, $x > 0$

註：標誌 ★ 表示稍難題目。

2.6 反函數的導函數　Derivatives of Inverse Functions

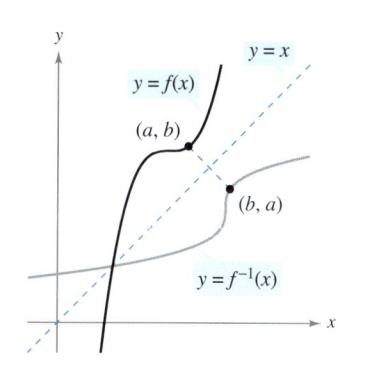

圖 2.29　f^{-1} 的圖形是 f 圖形對直線 $y = x$ 的鏡射。

◆ 求反函數的導函數。
◆ 反三角函數的微分。
◆ 複習基本函數的微分公式。

◎ 反函數的導函數[註1]　Derivative of an Inverse Function

下面兩個定理討論反函數的導函數，定理 2.16 可以從圖 2.29 中反函數和正函數對直線 $y = x$ 互為鏡像的性質看出。

定理 2.16　反函數的連續性和可微性

假設 f 的定義域是一個區間並且有反函數 f^{-1}，則

1. 如果 f 在其定義域上連續，則 f^{-1} 亦然。
2. 如果 f 在 c 點可微，並且 $f'(c) \neq 0$，則 f^{-1} 在 $f(c)$ 也可微。

定理 2.17　反函數的導函數[註2]

假設 f 可微，並且有反函數 g，則在 $f'(g(x)) \neq 0$ 時，g 在 x 可微，導數是

$$g'(x) = \frac{1}{f'(g(x))}, \quad f'(g(x)) \neq 0$$

例 1　計算反函數的導數

令 $f(x) = \frac{1}{4}x^3 + x - 1$

a. 當 $x = 3$ 時 $f^{-1}(x)$ 為何？
b. 當 $x = 3$ 時 $(f^{-1})'(x)$ 為何？

解　注意到 f 是一對一，因此有反函數。

a. 因為當 $x = 2$ 時，$f(x) = 3$，所以 $f^{-1}(3) = 2$。

b. 因為 f 可微並且有反函數，利用定理 2.17（$g = f^{-1}$）寫下

$$(f^{-1})'(3) = \frac{1}{f'(f^{-1}(3))} = \frac{1}{f'(2)}$$

計算 $f'(x)$ 得 $\frac{3}{4}x^2 + 1$，因此得出

註1：本章的第一部分反函數的導函數列為選材（◎），此部分會用到之前 1.3 反函數的第一部分（亦為選材）之概念。
註2：定理 2.17 的證明請見附錄 B。

$$(f^{-1})'(3) = \frac{1}{f'(2)} = \frac{1}{\frac{3}{4}(2^2)+1} = \frac{1}{4} \quad （圖\ 2.30）$$

在例 1 中，注意到，f 在點 $(2, 3)$ 的斜率是 4，而 f' 在點 $(3, 2)$ 的斜率是 $1/4$（見圖 2.30），的確互為倒數。這個互為倒數的關係（由定理 2.17 得知）經常寫成 $\dfrac{dy}{dx} = \dfrac{1}{dx/dy}$，理由如下：

如果 $y = g(x) = f^{-1}(x)$，則 $f(y) = x$ 並且 $f'(y) = \dfrac{dx}{dy}$。定理 2.17 說

$$g'(x) = \frac{dy}{dx} = \frac{1}{f'(g(x))} = \frac{1}{f'(y)} = \frac{1}{(dx/dy)}$$

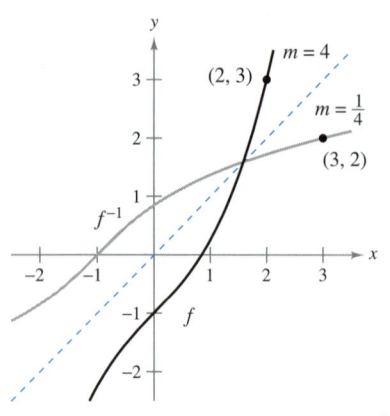

所以 $\dfrac{dy}{dx} = \dfrac{1}{dx/dy}$。

圖 2.30 互為反函數的圖形 f、f^{-1} 在 (a, b) 和 (b, a) 的斜率互為倒數。

例 2　反函數圖形斜率的倒數性質

令 $f(x) = x^2$（其中 $x \geq 0$），$f^{-1}(x) = \sqrt{x}$。說明 f 和 f^{-1} 圖形在下列相關各點的斜率互為倒數。

a. $(2, 4)$ 和 $(4, 2)$

b. $(3, 9)$ 和 $(9, 3)$

解　f 和 f^{-1} 的導函數分別是

$$f'(x) = 2x \quad 和 \quad (f^{-1})'(x) = \frac{1}{2\sqrt{x}}$$

a. 在 $(2, 4)$，f 圖形的斜率是 $f'(2) = 2(2) = 4$，而在 $(4, 2)$，f^{-1} 圖形的斜率是

$$(f^{-1})'(4) = \frac{1}{2\sqrt{4}} = \frac{1}{2(2)} = \frac{1}{4}$$

b. 在 $(3, 9)$，f 圖形的斜率是 $f'(3) = 2(3) = 6$，而在 $(9, 3)$，f^{-1} 圖形的斜率是

$$(f^{-1})'(9) = \frac{1}{2\sqrt{9}} = \frac{1}{2(3)} = \frac{1}{6}$$

在以上兩種情形，計算得出的斜率都互為倒數（見圖 2.31）。

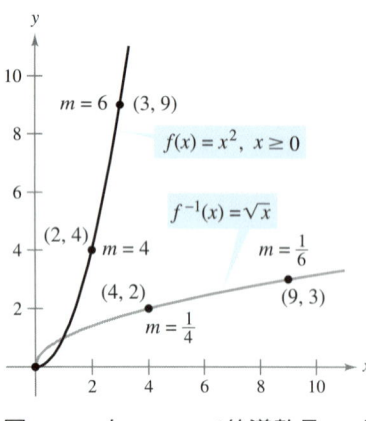

圖 2.31 在 $(0, 0)$，f 的導數是 0，此時 f^{-1} 的導數不會存在。

在計算反函數的導函數時，一個辦法是應用定理 2.17，如例 3 所示。另一個辦法是用隱函數微分。

例 3　求反函數的導函數

求反正切函數的導函數。

解　令 $f(x) = \tan x$，$-\pi/2 < x < \pi/2$，及其反函數 $g(x) = \arctan x$。利用定理 2.17 和 $f'(x) = \sec^2 x = \tan^2 x + 1$，求 $g'(x)$ 如下

$$g'(x) = \frac{1}{f'(g(x))} = \frac{1}{f'(\arctan x)} = \frac{1}{[\tan(\arctan x)]^2 + 1} = \frac{1}{x^2 + 1}$$

反三角函數的導函數
Derivatives of Inverse Trigonometric Functions

在 2.4 節曾經學到 $f(x) = \ln x$ 這個超越函數，它的導函數是 $f'(x) = 1/x$，而 $1/x$ 是一個代數（有理）函數。在本節中我們會看到反三角函數的導函數都是代數函數，雖然反三角函數本身也是超越函數。

下面的定理列出六個反三角函數的導函數，注意到 $\arccos u$、$\text{arccot } u$ 和 $\text{arccsc } u$ 的導函數分別和 $\arcsin u$、$\arctan u$ 和 $\text{arcsec } u$ 的導函數差一個負號。

定理 2.18　反三角函數的導函數

假設 u 是 x 的可微函數，則有

$$\frac{d}{dx}[\arcsin u] = \frac{u'}{\sqrt{1 - u^2}} \qquad \frac{d}{dx}[\arccos u] = \frac{-u'}{\sqrt{1 - u^2}}$$

$$\frac{d}{dx}[\arctan u] = \frac{u'}{1 + u^2} \qquad \frac{d}{dx}[\text{arccot } u] = \frac{-u'}{1 + u^2}$$

$$\frac{d}{dx}[\text{arcsec } u] = \frac{u'}{|u|\sqrt{u^2 - 1}} \qquad \frac{d}{dx}[\text{arccsc } u] = \frac{-u'}{|u|\sqrt{u^2 - 1}}$$

$y = \arcsin x$

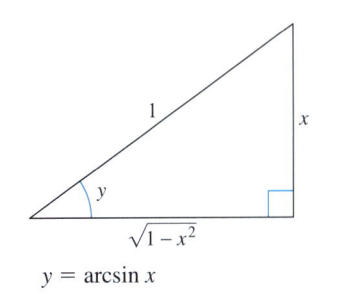

圖 2.32

證明　令 $y = \arcsin x$，$-\pi/2 \leq y \leq \pi/2$（見圖 2.32），因此 $\sin y = x$，以隱函數微分得到

$$\sin y = x$$
$$(\cos y)\left(\frac{dy}{dx}\right) = 1$$
$$\frac{dy}{dx} = \frac{1}{\cos y} = \frac{1}{\sqrt{1 - \sin^2 y}} = \frac{1}{\sqrt{1 - x^2}}$$

又因 u 是 x 的可微函數，應用連鎖規則微分 $\arcsin u$ 得到

$$\frac{d}{dx}[\arcsin u] = \frac{u'}{\sqrt{1 - u^2}}, \text{ 其中 } u' = \frac{du}{dx}$$

其他公式的證明類似，在此不贅述。

當 $x < 0$ 時，arcsec x（或 arccsc x）的定義並無共識。當我們定義函數 arcsecant 的值域時，我們希望保持原來的倒數關係：arcsec x = arccos$(1/x)$。例如，計算 arcsec(-2)，可以寫下

$$\text{arcsec}(-2) = \arccos(-0.5) \approx 2.09$$

本書採取的定義方式會使 arcsec x 的圖形斜率恆正，恆正的現象也表現在定理 2.18 中，arcsec x 的導函數公式出現絕對值的符號。

例 4 求反三角函數的微分

a. $\dfrac{d}{dx}[\arcsin(2x)] = \dfrac{2}{\sqrt{1-(2x)^2}}$ $u = 2x$

$\qquad\qquad\quad = \dfrac{2}{\sqrt{1-4x^2}}$

b. $\dfrac{d}{dx}[\arctan(3x)] = \dfrac{3}{1+(3x)^2}$ $u = 3x$

$\qquad\qquad\quad = \dfrac{3}{1+9x^2}$

c. $\dfrac{d}{dx}[\arcsin\sqrt{x}] = \dfrac{(1/2)x^{-1/2}}{\sqrt{1-x}}$ $u = \sqrt{x}$

$\qquad\qquad\quad = \dfrac{1}{2\sqrt{x}\sqrt{1-x}}$

$\qquad\qquad\quad = \dfrac{1}{2\sqrt{x-x^2}}$

d. $\dfrac{d}{dx}[\text{arcsec}\,e^{2x}] = \dfrac{2e^{2x}}{e^{2x}\sqrt{(e^{2x})^2-1}}$ $u = e^{2x}$

$\qquad\qquad\quad = \dfrac{2e^{2x}}{e^{2x}\sqrt{e^{4x}-1}}$

$\qquad\qquad\quad = \dfrac{2}{\sqrt{e^{4x}-1}}$

上式 (d) 中，因為 e^{2x} 恆正，絕對值符號自動省略。

例 5 一個可以化簡的導函數

微分 $y = \arcsin x + x\sqrt{1-x^2}$。

解

$$y' = \frac{1}{\sqrt{1-x^2}} + x\left(\frac{1}{2}\right)(-2x)(1-x^2)^{-1/2} + \sqrt{1-x^2}$$
$$= \frac{1}{\sqrt{1-x^2}} - \frac{x^2}{\sqrt{1-x^2}} + \sqrt{1-x^2}$$
$$= \sqrt{1-x^2} + \sqrt{1-x^2} = 2\sqrt{1-x^2}$$

複習基本微分規則 Review of Basic Differentiation Rules

在 1600 年前後，笛卡爾、伽利略、惠更斯、牛頓和刻卜勒這些大思想家，帶領歐洲進入科學的年代。他們相信自然的法則服從簡單的規律——這些規律基本上都可以用數學方程式表達，伽利略的對話錄 *Dialogue on the Great World Systems*，一本對近代科學思想經典的描述，可以說是這個世代最具影響力的著作。

在過去幾百年數學的發展經驗顯示，許多物理、化學、生物、工程、經濟和其他領域中的現象都可用一些基本函數來建立模型[註1]。所謂**基本函數**（elementary function）指的是以下表所列的函數，經由和、積、商和合成函數的操作，而得到的函數[註2]。

代數函數	超越函數
多項式	對數函數
有理函數	指數函數
根式函數	三角函數
	反三角函數

利用在本書所學的微分規則，我們可以微分任一個基本函數，為了使用上的方便，我們以下表總結這些微分規則。

伽利略
（Galileo Galilei，1564～1642）
伽利略以時間、距離、力和質量這些可實測的量進行對物理世界的描述，有別於在此之前亞里斯多德對物理世界的看法。

註 1：一些在工程及科學上使用的重要函數（如 Bessel 和 gamma 函數）並非基本函數。
註 2：基本函數（elementary function）一般也譯作初等函數。

2.7 相關變率　Related Rates

◆ 求相關變率。
◆ 利用相關變率解決實際問題。

求相關變率 Finding Related Rates

我們已經學到如何利用連鎖規則，以隱微分法求 dy/dx。另外一個連鎖規則的重要應用是找出兩個或多個各自與時間同時改變的變數之間的變率。

例如，當水從一個錐形槽底流出時（圖 2.33），存水的體積 V，水面的半徑 r 和高度 h 都是時間 t 的函數。已知這些變數的方程式是

$$V = \frac{\pi}{3} r^2 h \qquad \text{原方程式}$$

以隱微分法可以求得**相關變率**（related-rate）的方程式。

$$\frac{d}{dt}(V) = \frac{d}{dt}\left(\frac{\pi}{3}r^2 h\right)$$

$$\frac{dV}{dt} = \frac{\pi}{3}\left[r^2 \frac{dh}{dt} + h\left(2r \frac{dr}{dt}\right)\right] \qquad \text{對 } t \text{ 微分}$$

$$= \frac{\pi}{3}\left(r^2 \frac{dh}{dt} + 2rh \frac{dr}{dt}\right)$$

由此可知，V 的變率與 h 和 r 各自的變率有關。

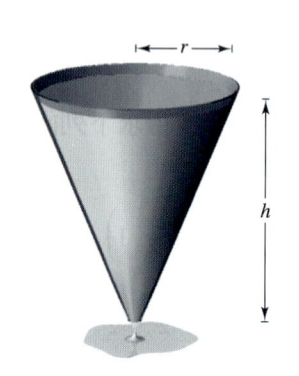

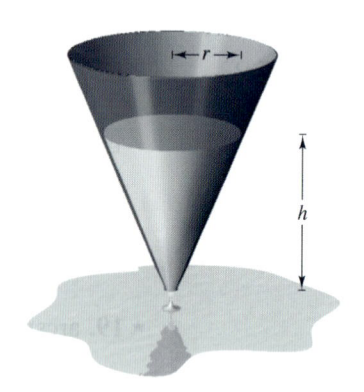

圖 2.33　體積與半徑和高度有關。

> **深入探索**
>
> **求相關變率**　在圖 2.33 中，假設高度 h 的變率是 -0.2 公尺／分，而半徑 r 的變率是 -0.1 公尺／分，請問體積在 $r = 1$ 公尺，$h = 2$ 公尺時的變率為何？

例 1　兩個相關的變率

假設 x 和 y 都是 t 的可微函數，並且滿足 $y = x^2 + 3$，已知 $x = 1$ 時 $dx/dt = 2$，求 $x = 1$ 時，dy/dt 之值。

解　利用連鎖規則，將方程式兩邊同時對 t 微分。

$$y = x^2 + 3 \qquad \text{原方程式}$$
$$\frac{d}{dt}[y] = \frac{d}{dt}[x^2 + 3] \qquad \text{對 } t \text{ 微分}$$
$$\frac{dy}{dt} = 2x\frac{dx}{dt} \qquad \text{連鎖規則}$$

當 $x = 1$ 時，$dx/dt = 2$，因此得到 $dy/dt = 2(1)(2) = 4$。

以相關變率解題　Problem Solving with Related Rates

在例 1 中，我們先有一個 x、y 的方程式，然後再求 $x = 1$ 時 y 對 t 的變率。

方程式：$y = x^2 + 3$
已知：當 $x = 1$ 時，x 對 t 的變率 $\dfrac{dx}{dt} = 2$
求出：當 $x = 1$ 時的 $\dfrac{dy}{dt}$

在下面的例題中，必須根據題意自行找出適切的數學方程式。

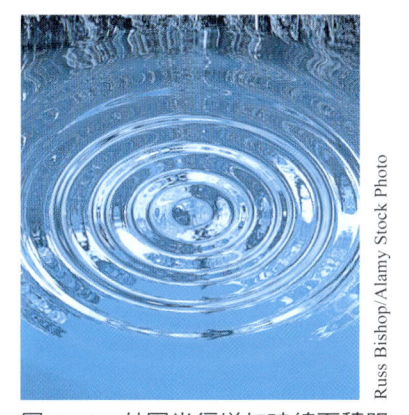

例 2　池塘上的漣漪

小石子掉在一個平靜無波的池塘，引起了一圈圈的漣漪，水波以同心圓的方式出現在水面上（圖 2.34）。已知最外一圈的半徑對 t 的變化率是 0.5 公尺／秒。當 $r = 2$ 公尺時，整個被小石子擾動的水域面積 A 對 t 的變化率為何？

解　r 和 A 的關係方程式為 $A = \pi r^2$，已知 $dr/dt = 1$
方程式：$A = \pi r^2$
已知變率：$\dfrac{dr}{dt} = 0.5$
求出：當 $r = 2$ 時的 $\dfrac{dA}{dt}$

同樣依照例 1 的處理方式：

$$\frac{d}{dt}[A] = \frac{d}{dt}[\pi r^2] \qquad \text{對 } t \text{ 微分}$$
$$\frac{dA}{dt} = 2\pi r\frac{dr}{dt} \qquad \text{連鎖規則}$$
$$\frac{dA}{dt} = 2\pi(2)(0.5) = 2\pi \text{ 平方公尺／秒} \qquad dr/dt \text{ 以 } 0.5\text{，}r \text{ 以 } 2 \text{ 代入並化簡}$$

圖 2.34　外圈半徑增加時總面積跟著增加。

因此當 $r = 2$ 公尺時，dA/dt 是 2π 平方公尺 / 秒。

> **解相關變率問題的指導原則**
> 1. 先確定已知的量和待決定的量，將這些量一一標出。
> 2. 將這些量之間的關係以方程式表出。
> 3. 利用連鎖規則，以隱微分法將方程式的兩邊同時對 t 微分。
> 4. 以已知變化量的值和已知相關的變化率代入步驟 3 的結果，解出所求變化率。

注意：步驟 3 一定要在步驟 4 之前完成，亦即，先做好微分後，再代入適當的值。先代入再微分的話，就會出問題。

下表是一些和變率有關的實例，及其對應的數學模型。

文字說明	數學模型
車行 1 小時後的速度是 80 公里 / 小時	$x = $ 車行距離 $t = 1$ 時，$\dfrac{dx}{dt} = 80$ 公里 / 小時
幫浦以 10 立方公尺 / 時的進水速度供水到游泳池	$V = $ 池中的水量 $\dfrac{dV}{dt} = 10$ 立方公尺 / 時
齒輪的轉速是 25 轉 / 分（1 轉 $= 2\pi$ 弧度）	$\theta = $ 轉角 $\dfrac{d\theta}{dt} = 25(2\pi)$ 弧度 / 分
病毒以 2000 個 / 小時的速率繁殖	$x = $ 病毒數 $\dfrac{dx}{dt} = 2000$ 個 / 小時

例 3　氣球充氣

以 1.5 立方公尺 / 分的速度將氣球充氣（見圖 2.35），當半徑是 2 公尺時，求半徑對 t 的變化率。

解　以 V 表氣球的體積，r 表半徑，問題如下：

已知變化率：$\dfrac{dV}{dt} = \dfrac{3}{2}$（固定變率）

求出：當 $r = 2$ 時的 $\dfrac{dr}{dt}$

首先，找出 r 與 V 之間的關係

方程式：　　　　　　　　$V = \dfrac{4}{3}\pi r^3$　　　　　　　　球的體積

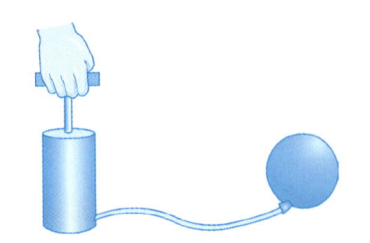

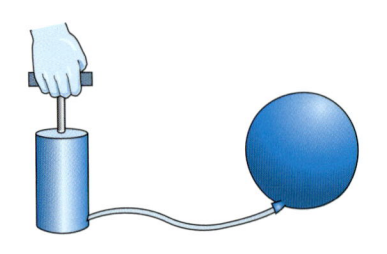

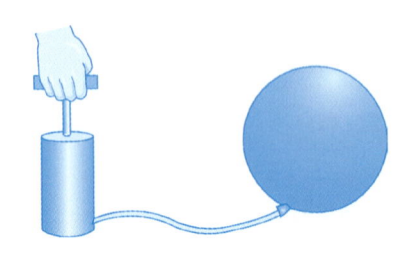

圖 2.35　充氣。

兩邊同時對 t 微分得到

$$\frac{dV}{dt} = 4\pi r^2 \frac{dr}{dt}$$ 　　　　對 t 微分

$$\frac{dr}{dt} = \frac{1}{4\pi r^2}\left(\frac{dV}{dt}\right)$$ 　　　　解出 dr/dt

最後，以 $r = 2$、$dV/dt = \frac{3}{2}$ 代入得到

$$\frac{dr}{dt} = \frac{1}{16\pi}\left(\frac{3}{2}\right) \approx 0.03 \text{公尺 / 分}$$

　　在例 3 中，注意體積的增加速率是固定的，但是半徑的增加率卻是變動的。雖然兩個變化率有關，但並不表示它們之間成正比。以例 3 來說，半徑的增加率隨著 t 的增加而趨緩，同學可想一想，為什麼？

例 4　以雷達追蹤飛機的速率

某架飛機保持以 6 公里的高度飛行，航線將會飛越某雷達站上方（見圖 2.36），如果 $s = 10$ 公里時，s 以 400 公里 / 時的速率遞減，求此飛機的速率。

解　令 x 表水平距離（圖 2.36），當 $s = 10$ 時，$x = \sqrt{10^2 - 36} = 8$。

已知：$s = 10$ 時 $ds/dt = -400$

求出：$s = 10$ 和 $x = 8$ 時的 dx/dt

先寫下 x 和 s 的方程式

$$x^2 + 6^2 = s^2$$ 　　　　畢氏定理

$$2x\frac{dx}{dt} = 2s\frac{ds}{dt}$$ 　　　　對 t 微分

$$\frac{dx}{dt} = \frac{s}{x}\left(\frac{ds}{dt}\right)$$ 　　　　解 dx/dt

$$\frac{dx}{dt} = \frac{10}{8}(-400)$$ 　　　　代 s、x、ds/dt

$$= -500 \text{ 公里 / 時}$$ 　　　　化簡

由於速度是 -500 公里 / 時，所以速率是 500 公里 / 時（速率不計正負）。

注意　例 4 中的速度是負值，因為 x 代表的距離正在遞減。

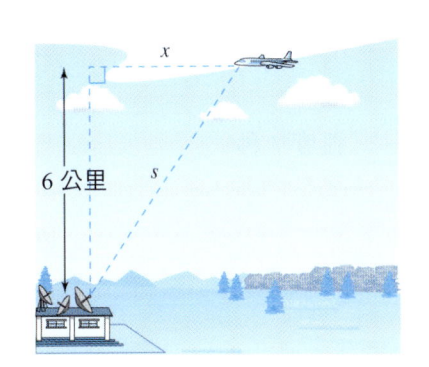

圖 2.36　飛機以 6 公里的高度飛行，與雷達站距離 s 公里。

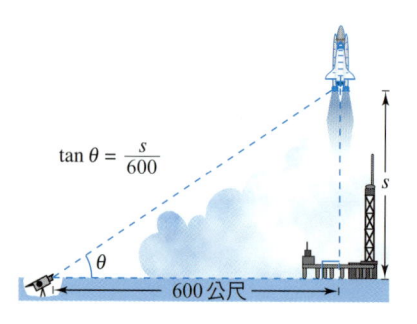

圖 2.37 攝影機在距離太空梭發射台 600 公尺處的地面攝取太空梭的軌跡，太空梭的高度方程式是 $s = 15t^2$，s 的單位是公尺，t 的單位是秒。

例 5 仰角的變化

圖 2.37 中，求太空梭升空十秒鐘後，攝影機仰角的變化率。

解 如圖，θ 是仰角，當 $t = 10$ 時，火箭的高度是 $s = 15\,t^2 = 15(10)^2 = 1500$ 公尺。

已知：$ds/dt = 30\,t =$ 火箭速度

求出：當 $t = 10$，$s = 1500$ 時的 $d\theta/dt$

先寫下 θ 和 s 的方程式 $\tan\theta = s/600$。

$$\tan \theta = \frac{s}{600} \qquad \text{見圖 2.37}$$

$$(\sec^2\theta)\frac{d\theta}{dt} = \frac{1}{600}\left(\frac{ds}{dt}\right) \qquad \text{對 } t \text{ 微分}$$

$$\frac{d\theta}{dt} = \cos^2\theta \,\frac{30t}{600} \qquad ds/dt \text{ 以 } 30t \text{ 代入}$$

$$= \left(\frac{2000}{\sqrt{s^2+2000^2}}\right)^2 \frac{30t}{600} \qquad \cos\theta = \frac{600}{\sqrt{s^2+600^2}}$$

以 $t = 10$，$s = 1500$ 代入，可得出

$$\frac{d\theta}{dt} = \frac{600(30)(10)}{1500^2 + 600^2} = \frac{2}{29} \quad \text{弧度 / 秒}$$

所以當 $t = 10$ 時，θ 的變率是 $\frac{2}{29}$ 弧度 / 秒。

習題 2.7

習題 1～2，假設 x 與 y 同時為 t 可微分的函數，若給定已知條件，求變化率 dx/dt 或 dy/dt。

方程式	求	給定
1. $y = 3x^2 - 5x$	(a) $\dfrac{dy}{dt}$ 當 $x = 3$ 時，	$\dfrac{dx}{dt} = 2$
	(b) $\dfrac{dx}{dt}$ 當 $x = 2$ 時，	$\dfrac{dy}{dt} = 4$
2. $xy = 4$	(a) $\dfrac{dy}{dt}$ 當 $x = 8$ 時，	$\dfrac{dx}{dt} = 10$
	(b) $\dfrac{dx}{dt}$ 當 $x = 1$ 時，	$\dfrac{dy}{dt} = -6$

習題 3～4，某質點沿著給定函數的曲線移動的速率是 dx/dt。若給定已知條件，求速率 dy/dt。

3. $y = 2x^2 + 1$，$\dfrac{dx}{dt} = 2$ 公分／秒

　(a) $x = -1$　　(b) $x = 0$　　(c) $x = 1$

4. $y = \tan x$，$\dfrac{dx}{dt} = 3$ 公釐／秒

　(a) $x = -\dfrac{\pi}{3}$　(b) $x = -\dfrac{\pi}{4}$　(c) $x = 0$

5. 半徑為 r 的圓其半徑以每秒 4 公分的速率遞增，求 $r = 37$ 公分時，圓面積的變化率。

6. 某球的半徑以每分鐘 3 公分的速率增加，分別求 $r = 9$ 公分以及 $r = 36$ 公分時，球體積的變化率。

7. 求球狀氣球以每分鐘 800 立方公分的速率充氣，求下列狀況下，氣球半徑的瞬間變化率。(a) 半徑是 30 公分時；(b) 當半徑是 85 公分時。

8. 某正立方體每一個邊長都以每秒 6 公分的速率增長，求下列狀況下，表面積的變化率。(a) 當邊長為 2 公分時；(b) 當邊長為 10 公分時。

★ 9. 有一 12 公尺長，6 公尺寬的游泳池，在淺端深 1 公尺，在深端深 3 公尺（見圖）。水自入水口以 1/4 立方公尺／分的速度進水，此時在深端已有 1 公尺深的水。

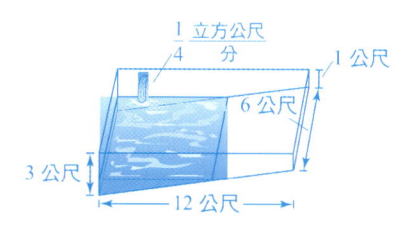

(a) 水占游泳池容積的百分比是多少？
(b) 水面上升的速率是多少？

★ 10. 一個 10 公尺長的梯子靠在房子的牆壁上（見圖），梯底以 $\dfrac{2}{3}$ 公尺／秒的速率滑開遠離房子。

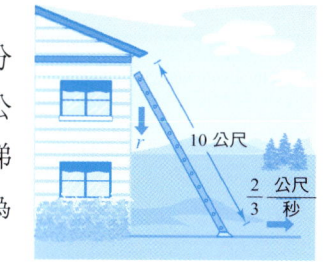

(a) 當梯底距離牆腳分別是 2 公尺、6 公尺和 8 公尺時，梯頂滑下的速率為何？

(b) 當梯底距離牆腳是 6 公尺時，梯子與牆壁夾角的變率為何？

(c) 當梯底距離牆腳 6 公尺時，房子的牆、地面與梯子形成的直角三角形之面積的變化率為何？

★ 11. 如圖，兩架高度一樣的飛機，飛行方向成直角飛向同一點（原點），一架距離原點 225 公里，飛行速率 450 公里／時，另一架距原點 300 公里，速度 600 公里／時，請問兩架飛機之間的距離遞減的速率為何？

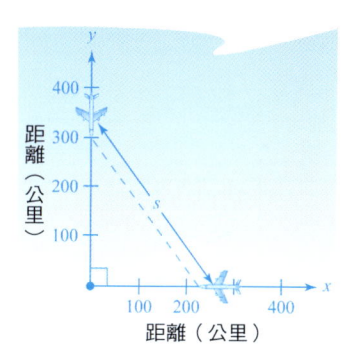

★ 12. 已知某人身高 2 公尺，而路燈高 5 公尺。如圖，若此人以每秒 1.5 公尺的速度遠離路燈，當此人距路燈 3 公尺時，求下列的變化率。(a) 此人的影子頂端移動速度的變化率；(b) 此人的影子長度的變化率。

註：標誌 ★ 表示稍難題目。

2.8 牛頓法 Newton's Method

◆ 利用牛頓法求函數實根的近似值。

牛頓法 Newton's Method

在本節中我們要學習一個求函數實根的方法，稱為**牛頓法**（Newton's Method）。牛頓法利用在函數 x 截距附近的切線來近似函數的圖形。

考慮一個在閉區間 $[a, b]$ 上連續而在開區間 (a, b) 上可微的函數。如果 $f(a)$ 和 $f(b)$ 符號相反，則從中間值定理，知道 f 在區間 (a, b) 上至少有一零根，如果我們估計根大概發生在

$$x = x_1 \qquad \text{第一個估計}$$

如圖 2.38(a) 所示，牛頓的想法是基於：f 與 x 軸的交點，以及 f 在點 $(x_1, f(x_1))$ 之切線與 x 軸的交點，此二交點會十分靠近。因為計算切線和 x 軸的交點很容易，所以可以把這個交點當做第二個（通常會是更好的）近似值，過點 $(x_1, f(x_1))$ 且斜率為 $f'(x_1)$ 的切線方程式是

$$y - f(x_1) = f'(x_1)(x - x_1)$$
$$y = f'(x_1)(x - x_1) + f(x_1)$$

令 $y = 0$ 解 x 得出

$$x = x_1 - \frac{f(x_1)}{f'(x_1)}$$

因此，從 x_1 開始，得出一個新的估計。

$$x_2 = x_1 - \frac{f(x_1)}{f'(x_1)} \qquad \text{第二個估計（圖 2.38(b)）}$$

連續改進 x_2，並計算出第三個估計。

$$x_3 = x_2 - \frac{f(x_2)}{f'(x_2)} \qquad \text{第三個估計}$$

重複此一步驟得到一個序列，這個方法稱為牛頓法。

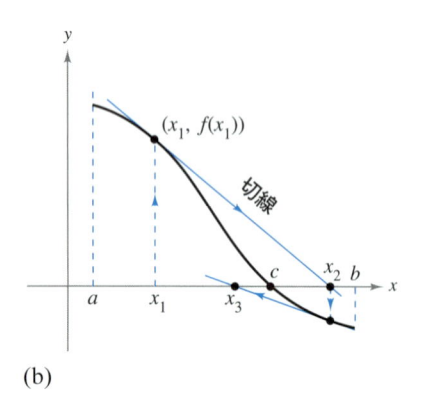

以牛頓法求函數根的近似值

假設 f 在一個含 c 的開區間上可微並且 $f(c) = 0$，我們以下列步驟求 c 的近似值

1. 先估計一個靠近 c 的 x_1（可以參考圖形來估計）。
2. 決定一個新的估計。

圖 2.38 切線的 x 截距是 f 零根的近似。

$$x_{n+1} = x_n - \frac{f(x_n)}{f'(x_n)}$$

3. 如果 $|x_n - x_{n+1}|$ 已經在要求的準確範圍,就令 x_{n+1} 是最後的估計,否則就回到上一步,利用 x_{n+1} 計算 x_{n+2}。

重複應用此步驟即稱為**迭代法**(iteration)。

注意 許多函數只要以牛頓法迭代幾次,就可以得到很好的近似值,如例 1 所示。

例 1 應用牛頓法

應用牛頓法迭代三次,求 $f(x) = x^2 - 2$ 的根,以 $x_1 = 1$ 為第一個估計。

解 $f(x) = x^2 - 2$,所以 $f'(x) = 2x$,迭代公式是

$$x_{n+1} = x_n - \frac{f(x_n)}{f'(x_n)} = x_n - \frac{x_n^2 - 2}{2x_n}$$

連續三次迭代的結果如下。

n	x_n	$f(x_n)$	$f'(x_n)$	$\dfrac{f(x_n)}{f'(x_n)}$	$x_n - \dfrac{f(x_n)}{f'(x_n)}$
1	1.000000	-1.000000	2.000000	-0.500000	1.500000
2	1.500000	0.250000	3.000000	0.083333	1.416667
3	1.416667	0.006945	2.833334	0.002451	1.414216
4	1.414216				

當然,$f(x)$ 的兩個根是 $\pm\sqrt{2}$,而 $\sqrt{2} = 1.414214\cdots$,所以本題只要以牛頓法迭代三次,誤差範圍就已經在 0.000002 以內,圖 2.39 表示第一次迭代。

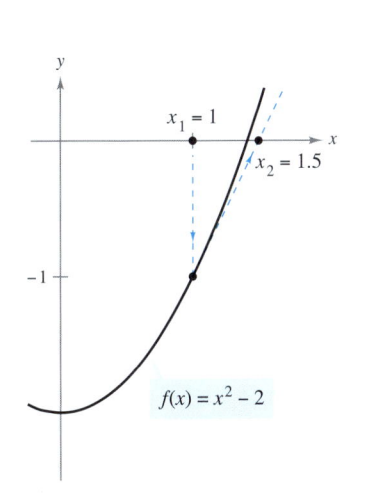

圖 2.39 以牛頓法作第一次迭代。

例 2 應用牛頓法

應用牛頓法求 $f(x) = e^x + x$ 根的近似值,繼續迭代直到前後兩次的估計差額在 0.0001 以內。

解 先畫 f 的略圖(圖 2.40),從圖可知 f 只有一根,發生在 $x = -0.6$ 附近,求 f 的微分,並寫下迭代公式。

$$x_{n+1} = x_n - \frac{f(x_n)}{f'(x_n)} = x_n - \frac{e^{x_n} + x_n}{e^{x_n} + 1}$$

計算的結果如下表。

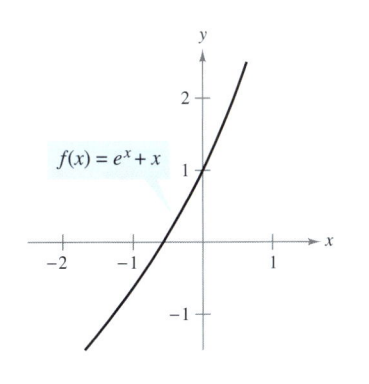

圖 2.40 迭代三次,根的估計已經近似到要求的準確度。

n	x_n	$f(x_n)$	$f'(x_n)$	$\dfrac{f(x_n)}{f'(x_n)}$	$x_n - \dfrac{f(x_n)}{f'(x_n)}$
1	-0.60000	-0.05119	1.54881	-0.03305	-0.56695
2	-0.56695	0.00030	1.56725	0.00019	-0.56714
3	-0.56714	0.00000	1.56714	0.00000	-0.56714
4	-0.56714				

因為前後兩次的估計差額已經小於 0.0001，我們以 -0.56714 為根的近似值。

迭代的一串估計值如果像例 1 和例 2 會趨近到一個極限的話，近似值的序列 $x_1, x_2, x_3, \cdots, x_n, \cdots$ 就稱為**收斂**（converge）。如果收斂值是 c，我們可以證明 c 一定是 f 的根。

但是牛頓法未必總是可以得到一串收斂的序列。失敗的可能情況如圖 2.41 所示。因為牛頓法一定要除以 $f'(x_n)$，如果發生 $f'(x_n) = 0$，方法當然失效。此時，重新選一個 x_1 來出發經常可以解決問題，下面的例子是另外一個失效的情況。

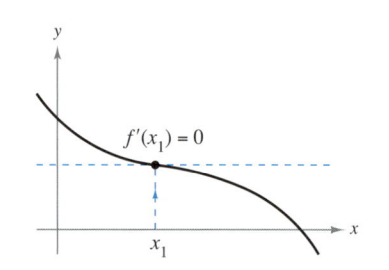

圖 2.41　如果 $f'(x_n) = 0$，牛頓法失效。

例 3　牛頓法失效的例子

函數 $f(x) = x^{1/3}$ 在 $x = 0$ 不可微。從 $x_1 = 0.1$ 開始，說明牛頓法對此函數失效。

解　因為 $f'(x) = \dfrac{1}{3} x^{-2/3}$，迭代公式是

$$x_{n+1} = x_n - \frac{f(x_n)}{f'(x_n)} = x_n - \frac{x_n^{1/3}}{\frac{1}{3} x_n^{-2/3}} = x_n - 3x_n = -2x_n$$

計算見下表，表中所列和圖 2.42 所示，說明當 $n \to \infty$ 時，x_n 的大小持續遞增，因此序列無法收斂。

n	x_n	$f(x_n)$	$f'(x_n)$	$\dfrac{f(x_n)}{f'(x_n)}$	$x_n - \dfrac{f(x_n)}{f'(x_n)}$
1	0.10000	0.46416	1.54720	0.30000	-0.20000
2	-0.20000	-0.58480	0.97467	-0.60000	0.40000
3	0.40000	0.73681	0.61401	1.20000	-0.80000
4	-0.80000	-0.92832	0.38680	-2.40000	1.60000

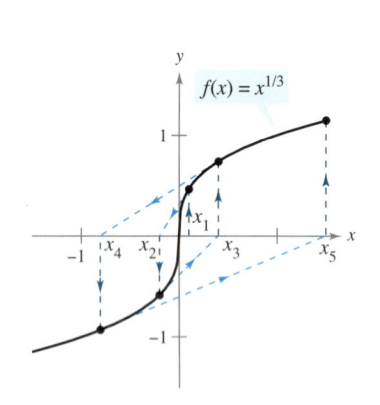

圖 2.42　無論從哪一點出發，只要不是 0，牛頓法都失效。

注意　在例 3 中，即使選其他的 x_1 出發（$x_1 \neq 0$），牛頓法一樣失效。

由此可以證明，一個可以使 $x_1, x_2, \cdots$ 收斂到 f 的根的充分條件是在含此根的某一個開區間上 f 滿足

$$\left|\frac{f(x)f''(x)}{[f'(x)]^2}\right| < 1 \qquad \text{收斂條件}$$

例如，在例 1 中，$f(x) = x^2 - 2$，$f'(x) = 2x$，$f''(x) = 2$，因此在區間 $(1, 3)$ 上，下式小於 1。

$$\left|\frac{f(x)f''(x)}{[f'(x)]^2}\right| = \left|\frac{(x^2-2)(2)}{4x^2}\right| = \left|\frac{1}{2} - \frac{1}{x^2}\right| \qquad \text{例 1}$$

因此使用牛頓法可以得到收斂的序列，但是在例 3 中，$f(x) = x^{1/3}$，$f'(x) = \frac{1}{3}x^{-2/3}$，$f''(x) = -\frac{2}{9}x^{-5/3}$，結果下式

$$\left|\frac{f(x)f''(x)}{[f'(x)]^2}\right| = \left|\frac{x^{1/3}(-2/9)(x^{-5/3})}{(1/9)(x^{-4/3})}\right| = 2 \qquad \text{例 3}$$

因此無法得出有關收斂的結論。

某些多項式，例如，

$$f(x) = x^3 - 2x^2 - x + 2$$

的根，可以利用因式分解得到解，但是其他如

$$f(x) = x^3 - x + 1$$

的根，無法以基本的代數方法求解，$x^3 - x + 1 = 0$ 只有一個實根，若以進階的代數技巧可以求得此根是

$$x = -\sqrt[3]{\frac{3 - \sqrt{23/3}}{6}} - \sqrt[3]{\frac{3 + \sqrt{23/3}}{6}}$$

由於解是以平方根和三次方根表達，所以稱為**開根號解**（solution by radicals）。同學也可求 $x^3 - x + 1 = 0$ 的近似解，並與上式比較。

想要以開根號求解的方式來決定多項式的根是代數學上的基本問題。這方面最早的結果是一元二次方程式的公式解，公式解至少早在巴比倫時代就已經知道。三次方程式解的一般公式要到十六世紀才由義大利的數學家卡丹得出，他發表了一個方法可以得出三次和四次方程式的開根號解。此後 300 年，五次方程式解的一般公式一直無法求出。最後，在十九世紀，這個問題被兩位年輕的數學家獨立解決。挪威數學家 Niels Henrik Abel 和法國數學家 Evariste Galois 證明了一般的五次或更高次多項式的根不可能以開根號的方式求解。雖然對於特定的五次方程像 $x^5 - 1 = 0$ 不是問題，但是 Abel 和 Galois 可以證明開根號解一般根本不存在。

Niels Henrik Abel（1802～1829）

Evariste Galois（1811～1832）

雖然 Abel 和 Galois 都英年早逝，但是他們在分析學和抽象代數學上的貢獻影響深遠。

習題 2.8

習題 1～3，下列問題中，以指定的 x_1 出發，應用牛頓法迭代兩次求 $f(x) = 0$ 的近似根。

1. $f(x) = x^2 - 5$, $x_1 = 2$
2. $f(x) = x^3 - 3$, $x_1 = 1.4$
3. $f(x) = \cos x$, $x_1 = 1.6$

習題 4～5，以牛頓法求下列函數的根。計算逼近根的數列時，要一直求到前後兩項的差額在 0.001 之內。

4. $f(x) = 2 - x^3$
5. $f(x) = x^5 + x - 1$

習題 6～7，以牛頓法求給定兩函數圖形交點的 x 值。計算逼近根的數列時，要一直求到前後兩項的差額在 0.001 之內。
〔提示：令 $h(x) = f(x) - g(x)$〕

6. $f(x) = 2x + 1$
   $g(x) = \sqrt{x + 4}$

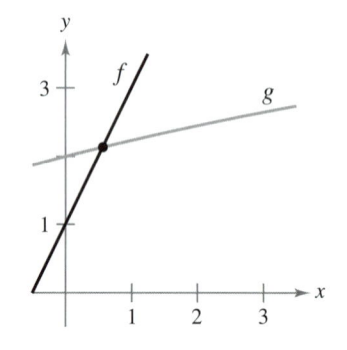

7. $f(x) = 2 - x^2$
   $g(x) = e^{x/2}$

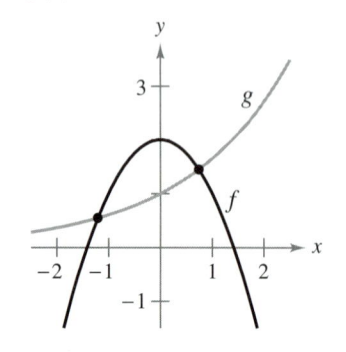

習題 8～9，說明在下列問題中，牛頓法為何失效？

8. $y = 2x^3 - 6x^2 + 6x - 1$, $x_1 = 1$

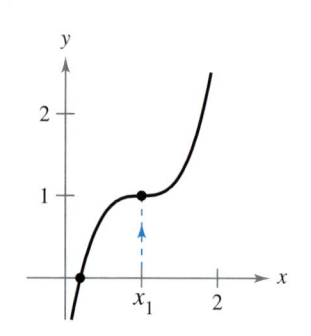

9. $y = x^3 - 2x - 2$, $x_1 = 0$

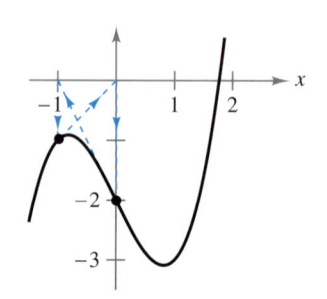

★10. 針對函數 $f(x)$，若可找到某一實數 c，使得 $f(c) = c$，我們就稱 c 是 f 的固定點（fixed ponit）。現估計 $f(x) = \cos x$ 的固定點，準確到小數點後二位。

註：標誌 ★ 表示稍難題目。

本章習題

1. 用導數的定義求 $f(x) = x^3 - 2x + 1$ 的導函數。
2. 用基本微分規則求 $h(x) = 6\sqrt{x} + 3\sqrt[3]{x}$ 的導函數。
3. 求 $f(x) = \dfrac{x+1}{x-1}$ 在點 $\left(\dfrac{1}{2}, -3\right)$ 的切線方程式。

習題 4～11，求下列函數的導函數。

4. $f(x) = (5x^2 + 8)(x^2 - 4x - 6)$
5. $f(x) = (9x - 1)\sin x$
6. $f(x) = \dfrac{x^2 + x - 1}{x^2 - 1}$
7. $y = \dfrac{x^4}{\cos x}$
8. $y = 3x^2 \sec x$
9. $y = x\cos x - \sin x$
10. $y = 4xe^x - \cot x$
11. $y = \dfrac{8x + 1}{e^x}$
12. 求 $y = (8x + 5)^3$ 的二階導函數。

習題 13～21，求下列函數的導函數。

13. $y = \dfrac{1}{(x^2 + 5)^3}$
14. $y = 5\cos(9x + 1)$
15. $y = \dfrac{x}{2} - \dfrac{\sin 2x}{4}$
16. $y = x(6x + 1)^5$
17. $h(z) = e^{-z^2/2}$
18. $g(t) = t^2 e^{1/4}$
19. $g(x) = \ln \sqrt{x}$
20. $f(x) = x\sqrt{\ln x}$
21. $g(x) = \ln(x^3 \sqrt{4x + 1})$

習題 22～23，用隱微分求 dy/dx。

22. $x^2 + y^2 = 64$
23. $x^3 y - xy^3 = 4$
24. 求 $x^2 - y^2 = 20$ 在點 $(6, 4)$ 的切線及法線方程式。（註：法線乃是過此點，且與此點之切線垂直的直線。）
25. 若 $y = \dfrac{(2x + 1)^3 (x^2 - 1)^2}{x + 3}$，用對數微分法求 dy/dx。
26. 求 $y = \arctan(2x^2 - 3)$ 的導函數。
27. 某質點沿著曲線 $y = \sqrt{x}$ 移動，且 y 坐標以每秒 2 單位的速率增加，求下列狀況下，x 坐標的瞬間變化率。(a) 當 $x = \dfrac{1}{2}$ 時；(b) 當 $x = 1$ 時；(c) 當 $x = 4$ 時。
28. 某正立方體的所有邊都以每秒 8 公分的速率增加。當邊長為 6.5 公分時，其表面積的變化率為何？

3 微分的應用
Applications of Differentiation

3.1 區間上的極值　Extrema on an Interval

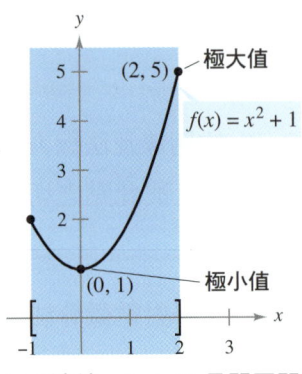

◆ 瞭解函數在一個區間上極值的定義。
◆ 瞭解函數在一個開區間上相對極值的定義。
◆ 在閉區間上求極值。

函數的極值　Extrema of a Function

在微積分的學習中，經常要花不少功夫處理函數 f 在一個區間 I 上的行為，比方說，f 在 I 上有沒有極大值？有沒有極小值？在哪一段上遞增？在哪一段上遞減？在本章中，我們將學到如何利用導函數來回答這些問題。同時，也會瞭解這些問題在實際應用上的重要性。

> **極值的定義**
>
> f 是定義在一個含點 c 的區間 I 上的函數。
> 1. 如果對所有 I 中的 x，$f(c) \leq f(x)$ 都成立，就稱 **$f(c)$ 是 f 在 I 上的極小值**。
> 2. 如果對所有 I 中的 x，$f(c) \geq f(x)$ 都成立，就稱 **$f(c)$ 是 f 在 I 上的極大值**。
>
> 函數在區間上的極小值和極大值通稱 **極值**（extreme values；extrema），也分別稱為在該區間上的 **絕對極小值**（absolute minimum）和 **絕對極大值**（absolute maximum）。

(a) f 連續，$[-1, 2]$ 是閉區間。

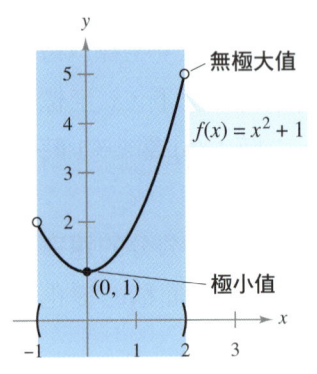

(b) f 連續，$(-1, 2)$ 是開區間。

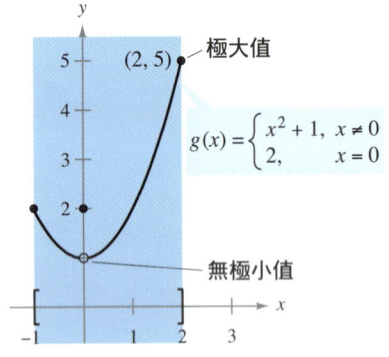

(c) g 不連續，$[-1, 2]$ 是閉區間。

圖 3.1　極值可以發生在區間的內部或是端點，如果發生在端點就稱為端點極值（endpoint extrema）。

函數在區間上不一定有極大值或極小值，比方在圖 3.1(a) 和 3.1(b) 中，函數 $f(x) = x^2 + 1$，在閉區間 $[-1, 2]$ 上有極小值和極大值，但是在開區間 $(-1, 2)$ 上就沒有極大值。在圖 3.1(c) 中，進一步可以發現到缺乏連續性會影響區間上極值的存在，連續與極值存在的關聯出現在下面的定理中（雖然極值定理在直觀上相當合理，但是完整的證明超出本書的範圍）。

> **定理 3.1　極值定理**
>
> 如果 f 是一個在閉區間 $[a, b]$ 上的連續函數，則 f 在區間 $[a, b]$ 上有極大值，也有極小值。

相對極值和臨界數 Relative Extrema and Critical Numbers

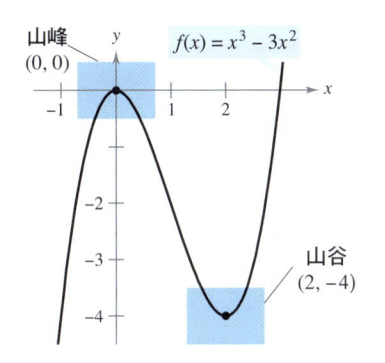

圖 3.2 中，$f(x) = x^3 - 3x^2$ 在點 (0, 0) 有一個**相對極大值**（relative maximum），而在點 (2, -4) 有一個**相對極小值**（relative minimum）。您可以把相對極大值非正式的想成是一個山峰，而把相對極小值想成是一個山谷。山峰和山谷可能以兩種方式出現，如果山峰（谷）是平滑且圓滾滾的，圖形在此點就會有一條水平切線；如果山峰（谷）是尖尖的，圖形在此點就不可微分。

圖 3.2　f 在 (0, 0) 有相對極大值，在 (2, -4) 有相對極小值。

相對極值的定義

1. 如果在某一個含 c 的開區間上 $f(c)$ 是極大值，則 $f(c)$ 就稱為 f 的一個**相對極大值**，或說**在 $(c, f(c))$ 有相對極大值**。
2. 如果在某一個含 c 的開區間上 $f(c)$ 是極小值，則 $f(c)$ 就稱為 f 的一個**相對極小值**，或說**在 $(c, f(c))$ 有相對極小值**。

相對極大值與相對極小值有時也分別稱為**局部極大值**與**局部極小值**。此外，相對極大值也稱相對極大，將「值」省去。同適用於相對極小（值）。

例 1 檢視在給定的相對極值處函數的導數（在 3.3 節會詳細討論如何求相對極值）。

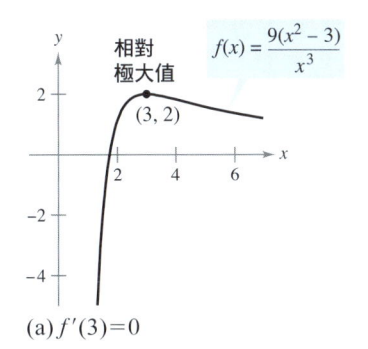

例 1　在相對極值的導數

求圖 3.3 中相對極值的導數。

解

a. $f(x) = \dfrac{9(x^2 - 3)}{x^3}$ 的導函數是

$$f'(x) = \frac{x^3(18x) - (9)(x^2 - 3)(3x^2)}{(x^3)^2} \quad \text{以商的規則微分}$$

$$= \frac{9(9 - x^2)}{x^4} \quad \text{化簡}$$

在點 (3, 2)，$f'(3) = 0$〔圖 3.3(a)〕。

b. 在 $x = 0$，$f(x) = |x|$ 的導數不存在〔因為左、右極限不等，圖 3.3(b)〕，計算如下。

$$\lim_{x \to 0^-} \frac{f(x) - f(0)}{x - 0} = \lim_{x \to 0^-} \frac{|x|}{x} = -1 \quad \text{左極限}$$

$$\lim_{x \to 0^+} \frac{f(x) - f(0)}{x - 0} = \lim_{x \to 0^+} \frac{|x|}{x} = 1 \quad \text{右極限}$$

(a) $f'(3) = 0$

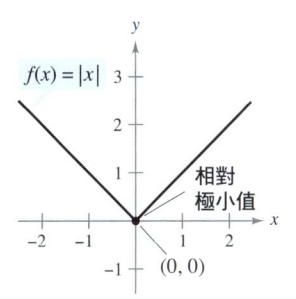

(b) $f'(0)$ 不存在。

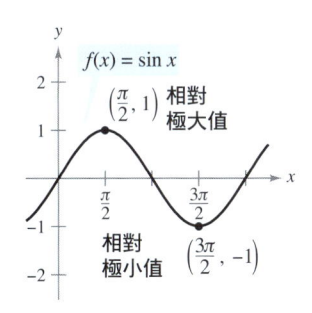

(c) $f'(\pi/2) = 0$；$f'(3\pi/2) = 0$

圖 3.3

c. $f(x) = \sin x$ 的導函數是

$$f'(x) = \cos x$$

在點 $(\pi/2, 1)$，$f'(\pi/2) = \cos(\pi/2) = 0$。在 $(3\pi/2, -1)$，$f'(3\pi/2) = \cos(3\pi/2) = 0$〔圖 3.3(c)〕。

在例 1 中注意到在這些相對極值，如果導數存在，則導數一定為 0，這一些特殊點的 x 值稱為**臨界數**（critical numbers）。圖 3.4 描繪兩類可能發生的臨界數。特別一提的是，我們定義臨界數時 c 必須屬於函數 f 的定義域，但 c 並沒有要求須在函數 f' 的定義域中。

> **臨界數的定義**
> 假設 f 在 c 有定義，若 $f'(c) = 0$，或者若 f 在 c 不可微分，就稱 c 是 f 的一個**臨界數**。此外，臨界數也可稱為臨界點，或臨界值。

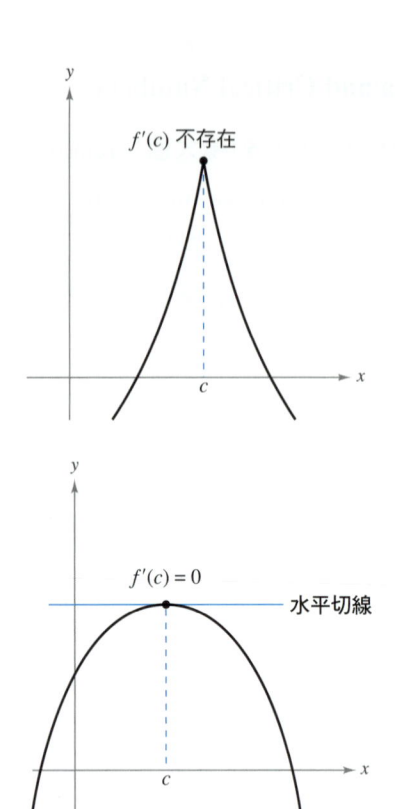

圖 3.4　c 是 f 的一個臨界數。

> **定理 3.2　相對極值一定發生在臨界數**
> 已知 f 在 $x = c$ 有相對極小值或相對極大值，則 c 是 f 的一個臨界數。

在閉區間上求極值 Finding Extrema on a Closed Interval

定理 3.2 說一個函數的相對極值一定發生在該函數的臨界數，這個事實幫助我們找出函數在閉區間上的極值。

> **在閉區間上求極值的指導原則**
> 請以下面的步驟來求連續函數在閉區間 $[a, b]$ 上的極值。
> **1.** 在區間 (a, b) 上找出 f 的臨界數。
> **2.** 在這些臨界數上求其函數值 $f(x)$。
> **3.** 在區間 $[a, b]$ 的端點求 f 的函數值〔即求 $f(a)$ 和 $f(b)$〕。
> **4.** 上述這些函數值中，最小的就是 f 在區間 $[a, b]$ 上的極小值，最大的 f 就是在區間 $[a, b]$ 上的極大值。

在以下的二個例子中，我們要以指導原則來練習求極值，請注意找出函數的臨界數只是其中的一步，另一步是在臨界數和端點計算 f 的函數值。

例 2　求閉區間上的極值

求 $f(x) = 3x^4 - 4x^3$ 在閉區間 $[-1, 2]$ 上的極值。

解　先將函數微分

$$f(x) = 3x^4 - 4x^3 \quad \text{原式}$$
$$f'(x) = 12x^3 - 12x^2 \quad \text{微分}$$

在區間 $(-1, 2)$ 內找尋 f 的臨界數，必須找出該區間內所有符合 $f'(x) = 0$ 及 $f'(x)$ 不存在的所有 x 值。

$$f'(x) = 12x^3 - 12x^2 = 0 \quad \text{令 } f'(x) \text{ 等於 } 0$$
$$12x^2(x-1) = 0 \quad \text{分解因式}$$
$$x = 0, 1 \quad \text{臨界數}$$

由於對所有的 x，f' 都有定義，因此 $x = 0$ 和 $x = 1$ 就是所有 f 的臨界數。在臨界數和 $[-1, 2]$ 的端點求 f 的函數值，其中最大的是 $f(2) = 16$，最小的是 $f(1) = -1$，如下表所列（區間見圖 3.5）。

左端點	臨界數	臨界數	右端點
$f(-1) = 7$	$f(0) = 0$	$f(1) = -1$ 極小值	$f(2) = 16$ 極大值

在圖 3.5 中，注意到 $x = 0$ 這個臨界數既非相對極小，亦非相對極大，這告訴我們定理 3.2 的逆定理並不成立。換句話說，一個函數的臨界數未必是相對極值。

圖 3.5　在閉區間 $[-1, 2]$ 上，f 在 $(1, -1)$ 有極小值，在 $(2, 16)$ 有極大值。

例 3　求閉區間上的極值

求 $f(x) = 2x - 3x^{\frac{2}{3}}$ 在閉區間 $[-1, 3]$ 的極值。

解　先將函數微分，即

$$f(x) = 2x - 3x^{\frac{2}{3}} \quad \text{原式}$$
$$f'(x) = 2 - \frac{2}{x^{\frac{1}{3}}} \quad \text{微分}$$
$$= 2\left(\frac{x^{\frac{1}{3}} - 1}{x^{\frac{1}{3}}}\right) \quad \text{化簡}$$

從上式，可得知 $f(x)$ 在區間 $(-1, 3)$ 有兩個臨界數 $x = 1$ 與 $x = 0$，分別是因 $f'(1) = 0$ 與 $f'(0)$ 不存在。在此兩個臨界數，以及閉區間 $[-1, 3]$ 的兩個端點共四個點，分別取函數值，可得極小值是 $f(-1) = -5$，而極大值是 $f(0) = 0$，如下表。而 f 的函數圖如圖 3.6。

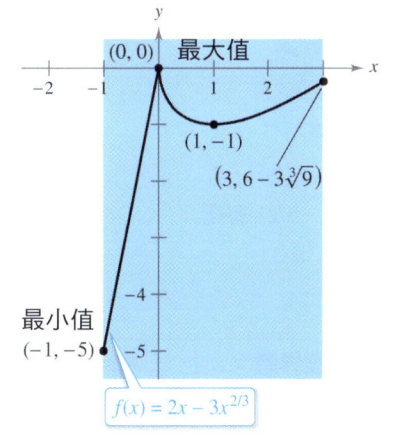

圖 3.6　在閉區間 $[-1, 3]$ 上，f 在點 $(-1, -5)$ 有極小值，在點 $(0, 0)$ 有極大值。

左端點	臨界數	臨界數	右端點
$f(-1) = -5$ 極小值	$f(0) = 0$ 極大值	$f(1) = -1$	$f(3) = 6 - 3\sqrt[3]{9} \approx -0.24$

例 4　求閉區間上的極值

求 $f(x) = 2\sin x - \cos 2x$ 在閉區間 $[0, 2\pi]$ 上的極值。

解　先將函數微分，即

$$\begin{aligned} f(x) &= 2\sin x - \cos 2x & \text{原式}\\ f'(x) &= 2\cos x + 2\sin 2x = 0 & \text{微分}\\ &= 2\cos x + 4\cos x \sin x = 0 & \sin 2x = 2\cos x \sin x\\ &= 2(\cos x)(1 + 2\sin x) = 0 & \text{分解因式} \end{aligned}$$

因 f 在整條實數線上都可微，所以求導函數為零的點即可找出 f 所有的臨界值。即解 $2(\cos x)(1 + 2\sin x) = 0$。在閉區間 $[0, 2\pi]$ 上，當 $x = \pi/2$ 和 $x = 3\pi/2$ 時，$\cos x$ 為 0，而當 $x = 7\pi/6$ 和 $x = 11\pi/6$ 時，$(1 + 2\sin x)$ 為 0，在這四個臨界數和區間的端點求 f 的函數值，得出極大值是 $f(\frac{\pi}{2}) = 3$，而極小值發生在兩點，$f(\frac{7\pi}{6}) = -\frac{3}{2}$，和 $f(\frac{11\pi}{6}) = -\frac{3}{2}$，如表所列（見圖 3.7）。

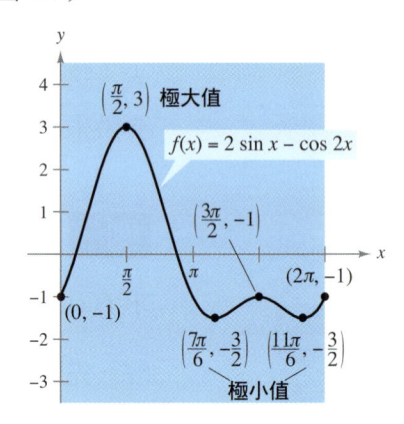

圖 3.7　在閉區間 $[0, 2\pi]$ 上，f 在 $(7\pi/6, -3/2)$ 和 $(11\pi/6, -3/2)$ 有極小值，在 $(\pi/2, 3)$ 有極大值。

左端點	臨界數	臨界數	臨界數	臨界數	右端點
$f(0) = -1$	$f\left(\frac{\pi}{2}\right) = 3$ 極大值	$f\left(\frac{7\pi}{6}\right) = -\frac{3}{2}$ 極小值	$f\left(\frac{3\pi}{2}\right) = -1$	$f\left(\frac{11\pi}{6}\right) = -\frac{3}{2}$ 極小值	$f(2\pi) = -1$

習題 3.1

習題 1～3，求下列問題中 $f(x)$ 在指定極值處的導數（如果存在的話）。

1. $f(x) = \dfrac{x^2}{x^2+4}$　　**2.** $f(x) = \cos\dfrac{\pi x}{2}$

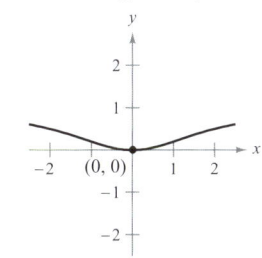

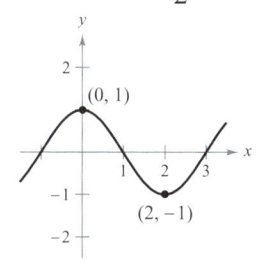

★ **3.** $f(x) = 4 - |x|$

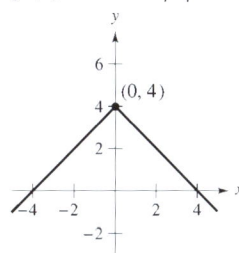

習題 4～8，求下列問題中函數的臨界數。

4. $f(x) = 4x^2 - 6x$　　**5.** $f(x) = \dfrac{4x}{x^2+1}$

6. $g(t) = t\sqrt{4-t},\ t < 3$

★ **7.** $h(x) = \sin^2 x + \cos x,\ 0 < x < 2\pi$

★ **8.** $f(t) = te^{-2t}$

習題 9～16，求下列函數在其指定的閉區間上的絕對極值。

9. $f(x) = x^3 - \dfrac{3}{2}x^2,\ [-1, 2]$

10. $f(x) = 2x^3 - 6x,\ [0, 3]$

11. $g(x) = \sqrt[3]{x},\ [-8, 8]$

12. $y = 3x^{2/3} - 2x,\ [-1, 1]$

★ **13.** $y = 3 - |t - 3|,\ [-1, 5]$

14. $y = 3\cos x,\ [0, 2\pi]$

★ **15.** $g(x) = \dfrac{\ln x}{x},\ [1, 4]$

★ **16.** $h(x) = 5e^x - e^{2x},\ [-1, 2]$

17. 由下圖，指出函數 $f(x)$ 在哪一點，有絕對極大值、絕對極小值、相對極大值、相對極小值（如果存在的話）。

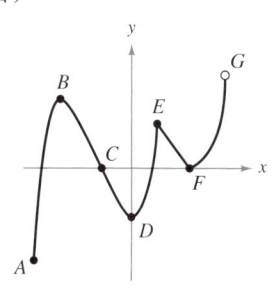

★ **18.** 在區間 $[-2, 5]$ 上畫一個函數，它在 $x = -1$ 有相對極小值，在 $x = 0$ 是臨界數但非極值，在 $x = 2$ 有絕對極大值，在 $x = 5$ 有絕對極小值。

19. 由 f 的圖形判斷 f 是否在開區間 (a, b) 上有極小值。

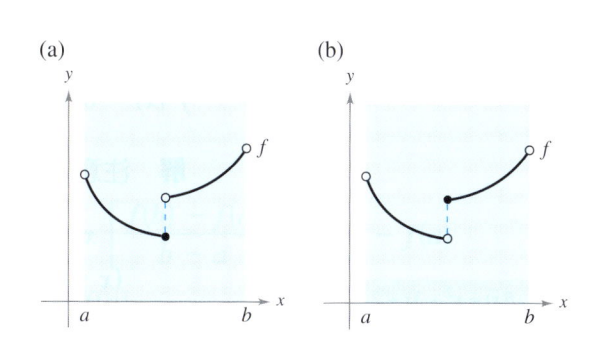

(a)　　(b)

★ **20.** 函數 $f(x) = \dfrac{x-4}{x+2}$ 在 $x = -2$ 是否有臨界數？

註：標誌 ★ 表示稍難題目。

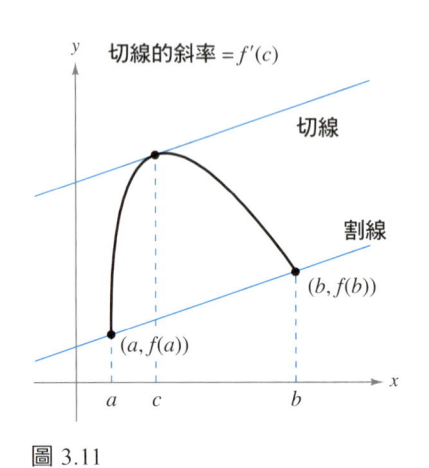

移項得到

$$f'(c) = \frac{f(b) - f(a)}{b - a}$$

雖然均值定理也可以直接應用於解題，但最常用來證明其他的定理。事實上，有些人認為它與微積分中最重要的定理（微積分基本定理）密切相關，將在第四章討論。

均值定理也對導數的涵義提供了解釋，如圖 3.11 所示，幾何上此定理保證至少有一條切線與過點 $(a, f(a))$ 和點 $(b, f(b))$ 的割線平行。均值定理的幾何意義會在例 3 中說明。至於均值定理保證在區間 (a, b) 上有一點，它的瞬間變率等於在區間 $[a, b]$ 上的平均變率，將在例 4 中說明。其實，「均值定理」中的「均」是指 f 在區間 $[a, b]$ 上的「平均」變率。

圖 3.11

例 3　求切線

已知 $f(x) = 5 - (4/x)$，求出所有在 $(1, 4)$ 中的 c 點滿足

$$f'(c) = \frac{f(4) - f(1)}{4 - 1}$$

解　過點 $(1, f(1))$ 和點 $(4, f(4))$ 割線的斜率是

$$\frac{f(4) - f(1)}{4 - 1} = \frac{4 - 1}{4 - 1} = 1 \qquad \text{割線的斜率}$$

因函數符合均值定理的條件（即函數 f 在閉區間 $[1, 4]$ 連續，且在開區間 $(1, 4)$ 可微分），所以在開區間 $(1, 4)$ 中至少存在一點，使 $f'(c) = 1$，解方程式 $f'(x) = 1$ 得到

$$\frac{4}{x^2} = 1 \qquad \text{令 } f'(x) = 1$$

因此 $x = \pm 2$，所以在開區間 $(1, 4)$ 中，$c = 2$ 為所求（見圖 3.12）。

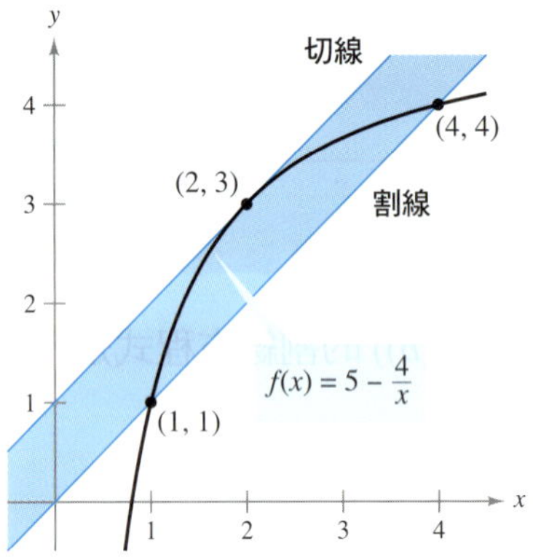

圖 3.12　在點 $(2, 3)$ 這點的切線，與過點 $(1, 1)$ 和點 $(4, 4)$ 的割線平行。

例 4　求瞬間變率

相距 8 公里的兩輛巡邏警車都停在高速公路上，也都以雷達偵測過往車輛的速度（圖3.13）。一輛卡車通過第一輛警車時，速度是 100 公里／時，4 分鐘以後，卡車通過第二輛警車，速度是 95 公里／時，求證卡車在這 4 分鐘之內一定在某時刻超速（速限是 100 公里／時）。

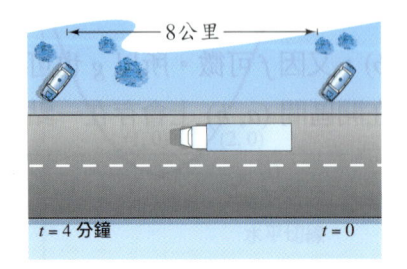

圖 3.13　在某時刻，瞬間速度等於車行 4 分鐘的平均速度。

解　卡車在 $t = 0$（時）通過第一輛警車，而在 $t = \frac{4}{60} = \frac{1}{15}$（時）通過第二輛警車。

令 $s(t)$（公里）表卡車車行距離，因此 $s(0) = 0$，$s(\frac{1}{15}) = 8$，在這 8 公里之中，卡車的平均速度是

$$\text{平均速度} = \frac{s(1/15) - s(0)}{(1/15) - 0} = \frac{8}{1/15} = 120 \text{公里}/\text{時}$$

假設函數 $s(t)$ 可微，利用均值定理，可以知道卡車在這 4 分鐘內，一定在某時刻車速開到 120 公里/時。

均值定理另一個常用的形式是：如果 f 在閉區間 $[a, b]$ 上連續，並且在開區間 (a, b) 上可微，那麼就會有一點 c 在區間 (a, b) 上，使得

$$f(b) = f(a) + (b - a)f'(c)$$ **均值定理另一個形式**

在做本章習題的時候，要記得多項式、有理函數和三角函數在它們的定義域上處處可微。

習題 3.2

1. 令 $f(x) = \left|\frac{1}{x}\right|$ 在區間 $[-1, 1]$ 上，解釋為什麼 $f(-1) = f(1)$，但 Rolle 定理不成立？

2. 令 $f(x) = x^2 - x - 2$，求 f 的兩個 x 截距，並在其間找一個導數等於 0 的點。

習題 3～5，決定下列問題在閉區間 $[a, b]$ 上 Rolle 定理是否成立。如果成立的話，把所有開區間 (a, b) 中導數為 0 的點都求出。

3. $f(x) = x^2 - 8x + 5$，$[2, 6]$
4. $f(x) = (x - 1)(x - 2)(x - 3)$，$[1, 3]$
5. $f(x) = x^{2/3} - 1$，$[-8, 8]$

習題 6～9，在下列問題中，解釋為什麼均值定理在區間 $[0, 6]$ 上不成立。

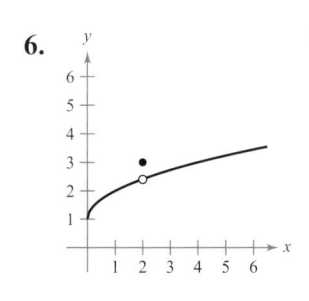

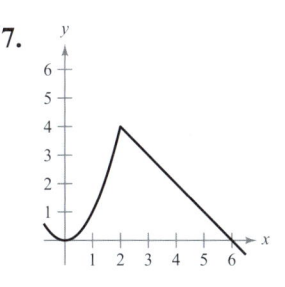

6.
7.
8. $f(x) = \dfrac{1}{x - 3}$
9. $f(x) = |x - 3|$

10. 函數 $f(x) = -x^2 + 5$ 的圖形如下。
    (a) 求過點 $(-1, 4)$ 與點 $(2, 1)$ 的割線方程式。
    (b) 用均值定理求 c 值，其中 $f(x)$ 在 $x = c$ 切線與上述 (a) 的割線平行。
    (c) 求 $f(x)$ 在 $x = c$ 的切線方程式。

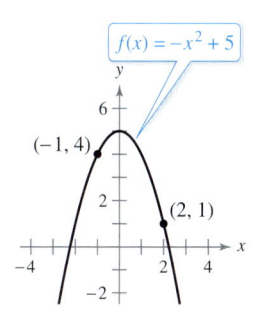

習題 11～13，決定下列函數在閉區間 $[a, b]$ 上均值定理是否成立。如果成立的話，把所有區間 (a, b) 中滿足 $f'(c) = \dfrac{f(b) - f(a)}{b - a}$ 的 c 值都求出來。

11. $f(x) = x^3 + 2x$，$[-1, 1]$
★ 12. $f(x) = |2x + 1|$，$[-1, 3]$
★ 13. $f(x) = \sqrt{2 - x}$，$[-7, 2]$

註：標誌 ★ 表示稍難題目。

3.3 函數的遞增、遞減和一階導數檢定
Increasing and Decreasing Functions and the First Derivative Test

◆ 求一個函數遞增或遞減的區間。
◆ 利用一階導數檢定求函數的相對極值。

遞增函數和遞減函數 Increasing and Decreasing Functions

在本節中我們要學習如何利用導數來分辨相對極小或相對極大，我們先定義遞增和遞減函數。

遞增和遞減的定義

如果對區間中任意兩數 x_1 和 x_2，當 $x_1 < x_2$ 時恆有 $f(x_1) < f(x_2)$，就稱 f 在該區間上**遞增**（increasing）。

如果對區間中任意兩數 x_1 和 x_2，當 $x_1 < x_2$ 時恆有 $f(x_1) > f(x_2)$，就稱 f 在該區間上**遞減**（decreasing）。

如果當 x 向右走，函數的圖形會向上走，f 就是遞增；x 向右走而圖形向下走，就是遞減。圖 3.14 中，函數在區間 $(-\infty, a)$ 上遞減，在區間 (a, b) 上是常數，而在區間 (b, ∞) 上遞增。正如定理 3.5 所示，從正的導數可以知道函數遞增，負的導數可以知道函數遞減，而在整個區間導數為 0 的話，函數在該區間上就是常數函數。

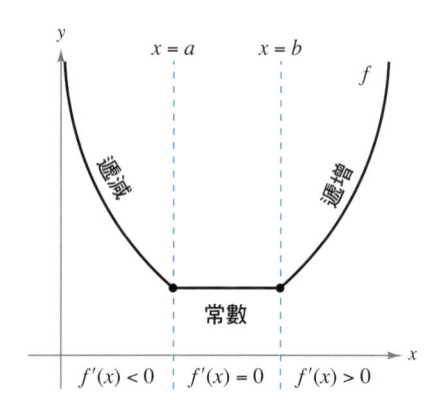

圖 3.14 導數與函數的斜率相關。

定理 3.5　函數遞增和遞減的檢定

f 在閉區間 $[a, b]$ 上連續，在開區間 (a, b) 上可微。
1. 如果在區間 (a, b) 上，$f'(x)$ 恆正，則 f 在區間 $[a, b]$ 上遞增。
2. 如果在區間 (a, b) 上，$f'(x)$ 恆負，則 f 在區間 $[a, b]$ 上遞減。
3. 如果在區間 (a, b) 上，$f'(x)$ 恆等於 0，則 f 在區間 $[a, b]$ 上是常數。

注意　定理 3.5 中，即便是 $f'(x)$ 在區間 (a, b) 中有限多個點為 0，第一種和第二種情況仍然成立。

證明　第一種情況，假設 $f'(x)$ 在區間 (a, b) 上恆正，而且 $a \leq x_1 < x_2 \leq b$，由均值定理，會有一點 c，$x_1 < c < x_2$ 滿足

$$f'(c) = \frac{f(x_2) - f(x_1)}{x_2 - x_1}$$

由於 $f'(c) > 0$，$x_2 - x_1 > 0$，所以 $f(x_2) - f(x_1) > 0$，亦即 $f(x_1) < f(x_2)$，f 在區間 $[a, b]$ 上遞增。同理可證另外二種情況。

例 1　f 遞增或遞減的區間

求 $f(x) = x^3 - \frac{3}{2}x^2$ 遞增或遞減的開區間。

解　注意 f 在整個實數線上連續，而 f 的導函數是

$$f(x) = x^3 - \frac{3}{2}x^2 \qquad \text{原式}$$
$$f'(x) = 3x^2 - 3x \qquad \text{微分}$$

令 $f'(x) = 0$ 以求出 f 的臨界數

$$3x^2 - 3x = 0 \qquad \text{令 } f'(x) \text{ 等於 } 0$$
$$3(x)(x-1) = 0 \qquad \text{分解因式}$$
$$x = 0, 1 \qquad \text{臨界數}$$

因為 f' 處處存在，所以臨界數只有 $x = 0$ 和 1，它們把實數線分成三個開區間，在每一個開區間上以特定的值檢測 f' 的正負，下表列出檢測的結論。

區間	$-\infty < x < 0$	$0 < x < 1$	$1 < x < \infty$
檢測值	$x = -1$	$x = \frac{1}{2}$	$x = 2$
$f'(x)$ 的正負	$f'(-1) = 6 > 0$	$f'(\frac{1}{2}) = -\frac{3}{4} < 0$	$f'(2) = 6 > 0$
結論	遞增	遞減	遞增

因此套用定理 3.5，可知 f 在區間 $(-\infty, 0)$ 和 $(1, \infty)$ 上遞增，而在區間 $(0, 1)$ 上遞減。如圖 3.15 所示。

圖 3.15

例 1 告訴我們如何找出函數遞增或遞減的區間，下面的指導原則總結了處理例 1 的過程。

找出函數遞增或遞減區間的指導原則

假設 f 在區間 (a, b) 上連續，依下列步驟找出 f 遞增或遞減的開區間。

1. 標出 f 在區間 (a, b) 上的臨界數，利用這些臨界數來分割 (a, b) 成為數個檢測的區間。

2. 在每一個檢測區間上找一點（或者也可用不等式的概念）來測 $f'(x)$ 的正負。

3. 利用定理 3.5，決定 f 在每一個區間上是遞增或遞減。

以上的指導原則同樣適用於 $(-\infty, b)$、(a, ∞) 或 $(-\infty, \infty)$ 這種類型的區間。

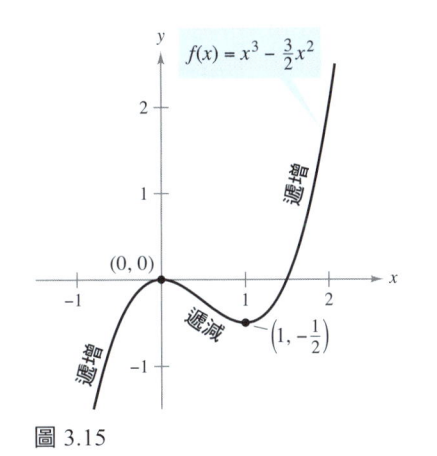

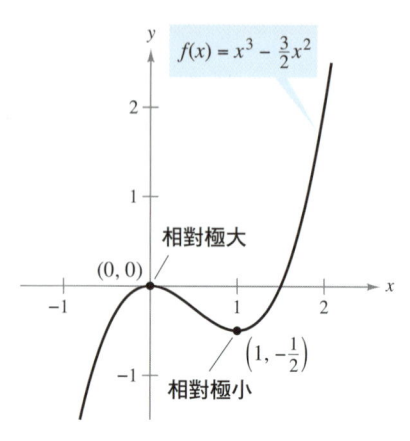

圖 3.16 f 的相對極值。

一階導數檢定 The First Derivative Test

決定了函數遞增或遞減的區間以後，不難找出函數的相對極值。例如，在圖 3.16（例 1）中，函數

$$f(x) = x^3 - \frac{3}{2}x^2$$

從 $x = 0$ 的左邊看來是遞增的，而從 $x = 0$ 的右邊出發立刻遞減，因此 f 在點 (0, 0) 會有一個相對極大；同理，f 從 $x = 1$ 的左邊看來是遞減的，而一過 $x = 1$ 的右邊，立刻遞增，所以 f 在點 $(1, -\frac{1}{2})$ 有相對極小。下面這個定理（一般稱為一階導數檢定）會詳加說明。

定理 3.6　一階導數檢定

f 在一個含 c 的開區間上連續，並且假設 c 是 f 的一個臨界數。已知 f 在區間上到處可微，但在 c 點可能例外，則 f (c) 可能的情形為下：

1. 如果 $f'(x)$ 在過 c 的時候從負變到正，則 f (c) 是一個相對極小值。
2. 如果 $f'(x)$ 在過 c 的時候從正變到負，則 f (c) 是一個相對極大值。
3. 如果 $f'(x)$ 在過 c 的時候符號不變，則 f (c) 既非相對極小值，也非相對極大值。

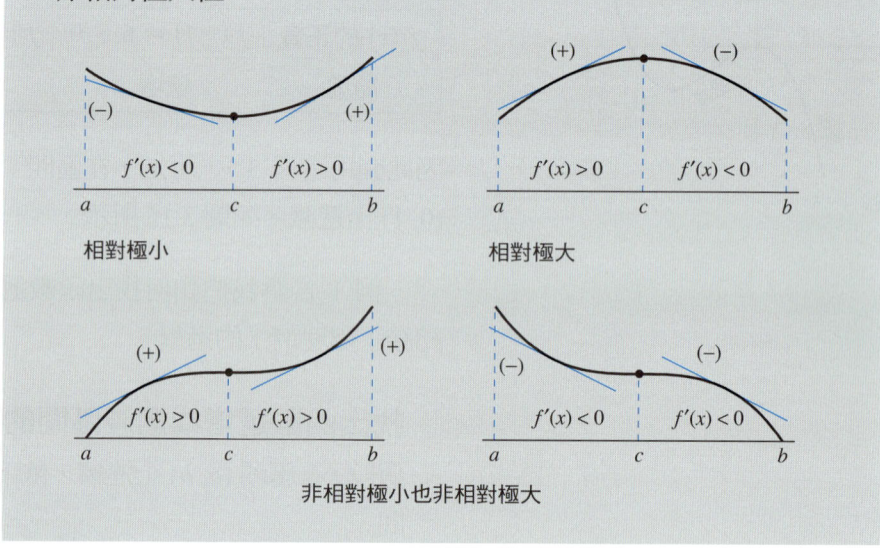

相對極小　　　　　相對極大

非相對極小也非相對極大

例 2　應用一階導數檢定

求 $f(x) = \frac{1}{2}x - \sin x$ 在區間 $(0, 2\pi)$ 上的相對極值。

解 注意到 f 在區間 $(0, 2\pi)$ 上連續，而 f 的導函數 $f'(x) = \frac{1}{2} - \cos x$。先求 f 在區間 $(0, 2\pi)$ 上的臨界數。令 $f'(x)$ 等於 0，則

$$f'(x) = \frac{1}{2} - \cos x = 0 \qquad \text{令 } f'(x) \text{ 為 } 0$$

$$\cos x = \frac{1}{2}$$

$$x = \frac{\pi}{3}, \frac{5\pi}{3} \qquad \text{臨界數}$$

因為 f' 處處存在，臨界數只有 $x = \dfrac{\pi}{3}$ 和 $x = \dfrac{5\pi}{3}$。下表總結此兩臨界數所分割的三段區間上的檢定結果。

區間	$0 < x < \dfrac{\pi}{3}$	$\dfrac{\pi}{3} < x < \dfrac{5\pi}{3}$	$\dfrac{5\pi}{3} < x < 2\pi$
檢測值	$x = \dfrac{\pi}{4}$	$x = \pi$	$x = \dfrac{7\pi}{4}$
$f'(x)$ 的正負	$f'\left(\dfrac{\pi}{4}\right) < 0$	$f'(\pi) > 0$	$f'\left(\dfrac{7\pi}{4}\right) < 0$
結論	遞減	遞增	遞減

應用一階導數檢定（定理 3.6），可知 f 在

$$x = \dfrac{\pi}{3}$$

有相對極小，而在

$$x = \dfrac{5\pi}{3}$$

有相對極大，如圖 3.17 所示。

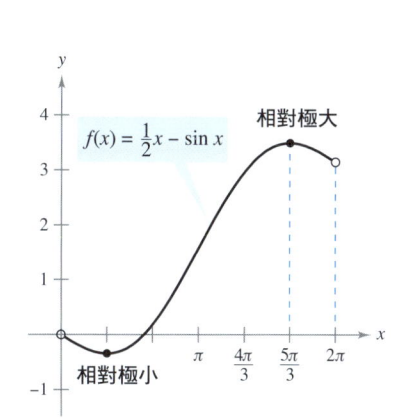

圖 3.17　當 f 從遞減改變成遞增時，會有相對極小；當 f 從遞增改變成遞減，會有相對極大。

例 3　應用一階導數檢定

求 $f(x) = (x^2 - 4)^{2/3}$ 的相對極值。

解　首先注意到 f 在整條實數線上連續。f 的導函數是

$$f'(x) = \dfrac{2}{3}(x^2 - 4)^{-1/3}(2x) \quad \text{廣義指數規則（定理 2.12）}$$

$$= \dfrac{4x}{3(x^2 - 4)^{1/3}} \quad \text{化簡}$$

當 $x = 0$ 時，$f'(x) = 0$；而且當 $x = \pm 2$ 時，$f'(x)$ 不存在。因此 f 的臨界數是 $x = -2, 0, 2$。下表總結此三個臨界數所分割的四段區間上的檢定結果。

區間	$-\infty < x < -2$	$-2 < x < 0$	$0 < x < 2$	$2 < x < \infty$
檢測值	$x = -3$	$x = -1$	$x = 1$	$x = 3$
$f'(x)$ 的正負	$f'(-3) < 0$	$f'(-1) > 0$	$f'(1) < 0$	$f'(3) > 0$
結論	遞減	遞增	遞減	遞增

用一階導數檢定，可知 f 在點 $(-2, 0)$ 有相對極小值，在點 $\left(0, \sqrt[3]{16}\right)$ 有相對極大值，在點 $(2, 0)$ 又有相對極小值，如圖 3.18。[註]

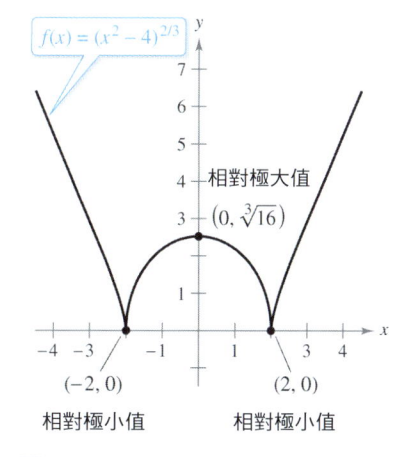

圖 3.18

註：f 在點 $(-2, 0)$ 以及點 $(2, 0)$，同時也有（絕對）極小值。

在此說明：例 1 與 2 的函數在整條實數線上處處可微，此時只要考慮解 $f'(x) = 0$，即可得所有的臨界數，再用這些臨界數分割的區間來探討相對極值（用一階導數檢定，定理 3.6）即可。在例 3，除了要考慮 $f'(x) = 0$ 所產生的臨界數之外，還必須考慮 $f'(x)$ 不存在的狀況，才能找出所有的臨界數。

應用一階導數檢定時，要注意函數的定義域。在下例中，函數

$$f(x) = \frac{x^4 + 1}{x^2}$$

在 $x = 0$ 無定義，此 x 值必須與臨界數一起分割要檢定的區間。

例 4　應用一階導數檢定

求 $f(x) = \dfrac{x^4 + 1}{x^2}$ 的相對極值。

解　注意：f 在 $x = 0$ 時無定義。

$$\begin{aligned}
f(x) &= x^2 + x^{-2} & \text{原式}\\
f'(x) &= 2x - 2x^{-3} & \text{微分}\\
&= 2x - \frac{2}{x^3}\\
&= \frac{2(x^4 - 1)}{x^3} & \text{化簡}\\
&= \frac{2(x^2 + 1)(x - 1)(x + 1)}{x^3} & \text{分解因式}
\end{aligned}$$

所以 $f'(x)$ 在 $x = \pm 1$ 時為 0，又因為 $x = 0$ 不在 f 的定義域中，應該要取這個 x 值和臨界數一起來分割要檢定的區間。

$x = \pm 1$　　　　　　　　　　　臨界數，$f'(\pm 1) = 0$

$x = 0$　　　　　　　　　　　　0 不在 f 的定義域中

下表總結被這三個 x 值分割的四個區間上檢定的結果。

區間	$-\infty < x < -1$	$-1 < x < 0$	$0 < x < 1$	$1 < x < \infty$
檢測值	$x = -2$	$x = -\frac{1}{2}$	$x = \frac{1}{2}$	$x = 2$
$f'(x)$ 的正負	$f'(-2) < 0$	$f'(-\frac{1}{2}) > 0$	$f'(\frac{1}{2}) < 0$	$f'(2) > 0$
結論	遞減	遞增	遞減	遞增

利用一階導數檢定，可知 f 在點 $(-1, 2)$ 有相對極小，而在點 $(1, 2)$ 有另一個相對極小，如圖 3.19 所示。

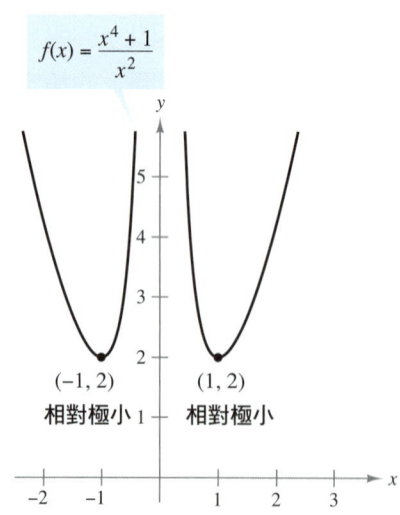

圖 3.19　不在定義域中的 x 值加上 f 的臨界數必須一起考慮，來分割檢定 f' 正負的區間。

例 5 投擲物體的路徑

在空氣阻力不計之下，投擲物以 θ 角射出後的路徑是

$$y = \frac{g \sec^2 \theta}{2v_0{}^2} x^2 + (\tan \theta)x + h, \qquad 0 \le \theta \le \frac{\pi}{2}$$

其中 y 是高度，x 是水平距離，g 是重力加速度，v_0 是初速，h 是擲出時的高度，將 g 以 9.8 公尺 / 秒^2，v_0 以 7 公尺 / 秒，h 以 2.5 公尺代入，當 θ 是多少時，可得最大的水平位移？

解 求投擲物的水平位移，令 $y = 0$，$g = 9.8$，$v_0 = 7$，$h = 2.5$，在原方程式代入這些值來解 x（此時是 x 的二次方程式）。

$$\frac{g \sec^2 \theta}{2v_0{}^2} x^2 + (\tan \theta)x + h = 0$$

$$-\frac{9.8 \sec^2 \theta}{2(7^2)} x^2 + (\tan \theta)x + 2.5 = 0$$

$$-\frac{\sec^2 \theta}{10} x^2 + (\tan \theta)x + 2.5 = 0$$

接下來用公式來解 x，其中 $a = \dfrac{-\sec^2 \theta}{10}$，$b = \tan \theta$，$c = 2.5$

$$x = \frac{-b \pm \sqrt{b^2 - 4ac}}{2a}$$

$$x = \frac{-\tan \theta \pm \sqrt{(\tan \theta)^2 - 4[(-\sec^2 \theta)/10](2.5)}}{2[(-\sec^2 \theta)/10]}$$

$$x = \frac{-\tan \theta \pm \sqrt{\tan^2 \theta + \sec^2 \theta}}{(-\sec^2 \theta)/5}$$

$$x = 5(\cos \theta)\left(\sin \theta + \sqrt{\sin^2 \theta + 1}\right), \quad x \ge 0$$

現在，要求 θ 使 x 值最大，利用一階導數檢定（以電腦）求解 $dx/d\theta = 0$。答案是當

$$\theta \approx 0.61548 \text{ 弧度，或 } 35.3° \text{ 時，} x \text{ 有最大值}$$

再從圖 3.20 以不同的 θ 值畫圖來增進理解，於圖中三條路徑顯示，在 $\theta = 35°$ 時，水平位移最大。

在不計空氣的阻力的情況下，自地表拋出一投擲物，以 $\theta = 45°$ 的角度射出，可達最遠距離。然而，若在高於地表的地方拋出一投擲物，要有最遠距離，不見得是 45°（如例 5）。

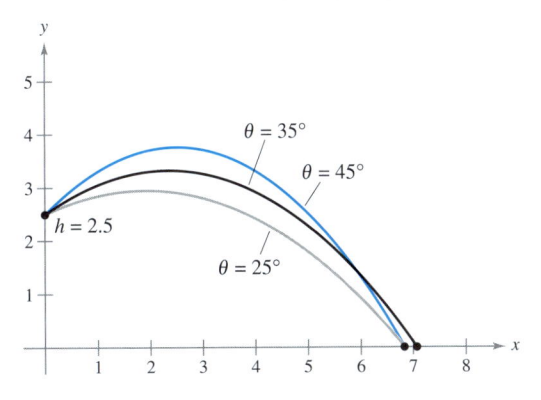

圖 3.20 不同角度投出時投擲物的路徑。

習題 3.3

習題 1～2，找出下列函數遞增或遞減的開區間。

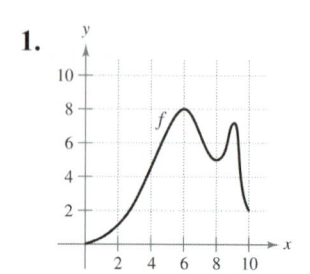

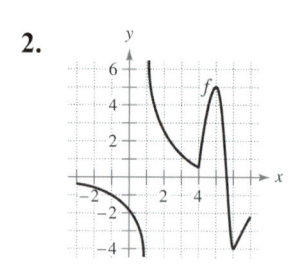

1.

2.

習題 3～6，找出下列函數遞增或遞減的開區間。

3. $g(x) = x^2 - 2x - 8$
4. $y = x\sqrt{16 - x^2}$
★ 5. $y = x - 2\cos x, \quad 0 < x < 2\pi$
★ 6. $g(x) = e^{-x} + e^{3x}$

習題 7～17，求下列函數 f 的臨界數（如果有的話），找出函數遞增或遞減的開區間，並且標出所有的相對極值。

7. $f(x) = x^2 + 6x + 10$
8. $f(x) = -2x^2 + 4x + 3$
9. $f(x) = (x - 1)^2(x + 3)$
10. $f(x) = \dfrac{x^5 - 5x}{5}$
11. $f(x) = x^{1/3} + 1$
★ 12. $f(x) = (x + 2)^{2/3}$
13. $f(x) = 5 - |x - 5|$
14. $f(x) = 2x + \dfrac{1}{x}$
★ 15. $f(x) = \dfrac{x^2}{x^2 - 9}$
★ 16. $f(x) = \begin{cases} 4 - x^2, & x \leq 0 \\ -2x, & x > 0 \end{cases}$
★ 17. $f(x) = (3 - x)e^{x-3}$

★ 18. f' 的函數圖如下，求 (a) f 的臨界數；(b) f 的遞增（減）的開區間；(c) f 在何處有相對極大值與相對極小值。

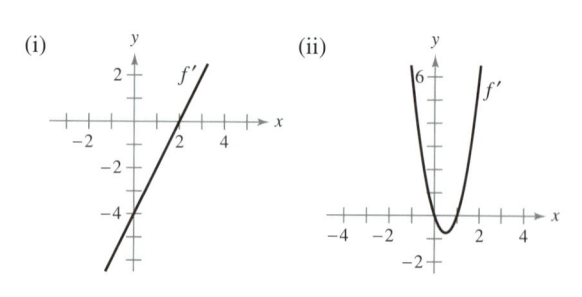

(i) (ii)

註：標誌 ★ 表示稍難題目。

3.4 凹性和二階導數檢定　Concavity and the Second Derivative Test

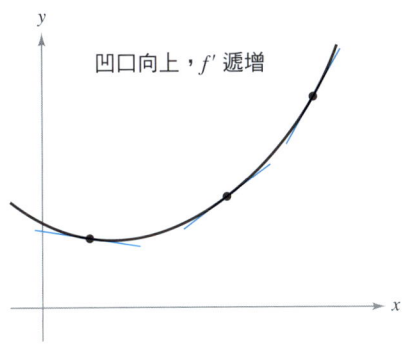

◆ 求函數凹口向上或凹口向下的區間。
◆ 找出函數圖形上的反曲點。
◆ 應用二階導數檢定求函數的相對極值。

凹性 Concavity

我們已經看到：如何藉著標出函數遞增或遞減的區間，來描述它的圖形。在本節中，我們將藉著標出 f' 遞增或遞減的區間，來決定圖形是向上彎曲還是向下彎曲。

> **凹性的定義**
>
> 假設 f 在一個開區間 I 上可微，如果 f' 在 I 上遞增，我們稱 f 的圖形在 I 上**凹口向上**（concave upward）。如果 f' 在 I 上遞減，我們就稱 f 的圖形在 I 上**凹口向下**（concave downward）。一般也將凹口向上簡稱為上凹，凹口向下簡稱為下凹。

下面是有關凹性的圖解。

1. 假設 f 在開區間 I 上可微。如果 f 的圖形在 I 上凹口向上，則 f 的圖形會在它自己所有切線的上方〔見圖 3.21(a)〕。

2. 假設 f 在開區間 I 上可微。如果 f 的圖形在 I 上凹口向下，則 f 的圖形會在它自己所有切線的下方〔見圖 3.21(b)〕。

如果要找出函數 f 的圖形凹口向上或向下的開區間，必須要找出 f' 遞增或遞減的區間。比方說，

$$f(x) = \frac{1}{3}x^3 - x$$

的圖形在區間 $(-\infty, 0)$ 上凹口向下，因為 $f'(x) = x^2 - 1$ 在其上遞減（見圖 3.22）。同理，因為 f' 在區間 $(0, \infty)$ 上遞增所以 f 在其上凹口向上。

下面的定理告訴我們，如何利用 f 的二階導數，來決定 f 的圖形凹口向上或凹口向下的區間，其證明可從凹性的定義，和定理 3.5 的證明方法直接推出。

(a) f 的圖形在切線的上方。

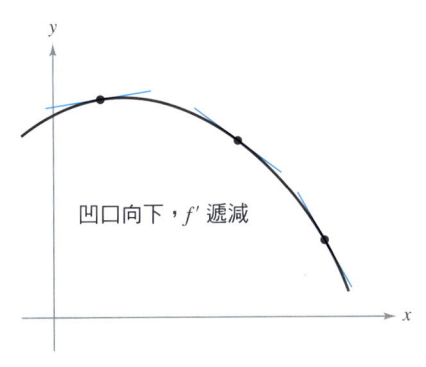

(b) f 的圖形在切線的下方。

圖 3.21

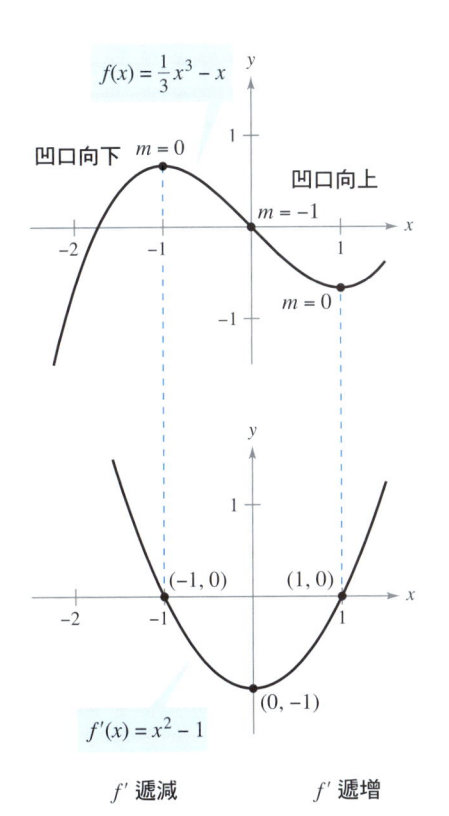

圖 3.22　f 的凹性與導函數的斜率相關。

注意 定理 3.7 的第三種情形是：$f''(x)$ 在 I 上處處為 0，此時 f 是線性函數。不過，我們對直線不討論凹性，換句話說，一條直線既非凹口向上，也非凹口向下。

定理 3.7　凹性的檢定

假設 f 在開區間 I 上二次導函數存在。
1. 如果在 I 上，$f''(x)$ 恆正，則 f 在 I 上凹口向上。
2. 如果在 I 上，$f''(x)$ 恆負，則 f 在 I 上凹口向下。

應用定理 3.7 的時候，先標出 $f''(x) = 0$ 或 f'' 不存在的 x 值，然後利用這些 x 值去分割出檢定的區間，最後再檢查 $f''(x)$ 在每一個區間上的正負號。

例 1　決定凹性

求函數 $f(x) = e^{-x^2/2}$ 的凹性開區間。

解　先觀察到 f 在整個實數線上連續，其次求 f 的二階導函數。

$$f'(x) = -xe^{-x^2/2} \qquad \text{一階導函數}$$
$$f''(x) = (-x)(-x)e^{-x^2/2} + e^{-x^2/2}(-1) \qquad \text{微分}$$
$$= e^{-x^2/2}(x^2 - 1) \qquad \text{二階導函數}$$

因為 $f''(x)$ 在 $x = \pm 1$ 為 0，而且 f'' 在整個實數線上都有定義，所以應該在區間 $(-\infty, -1)$、$(-1, 1)$ 和 $(1, \infty)$ 上檢測 f''，結果見下表及圖 3.23。

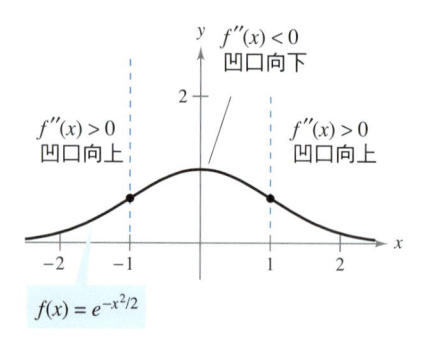

圖 3.23　從 f'' 的正負決定 f 圖形的凹性。

區間	$-\infty < x < -1$	$-1 < x < 1$	$1 < x < \infty$
檢測值	$x = -2$	$x = 0$	$x = 2$
$f''(x)$ 的正負	$f''(-2) > 0$	$f''(0) < 0$	$f''(2) > 0$
結論	凹口向上	凹口向下	凹口向上

說明一下：例 1 的函數與常態分布的機率密度函數的形式頗為類似

$$f(x) = \frac{1}{\sigma\sqrt{2\pi}} e^{-x^2/(2\sigma^2)}$$

其中 σ 是標準差。這個「鐘形曲線」在區間 $(-\sigma, \sigma)$ 凹口向下。

例 1 的函數在實數線上到處連續。若 f 在某些 x 值不連續，這些值應該與 $f''(x) = 0$ 或 $f''(x)$ 不存在的 x 值一併考慮，來分割出檢測區間。

例 2　決定凹性

求函數 $f(x) = \dfrac{x^2 + 1}{x^2 - 4}$ 的凹性開區間。

解　微分兩次得到下列各式。

$f(x) = \dfrac{x^2 + 1}{x^2 - 4}$　　　原式

$f'(x) = \dfrac{(x^2 - 4)(2x) - (x^2 + 1)(2x)}{(x^2 - 4)^2}$　　　微分

$= \dfrac{-10x}{(x^2 - 4)^2}$　　　一階導函數

$f''(x) = \dfrac{(x^2 - 4)^2(-10) - (-10x)(2)(x^2 - 4)(2x)}{(x^2 - 4)^4}$　　　微分

$= \dfrac{10(3x^2 + 4)}{(x^2 - 4)^3}$　　　二階導函數

$f''(x) = 0$ 無解，但在 $x = \pm 2$ 函數並非連續，所以應該在區間 $(-\infty, -2)$、$(-2, 2)$ 和 $(2, \infty)$ 上檢測凹性，如下表（圖 3.24 是 f 的圖形）。

區間	$-\infty < x < -2$	$-2 < x < 2$	$2 < x < \infty$
檢測值	$x = -3$	$x = 0$	$x = 3$
$f''(x)$ 的正負	$f''(-3) > 0$	$f''(0) < 0$	$f''(3) > 0$
結論	凹口向上	凹口向下	凹口向上

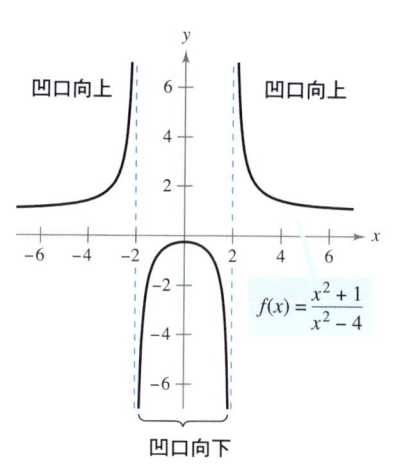

圖 3.24

反曲點 Points of Inflection

圖 3.23 中有兩個點，在點的左、右凹性改變，如果在這樣的點切線存在，此點就稱為**反曲點**（point of inflection）。圖 3.25 中顯示三類反曲點。

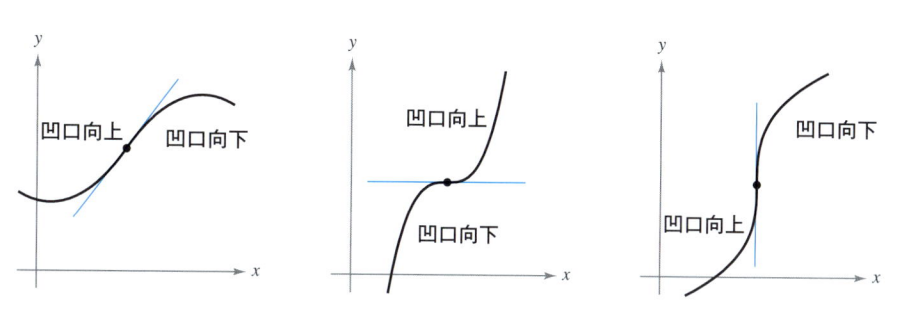

圖 3.25　在反曲點 f 的凹性改變。

反曲點的定義

假設函數 f 在一開區間上連續，c 是此開區間上一點。如果 f 的圖形在點 $(c, f(c))$ 有切線，並且在此點的左、右，f 圖形的凹性改變（從凹口向上轉變為凹口向下，或是從凹口向下轉變為凹口向上），點 $(c, f(c))$ 就稱為 f 圖形的反曲點。反曲點亦稱為拐點。

說明一下，本書要求反曲點要求切線在此點存在，但有些書並不如此要求。比方說我們不考慮

$$f(x) = \begin{cases} x^3, & x < 0 \\ x^2 + 2x, & x \geq 0 \end{cases}$$

在原點有反曲點。雖然在原點時，圖形的凹性從凹口向下轉變成凹口向上。

只要找出 $f''(x) = 0$ 的解或 $f''(x)$ 不存在的點，就可以標出可能的反曲點。這有點像標出 f 的相對極值的程序。

定理 3.8　反曲點

如果點 $(c, f(c))$ 是 f 圖形的反曲點，則 $f''(c) = 0$ 或 f'' 在 $x = c$ 不存在。

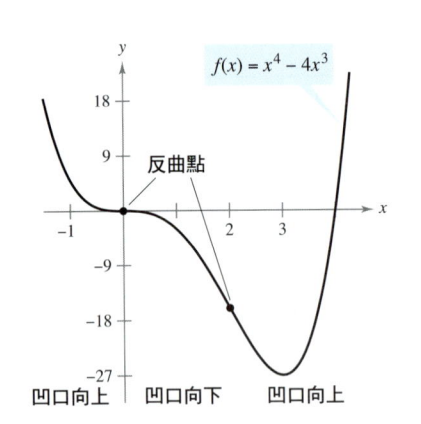

圖 3.26　反曲點可能存在於 $f''(x) = 0$ 或 f'' 不存在的點。

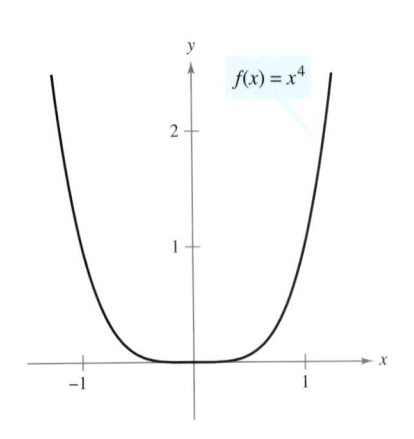

圖 3.27　$f''(0) = 0$，但是點 $(0, 0)$ 不是反曲點。

例 3　求反曲點

求 $f(x) = x^4 - 4x^3$ 的反曲點，並討論其凹性區間。

解　微分兩次得到下式，

$f(x) = x^4 - 4x^3$ 　　　　　　　　　原式
$f'(x) = 4x^3 - 12x^2$ 　　　　　　　一階導函數
$f''(x) = 12x^2 - 24x = 12x(x - 2)$ 　二階導函數

令 $f''(x) = 0$，解得 $x = 0, 2$，這兩者是可能的反曲點。再檢測由 $x = 0$，$x = 2$ 所分割的三段區間，可以確定它們都是反曲點，如下表所示，圖 3.26 則是 f 的圖形。

區間	$-\infty < x < 0$	$0 < x < 2$	$2 < x < \infty$
檢測值	$x = -1$	$x = 1$	$x = 3$
$f''(x)$ 的正負	$f''(-1) > 0$	$f''(1) < 0$	$f''(3) > 0$
結論	凹口向上	凹口向下	凹口向上

定理 3.8 的反面不一定成立，也就是說，可能在一個非反曲點處，二階導數為 0。例如，$f(x) = x^4$ 的圖形（圖 3.27）在 $x = 0$ 二階導數為

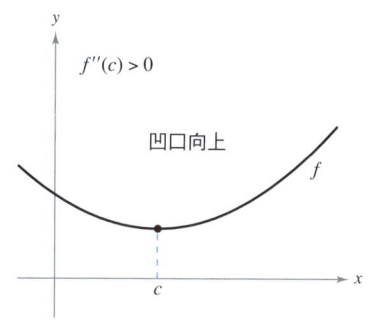

0，但是因為 f 的圖形在區間 $-\infty < x < 0$ 和區間 $0 < x < \infty$ 上都是凹口向上，點 (0, 0) 並非反曲點。

二階導數檢定 The Second Derivative Test

除了檢定凹性，二階導數可以對相對極大值和相對極小值提供一個簡單的檢定。檢定的基礎在於如果 f 的圖形在一個含 c 的開區間凹口向上，並且 $f'(c) = 0$，$f(c)$ 必定是一個相對極小值。同理，如果 f 的圖形在一個含 c 的開區間凹口向下，並且 $f'(c) = 0$，$f(c)$ 必定是一個相對極大值（見圖 3.28）。

定理 3.9　二階導數檢定

如果 $f'(c) = 0$ 並且 f'' 在一個含 c 的開區間上存在。
1. 如果 $f''(c) > 0$，則 f 在點 $(c, f(c))$ 有相對極小值。
2. 如果 $f''(c) < 0$，則 f 在點 $(c, f(c))$ 有相對極大值。

如果 $f''(c) = 0$，檢定失效，f 在這點可能是相對極小，可能是相對極大，也可能兩者皆非。此時，可以回到一階導數檢定。

如果 $f'(c) = 0$ 且 $f''(c) > 0$，$f(c)$ 是相對極小值。

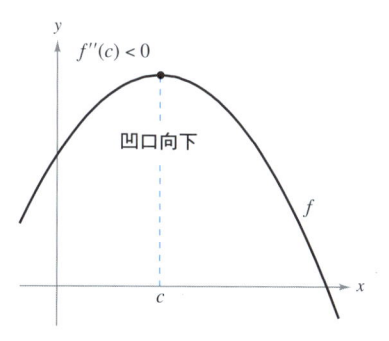

如果 $f'(c) = 0$ 且 $f''(c) < 0$，$f(c)$ 是相對極大值。

圖 3.28

例 4　應用二階導數檢定

求 $f(x) = -3x^5 + 5x^3$ 的相對極值。

解　先求 f 的一階導函數並因式分解

$$f'(x) = -15x^4 + 15x^2 = 15x^2(1 - x^2)$$

令 $f'(x) = 0$ 可解得 f 共有三個臨界數：$x = -1, 0, 1$。再求 f 的二階導函數，並因式分解

$$f''(x) = -60x^3 + 30x = 30(-2x^3 + x) = 0$$

應用二階導數檢定如下。

點	$(-1, -2)$	$(0, 0)$	$(1, 2)$
$f''(x)$ 的正負	$f''(-1) > 0$	$f''(0) = 0$	$f''(1) < 0$
結論	相對極小	檢定失效	相對極大

因為在點 (0, 0)，二階導數檢定失效，所以再回頭使用一階導數檢定觀察到：f 從 $x = 0$ 的左邊一路遞增到 $x = 0$ 的右邊，所以點 (0, 0) 既非相對極小也非相對極大（雖然圖形在此點有一條水平切線），f 的圖形如圖 3.29 所示。

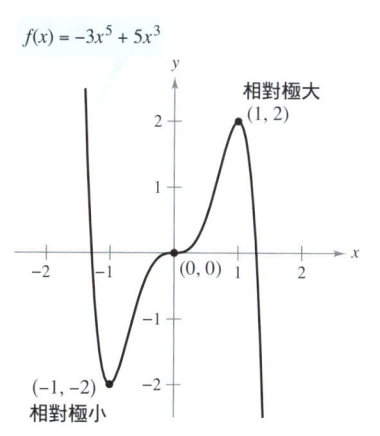

圖 3.29　(0, 0) 既非相對極小，也非相對極大。

習題 3.4

習題 1～3，求下列函數凹性的開區間。

1. $f(x) = x^2 - 4x + 8$
2. $f(x) = x^4 - 3x^3$
3. $f(x) = \dfrac{x-2}{6x+1}$

習題 4～9，求下列函數的反曲點，以及其凹性的開區間。

4. $f(x) = x^3 - 9x^2 + 24x - 18$
5. $f(x) = 2 - 7x^4$
6. $f(x) = x(x-4)^3$
7. $f(x) = x\sqrt{x+3}$
★ 8. $y = e^{-3/x}$
★ 9. $y = x - \ln x$

習題 10～15，用二階導數檢定，求下列函數的相對極值。

10. $f(x) = 6x - x^2$
11. $f(x) = -x^3 + 7x^2 - 15x$
12. $f(x) = -x^4 + 4x^3 + 8x$
13. $f(x) = x^{2/3} - 3$
14. $f(x) = x + \dfrac{4}{x}$
★ 15. $y = x \ln x$

★ 16. 在同一個坐標平面上畫 f、f' 和 f'' 的圖形。

(a)

(b)

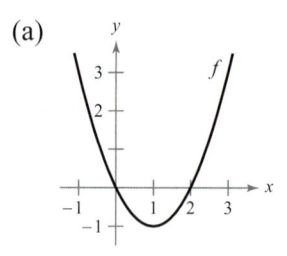

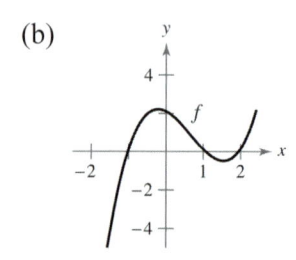

註：標誌 ★ 表示稍難題目。

3.5 在無窮遠處的極限　Limits at Infinity

- ◆ 求在無窮遠處的（有限）極限（註）。
- ◆ 求函數圖形的水平漸近線。
- ◆ 求在無窮遠處的無窮大極限。

在無窮遠處的極限　Limits at Infinity

本節討論在無窮的區間上函數在「終端」的行為。考慮函數圖形

$$f(x) = \frac{3x^2}{x^2 + 1}$$

如圖 3.30 所示，可以看出當 x 無限量的增加或減少時，$f(x)$ 看來趨近於 3。同樣的結論也可以數值列表看出。

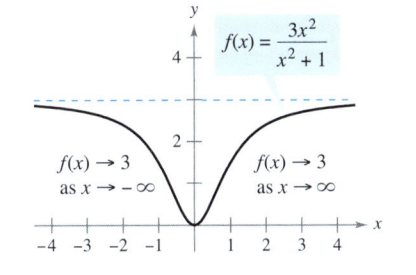

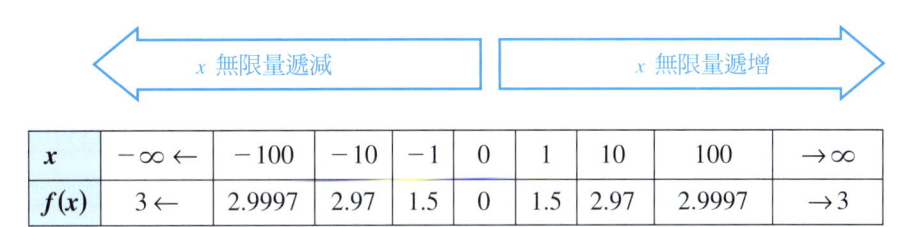

x 無限量遞減 ← → *x 無限量遞增*

x	$-\infty \leftarrow$	-100	-10	-1	0	1	10	100	$\to \infty$
$f(x)$	$3 \leftarrow$	2.9997	2.97	1.5	0	1.5	2.97	2.9997	$\to 3$

f(x) 趨近 3 ← → *f(x) 趨近 3*

表中所列顯示當 x 無限量遞增時（$x \to \infty$），$f(x)$ 趨近於 3，同理，當 x 無限量遞減時（$x \to -\infty$），$f(x)$ 也趨近於 3，我們以下式表**在無窮遠處的極限**（limits at infinity）。

$$\lim_{x \to -\infty} f(x) = 3 \quad \text{在負無窮大的極限}$$

且

$$\lim_{x \to \infty} f(x) = 3 \quad \text{在正無窮大的極限}$$

圖 3.30　當 x 趨近 $-\infty$ 或 ∞ 時，$f(x)$ 的極限是 3。

注意　記號 $\lim\limits_{x \to -\infty} f(x) = L$ 或 $\lim\limits_{x \to \infty} f(x) = L$，是指相關的極限存在，並且等於 L。

定義在無窮遠處的極限

1. 令 $f(x)$ 為定義在某一區間 (a, ∞) 的函數，且 L 為某定數，若「只要選取足夠大的 x，$f(x)$ 都可按我們希望的程度去逼近 L」，我們就稱「當 x 趨近於無窮大時，$f(x)$ 趨近於 L」，並以

$$\lim_{x \to \infty} f(x) = L$$

或

註：也說成「在無窮大的極限」。

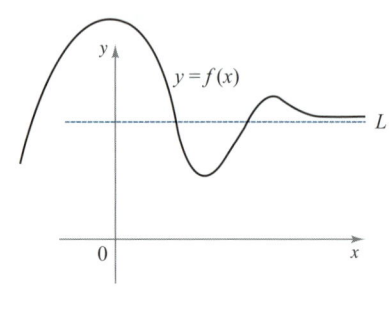

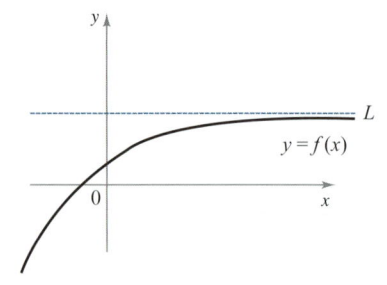

圖 3.31　以例子說明 $\lim_{x\to\infty} f(x) = L$。

當 $x \to \infty$ 時，$f(x) \to L$

記之。

2. 令 $f(x)$ 為定義在某一區間 $(-\infty, a)$ 的函數，且 L 為某定數，若「只要選取數值部分夠大的負數 x，$f(x)$ 可按我們希望的程度去逼近 L」，我們就稱「當 x 趨近於負無窮大時，$f(x)$ 趨近於 L」，並以

$$\lim_{x\to-\infty} f(x) = L$$

或

當 $x \to -\infty$ 時，$f(x) \to L$

記之。

不要忘記，∞ 與 $-\infty$ 都不是數字。我們可將 $\lim_{x\to\infty} f(x) = L$ 視為 $f(x)$ 的函數圖在右側逼近到直線 $y = L$，圖 3.31 列舉其中一些例子。

水平漸近線 Horizontal Asymptotes

在圖 3.31 中，當 x 無限量的遞增時，f 的圖形趨近直線 $y = L$，我們因此稱直線 $y = L$ 是 f 圖形的**水平漸近線**（horizontal asymptote）。

水平漸近線的定義

如果 $\lim_{x\to-\infty} f(x) = L$ 或 $\lim_{x\to\infty} f(x) = L$，我們就稱直線 $y = L$ 是 f 圖形的**水平漸近線**。

注意到從定義出發，一個 x 的函數圖形最多只能有兩條水平漸近線：一條從右邊趨近，一條從左邊趨近。

在無窮遠處的極限與 1.6 節中討論過的極限有相同的性質。例如，如果 $\lim_{x\to\infty} f(x)$ 和 $\lim_{x\to\infty} g(x)$ 同時存在，則

$$\lim_{x\to\infty} [f(x) + g(x)] = \lim_{x\to\infty} f(x) + \lim_{x\to\infty} g(x)$$

和

$$\lim_{x\to\infty} [f(x)g(x)] = \left[\lim_{x\to\infty} f(x)\right]\left[\lim_{x\to\infty} g(x)\right]$$

類似的極限性質在 $-\infty$ 處也成立。

下面的定理對計算在無窮遠處的極限十分有用。

定理 3.10　在無窮遠處的極限

1. 如果 r 是正有理數並且 c 是任意實數，則

$$\lim_{x \to \infty} \frac{c}{x^r} = 0 \quad 且 \quad \lim_{x \to -\infty} \frac{c}{x^r} = 0$$

其中，第二個極限只有在當 $x < 0$ 時，x^r 有定義的情況下，才會成立。

2. $\lim\limits_{x \to -\infty} e^x = 0 \quad 且 \quad \lim\limits_{x \to \infty} e^{-x} = 0$

例 1　在無窮遠處計算極限

求下列各極限。

a. $\lim\limits_{x \to \infty} \left(5 - \dfrac{2}{x^2}\right)$　　　**b.** $\lim\limits_{x \to \infty} \dfrac{3}{e^x}$

解

a. $\lim\limits_{x \to \infty} \left(5 - \dfrac{2}{x^2}\right) = \lim\limits_{x \to \infty} 5 - \lim\limits_{x \to \infty} \dfrac{2}{x^2}$　　　極限的性質
$= 5 - 0 = 5$　　　（用定理 3.10）

b. $\lim\limits_{x \to \infty} \dfrac{3}{e^x} = \lim\limits_{x \to \infty} 3e^{-x}$
$= 3 \lim\limits_{x \to \infty} e^{-x}$　　　極限的性質
$= 3(0) = 0$　　　（用定理 3.10）

例 2　在無窮遠處計算極限

求 $\lim\limits_{x \to \infty} \dfrac{2x - 1}{x + 1}$。

解　注意到當 x 趨近無窮時，分子和分母也都趨近無窮。

$$\lim_{x \to \infty} \frac{2x - 1}{x + 1} \quad \begin{array}{l} \lim\limits_{x \to \infty} (2x - 1) \to \infty \\[4pt] \lim\limits_{x \to \infty} (x + 1) \to \infty \end{array}$$

結果是 $\dfrac{\infty}{\infty}$，稱為**不定型**（indeterminate form），要解決這個問題，可以先將分子和分母都除以 x。做了除法之後，極限的計算如下。

注意　當遇到像例 2 這樣一個不定型時，建議先把分子和分母同除以分母中的 x 的最高次項。

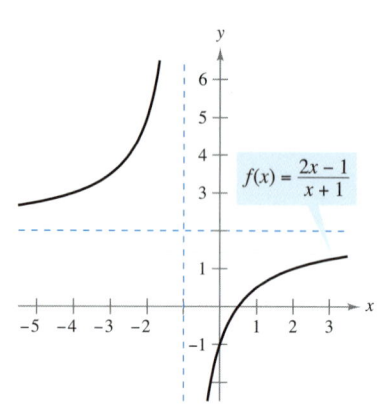

$$\lim_{x\to\infty}\frac{2x-1}{x+1}=\lim_{x\to\infty}\frac{\dfrac{2x-1}{x}}{\dfrac{x+1}{x}} \quad \text{分子和分母同除以 } x$$

$$=\lim_{x\to\infty}\frac{2-\dfrac{1}{x}}{1+\dfrac{1}{x}} \quad \text{化簡}$$

$$=\frac{\displaystyle\lim_{x\to\infty}2-\lim_{x\to\infty}\frac{1}{x}}{\displaystyle\lim_{x\to\infty}1+\lim_{x\to\infty}\frac{1}{x}} \quad \text{取分子和分母的極限}$$

$$=\frac{2-0}{1+0} \quad \text{利用定理 3.10}$$

$$=2$$

因此，直線 $y=2$ 是右端的水平漸近線。當 $x\to-\infty$ 時取極限，也可看出 $y=2$ 是左端的水平漸近線，相關的圖形見圖 3.32。

圖 3.32　$y=2$ 是一條水平漸近線。

例 3　三個有理函數的比較

求下列極限。

a. $\displaystyle\lim_{x\to\infty}\frac{2x+5}{3x^2+1}$　　b. $\displaystyle\lim_{x\to\infty}\frac{2x^2+5}{3x^2+1}$　　c. $\displaystyle\lim_{x\to\infty}\frac{2x^3+5}{3x^2+1}$

解　直接計算極限的話，在每一種情形都得到不定型 ∞/∞。

a. 分子和分母同除以 x^2。

$$\lim_{x\to\infty}\frac{2x+5}{3x^2+1}=\lim_{x\to\infty}\frac{(2/x)+(5/x^2)}{3+(1/x^2)}=\frac{0+0}{3+0}=\frac{0}{3}=0$$

b. 分子和分母同除以 x^2。

$$\lim_{x\to\infty}\frac{2x^2+5}{3x^2+1}=\lim_{x\to\infty}\frac{2+(5/x^2)}{3+(1/x^2)}=\frac{2+0}{3+0}=\frac{2}{3}$$

c. 分子和分母同除以 x^2。

$$\lim_{x\to\infty}\frac{2x^3+5}{3x^2+1}=\lim_{x\to\infty}\frac{2x+(5/x^2)}{3+(1/x^2)}=\frac{\infty}{3}$$

由於分母趨近於 3，而分子無上限，可知極限不會存在。

推廣例 3，即可得下列指導原則：針對有理函數在無窮遠處求極限。建議同學可以用此指導原則來求例 3 的極限。

3.5　在無窮遠處的極限　　159

有理函數在無窮遠處求極限的指導原則

1. 如果分子的次數小於分母的次數，極限為 0。
2. 如果分子的次數等於分母的次數，則極限是分子、分母首項係數的比值。
3. 如果分子的次數大於分母的次數，極限不會存在。

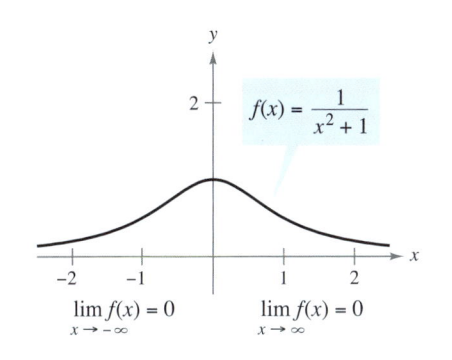

當 x 很大的時候，有理函數的最高次項可以說是決定極限的關鍵。例如當 x 趨近無窮時，因為分母的冪次超越了分子，所以

$$f(x) = \frac{1}{x^2 + 1}$$

的極限是 0，如圖 3.33。

圖 3.33　f 以 $y = 0$ 為水平漸近線。

在圖 3.33 中，可以看出無論從左邊還是從右邊，$f(x) = 1/(x^2 + 1)$ 都趨近同一條水平漸近線，這件事對所有的有理函數都成立（如果極限存在的話）。但是非有理函數可能會趨近不同的水平漸近線，請見例 4。

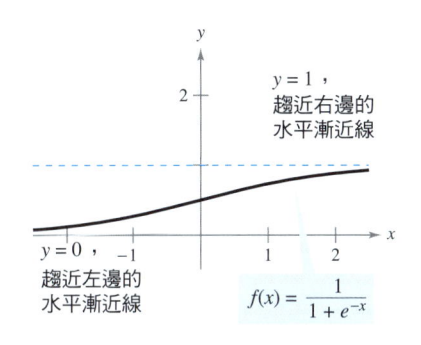

圖 3.34　非有理函數可能具有不同的向左和向右的水平漸近線。

例 4　有兩條水平漸近線的函數

說明**供需函數**（logistic function）$f(x) = \dfrac{1}{1 + e^{-x}}$ 有兩條水平漸近線。

解　從圖 3.34 供需函數的圖形可以看出

$$y = 0 \quad \text{和} \quad y = 1$$

兩條直線是水平漸近線，其中 $y = 0$（$y = 1$）在 $x \to -\infty$（$x \to \infty$）時和函數圖形無限接近。下表是數值的結果。

x	-10	-5	-2	-1	1	2	5	10
$f(x)$	0.000	0.007	0.119	0.269	0.731	0.881	0.993	1.000

當然，也可以利用解析的方法來說明。

$$\lim_{x \to \infty} \frac{1}{1 + e^{-x}} = \frac{\lim\limits_{x \to \infty} 1}{\lim\limits_{x \to \infty}(1 + e^{-x})}$$

$$= \frac{1}{1 + 0}$$

$$= 1 \qquad \text{\small $y = 1$ 是趨近右邊的水平漸近線}$$

就趨近左邊的水平漸近線而言，當 $x \to -\infty$ 時 $1/(1 + e^{-x})$ 的分母逼近無限大，所以整個函數逼近 0，也就是說函數的極限值為 0。我們可推斷 $y = 0$ 為趨近左邊的水平漸近線。

在 1.7 節的例 7(c)，我們用夾擠定理求某個三角函數的極限。事實

上，夾擠定理也可適用於無窮遠的極限，如下例。

例 5　三角函數的極限

求下列極限。

a. $\lim\limits_{x\to\infty} \sin x$　　**b.** $\lim\limits_{x\to\infty} \dfrac{\sin x}{x}$

解

a. 當 x 趨近無窮，正弦函數在 1 和 -1 之間振盪，因此極限不存在。

b. 因為 $-1 \leq \sin x \leq 1$，因此對 $x > 0$，

$$-\frac{1}{x} \leq \frac{\sin x}{x} \leq \frac{1}{x}$$

而 $\lim\limits_{x\to\infty}(-1/x) = 0$，$\lim\limits_{x\to\infty}(1/x) = 0$。由夾擠定理可得

$$\lim_{x\to\infty} \frac{\sin x}{x} = 0$$

如圖 3.35 所示。

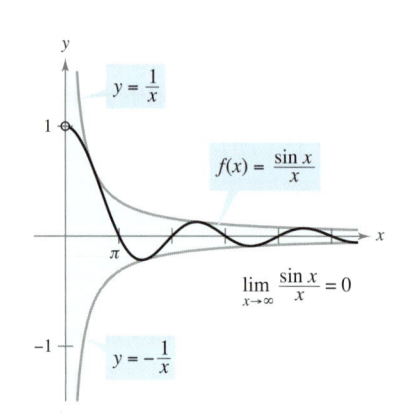

圖 3.35　當 x 無限遞增時，$f(x)$ 會趨近到 0。

例 6　池塘中的含氧量

假設 $f(t)$ 是池塘中含氧標準的測量，$f(t) = 1$ 是正常的含氧標準，t 的單位是週。當 $t = 0$ 時，有機廢料被倒進池中，廢料被氧化後，含氧標準變成

$$f(t) = \frac{t^2 - t + 1}{t^2 + 1}$$

一週以後，百分之多少的氧還在池中？兩週以後呢？十週以後呢？當 t 趨近無窮大時又如何？

解

$$f(1) = \frac{1^2 - 1 + 1}{1^2 + 1} = \frac{1}{2} = 50\% \qquad \text{一週}$$

$$f(2) = \frac{2^2 - 2 + 1}{2^2 + 1} = \frac{3}{5} = 60\% \qquad \text{兩週}$$

$$f(10) = \frac{10^2 - 10 + 1}{10^2 + 1} = \frac{91}{101} \approx 90.1\% \qquad \text{十週}$$

當 t 趨近無窮大時，將分子和分母同除以 t^2 再取極限，得出

$$\lim_{x\to\infty}\frac{t^2 - t + 1}{t^2 + 1} = \lim_{x\to\infty}\frac{1 - (1/t) + (1/t^2)}{1 + (1/t^2)} = \frac{1 - 0 + 0}{1 + 0} = 1 = 100\%$$

見圖 3.36。

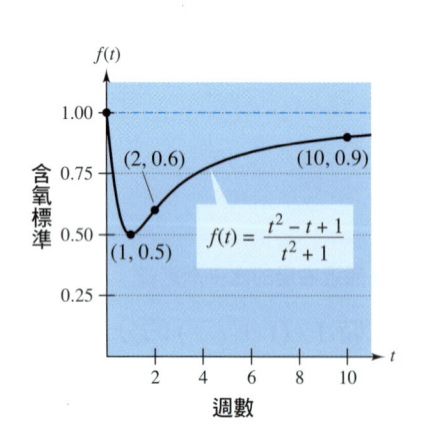

圖 3.36　當 t 趨近 ∞ 時，池塘中的含氧標準會恢復正常。

在無窮遠處的無窮大極限 Infinite Limits at Infinity

當 x 無限量遞增或遞減時，許多函數未必有極限存在。例如，多項式即是。我們提出下列定義來描述這一類函數在無窮遠的行為。

> **定義在無窮遠處的極限是無限**
>
> 針對函數 $f(x)$，若 x 無限制的變大，$f(x)$ 也跟著無限制的變大，我們就稱「當 x 趨近於無窮大時，$f(x)$ 也趨近於無窮大」，並以
>
> $$\lim_{x \to \infty} f(x) = \infty$$
>
> 記之。

注意 判斷一函數在無窮遠處是否有無窮極限，對於分析函數圖形尾端的行為非常有助益。

用同樣的概念，即可得

$$\lim_{x \to \infty} f(x) = -\infty \quad , \quad \lim_{x \to -\infty} f(x) = \infty \quad , \quad \lim_{x \to -\infty} f(x) = -\infty$$

的意涵，在此不贅述。

例 7　求在無窮遠處的無窮極限

求下列極限。

a. $\lim\limits_{x \to \infty} x^3$　　　**b.** $\lim\limits_{x \to -\infty} x^3$

解

a. 當 x 無限量增加時，x^3 也無限量增加，因此 $\lim\limits_{x \to \infty} x^3 = \infty$。
b. 當 x 無限量減小時，x^3 也無限量減小，因此 $\lim\limits_{x \to -\infty} x^3 = -\infty$。
圖 3.37 中 $f(x) = x^3$ 的圖說明了上述結果。

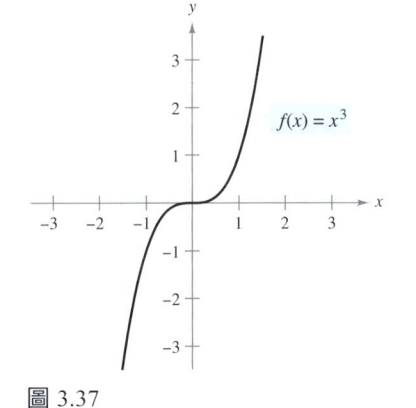

圖 3.37

例 8　求在無窮遠處的無窮極限

求下列極限。

a. $\lim\limits_{x \to \infty} \dfrac{2x^2 - 4x}{x + 1}$　　　**b.** $\lim\limits_{x \to -\infty} \dfrac{2x^2 - 4x}{x + 1}$

解　求此極限的一個辦法是先作除法，把式子改寫為一個多項式加上一個有理函數，然後再取極限。

a. $\lim\limits_{x \to \infty} \dfrac{2x^2 - 4x}{x + 1} = \lim\limits_{x \to \infty} \left(2x - 6 + \dfrac{6}{x + 1} \right) = \infty$

b. $\lim\limits_{x \to -\infty} \dfrac{2x^2 - 4x}{x + 1} = \lim\limits_{x \to -\infty} \left(2x - 6 + \dfrac{6}{x + 1} \right) = -\infty$

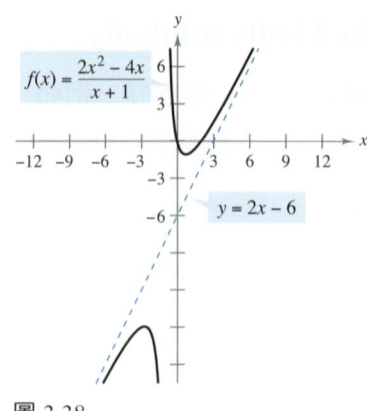

圖 3.38

上面的結果可解釋為當 x 趨近 $\pm\infty$ 時，函數 $f(x) = (2x^2 - 4x) / (x + 1)$ 會很像函數 $g(x) = 2x - 6$。直線 $y = 2x - 6$ 是 f 圖形的一條斜漸近線，如圖 3.38 所示。

畫函數圖

結合漸近線的知識，以及一階與二階導數檢定等概念，我們可以畫一些函數圖，以下列出常用的步驟。

畫 $y = f(x)$ 函數圖常用的步驟如下：

1. 求 $f(x)$ 的定義域。
2. 求 $f(x)$ 的垂直與水平漸近線（如果有的話）。
3. 求 $f'(x)$ 及 $f''(x)$。
4. 求 $f(x)$ 的臨界數 c〔當中常常必須解 $f(x) = 0$〕，並求出每一個臨界數的函數值 $f(c)$。
5. 利用 $f'(x)$ 的正負去找出 $f(x)$ 的遞增減區間。
6. 利用 f'' 的正負去求 $f(x)$ 的凹性區間與反曲點。
7. 用一階或二階導數測試，求 $f(x)$ 的相對極值。
8. 將臨界值、反曲點、相對極值、漸近線標，以及一些容易求的點（如 y 截距等）在坐標平面上，再運用上述 5～7 的資訊，以平滑曲線連之。

例 9　畫函數圖

畫 $f(x) = x^3 - 3x^2 + 1$ 的函數圖。

解　f 的定義域是 $(-\infty, \infty)$，且無任何漸近線。
將 $f(x)$ 微分可得

$$f'(x) = 3x^2 - 6x = 3x(x - 2)$$

$$f''(x) = 6x - 6 = 6(x - 1)$$

因此 $f(x)$ 的臨界數是 $x = 0, 2$ 並求得 $f(0) = 1$ 及 $f(2) = -3$。接下來，用 $f'(x)$ 及 $f''(x)$ 的正負分別求其遞增（減）區間，及凹性區間，同時也用一階導數檢定求其相對極值，並將結果列於下

區間或點	$(-\infty, 0)$	$x = 0$	$(0, 2)$	$x = 2$	$(2, \infty)$
$f'(x)$ 的正負	+	0	−	0	+
結論	遞增	臨界數、相對極大值 $f(0) = 1$	遞減	臨界數、相對極小值 $f(2) = -3$	遞增

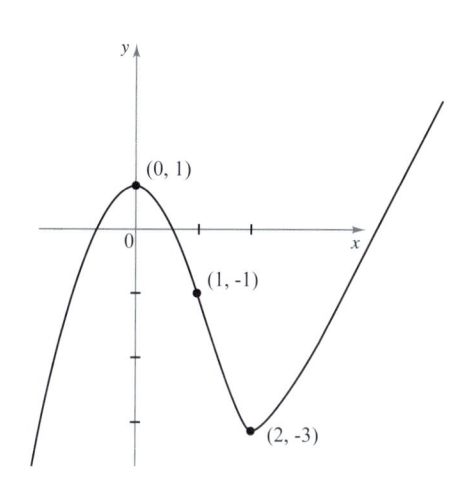

圖3.39 $f(x) = x^3 - 3x^2 + 1$ 的函數圖。

區間或點	$(-\infty, 1)$	$x = 1$	$(1, \infty)$
$f'(x)$ 的正負	−	0	+
結論	凹口向下	反曲點 $f(1) = -1$	凹口向上

再將三點描點後，依以上二表之結論即可作圖 3.39。

例 10　畫函數圖

畫 $f(x) = x^4 - 12x^3 + 48x^2 - 64x$ 的函數圖。

解　f 的定義域仍是 $(-\infty, \infty)$，且無任何漸近線。

將 $f(x)$ 微分可得

$$f'(x) = 4x^3 - 36x^2 + 96x - 64 = 4(x-1)(x-4)^2$$
$$f''(x) = 12x^2 - 72x^2 + 96 = 12(x-4)(x-2)$$

因此 $f(x)$ 臨界數是 $x = 1, 4$ 並求得 $f(1) = -27$，$f(4) = 0$。接下來，用 $f'(x)$ 及 $f''(x)$ 的正負分別求其遞增（減）區間，及凹性區間，同時也用一階導數檢定求其相對極值，並將結果列於下

區間或點	$(-\infty, 1)$	$x = 1$	$(1, 4)$	$x = 4$	$(4, \infty)$
$f'(x)$ 的正負	−	0	+	0	+
結論	遞減	臨界數、相對極小值 $f(1) = -27$	遞增	臨界數	遞增

區間或點	$(-\infty, 2)$	$x = 2$	$(2, 4)$	$x = 4$	$(4, \infty)$
$f'(x)$ 的正負	+	0	−	0	+
結論	凹口向上	反曲點 $f(2) = -16$	凹口向下	反曲點 $f(4) = 0$	凹口向上

此外，f 的 y 截距是 $f(0) = 0$。將 $(0, 0)$, $(1, -27)$, $(2, -16)$, $(4, 0)$ 四點描點後，再依以上二表以平滑曲線相連，可得圖 3.40。

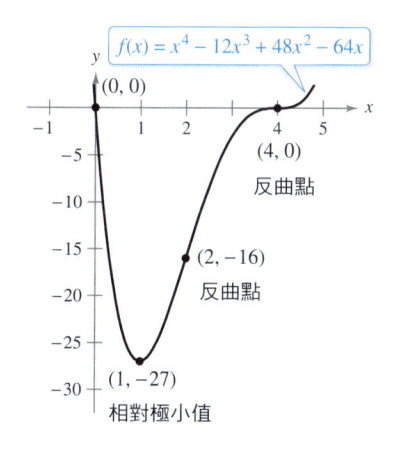

圖3.40　$f(x) = x^4 - 12x^3 + 48x^2 - 64x$ 的函數圖。

例 11　畫函數圖

畫 $f(x) = \dfrac{2x + 3}{x - 1}$ 的函數圖。

解　$f(x)$ 的定義域是 $(-\infty, 1) \cup (1, \infty)$，並有垂直漸近線 $x = 1$ 以及水平漸近線 $y = 2$。

將 $f(x)$ 微分可得

$$f'(x) = -5(x-1)^{-2} < 0$$
$$f''(x) = 10(x-1)^{-3}$$

因此 $f(x)$ 無臨界數，直接判斷 $f(x)$ 的遞增（減）區間及其凹性區間，並將結果列表如下：

區間或點	$(-\infty, 1)$	$x = 1$	$(1, \infty)$
$f'(x)$ 的正負	−	不存在	−
$f''(x)$ 的正負	−	不存在	+
結論	遞減且凹口向下 圖形為 ⌒	垂直漸近線	遞減且凹口向上 圖形為 ⌣

因為此函數圖無相對極值，也無反曲點，所以我們自選若干個函數值以便描點：

$$f(-1) = -\frac{1}{2},\ f(0) = -3,\ f(2) = 7,\ f(3) = \frac{9}{2}$$

描此四點，並將二條漸近線標上後，依上表結論，即可得下圖 3.41。

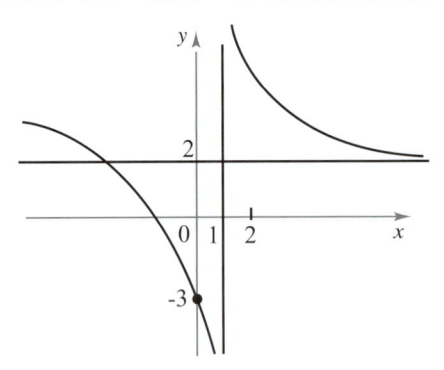

圖3.41　$f(x) = \dfrac{2x+3}{x-1}$ 的函數圖。

例 12　畫函數圖

畫 $f(x) = \dfrac{2(x^2-9)}{x^2-4}$ 的函數圖。

解　$f(x)$ 的定義域是 $(-\infty, -2) \cup (-2, 2) \cup (2, \infty)$，並有垂直漸近線 $x = -2$、$x = 2$ 與水平漸近線 $y = 2$。

將 $f(x)$ 微分可得

$$f'(x) = \frac{20x}{(x^2-4)^2}$$
$$f''(x) = \frac{-20(3x^2+4)}{(x^2-4)^3}$$

可得 $f(x)$ 的臨界數是 $x = 0$，並列表如下：

區間或點	$(-\infty, -2)$	$x = -2$	$(-2, 0)$	$x = 0$	$(0, 2)$	$x = 2$	$(2, \infty)$
$f'(x)$ 的正負	−	不存在	−	0	+	不存在	+
$f''(x)$ 的正負	−	不存在	+	+	+	不存在	−
結論	遞減且凹口向下，圖形為 ⌢	垂直漸近線	遞減且凹口向上，圖形為 ⌣	臨界數，相對極小值 $f(0) = \dfrac{9}{2}$	遞增且凹口向上，圖形為 ⌣	垂直漸近線	遞增且凹口向下，圖形為 ⌢

$f(x)$ 相對極小值是 $f(0) = \dfrac{9}{2}$，再自選若干點以方便作圖：$f(3) = 0$，$f(-3) = 0$。先將這三個點描點後，並畫上三條漸近線，最後再依表，即可得下圖 3.42。

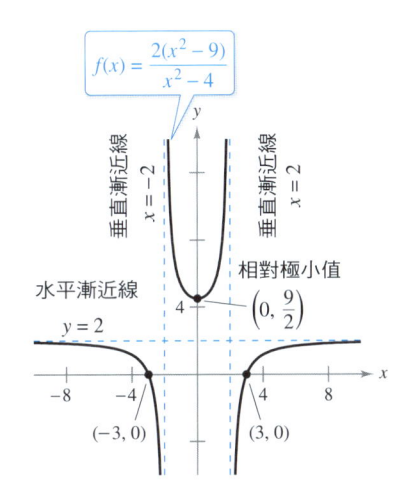

圖3.42　$f(x) = \dfrac{2(x^2 - 9)}{x^2 - 4}$ 的函數圖。

習題 3.5

習題 1～3，利用函數水平漸近線等資訊，來配對函數與給定的圖形。

(a)

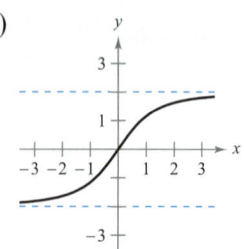

(b)

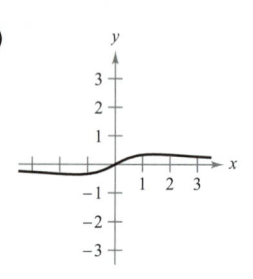

(c)

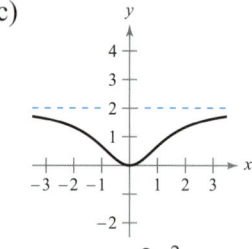

1. $f(x) = \dfrac{2x^2}{x^2+2}$

2. $f(x) = \dfrac{2x}{\sqrt{x^2+2}}$

3. $f(x) = \dfrac{x}{x^2+2}$

4. 若 $f(x) = -4x^2 + 2x - 5$，求 $\lim\limits_{x\to\infty} h(x)$。

   (a) $h(x) = \dfrac{f(x)}{x}$

   (b) $h(x) = \dfrac{f(x)}{x^2}$

   (c) $h(x) = \dfrac{f(x)}{x^3}$

5. 求下列極限。

   (a) $\lim\limits_{x\to\infty} \dfrac{3-2x}{3x^3-1}$

   (b) $\lim\limits_{x\to\infty} \dfrac{3-2x}{3x-1}$

   (c) $\lim\limits_{x\to\infty} \dfrac{3-2x^2}{3x-1}$

習題 6～13，求下列極限。

6. $\lim\limits_{x\to\infty} \left(4 + \dfrac{3}{x}\right)$

7. $\lim\limits_{x\to-\infty} \dfrac{4x^2+5}{x^2+3}$

8. $\lim\limits_{x\to\infty} \dfrac{5x^3+1}{10x^3-3x^2+7}$

★ 9. $\lim\limits_{x\to-\infty} \dfrac{x}{\sqrt{x^2+1}}$

★ 10. $\lim\limits_{x\to-\infty} \dfrac{2x+1}{\sqrt{x^2-x}}$

11. $\lim\limits_{x\to\infty} \cos \dfrac{1}{x}$

12. $\lim\limits_{x\to\infty} \dfrac{\sin 2x}{x}$

13. $\lim\limits_{x\to\infty} (2 - 5e^{-x})$

★ 14. 求極限 $\lim\limits_{x\to\infty} x \sin \dfrac{1}{x}$。

（提示：令 $x = \dfrac{1}{t}$，再求 $t \to 0^+$ 的極限）

習題 15～16，求下列極限。

15. $\lim\limits_{x\to-\infty} \left(x + \sqrt{x^2+3}\right)$

16. $\lim\limits_{x\to\infty} \left(4x - \sqrt{16x^2-x}\right)$

習題 17～21，畫出下列函數的圖形。

17. $f(x) = x^3 - 3x + 2$

18. $y = 2 - x - x^3$

19. $y = 3x^4 + 4x^3$

20. $y = \dfrac{x}{1-x}$

★ 21. $y = \dfrac{x+1}{x^2-4}$

註：標誌 ★ 表示稍難題目。

3.6 最佳化問題　Optimization Problems

◆ 解極值的應用問題。

極大值與極小值的應用問題　Applied Minimum and Maximum Problems

微積分應用最廣的層面莫過於解極大值或極小值。我們不就時常聽到或讀到「最大利潤、最低成本、最小時間、最大電壓、最佳形狀、最小形狀、最大強度、最遠距離」等等。然而在說明一般解題策略之前，先考慮接下來的例題。

例 1　求最大體積

製造商想要設計一個以正方形為底，表面積 108 平方公分的開口箱子（圖 3.43）。應如何設計才會有最大的體積？

解　箱子以正方形為底，體積是

$V = x^2 h$　　　　　　主方程式

〔此方程式給出主要最佳化的量所滿足的公式，故稱為**主方程式**（primary equation）〕。箱子的表面積是

$S = $（底面積）$+$（四個邊的面積）

$S = x^2 + 4xh = 108$　　　　輔方程式

先把 V 表成一個變數的函數，如此才比較容易求其極大值。因此，先以 x 及方程式 $x^2 + 4xh = 108$ 解 h，得到 $h = (108 - x^2)/(4x)$，代入主方程式得到

$V = x^2 h$　　　　　　兩變數的函數

$ = x^2 \left(\dfrac{108 - x^2}{4x} \right)$　　　h 以 x 代

$ = 27x - \dfrac{x^3}{4}$　　　　一變數的函數

在解 V 的最大值之前，先決定 x 的可行解區域，也就是說，x 要在什麼樣的範圍才合理。V 當然要 ≥ 0，而且 x 也應 ≥ 0，並且底面積（$A = x^2$）最多是 108，所以可行解區域是

$0 \leq x \leq \sqrt{108}$　　　　可行解區域

要求 V 的最大值，先求體積函數的臨界數。

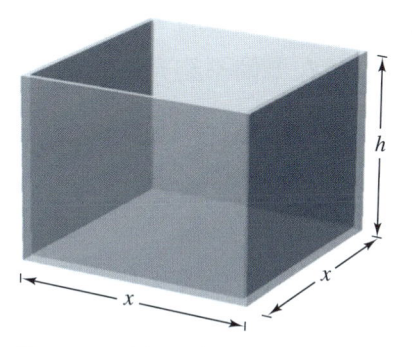

圖 3.43　底為正方形，上方開口的箱子：
$S = x^2 + 4xh = 108$

$$\frac{dV}{dx} = 27 - \frac{3x^2}{4} \qquad \text{微分}$$

$$27 - \frac{3x^2}{4} = 0 \qquad \text{令 } f'(x) = 0$$

$$3x^2 = 108 \qquad \text{化簡}$$

$$x = \pm 6 \qquad \text{臨界數}$$

所以臨界數是 $x = \pm 6$，但 -6 不合。在 $x = 6$ 計算 V，以及在端點計算 V，得 $V(0) = 0$，$V(6) = 108$，和 $V(\sqrt{108}) = 0$，因此，V 在 $x = 6$ 時有最大值，此時箱子的尺寸是 6×6×3 公分。

在例 1 中，必須認識到有無窮多個開口的箱子表面積都是 108 平方公分，在開始解題之前，也許您可以先問自己，哪些基本形狀可能會有最大體積？比方說，高一點的？還是矮一點的？抑或接近正方體的？

您甚至可以計算幾個情形，如圖 3.44 所示，試著感覺究竟何者才是最佳尺寸。記住，要先清楚理解問題，以免在準備不夠充分的情形下就進入解題階段。

體積 = $74\frac{1}{4}$
$3 \times 3 \times 8\frac{1}{4}$

體積 = 92
$4 \times 4 \times 5\frac{3}{4}$

體積 = $103\frac{3}{4}$
$5 \times 5 \times 4\frac{3}{20}$

體積 = 108
$6 \times 6 \times 3$

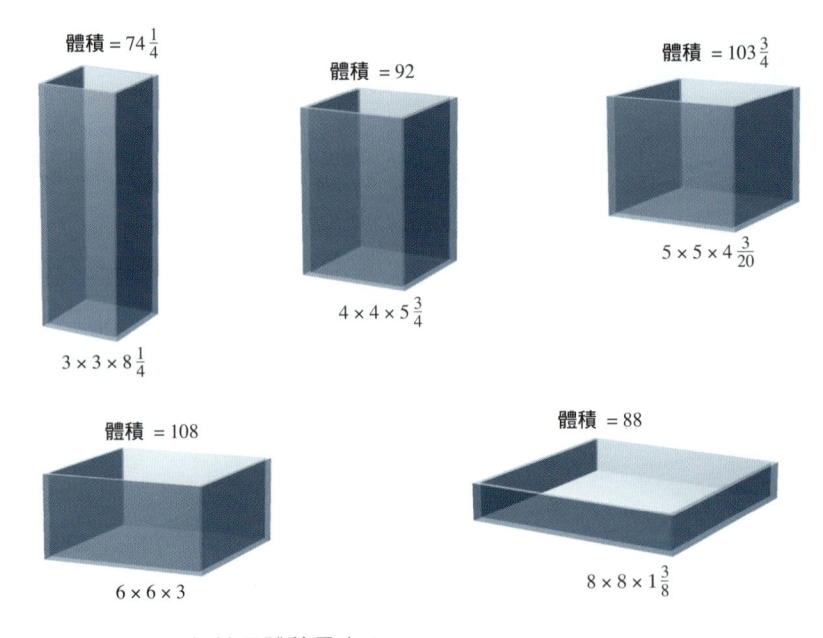

體積 = 88
$8 \times 8 \times 1\frac{3}{8}$

圖 3.44　哪一個箱子體積最大？

例 1 的解題過程其實就提供了「解決極值應用問題的指導原則」如下。

解極值應用問題的指導原則

1. 找出已知的量和特定的量，如果可以的話，並請作一個規劃。
2. 對求極值的量寫下它的**主方程式**（primary equation）（一些幾何上有用的公式請見封面內頁）。

3. 把主方程式化簡成只有一個獨立變數，這個過程可能要牽涉到主方程式中各獨立變數之間所滿足的另一個**輔方程式**（secondary equation）。
4. 決定主方程式的可行解區域，也就是決定使問題合理有解的變數範圍。
5. 以 3.1 節到 3.4 節討論過的微積分方法找出極值。

注意 進行步驟 5 時，記得要決定在閉區間上連續函數的極大值或極小值，必須要將 f 在臨界數的值和在端點的值比較。（可去 3.1 節複習）

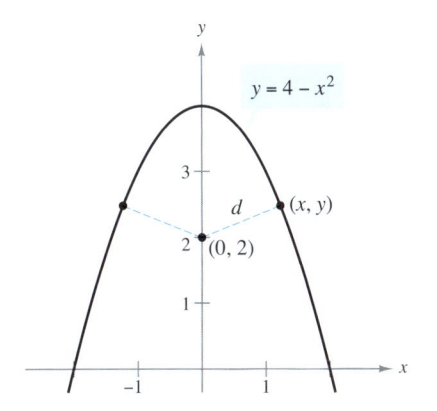

圖 3.45 求距離的最小值：
$d = \sqrt{(x-0)^2 + (y-2)^2}$

例2 求最短距離

求圖形 $y = 4 - x^2$ 上哪一點距離點 $(0, 2)$ 最近？

解 圖 3.45 說明了到點 $(0, 2)$ 最近的點會有兩個。點 $(0, 2)$ 與 $y = 4 - x^2$ 圖上一點 (x, y) 的距離是

$$d = \sqrt{(x-0)^2 + (y-2)^2} \quad \text{主方程式}$$

利用輔方程式 $y = 4 - x^2$，將主方程式改寫為

$$d = \sqrt{x^2 + (4 - x^2 - 2)^2} = \sqrt{x^4 - 3x^2 + 4}$$

因為當根號內部的值取到最小時，d 就是最小，所以只要求 $f(x) = x^4 - 3x^2 + 4$ 的臨界數即可。注意 f 的定義域是所有的實數，因此不需考慮端點，求 $f(x)$ 的導函數

$$f'(x) = 4x^3 - 6x = 2x(2x^2 - 3)$$

解 $f'(x) = 0$ 得

$$x = 0, \sqrt{\frac{3}{2}}, -\sqrt{\frac{3}{2}}$$

再用一階導數檢定，可得在 $x = 0$ 有相對極大，在 $x = \sqrt{3/2}$ 和 $x = -\sqrt{3/2}$ 可得一最小距離。因此距離最近的點是 $\left(\sqrt{3/2}, 5/2\right)$ 和 $\left(-\sqrt{3/2}, 5/2\right)$。

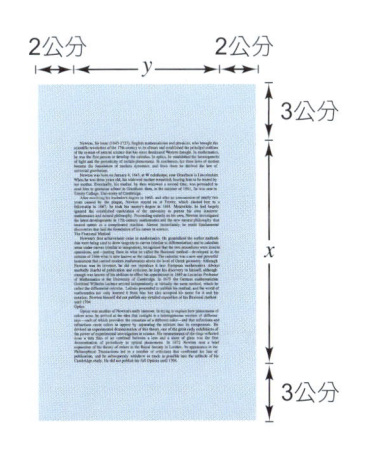

圖 3.46 求面積的最小值：
$A = (x + 6)(y + 4)$

例3 求最小面積

一張長方形紙要有 216 平方公分的印刷面積，且上與下各留白 3 公分，而左與右各留白 2 公分（見圖 3.46），則這張紙的尺寸必須是多少，才可使整張紙的總面積最小？

解 令 A 為紙的面積

$$A = (x + 6)(y + 4) \quad \text{主方程式}$$

而印刷面積是
$$216 = xy \qquad \text{輔方程式}$$
以輔方程式解 y 得 $y = 216/x$，代入主方程式得到
$$A = (x+3)\left(\frac{216}{x} + 2\right) = 240 + 4x + \frac{1296}{x} \qquad \text{單變數的函數}$$

因為 x 一定為正，只需考慮 $x > 0$。A 對 x 微分，再令 $dA/dx = 0$，可解得臨界數是
$$\frac{dA}{dx} = 4 - \frac{1296}{x^2} = 0 \quad \Longrightarrow \quad x^2 = 324$$

臨界數是 $x = \pm 18$，但是 -18 不合。再應用一階導數檢定，得在 $x = 18$ 時，A 是極小值。此時，$y = \dfrac{216}{18} = 12$。因此，這時紙的尺寸是長 $= x + 6 = 24$ 公分，寬 $= y + 4 = 16$ 公分。∎

例 4 求最小長度

相距 30 公尺的兩根桿子，一者高 12 公尺，另一者高 28 公尺，在兩桿間要立一根樁，並以兩條繩子連結樁及桿頂，使其固定，則樁的位置應設在何處，可使繩長最短？

解　W 是兩繩長之和，我們要求其最小值。
$$W = y + z \qquad \text{主方程式}$$
在此題中，可以用第三個變數 x 同時解 y 和 z。如圖 3.47，利用畢氏定理得
$$x^2 + 12^2 = y^2$$
$$(30-x)^2 + 28^2 = z^2$$

以 x 解 y 和 z 得到
$$y = \sqrt{x^2 + 144}$$
$$z = \sqrt{x^2 - 60x + 1684}$$

因此，將主方程式改寫成
$$\begin{aligned} W &= y + z \\ &= \sqrt{x^2 + 144} + \sqrt{x^2 - 60x + 1684}, \quad 0 \le x \le 30 \end{aligned}$$

將 W 對 x 微分得
$$\frac{dW}{dx} = \frac{x}{\sqrt{x^2 + 144}} + \frac{x-30}{\sqrt{x^2 - 60x + 1684}}$$

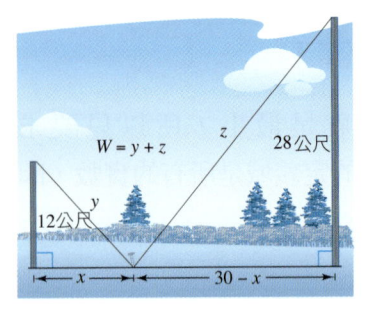

令 $dW/dx = 0$，得到

圖 3.47　求長度的極小值，從圖上可知 x 在 0 與 30 之間。

$$\frac{x}{\sqrt{x^2+144}} + \frac{x-30}{\sqrt{x^2-60x+1684}} = 0$$

$$x\sqrt{x^2-60x+1684} = (30-x)\sqrt{x^2+144}$$

$$x^2(x^2-60x+1684) = (30-x)^2(x^2+144)$$

$$x^4 - 60x^3 + 1684x^2 = x^4 - 60x^3 + 1044x^2 - 8640x + 129{,}600$$

$$640x^2 + 8640x - 129{,}600 = 0$$

$$320(x-9)(2x+45) = 0$$

$$x = 9, -22.5$$

因為 $x = -22.5$ 不合，並且

$$W(0) \approx 53.04, \quad W(9) = 50, \quad 且 \quad W(30) \approx 60.31$$

可知樁要打在距 12 公尺高的桿子 9 公尺處。

在前四個例子，極值都是發生在臨界數。雖然這是常見的狀況，但並非總是如此，有時極值的確發生在區間的端點，如下例。

例 5　最大值產生在端點

用總長 4 公尺的繩索來形成一個圓形與一個正方形，求圓形與正方形分別使用多少繩索時，可圍出最大的總面積？

解　總面積（見圖 3.48）為

$A =$（正方形面積）+（圓形面積）

$A = x^2 + \pi r^2$ 　　　　　　　　　　　　　　　主方程式

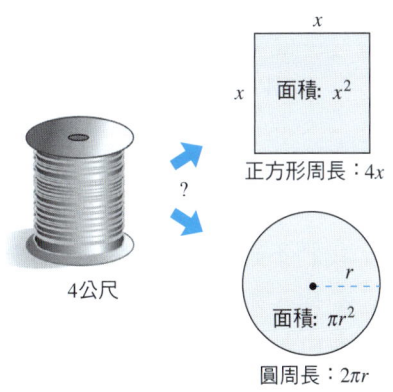

正方形周長：$4x$

面積：x^2

面積：πr^2

圓周長：$2\pi r$

4公尺

總面積：
$A = x^2 + \pi r^2$

圖 3.48

因繩索總長共 4 公尺，我們有

$4 =$（正方形的周長）+（圓周長）

$4 = 4x + 2\pi r$ 　　　　　　　　　　　　　　　輔方程式

所以，$r = 2(1 - x)/\pi$，代入主方程式，得到

$$A = x^2 + \pi\left[\frac{2(1-x)}{\pi}\right]^2$$

$$= x^2 + \frac{4(1-x)^2}{\pi}$$

$$= \frac{1}{\pi}[(\pi + 4)x^2 - 8x + 4]$$

我們知道 x 必須是非負的且正方形的周長（$P = 4x$）最多為 4，所以可行解的範圍為 $0 \leq x \leq 1$。因

$$\frac{dA}{dx} = \frac{2(\pi + 4)x - 8}{\pi}$$

在區間 $(0, 1)$ 內唯一的臨界數為 $x = 4/(\pi + 4) \approx 0.56$。利用

$$A(0) \approx 1.273，A(0.56) \approx 0.56，A(1) = 1$$

我們可推斷面積最大值產生於 $x = 0$ 時，即所有的繩索都被使用在圍成圓形時其總面積最大。　■

接下來再來檢視這五個例子中的主方程式，就應用本身而言，例子算是簡單，但是最後的主方程式卻可能非常複雜。

$$V = 27x - \frac{x^3}{4} \qquad\qquad 例 1$$

$$d = \sqrt{x^4 - 3x^2 + 4} \qquad\qquad 例 2$$

$$A = 240 + 4x + \frac{1296}{x} \qquad\qquad 例 3$$

$$W = \sqrt{x^2 + 144} + \sqrt{x^2 - 60x + 1684} \qquad\qquad 例 4$$

$$A = \frac{1}{\pi}[(\pi + 4)x^2 - 8x + 4] \qquad\qquad 例 5$$

我們不難預料，實際應用上碰到的方程式至少都是這麼複雜。但是請記住：本課程的主要目的就是學習以微積分，來分析原先看起來似乎難以克服的方程式。

習題 3.6

習題 1～2，求下列各題中，滿足其要求的兩個正數。

1. 兩數乘積是 147，且第一個數加上第二個數的三倍是最小值。

2. 第一個數與第二個數的兩倍之和是 108，且積是最大值。

3. 求在 $y = x^2$ 的函數圖上，且距點 (0, 3) 最近的點。

4. 一長方形海報要包含 648 平方公分的印刷面積，且上與下分別要留白 2 公分，而左與右分別要留白 1 公分。則海報的長與寬必須多少公分，才可使整張海報的總面積最小？

5. 農夫計畫沿河圍出一個長方形的牧場，為使牧場的草能提供足夠的糧食給牲畜，面積必須是 405,000 平方公尺。如果沿河的一側不需要圍籬，則圍籬的周長至少是多少，才能圍出所需的面積？

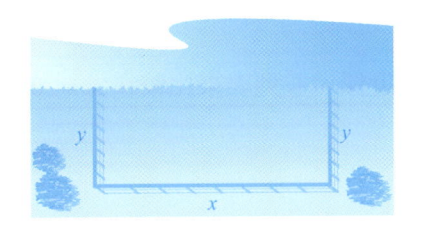

★ 6. 諾曼式窗是將長方形的窗面頂端再加半圓形的窗面（如圖）。若已知其周長是 6 公尺，則此諾曼式窗的最大面積為何？

★ 7. 在第一象限，由 x 軸、y 軸和過點 (1, 2) 的直線圍出一個直角三角形（如圖）。

   (a) 將直角三角形的斜邊表成 x 的函數。

   (b) 頂點的位置為何時，此一直角三角形的面積最小？

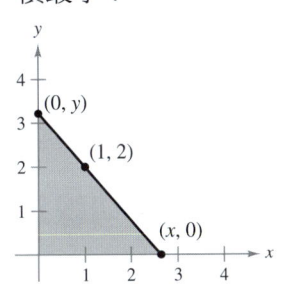

8. 郵遞一個長方體形狀的包裹，限制長度加上截面的周長（即下圖的 $y + 4x$）不得超過 108 公分。請問 x 和 y 如何調整，才能有最大的體積（假設截面是正方形）？

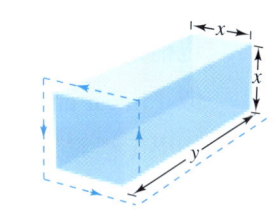

★ 9. 某海上油井距海岸 2 公里，而煉油廠則是位於海岸線上 4 公里處（如圖）。現要架設自油井到煉油廠的油管，但在海上架設的成本是陸地上的兩倍，則油管應如何架設（油管著陸點距煉油廠幾公里），才可使成本最低？

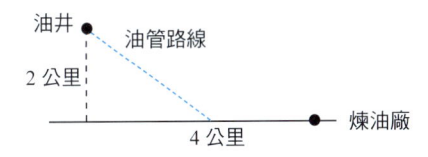

★ 10. 船中某人距岸邊 2 公里，目的地 Q 距離岸邊 1 公里，水平距離 3 公里（如圖），假設船速 2 公里／時，而上岸後步行速度 4 公里／時，請問在岸邊何點登岸可以在最短時間到達 Q 點？

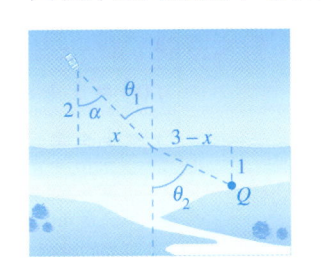

註：標誌 ★ 表示稍難題目。

3.7 微分　Diffetials

- ◆ 瞭解切線近似的觀念。
- ◆ 比較 dy 和 Δy。
- ◆ 利用微分（註）估計誤差。
- ◆ 以微分公式寫出函數的微分。

切線近似　Tangent Line Approximations

牛頓法（2.8 節）是以切線近似函數圖形（以便求根）的例子。本節將學習可以直線近似函數圖形的其他情形。

如果函數 $f(x)$ 在 $x = c$ 可微，過點 $(c, f(c))$ 的切線方程式是

$$y - f(c) = f'(c)(x - c)$$

$$\boxed{y = f(c) + f'(c)(x - c)}$$

也稱為 **f 在 c 的切線近似**（tangent line approximation of f at c）或**線性近似**（linear approximation）。因為 c 是常數，y 是 x 的線性函數，同時，如果 x 很靠近 c，對應的 y 值就可以用來近似 $f(x)$ 到任意精確的程度，也就是說：當 $x \to c$ 時，y 的極限是 $f(c)$。

例 1　切線近似

求 $f(x) = 1 + \sin x$ 在點 $(0, 1)$ 的切線近似，並列表來比較在 $x = 0$ 附近，切線近似的 y 值和 $f(x)$ 的值。

注意　$f(x) = 1 + \sin x$ 的線性近似與切點的選取有關，如果切點改變，當然會得到另一個不同的切線（線性）近似。

解　f 的導函數是

$$f'(x) = \cos x \qquad \text{一階導函數}$$

圖形 f 在點 $(0,1)$ 的切線方程式是

$$y - f(0) = f'(0)(x - 0)$$
$$y - 1 = (1)(x - 0)$$
$$y = 1 + x \qquad \text{切線近似}$$

下表列出了切線近似和 $f(x)$ 在 $x = 0$ 附近的值，注意到 x 越靠近 0，近似的情形越好，圖 3.49 也說明了這一點。

x	-0.5	-0.1	-0.01	0	0.01	0.1	0.5
$f(x) = 1 + \sin x$	0.521	0.9002	0.9900002	1	1.0099998	1.0998	1.479
$y = 1 + x$	0.5	0.9	0.99	1	1.01	1.1	1.5

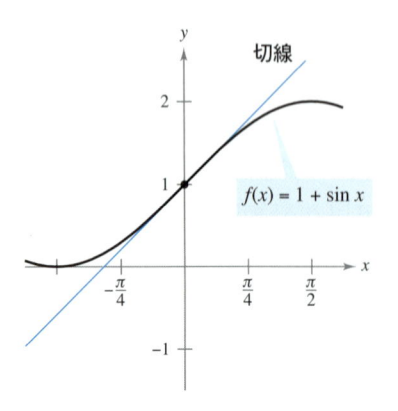

圖 3.49　圖形 f 在點 $(0, 1)$ 的切線近似。

註：原文是 differential，但並不是導函數，而是牽涉到 dx 和 dy 的這類符號的稱呼，在本節將有更詳盡的說明。

微分 Differentials

以圖形 f 在點 $(c, f(c))$ 的切線

$$y = f(c) + f'(c)(x - c) \qquad \text{在點 } (c, f(c)) \text{ 的切線}$$

來近似圖形 f 的時候，$x - c$ 這個量稱為 x 的變化量，以 Δx 表示（圖 3.50）。當 Δx 很小的時候，y 的變化量（以 Δy 表）可以用下式近似。

$$\Delta y = f(c + \Delta x) - f(c) \qquad y \text{ 真正的變化}$$
$$\approx f'(c)\Delta x \qquad y \text{ 變化的近似}$$

對此一近似表示，傳統上以符號 dx 表 Δx，稱為 **x 的微分**（註）（differential of x）。同時以符號 dy 表 $f'(x)dx$，稱為 **y 的微分**（differential of y）。

> **微分的定義**
>
> 設 $y = f(x)$ 在含 x 的一個開區間上可微。符號 dx（讀作 x 的微分）代表任意非零的實數。符號 dy（讀作 y 的微分）代表 $f'(x)dx$，亦即
>
> $$dy = f'(x)dx$$

在許多情況，dy 可以用來近似 y 的變化量。也就是說，當 $x = dx$ 很小時，

$$\Delta y \approx dy \qquad \text{或} \qquad \Delta y \approx f'(x)dx$$

例 2　比較 Δy 和 dy

令 $y = x^2$，當 $x = 1$，$dx = 0.01$ 時，求 dy，並與 Δy 作一比較。

解　$y = f(x) = x^2$, $f'(x) = 2x$，因此 dy 是

$$dy = f'(x)dx = f'(1)(0.01) = 2(0.01) = 0.02 \qquad y \text{ 的微分}$$

利用 $\Delta x = 0.01$，而 y 的真正變化量是

$$\Delta y = f(x + \Delta x) - f(x) = f(1.01) - f(1) = (1.01)^2 - 1^2 = 0.0201$$

圖 3.51 以幾何說明 dy 和 Δy 的比較。當 dx 改變時，請比較相對應的 dy 和 Δy。當 dx（或 Δx）趨近於 0 時，dy 和 Δy 也互相接近。

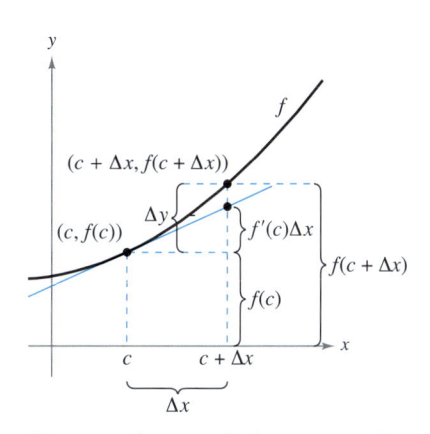

圖 3.50　當 Δx 很小時，$f'(c)\Delta x$ 是 $\Delta y = f(c + \Delta x) - f(c)$ 的近似值。

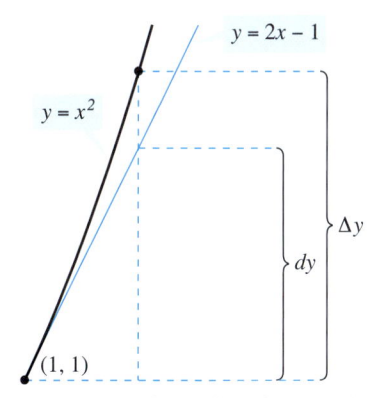

圖 3.51　dy（y 的微分）是 y 的變化量 Δy 的近似值。

註：原文是 differential of x；又 differential of y 同樣譯成 y 的微分，以 dy 表示。習慣上經常以「微分」（dfferentiation）稱呼導函數（derivative），以可微（differentiable）代表導函數存在，這與此處 differential of x、differential of y 的意義有別。

在例 2 中，圖形 $f(x) = x^2$ 在 $x = 1$ 的切線是

$$y = 2x - 1 \quad \text{或} \quad g(x) = 2x - 1$$

函數圖形 f 在 $x = 1$ 的切線

當 x 接近 1 時，這條直線很接近 f 的函數圖，如圖 3.49 與下表所示。

x	0.5	0.9	0.99	1	1.01	1.1	1.5
$f(x) = x^2$	0.25	0.81	0.9801	1	1.0201	1.21	2.25
$y = 2x - 1$	0	0.8	0.98	1	1.02	1.2	2

我們稱直線 $y = 2x - 1$ 是圖形 $f(x) = x^2$ 在 $x = 1$ 的**線性近似**（linear approximation）或**切線近似**（tangent line approximation）。

傳遞誤差 Error Propagation

物理學家和工程師經常以 dy 來近似 Δy。Δy 或 dy。實際應用上，常用於估計儀器量度時所引起的誤差。比方說，如果量出來的值是 x，而真正的值是 $x + \Delta x$，Δx 就是量度誤差。然後，量值 x 又用來計算另一種類型的量 $f(x)$，則 $f(x + \Delta x)$ 和 $f(x)$ 的差值就是**傳遞誤差**（propagated error）。

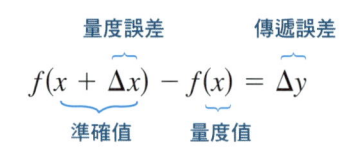

$$f(\underbrace{x + \Delta x}_{\text{準確值}}) - \underbrace{f(x)}_{\text{量度值}} = \underbrace{\Delta y}_{\text{傳遞誤差}}$$

量度誤差　　　傳遞誤差

例 3　估計誤差

測量球軸承的半徑得到 0.7 公分時，誤差範圍是 0.01 公分內（圖 3.52），估計該球體積的傳遞誤差。

解

體積公式是 $V = \dfrac{4}{3}\pi r^3$，r 是球的半徑

$$r = 0.7 \qquad \text{測量半徑}$$

並且

$$-0.01 \leq \Delta r \leq 0.01 \qquad \text{可能誤差}$$

要近似求出體積的傳遞誤差，微分 V 得到 $dV/dr = 4\pi r^2$，因此

$$\begin{aligned}\Delta V &\approx dV \\ &= 4\pi r^2\, dr \\ &= 4\pi(0.7)^2(\pm 0.01) \\ &\approx \pm 0.06158 \text{ 立方公分}\end{aligned}$$

以 dV 近似 ΔV

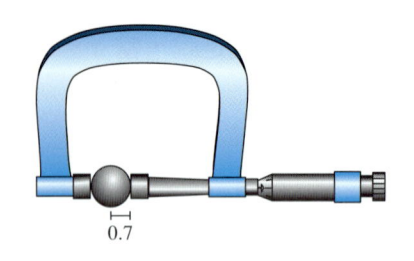

代 r 和 dr

圖 3.52　測量球軸承的半徑，誤差 0.01 公分。

球軸承常用於減低機器零件運作時的摩擦力。

在體積上大致上有 0.06 立方公分的傳遞誤差。

例 3 中的傳遞誤差是大還是小？最好以 dV 和 V 的比值來回答這個問題。

$$\frac{dV}{V} = \frac{4\pi r^2\, dr}{\frac{4}{3}\pi r^3} \qquad dV \text{ 與 } V \text{ 之比}$$

$$= \frac{3\, dr}{r} \qquad \text{化簡}$$

$$\approx \frac{3(\pm 0.01)}{0.7} \qquad \text{代 } r \text{ 和 } dr$$

$$\approx \pm 0.0429$$

這個比值稱為**相對誤差**（relative error），相應的**百分誤差**（percent error）大概是 4.29%。

計算微分 Calculating Differentials

在第 2 章中學過的每一個微分公式都可以寫成**微分式**（differential form）。例如，如果 u 和 v 都是 x 的可微函數，由微分的定義可得

$$du = u'\, dx \quad \text{和} \quad dv = v'\, dx$$

因此，積的規則之微分式可寫成：

$$d[uv] = \frac{d}{dx}[uv]\, dx \qquad uv \text{ 的微分}$$

$$= [uv' + vu']\, dx \qquad \text{積的規則}$$

$$= uv'\, dx + vu'\, dx$$

$$= u\, dv + v\, du$$

微分公式

設 u 和 v 是 x 的可微函數。

常數倍： $d[cu] = c\, du$

和或差： $d[u \pm v] = du \pm dv$

積： $d[uv] = u\, dv + v\, du$

商： $d\left[\dfrac{u}{v}\right] = \dfrac{v\, du - u\, dv}{v^2}$

例 4　求微分

函數	導函數	微分
a. $y = x^2$	$\dfrac{dy}{dx} = 2x$	$dy = 2x\,dx$
b. $y = \sqrt{x}$	$\dfrac{dy}{dx} = \dfrac{1}{2\sqrt{x}}$	$dy = \dfrac{dx}{2\sqrt{x}}$
c. $y = 2\sin x$	$\dfrac{dy}{dx} = 2\cos x$	$dy = 2\cos x\,dx$
d. $y = xe^x$	$\dfrac{dy}{dx} = e^x(x+1)$	$dy = e^x(x+1)\,dx$
e. $y = \dfrac{1}{x}$	$\dfrac{dy}{dx} = -\dfrac{1}{x^2}$	$dy = -\dfrac{dx}{x^2}$

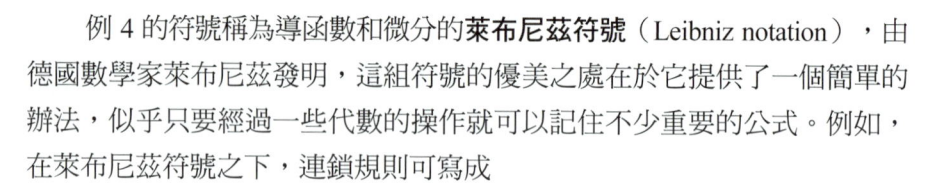

例 4 的符號稱為導函數和微分的**萊布尼茲符號**（Leibniz notation），由德國數學家萊布尼茲發明，這組符號的優美之處在於它提供了一個簡單的辦法，似乎只要經過一些代數的操作就可以記住不少重要的公式。例如，在萊布尼茲符號之下，連鎖規則可寫成

$$\frac{dy}{dx} = \frac{dy}{du}\frac{du}{dx}$$

看起來很像直接消去 du。雖然這不是一個使連鎖規則成立正確的論證，但是對連鎖規則的記憶卻很有幫助。

例 5　求合成函數的微分

$$y = f(x) = \sin 3x \quad \text{原始函數}$$
$$f'(x) = 3\cos 3x \quad \text{連鎖規則}$$
$$dy = f'(x)\,dx = 3\cos 3x\,dx \quad \text{微分式}$$

例 6　求合成函數的微分

$$y = f(x) = (x^2 + 1)^{1/2} \quad \text{原始函數}$$
$$f'(x) = \frac{1}{2}(x^2+1)^{-1/2}(2x) = \frac{x}{\sqrt{x^2+1}} \quad \text{連鎖規則}$$
$$dy = f'(x)\,dx = \frac{x}{\sqrt{x^2+1}}\,dx \quad \text{微分式}$$

微分可以用來求函數值的近似值。如果 $y = f(x)$，利用公式 $\Delta y = f(x + \Delta x) - f(x) \approx dy$ 導出

$$f(x + \Delta x) \approx f(x) + dy = f(x) + f'(x)\,dx$$

此公式與本節一開始提到的切線近似等價。

萊布尼茲
（Gottfried Wilhelm Leibniz，1646～1716）
微積分的發明歸功於萊布尼茲和牛頓，不過，是萊布尼茲藉著發展運算規則和設計符號來推廣微積分，為了對新的觀念選擇適當的符號，他經常要花上許多時日。

使用此公式時，要先選一個容易求得函數值 $f(x)$ 的 x，如例 7 所示。

例 7　求函數值的近似值

利用微分求 $\sqrt{16.5}$ 的近似值。

解　令 $f(x) = \sqrt{x}$，寫下

$$f(x + \Delta x) \approx f(x) + f'(x)\, dx = \sqrt{x} + \frac{1}{2\sqrt{x}}\, dx$$

選 $x = 16$，則 $dx = 0.5$，計算可得近似值

$$f(x + \Delta x) = \sqrt{16.5} \approx \sqrt{16} + \frac{1}{2\sqrt{16}}(0.5) = 4 + \left(\frac{1}{8}\right)\left(\frac{1}{2}\right) = 4.0625$$

因此，$\sqrt{16.5} \approx 4.0625$。

$f(x) = \sqrt{x}$ 在 $x = 16$ 的切線近似是 $g(x) = \frac{1}{8}x + 2$。當 x 值靠近 16 時，f 和 g 的圖形非常靠近，如圖 3.53，例如，

$$f(16.5) = \sqrt{16.5} \approx 4.0620 \quad \text{且} \quad g(16.5) = \frac{1}{8}(16.5) + 2 = 4.0625$$

如果在靠近切點處將圖放大，將會看到這兩個圖幾乎重合。但當離開切點較遠時，線性近似就不太準了。

註　這是因 16 離 16.5 不遠，且 $f(16) = \sqrt{16} = 4$ 容易算。

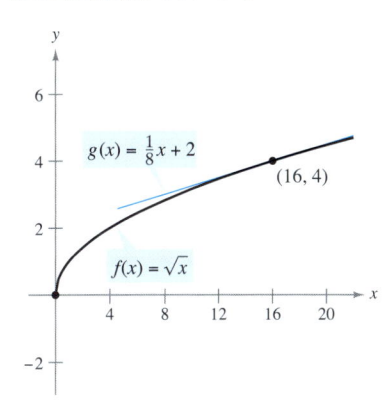

圖 3.53

習題 3.7

習題 1～2，在下列各題，求 f 在其指定點的切線方程式 T，再用 T 去求 $f(x)$ 的近似值。

x	1.9	1.99	2	2.01	2.1
$f(x)$					
$T(x)$					

函數　　　　　　　點

1. $f(x) = \dfrac{6}{x^2}$ 　　　　$\left(2, \dfrac{3}{2}\right)$

2. $f(x) = x^5$ 　　　　$(2, 32)$

習題 3～4，計算並比較下列問題中的 Δy 和 dy。

3. $y = 0.5x^3$ 　　$x = 1$ 　　$\Delta x = dx = 0.1$

4. $y = x^4 + 1$ 　　$x = -1$ 　　$\Delta x = dx = 0.01$

習題 5～10，求下列函數的微分 dy。

5. $y = 3x^2 - 4$

6. $y = \dfrac{x+1}{2x-1}$

7. $y = \sqrt{9 - x^2}$

8. $y = 3x - \sin^2 x$

9. $y = \ln\sqrt{4 - x^2}$

10. $y = x \arcsin x$

習題 11～12，已知 $g(3) = 8$，用微分及下圖分別求 $g(2.93)$ 及 $g(3.1)$ 的近似值。

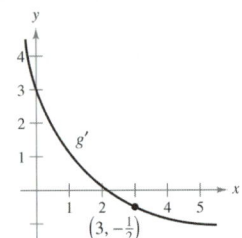

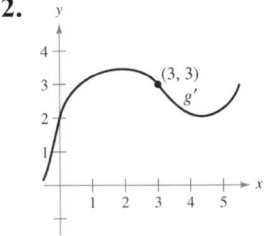

★ 11.

★ 12.

13. 量得正方體邊長 15 公分，可能誤差為 0.03 公分。以微分近似法求下列狀況下的傳遞誤差。
    (a) 計算體積；(b) 計算表面積。

14. 量得正方形地瓷磚邊長 10 公分，可能誤差為 $\dfrac{1}{32}$ 公分。
    (a) 用微分估計其面積的傳遞誤差。
    (b) 再求其傳遞誤差的百分誤差。

習題 15～18，利用微分求下列問題的近似值，並與計算機的結果作一比較。

15. $\sqrt{99.4}$

16. $\sqrt[3]{26}$

17. $\sqrt[4]{624}$

18. $(2.99)^3$

註：標誌 ★ 表示稍難題目。

3.8 不定型與羅必達規則　Indeterminate Forms and L'Hôpital's Rule

◆ 瞭解不定型的極限問題。

◆ 應用羅必達規則求不定型的極限。

不定型 Indeterminate Forms

之前在第一章與第三章就提及形如 0/0 和 ∞/∞ 稱為不定型的極限問題。就此形式而言，暫時無法看出極限是否存在，或者極限即使存在，也暫時無法得出答案。早先，處理不定型的問題多半是以代數技巧將問題改寫成較確定的形式，例如

不定型	極限	代數技巧
$\dfrac{0}{0}$	$\lim\limits_{x \to -1} \dfrac{2x^2 - 2}{x + 1} = \lim\limits_{x \to -1} 2(x - 1)$ $= -4$	分子分母同除以 $(x+1)$
$\dfrac{\infty}{\infty}$	$\lim\limits_{x \to \infty} \dfrac{3x^2 - 1}{2x^2 + 1} = \lim\limits_{x \to \infty} \dfrac{3 - (1/x^2)}{2 + (1/x^2)}$ $= \dfrac{3}{2}$	分子分母同除以 x^2

一般而言，代數技巧也可以用來處理超越函數的極限，例如下式

$$\lim_{x \to 0} \frac{e^{2x} - 1}{e^x - 1}$$

屬於不定型 0/0，先分解因式再同除以公因式，則可得

$$\lim_{x \to 0} \frac{e^{2x} - 1}{e^x - 1} = \lim_{x \to 0} \frac{(e^x + 1)(e^x - 1)}{e^x - 1} = \lim_{x \to 0} (e^x + 1) = 2$$

不過，代數操作畢竟有其限度，特別是當代數函數和超越函數同時出現的時候，例如下式

$$\lim_{x \to 0} \frac{e^{2x} - 1}{x}$$

屬於不定型 0/0，重新改寫成

$$\lim_{x \to 0} \left(\frac{e^{2x}}{x} - \frac{1}{x} \right)$$

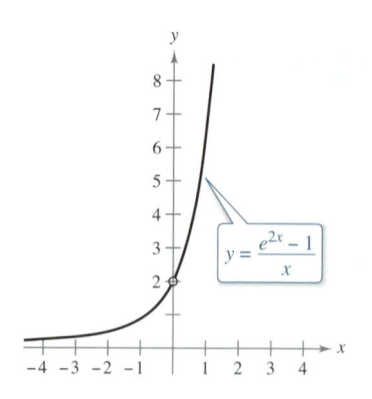

圖 3.54 當 x 趨近 0 時，極限可能是 2。

只是得到另一個不定型，$\infty - \infty$。當然，可以利用電腦幫助估算極限值，如下表及圖 3.54 所示，從表和圖判斷，極限應該是 2（例 1 將確認此一估算結果）。

x	-1	-0.1	-0.01	-0.001	0	0.001	0.01	0.1	1
$\dfrac{e^{2x}-1}{x}$	0.865	1.813	1.980	1.998	?	2.002	2.020	2.214	6.389

羅必達規則 L'Hôpital's Rule

我們要介紹一個稱為**羅必達規則**（L'Hôpital's Rule）的定理，來求上圖 3.54 的極限。這個定理說在某些條件之下，商 $f(x)/g(x)$ 的極限由它們的導函數的商 $\dfrac{f'(x)}{g'(x)}$ 的極限所決定。

定理 3.11　羅必達規則[註]

函數 f 和 g 在一個包含 c 點的開區間 (a, b) 上可微，但是在 c 點不見得有定義，並且假設 $g'(x)$ 在區間 (a, c) 和區間 (c, b) 上均不為 0，已知當 x 趨近 c 時，$f(x)/g(x)$ 的極限是不定型 0/0，則有

$$\lim_{x \to c} \frac{f(x)}{g(x)} = \lim_{x \to c} \frac{f'(x)}{g'(x)}$$

但需在「上一行右式的極限存在（極限值為一個數）或為正（負）無窮」此一前提下。如果當 x 趨近 c 時，$f(x)/g(x)$ 的極限屬於下列任何一種不定型 ∞/∞，$(-\infty)/\infty$，$\infty/(-\infty)$，$(-\infty)/(-\infty)$，本定理也一併適用。

注意　$f'(x)/g'(x)$ 並非 $f(x)/g(x)$ 的導函數，小心不要用錯。

羅必達規則也適用於求單側極限。也就是說，如果當 x 從右邊趨近於 c 時，$f(x)/g(x)$ 的極限屬於不定型 0/0，但是 $f'(x)/g'(x)$ 的極限或者存在或者是無窮大，則有

$$\lim_{x \to c^+} \frac{f(x)}{g(x)} = \lim_{x \to c^+} \frac{f'(x)}{g'(x)}$$

例 1　不定型 0/0

求 $\displaystyle\lim_{x \to 0} \frac{e^{2x}-1}{x}$。

解　由於分子分母直接代入得到不定型 0/0

Guillaume L'Hôpital（1661～1704）

羅必達規則以法國數學家 L'Hôpital 之姓氏命名。L'Hôpital 因為首次在他所出版的微積分教科書中提出此一規則而聲名大噪（1696）。但是，最近發現此一規則和證明源自於 John Bernoulli 寫給 L'Hôpital 的一信中。羅必達曾經說過「……我承認我的許多知識都得自於 Bernoulli 兄弟……我也經常引用他們偉大的發現……」。

註：羅必達規則的證明請見附錄 B。

$$\lim_{x\to 0}\frac{e^{2x}-1}{x} \quad \nearrow \quad \lim_{x\to 0}(e^{2x}-1)=0$$
$$\searrow \quad \lim_{x\to 0}x=0$$

我們可以應用羅必達規則如下：

$$\lim_{x\to 0}\frac{e^{2x}-1}{x}=\lim_{x\to 0}\frac{\dfrac{d}{dx}[e^{2x}-1]}{\dfrac{d}{dx}[x]} \qquad \text{應用羅必達規則}$$

$$=\lim_{x\to 0}\frac{2e^{2x}}{1} \qquad \text{分子分母各自微分}$$

$$=2 \qquad \text{求極限}$$

在例 1 中寫下一串等式時，要特別留意：必須等到已經證出第二個極限存在或無窮大，才能說第一個極限和第二個極限相等。換句話說，如果第二個極限根本不存在，那羅必達規則也就失效，無法使用。

當 x 趨近 ∞（或 $-\infty$）時，也有相應的羅必達規則，但是要先確定 $f(x)/g(x)$ 的極限是屬於 0/0 或 $\pm\infty / \pm\infty$ 的不定型，並且已知

$$\lim_{x\to\infty}\frac{f'(x)}{g'(x)}$$

存在或是無窮大，則有

$$\boxed{\lim_{x\to\infty}\frac{f(x)}{g(x)}=\lim_{x\to\infty}\frac{f'(x)}{g'(x)}}$$

例 2　不定型 ∞ / ∞

求 $\displaystyle\lim_{x\to\infty}\frac{\ln x}{x}$。

解　由於分子分母直接代入得到不定型 ∞/∞，我們可以應用羅必達規則如下：

$$\lim_{x\to\infty}\frac{\ln x}{x}=\lim_{x\to\infty}\frac{\dfrac{d}{dx}[\ln x]}{\dfrac{d}{dx}[x]} \qquad \text{應用羅必達規則}$$

$$=\lim_{x\to\infty}\frac{1}{x} \qquad \text{分子分母各自微分}$$

$$=0 \qquad \text{求極限}$$

經常要連續數次應用羅必達規則，才能解除不定型而求出極限值，如例 3 所示。

例3　連續應用羅必達規則

求 $\lim_{x \to -\infty} \dfrac{x^2}{e^{-x}}$。

解　由於分子分母直接代入得到不定型 ∞/∞，我們可以應用羅必達規則如下：

$$\lim_{x \to -\infty} \frac{x^2}{e^{-x}} = \lim_{x \to -\infty} \frac{\dfrac{d}{dx}[x^2]}{\dfrac{d}{dx}[e^{-x}]} = \lim_{x \to -\infty} \frac{2x}{-e^{-x}}$$

結果又得到一個不定型 $(-\infty)/(-\infty)$，所以再應用一次羅必達規則得出

$$\lim_{x \to -\infty} \frac{2x}{-e^{-x}} = \lim_{x \to -\infty} \frac{\dfrac{d}{dx}[2x]}{\dfrac{d}{dx}[-e^{-x}]} = \lim_{x \to -\infty} \frac{2}{e^{-x}} = 0$$

除了 0/0 與 ∞/∞ 這類不定型。求極限還有 $0 \cdot \infty$，1^{∞}，∞^0，0^0 與 $\infty - \infty$ 等型式，例如，以下四者也都是 $0 \cdot \infty$ 型式的不定型：

$$\underbrace{\lim_{x \to 0} \left(\frac{1}{x}\right)(x)}_{\text{極限值是1}}, \quad \underbrace{\lim_{x \to 0} \left(\frac{2}{x}\right)(x)}_{\text{極限值是2}}, \quad \underbrace{\lim_{x \to \infty} \left(\frac{1}{e^x}\right)(x)}_{\text{極限值是0}}, \quad \underbrace{\lim_{x \to \infty} \left(\frac{1}{x}\right)(e^x)}_{\text{極限值是}\infty}$$

可看出 $0 \cdot \infty$ 是不定型，這是因為即便極限存在，也無法決定其極限值（如以上四者均不同）。接下來的例子，都是在說明如何利用羅必達規則去解這些變化款的不定型，其基本作法是先將函數轉換成 0/0 或 ∞/∞ 的不定型基本款。

例4　不定型 $0 \cdot \infty$

求 $\lim_{x \to \infty} e^{-x}\sqrt{x}$。

解　直接代入將導致不定型 $0 \cdot \infty$，因此要轉換成 0/0 或 ∞/∞ 的基本款。此時，可轉成

$$\lim_{x \to \infty} e^{-x}\sqrt{x} = \lim_{x \to \infty} \frac{\sqrt{x}}{e^x}$$

接著，用羅必達規則，可得

$$\lim_{x \to \infty} \frac{\sqrt{x}}{e^x} = \lim_{x \to \infty} \frac{1/(2\sqrt{x})}{e^x} \qquad \text{分別對分子與分母微分}$$
$$= \lim_{x \to \infty} \frac{1}{2\sqrt{x}e^x} \qquad \text{化簡}$$
$$= 0 \qquad \text{求得極限值}$$

當轉換成 0 / 0 或 ∞ / ∞ 的基本款，仍無法求得極限值時，就必須改用其他方式轉換。以例 4 來說，若將原式轉換成

$$\lim_{x \to \infty} e^{-x}\sqrt{x} = \lim_{x \to \infty} \frac{e^{-x}}{x^{-1/2}}$$

將造成 0 / 0 的不定型，用一次羅必達規則可得

$$\lim_{x \to \infty} \frac{e^{-x}}{x^{-1/2}} = \lim_{x \to \infty} \frac{-e^{-x}}{-1/(2x^{3/2})}$$

而這仍是 0 / 0 的不定型，無法得解。

至於 1^∞、∞^0 與 0^0 的不定型則來自於函數的底數與指數均為變數的情況。其實早在 2.5 節對數微分，已經遇過這類型的函數，當時是用對數律再求微分。現在也用類似的手法，先用對數律化簡，再用羅必達規則求不定型的極限，如例 5。

例 5 不定型 1^∞

求 $\displaystyle\lim_{x \to \infty} \left(1 + \frac{1}{x}\right)^x$。

解 由於直接代入得到不定型 1^∞，以對數的方式處理如下，令

$$y = \lim_{x \to \infty} \left(1 + \frac{1}{x}\right)^x$$

左右兩邊取自然對數得到

$$\ln y = \ln\left[\lim_{x \to \infty} \left(1 + \frac{1}{x}\right)^x\right]$$

由於對數函數是連續的，因此

$$\ln y = \lim_{x \to \infty} \left[x \ln\left(1 + \frac{1}{x}\right) \right] \qquad \text{不定型 } \infty \cdot 0$$

$$= \lim_{x \to \infty} \left(\frac{\ln[1 + (1/x)]}{1/x} \right) \qquad \text{不定型 } 0/0$$

$$= \lim_{x \to \infty} \left(\frac{(-1/x^2)\{1/[1 + (1/x)]\}}{-1/x^2} \right) \qquad \text{羅必達規則}$$

$$= \lim_{x \to \infty} \frac{1}{1 + (1/x)} = 1$$

因為已證得 $\ln y = 1$，所以 $y = e$，而得

$$\lim_{x \to \infty} \left(1 + \frac{1}{x}\right)^x = e$$

羅必達規則也適用於求單側極限，如例 6 和例 7 所示。

例 6　不定型 0^0

求 $\lim_{x \to 0^+} (\sin x)^x$。

解　由於直接代入得到不定型 0^0，我們進行如下步驟，先假設極限存在並等於 y

$$y = \lim_{x \to 0^+} (\sin x)^x \qquad \text{不定型 } 0^0$$

$$\ln y = \ln\left[\lim_{x \to 0^+} (\sin x)^x \right] \qquad \text{左右兩邊取自然對數}$$

$$= \lim_{x \to 0^+} \left[\ln(\sin x)^x \right] \qquad \text{連續性}$$

$$= \lim_{x \to 0^+} \left[x \ln(\sin x) \right] \qquad \text{不定型 } 0 \cdot (-\infty)$$

$$= \lim_{x \to 0^+} \frac{\ln(\sin x)}{1/x} \qquad \text{不定型 } -\infty/\infty$$

$$= \lim_{x \to 0^+} \frac{\cot x}{-1/x^2} \qquad \text{羅必達規則}$$

$$= \lim_{x \to 0^+} \frac{-x^2}{\tan x} \qquad \text{不定型 } 0/0$$

$$= \lim_{x \to 0^+} \frac{-2x}{\sec^2 x} = 0 \qquad \text{羅必達規則}$$

因為 $\ln y = 0$，所以 $y = e^0 = 1$，亦即 $\lim_{x \to 0^+} (\sin x)^x = 1$。

例 7　不定型 $\infty - \infty$

求 $\lim\limits_{x \to 1^+} \left(\dfrac{1}{\ln x} - \dfrac{1}{x-1} \right)$。

解　由於直接代入得到不定型 $\infty - \infty$，我們希望能將原式改寫成可以使用羅必達規則的形式。因此，先將兩式通分合併得到

$$\lim_{x \to 1^+} \left(\frac{1}{\ln x} - \frac{1}{x-1} \right) = \lim_{x \to 1^+} \left[\frac{x - 1 - \ln x}{(x-1)\ln x} \right]$$

再直接代入，得到不定型 0/0，因此可以使用羅必達規則

$$\lim_{x \to 1^+} \left(\frac{1}{\ln x} - \frac{1}{x-1} \right) = \lim_{x \to 1^+} \frac{\dfrac{d}{dx}[x - 1 - \ln x]}{\dfrac{d}{dx}[(x-1)\ln x]}$$

$$= \lim_{x \to 1^+} \left[\frac{1 - (1/x)}{(x-1)(1/x) + \ln x} \right]$$

$$= \lim_{x \to 1^+} \left(\frac{x - 1}{x - 1 + x \ln x} \right)$$

上式的結果仍然是不定型 0/0，所以再使用一次羅必達規則得到

$$\lim_{x \to 1^+} \frac{x - 1}{x - 1 + x \ln x} = \lim_{x \to 1^+} \frac{1}{1 + x(1/x) + \ln x} = \frac{1}{2}$$

不定型約略可分為 0/0，∞/∞，$\infty - \infty$，$0 \cdot \infty$，0^0，1^∞ 和 ∞^0 七種形式，但是下面四種必須看成是「定型」。

$$\infty + \infty \to \infty \qquad \text{極限是正無窮大}$$
$$-\infty - \infty \to -\infty \qquad \text{極限是負無窮大}$$
$$0^\infty \to 0 \qquad \text{極限是零}$$
$$0^{-\infty} \to \infty \qquad \text{極限是正無窮大}$$

在使用羅必達規則時，切記所求的極限一定要是不定型 0/0 和 ∞/∞。下面是一個誤用的例子

$$\lim_{x \to 0} \frac{e^x}{x} = \lim_{x \to 0} \frac{e^x}{1} = 1 \qquad \text{誤用羅必達規則}$$

原因是分母的極限雖然是 0，但是分子的極限卻是 1，不符合使用羅必達規則的前提。

> **研讀指引**　本節中所談到可使用羅必達規則的例子，極限都存在。至於極限是無窮大的情形，羅必達規則也適用，可用羅必達規則求得 $\lim\limits_{x \to \infty} \dfrac{e^x}{x} = \infty$

4 積分
Integration

4.1 反導數和不定積分　Antiderivatives and Indefinite Integration

- 求微分方程的通解。
- 以不定積分的符號表示反導函數（反導函數也可稱為反導數）。
- 以基本積分規則求反導函數。
- 求微分方程的特解。

反導函數 | Antiderivatives

如果要求一個函數 F，它的導函數是 $f(x) = 3x^2$，從微分的經驗，可以回答如下

$$因為 \quad \frac{d}{dx}[x^3] = 3x^2 \text{，所以} \quad F(x) = x^3$$

函數 F 稱為 f 的一個反導函數。

反導函數的定義

如果在區間 I 上，$F'(x) = f(x)$ 恆成立，我們就稱函數 F 是函數 f 在 I 上的一個**反導函數**（antiderivative）。

F 只是 f 諸多反導函數中的一個，而非全體，所以我們不說 F 是 f 的反導函數，而要說 F 是 f 的反導函數之一。為何如此呢？因為

$$F_1(x) = x^3 \text{，} F_2(x) = x^3 - 5 \text{ 和 } F_3(x) = x^3 + 97$$

都是 $f(x) = 3x^2$ 的反導函數。實際上，對任何的一個常數 C，$F(x) = x^3 + C$ 都是 f 的反導函數。

定理 4.1　反導函數的表示法

如果 F 是區間 I 上函數 f 的一個反導函數，那麼函數 G 也是 I 上 f 的一個反導函數的充要條件是

$$G(x) = F(x) + C \text{ 在 } I \text{ 上恆成立，式中 } C \text{ 是一個常數}$$

證明　定理 4.1 其中一方向的證明過程很直接，即，假如 $G(x) = F(x) + C$，$F'(x) = f(x)$，因為 C 是一個常數，所以

$$G'(x) = \frac{d}{dx}[F(x) + C] = F'(x) + 0 = f(x)$$

再證另一個方向，若 G 為 f 的任一反導函數，我們定義函數 H 使得

$$H(x) = G(x) - F(x)$$

若 a 與 b $(a<b)$ 為區間內的任意兩個點，因 H 在閉區間 $[a, b]$ 中連續，且在開區間 (a, b) 可微分，根據均值定理，在區間 (a, b) 內存在一點 c 使得

$$H'(c) = \frac{H(b) - H(a)}{b - a}$$

然而，$H'(c) = 0$，故 $H(a) = H(b)$。因 a 與 b 為區間內的任意點，於是我們得到函數 H 為一常數函數 C。所以 $G(x) - F(x) = C$，亦即 $G(x) = F(x) + C$。

利用定理 4.1，我們可以將任意常數加到一個已知的反導函數，來得到所有可能的反導函數。例如，已知 $D_x[x^2] = 2x$，我們可用

$$G(x) = x^2 + C \qquad f(x) = 2x \text{ 所有的反導函數}$$

來表示 $f(x) = 2x$ 所有的反導函數。式中 C 是一個常數，稱為**積分常數**（constant of integration）。而 $G(x) = x^2 + C$ 就稱為 f 的**反導函數通解**（general antiderivative），並且 $G(x) = x^2 + C$ 也是下列微分方程的**通解**（general solution）。

$$G'(x) = 2x \qquad 微分方程（亦稱「微分方程式」）$$

一個 x 和 y 的**微分方程**（differential equation）是一個牽涉到變量 x、y 和 y 的導函數的方程式。比如說，$y' = 3x$ 和 $y' = x^2 + 1$ 都是微分方程的例子。

例 1　解微分方程

求微分方程 $y' = 2$ 的通解。

解　先找一個導函數是 2 的函數，一個可能是

$$y = 2x \qquad 2x \text{ 是 2 的反導函數}$$

再利用定理 4.1，得知微分方程的通解是

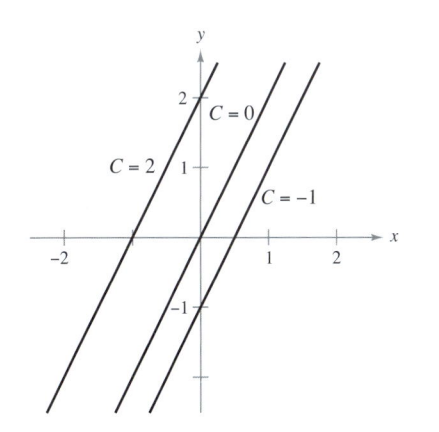

$$y = 2x + C \qquad 通解$$

圖 4.1 給出三個 $y = 2x + C$ 的函數圖形。

圖 4.1　在不同的常數 C 時，函數 $y = 2x + C$ 的圖形。

反導函數的記號 Notation for Antiderivatives

在解 $\dfrac{dy}{dx} = f(x)$ 這一類的微分方程時，習慣上會把它改寫為下列

的微分形式

$$dy = f(x)dx$$

求出上式所有解的運算方法稱為**反微分**（antidifferentiation）或**不定積分**（indefinite integration），並以積分記號 $\int$ 表示。我們以下圖來表示上式的通解。

$$y = \underset{\text{被積函數}}{\int \underset{}{f(x)} \, \underset{\text{積分變數}}{dx}} = F(x) + \underset{\text{積分常數}}{C}$$

注意 在本書中，式子 $\int f(x)dx = F(x) + C$ 表示 F 是 f 在某一區間上的反導函數。

式子 $\int f(x)\,dx$ 讀作 f 對 x 的反導函數。式中，微分 dx 用來確認積分變數是 x，**不定積分**（indefinite integral）一詞則是反導函數的同義字。

基本積分^(註)規則 Basic Integration Rules

從積分與微分互逆的本質，可以重寫不定積分的定義如下：

$$\int F'(x)\,dx = F(x) + C \quad \text{積分是微分的逆運算}$$

並且，如果 $\int f(x)dx = F(x) + C$，當然有

注意 積分的指數規則只在 $n \neq -1$ 成立。如果要計算 $\int x^{-1}dx$，必須引用自然對數規則。

$$\frac{d}{dx}\left[\int f(x)\,dx\right] = f(x) \quad \text{微分是積分的逆運算}$$

從上面兩個方程式可以得出下表，其中的積分公式都是直接從微分公式得出。

基本積分規則

微分公式	積分公式
$\dfrac{d}{dx}[C] = 0$	$\int 0\,dx = C$
$\dfrac{d}{dx}[kx] = k$	$\int k\,dx = kx + C$
$\dfrac{d}{dx}[kf(x)] = kf'(x)$	$\int kf(x)\,dx = k\int f(x)\,dx$
$\dfrac{d}{dx}[f(x) \pm g(x)] = f'(x) \pm g'(x)$	$\int [f(x) \pm g(x)]\,dx = \int f(x)\,dx \pm \int g(x)\,dx$
$\dfrac{d}{dx}[x^n] = nx^{n-1}$	$\int x^n\,dx = \dfrac{x^{n+1}}{n+1} + C, \quad n \neq -1$ 指數規則
$\dfrac{d}{dx}[\sin x] = \cos x$	$\int \cos x\,dx = \sin x + C$

註：此處積分指「不定積分」或反導函數。

$$\frac{d}{dx}[\cos x] = -\sin x \qquad \int \sin x \, dx = -\cos x + C$$

$$\frac{d}{dx}[\tan x] = \sec^2 x \qquad \int \sec^2 x \, dx = \tan x + C$$

$$\frac{d}{dx}[\sec x] = \sec x \tan x \qquad \int \sec x \tan x \, dx = \sec x + C$$

$$\frac{d}{dx}[\cot x] = -\csc^2 x \qquad \int \csc^2 x \, dx = -\cot x + C$$

$$\frac{d}{dx}[\csc x] = -\csc x \cot x \qquad \int \csc x \cot x \, dx = -\csc x + C$$

$$\frac{d}{dx}[e^x] = e^x \qquad \int e^x \, dx = e^x + C$$

$$\frac{d}{dx}[a^x] = (\ln a) a^x \qquad \int a^x \, dx = \left(\frac{1}{\ln a}\right) a^x + C$$

$$\frac{d}{dx}[\ln x] = \frac{1}{x},\ x > 0 \qquad \int \frac{1}{x} \, dx = \ln |x| + C$$

例 2　應用基本積分規則

試求 $3x$ 的反導函數。

解

$$\int 3x \, dx = 3 \int x \, dx \qquad \text{常數倍規則}$$

$$= 3 \int x^1 \, dx \qquad x \text{ 即 } x^1$$

$$= 3\left(\frac{x^2}{2}\right) + C \qquad n = 1 \text{ 時的指數規則}$$

$$= \frac{3}{2} x^2 + C \qquad \text{化簡}$$

因此，$3x$ 的反導函數是 $\frac{3}{2}x^2 + C$，其中 C 是任意常數。

計算不定積分時，嚴謹的遵守積分規則經常會得到複雜的積分常數。比方說，例 2 的計算可能變成

$$\int 3x \, dx = 3 \int x \, dx = 3\left(\frac{x^2}{2} + C\right) = \frac{3}{2}x^2 + 3C$$

但是由於 C 代表的是任意常數，因此不必將積分常數寫成 $3C$，而且又很累贅，所以我們會以較簡潔的方式 $\frac{3}{2}x^2 + C$ 來表達。

例 2 中，求積分的過程與求微分類似。

原積分式 ➡ 改寫 ➡ 積分 ➡ 化簡

例3 積分之前改寫被積函數

	原積分式	改寫	積分	化簡
a.	$\int \dfrac{1}{x^3}\,dx$	$\int x^{-3}\,dx$	$\dfrac{x^{-2}}{-2} + C$	$-\dfrac{1}{2x^2} + C$
b.	$\int \sqrt{x}\,dx$	$\int x^{1/2}\,dx$	$\dfrac{x^{3/2}}{3/2} + C$	$\dfrac{2}{3}x^{3/2} + C$
c.	$\int 2\sin x\,dx$	$2\int \sin x\,dx$	$2(-\cos x) + C$	$-2\cos x + C$
d.	$\int \dfrac{3}{x}\,dx$	$3\int \dfrac{1}{x}\,dx$	$3(\ln|x|) + C$	$3\ln|x| + C$

注意 利用對數性質可以將例 3(d) 的反導函數改寫為 $3\ln|x| + C = \ln|x|^3 + C$。例 3(d) 是很多同學易錯的一題。

例4 多項式函數的不定積分

a. $\int dx = \int 1\,dx$ 被積函數是 1

$\qquad = x + C$ 積分

b. $\int (x+2)\,dx = \int x\,dx + \int 2\,dx$

$\qquad\qquad\qquad = \dfrac{x^2}{2} + C_1 + 2x + C_2$ 積分

$\qquad\qquad\qquad = \dfrac{x^2}{2} + 2x + C$ $C = C_1 + C_2$

倒數第二式可以省略。

c. $\int (3x^4 - 5x^2 + x)\,dx = 3\left(\dfrac{x^5}{5}\right) - 5\left(\dfrac{x^3}{3}\right) + \dfrac{x^2}{2} + C$ 積分

$\qquad\qquad\qquad\qquad\qquad = \dfrac{3}{5}x^5 - \dfrac{5}{3}x^3 + \dfrac{1}{2}x^2 + C$ 化簡

例5 積分之前先行改寫

注意 積分的重要技巧之一，是能把被積函數改寫成可以套用基本積分規則的型式。

$\int \dfrac{x+1}{\sqrt{x}}\,dx = \int \left(\dfrac{x}{\sqrt{x}} + \dfrac{1}{\sqrt{x}}\right)dx$ 改寫成兩個分式

$\qquad\qquad\quad = \int (x^{1/2} + x^{-1/2})\,dx$ 改寫成分數的指數

$\qquad\qquad\quad = \dfrac{x^{3/2}}{3/2} + \dfrac{x^{1/2}}{1/2} + C$ 積分

$\qquad\qquad\quad = \dfrac{2}{3}x^{3/2} + 2x^{1/2} + C$ 化簡

$\qquad\qquad\quad = \dfrac{2}{3}\sqrt{x}\,(x+3) + C$

當對分式積分時，不可對分子和分母分別積分。這在微分分式時就不可行，更不用說在積分的時候了。在例 5 中，請確實理解

$$\int \frac{x+1}{\sqrt{x}}\, dx = \frac{2}{3}\sqrt{x}(x+3) + C \quad 與 \quad \frac{\int (x+1)\, dx}{\int \sqrt{x}\, dx} = \frac{\frac{1}{2}x^2 + x + C_1}{\frac{2}{3}x\sqrt{x} + C_2} \quad 完全不同。$$

例 6　積分之前先行改寫

$$\int \frac{\sin x}{\cos^2 x}\, dx = \int \left(\frac{1}{\cos x}\right)\left(\frac{\sin x}{\cos x}\right) dx \qquad 改寫為積$$

$$= \int \sec x \tan x\, dx \qquad 利用三角恆等式改寫$$

$$= \sec x + C \qquad 積分$$

例 7　積分之前改寫被積函數

原積分式	改寫	積分	化簡
a. $\int \dfrac{2}{\sqrt{x}}\, dx$	$2\int x^{-1/2}\, dx$	$2\left(\dfrac{x^{1/2}}{1/2}\right) + C$	$4x^{1/2} + C$
b. $\int (t^2 + 1)^2\, dt$	$\int (t^4 + 2t^2 + 1)\, dt$	$\dfrac{t^5}{5} + 2\left(\dfrac{t^3}{3}\right) + t + C$	$\dfrac{1}{5}t^5 + \dfrac{2}{3}t^3 + t + C$
c. $\int \dfrac{x^3 + 3}{x^2}\, dx$	$\int (x + 3x^{-2})\, dx$	$\dfrac{x^2}{2} + 3\left(\dfrac{x^{-1}}{-1}\right) + C$	$\dfrac{1}{2}x^2 - \dfrac{3}{x} + C$
d. $\int \sqrt[3]{x}(x-4)\, dx$	$\int (x^{4/3} - 4x^{1/3})\, dx$	$\dfrac{x^{7/3}}{7/3} - 4\left(\dfrac{x^{4/3}}{4/3}\right) + C$	$\dfrac{3}{7}x^{7/3} - 3x^{4/3} + C$

不要忘了可以經由微分來驗算不定積分（反導函數）。以例 7(a) 為例，將 $4x^{\frac{1}{2}} + C$ 微分，可檢驗此一答案是否正確。

$$D_x[4x^{1/2} + C] = 4\left(\frac{1}{2}\right)x^{-1/2} = \frac{2}{\sqrt{x}} \qquad 以微分驗算反導函數$$

初始條件和特解　Initial Conditions and Particular Solutions

我們知道方程式 $y = \int f(x)\, dx$ 有許多解（解與解之間只差一個常數），這表示 f 的任意兩個反導數之間只差一個鉛直方向的平移。例如，圖 4.2 表出形如

$$y = \int (3x^2 - 1)\, dx = x^3 - x + C \qquad 通解$$

的若干個反導數,對應一些整數值的 C。其中每一個反導數都是微分方程的解

$$\frac{dy}{dx} = 3x^2 - 1$$

在積分的應用中,通常會根據足夠的訊息來決定一個**特解**（particular solution）。其實,只需要知道 $y = F(x)$ 在一特定 x 的值就足夠,這個訊息稱為**初始條件**（initial condition）。以圖 4.2 為例,過點 (2, 4) 的曲線只有一條。要求出這條曲線,可先求通解

$$F(x) = x^3 - x + C \qquad \text{通解}$$

再看其初始條件

$$F(2) = 4 \qquad \text{初始條件}$$

在通解中代入初始條件,得到 $F(2) = 8 - 2 + C = 4$,因此 $C = -2$。所以得到特解

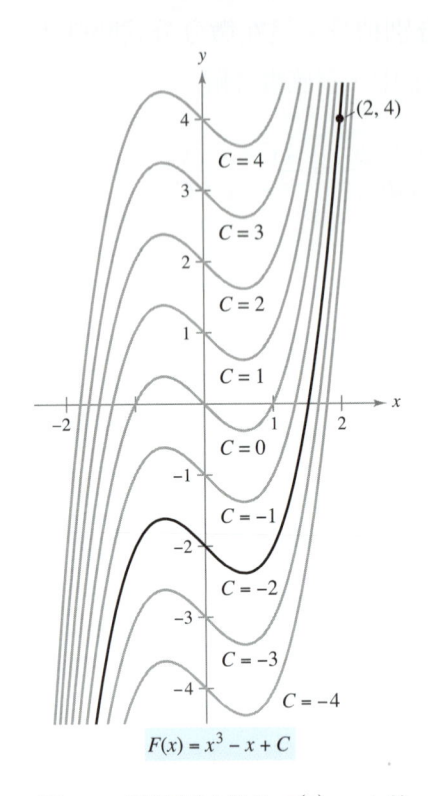

$$F(x) = x^3 - x - 2 \qquad \text{特解}$$

圖 4.2 滿足初始條件 $F(2) = 4$ 的特解是 $F(x) = x^3 - x - 2$。

例 8 求一個特解

先求下列微分方程的通解

$$F'(x) = e^x \qquad \text{微分方程}$$

再求滿足下列初始條件的特解

$$F'(0) = 0 \qquad \text{初始條件}$$

解　先以積分求得通解

$$F(x) = \int e^x \, dx$$
$$= e^x + C \qquad \text{通解}$$

以初始條件 $F(0) = 3$,解 C 如下

$$F(0) = e^0 + C$$
$$3 = 1 + C$$
$$2 = C$$

如圖 4.3 所示,特解是

$$F(x) = e^x + 2 \qquad \text{特解}$$

如圖 4.3。注意到圖 4.3 分別畫出 $C = -3, -2, -1, 0, 1, 2, 3$ 的解之曲線圖。

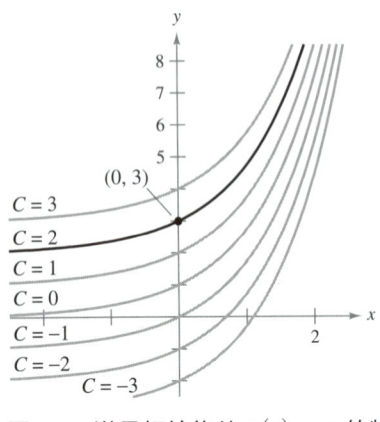

圖 4.3 滿足初始條件 $F(0) = 3$ 的特解是 $F(x) = e^x + 2$。

到目前為止,我們都是以 x 作為積分變數,但有時在實際應用時,用其

他的變數會比較方便。例如，下列的例子涉及到時間，我們就使用 t 作為積分變數。

例 9　解鉛直運動

從高度 24.5 公尺處，以初速 19.6 公尺 / 秒將一球向上擲出（圖 4.4）。

a. 求時間 t 時的高度函數。

b. 球何時落地？

解

a. 以 $t = 0$ 表初始時間，兩個初始條件分別是

$$s(0) = 24.5 \qquad \text{初始高度 24.5 公尺}$$
$$s'(0) = 19.6 \qquad \text{初始速度 19.6 公尺 / 秒}$$

以重力加速度 9.8 公尺 / 秒^2，寫下

$$s''(t) = -9.8$$
$$s'(t) = \int s''(t)\, dt = \int -9.8\, dt = -9.8t + C_1$$

再以初始速度代入，得到 $s'(0) = 19.6 = -9.8(0) + C_1$，亦即 $C_1 = 19.6$，然後，再積分 $s'(t)$ 得出

$$s(t) = \int s'(t)\, dt = \int (-9.8t + 19.6)\, dt = -4.9t^2 + 19.6t + C_2$$

代入初始高度，得出

$$s(0) = 24.5 = -4.9(0^2) + 19.6(0) + C_2$$

因此 $C_2 = 24.5$。所以，高度函數是

$$s(t) = -4.9t^2 + 19.64t + 24.5 \qquad \text{見圖 4.4}$$

b. 由 (a) 的結果，令 $s(t) = 0$ 來解球落地的時間。

$$-4.9t^2 + 19.6t + 24.5 = 0$$
$$-4.9(t + 1)(t - 5) = 0$$
$$t = -1, 5$$

t 必須為正，因此得出球擲出 5 秒鐘後落地。

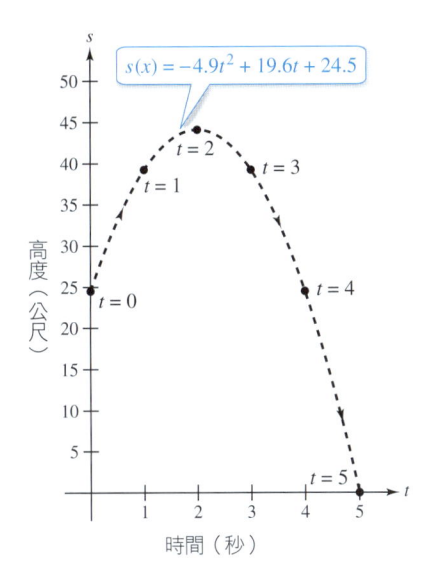

圖 4.4　球在 t 時刻的高度。

在例 9 中，高度函數的型式是 $s(t) = -\frac{1}{2}gt^2 + v_0 t + s_0$，式中 g 是重力加速度，v_0 是初始速度，s_0 是初始高度，如 2.2 節例 11 所示。例 9 示範如何利用微積分來分析重力加速度影響下的鉛直運動。類似的手法可以用來分析來自其他力的直線加速度運動（見習題 18-20）。

習題 4.1

1. 驗證等式右邊函數的導函數等於等式左邊的被積函數。

$$\int \left(8x^3 + \frac{1}{2x^2}\right) dx = 2x^4 - \frac{1}{2x} + C$$

2. 求下列微分方程的通解，並以微分驗算。

$$\frac{dy}{dx} = 2x^{-3}$$

習題 3 ～ 13，求下列各題的不定積分，並以微分驗算。

3. $\int (x + 7) \, dx$

4. $\int (x^{3/2} + 2x + 1) \, dx$

5. $\int (x + 1)(3x - 2) \, dx$

6. $\int \frac{1}{x^5} \, dx$

7. $\int \frac{x + 6}{\sqrt{x}} \, dx$

8. $\int (5 \cos x + 4 \sin x) \, dx$

9. $\int (\sec^2 \theta - \sin \theta) \, d\theta$

★10. $\int (\tan^2 y + 1) \, dy$

11. $\int (2 \sin x - 5e^x) \, dx$

★12. $\int (2x - 4^x) \, dx$

13. $\int \left(x - \frac{5}{x}\right) dx$

14. 下列圖形代表某一個函數的導函數，至少畫兩個圖形，使得它們的導函數如下圖。

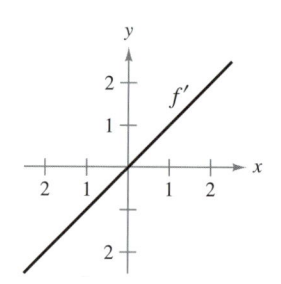

習題 15 ～ 17，解下列微分方程式。

15. $f'(x) = 6x, \ f(0) = 8$

16. $f''(x) = x^{-3/2}, \ f'(4) = 2, \ f(0) = 0$

17. $f''(x) = e^x, \ f'(0) = 2, \ f(0) = 5$

18. 沿 x 軸運動的質點，其位置函數是

   $x(t) = t^3 - 6t^2 + 9t - 2, \ 0 \leq t \leq 5$

   (a) 求質點的速度和加速度。
   (b) 求質點向右移動的時段（以開區間表之）。
   (c) 求質點加速度為 0 時的速度。

19. 沿 x 軸運動的質點，速度是 $v(t) = 1/\sqrt{t}$，$t > 0$。在 $t = 1$ 時，位置是 $x = 4$，求質點的加速度和位置函數。

★20. 某汽車廣告宣稱該車可以在 13 秒內從 25 公里／時加速到 80 公里／時。假設加速度是常數，試求：

   (a) 加速度（公尺／秒^2）是多少？
   (b) 在這 13 秒中，汽車走了多遠？

註：標誌 ★ 表示稍難題目。

4.2 面積(註)　Area

- 以 Σ 符號來記錄與求和。
- 瞭解面積的觀念。
- 求平面區域面積的近似值。
- 以極限求平面區域的面積。

Σ 符號 Sigma Notation

在上一節中，我們學了反微分。在本節中將進一步研討如何求平面區域的面積。反微分和求面積這兩個議題乍看似乎無關，但實際上在 4.4 節，透過學習一個極其重要的「微積分基本定理」，我們會發現反微分和求面積之間關係密切。

此處先引入一個求和的符號，稱為 **Σ 符號**（sigma notation），Σ 是希臘文的第十八個字母，讀作 sigma。

Σ 符號

$a_1, a_2, a_3, \ldots, a_n$，這 n 項的和記成
$$\sum_{i=1}^{n} a_i = a_1 + a_2 + a_3 + \cdots + a_n$$
其中 i 是**求和時一般項的序號**（index of summation），a_i 是求和的**第 i 項**（ith term），1 和 n 分別是**求和的頭、尾項序號**（upper and lower bounds of summation）。

注意 在以 Σ 寫求和符號的時候，頭項和尾項的序號必須先定好，頭項不必從 1 開始，只要不超過尾項的序號即可。

例 1　使用 Σ 符號的例子

a. $\displaystyle\sum_{i=1}^{6} i = 1 + 2 + 3 + 4 + 5 + 6$

b. $\displaystyle\sum_{i=0}^{5}(i+1) = 1 + 2 + 3 + 4 + 5 + 6$

c. $\displaystyle\sum_{j=3}^{7} j^2 = 3^2 + 4^2 + 5^2 + 6^2 + 7^2$

d. $\displaystyle\sum_{j=1}^{5} \frac{1}{\sqrt{j}} = \frac{1}{\sqrt{1}} + \frac{1}{\sqrt{2}} + \frac{1}{\sqrt{3}} + \frac{1}{\sqrt{4}} + \frac{1}{\sqrt{5}}$

e. $\displaystyle\sum_{k=1}^{n} \frac{1}{n}(k^2 + 1) = \frac{1}{n}(1^2 + 1) + \frac{1}{n}(2^2 + 1) + \cdots + \frac{1}{n}(n^2 + 1)$

註：本章節較理論，計算也較繁瑣，若時間不夠，簡單複習 Σ 符號後，可跳過此章節其他部分與 4.3 節黎曼和，直接進入 4.3 節的定理 4.5。

f. $\sum_{i=1}^{n} f(x_i) \Delta x = f(x_1) \Delta x + f(x_2) \Delta x + \cdots + f(x_n) \Delta x$

(a) 和 (b) 其實是同一個和，但以 Σ 符號作不同的表示。

雖然任何字母都可用來表示序號，但是習慣上常常使用 i、j 及 k。注意在例 1 中，等號右邊代表把和逐項展開，此時序號就不再以 i（或 j、k）記錄。

下面有關和的性質，可由加法的結合律、交換律和乘法的分配律導出，其中 k 是常數。

1. $\sum_{i=1}^{n} ka_i = k\sum_{i=1}^{n} a_i$ ，
2. $\sum_{i=1}^{n} (a_i \pm b_i) = \sum_{i=1}^{n} a_i \pm \sum_{i=1}^{n} b_i$

定理 4.2　　求和公式（註）

1. $\sum_{i=1}^{n} c = cn$，其中 c 是常數
2. $\sum_{i=1}^{n} i = \dfrac{n(n+1)}{2}$
3. $\sum_{i=1}^{n} i^2 = \dfrac{n(n+1)(2n+1)}{6}$
4. $\sum_{i=1}^{n} i^3 = \dfrac{n^2(n+1)^2}{4}$

1 到 100 的和

小時候，高斯（1777～1855）的老師問他 1 加到 100 是多少，高斯很快就回答出正確答案。當老師看到他的答案，竟一時楞住、說不出話來。下面是高斯的答案：

$$\begin{array}{r} 1 + 2 + 3 + \cdots + 100 \\ 100 + 99 + 98 + \cdots + 1 \\ \hline 101 + 101 + 101 + \cdots + 101 \end{array}$$

$$\dfrac{100 \times 101}{2} = 5050$$

定理 4.2 的第 2 式是高斯想法的一般形式。

$$\sum_{i=1}^{100} i = \dfrac{100(101)}{2} = 5050$$

例 2　求和

對 $n = 10$、100、1000 與 10,000，分別求 $\sum_{i=1}^{n} \dfrac{i+1}{n^2}$。

解　利用定理 4.2，得出

$$\sum_{i=1}^{n} \dfrac{i+1}{n^2} = \dfrac{1}{n^2}\sum_{i=1}^{n}(i+1) \quad \text{先提出 } 1/n^2$$

$$= \dfrac{1}{n^2}\left(\sum_{i=1}^{n} i + \sum_{i=1}^{n} 1\right) \quad \text{拆成兩組}$$

$$= \dfrac{1}{n^2}\left[\dfrac{n(n+1)}{2} + n\right] \quad \text{利用定理 4.2}$$

$$= \dfrac{1}{n^2}\left[\dfrac{n^2 + 3n}{2}\right] \quad \text{化簡}$$

$$= \dfrac{n+3}{2n} \quad \text{化簡}$$

再將 n 的值分別代入，答案如下表所示。

n	10	100	1,000	10,000
$\sum_{i=1}^{n} \dfrac{i+1}{n^2} = \dfrac{n+3}{2n}$	0.65000	0.51500	0.50150	0.50015

註：定理 4.2 的證明請見附錄 B。

從表中可以看出當 n 增加時，和似乎趨近一個極限。雖然在 3.5 節討論無窮遠處的極限時，x 是一個變數，代表任一個實數，但是類似的結果對僅代表正整數的 n 也適用。因此在求當 n 趨近無窮大，$(n + 3)/2n$ 的極限時，同樣可以寫成

$$\lim_{n \to \infty} \frac{n+3}{2n} = \frac{1}{2}$$

面積 Area

在歐幾里德幾何學中，最簡單的平面區域是長方形。雖然一般都說長方形的面積公式是長乘以寬 $A = bh$，而實際上這個公式應該稱為**長方形面積**（area of a rectangle）的定義。

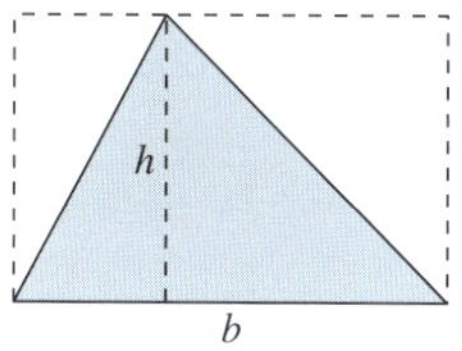

從這個定義出發，我們可以得到許多其他平面區域的面積。譬如，三角形的面積可以從長方形面積之半得出（圖 4.5）。一旦得出三角形的面積公式，任意多邊形的面積就可藉著分割成三角形來求得（圖 4.6）。

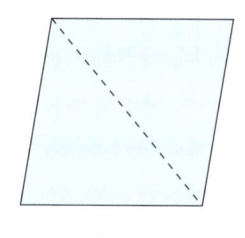

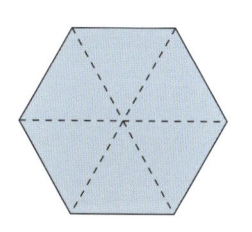

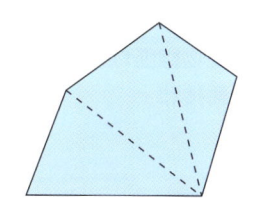

圖 4.5　三角形：$A = \frac{1}{2}bh$。

圖 4.6　平行四邊形　　正六邊形　　多邊形

求非多邊形區域的面積比較困難，古希臘的數學家可以藉著窮盡法求出一些主要由圓錐曲線圍出的面積。對窮盡法最清楚的描述源自阿基米德。基本上，窮盡法是一個利用兩組多邊形分別從內和外夾住所求區域面積的極限過程。

以圖 4.7 中圓域的情形來看，圓域分別以內接和外切正 n 邊形近似，對每一個 n 值，內接多邊形的面積小於圓的面積，而圓的面積又

阿基米德
（287～212 B.C.）
阿基米德以窮盡法導出橢圓、拋物線為直線所截區域，和螺線扇形的面積。他被公認為是古代最偉大的應用數學家。

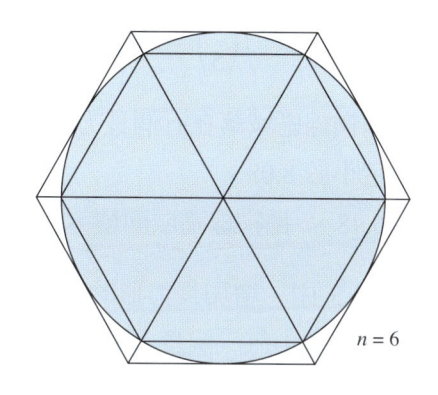

圖 4.7　以窮盡法求圓域的面積。

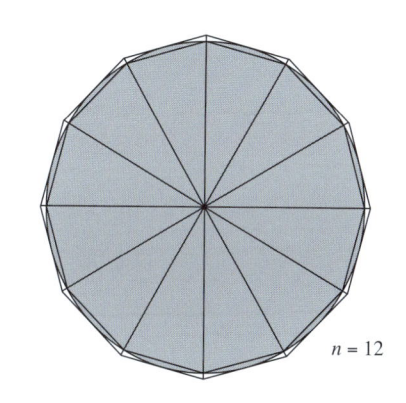

小於外切多邊形的面積，當 n 增加的時候，以外切和內接多邊形面積近似圓面積的效果會越來越好。

我們將以類似的方法處理本節其他例子的面積問題。

平面區域的面積 The Area of a Plane Region

我們曾經提到微積分起源於兩個古典問題：求切線和求面積。我們先從例題 3 開始討論面積問題。

例 3 平面區域面積的近似值

圖 4.8(a) 和 (b) 分別以兩組長方形來近似介於 $f(x) = -x^2 + 5$ 圖形之下、x 軸之上，從 $x = 0$ 到 $x = 2$ 的面積。

解

a. 五個小區間右邊的端點分別是 $\frac{2}{5}i$，$i = 1, 2, 3, 4, 5$。每一個長方形底的寬度都是 $\frac{2}{5}$，高度由 f 在每一個小區間右邊的端點代值決定。

$$\left[0, \frac{2}{5}\right], \left[\frac{2}{5}, \frac{4}{5}\right], \left[\frac{4}{5}, \frac{6}{5}\right], \left[\frac{6}{5}, \frac{8}{5}\right], \left[\frac{8}{5}, \frac{10}{5}\right]$$

將 f 在每一個區間的右邊端點代值

這五個長方形的面積和是

$$\sum_{i=1}^{5} f\left(\frac{2i}{5}\right)\left(\frac{2}{5}\right) = \sum_{i=1}^{5}\left[-\left(\frac{2i}{5}\right)^2 + 5\right]\left(\frac{2}{5}\right) = \frac{162}{25} = 6.48$$

因為每一個長方形都落在拋物線區域的內部，可知拋物線區域的面積一定大於 6.48。

b. 五個小區間左邊的端點是 $\frac{2}{5}(i-1)$，$i = 1, 2, 3, 4, 5$。每一個長方形底的寬度都是 $\frac{2}{5}$，高度由 f 在每一個小區間左邊的端點代值決定。

$$\sum_{i=1}^{5} f\left(\frac{2i-2}{5}\right)\left(\frac{2}{5}\right) = \sum_{i=1}^{5}\left[-\left(\frac{2i-2}{5}\right)^2 + 5\right]\left(\frac{2}{5}\right) = \frac{202}{25} = 8.08$$

因為拋物線區域落在五個長方形區域的聯集中，可知拋物線區域的面積一定小於 8.08。

結論：6.48 < 拋物線區域面積 < 8.08。

在例 3 中，增加長方形的數量可以得到更佳的近似。例如，用 25 個長方形，其中每一個長方形的寬度都是 2/25 的，來估計例 3 的面積，可以得出：7.1712 < 拋物線區域面積 < 7.4912。

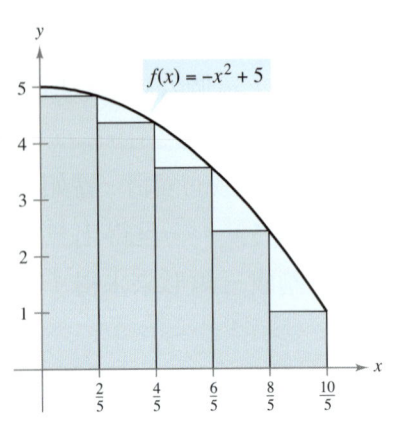

(a) 拋物線區域的面積大於長方形的面積和。

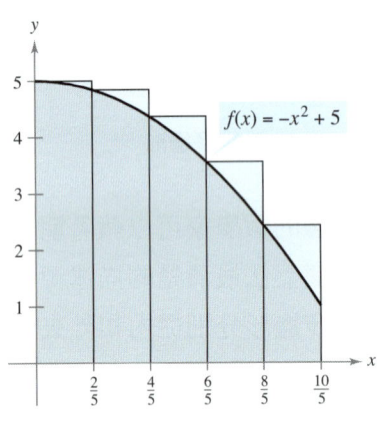

(b) 拋物線區域的面積小於長方形的面積和。

圖 4.8

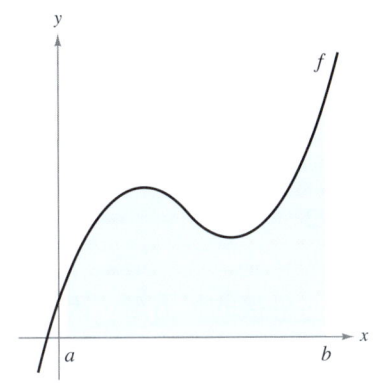

圖 4.9 曲線下方的區域。

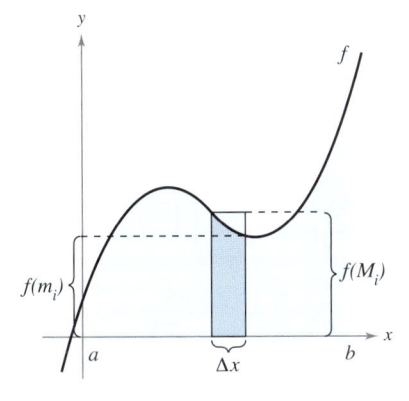

圖 4.10 將區間 [a, b] 等分為 n 個子區間，寬度是 $\Delta x = \dfrac{b-a}{n}$。

用極限求區域面積 Finding Area by the Limit Definition

例 3 的過程可以推廣如下。如圖 4.9 所示，有一個平面上的區域以 x 軸為下界，以一個非負連續的函數 $y = f(x)$ 的圖形為上界，左、右兩邊則以鉛直線 $x = a$ 和 $x = b$ 為界。

先將區間 $[a, b]$ 等分為 n 個子區間，每一個子區間的寬度都是 $\Delta x = (b - a)/n$（圖 4.10），現在要求此區域面積的近似值。這些子區間的端點分別是

$$\underbrace{a + 0(\Delta x)}_{a = x_0} < \underbrace{a + 1(\Delta x)}_{x_1} < \underbrace{a + 2(\Delta x)}_{x_2} < \cdots < \underbrace{a + n(\Delta x)}_{x_n = b}$$

因為 f 連續，極值定理保證 $f(x)$ 在每一個子區間上都有極小值和極大值。

$$f(m_i) = f(x) \text{ 在第 } i \text{ 個子區間上的極小值}$$
$$f(M_i) = f(x) \text{ 在第 } i \text{ 個子區間上的極大值}$$

我們稱一個落在第 i 個子區域中的長方形為**內接長方形**（inscribed rectangle），而稱一個完全覆蓋第 i 個子區間的長方形為**外接長方形**（circumscribed rectangle）。將第 i 個內接長方形的高度取成 $f(m_i)$，而將第 i 個外接長方形的高度取成 $f(M_i)$，我們有下列的不等式關係

$$\begin{pmatrix} \text{內接長方形} \\ \text{的面積} \end{pmatrix} = f(m_i)\,\Delta x \leq f(M_i)\,\Delta x = \begin{pmatrix} \text{外接長方形} \\ \text{的面積} \end{pmatrix}$$

上述 n 個內接長方形的面積和稱為一個**下和**（lower sum），上述 n 個外接長方形的面積和稱為一個**上和**（upper sum）。

$$\text{下和} = s(n) = \sum_{i=1}^{n} f(m_i)\,\Delta x \qquad \text{內接長方形的總面積}$$

$$\text{上和} = S(n) = \sum_{i=1}^{n} f(M_i)\,\Delta x \qquad \text{外接長方形的總面積}$$

從圖 4.11 可知下和 $s(n)$ 一定小或等於上和 $S(n)$。而且，區域的面積會落在下和與上和之間。

$$s(n) \leq （\text{區域的面積}） \leq S(n)$$

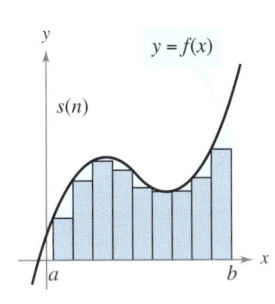

圖 4.11

內接長方形的總面積小於區域的面積

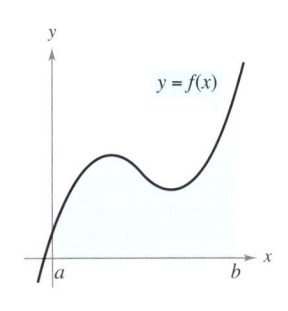

區域的面積

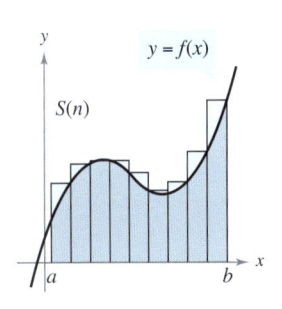

外接長方形的總面積大於區域的面積

例 4　求區域面積的上和與下和

求以 x 軸，$f(x) = x^2$，$x = 0$，$x = 2$ 為界的區域面積的上和與下和。

解　先將區間 $[0, 2]$ 等分割為 n 個子區間，每一個取的寬度是

$$\Delta x = \frac{b-a}{n} = \frac{2-0}{n} = \frac{2}{n}$$

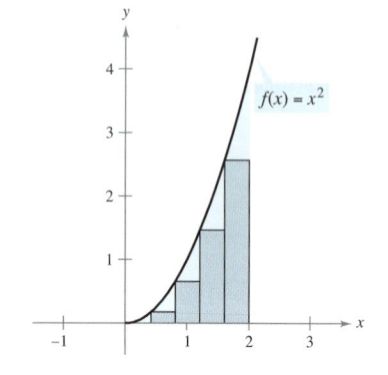

圖 4.12 顯示出一些子區間的端點和一些內接、外接的長方形。因為 f 在區間 $[0, 2]$ 上遞增，所以在每一個子區間上的極小值一定發生在左端點，極大值一定發生在右端點。

左端點

$$m_i = 0 + (i-1)\left(\frac{2}{n}\right) = \frac{2(i-1)}{n}$$

右端點

$$M_i = 0 + i\left(\frac{2}{n}\right) = \frac{2i}{n}$$

以左端點取值為內接長方形的高，得到下和

$$\begin{aligned}
s(n) &= \sum_{i=1}^{n} f(m_i)\,\Delta x = \sum_{i=1}^{n} f\left[\frac{2(i-1)}{n}\right]\left(\frac{2}{n}\right) = \sum_{i=1}^{n}\left[\frac{2(i-1)}{n}\right]^2 \left(\frac{2}{n}\right) \\
&= \sum_{i=1}^{n}\left(\frac{8}{n^3}\right)(i^2 - 2i + 1) = \frac{8}{n^3}\left(\sum_{i=1}^{n} i^2 - 2\sum_{i=1}^{n} i + \sum_{i=1}^{n} 1\right) \\
&= \frac{8}{n^3}\left\{\frac{n(n+1)(2n+1)}{6} - 2\left[\frac{n(n+1)}{2}\right] + n\right\} \\
&= \frac{4}{3n^3}(2n^3 - 3n^2 + n) \\
&= \frac{8}{3} - \frac{4}{n} + \frac{4}{3n^2} \qquad\qquad\text{下和}
\end{aligned}$$

以右端點取值為外接長方形的高，得到上和

$$\begin{aligned}
S(n) &= \sum_{i=1}^{n} f(M_i)\,\Delta x = \sum_{i=1}^{n} f\left(\frac{2i}{n}\right)\left(\frac{2}{n}\right) = \sum_{i=1}^{n}\left(\frac{2i}{n}\right)^2 \left(\frac{2}{n}\right) \\
&= \sum_{i=1}^{n}\left(\frac{8}{n^3}\right)i^2 = \frac{8}{n^3}\left[\frac{n(n+1)(2n+1)}{6}\right] \\
&= \frac{4}{3n^3}(2n^3 + 3n^2 + n) \\
&= \frac{8}{3} + \frac{4}{n} + \frac{4}{3n^2} \qquad\qquad\text{上和}
\end{aligned}$$

例 4 顯示了有關上、下和的一些重要的現象。首先，注意到對任意的 n，下和都小於或等於上和。

$$s(n) = \frac{8}{3} - \frac{4}{n} + \frac{4}{3n^2} < \frac{8}{3} + \frac{4}{n} + \frac{4}{3n^2} = S(n)$$

內接長方形

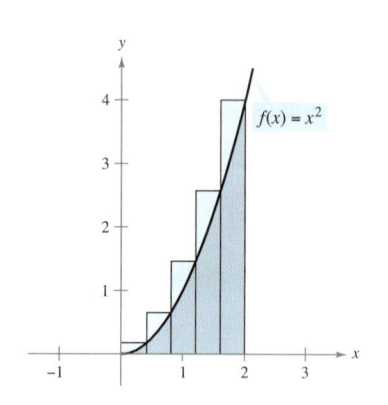

外接長方形

圖 4.12

其次，上、下和之間的差隨著 n 的遞增而遞減。實際上，如果令 $n \to \infty$ 而取極限，則上和與下和都會趨近於 $\frac{8}{3}$。

$$\lim_{n \to \infty} s(n) = \lim_{n \to \infty} \left(\frac{8}{3} - \frac{4}{n} + \frac{4}{3n^2} \right) = \frac{8}{3} \quad \text{下和的極限}$$

且

$$\lim_{n \to \infty} S(n) = \lim_{n \to \infty} \left(\frac{8}{3} + \frac{4}{n} + \frac{4}{3n^2} \right) = \frac{8}{3} \quad \text{上和的極限}$$

下面的定理說明當 $n \to \infty$ 時，上、下和的極限會相等，這個現象並非偶然，其實只要函數在 $[a, b]$ 上連續就會成立。

定理 4.3　下和與上和的極限

假設 f 非負並且在區間 $[a, b]$ 上連續（註）。則當 $n \to \infty$ 時，下和與上和的極限各自都會存在並且彼此相等，也就是說

$$\lim_{n \to \infty} s(n) = \lim_{n \to \infty} \sum_{i=1}^{n} f(m_i) \Delta x$$

$$= \lim_{n \to \infty} \sum_{i=1}^{n} f(M_i) \Delta x$$

$$= \lim_{n \to \infty} S(n)$$

式中 $\Delta x = (b-a)/n$，$f(m_i)$ 和 $f(M_i)$ 分別是 f 在子區間上的極小值和極大值。

在定理 4.3，由於取極小值 $f(m_i)$ 和取極大值 $f(M_i)$ 會得到相同的極限，因此由夾擠定理（定理 1.8）可知在第 i 個子區間上如果選取任意的 $f(x)$ 作為長方形的高度，並不會影響極限，正如下面的定義，在第 i 個子區間上可以選任何的 x。

平面區域面積的定義

假設 f 是一個非負並且在 $[a, b]$ 上連續的函數，則以 f 的圖形、x 軸、鉛直線 $x = a$ 和 $x = b$ 為界的區域面積是

$$面積 = \lim_{n \to \infty} \sum_{i=1}^{n} f(c_i) \Delta x,$$

其中 $x_{i-1} \leq c_i \leq x_i$，且 $\Delta x = (b-a)/n$（圖 4.13）。

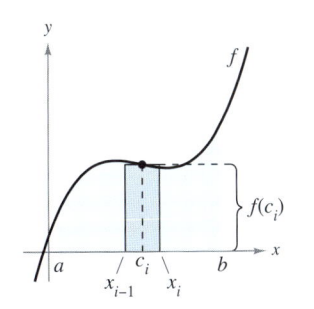

圖 4.13　第 i 個子區間的寬度是 $\Delta x = x_i - x_{i-1}$。

註：此處，非負的條件並無必要，見下節黎曼和。

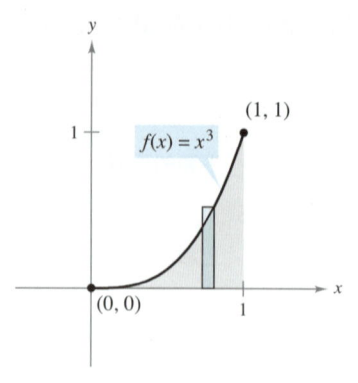

圖 4.14 以 f 的圖形、x 軸、$x = 0$ 和 $x = 1$ 為界的區域面積是 $\frac{1}{4}$。

例 5　以極限的方式定義面積並計算答案

求以 $f(x) = x^3$、x 軸、$x = 0$ 和 $x = 1$ 為界的區域面積（圖 4.14）。

解　注意到 f 是在區間 $[0, 1]$ 上非負且連續的函數，現將區間 $[0, 1]$ 分割成 n 個子區間，每一個子區間的寬度是 $\Delta x = 1/n$。照面積的定義，可以在第 i 個子區間上選擇任意的 x 值。在此例裡，為方便起見不妨選擇 $c_i = i/n$。

$$\text{面積} = \lim_{n \to \infty} \sum_{i=1}^{n} f(c_i) \Delta x = \lim_{n \to \infty} \sum_{i=1}^{n} \left(\frac{i}{n}\right)^3 \left(\frac{1}{n}\right) \quad \text{右端點 } c_i = \frac{i}{n}$$

$$= \lim_{n \to \infty} \frac{1}{n^4} \sum_{i=1}^{n} i^3$$

$$= \lim_{n \to \infty} \frac{1}{n^4} \left[\frac{n^2(n+1)^2}{4}\right]$$

$$= \lim_{n \to \infty} \left(\frac{1}{4} + \frac{1}{2n} + \frac{1}{4n^2}\right) = \frac{1}{4}$$

由此可知，區域的面積是 $\frac{1}{4}$。

例 6　以極限的方式定義面積並計算答案

求以 $f(x) = 4 - x^2$、x 軸、鉛直線 $x = 1$ 和 $x = 2$ 為界的區域面積（圖 4.15）。

解　函數 f 在區間 $[1, 2]$ 上非負並且連續，現將區間分割成 n 個子區間，每一個的長度都是 $\Delta x = 1/n$，選擇每一個子區間的右端點

$$c_i = a + i\Delta x = 1 + \frac{i}{n} \quad \text{右端點}$$

根據面積求和公式，得出

$$\text{面積} = \lim_{n \to \infty} \sum_{i=1}^{n} f(c_i) \Delta x = \lim_{n \to \infty} \sum_{i=1}^{n} \left[4 - \left(1 + \frac{i}{n}\right)^2\right] \left(\frac{1}{n}\right)$$

$$= \lim_{n \to \infty} \sum_{i=1}^{n} \left(3 - \frac{2i}{n} - \frac{i^2}{n^2}\right) \left(\frac{1}{n}\right)$$

$$= \lim_{n \to \infty} \left(\frac{1}{n} \sum_{i=1}^{n} 3 - \frac{2}{n^2} \sum_{i=1}^{n} i - \frac{1}{n^3} \sum_{i=1}^{n} i^2\right)$$

$$= \lim_{n \to \infty} \left[3 - \left(1 + \frac{1}{n}\right) - \left(\frac{1}{3} + \frac{1}{2n} + \frac{1}{6n^2}\right)\right]$$

$$= 3 - 1 - \frac{1}{3} = \frac{5}{3}$$

故區域的面積是 $\frac{5}{3}$。

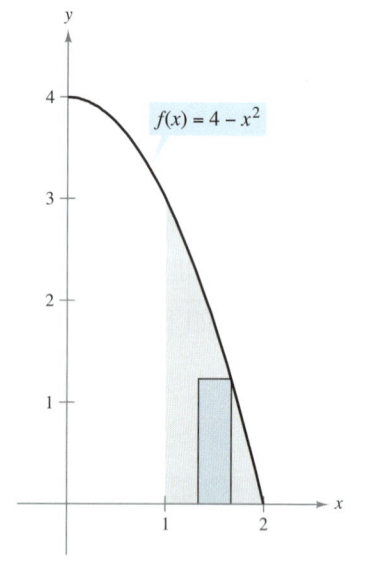

圖 4.15 以 f 的圖形、x 軸、$x = 1$ 和 $x = 2$ 為界的區域面積是 $\frac{5}{3}$。

習題 4.2

習題 1～3，求下列 Σ 之值。

1. $\sum_{i=1}^{6}(3i+2)$
2. $\sum_{k=0}^{4}\dfrac{1}{k^2+1}$
3. $\sum_{k=1}^{7} c$

習題 4～6，請將下列各式以 Σ 符號改寫。

4. $\dfrac{1}{5(1)}+\dfrac{1}{5(2)}+\dfrac{1}{5(3)}+\cdots+\dfrac{1}{5(11)}$

5. $\left[7\left(\dfrac{1}{6}\right)+5\right]+\left[7\left(\dfrac{2}{6}\right)+5\right]+\cdots+\left[7\left(\dfrac{6}{6}\right)+5\right]$

★ 6. $\left[\left(\dfrac{2}{n}\right)^3-\dfrac{2}{n}\right]\left(\dfrac{2}{n}\right)+\cdots+\left[\left(\dfrac{2n}{n}\right)^3-\dfrac{2n}{n}\right]\left(\dfrac{2}{n}\right)$

習題 7～10，求下列 Σ 之值。

7. $\sum_{i=1}^{12} 7$
8. $\sum_{i=1}^{16}(5i-4)$

★ 9. $\sum_{i=1}^{20}(i-1)^2$

★ 10. $\sum_{i=1}^{7} i(i+3)^2$

11. 將區間 [0, 2] 等分成四段，再分別用左端點及右端點，以四個矩形面積和求 $f(x)=2x+5$ 在區間 [0, 2] 之間的區域面積之近似值。

習題 12～13，試利用極限求和的方式，計算下列介於圖形和 x 軸之間，在指定區間上的區域面積。

★ 12. $y=-4x+5$, [0, 1]

★ 13. $y=x^2+2$, [0, 1]

註：標誌 ★ 表示稍難題目。

4.3 黎曼和與定積分　Riemann Sums and Definite Integrals

◆ 瞭解黎曼和的定義。
◆ 用極限與幾何公式求定積分。
◆ 以定積分的性質計算定積分。

黎曼和 Riemann Sums

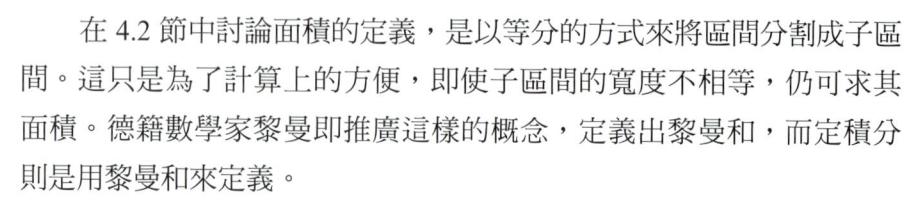

在 4.2 節中討論面積的定義，是以等分的方式來將區間分割成子區間。這只是為了計算上的方便，即使子區間的寬度不相等，仍可求其面積。德籍數學家黎曼即推廣這樣的概念，定義出黎曼和，而定積分則是用黎曼和來定義。

在下面的定義中，函數 f 只要在區間 $[a, b]$ 上有定義即可，並不需要其他的限制（在 4.2 節，因為是定義曲線下的面積，所以我們要求函數 f 是非負並且連續）。

黎曼和的定義

f 是一個定義在閉區間 $[a, b]$ 上的函數，Δ 是 $[a, b]$ 的一個分割，相應的端點是 $a = x_0 < x_1 < x_2 < \cdots < x_{n-1} < x_n = b$，$\Delta x_i$ 是第 i 個子區間 $[x_{i-1}, x_i]$ 的寬度，如果 c_i 是第 i 個子區上的任一點，則稱下面的和

$$\sum_{i=1}^{n} f(c_i)\, \Delta x_i, \qquad x_{i-1} \leq c_i \leq x_i$$

為 f 對應於分割 Δ 的一個**黎曼和**（Riemann sum）。

黎曼
（Georg Friedrich Bernhard Riemann，1826～1866）
德籍數學家黎曼最有名的研究是在非歐幾何、微分方程與數論，而他在物理和數學上的貢獻為愛因斯坦的廣義相對論的結構奠定了基礎。

注意 4.2 節中的和當然是黎曼和的例子，只是還有更多更廣義的黎曼和。

分割 Δ 中，各個子區間中最大的寬度稱為分割 Δ 的**範數**（norm），以 $\|\Delta\|$ 表示。如果每一個子區間都等寬，我們就稱它是一個**正規**（regular）分割，此時範數就是

$$\|\Delta\| = \Delta x = \frac{b-a}{n} \qquad \text{正規分割}$$

至於**一般的分割**，範數與 $[a, b]$ 所分成的段數 n 之間有下列關係。

$$\frac{b-a}{\|\Delta\|} \leq n \qquad \text{一般分割}$$

所以，當範數趨近於 0 時，分割中子區間的個數會趨近無窮大。亦即，$\|\Delta\| \to 0$ 可以導出 $n \to \infty$。反之，則不一定成立。例如，令 Δ_n 將區間 $[0, 1]$ 分割如下

$$0 < \frac{1}{2^n} < \frac{1}{2^{n-1}} < \cdots < \frac{1}{8} < \frac{1}{4} < \frac{1}{2} < 1$$

如圖 4.16 所示，不管 n 是多少，Δ_n 的範數都是 $\frac{1}{2}$，所以當 $n \to \infty$ 時，$\|\Delta\|$ 並不趨近於 0，但是在正規分割的時候，$\|\Delta\| \to 0$ 和 $n \to \infty$ 是等價的敘述。

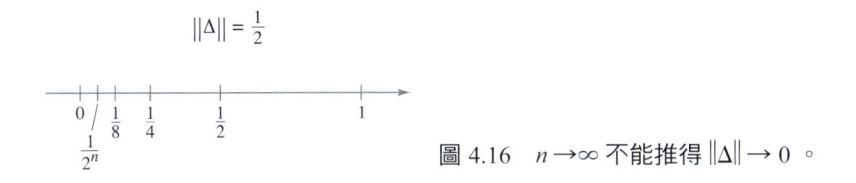

圖 4.16 $n \to \infty$ 不能推得 $\|\Delta\| \to 0$。

定積分 Definite Integrals

定積分就是以 $\|\Delta\| \to 0$ 時的黎曼和之極限值來定義。

$$\lim_{\|\Delta\| \to 0} \sum_{i=1}^{n} f(c_i) \Delta x_i = L$$

定積分的定義

如果 f 是定義在閉區間 $[a, b]$ 上的函數，並且極限

$$\lim_{\|\Delta\| \to 0} \sum_{i=1}^{n} f(c_i) \Delta x_i$$

存在（存在的意義如上所述），則稱 f 在區間 $[a, b]$ 上**可積（分）**（integrable）。我們將上述極限記成

$$\lim_{\|\Delta\| \to 0} \sum_{i=1}^{n} f(c_i) \Delta x_i = \int_a^b f(x)\, dx$$

此一極限稱為從 a 到 b，f 的**定積分**（definite integral）。a 稱為積分的**下限**（lower limit），b 稱為積分的**上限**（upper limit）。

> **學習指引** 稍後於本章會學一個方便的方法來計算連續函數 f 的定積分 $\int_a^b f(x)$。目前，暫時需以極限的方式來計算。

　　定積分和不定積分的記號類似並非巧合，當我們在下節討論到微積分基本定理時，情形就會明朗。目前，必須要能區分定積分與不定積分是兩種不同的概念，定積分表示一個數；不定積分表示一組函數。

　　即使函數不是處處連續，其黎曼和的極限（在 $\|\Delta\| \to 0$）仍可存在；但若函數 f 在區間 $[a, b]$ 連續，其黎曼和的極限必存在，此時我們稱此函數 f 可積（integrable），如下定理。這個結論的證明過程超過本教科書的範圍。

定理 4.4　連續性可以推得可積性

如果 f 在閉區間 $[a, b]$ 上連續，則 f 在閉區間 $[a, b]$ 上可積分，即 $\int_a^b f(x)\, dx$ 存在。

例 1　以求極限的方式來計算定積分

計算定積分 $\int_{-2}^{1} 2x\, dx$。

解　因為函數 $f(x) = 2x$ 在區間 $[-2, 1]$ 上連續，所以 $f(x)$ 在區間 $[-2, 1]$ 上可積，由此可進一步瞭解到在可積分的定義中要求任一組範數趨近於 0 的分割都可以用來決定極限。為了計算方便，將 Δ 定為分割 $[-2, 1]$ 成 n 個等寬度的子區間。

$$\Delta x_i = \Delta x = \frac{b-a}{n} = \frac{3}{n}$$

選取每一個子區間的右端點為 c_i，得到

$$c_i = a + i(\Delta x) = -2 + \frac{3i}{n}$$

計算定積分如下

$$\begin{aligned}
\int_{-2}^{1} 2x\, dx &= \lim_{\|\Delta\| \to 0} \sum_{i=1}^{n} f(c_i)\, \Delta x_i = \lim_{n \to \infty} \sum_{i=1}^{n} f(c_i)\, \Delta x \\
&= \lim_{n \to \infty} \sum_{i=1}^{n} 2\left(-2 + \frac{3i}{n}\right)\left(\frac{3}{n}\right) \\
&= \lim_{n \to \infty} \frac{6}{n} \sum_{i=1}^{n} \left(-2 + \frac{3i}{n}\right) \\
&= \lim_{n \to \infty} \frac{6}{n} \left(-2 \sum_{i=1}^{n} 1 + \frac{3}{n} \sum_{i=1}^{n} i\right) \\
&= \lim_{n \to \infty} \frac{6}{n} \left\{-2n + \frac{3}{n} \left[\frac{n(n+1)}{2}\right]\right\} \\
&= \lim_{n \to \infty} \left(-12 + 9 + \frac{9}{n}\right) = -3
\end{aligned}$$

上例計算定積分的結果是一個負數，因此它並不代表圖 4.17 區域的面積。定積分可能是正的、負的，或零。如同在 4.2 節所述，將定積分視為面積，必須在「函數 f 在區間 $[a, b]$ 連續且非負」的前提下，這也如同下一個定理所述。因為它是黎曼和，只要利用 4.2 節有關面積的定義即可簡單的證明。

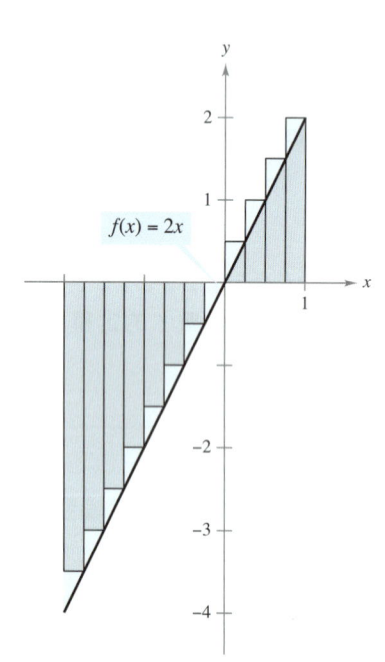

圖 4.17　負的定積分不能代表上述區域的面積。

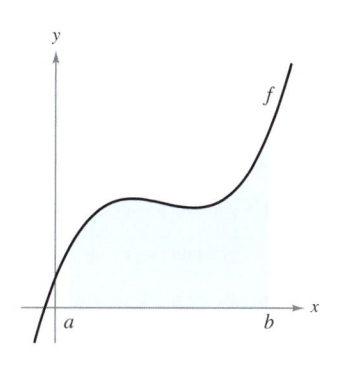

圖 4.18 f 的圖形之下，x 軸之上，$x = a$ 和 $x = b$ 之間的區域面積可由定積分求出。

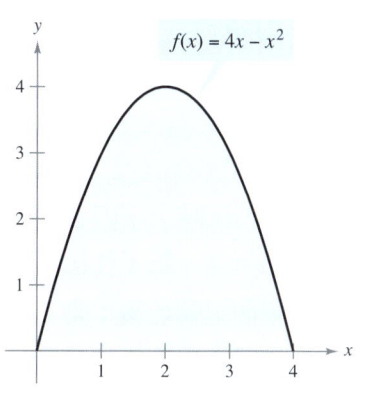

圖 4.19 面積 $= \int_0^4 (4x - x^2) \, dx$

定理 4.5 　定積分和區域的面積[註]

假設函數 f 在閉區間 $[a, b]$ 上是非負並且連續，則以 f 的圖形、x 軸、鉛直線 $x = a$ 和 $x = b$ 為界的區域面積是

$$\text{面積} = \int_a^b f(x) \, dx \quad (\text{見圖 } 4.18)$$

下面舉例說明定理 4.5，考慮以圖形 $f(x) = 4x - x^2$ 和 x 軸為界的區域（圖 4.19）。因為 f 在閉區間 $[0, 4]$ 上非負並且連續，所以該區域的面積是

$$\text{面積} = \int_0^4 (4x - x^2) \, dx$$

在 4.4 節，將直接計算這一類的定積分。至少在目前，我們可以透過兩種方式計算定積分——即利用極限的定義，或直接檢查定積分是否代表一些常見幾何圖形的面積，諸如長方形、三角形或半圓形。

例 2　常見幾何圖形的面積

請畫出各個定積分所對應的區域，並以幾何公式求定積分。

a. $\int_1^3 4 \, dx$ 　　**b.** $\int_0^3 (x + 2) \, dx$ 　　**c.** $\int_{-2}^2 \sqrt{4 - x^2} \, dx$

解　圖 4.20 畫出各個區域。

a. 區域是一個寬為 2，高為 4 的長方形。

$$\int_1^3 4 \, dx = (\text{長方形的面積}) = 4(2) = 8$$

b. 區域是一個高為 3，上底為 2，下底為 5 的梯形。梯形的面積公式是 $\frac{1}{2} h (b_1 + b_2)$。

$$\int_0^3 (x + 2) \, dx = (\text{梯形的面積}) = \frac{1}{2}(3)(2 + 5) = \frac{21}{2}$$

c. 區域是一個半徑為 2 的半圓形，其面積等於 $\frac{1}{2} \pi r^2$。

$$\int_{-2}^2 \sqrt{4 - x^2} \, dx = (\text{半圓的面積}) = \frac{1}{2} \pi (2^2) = 2\pi$$

註：本定理中所謂區域的面積是指 4.2 節中緊接在定理 4.3 之後的定義，而定積分的定義則在本節的定理 4.4 之前。本定理（4.5）則透過非負連續函數所決定的區域面積的定義，將面積以定積分表達。

圖 4.20　(a)　　　　　　　　(b)　　　　　　　　(c)

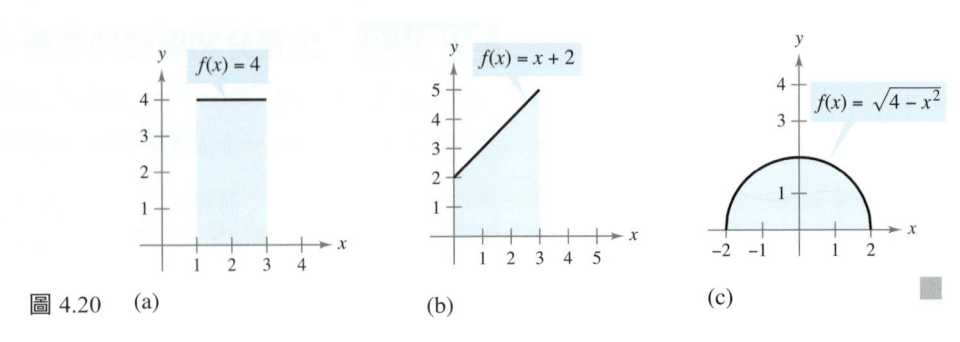

在定積分中的積分變數，可以改寫成其他的變數而不影響定積分的值，因此有時稱該變數為一個啞變數。例如下面兩個定積分的值是一樣的。

$$\int_0^3 (x+2)\,dx \quad \text{和} \quad \int_0^3 (t+2)\,dt$$

定積分的性質 Properties of Definite Integrals

本節定義函數 f 在區間 $[a, b]$ 上的定積分 $\int_a^b f(x)\,dx$ 時，下限 a 代表區間左邊的端點，而上限 b 代表區間右邊的端點 $a < b$。為了往後討論方便起見，我們將要定義 $\int_a^a f(x)\,dx$ 和 $\int_b^a f(x)\,dx$ 兩個記號如後：當 $a = b$ 時，想像一個零寬度區間上有限高度的區域，合理的面積應該是零，因此我們將把 $\int_a^a f(x)\,dx$ 定義為 0。

定義兩類特殊的定積分

1. 如果 f 在 $x = a$ 有定義，則定 $\int_a^a f(x)\,dx = 0$。

2. 如果 f 在區間 $[a, b]$ 上可積分，則定 $\int_b^a f(x)\,dx = -\int_a^b f(x)\,dx$。

例 3　計算定積分

求下列定積分之值。

a. $\displaystyle\int_\pi^\pi \sin x\,dx$　　**b.** $\displaystyle\int_3^0 (x+2)\,dx$

解

a. 因為正弦函數在 $x = \pi$ 有定義，且其積分的上下界相等。因此我們有

$$\int_\pi^\pi \sin x\,dx = 0$$

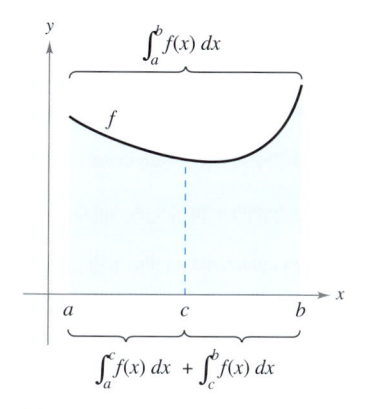

b. 積分 $\int_3^0 (x+2)\,dx$ 與例 2(b) 的不同只是上、下限顛倒。由於 $\int_0^3 (x+2)\,dx = \frac{21}{2}$，所以我們有

$$\int_3^0 (x+2)\,dx = -\int_0^3 (x+2)\,dx = -\frac{21}{2}$$

下一個定理之概念如圖 4.21。大的區域可以在 c 點分成左、右兩個部分區域，其交集只是一條線段。由於線段的面積為 0，因此大區域的面積會等於兩個部分區域面積之和。

定理 4.6　區間可加性

如果 f 在三個被端點 a、b、c 所決定的閉區間上可積，則

$$\int_a^b f(x)\,dx = \int_a^c f(x)\,dx + \int_c^b f(x)\,dx \quad\text{（如圖 4.21）}$$

例 4　區間可加性的應用

$$\int_{-1}^{1} |x|\,dx = \int_{-1}^{0} -x\,dx + \int_{0}^{1} x\,dx \qquad \text{定理 4.6}$$

$$= \frac{1}{2} + \frac{1}{2} \qquad \text{三角形的面積}$$

$$= 1$$

由於我們把定積分定成是黎曼和的極限，因此 Σ 的性質（見 4.2 節，定理 4.2 之前）仍可套用。

定理 4.7　定積分的性質

如果 f 和 g 在區間 $[a, b]$ 上可積，k 是一個常數，則 kf 和 $f \pm g$ 在區間 $[a, b]$ 上也同樣可積，並且有

1. $\displaystyle\int_a^b kf(x)\,dx = k\int_a^b f(x)\,dx$

2. $\displaystyle\int_a^b [f(x) \pm g(x)]\,dx = \int_a^b f(x)\,dx \pm \int_a^b g(x)\,dx$ （註）

註：定理 4.7 的性質 2 可以推廣到任意有限多個函數的情形。例如，

$$\int_a^b [f(x) + g(x) + h(x)]\,dx = \int_a^b f(x)\,dx + \int_a^b g(x)\,dx + \int_a^b h(x)\,dx$$

亦如例 5。

例 5 計算定積分

已知

$$\int_1^3 x^2\,dx = \frac{26}{3}, \quad \int_1^3 x\,dx = 4, \quad \int_1^3 dx = 2$$

求 $\int_1^3 (-x^2 + 4x - 3)$。

解

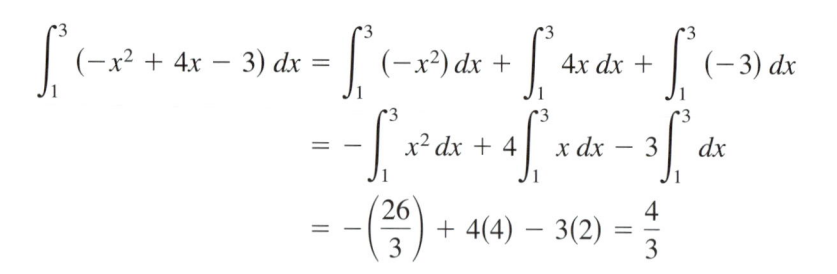

$$\begin{aligned}
\int_1^3 (-x^2 + 4x - 3)\,dx &= \int_1^3 (-x^2)\,dx + \int_1^3 4x\,dx + \int_1^3 (-3)\,dx \\
&= -\int_1^3 x^2\,dx + 4\int_1^3 x\,dx - 3\int_1^3 dx \\
&= -\left(\frac{26}{3}\right) + 4(4) - 3(2) = \frac{4}{3}
\end{aligned}$$

　　如果 f 和 g 在閉區間 $[a, b]$ 上連續，並且 $0 \leq f(x) \leq g(x)$ 處處成立，則下列性質成立。首先，以 f 的圖形和 x 軸（在 a、b 之間）為界的區域面積一定非負。其次，它會小或等於以 g 的圖形和 x 軸（在 a、b 之間）為界的區域面積（圖 4.22）。這兩個結論將以較一般的形式出現在定理 4.8。

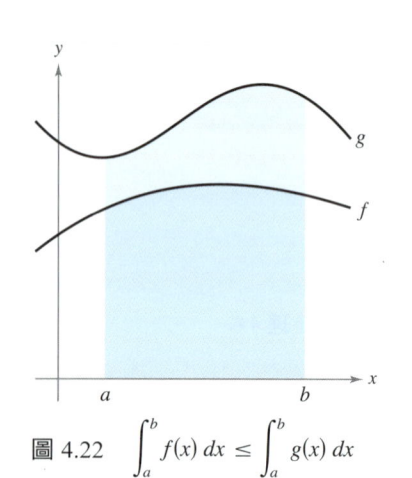

圖 4.22　$\int_a^b f(x)\,dx \leq \int_a^b g(x)\,dx$

> **定理 4.8　不等關係的保留**
>
> 1. 如果 f 在閉區間 $[a, b]$ 上非負並且可積，則
>
> $$0 \leq \int_a^b f(x)\,dx$$
>
> 2. 如果 f 和 g 在閉區間 $[a, b]$ 上可積，並且 $f(x) \leq g(x)$ 在 $[a, b]$ 上處處成立，則
>
> $$\int_a^b f(x)\,dx \leq \int_a^b g(x)\,dx$$

習題 4.3

1. 以黎曼和取極限的方式來計算定積分 $\int_{-1}^{1} x^3\, dx$ 的值。

習題 2～3，將下列極限表示成一個指定區間上的定積分，其中 c_i 是從第 i 個子區間上任意取的點。

極限	區間
★ **2.** $\lim_{\|\Delta\|\to 0} \sum_{i=1}^{n} (3c_i + 10)\, \Delta x_i$,	$[-1, 5]$
★ **3.** $\lim_{\|\Delta\|\to 0} \sum_{i=1}^{n} \left(1 + \dfrac{3}{c_i}\right) \Delta x_i$,	$[1, 5]$

習題 4～5，將下圖的區域面積表成定積分的型式，但不必求其定積分之值。

4. $f(x) = 4 - |x|$

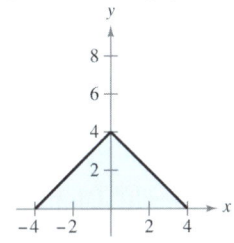

5. $f(x) = 25 - x^2$

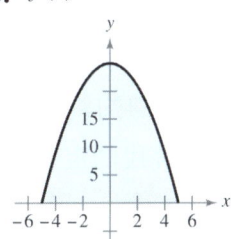

習題 6～8，將定積分所求面積的區域畫出，並以幾何公式計算定積分（$r > 0$）。

6. $\int_{0}^{2} (3x + 4)\, dx$

★ **7.** $\int_{-1}^{1} (1 - |x|)\, dx$

★ **8.** $\int_{-r}^{r} \sqrt{r^2 - x^2}\, dx$

9. 若 $\int_{0}^{5} f(x)\, dx = 10$ 且 $\int_{5}^{7} f(x)\, dx = 3$，求下列各積分值。

(a) $\int_{0}^{7} f(x)\, dx$.   (b) $\int_{5}^{0} f(x)\, dx$.

(c) $\int_{5}^{5} f(x)\, dx$.   (d) $\int_{0}^{5} 3f(x)\, dx$.

10. 已知 $\int_{2}^{6} f(x)\, dx = 10$ 且 $\int_{2}^{6} g(x)\, dx = -2$，求下列各積分值。

(a) $\int_{2}^{6} [f(x) + g(x)]\, dx$ (b) $\int_{2}^{6} [g(x) - f(x)]\, dx$

(c) $\int_{2}^{6} 2g(x)\, dx$ (d) $\int_{2}^{6} 3f(x)\, dx$

習題 11～12，函數 f 的圖形如下，用幾何公式求下列各定積分之值。

11.

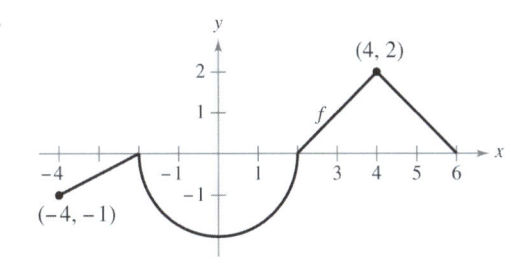

(a) $\int_{0}^{2} f(x)\, dx$ (b) $\int_{2}^{6} f(x)\, dx$

(c) $\int_{-4}^{2} f(x)\, dx$ (d) $\int_{-4}^{6} f(x)\, dx$

(e) $\int_{-4}^{6} |f(x)|\, dx$ (f) $\int_{-4}^{6} [f(x) + 2]\, dx$

12.

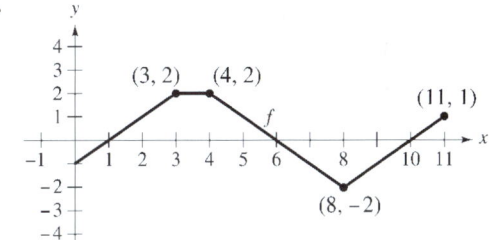

(a) $\int_{0}^{1} -f(x)\, dx$ (b) $\int_{3}^{4} 3f(x)\, dx$

(c) $\int_{0}^{7} f(x)\, dx$ (d) $\int_{5}^{11} f(x)\, dx$

(e) $\int_{0}^{11} f(x)\, dx$ (f) $\int_{4}^{10} f(x)\, dx$

★ **13.** 令 $f(x) = \begin{cases} 4, & x < 4 \\ x, & x \geq 4 \end{cases}$ 用幾何公式求 $\int_{0}^{8} f(x)\, dx$ 之值。

★ **14.** 利用恰當的黎曼和求

$$\lim_{n \to \infty} \dfrac{1}{n^3}[1^2 + 2^2 + 3^2 + \cdots + n^2]$$ 之值。

註：標誌 ★ 表示稍難題目。

4.4 微積分基本定理　The Fundamental Theorem of Calculus

- 利用微積分基本定理計算定積分。
- 瞭解並應用積分均值定理。
- 求閉區間上函數的平均值。
- 瞭解並應用微積分基本定理第二式（註）。
- 瞭解並應用變化量定理。

註：通常所謂的微積分基本定理，亦包含本書所謂的第二式。

微積分基本定理　The Fundamental Theorem of Calculus

我們已經看到微積分學的兩大支柱：微分學（從切線問題發端）和積分學（從面積問題而來）。乍看之下，這兩個問題似乎無關，但其實不然。這兩大問題之間有一個非常密切的關係，由牛頓和萊布尼茲分別發現並以定理的形式呈現，稱為**微積分基本定理**（Fundamental Theorem of Calculus）。

簡單說來，微積分基本定理說明微分和積分這兩個操作是互逆的，就好像除法和乘法是互逆的運算一樣，我們以圖 4.23 來說明牛頓和萊布尼茲的想法。當我們定義切線的斜率時，用了 $\Delta y/\Delta x$ 這樣的商（代表割線的斜率）。同樣的，當我們定義曲線下所覆蓋的面積時，用了 $\Delta y \times \Delta x$ 這樣的積（長方形的面積），至於在一個初步近似的層面看來，微分和定積分的操作有如除法和乘法一般互逆的關係。微積分基本定理說明在（用以定義導函數和定積分的）極限過程之中，依然保持互逆的關係。

深入探索

積分和反微分　在本章中，我們以同一個積分符號表達兩個概念，一是反導函數（一組函數），另一是定積分（一個數）。

反導函數：$\int f(x)\,dx$

定積分：$\int_a^b f(x)\,dx$

以同一個記號表達兩個運算，似乎暗指這兩個運算相互關聯。但是，在微積分學早期發展時，這兩個運算的關係並不清楚。符號 $\int$ 從字母 S 變形而來，由萊布尼茲首先使用。

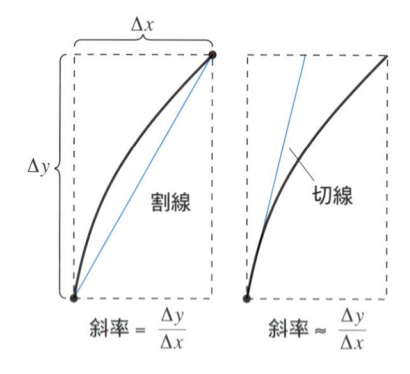

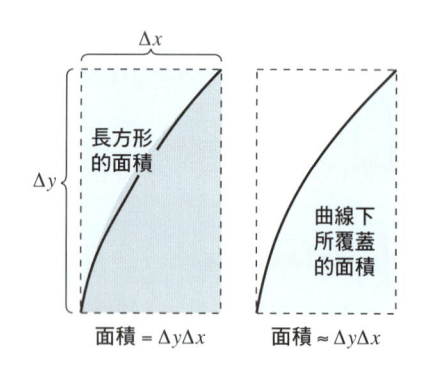

(a) 微分　　　　　　　　　　　　(b) 定積分

圖 4.23　微分和定積分有互逆的關係。

定理 4.9　微積分基本定理

如果 f 在閉區間 $[a, b]$ 上連續，並設 F 是 f 在區間 $[a, b]$ 上的反導數，則

$$\int_a^b f(x)\,dx = F(b) - F(a)$$

證明 證明的關鍵是將 $F(b) - F(a)$ 改寫成一個更加方便的形式，令 Δ 是 $[a, b]$ 的一個分割。

$$a = x_0 < x_1 < x_2 < \cdots < x_{n-1} < x_n = b$$

利用一減一加，可以將 $F(b) - F(a)$ 寫成

$$F(b) - F(a) = F(x_n) - F(x_{n-1}) + F(x_{n-1}) - \cdots - F(x_1) + F(x_1) - F(x_0)$$
$$= \sum_{i=1}^{n} [F(x_i) - F(x_{i-1})]$$

由均值定理，在第 i 個子區間中存有 c_i 使得

$$F'(c_i) = \frac{F(x_i) - F(x_{i-1})}{x_i - x_{i-1}}$$

因為 $F'(c_i) = f(c_i)$，令 $\Delta x_i = x_i - x_{i-1}$，得到

$$F(b) - F(a) = \sum_{i=1}^{n} f(c_i) \Delta x_i$$

這個重要的關係式說明了重複的利用均值定理，我們總是可以找到一組 c_i 使得 $F(b) - F(a)$ 這常數為 f 在 $[a, b]$ 區間中的黎曼和。定理 4.4 保證，對任意的分割 Δ，$\|\Delta\| \to 0$ 時黎曼和的極限存在。所以取相關黎曼和的極限（令 $\|\Delta\| \to 0$）而得到

$$F(b) - F(a) = \int_a^b f(x)\, dx$$

下面的指導原則有助於瞭解如何使用微積分基本定理。

應用微積分基本定理的指導原則

1. 如果知道 f 的反導數，就可以避開求和的極限而直接計算定積分。

2. 使用微積分基本定理的時候，下列符號相當方便。

$$\int_a^b f(x)\, dx = F(x) \Big]_a^b = F(b) - F(a)$$

例如，在計算 $\int_1^3 x^3\, dx$ 的時候，可以寫成

$$\int_1^3 x^3\, dx = \frac{x^4}{4} \Big]_1^3 = \frac{3^4}{4} - \frac{1^4}{4} = \frac{81}{4} - \frac{1}{4} = 20$$

3. 不須寫出不定積分的常數 C，因為它會自動消去。

$$\int_a^b f(x)\, dx = \Big[F(x) + C \Big]_a^b = [F(b) + C] - [F(a) + C]$$
$$= F(b) - F(a)$$

例 1　計算定積分

計算下列各定積分。

a. $\displaystyle\int_1^2 (x^2 - 3)\, dx$ 　　　**b.** $\displaystyle\int_1^4 3\sqrt{x}\, dx$ 　　　**c.** $\displaystyle\int_0^{\pi/4} \sec^2 x\, dx$

解

a. $\displaystyle\int_1^2 (x^2 - 3)\, dx = \left[\frac{x^3}{3} - 3x\right]_1^2 = \left(\frac{8}{3} - 6\right) - \left(\frac{1}{3} - 3\right) = -\frac{2}{3}$

b. $\displaystyle\int_1^4 3\sqrt{x}\, dx = 3\int_1^4 x^{1/2}\, dx = 3\left[\frac{x^{3/2}}{3/2}\right]_1^4 = 2(4)^{3/2} - 2(1)^{3/2} = 14$

c. $\displaystyle\int_0^{\pi/4} \sec^2 x\, dx = \tan x\Big]_0^{\pi/4} = 1 - 0 = 1$

例 2　帶絕對值函數的定積分

計算 $\displaystyle\int_0^2 |2x - 1|\, dx$。

解　由圖 4.24 和絕對值的定義，先將 $|2x-1|$ 重寫如下。

$$|2x - 1| = \begin{cases} -(2x - 1), & x < \frac{1}{2} \\ 2x - 1, & x \geq \frac{1}{2} \end{cases}$$

因此，可以將積分寫成兩項。

$$\int_0^2 |2x - 1|\, dx = \int_0^{1/2} -(2x - 1)\, dx + \int_{1/2}^2 (2x - 1)\, dx$$

$$= \left[-x^2 + x\right]_0^{1/2} + \left[x^2 - x\right]_{1/2}^2$$

$$= \left(-\frac{1}{4} + \frac{1}{2}\right) - (0 + 0) + (4 - 2) - \left(\frac{1}{4} - \frac{1}{2}\right)$$

$$= \frac{5}{2}$$

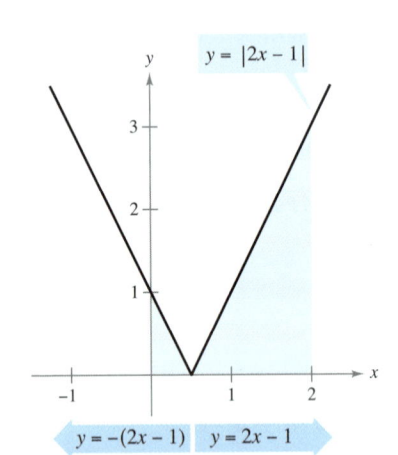

圖 4.24　在區間 $[0, 2]$ 上，y 的定積分是 5/2。

例 3　利用微積分基本定理求面積

求以 $y = 1/x$ 的圖形、x 軸、$x = 1$ 與 $x = e$ 為邊界的區域面積（圖 4.25）。

解　因為 y 在區間 $[1, e]$ 上為正，因此

圖 4.25　以圖形 $y = 1/x$、x 軸、$x = 1$ 與 $x = e$ 為邊界的區域面積是 1。

4.4 微積分基本定理 | 219

$$\text{面積} = \int_1^e \frac{1}{x}\,dx \qquad \text{從 } x = 1 \text{ 積到 } x = e$$
$$= \Big[\ln x\Big]_1^e \qquad \text{求反導數}$$
$$= (\ln e) - (\ln 1) \qquad \text{應用微積分基本定理}$$
$$= 1 \qquad \text{化簡}$$

積分的均值定理 The Mean Value Theorem for Integrals

在 4.2 節中，一條曲線下所覆蓋的面積比內接長方形大，而比外接長方形小，積分的均值定理是說「介於」內接和外接長方形之間有一個長方形，其面積剛好和曲線下覆蓋的面積相等，如圖 4.26 所示。

定理 4.10　積分的均值定理

如果 f 在閉區間 $[a, b]$ 上連續，則在區間 $[a, b]$ 中必存在一點 c，使得

$$\int_a^b f(x)\,dx = f(c)(b - a)$$

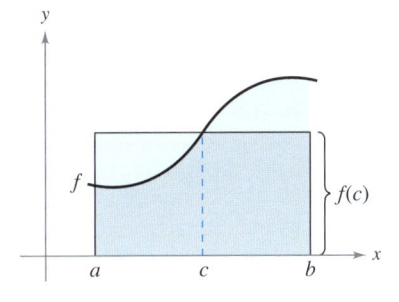

圖 4.26
均值長方形：$f(c)(b - a) = \int_a^b f(x)\,dx$

注意　定理 4.10 只是保證在區間中至少存在一點 c 合於所求，但是並沒有說明如何求出 c 值。

函數的平均值 Average Value of a Function

在積分的均值定理中出現的 $f(c)$，被稱為 f 在區間 $[a, b]$ 上的平均值。

區間上函數平均值的定義

如果 f 在閉區間 $[a, b]$ 上可積分，則定 f 在 $[a, b]$ 上的**平均值**（average value）為 $\dfrac{1}{b - a}\int_a^b f(x)\,dx$（見圖 4.27）。

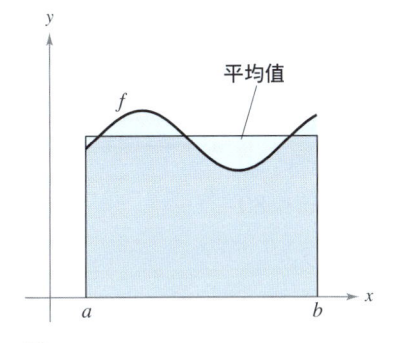

圖 4.27
平均值 $= \dfrac{1}{b - a}\int_a^b f(x)\,dx$

注意　在圖 4.27 中，圖形 f 所覆蓋的面積與以 f 平均值為高度的長方形面積相等。

為何將 f 的平均值如此定義？假設我們將 $[a, b]$ 等分割為 n 個子區間，每一個的寬度是 $\Delta x = (b - a)/n$。如果 c_i 是第 i 個子區間中任意一點，則這些 $f(c_i)$ 的算術平均是

$$a_n = \frac{1}{n}[f(c_1) + f(c_2) + \cdots + f(c_n)] \qquad f(c_1), \ldots, f(c_n) \text{ 的平均值}$$

乘 $(b - a)$ 再除以 $(b - a)$，a_n 可以改寫成

$$a_n = \frac{1}{n}\sum_{i=1}^n f(c_i)\left(\frac{b - a}{b - a}\right) = \frac{1}{b - a}\sum_{i=1}^n f(c_i)\left(\frac{b - a}{n}\right)$$
$$= \frac{1}{b - a}\sum_{i=1}^n f(c_i)\,\Delta x$$

最後取 $n \to \infty$，a_n 的極限就會得到以上述方式定義的 f 在 $[a, b]$ 上的平均值。

f 在區間上的平均值概念的發展，主要是來自於定積分可用以表示一個求和的過程。我們將在第 6 章，學習定積分的相關應用，如求體積與弧長。

例 4　求函數的平均值

求 $f(x) = 3x^2 - 2x$ 在區間 $[1, 4]$ 上的平均值。

解

$$\frac{1}{b-a}\int_a^b f(x)\,dx = \frac{1}{3}\int_1^4 (3x^2 - 2x)\,dx$$

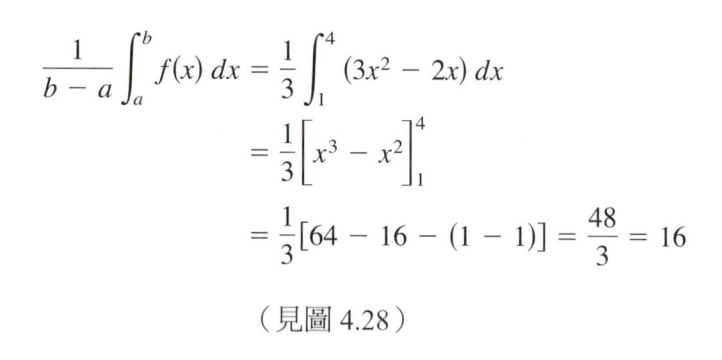

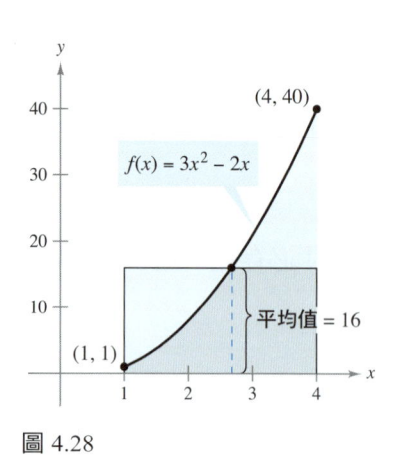

$$= \frac{1}{3}\left[x^3 - x^2\right]_1^4$$

$$= \frac{1}{3}[64 - 16 - (1 - 1)] = \frac{48}{3} = 16$$

（見圖 4.28）

圖 4.28

例 5　音速

在不同高度的大氣層中，聲音傳播的速率亦不相同。若以 x 表高度（單位公里）（見圖 4.29），則音速 $s(x)$ 的公式如下（單位公尺／秒）

$$s(x) = \begin{cases} -4x + 341, & 0 \le x < 11.5 \\ 295, & 11.5 \le x < 22 \\ \frac{3}{4}x + 278.5, & 22 \le x < 32 \\ \frac{3}{2}x + 254.5, & 32 \le x < 50 \\ -\frac{3}{2}x + 404.5, & 50 \le x \le 80 \end{cases}$$

請問在高度區間 $[0, 80]$ 的平均音速為何？

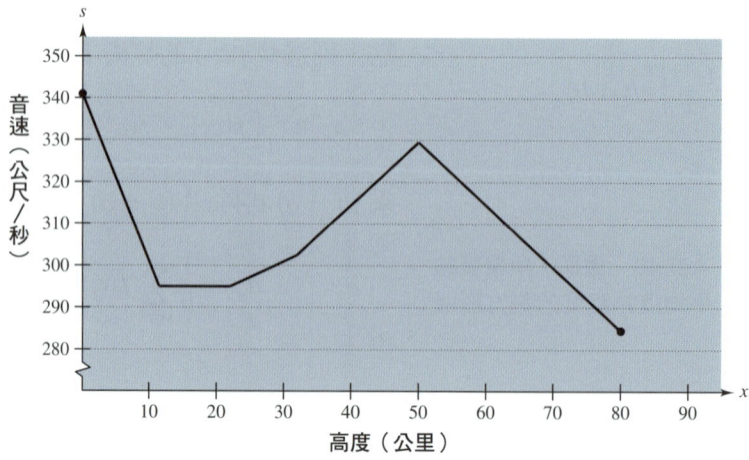

圖 4.29　音速與高度的關係。

解 將 $s(x)$ 在區間 $[0, 80]$ 上積分，由於 $s(x)$ 的特殊表示，積分要分成五個部分。

$$\int_0^{11.5} s(x)\, dx = \int_0^{11.5} (-4x + 341)\, dx = \left[-2x^2 + 341x\right]_0^{11.5} = 3657$$

$$\int_{11.5}^{22} s(x)\, dx = \int_{11.5}^{22} 295\, dx = \left[295x\right]_{11.5}^{22} = 3097.5$$

$$\int_{22}^{32} s(x)\, dx = \int_{22}^{32} \left(\tfrac{3}{4}x + 278.5\right) dx = \left[\tfrac{3}{8}x^2 + 278.5x\right]_{22}^{32} = 2987.5$$

$$\int_{32}^{50} s(x)\, dx = \int_{32}^{50} \left(\tfrac{3}{2}x + 254.5\right) dx = \left[\tfrac{3}{4}x^2 + 254.5x\right]_{32}^{50} = 5688$$

$$\int_{50}^{80} s(x)\, dx = \int_{50}^{80} \left(-\tfrac{3}{2}x + 404.5\right) dx = \left[-\tfrac{3}{4}x^2 + 404.5x\right]_{50}^{80} = 9210$$

把五個答案加起來再除以 80 得到

$$\text{平均速率} = \frac{1}{80}\int_0^{80} s(x)\, dx = \frac{24{,}640}{80} = 308 \text{ 公尺} / \text{秒}$$

Charles Yeager 是第一位超越音速的飛行員。他在 1947 年 10 月 14 日以 12.2 公里的飛行高度，每秒 295.9 公尺的飛行速度超越音速。如果 Yeager 的飛行高度低於 11.275 公里，那麼以同樣的飛行速度便無法超越音速。照片中是一架 F-14 超音速雙引擎戰鬥機，這種飛機可以在 15.24 公里的飛行高度，達到兩個馬赫的飛行速度（相當於每秒 707.78 公尺）。

微積分基本定理第二式
The Second Fundamental Theorem of Calculus

當我們定義 f 在區間 $[a, b]$ 上的定積分時，我們以常數 b 為積分的上限，而以 x 為積分變數。現在，我們略作調整來檢視積分的問題，先將積分的上限改用變數 x 表示。為了避免同時把 x 既看作積分的上限又看作積分變數，我們暫時換成以 t 來表示積分變數（記得定積分是一個數，並不是它的積分變數的函數）。

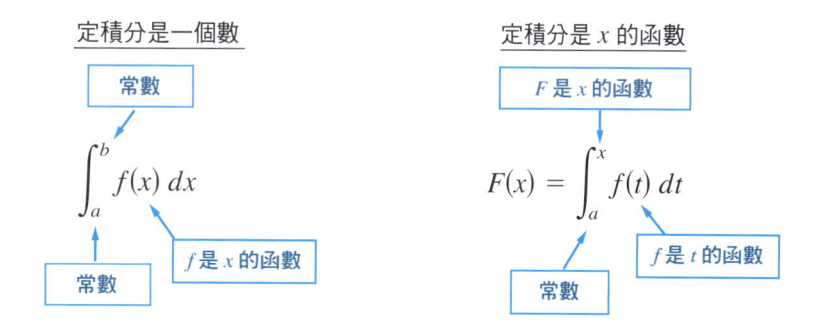

定積分是一個數

$$\int_a^b f(x)\, dx$$

常數；f 是 x 的函數

定積分是 x 的函數

$$F(x) = \int_a^x f(t)\, dt$$

F 是 x 的函數；常數；f 是 t 的函數

例 6　將定積分看成函數

計算函數 $F(x) = \displaystyle\int_0^x \cos t\, dt$ 在 $x = 0, \pi/6, \pi/4, \pi/3$ 與 $\pi/2$ 的值。

解　雖然可以就五個上限各計算一次定積分，但若暫時把 x 想成是一個常數，直接對 x 計算，計算後再將 x 代值會比較簡單。應用微積分基本定理，得到

$$\int_0^x \cos t \, dt = \sin t \Big]_0^x = \sin x - \sin 0 = \sin x$$

如圖 4.30 所示，將 x 分別代以 0，$\pi/6$，$\pi/4$，$\pi/3$，和 $\pi/2$ 來計算 $F(x)$ 的值，就得到五個相關的定積分。

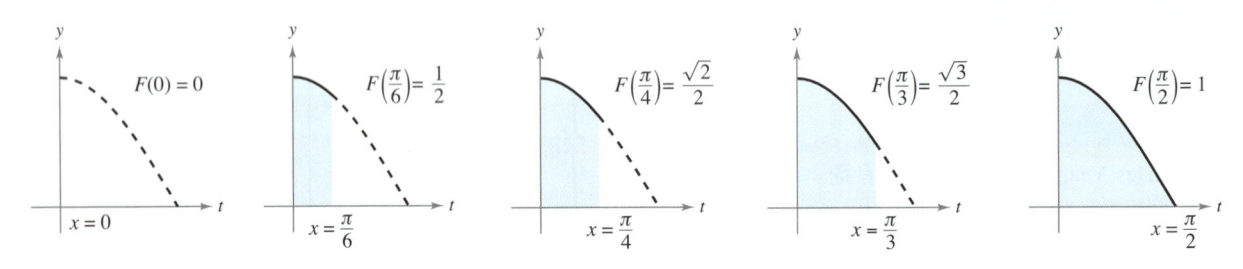

圖 4.30　$F(x) = \displaystyle\int_0^x \cos t \, dt$ 是從 0 到 x，曲線 $f(t) = \cos t$ 之下所覆蓋的面積。

我們可以把 $F(x)$ 想成是在 $t = 0$ 到 $t = x$ 的範圍，曲線 $f(t) = \cos t$ 下方，x 軸上方之間的區域面積。當 $x = 0$ 時，覆蓋的面積是 0，並且 $F(0) = 0$。當 $x = \pi/2$ 時，$F(\pi/2) = 1$，即餘弦函數曲線在整段區間 $[0, \pi/2]$ 上累積所覆蓋的面積。在應用積分解決問題的時候，常常把積分解釋為一個**累積量的函數**（accumulation function）。

例 6 中，注意到 F 的導函數就是原本要積分的函數（只是變數改變而已）。亦即，

$$\frac{d}{dx}[F(x)] = \frac{d}{dx}[\sin x] = \frac{d}{dx}\left[\int_0^x \cos t \, dt\right] = \cos x$$

我們將此結果寫入下面的定理，稱為**微積分基本定理第二式**（Second Fundamental Theorem of Calculus）。

定理 4.11　微積分基本定理第二式

如果 f 在一個含 a 的開區間上連續，則對任意區間中的 x，恆有

$$\frac{d}{dx}\left[\int_a^x f(t) \, dt\right] = f(x)$$

證明　定函數 $F(x)$ 如下

$$F(x) = \int_a^x f(t) \, dt$$

則由導函數的定義，可以將 $F'(x)$ 寫成

$$F'(x) = \lim_{\Delta x \to 0} \frac{F(x + \Delta x) - F(x)}{\Delta x}$$

$$= \lim_{\Delta x \to 0} \frac{1}{\Delta x} \left[\int_a^{x+\Delta x} f(t)\, dt - \int_a^x f(t)\, dt \right]$$

$$= \lim_{\Delta x \to 0} \frac{1}{\Delta x} \left[\int_a^{x+\Delta x} f(t)\, dt + \int_x^a f(t)\, dt \right]$$

$$= \lim_{\Delta x \to 0} \frac{1}{\Delta x} \left[\int_x^{x+\Delta x} f(t)\, dt \right]$$

從積分的均值定理（假設 $\Delta x > 0$）知道在區間 $[x, x + \Delta x]$ 中存在一數 c，使得上述的積分式等於 $f(c)\Delta x$。又因為 $x \le c \le x + \Delta x$，所以當 $\Delta x \to 0$ 時，$c \to x$。因此得到

$$F'(x) = \lim_{\Delta x \to 0} \left[\frac{1}{\Delta x} f(c) \Delta x \right] = \lim_{\Delta x \to 0} f(c) = f(x)$$

如果 $\Delta x < 0$，證明的方法類似。

利用定積分的面積解釋，不妨把近似關係

$$f(x)\, \Delta x \approx \int_x^{x+\Delta x} f(t)\, dt$$

說成是寬 Δx、高 $f(x)$ 的長方形面積，近似於在區間 $[x, x + \Delta x]$ 之上函數 f 的圖形下方的區域面積，如圖 4.31 所示。

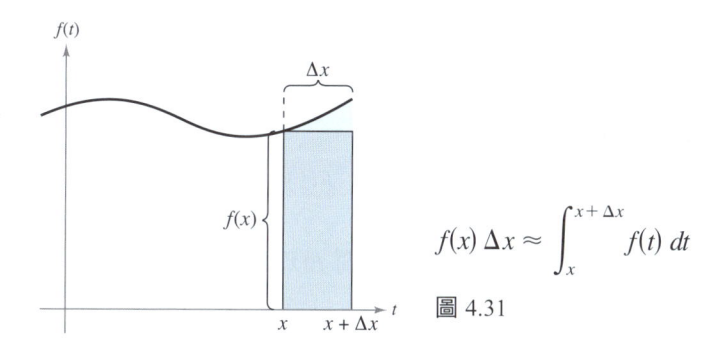

$$f(x)\, \Delta x \approx \int_x^{x+\Delta x} f(t)\, dt$$

圖 4.31

注意到上述定理 4.11 保證一個連續函數一定有反導數，只是這個反導數不一定是基本函數[註]。

例 7　應用微積分基本定理第二式

計算 $\dfrac{d}{dx}\left[\displaystyle\int_0^x \sqrt{t^2 + 1}\, dt \right]$。

註：基本函數包含三大類：1. 代數函數（多項式、根式、有理式）；2. 三角函數；3. 指數和對數函數，也包含它們之間以代數運算與合成函數所能得出的函數，例如 $2^{\sin x} + \log_{10}(x^2 + 1)$

解 注意 $f(t) = \sqrt{t^2 + 1}$ 處處連續。應用微積分基本定理第二式,可得

$$\frac{d}{dx}\left[\int_0^x \sqrt{t^2 + 1}\, dt\right] = \sqrt{x^2 + 1}$$

例 7 中直接應用微積分基本定理的第二式得到微分。下一個例子說明,基本定理與連鎖規則結合,以求函數的導函數。

例 8 應用微積分基本定理第二式

求 $F(x) = \int_{\pi/2}^{x^3} \cos t\, dt$ 的導函數。

解 令 $u = x^3$,使用微積分基本定理第二式和連鎖規則如下。

$$\begin{aligned}
F'(x) &= \frac{dF}{du}\frac{du}{dx} & &\text{連鎖規則}\\
&= \frac{d}{du}[F(x)]\frac{du}{dx} & &\frac{dF}{du}\text{ 的定義}\\
&= \frac{d}{du}\left[\int_{\pi/2}^{x^3} \cos t\, dt\right]\frac{du}{dx} & &\text{以 } \int_{\pi/2}^{x^3} \cos t\, dt \text{ 代換 } F(x)\\
&= \frac{d}{du}\left[\int_{\pi/2}^{u} \cos t\, dt\right]\frac{du}{dx} & &\text{以 } u \text{ 代 } x^3\\
&= (\cos u)(3x^2) & &\text{應用微積分基本定理第二式}\\
&= (\cos x^3)(3x^2) & &\text{改寫成 } x \text{ 的函數}
\end{aligned}$$

因為例 8 中的積分可以先行求得,我們可以進行驗算如下。

$$F(x) = \int_{\pi/2}^{x^3} \cos t\, dt = \sin t\Big]_{\pi/2}^{x^3} = \sin x^3 - \sin\frac{\pi}{2} = (\sin x^3) - 1$$

再對 $F(x)$ 應用指數規則求導函數,結果與例 8 得到的結果相同。

$$F'(x) = \frac{d}{dx}[\sin x^3 - 1] = (\cos x^3)(3x^2) \qquad F \text{ 的導函數}$$

變化量定理 Net Change Theorem

在定理 4.9 的微積分基本定理明述:若函數 f 在閉區間 $[a, b]$ 連續,且函數 F 是函數 f 在閉區間 $[a, b]$ 的反導函數,則

$$\int_a^b f(x)\, dx = F(b) - F(a)$$

不要忘記,因 $F'(x) = f(x)$,所以上式可改寫為

$$\int_a^b F'(x)\, dx = F(b) - F(a)$$

其中 $F(b) - F(a)$ 就是函數 F 在區間 $[a, b]$ 的變化量。

定理 4.12　變化量定理

已知 $F(x)$ 的變化率 $F'(x)$，則 $F'(x)$ 從 a 到 b 的定積分，即為 $F'(x)$ 在區間 $[a, b]$ 的**變化量**（net change），也就是

$$\int_a^b F'(x)\, dx = F(b) - F(a) \qquad F \text{ 的變化量}$$

例 9　變化量定理的應用

某化學物質以每分 $(180 + 3t)$ 公升的速率流入貯存槽，其中 $0 \leq t \leq 60$，以分鐘計。求前 20 分鐘，該物質流入貯存槽的總量。

解　令 $c(t)$ 表 t 分鐘時，該化學物質在貯存槽內的總量。因此，$c'(t)$ 即代表在 t 分鐘時，該化學物質流入貯存槽的變化率。用變化量定理，前 20 分鐘，該化學物質流入貯存槽的總量是

$$\begin{aligned}\int_0^{20} c'(t)\, dt &= \int_0^{20} (180 + 3t)\, dt \\ &= \left[180t + \frac{3}{2}t^2 \right]_0^{20} \\ &= 3600 + 600 \\ &= 4200\end{aligned}$$

因此，此化學物質前 20 分鐘流入貯存槽的總量是 4200 公升。

變化量定理另外一個常見的應用是質點的直線運動，令 $s(t)$ 表質點在時間 t 的位置，而 $v(t)$ 是質點在時間 t 的速度。因此 $v(t) = s'(t)$，且

$$\int_a^b v(t)\, dt = s(b) - s(a)$$

也就是說，定積分就是變化量，也是質點的**位移**。

當考慮質點運動的總路徑長時，必須考慮 $v(t) \leq 0$ 的區間，但也必須考慮 $v(t) \geq 0$ 的區間。當 $v(t) \leq 0$ 時，質點往左移動；但當 $v(t) \geq 0$ 時，質點往右移動。當考慮質點運動的總路徑長（total distance），必須對 $|v(t)|$ 積分。但若考慮質點運動的總**位移**（displacement），則是對 $v(t)$ 積分。如圖 4.32，

在時間 $[a, b]$，質點的位移 $= \int_a^b v(t)\, dt = A_1 - A_2 + A_3$

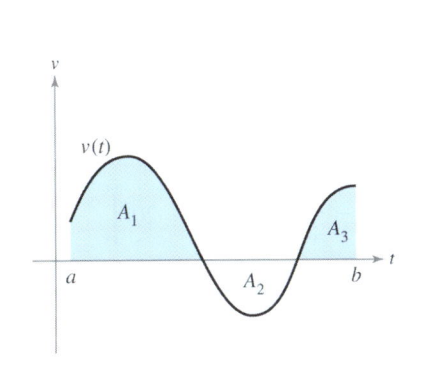

圖 4.32　A_1、A_2，與 A_3 均表圖中陰影區域。

在時間 $[a, b]$，質點的路徑長 $= \int_a^b |v(t)|\, dt = A_1 + A_2 + A_3$

例 10　解質點直線運動的問題

某質點沿著某直線，做直線運動，其速度是每秒
$$v(t) = t^3 - 10t^2 + 29t - 20 \text{ 公尺}$$
其中 t 以秒計。

a. 求 $1 \leq t \leq 5$ 時，該質點的位移。

b. 求 $1 \leq t \leq 5$ 時，該質點的總路徑長。

解

a. 用定義，可得位移是

$$\begin{aligned}
\int_1^5 v(t)\, dt &= \int_1^5 (t^3 - 10t^2 + 29t - 20)\, dt \\
&= \left[\frac{t^4}{4} - \frac{10}{3}t^3 + \frac{29}{2}t^2 - 20t \right]_1^5 \\
&= \frac{25}{12} - \left(-\frac{103}{12}\right) \\
&= \frac{128}{12} \\
&= \frac{32}{3}
\end{aligned}$$

因此位移是往右 $\dfrac{32}{3}$ 公尺。

b. 要求總位移，必須求 $\int_1^5 |v(t)|\, dt = 0$。先將 $v(t)$ 因式分解成 $(t-1)(t-4)(t-5)$，在區間 $[1, 4]$，$v(t) \geq 0$；且在區間 $[4, 5]$，$v(t) \leq 0$，畫 $v(t)$ 的函數圖如圖 4.33。因此總位移是

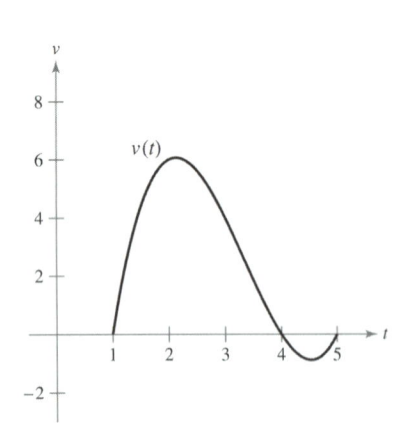

$$\begin{aligned}
\int_1^5 |v(t)|\, dt &= \int_1^4 v(t)\, dt - \int_4^5 v(t)\, dt \\
&= \int_1^4 (t^3 - 10t^2 + 29t - 20)\, dt - \int_4^5 (t^3 - 10t^2 + 29t - 20)\, dt \\
&= \left[\frac{t^4}{4} - \frac{10}{3}t^3 + \frac{29}{2}t^2 - 20t \right]_1^4 - \left[\frac{t^4}{4} - \frac{10}{3}t^3 + \frac{29}{2}t^2 - 20t \right]_4^5 \\
&= \frac{45}{4} - \left(-\frac{7}{12}\right) \\
&= \frac{71}{6} \text{ 公尺}
\end{aligned}$$

圖 4.33

習題 4.4

習題 1～12，計算下列函數之定積分。

1. $\int_0^1 (2t-1)^2 \, dt$

2. $\int_1^2 \left(\frac{3}{x^2} - 1\right) dx$

3. $\int_1^4 \frac{u-2}{\sqrt{u}} \, du$

4. $\int_{-1}^1 (\sqrt[3]{t} - 2) \, dt$

5. $\int_{-1}^0 (t^{1/3} - t^{2/3}) \, dt$

★ **6.** $\int_0^5 |2x - 5| \, dx$

7. $\int_0^\pi (\sin x - 7) \, dx$

★ **8.** $\int_0^{\pi/4} \frac{1 - \sin^2 \theta}{\cos^2 \theta} \, d\theta$

9. $\int_{-\pi/6}^{\pi/6} \sec^2 x \, dx$

10. $\int_{-\pi/3}^{\pi/3} 4 \sec \theta \tan \theta \, d\theta$

★ **11.** $\int_0^2 (2^x + 6) \, dx$

12. $\int_{-1}^1 (e^\theta + \sin \theta) \, d\theta$

習題 13～14，求下列圖形所決定區域的面積。

13. $y = x - x^2$

14. $y = \cos x$

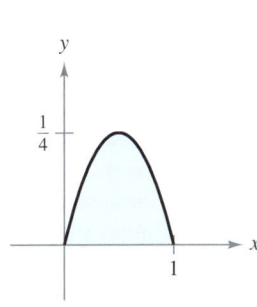

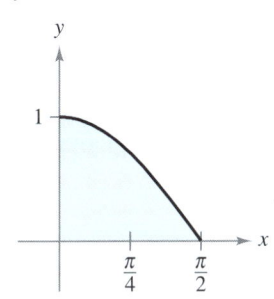

習題 15～16，求以下列方程式為界的區域之面積。

15. $y = 5x^2 + 2$, $x = 0$, $x = 2$, $y = 0$

16. $y = 1 + \sqrt[3]{x}$, $x = 0$, $x = 8$, $y = 0$

17. 求函數在 $f(x) = x^3$ 區間 $[0, 3]$ 的平均值。

★ **18.** 求函數 $f(x) = 4 - x^2$ 在區間 $[-2, 2]$ 的平均值，再求出函數值為其平均值的點。

★ **19.** 令 $g(x) = \int_0^x f(t) \, dt$，且 f 的函數圖如下。

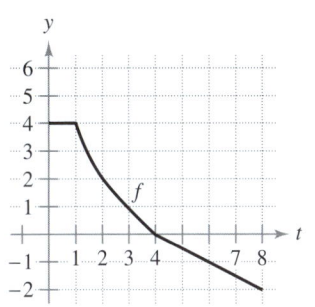

(a) 估計 $g(0)$、$g(2)$、$g(4)$、$g(6)$ 與 $g(8)$。

(b) 求 g 的最大遞增開區間，與最大遞減開區間。

(c) 求 g 的極值。

(d) 大致畫出 g 的函數圖。

習題 20～21，(a) 用積分求 $F(x)$；(b) 將 (a) 的結果微分以檢視微積分基本定理第二式。

20. $F(x) = \int_0^x t(t^2 + 1) \, dt$

21. $F(x) = \int_8^x \sqrt[3]{t} \, dt$

習題 22～24，用微積分基本定理第二式求 $F'(x)$。

22. $F(x) = \int_{-1}^x \sqrt{t^4 + 1} \, dt$

23. $F(x) = \int_1^x \sqrt{t} \csc t \, dt$

24. $F(x) = \int_0^x \sec^3 t \, dt$

習題 25～27，求下列各題的 $F'(x)$。

★ **25.** $F(x) = \int_{-x}^x t^3 \, dt$

★ **26.** $F(x) = \int_0^{\sin x} \sqrt{t} \, dt$

★ **27.** $F(x) = \int_0^{x^3} \sin t^2 \, dt$

習題 28～29，某質點沿著某直線做直線運動，其速度是每秒 $v(t)$ 公尺，求在下列指定時段的 (a) 位移；(b) 總路徑長。

★ **28.** $v(t) = t^2 - t - 12$, $1 \leq t \leq 5$

★ **29.** $v(t) = t^3 - 10t^2 + 27t - 18$, $1 \leq t \leq 7$

註：標誌 ★ 表示稍難題目。

4.5 變數代換法求不定積分　Integration by Substitution

- 察覺樣式求不定積分。
- 以變數變換求不定積分。
- 以廣義指數規則求不定積分。
- 以變數變換求定積分。

察覺樣式 Pattern Recognition

本節研究的主題是求合成函數的積分，我們從兩個角度進行討論——察覺樣式與變數變換。這兩個角度都牽涉到以一個新的**變數 u** 來進行**代換**（u-substitution）。如果是察覺樣式，變數代換以心算進行，而變數變換就必須寫下每一步代換的過程。

變數代換在積分中扮演的角色，相當於微分中的連鎖規則。如果 $y = F(u)$ 並且 $u = g(x)$，連鎖規則告訴我們，應該微分如下：

$$\frac{d}{dx}[F(g(x))] = F'(g(x))g'(x)$$

從反導函數的定義，得到

$$\int F'(g(x))g'(x)\,dx = F(g(x)) + C = F(u) + C$$

將上面的結果總結為下面的定理。

> **定理 4.13　合成函數的反微分**
>
> 假設函數 g 的值域在區間 I 中，而 f 在 I 上連續。如果 g 可微，設 F 是 f 在 I 上的一個反導數，則
>
> $$\int f(g(x))g'(x)\,dx = F(g(x)) + C$$
>
> 令 $u = g(x)$，則 $du = g'(x)\,dx$ 並且
>
> $$\int f(u)\,du = F(u) + C$$

注意　定理 4.13 並沒有告訴我們如何看出哪一部分是 $f(g(x))$，哪一部分是 $g'(x)$，技巧的熟練度會與日俱增，部分的原因來自對微分的熟悉。

從例 1 和例 2 可以看到如何藉由 $f(g(x))$ 和 $g'(x)$ 的出現直接應用定理 4.13。注意到在積分中的合成函數有一個外部的函數 f，和一個內部的函數 g，而 $g'(x)$ 則是積分函數的一個因式。

$$\int f(g(x))g'(x)\,dx = F(g(x)) + C$$

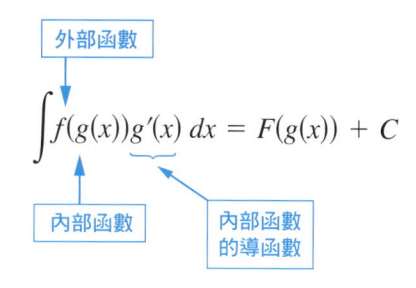

外部函數 / 內部函數 / 內部函數的導函數

例 1 察覺 $f(g(x))g'(x)$ 的樣式

求 $\int (x^2+1)^2 (2x)\,dx$。

解 令 $g(x) = x^2 + 1$，得到

$$g'(x) = 2x \quad 且 \quad f(g(x)) = f(x^2+1) = (x^2+1)^2$$

因此積分函數符合 $f(g(x))g'(x)$ 的樣式，應用積分的指數規則和定理 4.13，得出

$$\int \overbrace{(x^2+1)^2}^{f(g(x))}\overbrace{(2x)}^{g'(x)}\,dx = \frac{1}{3}(x^2+1)^3 + C$$

請以連鎖規則驗算 $\frac{1}{3}(x^2+1)^3 + C$ 的導函數是原積分中的被積函數 $(x^2+1)^2(2x)$。

例 2 察覺 $f(g(x))g'(x)$ 的樣式

求 $\int 5e^{5x}\,dx$。

解 令 $g(x) = 5x$，得到

$$g'(x) = 5 \quad 且 \quad f(g(x)) = f(5x) = e^{5x}$$

因此積分符合 $f(g(x))g'(x)$ 的樣式。應用積分的指數函數公式和定理 4.13，得出

$$\int \underset{f(g(x))}{e^{5x}}\underset{g'(x)}{(5)}\,dx = e^{5x} + C$$

請以連鎖規則驗算 $e^{5x} + C$ 的導函數是原積分中的被積函數 $5e^{5x}$。

研讀指引 代換的技巧不一，但是目標相同——就是要求出被積分函數的反導數。

> **深入探索**
>
> **察覺樣式** 下列各積分函數都可以寫成 $f(g(x))g'(x)$ 的樣式，請確認樣式並求出積分。
>
> **a.** $\displaystyle\int 2x(x^2+1)^4\,dx$ **b.** $\displaystyle\int 3x^2\sqrt{x^3+1}\,dx$ **c.** $\displaystyle\int \sec^2 x(\tan x+3)\,dx$
>
> 下面三個積分與前三個類似，請乘上一個數以後再求下列積分。
>
> **d.** $\displaystyle\int x(x^2+1)^4\,dx$ **e.** $\displaystyle\int x^2\sqrt{x^3+1}\,dx$ **f.** $\displaystyle\int 2\sec^2 x(\tan x+3)\,dx$

例 1 和例 2 中積分的函數完全符合 $f(g(x))g'(x)$ 的樣式，加上求積分的倍數規則

$$\int kf(x)\,dx = k\int f(x)\,dx$$

例 1 和例 2 的方法可以推廣，因為許多求積分的函數已經可以看到在 $g'(x)$ 這個部分只差一個常數倍，只要先乘一個再除一個恰當的常數就可以積分，請看例 3。

例 3 乘以再除以一個常數

求不定積分 $\displaystyle\int x(x^2+1)^2\,dx$ 。

解 本題與例 1 類似，只是被積函數差了 2 倍。但仍然令 $g(x) = x^2+1$，且注意到 $g'(x) = 2x$

$$\int x(x^2+1)^2\,dx = \int (x^2+1)^2 \left(\frac{1}{2}\right)(2x)\,dx \quad \text{乘以再除以 2，以便在被積函數中製造因式 }(2x)$$

$$= \frac{1}{2}\int \underbrace{(x^2+1)^2}_{f(g(x))}\underbrace{(2x)}_{g'(x)}\,dx \quad \text{倍數規則}$$

$$= \frac{1}{2}\left[\frac{(x^2+1)^3}{3}\right] + C \quad \text{積分}$$

$$= \frac{1}{6}(x^2+1)^3 + C \quad \text{化簡}$$

應用時，大部分的人不會像例 3 寫那麼多步，而會簡化過程如下

$$\int x(x^2+1)^2\,dx = \frac{1}{2}\int (x^2+1)^2\,2x\,dx = \frac{1}{2}\left[\frac{(x^2+1)^3}{3}\right] + C$$

$$= \frac{1}{6}(x^2+1)^3 + C$$

注意 倍數規則只能以常數乘或除調整，不能以變數代替常數的角色。例如，以下兩式不等

$$\int (x^2+1)^2\,dx \neq \frac{1}{2x}\int (x^2+1)^2\,(2x)\,dx$$

變數變換 Change of Variables

正式進行變數變換時，要將原積分式以 u 和 du 完全改寫。雖然使用起來會比例 1 到例 3 的察覺樣式要寫下更多的步驟，但是比較容易處理複雜的積分函數。**變數變換**（change of variables）的技巧使用 Leibniz 記號，$u = g(x)$，則 $du = g'(x)dx$，而將定理 4.13 中的積分寫成

$$\int f(g(x))g'(x)\,dx = \int f(u)\,du = F(u) + C$$

例 4　變數變換

求 $\int \sqrt{2x-1}\,dx$。

解　先令 u 為根號中的函數，$u = 2x - 1$，再計算 $du = 2\,dx$。以 $\sqrt{2x-1} = \sqrt{u}$ 和 $dx = du/2$ 代入，得到

$$\begin{aligned}
\int \sqrt{2x-1}\,dx &= \int \sqrt{u}\left(\frac{du}{2}\right) &&\text{以 } u \text{ 表被積函數}\\
&= \frac{1}{2}\int u^{1/2}\,du &&\text{倍數規則}\\
&= \frac{1}{2}\left(\frac{u^{3/2}}{3/2}\right) + C &&\text{以 } u \text{ 表反導數}\\
&= \frac{1}{3}u^{3/2} + C &&\text{化簡}\\
&= \frac{1}{3}(2x-1)^{3/2} + C &&\text{以 } x \text{ 表反導數}
\end{aligned}$$

> **研讀指引**　因為積分通常比微分困難，得出答案之後，建議練習時用微分進行驗算。以例 4 來說，對 $\frac{1}{3}(2x-1)^{3/2} + C$ 微分，看看是否會得回原被積函數 $\sqrt{2x-1}$。

例 5　變數變換

求 $\int x\sqrt{2x-1}\,dx$。

解　如前例，令 $u = 2x - 1$ 得到 $dx = du/2$，再以 u 來表 x。

$$u = 2x - 1 \quad \Longrightarrow \quad x = (u+1)/2 \qquad \text{以 } u \text{ 表 } x$$

代入得到

$$\int x\sqrt{2x-1}\,dx = \int \left(\frac{u+1}{2}\right) u^{1/2} \left(\frac{du}{2}\right) = \frac{1}{4}\int (u^{3/2}+u^{1/2})\,du$$
$$= \frac{1}{4}\left(\frac{u^{5/2}}{5/2}+\frac{u^{3/2}}{3/2}\right)+C$$
$$= \frac{1}{10}(2x-1)^{5/2}+\frac{1}{6}(2x-1)^{3/2}+C \qquad \blacksquare$$

在例 5 中，我們先以 u 表出 x，再寫下一個完整的變數變換。有時，以 u 表 x 並不容易，但還好，這並非必要的步驟，請看下例。

例 6　變數變換

求 $\int \sin^2 3x \cos 3x\,dx$。

解　因為 $\sin^2 3x = (\sin 3x)^2$，令 $u = \sin 3x$，因此
$$du = (\cos 3x)(3)\,dx$$
又因 $\cos 3x\,dx$ 是積分的一部分，可以從 du 寫下
$$\frac{du}{3} = \cos 3x\,dx$$
把 u 和 $du/3$ 代入到積分之中得到
$$\int \sin^2 3x \cos 3x\,dx = \int u^2 \frac{du}{3} = \frac{1}{3}\int u^2\,du$$
$$= \frac{1}{3}\left(\frac{u^3}{3}\right)+C = \frac{1}{9}\sin^3 3x + C$$

再以微分驗算
$$\frac{d}{dx}\left[\frac{1}{9}\sin^3 3x\right] = \left(\frac{1}{9}\right)(3)(\sin 3x)^2(\cos 3x)(3) = \sin^2 3x \cos 3x$$

既然微分可以得回原來要積分的函數，可知答案正確。　$\blacksquare$

> **研讀指引**　以變數變換求出不定積分之後，要把原變數換回。例如，例 6 中，答案不能寫成 $\frac{1}{9}u^3+C$
> 必須把 u 帶回 $3x$，而得正確答案 $\frac{1}{9}\sin^3 3x + C$。

總結變數變換的步驟如下。

變數變換的指導原則

1. 選一個代換 $u = g(x)$，通常會選一個合成函數的內部函數。
   例如指數表示中整個作為底的函數。
2. 計算 $du = g'(x)\,dx$。
3. 把要積分的函數以 u 寫出。
4. 以 u 為變數作不定積分。
5. 將 u 以 $g(x)$ 代回。
6. 以微分驗算。

目前，我們已介紹兩種積分代換法的技巧，而在本章的其他章節及第 5 章，將會學到更多的技巧。題目輕微的差異往往就必須套用不同的技巧，但無論如何，不要忘記：每一個技巧的最終目標仍是求出被積函數的反導函數。

積分的廣義指數規則 The General Power Rule for Integration

一個相當常見的變數變換，發生在被積函數是指數的形式，因為這種代換的重要性，我們稱之為積分的**廣義指數規則**（General Power Rule for Integration）。此一規則的證明可以直接從積分的指數規則和定理 4.13 得出。

定理 4.14　積分的廣義指數規則

若 $g(x)$ 是一個可微函數，則

$$\int [g(x)]^n\, g'(x)\, dx = \frac{[g(x)]^{n+1}}{n+1} + C, \quad n \neq -1$$

換句話說，如果 $u = g(x)$，則

$$\int u^n\, du = \frac{u^{n+1}}{n+1} + C, \quad n \neq -1$$

例 7　變數變換和廣義指數規則

a. $\displaystyle\int 3(3x-1)^4\, dx = \int \underbrace{(3x-1)^4}_{u^4}\underbrace{(3)\, dx}_{du} = \underbrace{\frac{(3x-1)^5}{5}}_{u^5/5} + C$

b. $\displaystyle\int (2x+1)(x^2+x)\, dx = \int \underbrace{(x^2+x)^1}_{u^1}\underbrace{(2x+1)\, dx}_{du} = \underbrace{\frac{(x^2+x)^2}{2}}_{u^2/2} + C$

深入探索

如果要您求下面的積分，哪一個比較簡單？解釋您的理由。

a. $\displaystyle\int \sqrt{x^3+1}\, dx$ 或

$\displaystyle\int x^2\sqrt{x^3+1}\, dx$

b. $\displaystyle\int \tan(3x)\sec^2(3x)\, dx$ 或

$\displaystyle\int \tan(3x)\, dx$

c. $\displaystyle\int 3x^2\sqrt{x^3-2}\,dx = \int \overbrace{(x^3-2)^{1/2}}^{u^{1/2}}\overbrace{(3x^2)\,dx}^{du} = \overbrace{\dfrac{(x^3-2)^{3/2}}{3/2}}^{u^{3/2}/(3/2)} + C$

$\displaystyle\qquad\qquad\qquad = \dfrac{2}{3}(x^3-2)^{3/2} + C$

d. $\displaystyle\int \dfrac{-4x}{(1-2x^2)^2}\,dx = \int \overbrace{(1-2x^2)^{-2}}^{u^{-2}}\overbrace{(-4x)\,dx}^{du} = \overbrace{\dfrac{(1-2x^2)^{-1}}{-1}}^{u^{-1}/(-1)} + C$

$\displaystyle\qquad\qquad\qquad = -\dfrac{1}{1-2\,x^2} + C$

e. $\displaystyle\int \cos^2 x \sin x\,dx = -\int \overbrace{(\cos x)^2}^{u^2}\overbrace{(-\sin x)\,dx}^{du} = -\overbrace{\dfrac{(\cos x)^3}{3}}^{u^3/3} + C$

某些要積分的函數雖然是指數的形式，但是未必可以引用廣義指數規則來處理，例如下列兩個積分

$$\int x(x^2+1)^2\,dx \qquad \text{和} \qquad \int (x^2+1)^2\,dx$$

x^2+1 以 u 代換對第一個積分適用，對第二個不行（原因是少了一個充作 du 的因式 x）。但是對第二個積分，至少可以展開 $(x^2+1)^2 = x^4 + 2x^2 + 1$，再逐項以指數規則進行積分。

變數變換求定積分 Change of Variables for Definite Integrals

在定積分以 u 代換時，積分的上、下限以 u 表示來做計算可能比換回原來的變數更方便。定理 4.13 加上微積分基本定理可以用來證明下面的定理，並說明上、下限如何以新的變數表示。

定理 4.15　變數變換求定積分

如果 $u = g(x)$ 在閉區間 $[a,b]$ 上的導函數連續，並且 f 在 g 的值域上也連續，則

$$\int_a^b f(g(x))g'(x)\,dx = \int_{g(a)}^{g(b)} f(u)\,du$$

例 8　變數變換

計算 $\displaystyle\int_0^1 x(x^2+1)^3\,dx$。

解 令 $u = x^2 + 1$，則

$du = 2x\, dx$。

先決定積分在新的變數 u 之下的上限和下限。

下 限	上 限
當 $x = 0$, $u = 0^2 + 1 = 1$	當 $x = 1$, $u = 1^2 + 1 = 2$

然後以 u 代入

$$\int_0^1 x(x^2+1)^3\, dx = \frac{1}{2}\int_0^1 (x^2+1)^3 (2x)\, dx \quad \text{x 的積分上、下限}$$

$$= \frac{1}{2}\int_1^2 u^3\, du \quad \text{u 的積分上、下限}$$

$$= \frac{1}{2}\left[\frac{u^4}{4}\right]_1^2$$

$$= \frac{1}{2}\left(4 - \frac{1}{4}\right) = \frac{15}{8}$$

另一個方法是把反導函數 $\frac{1}{2}(u^4/4)$ 以 x 代回，再以 x 的上、下限代入，這樣也可得到相同的答案，如下

$$\frac{1}{2}\left[\frac{u^4}{4}\right]_1^2 = \frac{1}{2}\left[\frac{(x^2+1)^4}{4}\right]_0^1 = \frac{1}{2}\left(4 - \frac{1}{4}\right) = \frac{15}{8}$$

例 9　變數變換

求定積分 $\int_1^5 \frac{x}{\sqrt{2x-1}}\, dx$ 之值。

解 令 $u = \sqrt{2x-1}$，因此

$$u^2 = 2x - 1$$
$$u^2 + 1 = 2x$$
$$\frac{u^2+1}{2} = x$$
$$u\, du = dx \quad \text{兩邊同時微分}$$

在代入之前，先決定新的積分上、下限。

下 限	上 限
當 $x = 1$, $u = \sqrt{2-1} = 1$	當 $x = 5$, $u = \sqrt{10-1} = 3$

然後，代入 $u = \sqrt{2x-1}$，$\frac{u^2+1}{2} = x$ 和 $u\, du = dx$ 得到

$$\int_1^5 \frac{x}{\sqrt{2x-1}}\,dx = \int_1^3 \frac{1}{u}\left(\frac{u^2+1}{2}\right)u\,du = \frac{1}{2}\int_1^3 (u^2+1)\,du$$
$$= \frac{1}{2}\left[\frac{u^3}{3}+u\right]_1^3$$
$$= \frac{1}{2}\left(9+3-\frac{1}{3}-1\right) = \frac{16}{3}$$

從幾何圖形的觀點，方程式

$$\int_1^5 \frac{x}{\sqrt{2x-1}}\,dx = \int_1^3 \frac{u^2+1}{2}\,du$$

的意義是指圖 4.34 和 4.35 這兩個不同的區域有相同的面積。

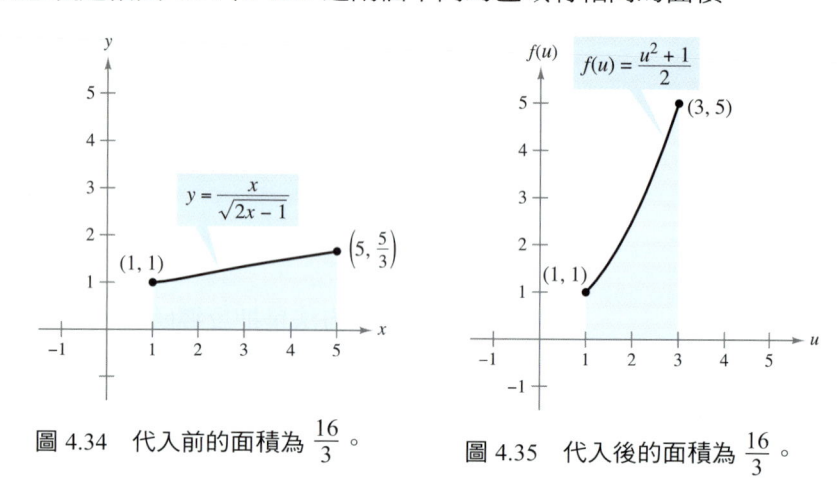

圖 4.34　代入前的面積為 $\frac{16}{3}$。　　圖 4.35　代入後的面積為 $\frac{16}{3}$。

當以變數變換求積分時，很可能以 u 來表示的上限會小於以 u 來表示的下限。如果真是如此，不要換上、下限，直接計算即可。例如，在將 $u = \sqrt{1-x}$ 代入之後，

$$\int_0^1 x^2(1-x)^{1/2}\,dx$$

變成了（當 $x=0$ 時 $u=\sqrt{1-0}=1$；而當 $x=1$ 時 $u=\sqrt{1-1}=0$）

$$-2\int_1^0 (1-u^2)^2 u^2\,du$$

將被積函數乘開（展開），可求得定積分的值如下

$$-2\int_1^0 (u^2 - 2u^4 + u^6)\,du = -2\left[\frac{u^3}{3} - \frac{2u^5}{5} + \frac{u^7}{7}\right]_1^0 = -2\left(-\frac{1}{3}+\frac{2}{5}-\frac{1}{7}\right) = \frac{16}{105}$$

習題 4.5

1. 求 $\int \dfrac{x^3}{\sqrt{1+x^4}}\, dx$，再以微分驗算。

★ 2. 解微分方程
$$\dfrac{dy}{dx} = 4x + \dfrac{4x}{\sqrt{16-x^2}}$$

習題 3～17，求不定積分。

3. $\int x^3(x^4+3)^2\, dx$

4. $\int t\sqrt{t^2+2}\, dt$

5. $\int \dfrac{x}{\sqrt{1-x^2}}\, dx$

6. $\int \left(1+\dfrac{1}{t}\right)^3 \left(\dfrac{1}{t^2}\right) dt$

7. $\int \dfrac{1}{\sqrt{2x}}\, dx$

8. $\int \dfrac{x}{\sqrt[3]{5x^2}}\, dx$

9. $\int \cos 6x\, dx$

10. $\int \dfrac{1}{\theta^2} \cos \dfrac{1}{\theta}\, d\theta$

★ 11. $\int \dfrac{\sin x}{\cos^3 x}\, dx$

★ 12. $\int e^x(e^x+1)^2\, dx$

★ 13. $\int \dfrac{5-e^x}{e^{2x}}\, dx$

★ 14. $\int \dfrac{e^{2x}+2e^x+1}{e^x}\, dx$

★ 15. $\int e^{\sin \pi x} \cos \pi x\, dx$

★ 16. $\int e^{\tan 2x} \sec^2 2x\, dx$

★ 17. $\int e^{-x} \sec^2(e^{-x})\, dx$

18. 若函數 f 的導函數 $f'(x) = -\sin \dfrac{x}{2}$，且 $f(x)$ 求過點 $(0, 6)$，求函數 $f(x)$。

★ 19. 仿例 5 的方法求下列函數的不定積分 $\int x\sqrt{x+6}\, dx$。

習題 20～24，求下列定積分之值。

20. $\int_{-1}^{1} x(x^2+1)^3\, dx$

21. $\int_{1}^{2} 2x^2 \sqrt{x^3+1}\, dx$

22. $\int_{0}^{4} \dfrac{1}{\sqrt{2x+1}}\, dx$

23. $\int_{0}^{2} \dfrac{x}{\sqrt{1+2x^2}}\, dx$

★ 24. $\int_{3}^{4} 4xe^{x^2}\, dx$

★ 25. 求下列區域的面積。
$$\int_{0}^{7} x\sqrt[3]{x+1}\, dx$$

註：標誌 ★ 表示稍難題目。

4.6 自然對數函數：積分
The Natural Logarithmic Function: Integration

◆ 利用積分的對數規則求有理函數的積分。

◆ 求三角函數的積分。

深入探索

有理函數的積分 在本章前面已經學過如何求多項式的積分，本節中所談到的對數規則，輾轉應用到求有理函數的積分，下列各函數都可以對數規則求積。

$\dfrac{2}{x}$ 例 1

$\dfrac{1}{4x-1}$ 例 2

$\dfrac{x}{x^2+1}$ 例 3

$\dfrac{3x^2+1}{x^3+x}$ 例 4(a)

$\dfrac{x+1}{x^2+2x}$ 例 4(c)

$\dfrac{1}{3x+2}$ 例 4(d)

$\dfrac{x^2+x+1}{x^2+1}$ 例 5

$\dfrac{2x}{(x+1)^2}$ 例 6

積分的對數規則 Log Rule for Integration

從微分規則

$\dfrac{d}{dx}[\ln|x|] = \dfrac{1}{x}$ 和 $\dfrac{d}{dx}[\ln|u|] = \dfrac{u'}{u}$ 可以得到對應的積分規則。

定理 4.16　積分的對數規則

假設 u 是 x 的可微分函數，則

1. $\displaystyle\int \dfrac{1}{x}\,dx = \ln|x| + C$　　2. $\displaystyle\int \dfrac{1}{u}\,du = \ln|u| + C$

由於 $du = u'\,dx$，上述第二個公式又可寫成

$$\int \dfrac{u'}{u}\,dx = \ln|u| + C$$

對數規則的另一種形式

例 1　應用積分的對數規則

$\displaystyle\int \dfrac{2}{x}\,dx = 2\int \dfrac{1}{x}\,dx$　　　　常數倍規律

$= 2\ln|x| + C$　　　　積分的對數規則

$= \ln x^2 + C$　　　　對數律規則

求 x^2 必不為負，所以最後答案的真數不必再加絕對值符號。

例 2　對數規則和變數變換

求 $\displaystyle\int \dfrac{1}{4x-1}\,dx$ 。

解　令 $u = 4x-1$，則 $du = 4dx$。

$\displaystyle\int \dfrac{1}{4x-1}\,dx = \dfrac{1}{4}\int \left(\dfrac{1}{4x-1}\right)4\,dx$　　　乘以 4 和除以 4

$= \dfrac{1}{4}\int \dfrac{1}{u}\,du$　　　以 $u = 4x-1$ 代入

$$= \frac{1}{4} \ln|u| + C \qquad \text{應用對數規則}$$

$$= \frac{1}{4} \ln|4x - 1| + C \qquad \text{將 } 4x - 1 \text{ 代回}$$

例3應用對數規則的另一種形式。使用時，分子必須是分母的導函數。

例 3　以對數規則求面積

求以函數圖形

$$y = \frac{x}{x^2 + 1}$$

以及 x 軸，與以直線 $x = 3$ 為邊界的區域面積。

解　從圖 4.36 可以看出區域的面積是定積分

$$\int_0^3 \frac{x}{x^2 + 1} \, dx$$

如果令 $u = x^2 + 1$，則 $u' = 2x$，因此先乘以 2 再除以 2，以對數規則計算如下

$$\int_0^3 \frac{x}{x^2 + 1} \, dx = \frac{1}{2} \int_0^3 \frac{2x}{x^2 + 1} \, dx \qquad \text{乘以 2 和除以 2}$$

$$= \frac{1}{2} \left[\ln(x^2 + 1) \right]_0^3 \qquad \int \frac{u'}{u} \, dx = \ln|u| + C$$

$$= \frac{1}{2} (\ln 10 - \ln 1)$$

$$= \frac{1}{2} \ln 10 \qquad \ln 1 = 0$$

$$\approx 1.151$$

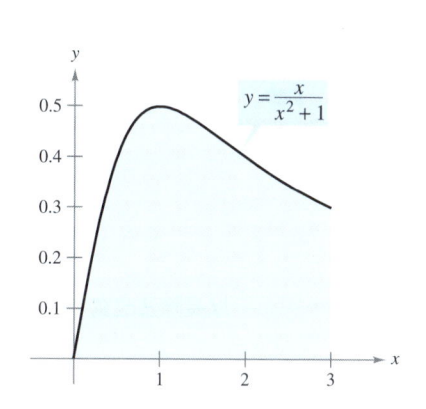

圖 4.36

面積 $= \int_0^3 \frac{x}{x^2 + 1} \, dx$

圖形 y 與 x 軸，以及 $x = 3$ 之間所圍出區域面積是 $\frac{1}{2} \ln 10$。

例 4　適用對數規則的有理函數的特定形式

a. $\displaystyle\int \frac{3x^2 + 1}{x^3 + x} \, dx = \ln|x^3 + x| + C \qquad u = x^3 + x$

b. $\displaystyle\int \frac{\sec^2 x}{\tan x} \, dx = \ln|\tan x| + C \qquad u = \tan x$

c. $\displaystyle\int \frac{x + 1}{x^2 + 2x} \, dx = \frac{1}{2} \int \frac{2x + 2}{x^2 + 2x} \, dx \qquad u = x^2 + 2x$

$\qquad\qquad\qquad\qquad = \frac{1}{2} \ln|x^2 + 2x| + C$

d. $\displaystyle\int \frac{1}{3x + 2} \, dx = \frac{1}{3} \int \frac{3}{3x + 2} \, dx \qquad u = 3x + 2$

$\qquad\qquad\qquad = \frac{1}{3} \ln|3x + 2| + C$

求涉及對數的反導數時，有時會得出等價但外觀不同的結果，例如，下面哪一個函數和例 4(d) 中的答案等價？

$$\ln|(3x+2)^{1/3}| + C, \quad \frac{1}{3}\ln\left|x+\frac{2}{3}\right| + C, \quad \ln|3x+2|^{1/3} + C$$

如果被積分的有理函數分子的次數大或等於分母的次數，可先用長除法，這有可能會得到一個適用對數規則的情形，請見例 5。

例 5　先作長除法再求積分

求不定積分 $\int \dfrac{x^2+x+1}{x^2+1}\,dx$。

解　先以長除法重寫求積分的函數。

$$\frac{x^2+x+1}{x^2+1} \quad \Longrightarrow \quad x^2+1\,\overline{\smash{\big)}\,\begin{array}{l}1\\ x^2+x+1\\ \underline{x^2+1}\\ x\end{array}} \quad \Longrightarrow \quad 1+\frac{x}{x^2+1}$$

然後，進行積分

$$\int \frac{x^2+x+1}{x^2+1}\,dx = \int\left(1+\frac{x}{x^2+1}\right)dx \qquad \text{以長除法改寫}$$

$$= \int dx + \frac{1}{2}\int \frac{2x}{x^2+1}\,dx \qquad \text{拆開分別求積}$$

$$= x + \frac{1}{2}\ln(x^2+1) + C \qquad \text{積分}$$

請以微分作驗算。

下面例子需要略作觀察，找出適當變數，以進行對數規則的積分。

例 6　變數變換進行對數規則的積分

求不定積分 $\int \dfrac{2x}{(x+1)^2}\,dx$。

解　令 $u = x+1$，$du = dx$ 和 $x = u-1$ 代入。

$$\int \frac{2x}{(x+1)^2}\,dx = \int \frac{2(u-1)}{u^2}\,du \qquad \text{代入}$$

$$= 2\int\left(\frac{u}{u^2}-\frac{1}{u^2}\right)du \qquad \text{拆成兩項}$$

$$= 2\int \frac{du}{u} - 2\int u^{-2}\,du \qquad \text{分別求積分}$$

$$= 2\ln|u| - 2\left(\frac{u^{-1}}{-1}\right) + C \qquad \text{積分}$$

$$= 2\ln|u| + \frac{2}{u} + C \qquad \text{化簡}$$

$$= 2\ln|x+1| + \frac{2}{x+1} + C \qquad \text{代回}$$

請以微分作驗算。

在例 5 和例 6 中介紹的方法都涉及到改寫原來的被積函數，以便進行利用對數規則的積分，我們將在本章後續的部分和第 5 章持續討論積分技巧。為了掌握各種技巧，必須體認到在求積分的時候，要能夠將被積函數拼湊成恰當的形式，這一點可以說是求積分問題的本質。因此，積分並不像微分那麼直接。我們對積分的學習作如下的建議。

學習積分的指導原則

1. 熟練基本積分公式（在本節結束時，將會擴充到 20 條基本規則）。
2. 找一條公式看起來與被積分函數符合或部分符合，然後試著選一個 u 進行代換，讓被積函數符合公式。
3. 如果找不到恰當的 u 來代換，試著調整被積函數。比方說，可以試一試三角恆等式，乘一式再除一式，加一式再減一式，要有點想像力。
4. 可用微分驗算：看看答案微分後是否會得到原先的被積函數。

> **研讀指引**　記住：可利用將答案微分的方法來進行積分驗算。以例 7 而言，$y = \ln|\ln x| + C$ 的導函數就是 $y' = 1/(x\ln x)$。

例 7　u 變數代換和對數規則

解微分方程式 $\dfrac{dy}{dx} = \dfrac{1}{x\ln x}$。

解　答案可以寫成一個不定積分。

$$y = \int \frac{1}{x\ln x}\,dx$$

由於被積分函數是一個商，分母中有 x，不妨試試對數規則，u 的選擇基本上有三種可能。$u = x$ 和 $u = x\ln x$ 都無法配合對數規則所要求的形式 u'/u。如果考慮第三種，令 $u = \ln x$ 會得到 $u' = 1/x$。因此可以進行如下：

$$\int \frac{1}{x \ln x} dx = \int \frac{1/x}{\ln x} dx \qquad \text{分子分母同除以 } x$$

$$= \int \frac{u'}{u} dx \qquad \text{以 } u = \ln x \text{ 代入}$$

$$= \ln|u| + C \qquad \text{對數規則}$$

$$= \ln|\ln x| + C \qquad u = \ln x \text{ 代回}$$

因此，答案是 $y = \ln|\ln x| + C$

三角函數的積分 Integrals of Trigonometric Functions

在 4.1 節學了六個三角函數的積分規則——直接對應三角函數的微分規則。現在，加上對數規則，可以得到一組完整的三角函數積分公式。

例 8 利用三角恆等式

求 $\int \tan x \, dx$。

解 這個積分無法以基本表格中的公式回答，但是先以三角恆等式改寫為

$$\int \tan x \, dx = \int \frac{\sin x}{\cos x} dx$$

已知 $D_x[\cos x] = -\sin x$，因此令 $u = \cos x$ 進行如下

$$\int \tan x \, dx = -\int \frac{-\sin x}{\cos x} dx \qquad \text{用三角恆等式後，同乘除 }(-1)$$

$$= -\int \frac{u'}{u} dx \qquad \text{以 } u = \cos x \text{ 代入}$$

$$= -\ln|u| + C \qquad \text{應用對數規則}$$

$$= -\ln|\cos x| + C \qquad \text{代回}$$

例 8 以三角恆等式導出正切函數的積分公式，在下例中，要用一個較難的方法（乘一個再除一個式子）來導出正割函數的積分公式。

例 9 正割函數的積分

求 $\int \sec x \, dx$。

解 考慮下面的步驟

$$\int \sec x \, dx = \int \sec x \left(\frac{\sec x + \tan x}{\sec x + \tan x} \right) dx$$

$$= \int \frac{\sec^2 x + \sec x \tan x}{\sec x + \tan x} dx$$

令 u 為分母，得到

$$u = \sec x + \tan x \quad 且 \quad u' = \sec x \tan x + \sec^2 x$$

因此得出

$$\int \sec x \, dx = \int \frac{\sec^2 x + \sec x \tan x}{\sec x + \tan x} dx \quad \text{改寫被積函數}$$

$$= \int \frac{u'}{u} dx \quad \text{以 } u = \sec x + \tan x \text{ 代入}$$

$$= \ln|u| + C \quad \text{應用對數規則}$$

$$= \ln|\sec x + \tan x| + C \quad \text{代回}$$

結合例 8 與 9 的結論，我們目前已有關於 $\sin x$、$\cos x$、$\tan x$ 與 $\sec x$ 的積分公式。我們現在將所有六個三角函數的積分公式總結如下：

注意 利用三角恆等式和對數性質，這六個積分規則也可能有其他的形式，例如

$$\int \csc u \, du = \ln|\csc u - \cot u| + C$$

六個基本三角函數的積分

$$\int \sin u \, du = -\cos u + C \qquad \int \cos u \, du = \sin u + C$$

$$\int \tan u \, du = -\ln|\cos u| + C \qquad \int \cot u \, du = \ln|\sin u| + C$$

$$\int \sec u \, du = \ln|\sec u + \tan u| + C \qquad \int \csc u \, du = -\ln|\csc u + \cot u| + C$$

例 10　三角函數的積分

計算 $\int_0^{\pi/4} \sqrt{1 + \tan^2 x} \, dx$。

解　由 $1 + \tan^2 x = \sec^2 x$，得出

$$\int_0^{\pi/4} \sqrt{1 + \tan^2 x} \, dx = \int_0^{\pi/4} \sqrt{\sec^2 x} \, dx$$

$$= \int_0^{\pi/4} \sec x \, dx \quad 0 \leq x \leq \frac{\pi}{4} \text{ 時，} \sec x \geq 0$$

$$= \ln|\sec x + \tan x| \Big]_0^{\pi/4}$$

$$= \ln(\sqrt{2} + 1) - \ln 1$$

$$\approx 0.881$$

例 11　求平均值

求 $f(x) = \tan x$ 在區間 $[0, \pi/4]$ 上的平均值。

解

$$\begin{aligned}
\text{平均值} &= \frac{1}{(\pi/4) - 0} \int_0^{\pi/4} \tan x \, dx & &\text{平均值} = \frac{1}{b-a}\int_a^b f(x)\,dx\\
&= \frac{4}{\pi} \int_0^{\pi/4} \tan x \, dx & &\text{化簡}\\
&= \frac{4}{\pi} \Big[-\ln|\cos x| \Big]_0^{\pi/4} & &\text{積分}\\
&= -\frac{4}{\pi} \left[\ln\left(\frac{\sqrt{2}}{2}\right) - \ln(1) \right]\\
&= -\frac{4}{\pi} \ln\left(\frac{\sqrt{2}}{2}\right)\\
&\approx 0.441
\end{aligned}$$

如圖 4.37 所示，所求平均值近似於 0.441。

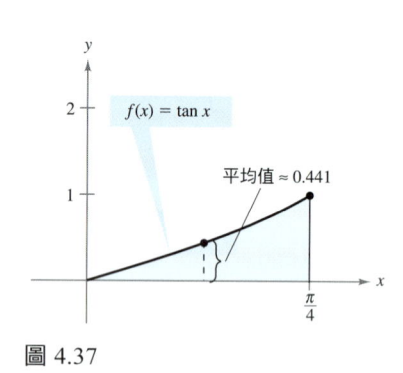

圖 4.37

習題 4.6

習題 1～10，求下列不定積分。

1. $\int \dfrac{1}{2x+5}\,dx$

2. $\int \dfrac{x}{x^2-3}\,dx$

3. $\int \dfrac{4x^3+3}{x^4+3x}\,dx$

4. $\int \dfrac{x^2-7}{7x}\,dx$

★ 5. $\int \dfrac{x^2+2x+3}{x^3+3x^2+9x}\,dx$

★ 6. $\int \dfrac{x^2-3x+2}{x+1}\,dx$

★ 7. $\int \dfrac{x^4+x-4}{x^2+2}\,dx$

8. $\int \dfrac{(\ln x)^2}{x}\,dx$

★ 9. $\int \dfrac{dx}{x(\ln x^2)^3}$

★ 10. $\int \dfrac{6x}{(x-5)^2}\,dx$

★ 11. 用變數代換法求 $\int \dfrac{1}{1+\sqrt{2x}}\,dx$
（提示：令 u 為被積函數的分母）。

習題 12～15，求下列不定積分。

12. $\int \csc 2x\,dx$

13. $\int \dfrac{\cos t}{1+\sin t}\,dt$

14. $\int \dfrac{\sec x \tan x}{\sec x - 1}\,dx$

★ 15. $\int e^{-x}\tan(e^{-x})\,dx$

習題 16～18，求下列定積分。

16. $\int_0^4 \dfrac{5}{3x+1}\,dx$

★ 17. $\int_1^e \dfrac{(1+\ln x)^2}{x}\,dx$

★ 18. $\int_0^2 \dfrac{x^2-2}{x+1}\,dx$

★ 19. 某種細菌數量的變化率為

$$\dfrac{dP}{dt} = \dfrac{3000}{1+0.25t}$$

式中 t 的單位是天，當 $t=0$ 時，$P=1000$，求 $P(t)$ 和 $P(3)$。

註：標誌 ★ 表示稍難題目。

4.7 反三角函數：積分
Inverse Trigonometric Functions: Integration

◆ 複習反三角函數。
◆ 涉及以反三角函數為反微分的積分。
◆ 以配方法求積分。
◆ 複習基本函數的積分公式。

複習反三角函數 Review of Inverse Trigonometric Functions

本書在 1.3 節對反三角函數有較詳盡的介紹，現快速複習如下。

首先以「反正弦函數」為例，此函數旨將正弦函數 $y = \sin x$ 在區間 $[-\frac{\pi}{2}, \frac{\pi}{2}]$ 的 x 與 y 互換，但仍維持是一個函數。我們將反正弦函數記為

$$y = \arcsin x$$

並規定 $-1 \leq x \leq 1$，且 $-\frac{\pi}{2} \leq y \leq \frac{\pi}{2}$，而 $y = \arcsin x$ 的意義是 $\sin y = x$。注意：因規定 $-\frac{\pi}{2} \leq y \leq \frac{\pi}{2}$，所以給定 x（其中 $-1 \leq x \leq 1$），只有唯一一個 y 值可以使 $\sin y = x$。我們用此類似的手法定出其他五個反三角函數，但較常用的有以下三個。

反三角函數的定義

函數意義		定義域	值域
$y = \arcsin x$	$\sin y = x$	$-1 \leq x \leq 1$	$-\frac{\pi}{2} \leq y \leq \frac{\pi}{2}$
$y = \arctan x$	$\tan y = x$	$-\infty < x < \infty$	$-\frac{\pi}{2} < y < \frac{\pi}{2}$
$y = \text{arcsec } x$	$\sec y = x$	$|x| \geq 1$	$0 \leq y \leq \pi$，但 $y \neq \frac{\pi}{2}$

特別提醒：在許多書中，反三角函數使用的符號分別是 $\sin^{-1} x$、$\tan^{-1} x$ 與 $\sec^{-1} x$。說明一下，此時請不要將 -1 視為指數，即 $\sin^{-1} x \neq (\sin x)^{-1}$，$\sin^{-1} x = \arcsin x$。

建議回到 1.3 節例 5 (a)、(c)、(d)、例 6 與例 7，研習一下，以熟練反三角函數。

涉及以反三角函數為反微分的積分
Integrals Involving Inverse Trigonometric Functions

以下列出與反三角函數相關的積分公式，其由來是用三角函數的

微分公式與隱微分導出，再將之轉成不定積分的型式，在此不證，但請熟記。

定理 4.17　與反三角函數有關的積分

假設 u 是 x 的可微函數，並且 $a > 0$ 則有

1. $\displaystyle\int \frac{du}{\sqrt{a^2 - u^2}} = \arcsin \frac{u}{a} + C$

2. $\displaystyle\int \frac{du}{a^2 + u^2} = \frac{1}{a} \arctan \frac{u}{a} + C$

3. $\displaystyle\int \frac{du}{u\sqrt{u^2 - a^2}} = \frac{1}{a} \operatorname{arcsec} \frac{|u|}{a} + C$

例 1　以反三角函數求積分

a. $\displaystyle\int \frac{dx}{\sqrt{4 - x^2}} = \arcsin \frac{x}{2} + C$　　　　$u = x,\ a = 2$

b. $\displaystyle\int \frac{dx}{2 + 9x^2} = \frac{1}{3} \int \frac{3\, dx}{(\sqrt{2})^2 + (3x)^2}$　　$u = 3x,\ a = \sqrt{2}$

$\qquad\qquad\quad = \dfrac{1}{3\sqrt{2}} \arctan \dfrac{3x}{\sqrt{2}} + C$

c. $\displaystyle\int \frac{dx}{x\sqrt{4x^2 - 9}} = \int \frac{2\, dx}{2x\sqrt{(2x)^2 - 3^2}}$　　$u = 2x,\ a = 3$

$\qquad\qquad\quad = \dfrac{1}{3} \operatorname{arcsec} \dfrac{|2x|}{3} + C$

例 1 是積分公式的直接應用，但通常碰到的情形遠比例 1 複雜。

例 2　積分換變數

求 $\displaystyle\int \frac{dx}{\sqrt{e^{2x} - 1}}$。

解　初看，積分與反三角函數公式無關，但是以 $u = e^x$ 代入得到

$$u = e^x \quad\Rightarrow\quad du = e^x\, dx \quad\Rightarrow\quad dx = \frac{du}{e^x} = \frac{du}{u}$$

代入後，積分如下

$\displaystyle\int \frac{dx}{\sqrt{e^{2x} - 1}} = \int \frac{dx}{\sqrt{(e^x)^2 - 1}}$　　　e^{2x} 寫成 $(e^x)^2$

$\qquad\qquad\quad = \displaystyle\int \frac{du/u}{\sqrt{u^2 - 1}}$　　　代入

$$= \int \frac{du}{u\sqrt{u^2 - 1}} \qquad \text{改寫以引用公式}$$
$$= \operatorname{arcsec} \frac{|u|}{1} + C \qquad \text{利用反正割規則}$$
$$= \operatorname{arcsec} e^x + C \qquad \text{代回}$$

例 3　拆成兩式分別積分

求 $\int \dfrac{x + 2}{\sqrt{4 - x^2}}\, dx$。

解　將積分拆成兩式，分別處理

$$\int \frac{x + 2}{\sqrt{4 - x^2}}\, dx = \int \frac{x}{\sqrt{4 - x^2}}\, dx + \int \frac{2}{\sqrt{4 - x^2}}\, dx$$
$$= -\frac{1}{2}\int (4 - x^2)^{-1/2}(-2x)\, dx + 2\int \frac{1}{\sqrt{4 - x^2}}\, dx$$
$$= -\frac{1}{2}\left[\frac{(4 - x^2)^{1/2}}{1/2}\right] + 2\arcsin \frac{x}{2} + C$$
$$= -\sqrt{4 - x^2} + 2\arcsin \frac{x}{2} + C$$

配方 ｜ Completing the Square

當積分中出現二次多項式時配方法極為有效。例如，$x^2 + bx + c$ 可以改寫成下式

$$x^2 + bx + c = x^2 + bx + \left(\frac{b}{2}\right)^2 - \left(\frac{b}{2}\right)^2 + c = \left(x + \frac{b}{2}\right)^2 - \left(\frac{b}{2}\right)^2 + c$$

例 4　配方

求 $\int \dfrac{dx}{x^2 - 4x + 7}$。

解　將分母配方之後改寫成平方和如下：

$$x^2 - 4x + 7 = (x^2 - 4x + 4) - 4 + 7 = (x - 2)^2 + 3 = u^2 + a^2$$

令 $u = x - 2$，$a = \sqrt{3}$

$$\int \frac{dx}{x^2 - 4x + 7} = \int \frac{dx}{(x - 2)^2 + 3} = \frac{1}{\sqrt{3}} \arctan \frac{x - 2}{\sqrt{3}} + C$$

如果首項係數不是 1，應該先提出來，再進行配方。例如 $2x^2 - 8x + 10$ 的配方如下：

$$2x^2 - 8x + 10 = 2(x^2 - 4x + 5)$$
$$= 2(x^2 - 4x + 4 - 4 + 5)$$
$$= 2[(x-2)^2 + 1]$$

當 x^2 的係數是負的時候，一樣把「負的係數」提出。例如 $3x - x^2$ 配方如下：

$$3x - x^2 = -(x^2 - 3x)$$
$$= -\left[x^2 - 3x + \left(\tfrac{3}{2}\right)^2 - \left(\tfrac{3}{2}\right)^2\right]$$
$$= \left(\tfrac{3}{2}\right)^2 - \left(x - \tfrac{3}{2}\right)^2$$

例 5　首項係數為負時的配方

求以圖形 $f(x) = \dfrac{1}{\sqrt{3x-x^2}}$、$x$ 軸、直線 $x = \dfrac{3}{2}$ 和直線 $x = \dfrac{9}{4}$ 為邊界的區域面積。

解　如圖 4.38 所示，所求面積為

$$\text{面積} = \int_{3/2}^{9/4} \frac{1}{\sqrt{3x-x^2}} \, dx$$
$$= \int_{3/2}^{9/4} \frac{dx}{\sqrt{(3/2)^2 - [x - (3/2)]^2}} \quad \text{在根式內用配方法}$$
$$= \arcsin \frac{x - (3/2)}{3/2} \bigg]_{3/2}^{9/4}$$
$$= \arcsin \frac{1}{2} - \arcsin 0$$
$$= \frac{\pi}{6} \approx 0.524$$

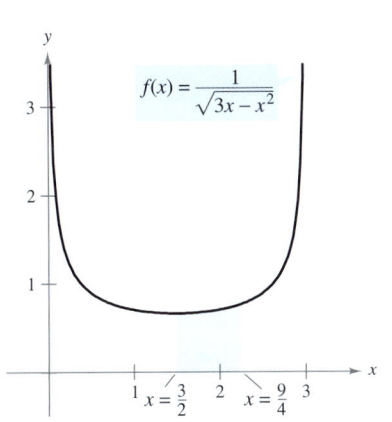

圖 4.38　以 f 的圖形、x 軸、$x = \dfrac{3}{2}$ 和 $x = \dfrac{9}{4}$ 為界的區域面積是 $\pi/6$。

複習基本積分規則　Review of Basic Integration Rules

我們已經完成**基本積分規則**（basic integration rules）的介紹，建議同學應透過足夠的練習來記住這些規則，才能有效率的應用在積分的問題上。

基本積分規則 $(a > 0)$

1. $\displaystyle\int k f(u) \, du = k \int f(u) \, du$

2. $\displaystyle\int [f(u) \pm g(u)] \, du = \int f(u) \, du \pm \int g(u) \, du$

3. $\displaystyle\int du = u + C$

4. $\displaystyle\int u^n \, du = \frac{u^{n+1}}{n+1} + C, \quad n \neq -1$

5. $\displaystyle\int \frac{du}{u} = \ln|u| + C$ 6. $\displaystyle\int e^u\, du = e^u + C$

7. $\displaystyle\int a^u\, du = \left(\frac{1}{\ln a}\right) a^u + C$ 8. $\displaystyle\int \sin u\, du = -\cos u + C$

9. $\displaystyle\int \cos u\, du = \sin u + C$ 10. $\displaystyle\int \tan u\, du = -\ln|\cos u| + C$

11. $\displaystyle\int \cot u\, du = \ln|\sin u| + C$ 12. $\displaystyle\int \sec u\, du = \ln|\sec u + \tan u| + C$

13. $\displaystyle\int \csc u\, du = -\ln|\csc u + \cot u| + C$ 14. $\displaystyle\int \sec^2 u\, du = \tan u + C$

15. $\displaystyle\int \csc^2 u\, du = -\cot u + C$ 16. $\displaystyle\int \sec u \tan u\, du = \sec u + C$

17. $\displaystyle\int \csc u \cot u\, du = -\csc u + C$ 18. $\displaystyle\int \frac{du}{\sqrt{a^2 - u^2}} = \arcsin \frac{u}{a} + C$

19. $\displaystyle\int \frac{du}{a^2 + u^2} = \frac{1}{a} \arctan \frac{u}{a} + C$ 20. $\displaystyle\int \frac{du}{u\sqrt{u^2 - a^2}} = \frac{1}{a} \operatorname{arcsec} \frac{|u|}{a} + C$

請將此表與 2.6 節總結微分規則的表比較，以瞭解積分的本質。對任意的基本函數進行微分都有公式，但是到現在為止，我們還無法對任意的基本函數進行積分。

上表列出的規則可以說是發展微分規則時剛好碰到的，我們並沒有發現如何以公式處理積的反導數、商的反導數、自然對數函數或是反三角函數的反導數。更重要的是，除非在實作的時候能找到公式中所需要的恰當的 u 和 du，否則根本無法使用上表的公式。因此，重要的是「我們還要在積分的技巧上多所磨練（見第 5 章）」。下面兩個例子將對目前為止所學到的技巧和公式，能做什麼和不能做什麼，有更深一層的瞭解。

例 6　幾個積分問題的比較

以目前已經學過的公式和技巧，求下列各式的積分。

a. $\displaystyle\int \frac{dx}{x\sqrt{x^2 - 1}}$　　b. $\displaystyle\int \frac{x\, dx}{\sqrt{x^2 - 1}}$　　c. $\displaystyle\int \frac{dx}{\sqrt{x^2 - 1}}$

解

a. 可以公式處理（反正割規則）

$$\int \frac{dx}{x\sqrt{x^2-1}} = \text{arcsec}|x| + C$$

b. 可以指數規則處理（以 x^2 為 u）

$$\int \frac{x\,dx}{\sqrt{x^2-1}} = \frac{1}{2}\int (x^2-1)^{-1/2}(2x)\,dx = \frac{1}{2}\left[\frac{(x^2-1)^{1/2}}{1/2}\right] + C$$
$$= \sqrt{x^2-1} + C$$

c. 到本節為止，還無法解決。

例 7　幾個積分問題的比較

以目前已經學過的公式和技巧，求下列各式的積分。

a. $\displaystyle\int \frac{dx}{x \ln x}$　　**b.** $\displaystyle\int \frac{\ln x\,dx}{x}$　　**c.** $\displaystyle\int \ln x\,dx$

解

a. 可以公式處理（對數規則）。

$$\int \frac{dx}{x \ln x} = \int \frac{1/x}{\ln x}\,dx = \ln|\ln x| + C$$

b. 可以指數規則處理（以 $\ln x$ 為 u）。

$$\int \frac{\ln x\,dx}{x} = \int \left(\frac{1}{x}\right)(\ln x)^1\,dx = \frac{(\ln x)^2}{2} + C$$

c. 到本節為止還無法解決。

注意　在例 6(c) 和例 7(c) 中的函數看來都比 (a)、(b) 的函數要簡單，但反而現在還無法求出其不定積分。預告一下，6(c) 是以 5.3 節三角代換法得解，而 7(c) 是以 5.1 節分部積分法得解。

習題 4.7

習題 1～8，求下列不定積分。

1. $\displaystyle\int \frac{dx}{\sqrt{1-4x^2}}$

2. $\displaystyle\int \frac{12}{1+9x^2}\,dx$

3. $\displaystyle\int \frac{1}{x\sqrt{4x^2-1}}\,dx$

4. $\displaystyle\int \frac{t}{\sqrt{1-t^4}}\,dt$

5. $\displaystyle\int \frac{1}{x\sqrt{x^4-4}}\,dx$

★ 6. $\displaystyle\int \frac{1}{x\sqrt{1-(\ln x)^2}}\,dx$

★ 7. $\displaystyle\int \frac{e^{2x}}{4+e^{4x}}\,dx$

8. $\displaystyle\int \frac{\sin x}{7+\cos^2 x}\,dx$

習題 9～11，求下列定積分。

9. $\displaystyle\int_0^{1/6} \frac{3}{\sqrt{1-9x^2}}\,dx$

10. $\displaystyle\int_1^4 \frac{1}{x\sqrt{16x^2-5}}\,dx$

★ 11. $\displaystyle\int_{\ln 2}^{\ln 4} \frac{e^{-x}}{\sqrt{1-e^{-2x}}}\,dx$

習題 12～14，求下列積分（如有必要，利用配方法）。

★ 12. $\displaystyle\int_0^2 \frac{dx}{x^2-2x+2}$

★ 13. $\displaystyle\int \frac{1}{\sqrt{-x^2-4x}}\,dx$

★ 14. $\displaystyle\int \frac{2}{\sqrt{-x^2+4x}}\,dx$

★ 15. 若 $\dfrac{dy}{dx}=\dfrac{1}{4+x^2}$，且 $y(2)=\pi$，求 y。

習題 16～17，求下列不定積分。

★ 16. (a) $\displaystyle\int \frac{1}{\sqrt{1-x^2}}\,dx$

　　　 (b) $\displaystyle\int \frac{x}{\sqrt{1-x^2}}\,dx$

★ 17. (a) $\displaystyle\int \sqrt{x-1}\,dx$

　　　 (b) $\displaystyle\int x\sqrt{x-1}\,dx$

　　　 (c) $\displaystyle\int \frac{x}{\sqrt{x-1}}\,dx$

★ 18. 求下列陰影區域面積。

$$y = \frac{3\cos x}{1+\sin^2 x}$$

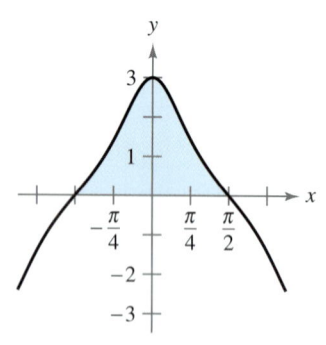

註：標誌 ★ 表示稍難題目。

本章習題

習題 1～2，求下列不定積分。

1. $\int (5\cos x - 2\sec^2 x)\,dx$

2. $\int (5 - e^x)\,dx$

3. 解符合 $f(1) = -4$，$f'(-1) = 7$，$f''(x) = 24x$ 的微分方程式。

4. 畫出 $\int_{-6}^{6} \sqrt{36 - x^2}\,dx$ 代表的區域面積後，用幾何方法求面積而得此定積分之值。

5. 已知 $\int_{4}^{8} f(x)\,dx = 12$ 且 $\int_{4}^{8} g(x)\,dx = 5$ 求下列各值。

   (a) $\int_{4}^{8} [f(x) - g(x)]\,dx$

   (b) $\int_{4}^{8} [2f(x) - 3g(x)]\,dx$

6. 用微積分基本定理求 $\int_{4}^{9} x\sqrt{x}\,dx$ 之值。

★ 7. 求 $y = \sqrt{x}(1 - x)$，$y = 0$ 所圍之區域的面積。

8. 已知 $F(x) = \int_{0}^{x} t^2 \sqrt{1 + t^3}\,dt$，用微積分基本定理求 $F'(x)$。

習題 9～14，求下列不定積分。

9. $\int \dfrac{x + 4}{(x^2 + 8x - 7)^2}\,dx$

10. $\int \dfrac{x^2}{\sqrt{x^3 + 3}}\,dx$

11. $\int x(1 - 3x^2)^4\,dx$

12. $\int \dfrac{\cos\theta}{\sqrt{1 - \sin\theta}}\,d\theta$

13. $\int \sec 2x \tan 2x\,dx$

★ 14. $\int x e^{-3x^2}\,dx$

習題 15～16，求下列定積分之值。

15. $\int_{0}^{3} \dfrac{1}{\sqrt{1 + x}}\,dx$

16. $\int_{0}^{\pi} \cos\dfrac{x}{2}\,dx$

習題 17～18，求下列不定積分。

17. $\int \dfrac{1}{7x - 2}\,dx$

18. $\int \dfrac{\sin x}{1 + \cos x}\,dx$

19. 求 $\int_{1}^{4} \dfrac{2x + 1}{2x}\,dx$ 之值。

★ 20. 求 $\int \dfrac{x}{\sqrt{1 - x^4}}\,dx$。

註：標誌 ★ 表示稍難題目。

5 積分技巧
Integration Techniques

5.1 分部積分法　Integration by Parts

◆ 以分部積分法求反導函數。

分部積分法 Integration by Parts

在本節中，我們將學習一個稱為**分部積分法**（integration by parts）的重要積分技巧。這個技巧運用的範圍很廣，特別是當被積函數是代數函數和超越函數相乘的情形。例如分部積分法可以用來求下列積分

$$\int x \ln x \, dx, \quad \int x^2 e^x \, dx, \quad \text{和} \quad \int e^x \sin x \, dx$$

分部積分法的原理基於導函數積的規則。

$$\frac{d}{dx}[uv] = u\frac{dv}{dx} + v\frac{du}{dx}$$
$$= uv' + vu'$$

式中 u 和 v 都是 x 的可微函數。如果 u' 和 v' 連續，我們可以將上式左、右兩邊同時積分而得到

$$uv = \int uv' \, dx + \int vu' \, dx$$
$$= \int u \, dv + \int v \, du$$

再將此方程式重組，得到下面的定理。

> **定理 5.1　分部積分法**
> 如果 u 和 v 的導函數都連續，則有
> $$\int u \, dv = uv - \int v \, du$$

此一公式將原積分以另一個積分表達，我們期望因為 u 和 dv 的選擇，而使後者較前者容易計算。由於 u 和 dv 的選擇十分重要，我們提供下列的指導原則。

> **分部積分法的指導原則（以下方法二擇一）**
> 1. 透過基本積分公式，嘗試令 dv 代表被積分函數中最複雜的部分，而 u 代表剩下的部分。
> 2. 嘗試選擇 u，使 u 的導函數比 u 簡單，而令 dv 代表被積函數中剩下的部分。
>
> 注意到 dv 總是包含了原積分式的 dx 這部分。

使用分部積分時，你可以先選 dv，也可以先選 u。但選了之後，另一個部分（u 或 dv）就被固定了，即被積函數中被選剩下的部分。也再次提醒，dv 總是含有原先的積分變數 dx。

例 1　分部積分法

求 $\int xe^x\,dx$。

解　在使用分部積分法時，得先把積分寫成 $\int u\,dv$ 的形式，下面是幾個可能的寫法

$$\int \underbrace{(x)}_{u}\underbrace{(e^x dx)}_{dv},\quad \int \underbrace{(e^x)}_{u}\underbrace{(x\,dx)}_{dv},\quad \int \underbrace{(1)}_{u}\underbrace{(xe^x\,dx)}_{dv},\quad \int \underbrace{(xe^x)}_{u}\underbrace{(dx)}_{dv}$$

上述的指導原則建議選擇第一個寫法，因為 $u = x$ 的導函數比 x 簡單，而且 $dv = e^x\,dx$ 是被積分函數中最複雜的部分，並且可以適用積分規則如下

$$dv = e^x\,dx \quad \Longrightarrow \quad v = \int dv = \int e^x\,dx = e^x$$
$$u = x \quad \Longrightarrow \quad du = dx$$

現在，進行分部積分會得到下式

$$\int u\,dv = uv - \int v\,du \qquad \text{分部積分公式}$$
$$\int xe^x\,dx = xe^x - \int e^x\,dx \qquad \text{代入}\,u, v$$
$$= xe^x - e^x + C \qquad \text{積分}$$

請將 $xe^x - e^x + C$ 微分，以驗證答案正確與否。

注意　在例1中，並不需要在求 v 的時候加上一個常數。

$$v = \int e^x\,dx = e^x + C_1$$

當然，若加上一個常數以 $e^x + C_1 = v$ 來進行的話，也會得到相同的結果。

例 2　分部積分法

求 $\int x^2 \ln x \, dx$。

解　此題 x^2 比 $\ln x$ 容易積分，而且 $\ln x$ 的導函數比 $\ln x$ 簡單。因此，應該令 $dv = x^2 \, dx, u = \ln x$。

$$dv = x^2 \, dx \quad \Longrightarrow \quad v = \int x^2 \, dx = \frac{x^3}{3}$$

$$u = \ln x \quad \Longrightarrow \quad du = \frac{1}{x} \, dx$$

進行分部積分，可得

$$\int u \, dv = uv - \int v \, du \qquad \text{分部積分公式}$$

$$\int x^2 \ln x \, dx = \frac{x^3}{3} \ln x - \int \left(\frac{x^3}{3}\right)\left(\frac{1}{x}\right) dx \qquad \text{代入} u, v$$

$$= \frac{x^3}{3} \ln x - \frac{1}{3} \int x^2 \, dx \qquad \text{化簡}$$

$$= \frac{x^3}{3} \ln x - \frac{x^3}{9} + C \qquad \text{積分}$$

最後，對答案微分，看看是否得回被積函數 $x^2 \ln x$。

$$\frac{d}{dx}\left[\frac{x^3}{3} \ln x - \frac{x^3}{9}\right] = \frac{x^3}{3}\left(\frac{1}{x}\right) + (\ln x)(x^2) - \frac{x^2}{3} = x^2 \ln x \qquad \blacksquare$$

　　分部積分法一個重要的應用是求 $\int \ln x \, dx$ 或 $\int \arcsin x \, dx$ 這類的積分，因此時被積函數只有一項，所以只要令 $dv = dx$ 即可，如下例所示。

例 3　單項函數的積分

求 $\int_0^1 \arcsin x \, dx$。

解　令 $dv = dx$

$$dv = dx \quad \Longrightarrow \quad v = \int dx = x$$

$$u = \arcsin x \quad \Longrightarrow \quad du = \frac{1}{\sqrt{1-x^2}} \, dx$$

進行分部積分如下

$$\int u\,dv = uv - \int v\,du \quad \text{分部積分公式}$$

$$\int \arcsin x\,dx = x \arcsin x - \int \frac{x}{\sqrt{1-x^2}}\,dx \quad \text{代入}u, v$$

$$= x \arcsin x + \frac{1}{2}\int (1-x^2)^{-1/2}(-2x)\,dx \quad \text{改寫}$$

$$= x \arcsin x + \sqrt{1-x^2} + C \quad \text{積分}$$

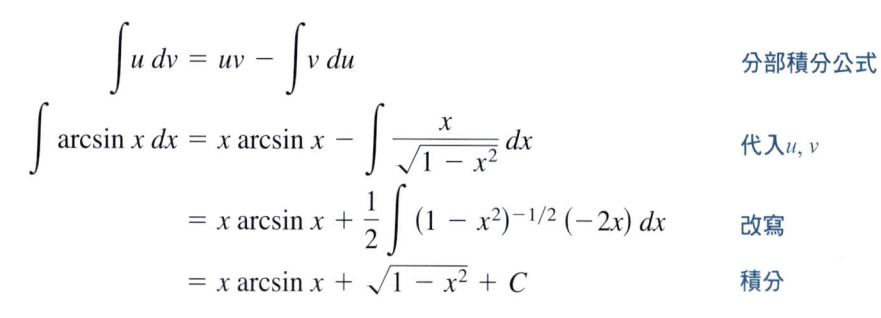

利用所得的反導函數，可以計算下面的定積分

$$\int_0^1 \arcsin x\,dx = \left[x \arcsin x + \sqrt{1-x^2} \right]_0^1$$

$$= \frac{\pi}{2} - 1$$

$$\approx 0.571$$

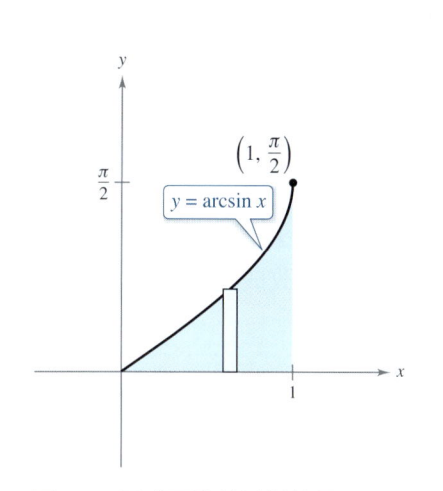

此定積分所代表的面積如圖 5.1 所示。

圖 5.1　區域面積的近似值是 0.571。

有時，需要重複進行分部積分，才能求得反導函數，如下個例子所示。

例 4　重複進行分部積分

求 $\int x^2 \sin x\,dx$。

解　x^2 和 $\sin x$ 都不難求積，但是 x^2 的導函數比 x^2 簡單，而 $\sin x$ 的導函數是 $\cos x$，此與 $\sin x$ 難度相當，所以令 $u = x^2$。

$$dv = \sin x\,dx \quad \Longrightarrow \quad v = \int \sin x\,dx = -\cos x$$

$$u = x^2 \quad \Longrightarrow \quad du = 2x\,dx$$

進行分部積分得出

$$\int x^2 \sin x\,dx = -x^2 \cos x + \int 2x \cos x\,dx \quad \text{第一次分部積分}$$

上式確較原積分簡單，但是尚未完成，需要再作一次分部積分，令 $u = 2x$。

$$dv = \cos x\,dx \quad \Longrightarrow \quad v = \int \cos x\,dx = \sin x$$

$$u = 2x \quad \Longrightarrow \quad du = 2\,dx$$

分部積分得出

$$\int 2x \cos x \, dx = 2x \sin x - \int 2 \sin x \, dx \qquad \text{第二次分部積分}$$
$$= 2x \sin x + 2 \cos x + C$$

合併兩次的結果，得到下式

$$\int x^2 \sin x \, dx = -x^2 \cos x + 2x \sin x + 2 \cos x + C$$

重複進行分部積分時，小心不要交換 u、v 的角色。以例 4 來說，第一次 $u = x^2$，$dv = \sin x \, dx$。如果在第二次的時候，改成令 $u = \cos x$ 而 $dv = 2x \, dx$，就會變成

$$\int x^2 \sin x \, dx = -x^2 \cos x + \int 2x \cos x \, dx$$
$$= -x^2 \cos x + x^2 \cos x + \int x^2 \sin x \, dx$$
$$= \int x^2 \sin x \, dx$$

結果是又回到最開始的情形。此外，重複進行時，要注意在過程中原始積分的某一個倍數可能會出現，例如像求 $\int e^x \cos 2x \, dx$ 的情形（見下面的深入探討），例 5 也有類似的狀況。

> **深入探索**
>
> 令 $u = \cos 2x$，$dv = e^x \, dx$ 以分部積分處理一次
>
> $$\int e^x \cos 2x \, dx$$
>
> 接著再作一次，令 $u = \sin 2x$，$dv = e^x \, dx$。

例 5　分部積分法

求 $\displaystyle\int \sec^3 x \, dx$。

解　被積分函數是 $\sec x$ 的三次方，其中能直接用積分規則的是 $\sec x$ 的平方，因此，應該令 $dv = \sec^2 x \, dx$，$u = \sec x$。

$$dv = \sec^2 x \, dx \quad \Longrightarrow \quad v = \int \sec^2 x \, dx = \tan x$$
$$u = \sec x \quad \Longrightarrow \quad du = \sec x \tan x \, dx$$

進行分部積分，得到

$$\int u\, dv = uv - \int v\, du \qquad \text{分部積分公式}$$

$$\int \sec^3 x\, dx = \sec x \tan x - \int \sec x \tan^2 x\, dx \qquad \text{代入}\, u, v$$

$$\int \sec^3 x\, dx = \sec x \tan x - \int \sec x(\sec^2 x - 1)\, dx \qquad \text{三角恆等式}$$

$$\int \sec^3 x\, dx = \sec x \tan x - \int \sec^3 x\, dx + \int \sec x\, dx \qquad \text{改寫成兩個積分}$$

$$2\int \sec^3 x\, dx = \sec x \tan x + \int \sec x\, dx \qquad \text{合併同類積分}$$

$$2\int \sec^3 x\, dx = \sec x \tan x + \ln|\sec x + \tan x| + C \qquad \text{積分}$$

$$\int \sec^3 x\, dx = \frac{1}{2}\sec x \tan x + \frac{1}{2}\ln|\sec x + \tan x| + C \qquad \text{再除以 2}$$

在進行分部積分時，u 與 dv 的選擇會隨著經驗增加而更加熟練，下面列出幾類常見的積分，以及對 u、dv 如何選擇的建議。

> **需以分部積分處理的常見積分摘要整理**
>
> **1.** 建議以 $u = x^n$，$dv = e^{ax}\, dx$ 或 $\sin ax\, dx$ 或 $\cos ax\, dx$ 處理下列積分：
> $$\int x^n e^{ax}\, dx, \qquad \int x^n \sin ax\, dx, \qquad \text{或} \qquad \int x^n \cos ax\, dx$$
>
> **2.** 建議以 $u = \ln x$ 或 $\arcsin ax$ 或 $\arctan ax$，$dv = x^n\, dx$ 處理下列積分：
> $$\int x^n \ln x\, dx, \qquad \int x^n \arcsin ax\, dx, \qquad \text{或} \qquad \int x^n \arctan ax\, dx$$
>
> **3.** 建議以 $u = \sin bx$ 或 $\cos bx$，$dv = e^{ax}\, dx$ 處理下列積分：
> $$\int e^{ax} \sin bx\, dx \qquad \text{或} \qquad \int e^{ax} \cos bx\, dx$$

當必須重複使用分部積分時，可用速算法（列表），如例 6 所示，這幫助我們將結構更加組織化且有條理。以下這些例子也可用列表式的速算法

$$\int x^n \sin ax\, dx, \qquad \int x^n \cos ax\, dx, \qquad \int x^n e^{ax}\, dx$$

例 6　用列表式的速算法

求 $\displaystyle\int x^2 \sin 4x \, dx$。

解　如摘要表，令 $u = x^2$ 且 $dv = v' \, dx = \sin 4x \, dx$，再做下表

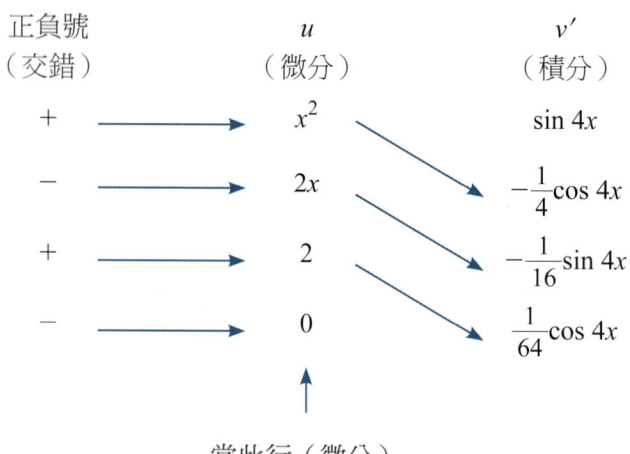

正負號（交錯）	u（微分）	v'（積分）
$+$	x^2	$\sin 4x$
$-$	$2x$	$-\dfrac{1}{4}\cos 4x$
$+$	2	$-\dfrac{1}{16}\sin 4x$
$-$	0	$\dfrac{1}{64}\cos 4x$

當此行（微分）出現 0 時，就停住。

而答案就是：先將箭號連結的三個部分相乘（因此會得四個乘積），再將這些乘積相加：

$$\int x^2 \sin 4x \, dx = -\frac{1}{4} x^2 \cos 4x + \frac{1}{8} x \sin 4x + \frac{1}{32} \cos 4x + C$$

習題 5.1

習題 1～2，利用分部積分法，以及給定的 u 與 dv 來計算積分。

1. $\int x^3 \ln x \, dx; \, u = \ln x, \, dv = x^3 \, dx$

2. $\int (2x + 1) \sin 4x \, dx; \, u = 2x + 1, \, dv = \sin 4x \, dx$

習題 3～11，求下列積分（選擇最簡單的方式；不必然要採用分部積分法）。

3. $\int x e^{4x} \, dx$

4. $\int \dfrac{5x}{e^{2x}} \, dx$

5. $\int x^3 e^x \, dx$

6. $\int \dfrac{e^{1/t}}{t^2} \, dt$

7. $\int \dfrac{(\ln x)^2}{x} \, dx$

8. $\int \dfrac{\ln x}{x^3} \, dx$

9. $\int x^3 \sin x \, dx$

★10. $\int \arctan x \, dx$

★11. $\int e^{-3x} \sin 5x \, dx$

習題 12～15，求下列定積分。

12. $\int_0^3 x e^{x/2} \, dx$

13. $\int_0^{\pi/4} x \cos 2x \, dx$

14. $\int_0^1 e^x \sin x \, dx$

15. $\int_0^1 \ln(4 + x^2) \, dx$

★16. 說明下列何者適用分部積分，並確認 u 與 dv 的部分。

   (a) $\int \dfrac{\ln x}{x} \, dx$ (b) $\int x \ln x \, dx$

   (c) $\int x^2 e^{-3x} \, dx$ (d) $\int 2x e^{x^2} \, dx$

   (e) $\int \dfrac{x}{\sqrt{x+1}} \, dx$ (f) $\int \dfrac{x}{\sqrt{x^2+1}} \, dx$

★17. 求 $\int \dfrac{x^3}{\sqrt{4+x^2}} \, dx$

   (a) 以分部積分法，令 $dv = \dfrac{x}{\sqrt{4+x^2}} \, dx$。

   (b) 以代換法，令 $u = 4 + x^2$。

習題 18～20，用列表式的速算法求積分。

18. $\int x^2 \sin x \, dx$

19. $\int x^5 \ln x \, dx$

★20. $\int e^{-3x} \sin 4x \, dx$

註：標誌 ★ 表示稍難題目。

5.2 三角函數的積分　Trigonometric Integrals

- 求含 $\sin x$ 和 $\cos x$ 冪次的積分。
- 求含 $\sec x$ 和 $\tan x$ 冪次的積分。
- 求含 $\sin mx$ 和 $\cos nx$ 乘積的積分。

含正、餘弦冪次的積分
Integrals Involving Powers of Sine and Cosine

在本節中，我們將學習如何求

$$\int \sin^m x \cos^n x \, dx \quad \text{和} \quad \int \sec^m x \tan^n x \, dx$$

的積分，其中 m 和 n 至少有一是正整數。我們的做法是先將被積分的函數重組成可以直接使用指數規則的三角函數以求其積分。

例如，如果令 $u = \sin x$，就可利用指數規則求 $\int \sin^5 x \cos x \, dx$，因為 $du = \cos x \, dx$，所以有

$$\int \sin^5 x \cos x \, dx = \int u^5 \, du = \frac{u^6}{6} + C = \frac{\sin^6 x}{6} + C$$

當我們要將 $\int \sin^m x \cos^n x \, dx$ 重組成可以使用指數規則的形式時，通常會用到下列三角函數的公式。

$\sin^2 x + \cos^2 x = 1$	畢氏恆等式
$\sin^2 x = \dfrac{1 - \cos 2x}{2}$	$\sin^2 x$ 的半角公式
$\cos^2 x = \dfrac{1 + \cos 2x}{2}$	$\cos^2 x$ 的半角公式

含正、餘弦函數冪次的積分指導原則

1. 如果正弦函數的冪次是正的奇數，只要留下一個而將其餘轉換成餘弦函數，展開後進行積分。（令 $u = \cos x$，被積函數保留一個 $\sin x$）

$$\int \sin^{\overbrace{2k+1}^{\text{奇次}}} x \cos^n x \, dx = \int \overbrace{(\sin^2 x)^k}^{\text{換成餘弦}} \cos^n x \overbrace{\sin x \, dx}^{\text{併入 } du} = \int (1 - \cos^2 x)^k \cos^n x \sin x \, dx$$

2. 如果餘弦函數的冪次是正的奇數，只要留下一個而將其餘轉換成正弦函數，展開後進行積分。（令 $u = \sin x$，被積函數並保留一個 $\cos x$）

$$\int \sin^m x \cos^{\overbrace{2k+1}^{\text{奇次}}} x \, dx = \int \sin^m x \overbrace{(\cos^2 x)^k}^{\text{換成正弦}} \overbrace{\cos x \, dx}^{\text{併入 } du} = \int \sin^m x \, (1 - \sin^2 x)^k \cos x \, dx$$

3. 如果正弦和餘弦函數的冪次都是正的偶數，重複使用下列半角公式。

$$\sin^2 x = \frac{1-\cos 2x}{2} \quad \text{和} \quad \cos^2 x = \frac{1+\cos 2x}{2}$$

將函數轉換成餘弦函數的奇次式，然後再照指導原則 2 進行。

例 1　正弦函數的冪次是正的奇數

求 $\int \sin^3 x \cos^4 x \, dx$。

解　我們想以 $u = \cos x$ 來使用指數規則，所以只留下一個 $\sin x$ 作為 du 之用，而將其餘轉換成餘弦函數。

$$\begin{aligned}
\int \sin^3 x \cos^4 x \, dx &= \int \sin^2 x \cos^4 x (\sin x) \, dx && \text{改寫} \\
&= \int (1 - \cos^2 x) \cos^4 x \sin x \, dx && \text{三角恆等式} \\
&= \int (\cos^4 x - \cos^6 x) \sin x \, dx && \text{乘開} \\
&= \int \cos^4 x \sin x \, dx - \int \cos^6 x \sin x \, dx && \text{改寫} \\
&= -\int \cos^4 x (-\sin x) \, dx + \int \cos^6 x (-\sin x) \, dx \\
&= -\frac{\cos^5 x}{5} + \frac{\cos^7 x}{7} + C && \text{積分}
\end{aligned}$$

　　例 1 中，m 和 n 都是正整數，但是只要其中之一是正的奇數，就可以使用以上這個方法。例如，在例 2 中，cosine 的指數是 3，而 sine 的指數是 $-\frac{1}{2}$，這種情形也可套用。

例 2　餘弦函數的冪次是正的奇數

求 $\displaystyle\int_{\pi/6}^{\pi/3} \frac{\cos^3 x}{\sqrt{\sin x}} \, dx$。

解　如指導原則 2，令 $u = \sin x$，而被積函數保留一個 $\cos x$，再將其他剩下的部分轉換成 $\sin x$ 的函數

$$\begin{aligned}
\int_{\pi/6}^{\pi/3} \frac{\cos^3 x}{\sqrt{\sin x}} \, dx &= \int_{\pi/6}^{\pi/3} \frac{\cos^2 x \cos x}{\sqrt{\sin x}} \, dx \\
&= \int_{\pi/6}^{\pi/3} \frac{(1 - \sin^2 x)(\cos x)}{\sqrt{\sin x}} \, dx
\end{aligned}$$

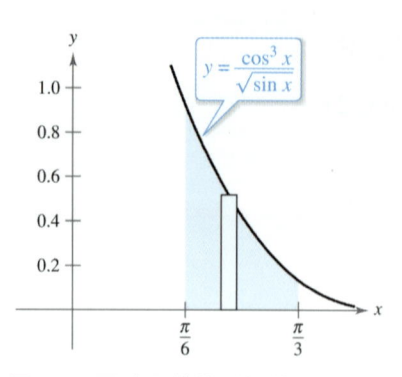

圖 5.2 區域面積的近似值是 0.239。

$$= \int_{\pi/6}^{\pi/3} [(\sin x)^{-1/2} - (\sin x)^{3/2}] \cos x \, dx$$

$$= \left[\frac{(\sin x)^{1/2}}{1/2} - \frac{(\sin x)^{5/2}}{5/2} \right]_{\pi/6}^{\pi/3}$$

$$= 2 \left(\frac{\sqrt{3}}{2} \right)^{1/2} - \frac{2}{5} \left(\frac{\sqrt{3}}{2} \right)^{5/2} - \sqrt{2} + \frac{\sqrt{32}}{80}$$

$$\approx 0.239$$

圖 5.2 區域面積之值即為本定積分。

例 3　餘弦函數的冪次是正的偶數

求 $\int \cos^4 x \, dx$。

解　先將 $\cos^4 x$ 代以 $[(1 + \cos 2x)/2]^2$，進行如下：

$$\int \cos^4 x \, dx = \int \left(\frac{1 + \cos 2x}{2} \right)^2 dx \qquad \text{半角公式}$$

$$= \int \left(\frac{1}{4} + \frac{\cos 2x}{2} + \frac{\cos^2 2x}{4} \right) dx \qquad \text{展開}$$

$$= \int \left[\frac{1}{4} + \frac{\cos 2x}{2} + \frac{1}{4} \left(\frac{1 + \cos 4x}{2} \right) \right] dx \qquad \text{半角公式}$$

$$= \frac{3}{8} \int dx + \frac{1}{4} \int 2 \cos 2x \, dx + \frac{1}{32} \int 4 \cos 4x \, dx \qquad \text{改寫}$$

$$= \frac{3x}{8} + \frac{\sin 2x}{4} + \frac{\sin 4x}{32} + C \qquad \text{積分}$$

含正割、正切冪次的積分
Integrals Involving Powers of Secant and Tangent

下面的指導原則，說明如何求如 $\int \sec^m x \tan^n x \, dx$ 的積分。

含正割、正切函數冪次積分的指導原則

1. 如果正割函數的冪次是正的偶數，只要留下一個平方而將其餘轉換成正切，展開後進行積分。（令 $u = \tan x$，被積函數保留一個 $\sec^2 x$）

$$\int \underbrace{\sec^{2k} x}_{\text{偶次}} \tan^n x \, dx = \int \underbrace{(\sec^2 x)^{k-1}}_{\text{換成正切}} \tan^n x \underbrace{\sec^2 x \, dx}_{\text{併入 } du} = \int (1 + \tan^2 x)^{k-1} \tan^n x \sec^2 x \, dx$$

2. 如果正切函數的冪次是正的奇數，只要留下一個正割和正切的積，而將其餘轉換成正割，展開後進行積分。（令 $u = \sec x$，被積函數保留一個 $\tan x \sec x$）

$$\int \sec^m x \underbrace{\tan^{2k+1} x}_{\text{奇次}} dx = \int \sec^{m-1} x \overbrace{(\tan^2 x)^k}^{\text{換成正割}} \overbrace{\sec x \tan x \, dx}^{\text{併入 } du} = \int \sec^{m-1} x (\sec^2 x - 1)^k \sec x \tan x \, dx$$

3. 如果正割沒有出現，而正切函數的冪次是正的偶數，將一個正切的平方轉換成正割的平方，展開後進行積分並且可以重複此一步驟。

$$\int \tan^n x \, dx = \int \tan^{n-2} x \overbrace{(\tan^2 x)}^{\text{換成正割}} dx = \int \tan^{n-2} x (\sec^2 x - 1) \, dx$$

4. 如果是求 $\int \sec^m x \, dx$，m 是正的奇數，使用分部積分法，如前節例 5 所示。
5. 如果上面四種情形都不適用，嘗試將函數化回正、餘弦的組合。

例 4　正切函數的冪次是正的奇數

求 $\displaystyle\int \frac{\tan^3 x}{\sqrt{\sec x}} dx$。

解　用指導原則，令 $u = \sec x$ 來使用指數規則，所以只留下一個 $\sec x \tan x$ 作為 du 之用，而將其餘的正切轉換成正割。

$$\begin{aligned}
\int \frac{\tan^3 x}{\sqrt{\sec x}} dx &= \int (\sec x)^{-1/2} \tan^3 x \, dx & \text{改寫} \\
&= \int (\sec x)^{-3/2} (\tan^2 x)(\sec x \tan x) \, dx & \text{改寫} \\
&= \int (\sec x)^{-3/2} (\sec^2 x - 1)(\sec x \tan x) \, dx & \text{三角恆等式} \\
&= \int [(\sec x)^{1/2} - (\sec x)^{-3/2}](\sec x \tan x) \, dx & \text{乘開} \\
&= \frac{2}{3}(\sec x)^{3/2} + 2(\sec x)^{-1/2} + C & \text{積分}
\end{aligned}$$

例 5　正割函數的冪次是正的偶數

求 $\displaystyle\int \sec^4 3x \tan^3 3x \, dx$。

解　令 $u = \tan 3x$，$du = 3\sec^2 3x \, dx$，計算如下：

$$\int \sec^4 3x \tan^3 3x\, dx = \int \sec^2 3x \tan^3 3x (\sec^2 3x)\, dx \qquad \text{改寫}$$
$$= \int (1 + \tan^2 3x) \tan^3 3x (\sec^2 3x)\, dx \qquad \text{三角恆等式}$$
$$= \frac{1}{3}\int (\tan^3 3x + \tan^5 3x)(3\sec^2 3x)\, dx \qquad \text{乘開}$$
$$= \frac{1}{3}\left(\frac{\tan^4 3x}{4} + \frac{\tan^6 3x}{6}\right) + C \qquad \text{積分}$$
$$= \frac{\tan^4 3x}{12} + \frac{\tan^6 3x}{18} + C$$

在例 5 中，由於正切的冪次是正的奇數，因此也可以用上述有關正割、正切函數積分的指導原則 2 來進行積分，兩個結果只會差一個常數。

例 6　正切函數的冪次是偶數

求 $\int_0^{\pi/4} \tan^4 x\, dx$。

解　因為正割沒有出現，先將正切的平方轉換成正割的平方。

$$x = \int \tan^2 x (\tan^2 x)\, dx \qquad \text{改寫}$$
$$= \int \tan^2 x (\sec^2 x - 1)\, dx \qquad \text{三角恆等式}$$
$$= \int \tan^2 x \sec^2 x\, dx - \int \tan^2 x\, dx \qquad \text{改寫}$$
$$= \int \tan^2 x \sec^2 x\, dx - \int (\sec^2 x - 1)\, dx \qquad \text{三角恆等式}$$
$$= \frac{\tan^3 x}{3} - \tan x + x + C \qquad \text{積分}$$

再求定積分如下

$$\int_0^{\pi/4} \tan^4 x\, dx = \left[\frac{\tan^3 x}{3} - \tan x + x\right]_0^{\pi/4}$$
$$= \frac{1}{3} - 1 + \frac{\pi}{4}$$
$$\approx 0.119$$

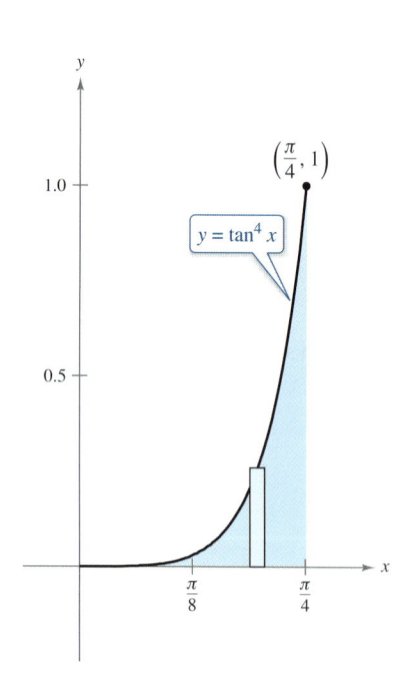

積分所代表的區域面積如圖 5.3 所示。

圖 5.3　區域面積的近似值是 0.119。

至於涉及到餘切和餘割冪次的情形，處理的原則和正切正割的情形類似；此外，如果是積分三角函數，不要忘記如果將其化回正弦、餘弦的組合，經常也有方便之處。

例 7　化回正餘弦

求 $\displaystyle\int \frac{\sec x}{\tan^2 x}\,dx$。

解　由於放在例4之前的一般指導原則都用不上，因此我們將函數化回正、餘弦。此時，可以正、餘弦的情形處理如下

$$\begin{aligned}
\int \frac{\sec x}{\tan^2 x}\,dx &= \int \left(\frac{1}{\cos x}\right)\left(\frac{\cos x}{\sin x}\right)^2 dx \\
&= \int (\sin x)^{-2}(\cos x)\,dx \\
&= -(\sin x)^{-1} + C \\
&= -\csc x + C
\end{aligned}$$

涉及不同角度的正餘弦乘積的積分
Integrals Involving Sine-Cosine Products with Different Angles

在很多的應用，都會出現不同角度的正餘弦乘積的積分，固然可試著用分部積分法解題，但有更簡便的方式如下：先用下列積化和差的公式，再分別求積分。

$$\sin mx \sin nx = \frac{1}{2}(\cos[(m-n)x] - \cos[(m+n)x])$$

$$\sin mx \cos nx = \frac{1}{2}(\sin[(m-n)x] + \sin[(m+n)x])$$

$$\cos mx \cos nx = \frac{1}{2}(\cos[(m-n)x] + \cos[(m+n)x])$$

例 8　利用積化和差公式

求 $\displaystyle\int \sin 5x \cos 4x\,dx$。

解　利用積化和差公式，可以將積分寫成

$$\begin{aligned}
\int \sin 5x \cos 4x\,dx &= \frac{1}{2}\int (\sin x + \sin 9x)\,dx \\
&= \frac{1}{2}\left(-\cos x - \frac{\cos 9x}{9}\right) + C \\
&= -\frac{\cos x}{2} - \frac{\cos 9x}{18} + C
\end{aligned}$$

習題 5.2

習題 1〜6，求下列各題的積分。

1. $\int \cos^5 x \sin x \, dx$

★ 2. $\int \sin^7 2x \cos 2x \, dx$

3. $\int \sin^3 x \cos^2 x \, dx$

4. $\int \dfrac{\cos^5 t}{\sqrt{\sin t}} \, dt$

5. $\int \cos^2 3x \, dx$

6. $\int 8x \cos^2 x \, dx$

習題 7〜10，求下列含正割、正切冪次的積分。

7. $\int \sec 4x \, dx$

8. $\int \sec^4 2x \, dx$

★ 9. $\int \tan^5 \dfrac{x}{2} \, dx$

★ 10. $\int \dfrac{\tan^2 x}{\sec x} \, dx$

★ 11. 解微分方程 $y' = \tan^3 3x \sec 3x$。

習題 12〜13，求下列各積分。

12. $\int \cos 2x \cos 6x \, dx$

13. $\int \sin 2t \cos 9t \, dt$

習題 14〜17，求下列各定積分。

14. $\int_{-\pi}^{\pi} \sin^2 x \, dx$

★ 15. $\int_{0}^{\pi/4} 6 \tan^3 x \, dx$

★ 16. $\int_{0}^{\pi/2} \dfrac{\cot t}{1 + \sin t} \, dt$

17. $\int_{-\pi/2}^{\pi/2} 3 \cos^3 x \, dx$

註：標誌 ★ 表示稍難題目。

5.3 三角代換法 Trigonometric Substitution

◆ 以三角代換求積分。

三角代換法 Trigonometric Substitution

學會了如何求含有三角函數冪次的積分以後，就可以利用**三角代換**（trigonometric substitution）來求下列根式函數的積分。

$$\sqrt{a^2 - u^2}, \quad \sqrt{a^2 + u^2} \quad 和 \quad \sqrt{u^2 - a^2}$$

此時三角代換的目的是消除根號，一般常使用下列畢氏恆等式

$$\cos^2\theta = 1 - \sin^2\theta, \quad \sec^2\theta = 1 + \tan^2\theta, \quad 和 \quad \tan^2\theta = \sec^2\theta - 1$$

例如，如果 $a > 0$，令 $u = a\sin\theta$，$-\pi/2 \leq \theta \leq \pi/2$，則

$$\sqrt{a^2 - u^2} = \sqrt{a^2 - a^2\sin^2\theta} = \sqrt{a^2(1 - \sin^2\theta)}$$
$$= \sqrt{a^2\cos^2\theta} = a\cos\theta$$

注意到因為 $-\pi/2 \leq \theta \leq \pi/2$，所以 $\cos\theta \geq 0$。

> **深入探索**
>
> **求根式函數的積分** 從幾何上看來，下面這個積分代表什麼？
> $$\int_{-1}^{1} \sqrt{1 - x^2}\, dx$$
> 請以三角代換
> $$x = \sin\theta, dx = \cos\theta\, d\theta$$
> 求上式不定積分和定積分的值，並將結果與幾何的看法作一比較。

三角代換法（$a > 0$）

1. 當被積函數含有 $\sqrt{a^2 - u^2}$ 時，
   令 $u = a\sin\theta$，$-\pi/2 \leq \theta \leq \pi/2$，
   則有 $\sqrt{a^2 - u^2} = a\cos\theta$。

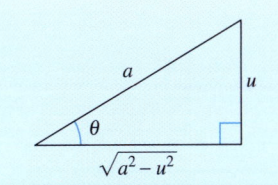

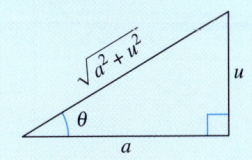

2. 當被積函數含有 $\sqrt{a^2 + u^2}$ 時，
   令 $u = a\tan\theta$，$-\pi/2 < \theta < \pi/2$，
   則有 $\sqrt{a^2 + u^2} = a\sec\theta$。

3. 當被積函數含有 $\sqrt{u^2 - a^2}$ 時，
   令 $u = a\sec\theta$，$0 \leq \theta < \pi/2$ 或 $\pi/2 < \theta \leq \pi$，
   則有 $\sqrt{u^2 - a^2} = \pm a\tan\theta$，
   $u > a$ 時取正號，$u < -a$ 時取負號。

限制 θ 可以保證 u 與 θ 代換的關係是一對一。事實上，這些限制分別是反正弦、反正切和反正割的值域。

例 1　三角代換：$u = a\sin\theta$

求 $\displaystyle\int \frac{dx}{x^2\sqrt{9 - x^2}}$。

$\sin\theta = \dfrac{x}{3}$, $\cot\theta = \dfrac{\sqrt{9-x^2}}{x}$

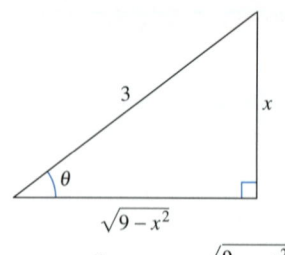

圖 5.4

解 首先，注意到本題並不適用基本積分公式，如果要以三角代換法進行，因為 $\sqrt{9-x^2}$ 是 $\sqrt{a^2-u^2}$ 的類型，所以令

$$x = a\sin\theta = 3\sin\theta$$

代入，微分，並且參考圖 5.4 可得

$$dx = 3\cos\theta\,d\theta \quad , \quad \sqrt{9-x^2} = 3\cos\theta \quad \text{和} \quad x^2 = 9\sin^2\theta$$

將相關各式代入如下：

$$\int \frac{dx}{x^2\sqrt{9-x^2}} = \int \frac{3\cos\theta\,d\theta}{(9\sin^2\theta)(3\cos\theta)} \qquad \text{代入}$$

$$= \frac{1}{9}\int \frac{d\theta}{\sin^2\theta} \qquad \text{化簡}$$

$$= \frac{1}{9}\int \csc^2\theta\,d\theta \qquad \text{三角恆等式}$$

$$= -\frac{1}{9}\cot\theta + C \qquad \text{利用餘割規則}$$

$$= -\frac{1}{9}\left(\frac{\sqrt{9-x^2}}{x}\right) + C \qquad \text{以 } x \text{ 代回}$$

$$= -\frac{\sqrt{9-x^2}}{9x} + C$$

注意到圖 5.4 主要是用以代回 x，θ 與 x 的關係是

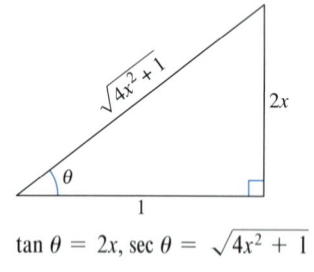

$$\cot\theta = \frac{鄰邊}{對邊} = \frac{\sqrt{9-x^2}}{x}$$

$\tan\theta = 2x$, $\sec\theta = \sqrt{4x^2+1}$

圖 5.5

例 2　三角代換：$u = a\tan\theta$

求 $\displaystyle\int \frac{dx}{\sqrt{4x^2+1}}$。

解 令 $u = 2x$，$a = 1$，和 $2x = \tan\theta$，如圖 5.5 所示，則有

$$dx = \frac{1}{2}\sec^2\theta\,d\theta \quad \text{和} \quad \sqrt{4x^2+1} = \sec\theta$$

將原式以三角代換積分如下

$$\int \frac{1}{\sqrt{4x^2+1}}\,dx = \frac{1}{2}\int \frac{\sec^2\theta\,d\theta}{\sec\theta} \qquad \text{代入}$$

$$= \frac{1}{2}\int \sec\theta\,d\theta \qquad \text{化簡}$$

$$= \frac{1}{2}\ln|\sec\theta + \tan\theta| + C \qquad \text{利用正割規則}$$

$$= \frac{1}{2}\ln\left|\sqrt{4x^2+1} + 2x\right| + C \qquad \text{以 } x \text{ 代回}$$

三角代換也可以涵蓋 $(a^2 - u^2)^{n/2}$ 這種類型的積分，只需先行改寫為

$$(a^2 - u^2)^{n/2} = \left(\sqrt{a^2 - u^2}\right)^n$$

例 3　三角代換：指數為有理數

求 $\displaystyle\int \frac{dx}{(x^2 + 1)^{3/2}}$。

解　先將 $(x^2 + 1)^{3/2}$ 改寫為 $\left(\sqrt{x^2 + 1}\right)^3$
令 $a = 1$，$u = x = \tan\theta$，如圖 5.6。因此

$$dx = \sec^2\theta\, d\theta \quad 且 \quad \sqrt{x^2 + 1} = \sec\theta$$

用三角代換法，計算如下

$$\begin{aligned}
\int \frac{dx}{(x^2 + 1)^{3/2}} &= \int \frac{dx}{\left(\sqrt{x^2 + 1}\right)^3} & \text{改寫分母} \\
&= \int \frac{\sec^2\theta\, d\theta}{\sec^3\theta} & \text{用三角代換} \\
&= \int \frac{d\theta}{\sec\theta} & \text{化簡} \\
&= \int \cos\theta\, d\theta & \text{用三角恆等式} \\
&= \sin\theta + C & \text{求}\cos\theta\text{的積分} \\
&= \frac{x}{\sqrt{x^2 + 1}} + C & \text{再代回原來的 }x
\end{aligned}$$

$\tan\theta = x$，$\sin\theta = \dfrac{x}{\sqrt{x^2 + 1}}$

圖 5.6

處理定積分時，如果能就新的變數 θ 決定積分的上、下限，就不必每次都要以 x 代回才能求值。不熟此步驟的同學，可回到 4.5 節例 8 與例 9，再複習一次。

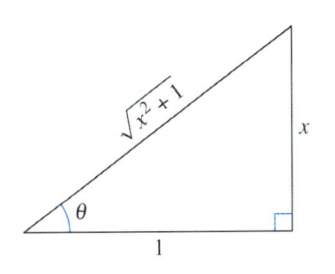

例 4　以代換的變數表示定積分的上、下限

求 $\displaystyle\int_{\sqrt{3}}^{2} \frac{\sqrt{x^2 - 3}}{x}\, dx$。

解　因為 $\sqrt{x^2 - 3}$ 是 $\sqrt{u^2 - a^2}$ 的形式，令

$$u = x,\quad a = \sqrt{3},\quad 和 \quad x = \sqrt{3}\sec\theta$$

如圖 5.7 所示，則有

$$dx = \sqrt{3}\sec\theta\tan\theta\, d\theta \quad 和 \quad \sqrt{x^2 - 3} = \sqrt{3}\tan\theta$$

先決定新的上、下限，利用 $x = \sqrt{3}\sec\theta$，x 與 θ 的對照如下

$\sec\theta = \dfrac{x}{\sqrt{3}}$，$\tan\theta = \dfrac{\sqrt{x^2 - 3}}{\sqrt{3}}$

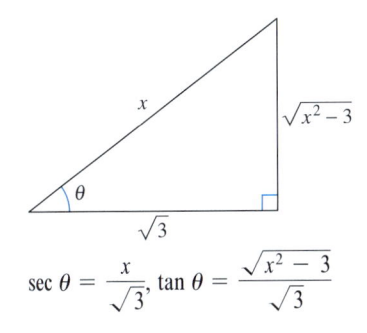

圖 5.7

下限	上限
當 $x = \sqrt{3}, \sec\theta = 1$	當 $x = 2, \sec\theta = \dfrac{2}{\sqrt{3}}$
因此 $\theta = 0$	因此 $\theta = \dfrac{\pi}{6}$

所以,我們以三角代換並且以 θ 所表的上、下限處理。

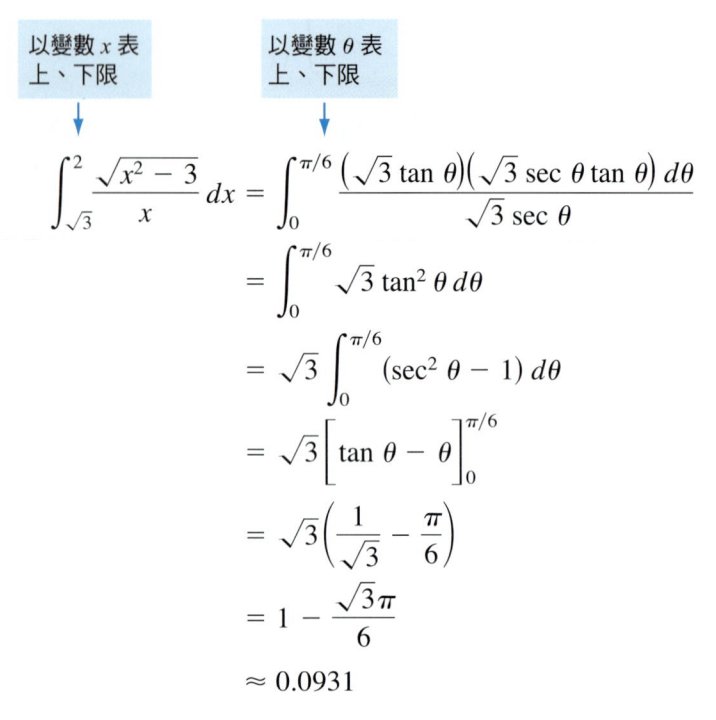

以變數 x 表上、下限 ↓ 　　以變數 θ 表上、下限 ↓

$$\int_{\sqrt{3}}^{2} \frac{\sqrt{x^2-3}}{x}\,dx = \int_{0}^{\pi/6} \frac{(\sqrt{3}\tan\theta)(\sqrt{3}\sec\theta\tan\theta)\,d\theta}{\sqrt{3}\sec\theta}$$

$$= \int_{0}^{\pi/6} \sqrt{3}\tan^2\theta\,d\theta$$

$$= \sqrt{3}\int_{0}^{\pi/6} (\sec^2\theta - 1)\,d\theta$$

$$= \sqrt{3}\Big[\tan\theta - \theta\Big]_{0}^{\pi/6}$$

$$= \sqrt{3}\left(\frac{1}{\sqrt{3}} - \frac{\pi}{6}\right)$$

$$= 1 - \frac{\sqrt{3}\pi}{6}$$

$$\approx 0.0931$$

在例 4 中,也可以先將 x 代回到反導函數,而直接以 x 的原始上下限處理,結果如下

$$\int_{\sqrt{3}}^{2} \frac{\sqrt{x^2-3}}{x}\,dx = \sqrt{3}\left[\frac{\sqrt{x^2-3}}{\sqrt{3}} - \operatorname{arcsec}\frac{x}{\sqrt{3}}\right]_{\sqrt{3}}^{2}$$

$$= \sqrt{3}\left(\frac{1}{\sqrt{3}} - \frac{\pi}{6}\right)$$

$$\approx 0.0931$$

當以三角代換計算定積分時,θ 的範圍必須要在本節一開始所規範的區間之中,例如,如果在例 4,要求的定積分範圍改為

$$\int_{-2}^{-\sqrt{3}} \frac{\sqrt{x^2-3}}{x}\,dx$$

令 $u = x$,$a = \sqrt{3}$,在 $-2 \le x \le -\sqrt{3}$ 時,可知 $u < -a$。所以在決定新的積分上下限時,由於 $u = x = \sqrt{3}\sec\theta$,$\theta$ 的範圍變成是在 $(\pi/2, \pi]$ 之中。當 $x = -\sqrt{3}$ 時,θ 應取 π;$x = -2$ 時,θ 應取 $5\pi/6$,計算如下:

$$\int_{-2}^{-\sqrt{3}} \frac{\sqrt{x^2-3}}{x} dx = \int_{5\pi/6}^{\pi} \frac{(-\sqrt{3}\tan\theta)(\sqrt{3}\sec\theta\tan\theta)\,d\theta}{\sqrt{3}\sec\theta}$$

$$= \int_{5\pi/6}^{\pi} -\sqrt{3}\tan^2\theta\,d\theta$$

$$= -\sqrt{3}\int_{5\pi/6}^{\pi} (\sec^2\theta - 1)\,d\theta$$

$$= -\sqrt{3}\Big[\tan\theta - \theta\Big]_{5\pi/6}^{\pi}$$

$$= -\sqrt{3}\left[(0-\pi) - \left(-\frac{1}{\sqrt{3}} - \frac{5\pi}{6}\right)\right]$$

$$= -1 + \frac{\sqrt{3}\pi}{6}$$

$$\approx -0.0931$$

三角代換也可與配方一起使用。例如，求下列不定積分

$$\int \sqrt{x^2 - 2x}\,dx$$

的時候應先將根號內的多項式配方成

$$\int \sqrt{(x-1)^2 - 1^2}\,dx$$

此時，被積函數仍視為下列型式

$$\sqrt{u^2 - a^2}$$

其中 $u = x - 1$ 且 $a = 1$。接下來，仍沿用三角代換法進行運算。

　　三角代換可以用來得出下面這個定理。定理中的積分將來在課本中再出現的話，我們就直接引用本定理。

註：在之前的章節（如 4.7 例 4），被積函數含有二次式時，我們就曾使用配方法了！

定理 5.2　積分公式（$a > 0$）

1. $\displaystyle\int \sqrt{a^2 - u^2}\,du = \frac{1}{2}\left(a^2 \arcsin\frac{u}{a} + u\sqrt{a^2 - u^2}\right) + C$

2. $\displaystyle\int \sqrt{u^2 - a^2}\,du = \frac{1}{2}(u\sqrt{u^2 - a^2} - a^2 \ln|u + \sqrt{u^2 - a^2}|) + C,\ u > a$

3. $\displaystyle\int \sqrt{u^2 + a^2}\,du = \frac{1}{2}(u\sqrt{u^2 + a^2} + a^2 \ln|u + \sqrt{u^2 + a^2}|) + C$

習題 5.3

1. 代換 $x = 4\sin\theta$ 求
$$\int \frac{1}{(16-x^2)^{3/2}}\,dx$$

2. 代換 $x = 5\sec\theta$ 求
$$\int \frac{1}{\sqrt{x^2-25}}\,dx$$

3. 代換 $x = 2\tan\theta$ 求
$$\int \frac{2x^2}{(4+x^2)^2}\,dx$$

習題 4～10，求下列各不定積分。

4. $\int \sqrt{16-4x^2}\,dx$

5. $\int \frac{1}{\sqrt{x^2-4}}\,dx$

6. $\int \frac{1}{x\sqrt{4x^2+9}}\,dx$

7. $\int \frac{-3}{(x^2+3)^{3/2}}\,dx$

★ 8. $\int e^x\sqrt{1-e^{2x}}\,dx$

9. $\int \frac{1}{4+4x^2+x^4}\,dx$

★ 10. $\int \frac{x^3+x+1}{x^4+2x^2+1}\,dx$

習題 11～12，請將下列各題先配方後，再求不定積分。

★ 11. $\int \frac{1}{\sqrt{4x-x^2}}\,dx$

★ 12. $\int \frac{x}{\sqrt{x^2-6x+5}}\,dx$

習題 13～14，求下列各定積分。

13. $\int_0^{\sqrt{3}/2} \frac{1}{(1-t^2)^{3/2}}\,dt$

14. $\int_0^3 \frac{x^3}{\sqrt{x^2+9}}\,dx$

註：標誌 ★ 表示稍難題目。

5.4 部分分式法　Partial Fractions

◆ 瞭解部分分式的概念。
◆ 將有理函數分解成一次分式後求積分。
◆ 將有理函數分解成二次分式後求積分。

部分分式 Partial Fractions

在本節中，我們要學習如何先將有理函數分解成更簡單的有理函數之後，再求積分。這個分解的過程稱為**部分分式法**（method of partial fractions），我們以下例說明此法的好處，在求

$$\int \frac{1}{x^2 - 5x + 6} dx$$

的時候，如果不用部分分式法，可以先配方再使用三角代換法（圖 5.8），如下：

$$\int \frac{1}{x^2 - 5x + 6} dx = \int \frac{dx}{(x - 5/2)^2 - (1/2)^2} \qquad a = \tfrac{1}{2}, x - \tfrac{5}{2} = \tfrac{1}{2} \sec \theta$$

$$= \int \frac{(1/2) \sec \theta \tan \theta\, d\theta}{(1/4) \tan^2 \theta} \qquad dx = \tfrac{1}{2} \sec \theta \tan \theta\, d\theta$$

$$= 2 \int \csc \theta\, d\theta$$

$$= 2 \ln|\csc \theta - \cot \theta| + C$$

$$= 2 \ln\left|\frac{2x - 5}{2\sqrt{x^2 - 5x + 6}} - \frac{1}{2\sqrt{x^2 - 5x + 6}}\right| + C$$

$$= 2 \ln\left|\frac{x - 3}{\sqrt{x^2 - 5x + 6}}\right| + C$$

$$= 2 \ln\left|\frac{\sqrt{x - 3}}{\sqrt{x - 2}}\right| + C$$

$$= \ln\left|\frac{x - 3}{x - 2}\right| + C$$

$$= \ln|x - 3| - \ln|x - 2| + C$$

John Bernoulli
（1667～1748）
部分分式法源自於瑞士數學家 John Bernoulli —— 早期微積分發展史上一大功臣。John Bernoulli 任教於 Basel 大學（瑞士西北），門下高足無數，其中以尤拉最為有名。

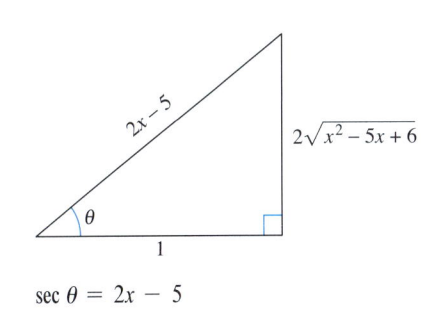

$\sec \theta = 2x - 5$

圖 5.8

但是，如果我們能觀察到

$$\frac{1}{x^2 - 5x + 6} = \frac{1}{x - 3} - \frac{1}{x - 2} \qquad \text{部分分式分解}$$

就可以直接積分如下：

$$\int \frac{1}{x^2 - 5x + 6} dx = \int \left(\frac{1}{x - 3} - \frac{1}{x - 2} \right) dx$$
$$= \ln|x - 3| - \ln|x - 2| + C$$

此法顯然較三角代換方便。但使用此法時，要能先將分母 $x^2 - 5x + 6$ 分解因式，然後再找出**部分分式**（partial fractions）

$$\frac{1}{x - 3} \quad \text{和} \quad -\frac{1}{x - 2}$$

我們將在本節先介紹如何求部分分式。

我們從高中數學學習到：任何一個實係數多項式都可以分解成一次和（不可分解的）二次因式的乘積（註）。例如，多項式 $x^5 + x^4 - x - 1$ 可以寫成

$$\begin{aligned} x^5 + x^4 - x - 1 &= x^4(x + 1) - (x + 1) \\ &= (x^4 - 1)(x + 1) \\ &= (x^2 + 1)(x^2 - 1)(x + 1) \\ &= (x^2 + 1)(x + 1)(x - 1)(x + 1) \\ &= (x - 1)(x + 1)^2(x^2 + 1) \end{aligned}$$

式中 $(x - 1)$ 是一次因式，$(x + 1)^2$ 是重因式，而 $(x^2 + 1)$ 是一個不可分解的二次因式，利用此一因式分解，當 $N(x)$ 是一個次數小於 5 的多項式時，我們可以將有理式

$$\frac{N(x)}{x^5 + x^4 - x - 1}$$

寫成部分分式如下：

$$\frac{N(x)}{(x - 1)(x + 1)^2(x^2 + 1)} = \frac{A}{x - 1} + \frac{B}{x + 1} + \frac{C}{(x + 1)^2} + \frac{Dx + E}{x^2 + 1}$$

> **研讀指引** 在高中時曾經學過如何經由通分得出下式：
> $$\frac{1}{x - 2} + \frac{-1}{x + 3} = \frac{5}{(x - 2)(x + 3)}$$
> 部分分式法則反其道而行，將 $\frac{5}{(x - 2)(x + 3)}$ 拆解成兩個更簡分式的和（或差），如下所示
> $$\frac{5}{(x - 2)(x + 3)} = \frac{?}{x - 2} + \frac{?}{x + 3}$$

註：任何一個實係數多項式，或者有一個實根 c，那麼 $x - c$ 就是此多項式的一個一次因式，或者有一對共軛複數根 $a + bi$ 和 $a - bi$ $(b \neq 0)$，那麼 $(x - (a + bi))(x - (a - bi)) = (x - a)^2 + b^2 = x^2 - 2ax + a^2 + b^2$ 就是此多項式的一個二次因式。顯然，二次式 $x^2 - 2ax + a^2 + b^2$ 在實係數多項式的範疇無法再行分解。

> **分解 $N(x)/D(x)$ 為部分分式**
>
> 1. 如果 $N(x)$ 的次數不小於 $D(x)$ 的次數，先進行長除法，將假分式改寫成帶分式
>
> $$\frac{N(x)}{D(x)} = (\text{多項式}) + \frac{N_1(x)}{D(x)}$$
>
> 式中，$N_1(x)$ 的次數小於 $D(x)$ 的次數。
>
> 2. 利用因式分解，把 $D(x)$ 寫成下列一次、二次因式的連乘積
>
> $$(px + q)^m \quad \text{和} \quad (ax^2 + bx + c)^n$$
>
> 其中 $ax^2 + bx + c$ 是不可分解的。
>
> 3. 如果 $(px + q)^m$ 是 $D(x)$ 的因式，則部分分式中要包括下列 m 項
>
> $$\frac{A_1}{(px+q)} + \frac{A_2}{(px+q)^2} + \cdots + \frac{A_m}{(px+q)^m}$$
>
> 4. 如果 $(ax^2 + bx + c)^n$ 是 $D(x)$ 的因式，則部分分式中要包括下列 n 項
>
> $$\frac{B_1 x + C_1}{ax^2 + bx + c} + \frac{B_2 x + C_2}{(ax^2 + bx + c)^2} + \cdots + \frac{B_n x + C_n}{(ax^2 + bx + c)^n}$$

一次因式 Linear Factors

例 1 和例 2 說明了當分式的分母只有一次因式或重一次因式時，如何決定部分分式中的分子（只有常數）。

例 1　一次因式均不相同的情形

將 $\dfrac{1}{x^2 - 5x + 6}$ 分解為部分分式。

解　由於 $x^2 - 5x + 6 = (x - 3)(x - 2)$，並且對每一個一次因式，都要有對應的部分分式，因此寫下

$$\frac{1}{x^2 - 5x + 6} = \frac{A}{x - 3} + \frac{B}{x - 2}$$

其中 A、B 留待我們去解。將上式兩邊同乘以最低公分母 $(x-3)(x-2)$，得到**基本方程式**（basic equation）

$$1 = A(x - 2) + B(x - 3) \qquad \text{基本方程式}$$

由於基本方程式是一個恆等式，我們可以代入一些適當的 x 值來解 A、B。最方便的代值是使某一項全等於 0。

所以，令 $x = 3$ 代入可以解 A [註]

註：在例 1 解 A 與 B 時，我們可以選擇合適方便的 x，以便快速得解。先選 $x = 3$，因此時 $B(x - 3)$ 這一項即可消去，很容易就可解出 A，再選 $x = 2$，此時 $A(x - 2)$ 也可消去，很容易就解出 B。

解 由於
$$(x^2 - x)(x^2 + 4) = x(x - 1)(x^2 + 4)$$
並且每一個因式都要有對應的部分分式，因此寫下
$$\frac{2x^3 - 4x - 8}{x(x - 1)(x^2 + 4)} = \frac{A}{x} + \frac{B}{x - 1} + \frac{Cx + D}{x^2 + 4}$$
上式兩邊同乘以最低公分母 $x(x - 1)(x^2 + 4)$，得到基本方程式
$$2x^3 - 4x - 8 = A(x - 1)(x^2 + 4) + Bx(x^2 + 4) + (Cx + D)(x)(x - 1)$$
令 $x = 0$，可以解 A，得到
$$-8 = A(-1)(4) + 0 + 0 \quad \Longrightarrow \quad 2 = A$$
令 $x = 1$，可以解 B，得到
$$-10 = 0 + B(5) + 0 \quad \Longrightarrow \quad -2 = B$$
此時，C、D 尚待決定。我們可以將 x 以兩個其他的值，以及 A、B 的值代入，解線性方程組。如果 $x = -1$、$A = 2$ 和 $B = -2$ 代入得到
$$-6 = (2)(-2)(5) + (-2)(-1)(5) + (-C + D)(-1)(-2)$$
$$2 = -C + D$$
如果 $x = 2$ 代入，得到
$$0 = (2)(1)(8) + (-2)(2)(8) + (2C + D)(2)(1)$$
$$8 = 2C + D$$
解方程組
$$-C + D = 2$$
$$2C + D = 8$$
得到 $C = 2$，$D = 4$，積分式變成
$$\int \frac{2x^3 - 4x - 8}{x(x - 1)(x^2 + 4)} dx$$
$$= \int \left(\frac{2}{x} - \frac{2}{x - 1} + \frac{2x}{x^2 + 4} + \frac{4}{x^2 + 4} \right) dx$$
$$= 2 \ln|x| - 2 \ln|x - 1| + \ln(x^2 + 4) + 2 \arctan \frac{x}{2} + C$$

在例 1、例 2 和例 3 解未知數 $A, B, C \ldots$ 等時，我們先代 x 值使一次因式為 0。當部分分式分解有一次因式時，此法的確非常方便。但是如果分解只涉及二次因式時，我們介紹另一個方法，即比較係數法，如例 4。

例 4　重二次因式

求 $\int \dfrac{8x^3 + 13x}{(x^2 + 2)^2}\, dx$ 。

解　$x^2 + 2$ 的每一個冪次都要出現，得到

$$\frac{8x^3 + 13x}{(x^2 + 2)^2} = \frac{Ax + B}{x^2 + 2} + \frac{Cx + D}{(x^2 + 2)^2}$$

乘以最低公分母得到基本方程式

$$8x^3 + 13x = (Ax + B)(x^2 + 2) + Cx + D$$

展開基本方程式，合併同類項得出

$$8x^3 + 13x = Ax^3 + 2Ax + Bx^2 + 2B + Cx + D$$
$$8x^3 + 13x = Ax^3 + Bx^2 + (2A + C)x + (2B + D)$$

比較等式兩邊的係數，得到關係式

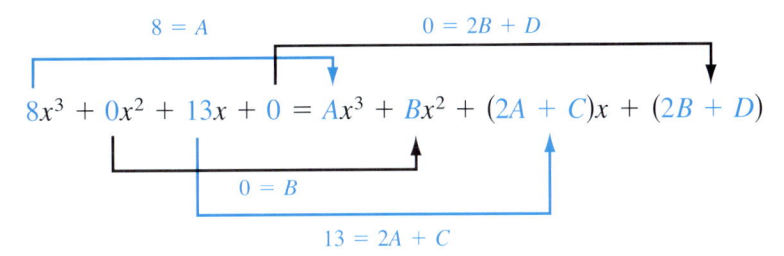

$$8 = A$$
$$0 = 2B + D$$
$$8x^3 + 0x^2 + 13x + 0 = Ax^3 + Bx^2 + (2A + C)x + (2B + D)$$
$$0 = B$$
$$13 = 2A + C$$

利用 $A = 8$ 和 $B = 0$，可以解 C 和 D

$$13 = 2A + C = 2(8) + C \quad \Longrightarrow \quad C = -3$$
$$0 = 2B + D = 2(0) + D \quad \Longrightarrow \quad D = 0$$

最後得出

$$\int \frac{8x^3 + 13x}{(x^2 + 2)^2}\, dx = \int \left(\frac{8x}{x^2 + 2} + \frac{-3x}{(x^2 + 2)^2} \right) dx$$
$$= 4\ln(x^2 + 2) + \frac{3}{2(x^2 + 2)} + C$$

求有理函數的積分時，先要把假分式如

$$\frac{N(x)}{D(x)} = \frac{2x^3 + x^2 - 7x + 7}{x^2 + x - 2}$$

化成帶分式

$$\frac{N(x)}{D(x)} = 2x - 1 + \frac{-2x + 5}{x^2 + x - 2}$$

然後再對真分式的部分求部分分式分解，下面是解基本方程式的指導原則。

> **解基本方程式的指導原則**
>
> **一次因式**
> 1. 將一次因式的解輪流代入基本方程式。
> 2. 如果是重一次因式，以所得出的係數重寫基本方程式，再代方便的 x 值解剩下的係數。
>
> **二次因式**
> 1. 展開基本方程式。
> 2. 合併同類項。
> 3. 比較同類項的係數，得到 $A, B, C, \ldots$ 的方程式。
> 4. 解 $A, B, C, \ldots$ 的方程式。

在本節結束之前，再提醒讀者幾件事情。第一，不見得所有有理函數的積分都要先化成部分分式。例如下面的積分可以輕易的以對數的積分規則求出

$$\int \frac{x^2+1}{x^3+3x-4}\,dx = \frac{1}{3}\int \frac{3x^2+3}{x^3+3x-4}\,dx = \frac{1}{3}\ln|x^3+3x-4| + C$$

其次分子、分母有公因式時，要先約分，有時這樣就可避掉部分分式的麻煩，如下式的積分

$$\int \frac{x^2-x-2}{x^3-2x-4}\,dx = \int \frac{(x+1)(x-2)}{(x-2)(x^2+2x+2)}\,dx$$
$$= \int \frac{x+1}{x^2+2x+2}\,dx = \frac{1}{2}\ln|x^2+2x+2| + C$$

最後，部分分式法也可用在超越函數的商式，例如 u 以 $\sin x$ 代入得到

$$\int \frac{\cos x}{\sin x(\sin x - 1)}\,dx = \int \frac{du}{u(u-1)} \qquad u = \sin x, du = \cos x\,dx$$

習題 5.4

習題 1～14，以部分分式法，求下列各積分。

1. $\int \dfrac{1}{x^2 - 9}\, dx$

2. $\int \dfrac{2}{9x^2 - 1}\, dx$

3. $\int \dfrac{3 - x}{3x^2 - 2x - 1}\, dx$

★ 4. $\int \dfrac{x^2 + 12x + 12}{x^3 - 4x}\, dx$

★ 5. $\int \dfrac{x^3 - x + 3}{x^2 + x - 2}\, dx$

6. $\int \dfrac{2x^3 - 4x^2 - 15x + 5}{x^2 - 2x - 8}\, dx$

★ 7. $\int \dfrac{4x^2 + 2x - 1}{x^3 + x^2}\, dx$

★ 8. $\int \dfrac{5x - 2}{(x - 2)^2}\, dx$

★ 9. $\int \dfrac{x^2 - 6x + 2}{x^3 + 2x^2 + x}\, dx$

★ 10. $\int \dfrac{8x}{x^3 + x^2 - x - 1}\, dx$

★ 11. $\int \dfrac{9 - x^2}{7x^3 + x}\, dx$

★ 12. $\int \dfrac{6x}{x^3 - 8}\, dx$

★ 13. $\int \dfrac{x^2 + 5}{x^3 - x^2 + x + 3}\, dx$

★ 14. $\int \dfrac{x^2 + 6x + 4}{x^4 + 8x^2 + 16}\, dx$

習題 15～18，求下列各定積分。

15. $\int_0^2 \dfrac{3}{4x^2 + 5x + 1}\, dx$

★ 16. $\int_1^5 \dfrac{x - 1}{x^2(x + 1)}\, dx$

★ 17. $\int_1^2 \dfrac{x + 1}{x(x^2 + 1)}\, dx$

18. $\int_0^1 \dfrac{x^2 - x}{x^2 + x + 1}\, dx$

註：標誌 ★ 表示稍難題目。

5.5 數值積分　Numerical Integration

◆ 以梯形法求定積分的近似值。
◆ 以辛浦森法求定積分的近似值。
◆ 求梯形法和辛浦森法的近似誤差。

梯形法 The Trapezoidal Rule

有一些基本函數的不定積分並非基本函數，例如，下面這幾個基本函數

$$\sqrt[3]{x}\sqrt{1-x}, \qquad \sqrt{x}\cos x, \qquad \frac{\cos x}{x}, \qquad \sqrt{1-x^3}, \qquad \sin x^2$$

計算定積分時，如果求不出其反導函數，就無法利用微積分基本定理代上限、代下限來作計算，此時需要一些求近似值的辦法來解決問題，本節介紹兩種方法（梯形法與辛浦森法）。

首先介紹梯形法，這是利用 n 個梯形來近似定積分（圖 5.9）。現以 f 在區間 $[a, b]$ 上連續並且恆正，來說明這個辦法，此時定積分

$$\int_a^b f(x)\, dx$$

代表 f 的圖形和 x 軸從 $x = a$ 到 $x = b$ 之間的面積。我們先將區間 $[a, b]$ 分成 n 個子區間，每一個寬度都是 $\Delta x = (b - a)/n$，分割的點排列如下

$$a = x_0 < x_1 < x_2 < \cdots < x_n = b$$

在每一個子區間上，作一個梯形（圖 5.10），第 i 個梯形的面積是

$$\text{第 } i \text{ 個梯形的面積} = \left[\frac{f(x_{i-1}) + f(x_i)}{2}\right]\left(\frac{b - a}{n}\right)$$

這表示 n 個梯形的面積和是

$$\text{面積之和} = \left(\frac{b - a}{n}\right)\left[\frac{f(x_0) + f(x_1)}{2} + \cdots + \frac{f(x_{n-1}) + f(x_n)}{2}\right]$$

$$= \left(\frac{b - a}{2n}\right)[f(x_0) + f(x_1) + f(x_1) + f(x_2) + \cdots + f(x_{n-1}) + f(x_n)]$$

$$= \left(\frac{b - a}{2n}\right)[f(x_0) + 2f(x_1) + 2f(x_2) + \cdots + 2f(x_{n-1}) + f(x_n)]$$

$\Delta x = (b - a)/n$，令 $n \to \infty$ 取極限得到

$$\lim_{n \to \infty}\left(\frac{b - a}{2n}\right)[f(x_0) + 2f(x_1) + \cdots + 2f(x_{n-1}) + f(x_n)]$$

$$= \lim_{n \to \infty}\left[\frac{[f(a) - f(b)]\Delta x}{2} + \sum_{i=1}^{n} f(x_i)\, \Delta x\right]$$

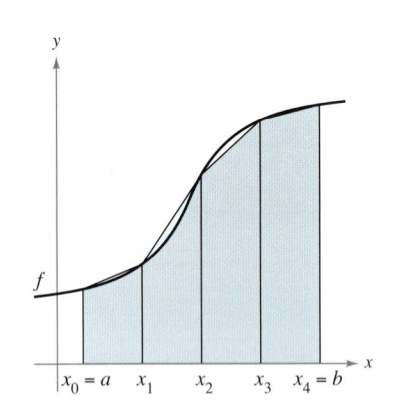

圖 5.9　以四個梯形近似區域的面積。

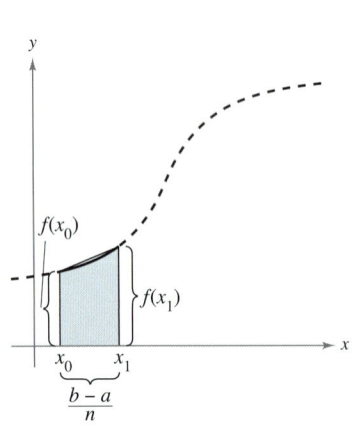

圖 5.10　第一個梯形的面積是
$$\left[\frac{f(x_0) + f(x_1)}{2}\right]\left(\frac{b - a}{n}\right)$$

$$= \lim_{n \to \infty} \frac{[f(a) - f(b)](b-a)}{2n} + \lim_{n \to \infty} \sum_{i=1}^{n} f(x_i) \Delta x$$
$$= 0 + \int_a^b f(x)\,dx$$

我們將上述的結果總結成下面的定理。

定理 5.3　梯形法

f 在區間 $[a, b]$ 上連續，以梯形法求定積分 $\int_a^b f(x)\,dx$ 近似值的公式是

$$\int_a^b f(x)\,dx \approx \frac{b-a}{2n}[f(x_0) + 2f(x_1) + 2f(x_2) + \cdots + 2f(x_{n-1}) + f(x_n)]$$

當 $n \to \infty$ 時，右邊會趨近 $\int_a^b f(x)\,dx$。

注意　梯形法的公式中係數依序是 1 2 2 2 ... 2 2 1。

例 1　梯形法求近似值

以梯形法求 $\int_0^\pi \sin x\,dx$ 的近似值，比較 $n = 4$ 和 $n = 8$ 的結果（圖 5.11）。

解　當 $n = 4$，$\Delta x = \pi/4$，得到

$$\int_0^\pi \sin x\,dx \approx \frac{\pi}{8}\left(\sin 0 + 2\sin\frac{\pi}{4} + 2\sin\frac{\pi}{2} + 2\sin\frac{3\pi}{4} + \sin\pi\right)$$
$$= \frac{\pi}{8}(0 + \sqrt{2} + 2 + \sqrt{2} + 0) = \frac{\pi(1+\sqrt{2})}{4} \approx 1.896$$

當 $n = 8$，$\Delta x = \pi/8$，得到

$$\int_0^\pi \sin x\,dx \approx \frac{\pi}{16}\Big(\sin 0 + 2\sin\frac{\pi}{8} + 2\sin\frac{\pi}{4} + 2\sin\frac{3\pi}{8} + 2\sin\frac{\pi}{2}$$
$$+ 2\sin\frac{5\pi}{8} + 2\sin\frac{3\pi}{4} + 2\sin\frac{7\pi}{8} + \sin\pi\Big)$$
$$= \frac{\pi}{16}\left(2 + 2\sqrt{2} + 4\sin\frac{\pi}{8} + 4\sin\frac{3\pi}{8}\right) \approx 1.974$$

因為 $\int \sin x\,dx = -\cos x$，可以利用微積分基本定理求出準確值是 2。

關於梯形法（或中點法），有兩個要點必須提出，首先，當 n 越來越大時，近似值會越來越準，在例 1 中，如果 n 取 16，梯形法會求出 1.994 的近似值。其次，雖然例 1 可以用微積分基本定理來計算，但是基本定理對 $\int_0^\pi \sin x^2\,dx$ 派不上用場，這是因為 $\sin x^2$ 的反導數不是基本函數，但是梯形法卻可以求它的定積分的近似值。

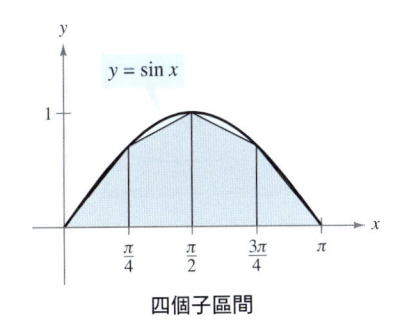

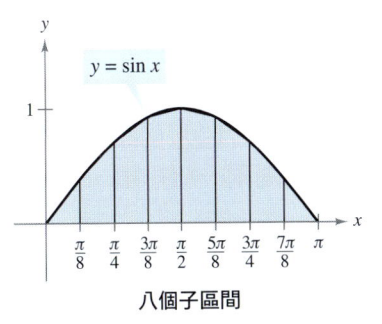

圖 5.11　梯形法近似。

辛浦森法 Simpson's Rule

梯形法是在每一個子區間上，把 f 的函數圖形以圖形兩端點的連線段來代替，因此也可以看成是以一次多項式（直線）近似 f，辛浦森法（以美國數學家 Thomas Simpson，1710～1761 命名）則更進一步，以子區間上的二次多項式來近似 f。

我們先給一個定理來說明計算二次（或更低次）多項式積分值的辦法。

定理 5.4　$p(x) = Ax^2 + Bx + C$ 的積分是

$$\int_a^b p(x)\, dx = \left(\frac{b-a}{6}\right)\left[p(a) + 4p\left(\frac{a+b}{2}\right) + p(b)\right]$$

證明

$$\begin{aligned}
\int_a^b p(x)\, dx &= \int_a^b (Ax^2 + Bx + C)\, dx \\
&= \left[\frac{Ax^3}{3} + \frac{Bx^2}{2} + Cx\right]_a^b \\
&= \frac{A(b^3 - a^3)}{3} + \frac{B(b^2 - a^2)}{2} + C(b - a) \\
&= \left(\frac{b-a}{6}\right)[2A(a^2 + ab + b^2) + 3B(b + a) + 6C]
\end{aligned}$$

展開再合併某些項得出

$$\underbrace{(Aa^2 + Ba + C)}_{p(a)} + \underbrace{4\left[A\left(\frac{b+a}{2}\right)^2 + B\left(\frac{b+a}{2}\right) + C\right]}_{4p\left(\frac{a+b}{2}\right)} + \underbrace{(Ab^2 + Bb + C)}_{p(b)}$$

因此可以寫成

$$\int_a^b p(x)\, dx = \left(\frac{b-a}{6}\right)\left[p(a) + 4p\left(\frac{a+b}{2}\right) + p(b)\right]$$

接著分割區間 $[a, b]$ 成 n 個等長的子區間，每一個的寬度是 $\Delta x = (b-a)/n$。辛浦森法要求 n 是偶數，而將子區間兩兩一組排出。

$$a = \underbrace{x_0 < x_1 < x_2}_{[x_0, x_2]} < \underbrace{x_2 < x_3 < x_4}_{[x_2, x_4]} < \cdots < \underbrace{x_{n-2} < x_{n-1} < x_n}_{[x_{n-2}, x_n]} = b$$

在每一個（雙）子區間 $[x_{i-2}, x_i]$ 上，以次數小或等於 2 的多項式 p 近似 f。例如，在 $[x_0, x_2]$ 上，選一個最低可能次數的多項式過點 (x_0, y_0)、(x_1, y_1) 和 (x_2, y_2)（圖 5.12），然後以 p 近似 f，由定理 5.3 得出

$$\int_{x_0}^{x_2} f(x)\, dx \approx \int_{x_0}^{x_2} p(x)\, dx = \frac{x_2 - x_0}{6}\left[p(x_0) + 4p\left(\frac{x_0 + x_2}{2}\right) + p(x_2)\right]$$

$$= \frac{2[(b-a)/n]}{6}\left[p(x_0) + 4p(x_1) + p(x_2)\right]$$

$$= \frac{b-a}{3n}\left[f(x_0) + 4f(x_1) + f(x_2)\right]$$

在區間 $[a, b]$ 的每一個子區間上都進行上述的計算，而得到下面的定理。

$$\int_{x_0}^{x_2} p(x)\, dx \approx \int_{x_0}^{x_2} f(x)\, dx$$

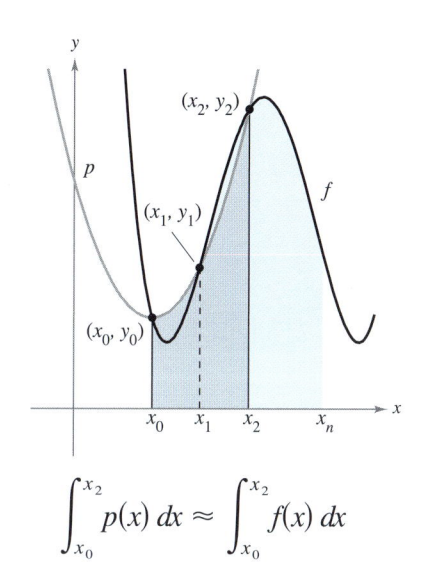

圖 5.12

定理 5.5　辛浦森法（n 偶數）

f 在區間 $[a, b]$ 上連續。辛浦森法求定積分 $\int_a^b f(x)\, dx$ 近似值的公式是

$$\int_a^b f(x)\, dx \approx \frac{b-a}{3n}\left[f(x_0) + 4f(x_1) + 2f(x_2) + 4f(x_3) + \cdots + 4f(x_{n-1}) + f(x_n)\right]$$

當 $n \to \infty$ 時，右邊會趨近 $\int_a^b f(x)\, dx$。

注意　辛浦森法的公式中係數依序是 1 4 2 4 2 4 … 4 2 4 1。

例 1 中，我們以梯形法估計 $\int_0^\pi \sin x\, dx$。在例 2 中，我們以辛浦森法再做一次。

例 2　辛浦森法求近似值

以辛浦森法求 $\displaystyle\int_0^\pi \sin x\, dx$ 的近似值，比較 $n = 4$ 和 $n = 8$ 的結果。

解　當 $n = 4$ 時，我們有

$$\int_0^\pi \sin x\, dx \approx \frac{\pi}{12}\left(\sin 0 + 4\sin\frac{\pi}{4} + 2\sin\frac{\pi}{2} + 4\sin\frac{3\pi}{4} + \sin \pi\right)$$
$$\approx 2.005$$

當 $n = 8$，得到 $\displaystyle\int_0^\pi \sin x\, dx \approx 2.0003$。

注意　在例 1，使用梯形法於 $n = 4$ 時，近似值是 1.896；而在例 2，使用辛浦森法於 $n = 4$，近似值是 2.005。而實際上，用反導函數可得準確值是 2。

誤差分析 Error Analysis

在使用求近似的方法時，必須要瞭解準確度，下面這個定理，說明如何估計辛浦森法和梯形法的誤差（證明省略）。一般而言，在求近似值時，誤差 E 表示近似值與 $\int_a^b f(x)$ 的差額。

定理 5.6　梯形法和辛浦森法的誤差

如果 f 在區間 $[a, b]$ 上的二階導函數連續，則以梯形法求 $\int_a^b f(x)\,dx$ 近似值
的誤差是

$$E \leq \frac{(b-a)^3}{12n^2}[\max |f''(x)|], \quad a \leq x \leq b \qquad \text{梯形法}$$

如果 f 在區間 $[a, b]$ 上的四階導函數連續，則以辛浦森法求 $\int_a^b f(x)\,dx$ 近似值的誤差是

$$E \leq \frac{(b-a)^5}{180n^4}[\max |f^{(4)}(x)|], \quad a \leq x \leq b \qquad \text{辛浦森法}$$

注意　定理 5.6 中的 $\max|f''(x)|$ 和 $\max|f^{(4)}(x)|$ 分別代表在區間 $[a, b]$ 上 $|f''(x)|$ 和 $|f^{(4)}(x)|$ 的最大值。

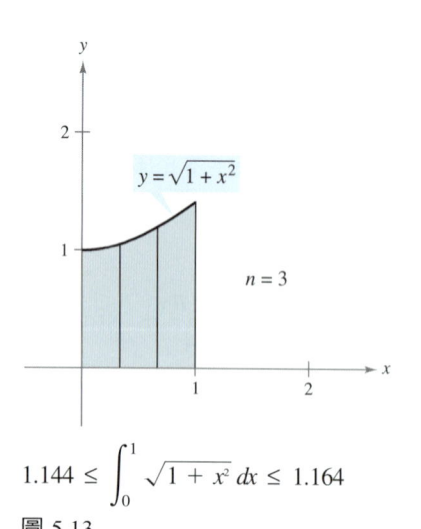

定理 5.6 說明梯形法和辛浦森法所衍生誤差的上界與 $f''(x)$ 和 $f^{(4)}(x)$ 在區間 $[a, b]$ 上的最大值有關。而當 n 遞增時，由於 f'' 和 $f^{(4)}$ 在區間 $[a, b]$ 上連續因此有界，誤差可以任意變小。

例 3　梯形法的近似值誤差

希望以梯形法求 $\int_0^1 \sqrt{1+x^2}\,dx$ 的近似值時，誤差小於 0.01，請問 n 要取成多少？

解　先求 $f(x) = \sqrt{1+x^2}$ 的二階導函數

$$f''(x) = (1+x^2)^{-3/2} \quad \text{和} \quad f'(x) = x(1+x^2)^{-1/2}$$

$|f''(x)|$ 在區間 $[0, 1]$ 上的最大值是 $|f''(0)| = 1$，因此，由定理 5.5，誤差不等式是

$$E \leq \frac{(b-a)^3}{12n^2}|f''(0)| = \frac{1}{12n^2}(1) = \frac{1}{12n^2}$$

如果希望 E 小於 0.01，只要取 n 使得 $1/(12n^2) \leq 1/100$，也就是說

$$100 \leq 12n^2 \quad \Longrightarrow \quad n \geq \sqrt{\frac{100}{12}} \approx 2.89$$

因此，只要取 $n = 3$ 就可以了（圖 5.13），計算近似值

$1.144 \leq \int_0^1 \sqrt{1+x^2}\,dx \leq 1.164$

圖 5.13

注意 $\int_0^1 \sqrt{1+x^2}\,dx$ 可以微積分基本定理求出準確值 $\frac{1}{2}[\sqrt{2}+\ln(1+\sqrt{2})]$，它的近似值是 1.14779。

$$\int_0^1 \sqrt{1+x^2}\,dx \approx \frac{1}{6}\left[\sqrt{1+0^2}+2\sqrt{1+\left(\tfrac{1}{3}\right)^2}+2\sqrt{1+\left(\tfrac{2}{3}\right)^2}+\sqrt{1+1^2}\right]$$
$$\approx 1.154$$

由於誤差 ≤ 0.01，所以

$$1.144 \le \int_0^1 \sqrt{1+x^2}\,dx \le 1.164$$

習題 5.5

習題 1～4，分別以梯形法和辛浦森法對指定的 n，求定積分的近似值，四捨五入取四位小數並與準確值比較。

1. $\int_1^2 \left(\dfrac{x^2}{4}+1\right)dx,\quad n=4$

2. $\int_4^9 \sqrt{x}\,dx,\quad n=8$

3. $\int_0^1 \dfrac{2}{(x+2)^2}\,dx,\quad n=4$

4. $\int_0^2 x\sqrt{x^2+1}\,dx,\quad n=4$

習題 5～6，分別以梯形法和辛浦森法取 $n=4$ 時來求定積分的近似值。

5. $\int_0^2 \sqrt{1+x^3}\,dx$

6. $\int_0^1 \sqrt{x}\,\sqrt{1-x}\,dx$

習題 7～8，分別以梯形法及辛浦森法，用定理 5.6 的誤差公式求 n，使其誤差不大於 0.00001。

7. $\int_1^3 \dfrac{1}{x}\,dx$

8. $\int_0^1 \dfrac{1}{1+x}\,dx$

★ 9. 分別以 (a) 梯形法；(b) 辛浦森法，取 $n=4$ 時，來估計下圖陰影區域面積。

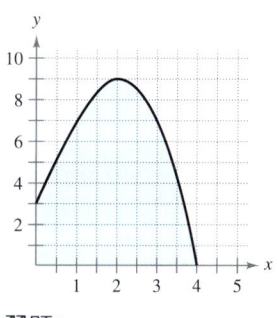

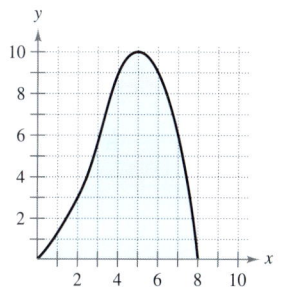

習題9   習題10

★ 10. 分別以 (a) 梯形法；(b) 辛浦森法，取 $n=8$ 時，來估計上圖陰影區域面積。

註：標誌 ★ 表示稍難題目。

5.6 使用積分表和其他方法求積分
Integration by Tables and Other Integration Techniques

◆ 使用積分表求不定積分。

◆ 利用約化公式求不定積分。

使用積分表求積分 Integration by Tables

到目前為止，我們已經學會了若干從基本積分規則發展出來的積分技巧。注意，單單會運用這些技巧是不夠的，更要緊的是知道什麼時候該用什麼技巧。積分的能力首在察覺，亦即必須要能察覺應該使用哪一條規則或技巧來得到反導數。常見的情況是被積分函數有了些微變動，就必須使用全然不同的積分技巧（或者甚至變成一個反導數不再是基本函數的情形）。請看下面的例子：

$$\int x \ln x \, dx = \frac{x^2}{2} \ln x - \frac{x^2}{4} + C \qquad \text{分部積分法}$$

$$\int \frac{\ln x}{x} \, dx = \frac{(\ln x)^2}{2} + C \qquad \text{指數規則}$$

$$\int \frac{1}{x \ln x} \, dx = \ln|\ln x| + C \qquad \text{對數規則}$$

$$\int \frac{x}{\ln x} \, dx = ? \qquad \text{非基本函數}$$

許多人發現積分表是本章所討論過的積分技巧中最佳的補充（常見函數的積分表請見附錄 C）。**使用積分表求積分**（integration by tables）並非解決積分困難的萬靈丹——要有相當的洞察力，並能選擇適當的變數來代換，積分表才真的有用。

在附錄 C 中的每一條積分公式都是從本章所發展出來的技巧所導出的。例如公式 4。

$$\int \frac{u}{(a+bu)^2} \, du = \frac{1}{b^2} \left(\frac{a}{a+bu} + \ln|a+bu| \right) + C \qquad \text{公式 4}$$

是以部分分式法得出，公式 19

$$\int \frac{\sqrt{a+bu}}{u} \, du = 2\sqrt{a+bu} + a \int \frac{du}{u\sqrt{a+bu}} \qquad \text{公式 19}$$

則是以分部積分法得出。而公式 84

$$\int \frac{1}{1+e^u} \, du = u - \ln(1+e^u) + C \qquad \text{公式 84}$$

則是用變數代換法推導而得。

請注意，附錄 C 中的積分公式是以被積函數的形式分類，以下列出若干種類。

$$u^n \qquad\qquad (a+bu)$$
$$(a+bu+cu^2) \qquad\qquad \sqrt{a+bu}$$
$$(a^2 \pm u^2) \qquad\qquad \sqrt{u^2 \pm a^2}$$
$$\sqrt{a^2-u^2} \qquad\qquad 三角函數$$
$$反三角函數 \qquad\qquad 指數函數$$
$$對數函數$$

例 1　使用積分表

求 $\displaystyle\int \frac{dx}{x\sqrt{x-1}}$ 。

解　由於根式中是一次函數，所以應該考慮 $\sqrt{a+bu}$ 的形式。

$$\int \frac{du}{u\sqrt{a+bu}} = \frac{2}{\sqrt{-a}} \arctan \sqrt{\frac{a+bu}{-a}} + C \qquad 公式\ 17\ (a<0)$$

令 $a=-1$，$b=1$，和 $u=x$，則有 $du=dx$。我們可以直接得出

$$\int \frac{dx}{x\sqrt{x-1}} = 2\arctan\sqrt{x-1} + C$$

深入探索

例 1 求積分時，如果使用附錄 C 的積分表，令

$$u = \sqrt{x-1}$$

代入的話，會得到

$$\int \frac{dx}{x\sqrt{x-1}} = \int \frac{2\,du}{u^2+1}$$

如此得出的答案與例 1 中所得的答案一樣嗎？

例 2　使用積分表

求 $\displaystyle\int x\sqrt{x^4-9}\,dx$ 。

解　由於根式函數的部分形如 $\sqrt{u^2-a^2}$，應該考慮公式 26。

$$\int \sqrt{u^2-a^2}\,du = \frac{1}{2}\left(u\sqrt{u^2-a^2} - a^2\ln\left|u+\sqrt{u^2-a^2}\right|\right) + C$$

令 $u = x^2$，$a = 3$，則有 $du = 2x\, dx$，因此

$$\int x\sqrt{x^4 - 9}\, dx = \frac{1}{2}\int \sqrt{(x^2)^2 - 3^2}\,(2x)\, dx$$

$$= \frac{1}{4}\left(x^2\sqrt{x^4 - 9} - 9\ln|x^2 + \sqrt{x^4 - 9}|\right) + C \qquad \blacksquare$$

例 3 | 使用積分表

求 $\displaystyle\int_0^2 \frac{x}{1 + e^{-x^2}}\, dx$。

解 涉及到 e^u 的形式，考慮公式 84

$$\int \frac{du}{1 + e^u} = u - \ln(1 + e^u) + C \qquad \text{公式 84}$$

令 $u = -x^2$，則有 $du = -2x\, dx$，因此

$$\int \frac{x}{1 + e^{-x^2}}\, dx = -\frac{1}{2}\int \frac{-2x\, dx}{1 + e^{-x^2}}$$

$$= -\frac{1}{2}\left[-x^2 - \ln(1 + e^{-x^2})\right] + C$$

$$= \frac{1}{2}\left[x^2 + \ln(1 + e^{-x^2})\right] + C$$

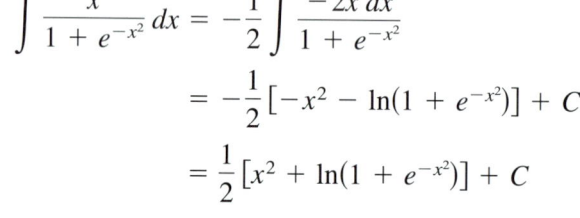

因此，定積分的值

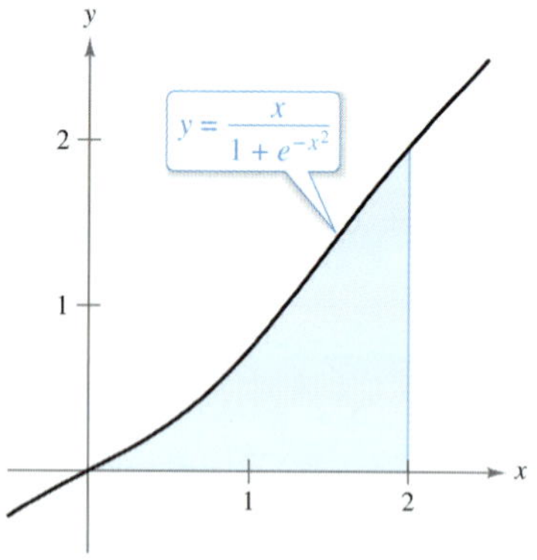

$$\int_0^2 \frac{x}{1 + e^{-x^2}}\, dx = \frac{1}{2}\left[x^2 + \ln(1 + e^{-x^2})\right]_0^2 = \frac{1}{2}\left[4 + \ln(1 + e^{-4}) - \ln 2\right] \approx 1.66$$

圖 5.14 的區域面積之值即為本定積分之值。 $\blacksquare$

圖 5.14

約化公式 | Reduction Formulas

積分表中有一些積分公式的形式，如 $\int f(x)\, dx = g(x) + \int h(x)\, dx$，其中 $h(x)$ 的積分比原來 $f(x)$ 的積分要容易。由於這是一個把對 $f(x)$ 求積分轉化成對一個比較簡單的 $h(x)$ 求積分的過程，因此稱為**約化公式**（reduction formulas）。

例 4 | 利用約化公式

求 $\displaystyle\int x^3 \sin x\, dx$。

解 考慮下列三個公式

$$\int u \sin u \, du = \sin u - u \cos u + C \qquad \text{公式 52}$$

$$\int u^n \sin u \, du = -u^n \cos u + n \int u^{n-1} \cos u \, du \qquad \text{公式 54}$$

$$\int u^n \cos u \, du = u^n \sin u - n \int u^{n-1} \sin u \, du \qquad \text{公式 55}$$

依序套用公式 54、公式 55 及公式 52 可得

$$\int x^3 \sin x \, dx = -x^3 \cos x + 3 \int x^2 \cos x \, dx$$

$$= -x^3 \cos x + 3 \left(x^2 \sin x - 2 \int x \sin x \, dx \right)$$

$$= -x^3 \cos x + 3x^2 \sin x + 6x \cos x - 6 \sin x + C$$

例 5　利用約化公式

求 $\displaystyle\int \frac{\sqrt{3-5x}}{2x} \, dx$。

解　考慮下列兩個公式。

$$\int \frac{du}{u\sqrt{a+bu}} = \frac{1}{\sqrt{a}} \ln \left| \frac{\sqrt{a+bu} - \sqrt{a}}{\sqrt{a+bu} + \sqrt{a}} \right| + C \qquad \text{公式 17 } (a>0)$$

$$\int \frac{\sqrt{a+bu}}{u} \, du = 2\sqrt{a+bu} + a \int \frac{du}{u\sqrt{a+bu}} \qquad \text{公式 19}$$

利用公式 19，令 $a = 3$，$b = -5$ 和 $u = x$ 得出

$$\frac{1}{2} \int \frac{\sqrt{3-5x}}{x} \, dx = \frac{1}{2} \left(2\sqrt{3-5x} + 3 \int \frac{dx}{x\sqrt{3-5x}} \right)$$

$$= \sqrt{3-5x} + \frac{3}{2} \int \frac{dx}{x\sqrt{3-5x}}$$

再利用公式 17，令 $a = 3$，$b = -5$ 和 $u = x$ 得出

$$\int \frac{\sqrt{3-5x}}{2x} \, dx = \sqrt{3-5x} + \frac{3}{2} \left(\frac{1}{\sqrt{3}} \ln \left| \frac{\sqrt{3-5x} - \sqrt{3}}{\sqrt{3-5x} + \sqrt{3}} \right| \right) + C$$

$$= \sqrt{3-5x} + \frac{\sqrt{3}}{2} \ln \left| \frac{\sqrt{3-5x} - \sqrt{3}}{\sqrt{3-5x} + \sqrt{3}} \right| + C$$

註：有時乍看之下，答案不同，但其實經過化簡後，就可知兩者是相同的，如

$$\frac{1}{3}\sqrt{3-5x}\sqrt{3} = \sqrt{1 - \frac{5x}{3}}$$

習題 5.6

習題 1～2，使用積分表中涉及到 $a + bu$ 形式的積分公式，求下列積分。

1. $\displaystyle\int \frac{x^2}{5 + x} dx$

2. $\displaystyle\int \frac{2}{x^2(4 + 3x)^2} dx$

習題 3～4，使用積分表中涉及到 $\sqrt{a^2 - u^2}$ 形式的積分公式，求下列積分。

3. $\displaystyle\int \frac{1}{x^2\sqrt{1 - x^2}} dx$

4. $\displaystyle\int \frac{\sqrt{64 - x^4}}{x} dx$

習題 5～6，使用積分表中涉及到三角函數的積分公式，求下列積分。

5. $\displaystyle\int \cos^4 3x \, dx$

6. $\displaystyle\int \frac{1}{1 + \cot 4x} dx$

習題 7～8，使用積分表中涉及到 e^u 形式的積分公式，求下列積分。

7. $\displaystyle\int \frac{1}{1 + e^{2x}} dx$

8. $\displaystyle\int e^{-4x} \sin 3x \, dx$

習題 9～10，使用積分表中涉及到 $\ln u$ 形式的積分公式，求下列積分。

9. $\displaystyle\int x^6 \ln x \, dx$

10. $\displaystyle\int (\ln x)^3 \, dx$

習題 11～15，使用積分表求下列各題的不定積分。

★ 11. $\displaystyle\int x \operatorname{arccsc}(x^2 + 1) \, dx$

★ 12. $\displaystyle\int \frac{2}{x^3\sqrt{x^4 - 1}} dx$

★ 13. $\displaystyle\int \frac{1}{x^2 + 4x + 8} dx$

★ 14. $\displaystyle\int \sqrt{\frac{5 - x}{5 + x}} dx$

★ 15. $\displaystyle\int \frac{e^{3x}}{(1 + e^x)^3} dx$

註：標誌 ★ 表示稍難題目。

5.7 瑕積分　Improper Integrals

◆ 求上（下）限是無窮大的瑕積分[註]。
◆ 求函數有無窮大極限的瑕積分。

上（下）限是無窮大的瑕積分
Improper Integrals with Infinite Limits of Integration

定義定積分 $\int_a^b f(x)\,dx$ 的時候，區間 $[a, b]$ 必須是有限長度，並且用以計算定積分的微積分基本定理也要求 f 在 $[a, b]$ 上連續。在本節中，我們將討論不滿足上述條件的情形──不滿足的原因是積分的上或下限是無窮大，或者 f 在區間 $[a, b]$ 上有有限多個極限是無窮大的不連續點。這一類的積分稱為**瑕積分**（improper integrals）。值得注意的是，如果從 c 的左或右有

$$\lim_{x \to c} f(x) = \infty \quad 或 \quad \lim_{x \to c} f(x) = -\infty$$

的情形，我們就稱 f 在 c 點極限是**無窮大的不連續**（infinite discontinuity）。

考慮下列的積分

$$\int_1^b \frac{dx}{x^2} = -\frac{1}{x}\Big]_1^b = -\frac{1}{b} + 1 = 1 - \frac{1}{b}$$

積分可以看成是圖 5.15 中陰影部分的面積，如果令 $b \to \infty$，上述積分得到

$$\int_1^\infty \frac{dx}{x^2} = \lim_{b \to \infty} \left(\int_1^b \frac{dx}{x^2}\right) = \lim_{b \to \infty} \left(1 - \frac{1}{b}\right) = 1$$

這樣的一個瑕積分可以看成是圖形 $f(x) = 1/x^2$ 和 x 軸之間，在 $x = 1$ 右邊一直到無窮遠的無界區域的面積。

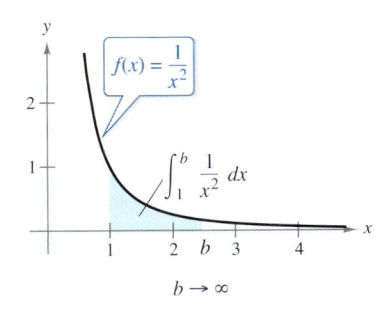

圖5.15　無界區域的面積是 1。

註：此處無窮大的用法經常指正、負無窮大。瑕積分也稱為廣義積分。

定義上（下）限是無窮大的瑕積分

1. 如果 f 在區間 $[a, \infty)$ 上連續，則
$$\int_a^\infty f(x)\,dx = \lim_{b\to\infty} \int_a^b f(x)\,dx$$

2. 如果 f 在區間 $(-\infty, b]$ 上連續，則
$$\int_{-\infty}^b f(x)\,dx = \lim_{a\to-\infty} \int_a^b f(x)\,dx$$

3. 如果 f 在區間 $(-\infty, \infty)$ 上連續，則
$$\int_{-\infty}^\infty f(x)\,dx = \int_{-\infty}^c f(x)\,dx + \int_c^\infty f(x)\,dx$$

其中 c 是任意數。
在前兩個情形，如果極限存在，我們就稱此瑕積分**收斂**（converges），反之，我們稱此瑕積分**發散**（diverges）。在第三種情形，如果右端有一個瑕積分發散的話，我們就稱左邊的瑕積分發散。

例 1 發散的瑕積分

求 $\displaystyle\int_1^\infty \frac{dx}{x}$。

解

$$\begin{aligned}
\int_1^\infty \frac{dx}{x} &= \lim_{b\to\infty} \int_1^b \frac{dx}{x} &&\text{$b \to \infty$ 求極限}\\
&= \lim_{b\to\infty} \Big[\ln x\Big]_1^b &&\text{對數規則}\\
&= \lim_{b\to\infty} (\ln b - 0) &&\text{微積分基本定理}\\
&= \infty &&\text{求極限}
\end{aligned}$$

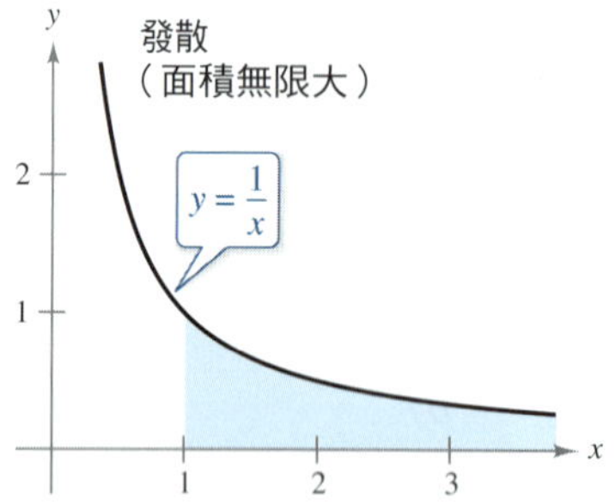

此極限不存在。因此，結論是此瑕積分發散，見圖5.16。

圖 5.16 此一無界區域的面積無限。（發散（面積無限大），$y=\frac{1}{x}$）

比較圖 5.15 和圖 5.16，這兩個區域形狀類似，不過圖 5.15 中的面積有限，而圖 5.16 中的面積無限。

例 2 收斂的瑕積分

求下列各題的瑕積分。

a. $\displaystyle\int_0^\infty e^{-x}\,dx$ **b.** $\displaystyle\int_0^\infty \frac{1}{x^2+1}\,dx$

解

a. $\displaystyle\int_0^\infty e^{-x}\,dx = \lim_{b\to\infty}\int_0^b e^{-x}\,dx$
$\qquad\qquad = \lim_{b\to\infty}\left[-e^{-x}\right]_0^b$
$\qquad\qquad = \lim_{b\to\infty}(-e^{-b}+1)$
$\qquad\qquad = 1$

（見圖 5.17）

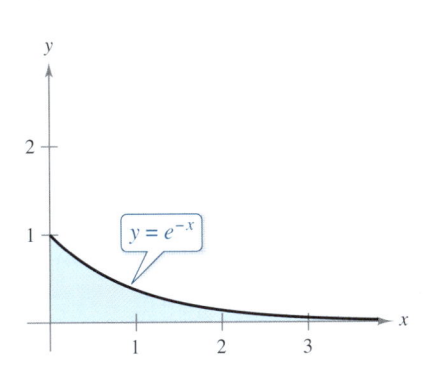

b. $\displaystyle\int_0^\infty \frac{1}{x^2+1}\,dx = \lim_{b\to\infty}\int_0^b \frac{1}{x^2+1}\,dx$
$\qquad\qquad = \lim_{b\to\infty}\left[\arctan x\right]_0^b$
$\qquad\qquad = \lim_{b\to\infty}\arctan b$
$\qquad\qquad = \dfrac{\pi}{2}$

（見圖 5.18）

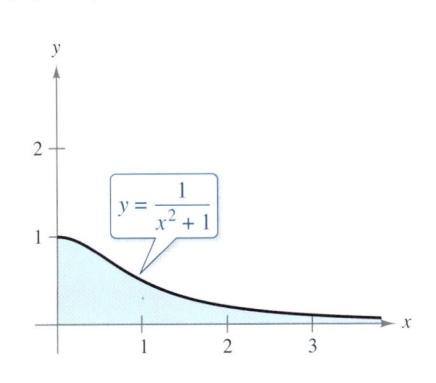

圖 5.17　無界區域的面積是 1。

圖 5.18　無界區域的面積是 $\pi/2$。

注意在下面的例子中，如何使用羅必達規則求瑕積分。

例 3　羅必達規則求瑕積分

求 $\displaystyle\int_1^\infty (1-x)e^{-x}\,dx$ 。

解　以分部積分法，令 $dv = e^{-x}\,dx$ 和 $u = (1-x)$。

$$\int (1-x)e^{-x}\,dx = -e^{-x}(1-x) - \int e^{-x}\,dx$$
$$= -e^{-x} + xe^{-x} + e^{-x} + C$$
$$= xe^{-x} + C$$

應用瑕積分的定義

$$\int_1^\infty (1-x)e^{-x}\,dx = \lim_{b\to\infty}\left[xe^{-x}\right]_1^b$$
$$= \lim_{b\to\infty}\left(\frac{b}{e^b} - \frac{1}{e}\right)$$
$$= \lim_{b\to\infty}\frac{b}{e^b} - \lim_{b\to\infty}\frac{1}{e}$$

右式先以羅必達規則求極限，得到

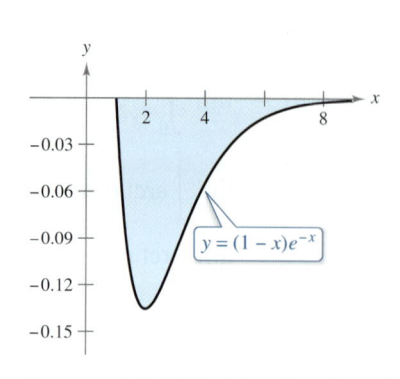

圖 5.19　此無界區域的面積是 $|-1/e|$。

$$\lim_{b\to\infty}\frac{b}{e^b}=\lim_{b\to\infty}\frac{1}{e^b}=0$$

結果是

$$\int_1^\infty (1-x)e^{-x}\,dx = \lim_{b\to\infty}\frac{b}{e^b}-\frac{1}{e}$$
$$= 0-\frac{1}{e}$$
$$= -\frac{1}{e} \qquad (見圖 5.19)$$

例 4　積分的上下界都是無窮

求 $\displaystyle\int_{-\infty}^{\infty}\frac{e^x}{1+e^{2x}}\,dx$。

解　被積函數在整條實數線 $(-\infty,\infty)$ 上連續。要求此瑕積分，必須先將積分拆成兩部分，為方便起見，令 $c=0$。

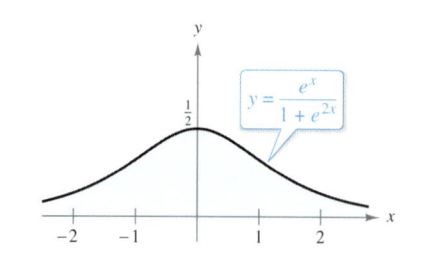

$$\int_{-\infty}^{\infty}\frac{e^x}{1+e^{2x}}\,dx = \int_{-\infty}^{0}\frac{e^x}{1+e^{2x}}\,dx + \int_{0}^{\infty}\frac{e^x}{1+e^{2x}}\,dx$$
$$= \lim_{b\to -\infty}\Big[\arctan e^x\Big]_b^0 + \lim_{b\to\infty}\Big[\arctan e^x\Big]_0^b$$
$$= \lim_{b\to -\infty}\left(\frac{\pi}{4}-\arctan e^b\right) + \lim_{b\to\infty}\left(\arctan e^b-\frac{\pi}{4}\right)$$
$$= \frac{\pi}{4}-0+\frac{\pi}{2}-\frac{\pi}{4}$$
$$= \frac{\pi}{2} \qquad (見圖 5.20)$$

圖 5.20　此無界區域的面積是 $\dfrac{\pi}{2}$。

函數有無窮大極限的瑕積分
Improper Integrals with Infinite Discontinuities

第二類瑕積分是在積分的上（下）限，或上下限之間有極限為無窮大的非連續點。

有無窮大極限之瑕積分的定義

1. 如果 f 在區間 $[a,b)$ 連續，並且在 b 點的左極限是無窮大，則

$$\int_a^b f(x)\,dx = \lim_{c\to b^-}\int_a^c f(x)\,dx$$

2. 如果 f 在區間 $(a, b]$ 連續,並且在 a 點的右極限是無窮大,則
$$\int_a^b f(x)\, dx = \lim_{c \to a^+} \int_c^b f(x)\, dx$$

3. 如果 f 只除了 (a, b) 中的一點 c 外,在區間 $[a, b]$ 上連續,並且 f 在 c 有無窮大的極限(左或右)則
$$\int_a^b f(x)\, dx = \int_a^c f(x)\, dx + \int_c^b f(x)\, dx$$

在前兩種情形,如果積分的極限存在,我們就稱此瑕積分**收斂**(converges),反之我們稱此瑕積分**發散**(diverges);在第三種情形,如果右端有一個瑕積分發散的話,我們就稱左邊的瑕積分發散。

例 5 函數有無窮大極限的瑕積分

求 $\displaystyle\int_0^1 \frac{dx}{\sqrt[3]{x}}$。

解 被積分函數在 $x = 0$ 的右極限是 ∞,如圖 5.21 所示。我們可以計算如下:
$$\int_0^1 x^{-1/3}\, dx = \lim_{b \to 0^+} \left[\frac{x^{2/3}}{2/3}\right]_b^1 = \lim_{b \to 0^+} \frac{3}{2}(1 - b^{2/3}) = \frac{3}{2}$$

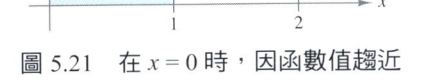

圖 5.21 在 $x = 0$ 時,因函數值趨近於無窮而不連續。

例 6 發散的瑕積分

求 $\displaystyle\int_0^2 \frac{dx}{x^3}$。

解 由於被積分函數在 $x = 0$ 的右極限是 ∞,因此可以計算如下
$$\int_0^2 \frac{dx}{x^3} = \lim_{b \to 0^+} \left[-\frac{1}{2x^2}\right]_b^2 = \lim_{b \to 0^+} \left(-\frac{1}{8} + \frac{1}{2b^2}\right) = \infty$$

結論是瑕積分發散。

例 7 區間內部不連續的瑕積分

求 $\displaystyle\int_{-1}^2 \frac{dx}{x^3}$。

解 不連續的點在 $x = 0$,如圖 5.22 所示。我們必須將積分寫成兩個部分。

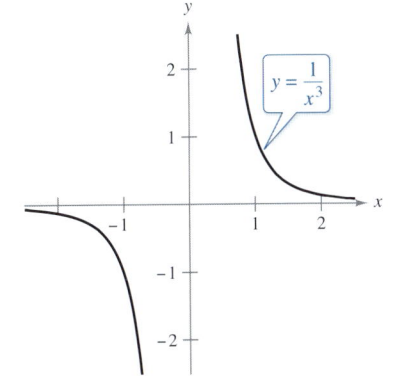

圖 5.22 瑕積分 $\displaystyle\int_{-1}^2 \frac{dx}{x^3}$ 發散。

$$\int_{-1}^{2} \frac{dx}{x^3} = \int_{-1}^{0} \frac{dx}{x^3} + \int_{0}^{2} \frac{dx}{x^3}$$

從例題 6，我們知道右邊第二個積分發散。因此，原來所求的瑕積分也發散。

請記住一定要找出區間內部的不連續點來處理瑕積分，如果忽略了這個步驟，就會得到下面錯誤的結果。

$$\int_{-1}^{2} \frac{dx}{x^3} = \frac{-1}{2x^2}\Big]_{-1}^{2} = -\frac{1}{8} + \frac{1}{2} = \frac{3}{8} \quad \text{等式有誤}$$

下面的例子是瑕積分的原因有以下兩個。積分上限是無窮大，並且被積分函數在下限又有無窮大的右極限。

例 8　雙重瑕積分

求 $\int_{0}^{\infty} \frac{dx}{\sqrt{x}(x+1)}$。

解　我們可以任選一點（例如 $x=1$），將積分分成兩部分計算。

$$\int_{0}^{\infty} \frac{dx}{\sqrt{x}(x+1)} = \int_{0}^{1} \frac{dx}{\sqrt{x}(x+1)} + \int_{1}^{\infty} \frac{dx}{\sqrt{x}(x+1)}$$

$$= \lim_{b \to 0^+} \left[2 \arctan \sqrt{x}\right]_{b}^{1} + \lim_{c \to \infty} \left[2 \arctan \sqrt{x}\right]_{1}^{c}$$

$$= \lim_{b \to 0^+} (2 \arctan 1 - 2 \arctan \sqrt{b}) + \lim_{c \to \infty} (2 \arctan \sqrt{c} - 2 \arctan 1)$$

$$= 2\left(\frac{\pi}{4}\right) - 0 + 2\left(\frac{\pi}{2}\right) - 2\left(\frac{\pi}{4}\right) = \pi$$

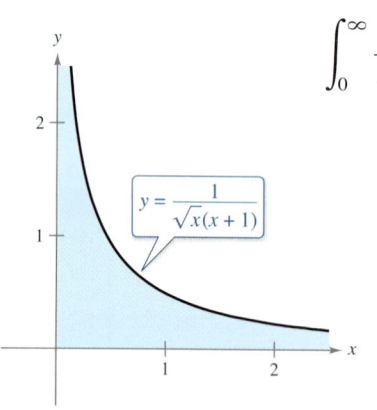

圖 5.23　此無界區域的面積是 π。

本節最後提出一個關於判斷瑕積分收斂或發散非常有用的定理。此定理在 7.2 節也會用到。

定理 5.7　特殊類型的瑕積分

$$\int_{1}^{\infty} \frac{dx}{x^p} = \begin{cases} \dfrac{1}{p-1}, & \text{如果 } p > 1 \\ \text{發散}, & \text{如果 } p \leq 1 \end{cases}$$

習題 5.7

習題 1～3，判斷下列各積分是否為瑕積分。

1. $\int_0^1 \dfrac{dx}{5x-3}$
2. $\int_0^2 e^{-x}\,dx$
3. $\int_{-\infty}^{\infty} \dfrac{\sin x}{4+x^2}\,dx$

習題 4～5，解釋下列為何是瑕積分，並判斷是否收斂。如果收斂的話，請求出積分值。

4. $\int_3^4 \dfrac{1}{(x-3)^{3/2}}\,dx$

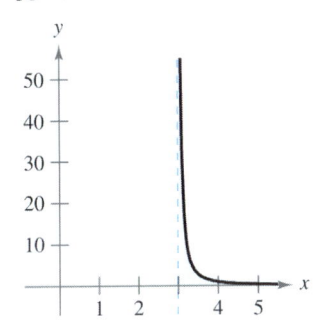

5. $\int_0^2 \dfrac{1}{(x-1)^2}\,dx$

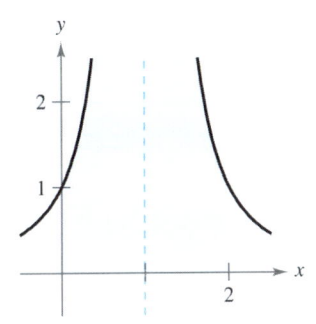

習題 6～11，判斷下列各瑕積分是否收斂。如果收斂的話，求出積分值。

6. $\int_1^{\infty} \dfrac{1}{x^3}\,dx$
7. $\int_1^{\infty} \dfrac{3}{\sqrt[3]{x}}\,dx$
8. $\int_{-\infty}^{0} xe^{-4x}\,dx$
9. $\int_4^{\infty} \dfrac{1}{x(\ln x)^3}\,dx$
10. $\int_1^{\infty} \dfrac{\ln x}{x}\,dx$
11. $\int_0^{\infty} \sin \dfrac{x}{2}\,dx$

習題 12～15，判斷下列瑕積分是否收斂。如果收斂的話，求其積分值。

12. $\int_0^5 \dfrac{10}{x}\,dx$
13. $\int_0^2 \dfrac{1}{\sqrt[3]{x-1}}\,dx$
★ 14. $\int_0^1 x \ln x\,dx$
★ 15. $\int_1^{\infty} \dfrac{1}{x \ln x}\,dx$

習題 16～17，決定 p 值，使得下列瑕積分收斂。

★ 16. $\int_1^{\infty} \dfrac{1}{x^p}\,dx$
★ 17. $\int_0^1 \dfrac{1}{x^p}\,dx$

習題 18～19，求下列陰影部分面積。

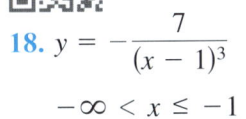

18. $y = -\dfrac{7}{(x-1)^3}$
   $-\infty < x \leq -1$

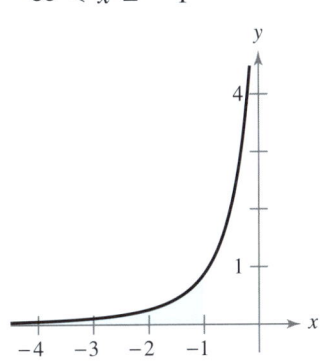

★ 19. $y = \dfrac{1}{x^2+1}$

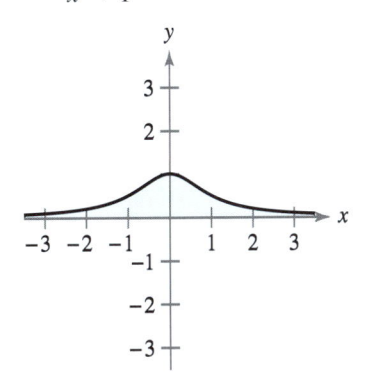

註：標誌 ★ 表示稍難題目。

本章習題

習題 1～2，利用基本積分規則求下列積分。

1. $\int x^2 \sqrt{x^3 - 27}\, dx$

2. $\int_1^e \frac{\ln(2x)}{x}\, dx$

習題 3～4，用分部積分法求下列積分。

★ **3.** $\int x\, e^{1-x}\, dx$

★ **4.** $\int e^{2x} \sin 3x\, dx$

習題 5～6，用三角函數的積分求下列積分。

5. $\int \sin x \cos^4 x\, dx$

★ **6.** $\int \tan \theta \sec^4 \theta\, d\theta$

★ **7.** 求陰影部分的面積。

$y = \sin^4 x$

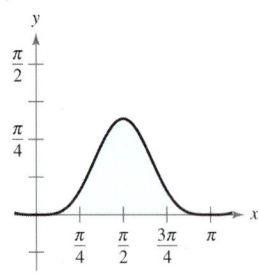

◎ **8.** 用三角代換法求 $\int \frac{-12}{x^2 \sqrt{4 - x^2}}\, dx$。

9. 用下列指定的方法求 $\int \frac{x^3}{\sqrt{4 + x^2}}\, dx$

 ◎ (a) 用三角代換法

 (b) 用代換法 $u^2 = 4 + x^2$

 (c) 用分部積分法 $dv = \frac{x}{\sqrt{4 + x^2}}\, dx$

習題 10～12，用部分分式法求下列不定積分。

10. $\int \frac{x - 8}{x^2 - x - 6}\, dx$

★ **11.** $\int \frac{x^2 + 2x}{x^3 - x^2 + x - 1}\, dx$

12. $\int \frac{x^2}{x^2 - 2x + 1}\, dx$

◎ **13.** 令 $n = 4$，分別用梯形法與辛普森法求 $\int_2^3 \frac{2}{1 + x^2}\, dx$ 的近似值。

14. 用積分表求 $\int \frac{x}{x^2 + 4x + 8}\, dx$。

習題 15～18，求下列定積分。

15. $\int_0^1 \frac{x}{(x - 2)(x - 4)}\, dx$

16. $\int_1^4 \frac{\ln x}{x}\, dx$

17. $\int_0^2 xe^{3x}\, dx$

18. $\int_0^5 \frac{x}{\sqrt{4 + x}}\, dx$

習題 19～21，判斷下列瑕積分是否收斂。如果收斂的話，求出積分值。

19. $\int_0^{16} \frac{1}{\sqrt[4]{x}}\, dx$

★ **20.** $\int_0^\infty \frac{e^{-1/x}}{x^2}\, dx$

21. $\int_1^\infty \frac{1}{\sqrt[4]{x}}\, dx$

註：標誌 ◎ 為選材題目。
　　標誌 ★ 表示稍難題目。

6 積分的應用
Applications of Integration

6.1 兩曲線之間區域的面積　Area of a Region Between Two Curves

- 以積分求兩曲線之間區域的面積。
- 以積分求相交曲線之間區域的面積。
- 理解積分是一個累積的過程。

兩曲線之間區域的面積
Area of a Region Between Two Curves

不論是求在區間上曲線下覆蓋的面積，或是求兩曲線之間的面積，只需要將定積分的應用略加調整即可。如圖 6.1 考慮在區間 $[a, b]$ 上的兩個連續函數 $f(x)$ 和 $g(x)$，如果 f 和 g 的圖形都在 x 軸的上方，並且 g 的圖形完全落在 f 圖形的下方，從幾何的角度看來，f 和 g 圖形之間的面積就是從圖形 f 所覆蓋的面積扣掉圖形 g 所覆蓋的面積，如圖 6.2 所示。

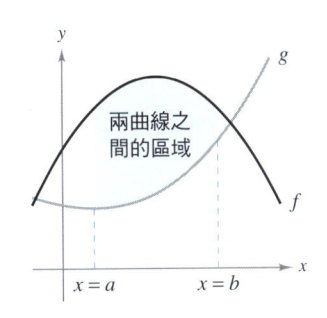

圖 6.1

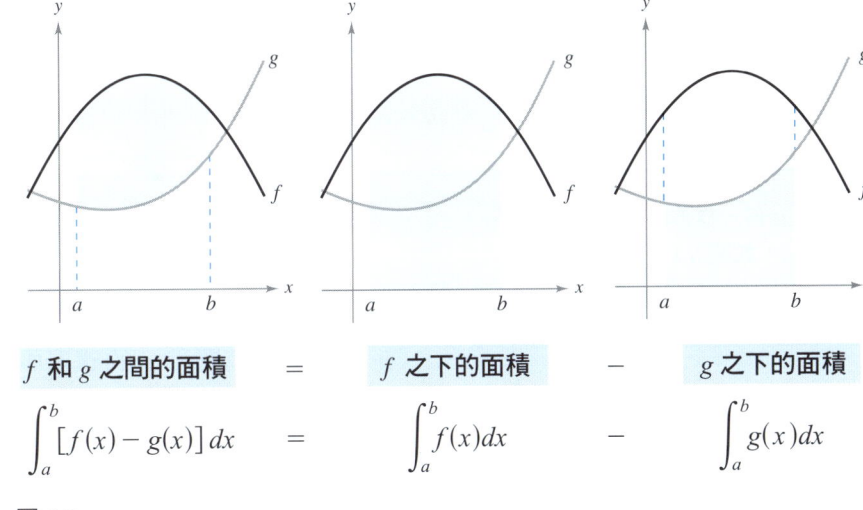

f 和 g 之間的面積	=	f 之下的面積	−	g 之下的面積
$\int_a^b [f(x) - g(x)]\,dx$	=	$\int_a^b f(x)\,dx$	−	$\int_a^b g(x)\,dx$

圖 6.2

如果要驗證圖 6.2 所示結論的合理性，我們可以將 $[a, b]$ 分割成 n 個子區間，每一個的寬度都是 Δx。然後，如圖 6.3 所示，畫一個**樣本長方形**（representative rectangle），寬 Δx，高 $f(x_i) - g(x_i)$，其中 x_i 落在第 i 個子區間中。這個樣本長方形的面積是

$$\Delta A_i = (\text{高})(\text{寬}) = [f(x_i) - g(x_i)]\Delta x$$

將這 n 個長方形的面積加在一起，令 $\|\Delta\| \to 0$（$n \to \infty$）取極限，就會得到

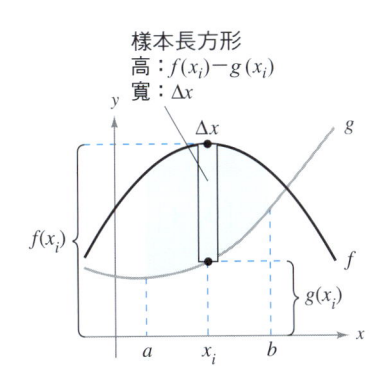

圖 6.3

$$\lim_{n\to\infty} \sum_{i=1}^{n} [f(x_i) - g(x_i)]\Delta x$$

由於 f 和 g 在區間 $[a, b]$ 上連續，$f - g$ 在區間 $[a, b]$ 上也連續，因此上述極限存在，所以該區域的面積是

$$面積 = \lim_{n\to\infty} \sum_{i=1}^{n} [f(x_i) - g(x_i)]\Delta x = \int_a^b [f(x) - g(x)]\, dx$$

兩曲線之間區域的面積

如果 f 和 g 在區間 $[a, b]$ 上均連續，並且在此區間上，恆有 $g(x) \leq f(x)$，則以 f 的圖形、g 的圖形，以及鉛直線 $x = a$ 和 $x = b$ 為界的區域面積是

$$A = \int_a^b [f(x) - g(x)]\, dx$$

在圖 6.1 中，f 和 g 的圖形都在 x 軸的上方，這一點並不重要，重要的反而是 f 和 g 都是連續函數，並且在區間 $[a, b]$ 上 $g(x) \leq f(x)$ 恆成立。如此就可以對 $f(x) - g(x)$ 積分來求面積，請見圖 6.4。

注意 不論 f 圖形和 g 圖形與 x 軸的相對位置為何，樣本長方形的高都是 $f(x) - g(x)$，如圖 6.4 所示。

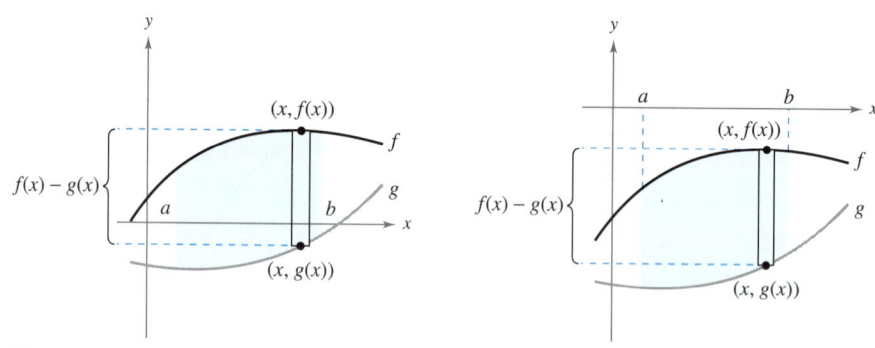

圖 6.4

在本章後續有關積分的應用中，會不斷使用樣本長方形的概念或圖示，一個鉛直的長方形（寬度 Δx）代表對 x 方向的積分，而一個水平的長方形（寬度 Δy）代表對 y 方向的積分。

例 1　求兩曲線之間區域的面積

求以圖形 $y = x^2 + 2$、$y = -x$、$x = 0$ 與 $x = 1$ 為邊界的區域面積。

解　令 $g(x) = -x$，$f(x) = x^2 + 2$，則在區間 $[0, 1]$ 上，恆有 $g(x) \leq f(x)$，如圖 6.5 所示。

圖中樣本長方形的面積是

$$\Delta A = [f(x) - g(x)]\Delta x = [(x^2 + 2) - (-x)]\Delta x$$

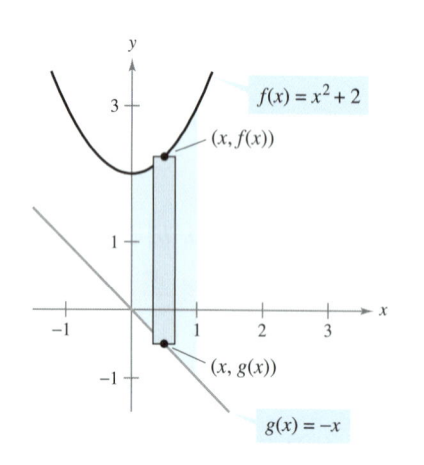

圖 6.5　以 f 的圖形、g 的圖形、$x = 0$ 與 $x = 1$ 為邊界的區域。

因此，區域的面積是

$$A = \int_a^b [f(x) - g(x)]\, dx = \int_0^1 [(x^2 + 2) - (-x)]\, dx$$
$$= \left[\frac{x^3}{3} + \frac{x^2}{2} + 2x\right]_0^1$$
$$= \frac{1}{3} + \frac{1}{2} + 2 = \frac{17}{6}$$

兩相交曲線之間區域的面積
Area of a Region Between Intersecting Curves

在例 1 中，$f(x) = x^2 + 2$ 和 $g(x) = -x$ 的圖形不相交，積分的上、下限 a 和 b 也都事先給定。但更一般的問題涉及兩相交曲線之間區域的面積，此時相關的 a、b 值要另外計算。

例2 兩相交圖形之間的區域

求以圖形 $f(x) = 2 - x^2$ 和圖形 $g(x) = x$ 為邊界的區域面積。

解 在圖 6.6 中，注意到圖形 f 和圖形 g 有兩個交點，我們令 $f(x)$ 和 $g(x)$ 相等來解出交點的 x 坐標。

$$\begin{aligned} 2 - x^2 &= x & &\text{令 } f(x) \text{ 等於 } g(x) \\ -x^2 - x + 2 &= 0 & &\text{移項} \\ -(x + 2)(x - 1) &= 0 & &\text{分解因式} \\ x &= -2 \text{ 或 } 1 & &\text{解 } x \end{aligned}$$

所以 $a = -2$，而 $b = 1$，又因在區間 $[-2, 1]$ 上 $g(x) \leq f(x)$ 恆成立，圖中的樣本長方形面積是

$$\Delta A = [f(x) - g(x)]\Delta x = [(2 - x^2) - x]\Delta x$$

因而區域的面積是

$$A = \int_{-2}^1 [(2 - x^2) - x]\, dx = \left[-\frac{x^3}{3} - \frac{x^2}{2} + 2x\right]_{-2}^1 = \frac{9}{2}$$

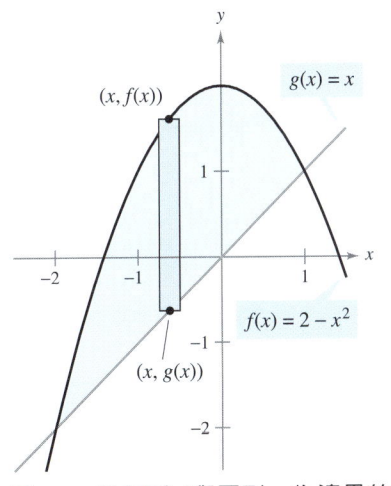

圖 6.6 以圖形 f 與圖形 g 為邊界的區域。

例3 兩相交圖形之間的區域

正弦曲線和餘弦曲線相交無窮多次，圍出的區域面積都相等，如圖 6.7 所示，請求單一圍出區域的面積。

解 令 $g(x) = \cos x$ 且 $f(x) = \sin x$，則在圖 6.7 的陰影區域對應的區間上，$g(x) \leq f(x)$。先求與函數圖的交點，令 $f(x) = g(x)$，解 x。

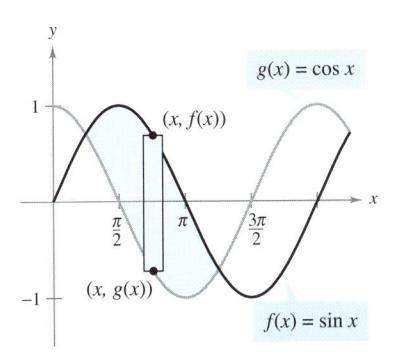

圖 6.7 正弦曲線和餘弦曲線圍出的區域之一。

$$\sin x = \cos x \qquad \text{令 } f(x) \text{ 等於 } g(x)$$

$$\frac{\sin x}{\cos x} = 1 \qquad \text{左，右除以 } \cos x$$

$$\tan x = 1 \qquad \text{三角方程式}$$

$$x = \frac{\pi}{4} \text{ 或 } \frac{5\pi}{4}, \quad 0 \le x \le 2\pi \qquad \text{解 } x$$

所以 $a = \pi/4$，並且 $b = 5\pi/4$，又因在區間 $[\pi/4, 5\pi/4]$ 上，恆有 $\sin x \ge \cos x$，所求區域的面積是

$$A = \int_{\pi/4}^{5\pi/4} [\sin x - \cos x]\, dx = \Big[-\cos x - \sin x\Big]_{\pi/4}^{5\pi/4}$$
$$= 2\sqrt{2}$$

如果兩條曲線的交點多過兩點，那麼就要找出所有的交點，並且觀察在兩個相鄰的交點之間，哪一條曲線在另一條曲線的上方，如例 4。

例 4　交點數多於兩點的情形

求介於圖形 $f(x) = 3x^3 - x^2 - 10x$ 和圖形 $g(x) = -x^2 + 2x$ 之間的區域面積。

解　先令 $f(x)$ 和 $g(x)$ 相等以求交點的橫坐標。

$$3x^3 - x^2 - 10x = -x^2 + 2x \qquad \text{令 } f(x) \text{ 等於 } g(x)$$
$$3x^3 - 12x = 0 \qquad \text{移項至左邊}$$
$$3x(x^2 - 4) = 0 \qquad \text{分解因式}$$
$$x = -2, 0, 2 \qquad \text{解 } x$$

所以，兩圖形在 $x = -2$，0 和 2 時相交。圖 6.8 中，在區間 $[-2, 0]$ 上，$g(x) \le f(x)$，但是經過原點後，上下易位，在區間 $[0, 2]$ 上，$f(x) \le g(x)$，因此我們要作兩次積分，一次在區間 $[-2, 0]$ 上，另一次在區間 $[0, 2]$ 上。

$$A = \int_{-2}^{0} [f(x) - g(x)]\, dx + \int_{0}^{2} [g(x) - f(x)]\, dx$$
$$= \int_{-2}^{0} (3x^3 - 12x)\, dx + \int_{0}^{2} (-3x^3 + 12x)\, dx$$
$$= \left[\frac{3x^4}{4} - 6x^2\right]_{-2}^{0} + \left[\frac{-3x^4}{4} + 6x^2\right]_{0}^{2}$$
$$= -(12 - 24) + (-12 + 24) = 24$$

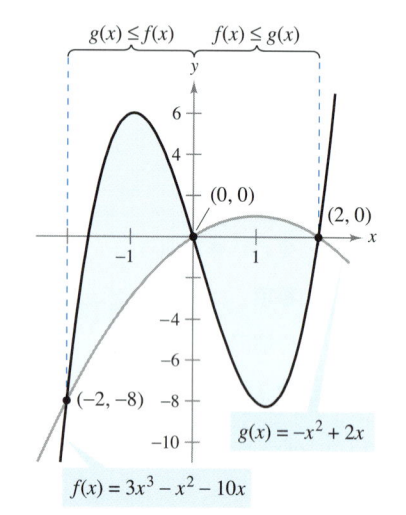

圖 6.8　在區間 $[-2, 0]$ 上 $g(x) \le f(x)$，但在區間 $[0, 2]$ 上 $f(x) \le g(x)$。

注意　在例 4 中如果從 -2 直接積到 2，就會得到

$$\int_{-2}^{2} [f(x) - g(x)]\, dx$$
$$= \int_{-2}^{2} (3x^3 - 12x)\, dx$$
$$= 0$$

如果以一個以 y 自變數的函數圖形是區域的界限，使用水平的樣本長方形來對 y 積分，求面積會比較方便。以下是常用的公式。

$$A = \int_{x_1}^{x_2} \underbrace{[(上方曲線) - (下方曲線)]}_{變數\ x} dx \quad \text{鉛直長方形}$$

或

$$A = \int_{y_1}^{y_2} \underbrace{[(右方曲線) - (左方曲線)]}_{變數\ y} dy \quad \text{水平長方形}$$

式中點 (x_1, y_1) 和點 (x_2, y_2) 可能是相鄰的交點，也可能是以直線為邊界上面的點。

例 5　水平的樣本長方形

求圖形 $x = 3 - y^2$ 和 $x = y + 1$ 之間的區域面積。

解　考慮

$$g(y) = 3 - y^2 \quad 和 \quad f(y) = y + 1$$

這兩條曲線在 $y = -2$ 和 $y = 1$ 時相交，如圖 6.9 所示。由於在區間 $[-2, 1]$ 上，$f(y) \leq g(y)$，所以

$$\Delta A = [g(y) - f(y)] \Delta y = [(3 - y^2) - (y + 1)] \Delta y$$

因此，所求面積為

$$\begin{aligned}
A &= \int_{-2}^{1} [(3 - y^2) - (y + 1)] \, dy \\
&= \int_{-2}^{1} (-y^2 - y + 2) \, dy \\
&= \left[\frac{-y^3}{3} - \frac{y^2}{2} + 2y \right]_{-2}^{1} \\
&= \left(-\frac{1}{3} - \frac{1}{2} + 2 \right) - \left(\frac{8}{3} - 2 - 4 \right) = \frac{9}{2}
\end{aligned}$$

例 5 中，注意到如果是對 y 積分的話，只要積一次；但是如果對 x 積分的話，則需要積兩次，這是因為在 $x = 2$ 時，左側與右側區域的上邊界是兩條不同的曲線，故要先從 $x = -1$ 積到 $x = 2$，再從 $x = 2$ 積到 $x = 3$，兩次積分的函數不同，見圖 6.10。

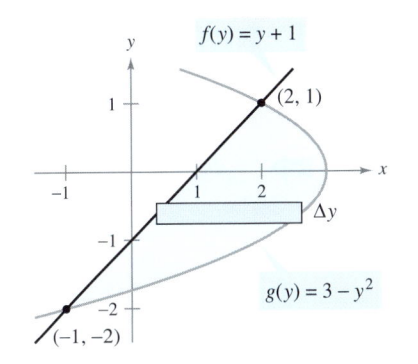

圖 6.9　水平的樣本長方形（對 y 積分）。

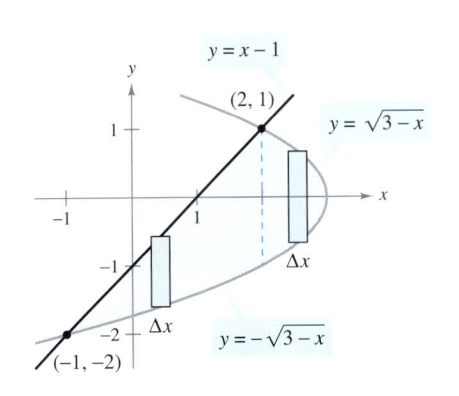

圖 6.10　鉛直的樣本長方形（對 x 積分）。

$$A = \int_{-1}^{2} [(x-1) + \sqrt{3-x}]\, dx + \int_{2}^{3} \left(\sqrt{3-x} + \sqrt{3-x}\right) dx$$

$$= \int_{-1}^{2} [x - 1 + (3-x)^{1/2}]\, dx + 2\int_{2}^{3} (3-x)^{1/2}\, dx$$

$$= \left[\frac{x^2}{2} - x - \frac{(3-x)^{3/2}}{3/2}\right]_{-1}^{2} - 2\left[\frac{(3-x)^{3/2}}{3/2}\right]_{2}^{3}$$

$$= \left(2 - 2 - \frac{2}{3}\right) - \left(\frac{1}{2} + 1 - \frac{16}{3}\right) - 2(0) + 2\left(\frac{2}{3}\right) = \frac{9}{2}$$

積分是一個累積的過程
Integration as an Accumulation Process

在本節中，我們以樣本長方形的想法來寫下介於兩曲線之間面積的積分公式，在往後各節處理應用問題時，我們都會藉著構造恰當的樣本長方形，並且寫下它的長方形面積，再通過一個將這些樣本長方形的面積累積求和的過程寫下積分的公式。

已知長方形面積公式 ➡ 樣本長方形面積 ➡ 新的積分公式

例如，在本節中我們發展積分公式的過程如下

已知長方形面積
$A = (高)(寬)$ ➡ 樣本長方形面積
$\Delta A = [f(x) - g(x)]\Delta x$ ➡ 所求面積
$A = \int_{a}^{b} [f(x) - g(x)]\, dx$

例6 積分是一個累積的過程

求介於圖形 $y = 4 - x^2$ 和 x 軸間的面積，並詳述累積的積分過程。

解 所求區域的面積是

$$A = \int_{-2}^{2} (4 - x^2)\, dx$$

我們可以把積分想像成從 $x = -2$ 慢慢變化到 $x = 2$ 時，帶動相對應的樣本長方形，緩緩掃過區域，圖 6.11 顯示掃過的區域越來越大，從 0 增加到 $\frac{5}{3}$、到 $\frac{16}{3}$、到 9，最後得到 $\frac{32}{3}$。

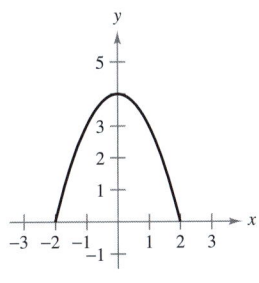

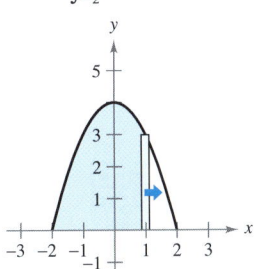

$$A = \int_{-2}^{-2}(4-x^2)\,dx = 0 \qquad A = \int_{-2}^{-1}(4-x^2)\,dx = \frac{5}{3} \qquad A = \int_{-2}^{0}(4-x^2)\,dx = \frac{16}{3}$$

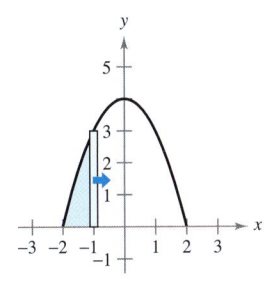

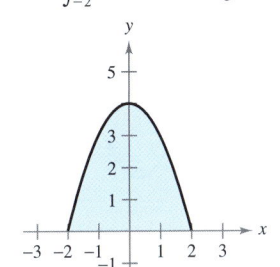

圖 6.11

$$A = \int_{-2}^{1}(4-x^2)\,dx = 9 \qquad A = \int_{-2}^{2}(4-x^2)\,dx = \frac{32}{3}$$

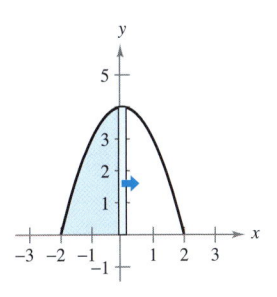

習題 6.1

習題 1～4，將下列圖形 y_1 和 y_2 之間區域的面積以定積分形式表示。

1. $y_1 = x^2 + 2x + 1$
   $y_2 = 2x + 5$

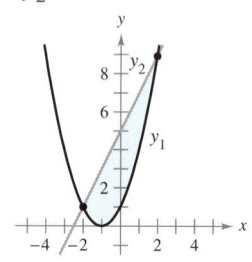

2. $y_1 = x^2 - 4x + 3$
   $y_2 = -x^2 + 2x + 3$

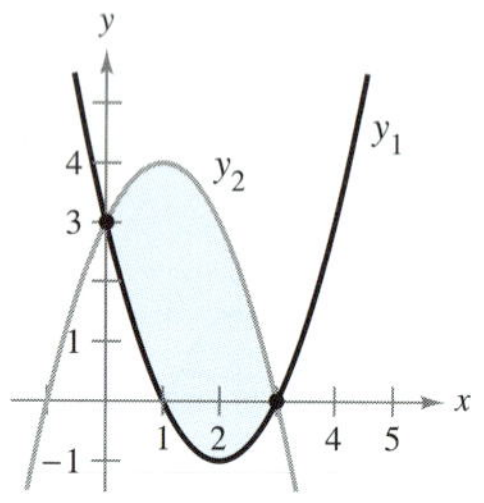

3. $y_1 = x^2$
   $y_2 = x^3$

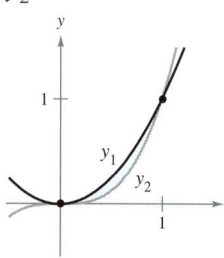

4. $y_1 = (x-1)^3$
   $y_2 = x - 1$

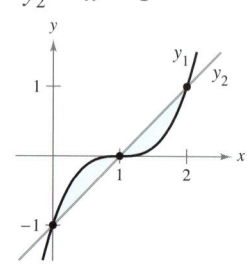

習題 5～6，下列定積分內被積函數為兩函數之差，描繪此兩函數圖形，並將定積分所表示之區域面積以陰影標示。

5. $\int_0^4 \left[(x+1) - \dfrac{x}{2}\right] dx$

★ 6. $\int_{-2}^1 \left[(2-y) - y^2\right] dy$

習題 7～8，求兩曲線圖形圍出的區域面積分別以 (a) 對 x 積分；(b) 對 y 積分；(c) 比較這兩種結果。哪一種方式比較簡單？

7. $x = 4 - y^2$
   $x = y - 2$

8. $y = x^2$
   $y = 6 - x$

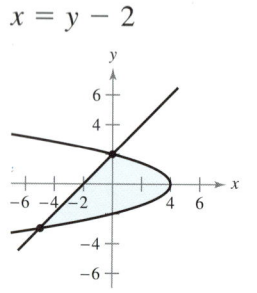

習題7 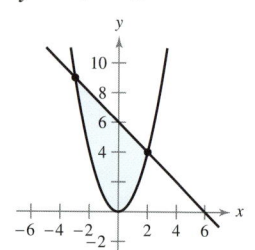   習題8

習題 9～15，畫出下列各題中函數圖形所圍出的區域，並求其面積。

9. $y = x^2 - 1$, $y = -x + 2$, $x = 0$, $x = 1$

10. $f(x) = x^2 + 2x$, $g(x) = x + 2$

11. $f(x) = \dfrac{1}{9x^2}$, $y = 1$, $x = 1$, $x = 2$

★ 12. $f(x) = x^5 + 2$, $g(x) = x + 2$

13. $f(y) = y^2$, $g(y) = y + 2$

14. $f(y) = y^2 + 1$, $g(y) = 0$, $y = -1$, $y = 2$

★ 15. $f(x) = \dfrac{10}{x}$, $x = 0$, $y = 2$, $y = 10$

習題 16～17，畫出下列各題中所圍出的區域，並求其面積。

★ 16. $f(x) = \cos x$, $g(x) = 2 - \cos x$, $0 \leq x \leq 2\pi$

★ 17. $f(x) = xe^{-x^2}$, $y = 0$, $0 \leq x \leq 1$

★ 18. 令 $F(x) = \int_0^x \left(\tfrac{1}{2}t^2 + 2\right) dt$ (1) 求累積函數 F；(2) 求下列函數值 (a) $F(0)$，(b) $F(4)$，(c) $F(6)$；(3) 畫出相關的區域，來求證該區域面積等於函數 F 在特定點的值。

註：標誌 ★ 表示稍難題目。

6.2 體積：圓盤法　Volume: The Disk Method

◆ 以圓盤法求旋轉體的體積。
◆ 以橡皮圈法求旋轉體的體積。
◆ 已知橫截面，求其體積。

圓盤法 The Disk Method

在第 4 章，我們曾言及定積分不只是應用在求面積而已，另一個重要的應用是求體積。在本章中，我們要討論一類具有相似橫截面的三維立體。首先是旋轉體，此類立體經常在工程和製造業中出現，例如輪軸、漏斗、藥丸、瓶子和活塞，見圖 6.12。

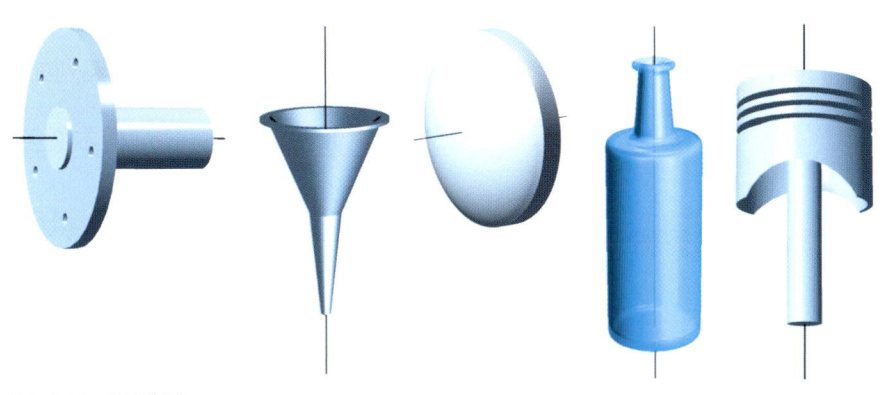

圖 6.12　旋轉體。

如果一個平面上的區域繞一條直線旋轉，得出的立體叫做**旋轉體**（solid of revolution），該條直線稱為**旋轉軸**（axis of revolution）。最簡單的旋轉體是一個正圓柱或**圓盤**（disk），可由長方形繞自己的一邊旋轉而成，如圖 6.13。圓盤的體積是

$$\text{圓盤體積} = (\text{圓盤底體積})(\text{厚度}) = \pi R^2 w$$

此處 R 是圓盤的半徑，w 是厚度或寬度。

考慮圖 6.14，將一平面上介於圖形和 x 軸之間的區域繞 x 軸旋轉出一個旋轉體。在平面區域上刻畫一個樣本長方形，當此樣本長方形繞 x 軸旋轉時，會得到一個圓盤，體積是

$$\Delta V = \pi R^2 \Delta x$$

將 n 個厚度（寬度）為 Δx，圓盤半徑為 $R(x_i)$ 的圓盤體積加在一起以近似旋轉體的體積，得到

$$\text{旋轉體的體積} \approx \sum_{i=1}^{n} \pi [R(x_i)]^2 \Delta x = \pi \sum_{i=1}^{n} [R(x_i)]^2 \Delta x$$

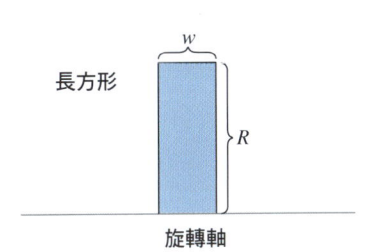

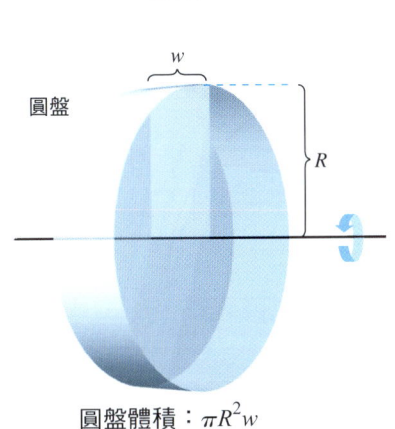

長方形

圓盤

圓盤體積：$\pi R^2 w$

圖 6.13

圖 6.14　圓盤法。

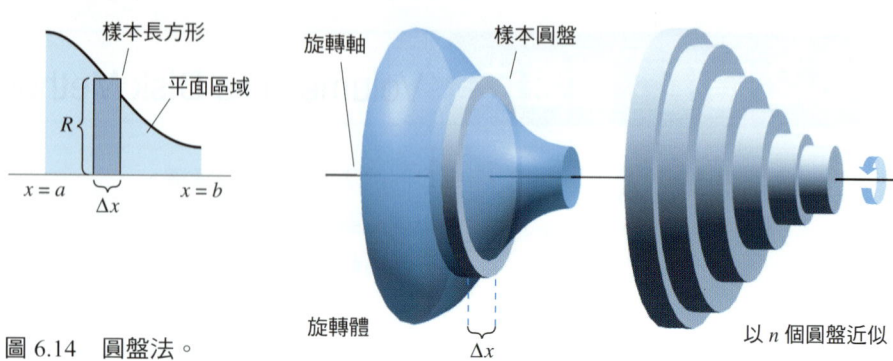

當 $\|\Delta\| \to 0$（$n \to \infty$）時，以上的近似會越來越佳，因此，可以定義旋轉體的體積為

$$\text{旋轉體的體積} = \lim_{\|\Delta\| \to 0} \pi \sum_{i=1}^{n} [R(x_i)]^2 \Delta x = \pi \int_a^b [R(x)]^2 \, dx$$

現在，我們將圓盤法的過程表列如下：

已知圓盤體積公式	樣本圓盤體積	新的積分公式
$V = \pi R^2 w$	$\Delta V = \pi [R(x_i)]^2 \Delta x$	$V = \pi \int_a^b [R(x)]^2 \, dx$

圓盤法

以**圓盤法**（disk method）求旋轉體體積，因轉軸不同而有下列二法，見圖 6.15。

水平旋轉軸

$$\text{體積} = V = \pi \int_a^b [R(x)]^2 \, dx$$

鉛直旋轉軸

$$\text{體積} = V = \pi \int_c^d [R(y)]^2 \, dy$$

注意　在圖 6.15 中，注意到在平面區域中藉著擺下一個與轉軸「垂直」的樣本長方形可以決定積分的變數。如果長方形的寬度是 Δx，那麼就對 x 積分，而如果長方形的寬度是 Δy，那麼就對 y 積分。

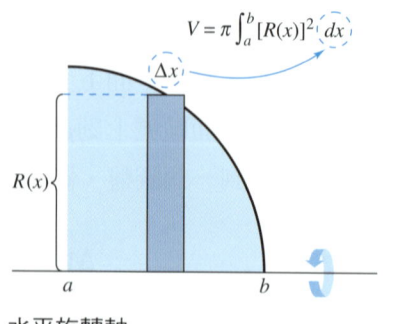

水平旋轉軸

鉛直旋轉軸

圖 6.15

如果平面區域的上緣是 f 的圖形，而下緣是 x 軸，以圓盤法求此區域繞 x 軸旋轉所得旋轉體的體積，相關的半徑 $R(x)$ 就是 $f(x)$。

例 1 應用圓盤法

求以圖形 $f(x) = \sqrt{\sin x}$ 和 x 軸為邊界的區域，繞 x 軸旋轉（其中 $0 \le x \le \pi$）所得旋轉體的體積。

解 圖 6.16 顯示一個在 x 軸上方的樣本長方形，圓盤法中論及的圓盤半徑就是

$$R(x) = f(x) = \sqrt{\sin x}$$

因此旋轉體的體積是

$$\begin{aligned}
V &= \pi \int_a^b [R(x)]^2 \, dx && \text{應用圓盤法} \\
&= \pi \int_0^\pi \left(\sqrt{\sin x}\right)^2 dx && \text{將 } R(x) \text{ 代入 } \sqrt{\sin x} \\
&= \pi \int_0^\pi \sin x \, dx && \text{化簡} \\
&= \pi \Big[-\cos x\Big]_0^\pi && \text{積分} \\
&= \pi(1 + 1) = 2\pi
\end{aligned}$$

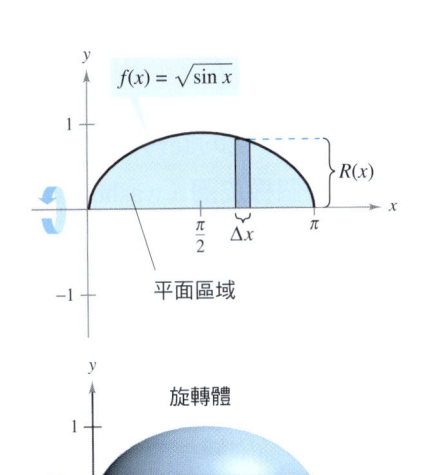

圖 6.16

例 2 旋轉軸非坐標軸的情形

求以 $f(x) = 2 - x^2$ 和 $g(x) = 1$ 為邊界的區域，繞直線 $y = 1$ 旋轉所得旋轉體的體積，見圖 6.17。

解 令 $f(x)$ 與 $g(x)$ 相等，可求得兩個函數圖在 $x = \pm 1$ 的地方相交。至於樣本圓盤半徑 $R(x)$，則是用 $g(x)$ 減去 $f(x)$。

$$R(x) = f(x) - g(x) = (2 - x^2) - 1 = 1 - x^2$$

然後，從 -1 積到 1 求體積。

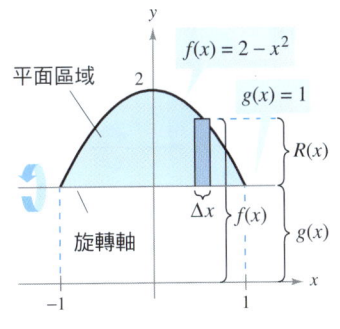

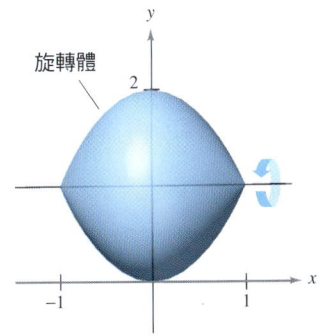

$$\begin{aligned}
V &= \pi \int_a^b [R(x)]^2 \, dx && \text{應用圓盤法} \\
&= \pi \int_{-1}^1 (1 - x^2)^2 \, dx && \text{將 } R(x) \text{ 代入 } 1 - x^2 \\
&= \pi \int_{-1}^1 (1 - 2x^2 + x^4) \, dx && \text{化簡}
\end{aligned}$$

圖 6.17

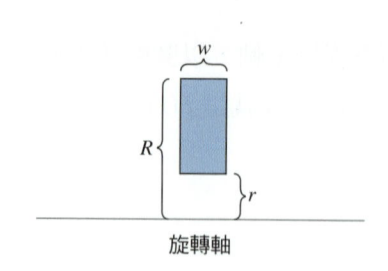

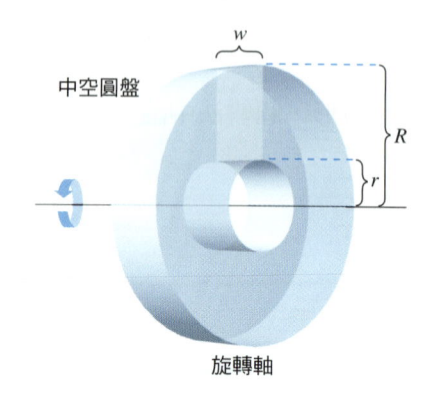

$$= \pi\left[x - \frac{2x^3}{3} + \frac{x^5}{5}\right]_{-1}^{1} \quad \text{積分}$$

$$= \frac{16\pi}{15}$$

橡皮圈法 The Washer Method

如果以樣本橡皮圈代替樣本圓盤，就可以計算中空的旋轉體體積，如圖 6.18 所示，將長方形繞軸旋轉一圈會得到一個**橡皮圈**（washer）。假設 r 和 R 分別是橡皮圈內緣和外緣的半徑，而 w 是橡皮圈的厚度，橡皮圈的體積公式是

$$\text{橡皮圈體積} = \pi(R^2 - r^2)w$$

現有一平面區域**外緣半徑**（outer radius）和**內緣半徑**（inner radius）分別是 $R(x)$ 和 $r(x)$，如圖 6.19，此區域繞軸旋轉一圈得到一個中空的旋轉體。橡皮圈法藉由樣本橡皮圈的體積 $\pi(R(x)^2 - r(x)^2)\Delta x$ 得到體積的積分表示

$$V = \pi \int_a^b ([R(x)]^2 - [r(x)]^2)\, dx \quad \text{橡皮圈法}$$

注意公式中，有關 $r(x)$ 的部分 $\pi\int_a^b [r(x)]^2 dx$，其實是空洞部分的體積。我們將它從整個實心的旋轉體體積 $\pi\int_a^b [R(x)]^2 dx$ 中扣掉。

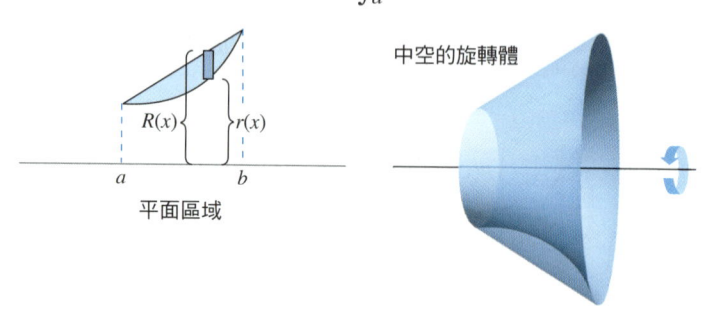

圖 6.18

圖 6.19

平面區域

圖 6.20 旋轉體

例 3　應用橡皮圈法

求以圖形 $y = \sqrt{x}$ 和 $y = x^2$ 為邊界的區域，繞 x 軸旋轉所得旋轉體的體積，見圖 6.20。

解　在圖 6.20 中，外緣和內緣的半徑分別是

$$R(x) = \sqrt{x} \quad \text{外緣半徑}$$
$$r(x) = x^2 \quad \text{內緣半徑}$$

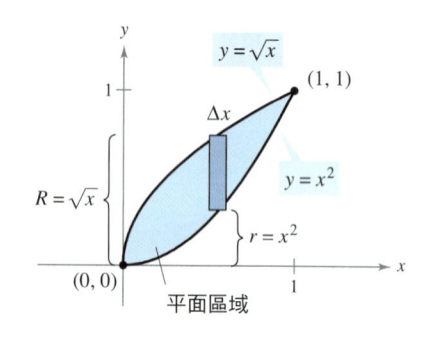

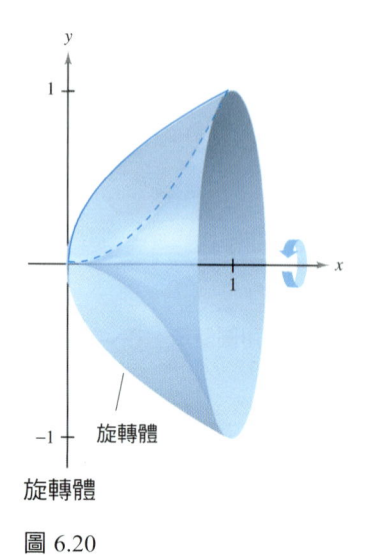

從 0 積到 1 得出

$$V = \pi \int_a^b ([R(x)]^2 - [r(x)]^2)\, dx \quad \text{應用橡皮擦法}$$
$$= \pi \int_0^1 \left[(\sqrt{x})^2 - (x^2)^2\right] dx \quad \text{代 } R(x) = \sqrt{x}\text{，且 } r(x) = x^2$$
$$= \pi \int_0^1 (x - x^4)\, dx \quad \text{化簡}$$
$$= \pi \left[\frac{x^2}{2} - \frac{x^5}{5}\right]_0^1 \quad \text{積分}$$
$$= \frac{3\pi}{10}$$

上面的幾個例子都是處理水平的旋轉軸，積分是對 x 做。在下面的例子，旋轉軸變成鉛直的，積分要對 y 做，且還要分做兩個積分。

例 4　對 y 積分，兩個積分的情形

求以圖形 $y = x^2 + 1$、$y = 0$、$x = 0$ 和 $x = 1$ 為界的區域繞 y 軸旋轉所得旋轉體的體積，如圖 6.21 所示。

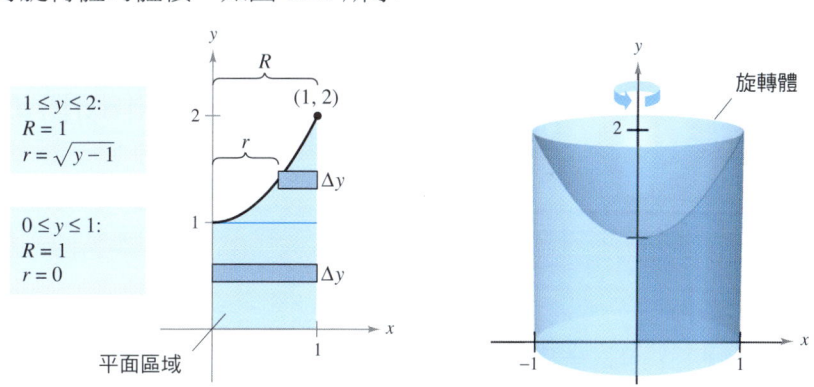

圖 6.21

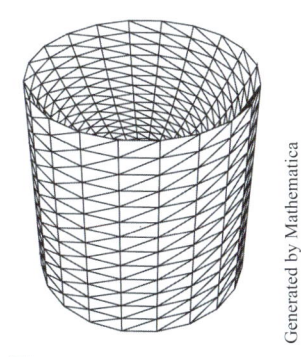

圖 6.22

解　圖 6.21 中的區域，外緣半徑 $R = 1$，但是內緣半徑 r 無法單一表示。當 $0 \le y \le 1$ 是 $r = 0$，而 $1 \le y \le 2$ 時，r 是被方程式 $y = x^2 + 1$ 決定的，也就是說 r 應該是 $r = \sqrt{y-1}$，所以

$$r(y) = \begin{cases} 0, & 0 \le y \le 1 \\ \sqrt{y-1}, & 1 \le y \le 2 \end{cases}$$

利用 $r(y)$ 的兩種情形，將體積以兩個積分式表達

$$V = \pi\int_0^1 (1^2 - 0^2)\,dy + \pi\int_1^2 \left[1^2 - \left(\sqrt{y-1}\right)^2\right]dy \qquad \text{應用橡皮圈法}$$

$$= \pi\int_0^1 1\,dy + \pi\int_1^2 (2-y)\,dy \qquad \text{化簡}$$

$$= \pi\Big[y\Big]_0^1 + \pi\left[2y - \frac{y^2}{2}\right]_1^2 \qquad \text{積分}$$

$$= \pi + \pi\left(4 - 2 - 2 + \frac{1}{2}\right) = \frac{3\pi}{2}$$

注意到第一個積分 $\pi\int_0^1 1\,dy$ 代表半徑為 1、高度為 1 的正圓柱的體積，不一定要用積分處理。

例 5　製造

在一個半徑 5 公分的金屬球的中心鑽通一個半徑 3 公分的洞，如圖 6.23(a) 所示。請問如此打造的金屬環體積為何？

解　想像這個金屬環是由圓的一部分旋轉出來，如圖 6.23(b) 所示，由於洞的半徑是 3 公分，令 $y = 3$，先解方程式 $x^2 + y^2 = 25$ 來決定積分的上下限是 $x = \pm 4$，故內緣半徑是 $r(x) = 3$，外緣半徑是 $R(x) = \sqrt{25 - x^2}$，而體積是

$$V = \pi\int_a^b ([R(x)]^2 - [r(x)]^2)\,dx = \pi\int_{-4}^4 \left[\left(\sqrt{25-x^2}\right)^2 - (3)^2\right]dx$$

$$= \pi\int_{-4}^4 (16 - x^2)\,dx$$

$$= \pi\left[16x - \frac{x^3}{3}\right]_{-4}^4$$

$$= \frac{256\pi}{3} \text{ 立方公分}$$

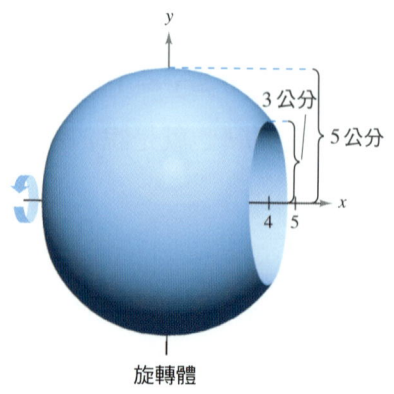

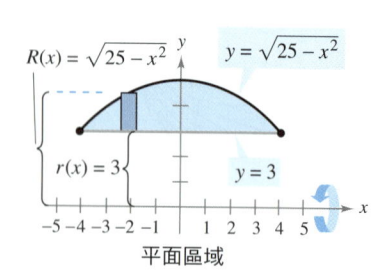

圖 6.23　(a) 旋轉體　　(b) 平面區域

已知橫截面的立體 Solids with Known Cross Sections

用圓盤法可以求截面積是 $A = \pi R^2$ 的立體體積。此法也適用於其他形狀（不一定非是旋轉體不可），只要我們能將任一個橫截面以公式表達。在某些情況，立體有相同的橫截面如正方形、長方形、三角形、半圓形和梯形，只是大小不等。

已知橫截面的立體體積

1. 立體垂直 x 軸的截面積是 $A(x)$，

$$\text{體積} = \int_a^b A(x)\,dx \qquad \text{見圖 6.24(a)}$$

2. 立體垂直 y 軸的截面積是 $A(y)$，

$$\text{體積} = \int_c^d A(y)\,dy \qquad \text{見圖 6.24(b)}$$

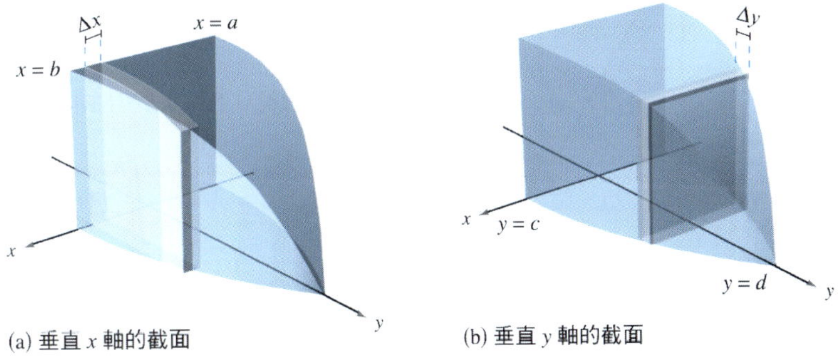

圖 6.24　(a) 垂直 x 軸的截面　　(b) 垂直 y 軸的截面

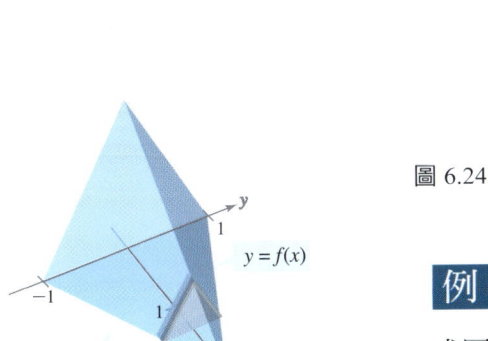

例 6　三角形截面

求圖 6.25 中立體的體積。它的底面是一個三角形，三邊分別是

$$f(x) = 1 - \frac{x}{2}, \qquad g(x) = -1 + \frac{x}{2}, \qquad \text{和} \quad x = 0$$

而垂直 x 軸的截面都是正三角形。

解　每一個正三角形截面的底邊長和面積大小如下：

$$\text{底} = \left(1 - \frac{x}{2}\right) - \left(-1 + \frac{x}{2}\right) = 2 - x \qquad \text{底邊長}$$

$$\text{面積} = \frac{\sqrt{3}}{4}(\text{底})^2 \qquad \text{正三角形的面積}$$

$$A(x) = \frac{\sqrt{3}}{4}(2-x)^2 \qquad \text{截面的面積}$$

截面是正三角形

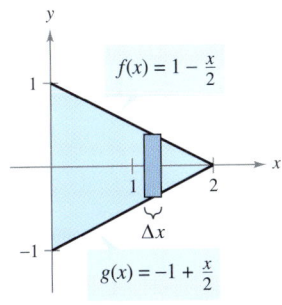

以 xy 平面上的三角形為底
圖 6.25

由於 x 的範圍從 0 到 2，此立體的體積是

$$V = \int_a^b A(x)\, dx = \int_0^2 \frac{\sqrt{3}}{4}(2-x)^2\, dx$$

$$= -\frac{\sqrt{3}}{4}\left[\frac{(2-x)^3}{3}\right]_0^2 = \frac{2\sqrt{3}}{3}$$

例 7　幾何上的應用

求證以正方形為底的金字塔的體積是 $V = \frac{1}{3}hB$，其中 h 是高，而 B 是底的面積。

解　如圖 6.26 所示，以高度 y，平行於底的平面交此金字塔所得的正方形截面，邊長為 b'，由相似形成比例關係，可知

$$\frac{b'}{b} = \frac{h-y}{h} \qquad \text{或} \qquad b' = \frac{b}{h}(h-y)$$

其中 b 是底面的邊長，所以高度為 y 的橫截面面積是

$$A(y) = (b')^2 = \frac{b^2}{h^2}(h-y)^2$$

對 y 從 0 積到 h 得到

$$V = \int_0^h A(y)\, dy = \int_0^h \frac{b^2}{h^2}(h-y)^2\, dy$$

$$= \frac{b^2}{h^2}\int_0^h (h-y)^2\, dy$$

$$= -\left(\frac{b^2}{h^2}\right)\left[\frac{(h-y)^3}{3}\right]_0^h$$

$$= \frac{b^2}{h^2}\left(\frac{h^3}{3}\right)$$

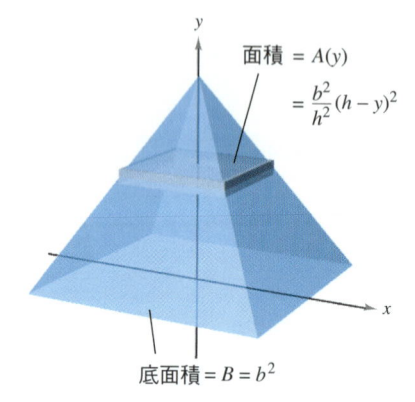

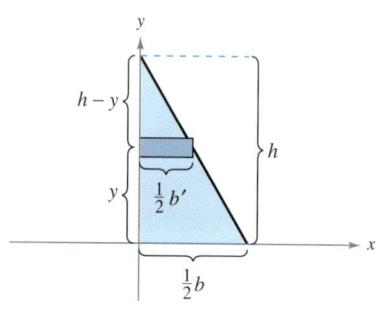

$$= \frac{1}{3}hB \qquad\qquad B=b^2$$

圖 6.26

習題 6.2

習題 1～4，在下列各題中，寫下並計算相關區域，對 x 軸旋轉所得的旋轉體體積。

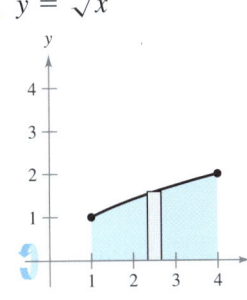

1. $y = \sqrt{x}$

2. $y = -x + 1$

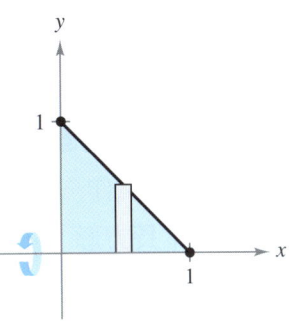

3. $y = x^2$, $y = x^5$

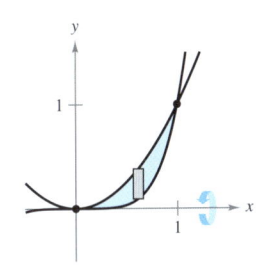

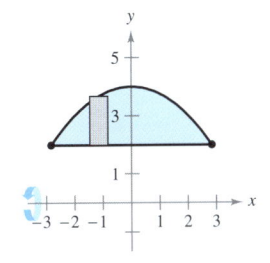

4. $y = 2$, $y = 4 - \dfrac{x^2}{4}$

習題 5～6，在下列各題中，寫下並計算相關區域，對 y 軸旋轉所得的旋轉體體積。

5. $y = \sqrt{16 - x^2}$

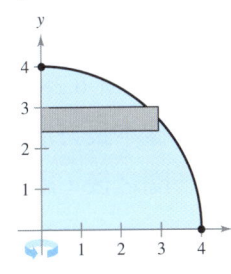

6. $y = x^{2/3}$

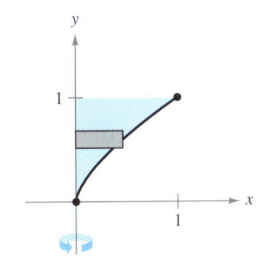

習題 7～8，下列各題中，求以函數圖形為邊界的區域，繞指定軸旋轉所得旋轉體的體積。

7. $y = \sqrt{x}$, $y = 0$, $x = 3$
  (a) x 軸   ★(b) y 軸
  ★(c) 直線 $x = 3$ ★(d) 直線 $x = 6$

8. $y = x^2$, $y = 4x - x^2$
  (a) x 軸   ★(b) 直線 $y = 6$

★ **9.** 將 (a)～(e) 五個立體與 (i)～(v) 的體積積分配對。
  (a) 正圓柱   (b) 橢球
  (c) 球   (d) 正圓錐
  (e) 甜甜圈

  (i) $\pi \displaystyle\int_0^h \left(\dfrac{rx}{h}\right)^2 dx$ (ii) $\pi \displaystyle\int_0^h r^2 \, dx$

  (iii) $\pi \displaystyle\int_{-r}^{r} \left(\sqrt{r^2 - x^2}\right)^2 dx$

  (iv) $\pi \displaystyle\int_{-b}^{b} \left(a \sqrt{1 - \dfrac{x^2}{b^2}}\right)^2 dx$

  (v) $\pi \displaystyle\int_{-r}^{r} \left[\left(R + \sqrt{r^2 - x^2}\right)^2 - \left(R - \sqrt{r^2 - x^2}\right)^2\right] dx$

★ **10.** 圖中立體的底面是介於圖形 $y = x + 1$ 和 $y = x^2 - 1$ 之間的區域，其截面均與 x 軸垂直，求其體積。
  (a) 截面為正方形
  (b) 截面為高為 1 的長方形

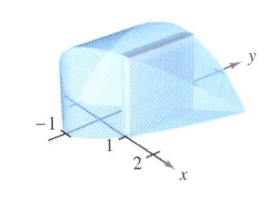

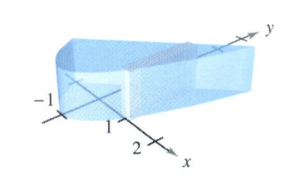

6.3 體積：圓柱殼法　Volume: The Shell Method

◆ 以圓柱殼法求旋轉體的體積。
◆ 比較圓盤法和圓柱殼法。

圓柱殼法 The Shell Method

我們將在本節中研究第二種求旋轉體體積的辦法，此法由於以圓柱殼累積的極限來求體積，所以稱為**圓柱殼法**（shell method）。在本節後段我們會將圓盤法和圓柱殼法作一比較。

先看圖 6.27 中的一個樣本長方形，w 是寬，h 是高，p 是長方形的中心到旋轉軸的距離。當樣本長方形繞軸轉一圈時，會形成一個厚度為 w 的圓柱殼（形狀有如水管）。由於圓柱殼的外緣半徑是 $p + w/2$，內緣半徑是 $p - w/2$，

$$p + \frac{w}{2} \quad \text{外緣半徑}$$

$$p - \frac{w}{2} \quad \text{內緣半徑}$$

所以圓柱殼的體積是

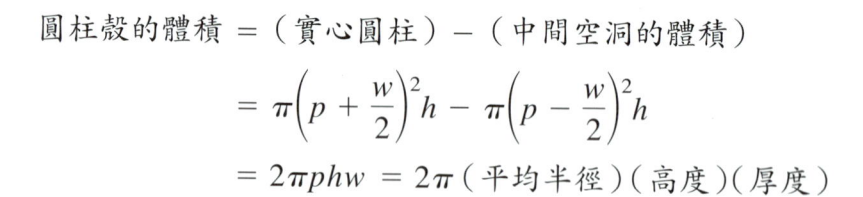

$$\begin{aligned}
\text{圓柱殼的體積} &= (\text{實心圓柱}) - (\text{中間空洞的體積}) \\
&= \pi\left(p + \frac{w}{2}\right)^2 h - \pi\left(p - \frac{w}{2}\right)^2 h \\
&= 2\pi phw = 2\pi(\text{平均半徑})(\text{高度})(\text{厚度})
\end{aligned}$$

我們可以利用此一公式求旋轉體的體積。比方說，將圖 6.28 中的平面區域繞一水平軸旋轉一圈，取一個寬度 Δy 的水平樣本長方形，假設長方形與轉軸的距離為 $p(y)$，則當樣本長方形轉了一圈之後，所得到的圓柱殼體積是

$$\Delta V = 2\pi [p(y)h(y)]\,\Delta y$$

我們取 n 個這樣的圓柱殼分別具有厚度 Δy、高度 $h(y_i)$、平均半徑 $p(y_i)$，來近似所求的體積。

$$\text{體積} \approx \sum_{i=1}^{n} 2\pi [p(y_i)h(y_i)]\,\Delta y = 2\pi \sum_{i=1}^{n} [p(y_i)h(y_i)]\,\Delta y$$

當 $\|\Delta\| \to 0$（$n \to \infty$）時，以上的近似會越來越佳，我們因此定義旋轉體的體積為

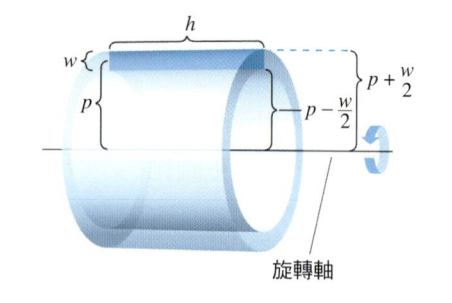

圖 6.27

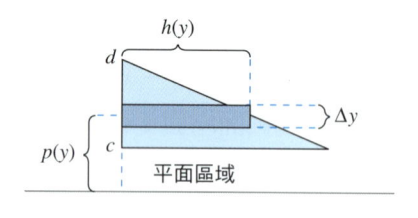

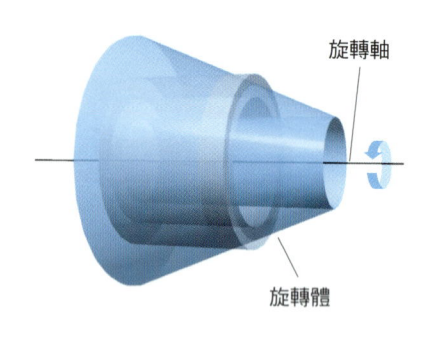

圖 6.28

水平旋轉軸

鉛直旋轉軸

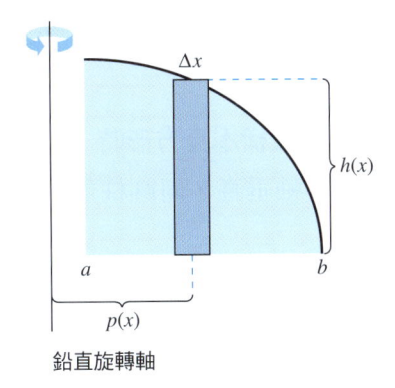

圖 6.29

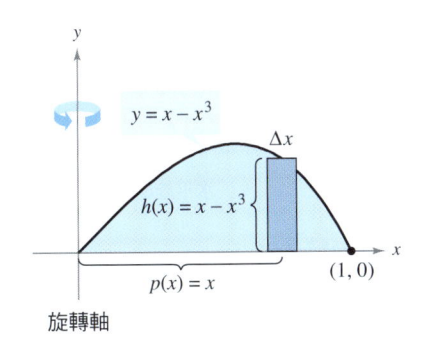

旋轉軸
圖 6.30

旋轉軸
圖 6.31

$$\text{旋轉體的體積} = \lim_{\|\Delta\|\to 0} 2\pi \sum_{i=1}^{n}[p(y_i)h(y_i)]\Delta y = 2\pi \int_{c}^{d}[p(y)h(y)]\,dy$$

圓柱殼法

繞水平軸或鉛直軸旋轉，以**圓柱殼法**（shell method）求體積的公式如下（見圖 6.29）。

水平旋轉軸

$$\text{體積} = V = 2\pi \int_{c}^{d} p(y)h(y)\,dy$$

鉛直旋轉軸

$$\text{體積} = V = 2\pi \int_{a}^{b} p(x)h(x)\,dx$$

例 1　以圓柱殼法求體積

求以 $y = x - x^3$ 和 x 軸為邊界的區域（$0 \le x \le 1$），繞 y 軸旋轉所得旋轉體的體積。

解　由於是繞鉛直軸旋轉，畫一個鉛直的樣本長方形，如圖 6.30。寬度 Δx 指示積分的變數是 x，從樣本長方形的中心到轉軸的距離是 $p(x) = x$，並且長方形的高度是

$$h(x) = x - x^3$$

從 $x = 0$ 積到 $x = 1$，以圓柱殼法求體積

$$\begin{aligned}
V &= 2\pi \int_{a}^{b} p(x)h(x)\,dx = 2\pi \int_{0}^{1} x(x - x^3)\,dx &&\text{應用圓柱殼法}\\
&= 2\pi \int_{0}^{1}(-x^4 + x^2)\,dx &&\text{化簡}\\
&= 2\pi \left[-\frac{x^5}{5} + \frac{x^3}{3}\right]_{0}^{1} &&\text{積分}\\
&= 2\pi\left(-\frac{1}{5} + \frac{1}{3}\right) = \frac{4\pi}{15}
\end{aligned}$$

例 2　以圓柱殼法求體積

求以圖形 $x = e^{-y^2}$ 和 y 軸為界的區域（$0 \le y \le 1$），繞 x 軸旋轉所得旋轉體的體積。

解　由於旋轉軸是水平的，取一個水平的樣本長方形，如圖 6.31。寬度 Δy 指示積分的變數是 y，從樣本長方形的中心到轉軸的距離是 $p(y) = y$，而長方形的高是 $h(y) = e^{-y^2}$，從 $y = 0$ 積到 $y = 1$，得到旋

注意 例 2 如果要用圓盤法，就得先解 $x = e^{-y^2}$，以 x 表 y，得

$$y = \begin{cases} 1, & 0 \leq x \leq 1/e \\ \sqrt{-\ln x}, & 1/e < x \leq 1 \end{cases}$$

這樣會比以圓柱殼法麻煩。

轉體的體積是

$$V = 2\pi \int_c^d p(y)h(y)\,dy = 2\pi \int_0^1 y e^{-y^2}\,dy \qquad \text{應用圓柱殼法}$$

$$= -\pi \left[e^{-y^2} \right]_0^1 \qquad \text{積分}$$

$$= \pi \left(1 - \frac{1}{e} \right) \approx 1.986$$

圓盤法和圓柱殼法的比較
Comparison of Disk and Shell Methods

如圖 6.32 所示，我們可以說這兩個方法在取樣本長方形時，想法上有極大的差異，圓盤法的樣本長方形與旋轉軸垂直，而圓柱殼法的樣本長方形卻與旋轉軸平行。

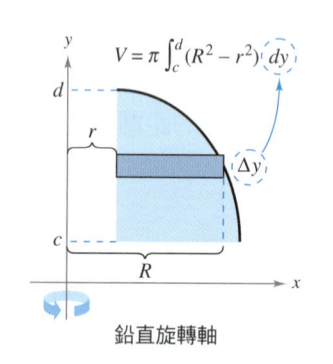

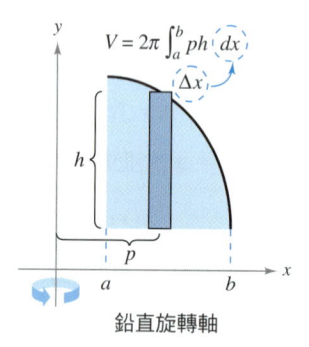

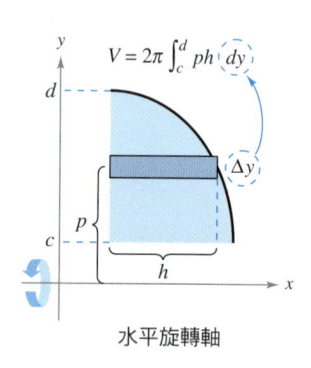

圓盤法：樣本長方形與旋轉軸垂直　　　　　　圓柱殼法：樣本長方形與旋轉軸平行

圖 6.32

基於計算方便的考量，不同的方法適用於不同的情形，下面的例子說明一個適用圓柱殼法的情形。

例 3 適用圓柱殼法

求以圖形 $y = x^2 + 1$、$y = 0$、$x = 0$ 和 $x = 1$ 為邊界的區域，繞 y 軸旋轉所得旋轉體的體積。

解 從上一節的例 4，已知圓盤法需要兩個積分式來決定體積〔見圖 6.33(a)〕。

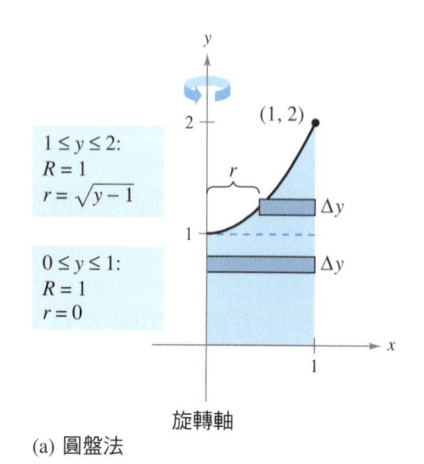

(a) 圓盤法

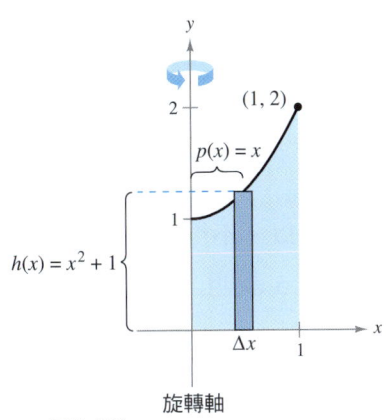

$$V = \pi \int_0^1 (1^2 - 0^2)\,dy + \pi \int_1^2 \left[1^2 - \left(\sqrt{y-1}\right)^2\right] dy \quad \text{應用圓盤法}$$

$$= \pi \int_0^1 1\,dy + \pi \int_1^2 (2-y)\,dy \quad \text{化簡}$$

$$= \pi \Big[y\Big]_0^1 + \pi \left[2y - \frac{y^2}{2}\right]_1^2 \quad \text{積分}$$

$$= \pi + \pi\left(4 - 2 - 2 + \frac{1}{2}\right) = \frac{3\pi}{2}$$

(b) 圓柱殼法

圖 6.33

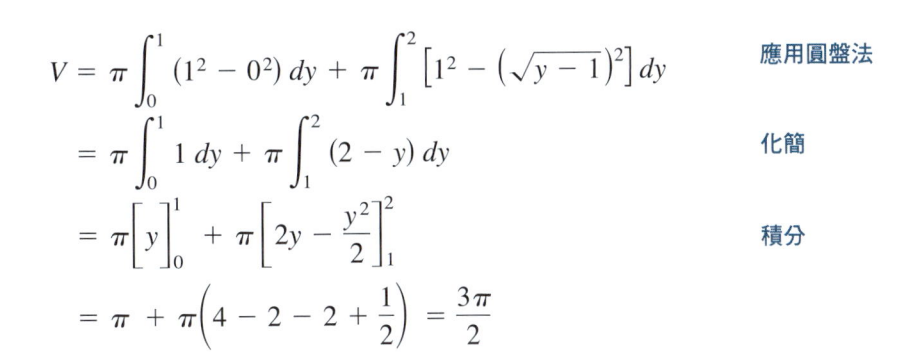

但是從圖 6.33(b) 看來，使用圓柱殼法只要積分一次就可求得體積。

$$V = 2\pi \int_a^b p(x)h(x)\,dx \quad \text{應用圓柱殼法}$$

$$= 2\pi \int_0^1 x(x^2 + 1)\,dx$$

$$= 2\pi \left[\frac{x^4}{4} + \frac{x^2}{2}\right]_0^1 \quad \text{積分}$$

$$= 2\pi \left(\frac{3}{4}\right) = \frac{3\pi}{2}$$

如果例 3 中的旋轉軸改成直線 $x=1$，旋轉體的體積會比例 3 的答案大還是小？不必真的計算，應該就可以推論新的答案會比較小，因為有較多的區域更加靠近轉軸。轉的半徑小了，轉出來的體積自然也跟著變小，我們以圓柱殼法求積分確認上面的看法如下：

$$V = 2\pi \int_0^1 (1-x)(x^2+1)\,dx \quad p(x) = 1-x$$

即為此旋轉體體積。

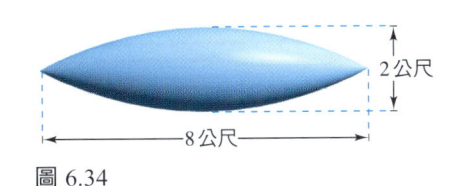

例 4 浮筒的體積

圖 6.34 是一個浮筒的圖，以 $y = 1 - \dfrac{x^2}{16}$, $-4 \le x \le 4$ 的函數圖形繞 x 軸旋轉一圈來設計浮筒，式中 x、y 的單位是公尺，求此浮筒的體積。

解 由圖 6.35 (a)，以圓盤法處理如下。

$$V = \pi \int_{-4}^{4} \left(1 - \frac{x^2}{16}\right)^2 dx \quad \text{應用圓盤法}$$

$$= \pi \int_{-4}^{4} \left(1 - \frac{x^2}{8} + \frac{x^4}{256}\right) dx \quad \text{化簡}$$

$$= \pi \left[x - \frac{x^3}{24} + \frac{x^5}{1280}\right]_{-4}^{4} \quad \text{積分}$$

$$= \frac{64\pi}{15} \approx 13.4 \text{ 立方公尺}$$

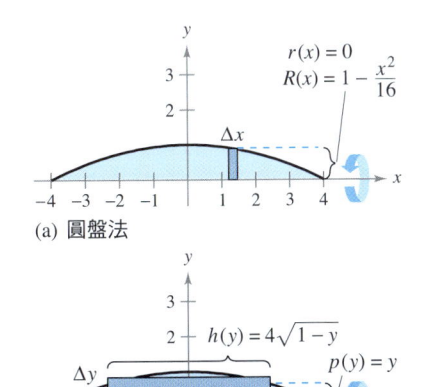

在例 4，若改用圓柱殼法，對照圖 6.35 (b)，必須先解方程式

$$y = 1 - \frac{x^2}{16}$$

將 x 以 y 表之，再用 u 代換去求積分。

但是在有些情況經常可能解不出 x 來。所以，不得不使用鉛直的樣本長方形，寬度 Δx，而以 x 為積分變數。例 5 說明（鉛直或水平）可利用轉軸的位置來決定積分的方法。

例 5　必須使用圓柱殼法

求以圖形 $y = x^3 + x + 1$、$y = 1$ 和 $x = 1$ 為界的區域繞直線 $x = 2$ 旋轉所得旋轉體的體積，如圖 6.36 所示。

解　以方程式 $y = x^3 + x + 1$ 而言，要將 x 解出（將 x 以 y 表之），很不容易。所以積分的變數當然選 x，並且樣本長方形也選成鉛直的，也就是說，非用圓柱殼法不可。

$$\begin{aligned}
V = 2\pi \int_a^b p(x)h(x)\, dx &= 2\pi \int_0^1 (2 - x)(x^3 + x + 1 - 1)\, dx \quad \text{應用圓柱殼法}\\
&= 2\pi \int_0^1 (-x^4 + 2x^3 - x^2 + 2x)\, dx \quad \text{化簡}\\
&= 2\pi \left[-\frac{x^5}{5} + \frac{x^4}{2} - \frac{x^3}{3} + x^2 \right]_0^1 \quad \text{積分}\\
&= 2\pi \left(-\frac{1}{5} + \frac{1}{2} - \frac{1}{3} + 1 \right) = \frac{29\pi}{15}
\end{aligned}$$

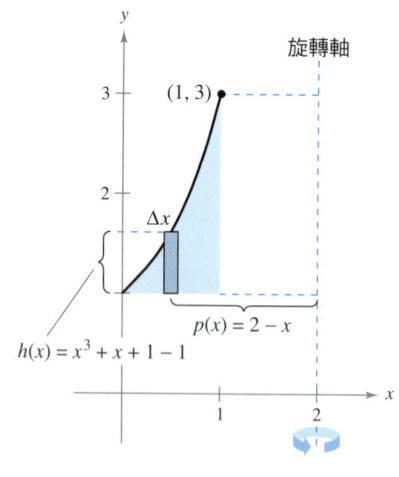

圖 6.36

習題 6.3

習題 1～7，以圓柱殼法寫下積分，並計算區域繞 y 軸旋轉的旋轉體體積。

1. $y = x$ 　　　**2.** $y = 1 - x$

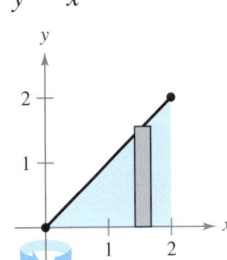

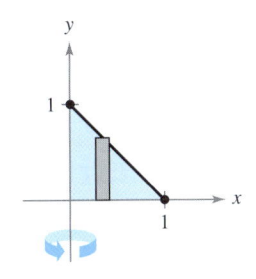

3. $y = \sqrt{x}$ 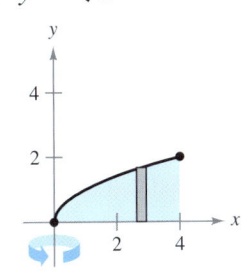　　**4.** $y = \frac{1}{2}x^2 + 1$

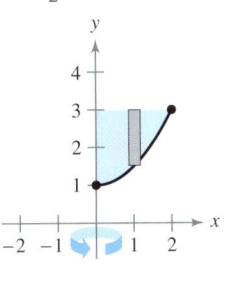

5. $y = \frac{1}{4}x^2$, $y = 0$, $x = 4$

6. $y = x^2$, $y = 4x - x^2$

7. $y = \sqrt{2x - 5}$, $y = 0$, $x = 4$

習題 8～11，以圓柱殼法寫下積分，並計算平面區域繞 x 軸旋轉的旋轉體體積。

8. $y = x$　　**9.** $y = \dfrac{1}{x}$

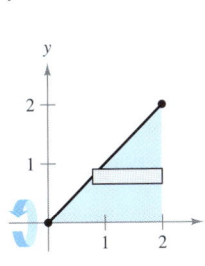

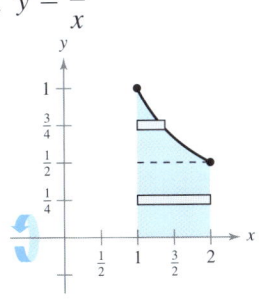

10. $y = x^3$, $x = 0$, $y = 8$

11. $y = \sqrt{x + 2}$, $y = x$, $y = 0$

習題 12～13，以圓柱殼法，求下列各平面區域繞指定直線旋轉所得旋轉體的體積。

★ **12.** $y = 2x - x^2$, $y = 0$, 繞 $x = 4$

★ **13.** $y = 3x - x^2$, $y = x^2$, 繞 $x = 2$

習題 14～15，判斷以圓盤法或圓柱殼法哪一種方式，比較方便求出下列各區域繞指定軸旋轉所得旋轉體的體積。

★ **14.** $(y - 2)^2 = 4 - x$　　★ **15.** $y = 4 - e^x$

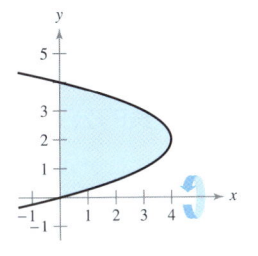

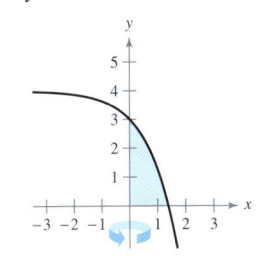

習題 16～17，以圓盤法或圓柱殼法求下列函數圖形為界的區域，繞指定軸旋轉所得旋轉體的體積。

16. $y = x^3$, $y = 0$, $x = 2$
　★ (a) x 軸　　(b) y 軸　　★ (c) 直線 $x = 4$

★ **17.** $x^{1/2} + y^{1/2} = a^{1/2}$, $x = 0$, $y = 0$
　(a) x 軸　　(b) y 軸　　(c) 直線 $x = a$

習題 18～19，以下的積分代表了某旋轉體體積，求 (a) 旋轉面區域；(b) 旋轉軸。

★ **18.** $2\pi \int_0^2 x^3 \, dx$

★ **19.** $2\pi \int_0^6 (y + 2)\sqrt{6 - y} \, dy$

★ **20.** 求將圓面 $x^2 + y^2 \le 1$ 繞直線 $x = 2$ 旋轉一圈（如圖）所得的旋轉體體積。

（提示：$\int_{-1}^{1} \sqrt{1 - x^2} \, dx$ 表示半圓的面積）

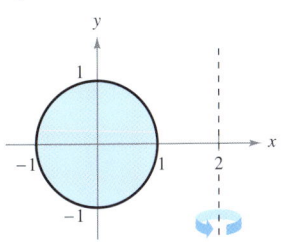

註：標誌 ★ 表示稍難題目。

6.4 弧長和旋轉面　Arc Length and Surfaces of Revolution

◆ 求平滑曲線的弧長。
◆ 求旋轉面的面積。

弧長　Arc Length

在本節中，我們要學習如何以積分來求弧長和旋轉面的面積。在這兩種情況，我們都以直線段的長來近似曲線上的一段弧長，直線段長的公式就是一般所熟悉的距離公式。

$$d = \sqrt{(x_2 - x_1)^2 + (y_2 - y_1)^2}$$

一條**可求長**（rectifiable）的曲線指的是一條弧長是有限值的曲線。我們馬上會看到如果 f' 在區間 $[a, b]$ 上連續的話，那麼 f 的圖形在點 $(a, f(a))$ 和點 $(b, f(b))$ 之間就是可求長的。這樣的函數稱為在區間 $[a, b]$ 上**連續可微**（continuously differentiable），而它在區間 $[a, b]$ 上的圖形就是一條**平滑曲線**（smooth curve）。

> **弧長的定義**
>
> 令 $y = f(x)$ 表區間 $[a, b]$ 上的一條平滑曲線，f 在 a 和 b 之間的**弧長**是
>
> $$s = \int_a^b \sqrt{1 + [f'(x)]^2}\, dx$$
>
> 同理，平滑曲線 $x = g(y)$ 在 c 和 d 之間的**弧長**是
>
> $$s = \int_c^d \sqrt{1 + [g'(y)]^2}\, dy$$

若將上述定義應用到線性函數，結果與原先求線段長度的距離公式相符，請看例 1。

例 1　線段的長度

求圖形 $f(x) = mx + b$ 上兩點 (x_1, y_1) 和 (x_2, y_2) 之間的長度（圖 6.37）。

解　由於

$$m = f'(x) = \frac{y_2 - y_1}{x_2 - x_1}$$

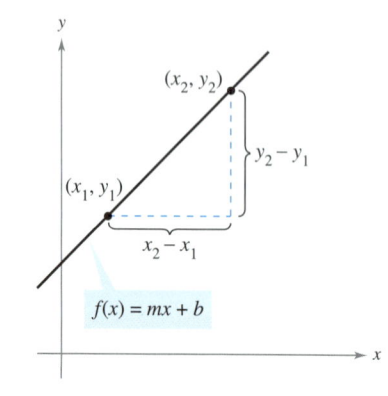

圖 6.37　f 圖形的弧長恰好是標準距離公式。

因此

$$s = \int_{x_1}^{x_2} \sqrt{1 + [f'(x)]^2}\, dx \quad \text{弧長公式}$$

$$= \int_{x_1}^{x_2} \sqrt{1 + \left(\frac{y_2 - y_1}{x_2 - x_1}\right)^2}\, dx$$

$$= \sqrt{\frac{(x_2 - x_1)^2 + (y_2 - y_1)^2}{(x_2 - x_1)^2}}\, (x)\Big]_{x_1}^{x_2} \quad \text{積分後化簡}$$

$$= \sqrt{\frac{(x_2 - x_1)^2 + (y_2 - y_1)^2}{(x_2 - x_1)^2}}\, (x_2 - x_1)$$

$$= \sqrt{(x_2 - x_1)^2 + (y_2 - y_1)^2}$$

正好是平面上兩點之間的距離公式。

例 2　求弧長

求圖形 $y = \dfrac{x^3}{6} + \dfrac{1}{2x}$ 在區間 $\left[\frac{1}{2}, 2\right]$ 上的弧長（圖 6.38）。

解　計算

$$\frac{dy}{dx} = \frac{3x^2}{6} - \frac{1}{2x^2} = \frac{1}{2}\left(x^2 - \frac{1}{x^2}\right)$$

代入弧長公式得出

$$s = \int_a^b \sqrt{1 + \left(\frac{dy}{dx}\right)^2}\, dx = \int_{1/2}^{2} \sqrt{1 + \left[\frac{1}{2}\left(x^2 - \frac{1}{x^2}\right)\right]^2}\, dx \quad \text{弧長公式}$$

$$= \int_{1/2}^{2} \sqrt{\frac{1}{4}\left(x^4 + 2 + \frac{1}{x^4}\right)}\, dx$$

$$= \int_{1/2}^{2} \frac{1}{2}\left(x^2 + \frac{1}{x^2}\right) dx \quad \text{化簡}$$

$$= \frac{1}{2}\left[\frac{x^3}{3} - \frac{1}{x}\right]_{1/2}^{2} \quad \text{積分}$$

$$= \frac{1}{2}\left(\frac{13}{6} + \frac{47}{24}\right) = \frac{33}{16}$$

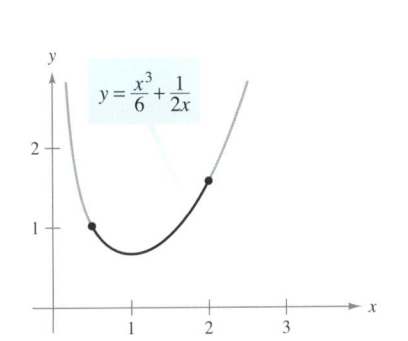

圖 6.38　圖形 y 在 $[1/2, 2]$ 上的弧長是 33/16。

例 3　求弧長

求圖形 $(y - 1)^3 = x^2$ 在區間 $[0, 8]$ 的弧長（圖 6.39）。

解　先解 x（以 y 表之），得 $x = \pm (y - 1)^{3/2}$。取正值，則

$$\frac{dx}{dy} = \frac{3}{2}(y - 1)^{1/2}$$

圖 6.39　圖形 y 在區間 $[0, 8]$ 的弧長。

當 x 落在區間 $[0, 8]$ 時，其對應的 y 區間是 $[1, 5]$，因此弧長是

$$\begin{aligned}
s &= \int_c^d \sqrt{1 + \left(\frac{dx}{dy}\right)^2}\, dy & &\text{弧長公式}\\
&= \int_1^5 \sqrt{1 + \left[\frac{3}{2}(y-1)^{1/2}\right]^2}\, dy\\
&= \int_1^5 \sqrt{\frac{9}{4}y - \frac{5}{4}}\, dy\\
&= \frac{1}{2}\int_1^5 \sqrt{9y - 5}\, dy & &\text{化簡}\\
&= \frac{1}{18}\left[\frac{(9y-5)^{3/2}}{3/2}\right]_1^5 & &\text{積分}\\
&= \frac{1}{27}(40^{3/2} - 4^{3/2})\\
&\approx 9.073
\end{aligned}$$

例 4　求弧長

求圖形 $y = \ln(\cos x)$ 從 $x = 0$ 到 $x = \pi/4$ 的弧長（圖 6.40）。

解 計算

$$\frac{dy}{dx} = -\frac{\sin x}{\cos x} = -\tan x$$

得出弧長

$$\begin{aligned}
s &= \int_a^b \sqrt{1 + \left(\frac{dy}{dx}\right)^2}\, dx = \int_0^{\pi/4} \sqrt{1 + \tan^2 x}\, dx & &\text{弧長公式}\\
&= \int_0^{\pi/4} \sqrt{\sec^2 x}\, dx & &\text{三角恆等式}\\
&= \int_0^{\pi/4} \sec x\, dx & &\text{化簡}\\
&= \Big[\ln|\sec x + \tan x|\Big]_0^{\pi/4} & &\text{積分}\\
&= \ln(\sqrt{2} + 1) - \ln 1\\
&\approx 0.881
\end{aligned}$$

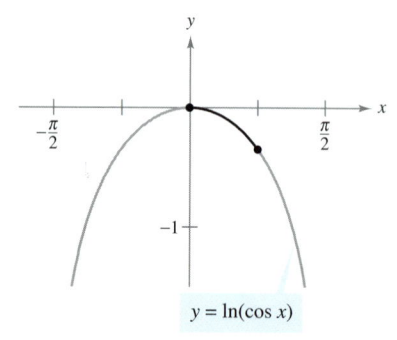

圖 6.40　圖形 f 在 $[0, \pi/4]$ 上的弧長近似值是 0.881。

例 5　電纜的長度

一條懸在距離為 200 公尺的兩塔之間的電纜（如圖 6.41）形狀如懸垂線，公式是

$$y = 75(e^{x/150} + e^{-x/150})$$

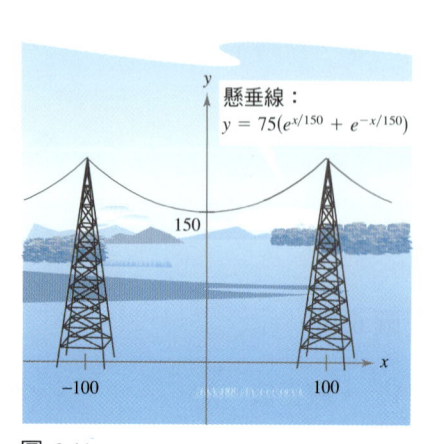

圖 6.41

求兩塔之間電纜的長度。

解 由於 $y' = \dfrac{1}{2}(e^{x/150} - e^{-x/150})$，平方後可得

$$(y')^2 = \dfrac{1}{4}(e^{x/75} - 2 + e^{-x/75})$$

以及

$$1 + (y')^2 = \dfrac{1}{4}(e^{x/75} + 2 + e^{-x/75}) = \left[\dfrac{1}{2}(e^{x/150} + e^{-x/150})\right]^2$$

因此，電纜的長度是

$$\begin{aligned} s &= \int_a^b \sqrt{1+(y')^2}\,dx = \dfrac{1}{2}\int_{-100}^{100}(e^{x/150} + e^{-x/150})\,dx && \text{弧長公式}\\ &= 75\left[e^{x/150} - e^{-x/150}\right]_{-100}^{100} && \text{積分}\\ &= 150(e^{2/3} - e^{-2/3})\\ &\approx 215 \text{ 公尺} \end{aligned}$$

旋轉面的面積 Area of a Surface of Revolution

在 6.2 和 6.3 節我們以積分計算旋轉體的體積，以下要設法求旋轉面的面積。

旋轉面的定義

將一個連續函數的圖形，繞一條直線旋轉一圈所得的曲面就稱為**旋轉面**（surface of revolution）。

一般旋轉面面積的討論基礎是正圓錐台（扣去上底、下底之後）的表面積，如圖 6.42。

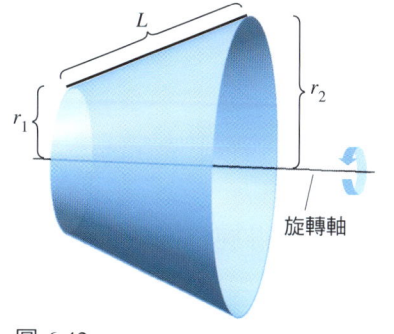

圖 6.42

旋轉面面積的定義

令 $y=f(x)$ 在區間 $[a, b]$ 上連續可微，圖形 f 繞一水平或鉛直直線旋轉所得旋轉面的面積是

$$S = 2\pi\int_a^b r(x)\sqrt{1+[f'(x)]^2}\,dx \qquad y \text{ 是 } x \text{ 的函數}$$

式中 $r(x)$ 是圖形 f 和旋轉軸之間的距離。
如果在區間 $[c, d]$ 上函數是 $x = g(y)$，則表面積是

$$S = 2\pi\int_c^d r(y)\sqrt{1+[g'(y)]^2}\,dy \qquad x \text{ 是 } y \text{ 的函數}$$

式中 $r(y)$ 是圖形 g 和旋轉軸之間的距離。

上述公式也經常寫成

$$S = 2\pi \int_a^b r(x)\, ds \qquad \text{y 是 x 的函數}$$

和

$$S = 2\pi \int_c^d r(y)\, ds \qquad \text{x 是 y 的函數}$$

式中 ds 分別等於 $\sqrt{1 + [f'(x)]^2}\, dx$ 和 $\sqrt{1 + [g'(y)]^2}\, dy$。

例 6　旋轉面的面積

求在區間 $[0, 1]$ 上，$f(x) = x^3$ 繞 x 軸旋轉所得旋轉面的面積（圖 6.43）。

解　x 軸和圖形 f 之間的距離是 $r(x) = f(x)$，又因 $f'(x) = 3x^2$，旋轉面的面積是

$$\begin{aligned}
S &= 2\pi \int_a^b r(x)\sqrt{1 + [f'(x)]^2}\, dx && \text{曲面面積公式}\\
&= 2\pi \int_0^1 x^3 \sqrt{1 + (3x^2)^2}\, dx\\
&= \frac{2\pi}{36} \int_0^1 (36x^3)(1 + 9x^4)^{1/2}\, dx && \text{化簡}\\
&= \frac{\pi}{18}\left[\frac{(1 + 9x^4)^{3/2}}{3/2}\right]_0^1 && \text{積分}\\
&= \frac{\pi}{27}(10^{3/2} - 1) \approx 3.563
\end{aligned}$$

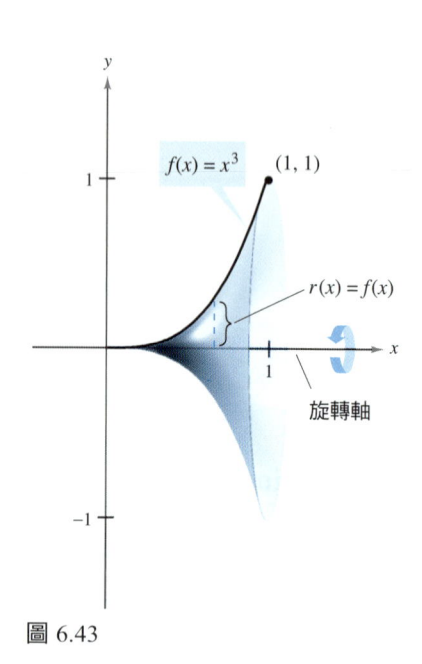

例 7　旋轉面的面積

求在區間 $[0, \sqrt{2}]$ 上，$f(x) = x^2$ 繞 y 軸旋轉所得旋轉面的面積（圖 6.44）。

解　此時，圖形 f 和 y 軸之間的距離是 $r(x) = x$，然後利用 $f'(x) = 2x$，可得曲面面積。

$$\begin{aligned}
S &= 2\pi \int_a^b r(x)\sqrt{1 + [f'(x)]^2}\, dx && \text{曲面面積公式}\\
&= 2\pi \int_0^{\sqrt{2}} x\sqrt{1 + (2x)^2}\, dx\\
&= \frac{2\pi}{8} \int_0^{\sqrt{2}} (1 + 4x^2)^{1/2}(8x)\, dx && \text{化簡}\\
&= \frac{\pi}{4}\left[\frac{(1 + 4x^2)^{3/2}}{3/2}\right]_0^{\sqrt{2}} && \text{積分}\\
&= \frac{\pi}{6}[(1 + 8)^{3/2} - 1] = \frac{13\pi}{3} \approx 13.614
\end{aligned}$$

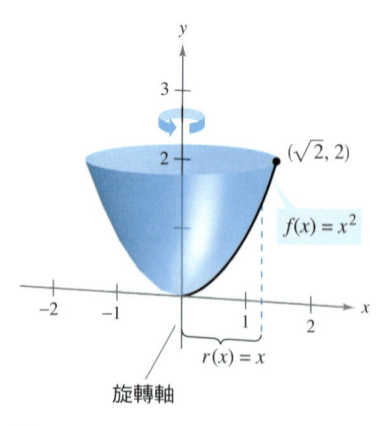

習題 6.4

習題 1～5，求函數圖形在其指定區間的弧長。

1. $y = \dfrac{2}{3}(x^2+1)^{3/2}$
2. $y = \dfrac{2}{3}x^{3/2}+1$

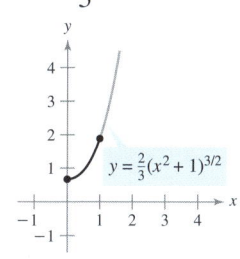

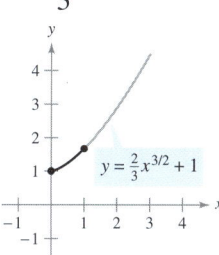

3. $y = \dfrac{3}{2}x^{2/3}$, $[1, 8]$

4. $y = \dfrac{1}{2}(e^x + e^{-x})$, $[0, 2]$

★ 5. $x = \dfrac{1}{3}(y^2+2)^{3/2}$, $0 \le y \le 4$

6. 一條懸在相距 40 公尺的兩塔之間的電纜（如下圖），形狀如懸垂線，公式是
$$y = 10\,(e^{x/20}+e^{-x/20}),\ -20 \le x \le 20$$
其中 x 與 y 的單位都是公尺，求兩塔之間電纜的長度。

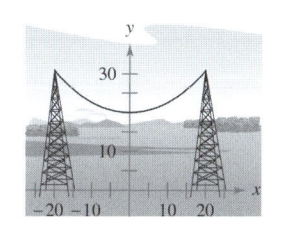

★ 7. 求星形線 $x^{2/3}+y^{2/3}=4$ 的弧長。

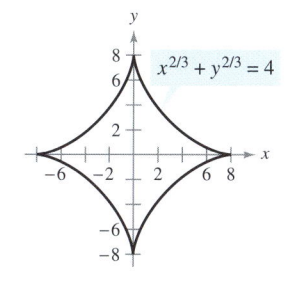

習題 8～11，用積分求曲線於給定範圍，繞 x 軸旋轉得出的旋轉體表面積。

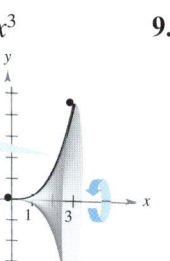

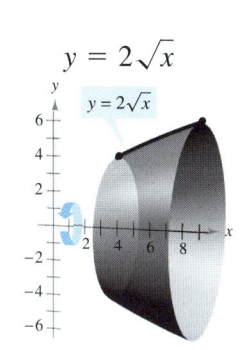

8. $y = \dfrac{1}{3}x^3$
9. $y = 2\sqrt{x}$

10. $y = \dfrac{x^3}{6}+\dfrac{1}{2x}$, $1 \le x \le 2$
11. $y = \sqrt{4-x^2}$, $-1 \le x \le 1$

習題 12～13，用積分求曲線於給定範圍，繞 y 軸旋轉得出的旋轉體表面積。

12. $y = \sqrt[3]{x}+2$, $1 \le x \le 8$
13. $y = 1-\dfrac{x^2}{4}$, $0 \le x \le 2$

★ 14. 求星形線 $x^{2/3}+y^{2/3}=4$, $0 \le y \le 8$ 繞 y 軸旋轉得出的旋轉體表面積。

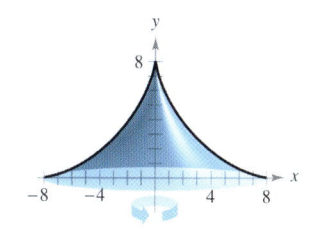

註：標誌 ★ 表示稍難題目。

6.5 微分方程：成長與衰退
Differential Equations: Growth and Decay

◆ 利用分離變數法解簡單的微分方程。
◆ 利用指數函數建立有關成長與衰退的應用模型。

微分方程 Differential Equations

在 4.1 節，已學過解微分方程 $y = f'(x)$ 的通解，也學過有初始條件的特解。在本節中，我們要學習如何求解可以分離變數的微分方程式，解題的方法是將原方程式改寫，使得方程式的變數分屬方程式的兩邊，這個方法叫做分離變數法。

例1 解微分方程

學習指引 例 1 可以使用隱微分法來驗算。

$$y' = \frac{2x}{y} \qquad \text{原式}$$

$$yy' = 2x \qquad \text{左右乘 } y$$

$$\int yy'\, dx = \int 2x\, dx \qquad \text{對 } x \text{ 積分}$$

$$\int y\, dy = \int 2x\, dx \qquad dy = y'\, dx$$

$$\frac{1}{2}y^2 = x^2 + C_1 \qquad \text{應用指數規則}$$

$$y^2 - 2x^2 = C \qquad \text{以 } C \text{ 代 } 2C_1 \text{ 改寫}$$

所以，解出通解

$$y^2 - 2x^2 = C$$

在例 1 中，兩邊同時進行積分的時候，不需要在兩邊都加上積分常數，如果真的加上了，得到的結果其實還是一樣。

$$\int y\, dy = \int 2x\, dx$$
$$\frac{1}{2}y^2 + C_2 = x^2 + C_3$$
$$\frac{1}{2}y^2 = x^2 + (C_3 - C_2)$$
$$\frac{1}{2}y^2 = x^2 + C_1 \qquad \text{令 } C_3 - C_2 = C_1$$

實際上，多數人喜歡用 Leibniz 記號和微分形式進行分離變數法，我們可以用 Leibniz 記號和微分形式，將上面的解再寫一次。

$$\frac{dy}{dx} = \frac{2x}{y}$$

$$y\,dy = 2x\,dx$$

$$\int y\,dy = \int 2x\,dx$$

$$\frac{1}{2}y^2 = x^2 + C_1$$

$$y^2 - 2x^2 = C$$

成長與衰退的模型 Growth and Decay Models

在許多應用上，變數 y 的變率與 y 成比例，如果 y 是時間 t 的函數，這個比例關係可以寫成

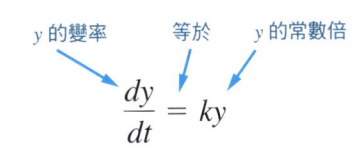

y 的變率　等於　y 的常數倍

$$\frac{dy}{dt} = ky$$

下面的定理說明這樣一個微分方程的通解。

定理 6.1　指數成長和衰退的模型

如果 y 是 t 的可微分函數，滿足 $y > 0$，並且對某一個常數 k 滿足 $dy/dt = ky$，則 $y = Ce^{kt}$。

C 是 y 的**初始條件**（inital value），k 是**比例常數**（proportionality constant）。當 $k > 0$ 時，模型是**指數成長**（exponential growth），當 $k < 0$ 時，模型是**指數衰退**（exponential decay）。

證明

注意　請將 $y = Ce^{kt}$ 對 t 微分，驗證 $y' = ky$。

$y' = ky$	原式
$\dfrac{y'}{y} = k$	分離變數
$\displaystyle\int \frac{y'}{y}\,dt = \int k\,dt$	對 t 積分
$\displaystyle\int \frac{1}{y}\,dy = \int k\,dt$	$dy = y'dt$
$\ln y = kt + C_1$	求兩邊的反導數
$y = e^{kt}e^{C_1}$	解 y
$y = Ce^{kt}$	令 $C = e^{C_1}$

所以，$y' = ky$ 所有的解都是 $y = Ce^{kt}$ 的形式。

例2 利用指數成長模型

已知 y 的變率與 y 成比例，當 $t = 0$ 時，$y = 2$；當 $t = 2$ 時，$y = 4$。請問當 $t = 3$ 時，y 值為何？

解 由於 $y' = ky$，因此 $y = Ce^{kt}$。利用兩個初始條件再解 C 和 k。

$$2 = Ce^0 \implies C = 2 \qquad \text{當 } t = 0, y = 2$$

$$4 = 2e^{2k} \implies k = \frac{1}{2}\ln 2 \approx 0.3466 \qquad \text{當 } t = 2, y = 4$$

因此，模型是

$$y' \approx 2e^{0.3466t}$$

當 $t = 3$ 時，y 值是 $2e^{0.3466(3)} < 5.657$（見圖 6.45）。

放射性衰變的過程通常以半衰期（half-life）說明，半衰期是指衰變的原子達到半數時所需要的時間（年）。下面是一些常見同位素的半衰期。

鈾 238（^{238}U）	4,470,000,000 年
鈽 239（^{239}Pu）	24,100 年
碳 14（^{14}C）	5,715 年
鐳 226（^{226}Ra）	1,599 年
鑀 254（^{254}Es）	276 日
鍩 257（^{257}No）	25 秒

> **研讀指引** 注意到利用對數性質可以將例 2 中的 k 寫成 $\ln(\sqrt{2})$。因此，模型就變成 $y = 2e^{(\ln\sqrt{2})t}$，進一步可以改寫成 $y = 2(\sqrt{2})^t$。

例3 放射性衰變

假設核災變發生時，有 10 克同位素鈽 -239 釋出，請問衰變的過程需時多久，這 10 克的同位素才會只剩下 1 克？

解 令 y 表鈽的質量（克），由於衰變的速率與 y 成比例，所以
$$y = Ce^{kt}$$

t 表時間（年），代入初始條件求 C 和 k，當 $t = 0$ 時，將 $y = 10$ 代入得

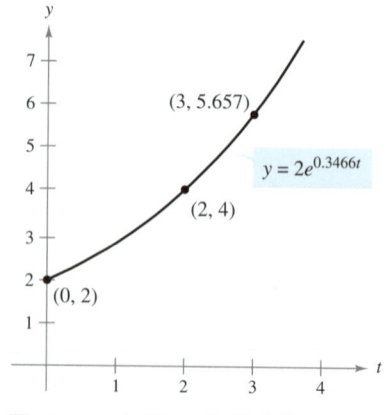

圖 6.45 如果 y 的變率與 y 成比例，則 y 遵循一個指數模型。

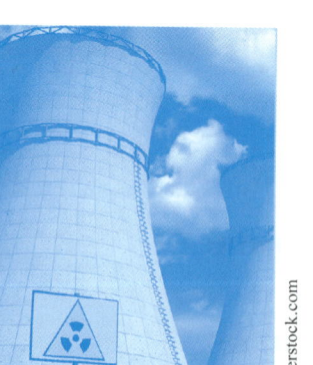

一般的核子反應器，1 公斤的鈽 -239 就能供應 900 戶人家一年的電力。（資料來源：世界核子協會，美國能源資訊局）

$$10 = Ce^{k(0)} \implies 10 = Ce^0$$

得到 $C = 10$。接著利用鈽 -239 半衰期為 24,100 年之條件，所以當 $t = 24{,}100$ 時 $y = 10/2 = 5$，代入得

$$5 = 10e^{k(24{,}100)}$$

$$\frac{1}{2} = e^{24{,}100k}$$

$$\frac{1}{24{,}100}\ln\frac{1}{2} = k$$

$$-0.000028761 \approx k$$

因此，模型是

$$y = 10e^{-0.000028761t} \qquad \text{半衰期模型}$$

將 $y = 1$ 代入求 t

$$1 = 10e^{-0.000028761t}$$

大約需時 80,059 年才會剩下 1 克。

注意 例 3 的指數衰變模型也可寫成 $y = 10\left(\frac{1}{2}\right)^{t/24{,}100}$，雖然這種型式反而比較容易推導，但在其他的應用，反而不易使用。

從例 3，注意到在一個指數成長或衰退的問題中，在 $t = 0$ 時以 y 值代入，很容易求得 C，下面的例子說明如果 $t = 0$ 時的 y 值不清楚時，解 C 的方法。

例 4 群體數量的成長

假設在實驗室中有一群果蠅，其數量的增加遵循指數成長的規律。在實驗開始的第二天之後有 100 隻，在第四天之後有 300 隻，請問在開始實驗時有幾隻果蠅？

解 令 $y = Ce^{kt}$，表示在時間 t 時果蠅的數目，t 的單位是天。注意，雖然果蠅的數量為離散的，但 y 為連續的。由於當 $t = 2$ 時，$y = 100$；當 $t = 4$ 時，$y = 300$，所以有

$$100 = Ce^{2k},\ 300 = Ce^{4k}$$

由第一式，得知 $C = 100e^{-2k}$，代入第二式得出

$$300 = 100e^{-2k}e^{4k}$$

$$300 = 100e^{2k}$$

$$3 = e^{2k}$$

$$\ln 3 = 2k$$

$$\frac{1}{2}\ln 3 = k$$

$$0.5493 \approx k$$

因此，指數成長模型的公式是

$$y = Ce^{0.5493t}$$

再解 C，因為 $C = 100e^{-2k}$，將 k 值代入得到 $C \approx 33$。

所以當 $t = 0$ 時，起始的數量大約是 $y = C = 33$ 隻，如圖 6.46 所示。

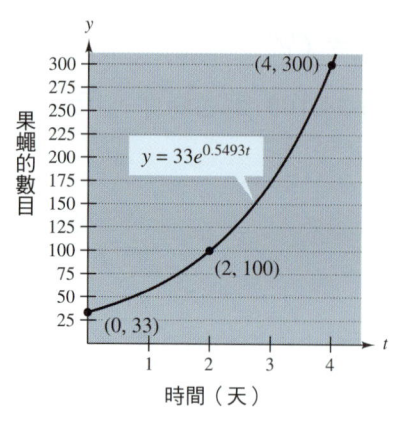

圖 6.46

例 5　銷售量下滑

廣告截止四個月之後，公司的銷售量從每月 100,000 件下滑到每月 80,000 件。如果下滑的情形遵循指數規律，再過兩個月銷售量如何？

解　利用指數衰退模型 $y = Ce^{kt}$，t 的單位是月，如圖 6.47 所示，令 $t = 0$，可知 $C = $ 初始條件 $= 100,000$，而當 $t = 4$ 時，$y = 80,000$，因此

$$80,000 = 100,000e^{4k}$$
$$0.8 = e^{4k}$$
$$\ln(0.8) = 4k$$
$$-0.0558 \approx k$$

再過兩個月，也就是 $t = 6$，預期的月銷售量是

$$y = 100,000e^{-0.0558(6)} \approx 71,500 \text{ 件}$$

例 2 到例 5，只是根據條件決定相關的 k 和 C 值，而不必真的去解微分方程

$$y' = ky$$

下面的例子探討物體溫度的變化，需要以分離變數法求解。著名的**牛頓冷卻定律**（Newton's Law of Cooling）說明一個物體溫度的變化率與該物和周遭的溫差成比例。

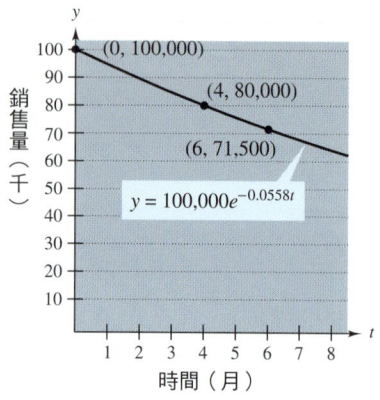

圖 6.47

例 6　牛頓冷卻定律

令 y 表室溫維持在 16℃ 之下一物的溫度（℃），如果此物在 10 分鐘之內從 38℃ 降到 32℃，請問要降至 27℃ 還需要多少時間？

解　根據牛頓冷卻定律，y 的變率與 y 跟 16 之間的差成比例，亦即

$$y' = k(y - 16), \quad 27 \leq y \leq 38$$

我們以分離變數法解此方程式如下。

$$\frac{dy}{dt} = k(y-16) \qquad \text{微分方程}$$

$$\left(\frac{1}{y-16}\right)dy = k\,dt \qquad \text{分離變數}$$

$$\int \frac{1}{y-16}\,dy = \int k\,dt \qquad \text{兩邊積分}$$

$$\ln|y-16| = kt + C_1 \qquad \text{求出反導數}$$

由於 $y > 16$，$|y-16| = y-16$，可以略去絕對值記號。利用指數符號，得到

$$y - 16 = e^{kt+C_1} \quad \Longrightarrow \quad y = 16 + Ce^{kt} \qquad C = e^{C_1}$$

再將 $t = 0$ 時，$y = 38$ 代入，得 $38 = 16 + Ce^{k(0)} = 16 + C$，因此 $C = 22$。又因 $t = 10$ 時，$y = 32$，所以

$$32 = 16 + 22e^{k(10)}$$
$$16 = 22e^{10k}$$
$$k = \frac{1}{10}\ln\frac{8}{11} \approx -0.03185$$

因此模型是

$$y = 16 + 22e^{-0.03185t} \qquad \text{冷卻模型}$$

最後，代入 $y = 27$，得到

$$27 = 16 + 22e^{-0.03185t}$$
$$11 = 22e^{-0.03185t}$$
$$\frac{1}{2} = e^{-0.03185t}$$
$$\ln\frac{1}{2} = -0.03185t$$
$$t \approx 21.76 \text{ 分鐘}$$

因此還需要大約 11.76 分鐘，此物才會降到 27°C（見圖 6.48）。

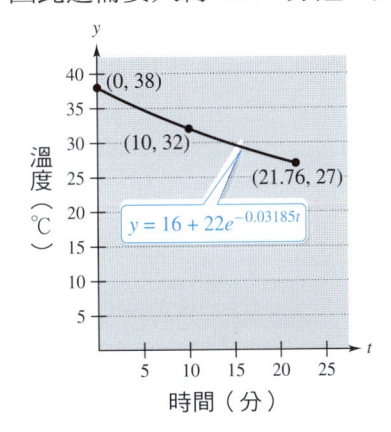

圖 6.48

習題 6.5

習題 1～4，解下列各微分方程。

1. $\dfrac{dy}{dx} = x + 3$

2. $\dfrac{dy}{dx} = y + 3$

3. $y' = \dfrac{5x}{y}$

4. $(1 + x^2)y' - 2xy = 0$

5. 若 P 對 t 的變化率和 $25 - t$ 成正比，寫下微分方程式並求解。

習題 6～7，若函數 $y = f(t)$ 過點 $(0, 10)$，且其導函數如下，求 y。

6. $\dfrac{dy}{dt} = \dfrac{1}{2}t$

7. $\dfrac{dy}{dt} = -\dfrac{1}{2}y$

習題 8～9，根據 $y = Ce^{kt}$ 通過的兩點坐標，求解 C 和 k。

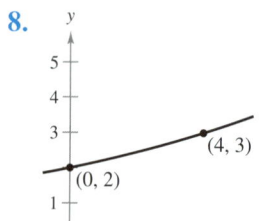

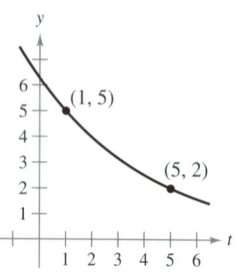

8. 通過 $(0, 2)$、$(4, 3)$

9. 通過 $(1, 5)$、$(5, 2)$

★10. 放射性鐳 226 的半衰期大約是 1599 年。請問 100 年後，有百分之幾會留下？

★11. 碳 14 測定假設現今地球上二氧化碳所含的放射性碳 14 與古代一樣多，也就是說，數世紀前的一棵樹所吸收的碳 14 與假設它存活在現在所吸收的一樣多。假設有一片古代的木炭與現今的木炭比較，其放射性碳 14 的含量只是現今的 15%，請問木炭何時形成（碳 14 的半衰期是 5715 年）？

★12. 培養皿內細菌數量根據指數型成長定律來增加。培養皿在 2 小時後細菌數量為 125，4 小時後細菌數量為 350。
   (a) 求原始數量。
   (b) 寫出細菌數量之指數成長模型。令 t 表示小時。
   (c) 利用模型來計算 8 小時後細菌的數量。
   (d) 多少小時後細菌數量為 25,000？

★13. 某工廠的管理階層發現一個工人一天至多生產 30 單位。一個新進員工上工 t 天後，他每天生產 N 單位的學習曲線是
$$N = 30(1 - e^{kt})$$
已知某員工上工 20 天後，他生產 19 單位。
   (a) 求此員工的學習曲線。
   (b) 此人上工幾天後，生產量是 25 單位？

註：標誌 ★ 表示稍難題目。

本章習題

習題 1～8，畫出下列各題中，曲線或直線所圍的區域，並求其面積。

1. $y = 6 - \dfrac{1}{2}x^2$, $y = \dfrac{3}{4}x$, $x = -2$, $x = 2$
2. $y = \dfrac{1}{x^2}$, $y = 4$, $x = 5$
3. $x = y^2 - 2y$, $x = -1$, $y = 0$
4. $y = x$, $y = x^3$
5. $x = y^2 + 1$, $x = y + 3$
★ 6. $y = \sin x$, $y = \cos x$, $\dfrac{\pi}{4} \le x \le \dfrac{5\pi}{4}$
7. $y = x^2 - 8x + 3$, $y = 3 + 8x - x^2$
★ 8. $y = x^4 - 2x^2$, $y = 2x^2$

習題 9～10，求下列各題中，曲線或直線所圍區域繞其指定軸旋轉，所得的旋轉體體積。

◎ 9. $y = \sqrt{x}$，$y = 2$，$x = 0$
   (a) x 軸   (b) 直線 $y = 2$
   (c) y 軸   (d) 直線 $x = -1$

◎ 10. $y = \dfrac{1}{x^2}$，$y = 0$，$x = 2$，$x = 5$ 繞 y 軸

◎ 11. 求 $f(x) = \dfrac{4}{5}x^{5/4}$ 的函數圖形在區間 $[0, 4]$ 的弧長。

習題 12～13，求下列函數圖在其指定範圍繞其指定軸之旋轉，所得之旋轉面面積。

◎ 12. $y = \dfrac{x^3}{18}$, $3 \le x \le 6$ 繞 x 軸

◎ 13. $y = \dfrac{x^2}{2} + 4$, $0 \le x \le 2$ 繞 y 軸

◎ 14. 鐳 226 的半衰期是 1599 年，現有 15 克的鐳 226，請問 750 年後，還剩下幾克？

◎ 15. 有一族群，年增率為 1.85%；請問幾年之後，族群的數量會加倍？

◎ 16. 求 $\dfrac{dy}{dx} = \dfrac{5x}{y}$ 的通解。

◎ 17. 在某地，浣熊數量 $N(t)$ 的變化率與 $380 - N(t)$ 成正比，其中 t 以年記。當 $t = 0$ 時，浣熊數量 $N(0)$ 是 110；當 $t = 4$ 時，浣熊數量 $N(4)$ 是 150。求 $t = 8$ 時，浣熊數量為何？

註：標誌 ◎ 為選材題目。
    標誌 ★ 表示稍難題目。

7 無窮級數 (註)
Infinite Series

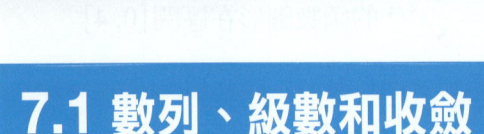

7.1 數列、級數和收斂 Sequences, Series and Convergence

- ◆ 依序排出數列。
- ◆ 決定數列的斂散性。
- ◆ 寫出數列一般項的公式。
- ◆ 瞭解無窮級數收斂的定義。
- ◆ 利用無窮幾何級數（無窮等比級數）的性質。
- ◆ 利用一般項檢驗無窮級數的發散。

深入探索

尋找規律 找出下列各個數列的規律並寫出該數列的第 n 項，當 n 遞增時，一般項是否有極限？解釋理由。

a. $1, \frac{1}{2}, \frac{1}{4}, \frac{1}{8}, \frac{1}{16}, \ldots$

b. $1, \frac{1}{2}, \frac{1}{6}, \frac{1}{24}, \frac{1}{120}, \ldots$

c. $10, \frac{10}{3}, \frac{10}{6}, \frac{10}{10}, \frac{10}{15}, \ldots$

d. $\frac{1}{4}, \frac{4}{9}, \frac{9}{16}, \frac{16}{25}, \frac{25}{36}, \ldots$

e. $\frac{3}{7}, \frac{5}{10}, \frac{7}{13}, \frac{9}{16}, \frac{11}{19}, \ldots$

數列 Sequences

在數學上「數列」一詞與一般英文用法非常類似，我們說一些事件或物件一個接一個，意味著將一組數依序排列，因此有排第一位，排第二位，排第三位等等。

在數學上的另一種說法是把**數列**（sequence）定為一個以正整數為定義域的函數。將數列看成函數時，習慣上一向是以下標記號表示此一函數，而非以標準的函數記號來表示。例如將下面這個數列

$$
\begin{array}{ccccccc}
1, & 2, & 3, & 4, & \ldots, & n, & \ldots \\
\downarrow & \downarrow & \downarrow & \downarrow & \downarrow & \downarrow & \downarrow \\
a_1, & a_2, & a_3, & a_4, & \ldots, & a_n, & \ldots
\end{array} \quad \text{數列}
$$

注意 有時數列的首項以 a_0 表示，而將數列從 a_0 開始排成 $a_0, a_1, a_2, a_3, \ldots, a_n, \ldots$

看成函數時，1 對到 a_1，2 對到 a_2，等等，$a_1, a_2, a_3, \ldots, a_n, \ldots$ 稱為此一數列的**各項**（terms），a_n 是第 n 項，數列的全體以 $\{a_n\}$ 表示。

例 1 依序排出數列

a. 數列 $\{a_n\} = \{3 + (-1)^n\}$ 依序排出是

$$3 + (-1)^1, \ 3 + (-1)^2, \ 3 + (-1)^3, \ 3 + (-1)^4, \ \ldots$$
$$2, \qquad 4, \qquad 2, \qquad 4, \qquad \ldots$$

b. 數列 $\{b_n\} = \left\{\dfrac{n}{1-2n}\right\}$ 依序排出是

註：學習本章時，可視其時間或需要調整其範圍，由多至少是：(1) 完整介紹本章；(2) 跳過選材 7.2；(3) 只研讀 7.1 與 7.3；(4) 完全跳過本章，直接進入第 8 章。

$$\frac{1}{1-2\cdot 1}, \frac{2}{1-2\cdot 2}, \frac{3}{1-2\cdot 3}, \frac{4}{1-2\cdot 4}, \ldots$$

$$-1, \quad -\frac{2}{3}, \quad -\frac{3}{5}, \quad -\frac{4}{7}, \quad \ldots$$

c. 數列 $\{c_n\} = \left\{\dfrac{n^2}{2^n - 1}\right\}$ 依序排出是

$$\frac{1^2}{2^1 - 1}, \frac{2^2}{2^2 - 1}, \frac{3^2}{2^3 - 1}, \frac{4^2}{2^4 - 1}, \ldots$$

$$\frac{1}{1}, \quad \frac{4}{3}, \quad \frac{9}{7}, \quad \frac{16}{15}, \quad \ldots$$

d. 假設**遞迴**（recursively defined）數列 $\{d_n\}$ 的第一項 d_1 是 25，並且 $d_{n+1} = d_n - 5$，則此數列的前四項依序是

$$25, \ 25 - 5 = 20, \ 20 - 5 = 15, \ 15 - 5 = 10, \ \ldots$$

> **研讀指引** 有一些數列是用遞迴的方式定義。用遞迴方式定義數列的時候，要先給出數列的第一項或是前幾項，其餘則是利用各項的前項或前幾項來定義。請見例 1(d)。

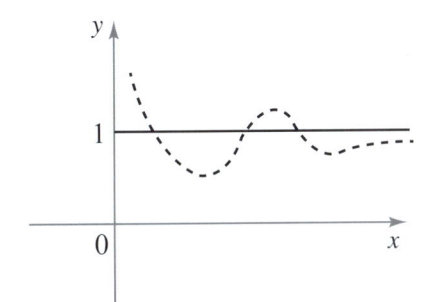

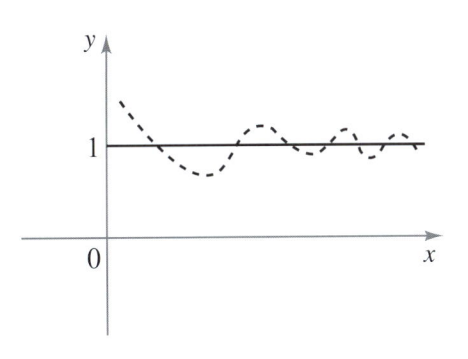

數列的極限 Limit of a Sequence

本章最基本的議題是探討一個數列的一般項是否有極限。如果極限存在的話，我們就稱該數列是**收斂**（converge）的，例如數列 $\{1/2^n\}$

$$\frac{1}{2}, \frac{1}{4}, \frac{1}{8}, \frac{1}{16}, \frac{1}{32}, \ldots$$

收斂到 0，以下是對數列極限的定義。

> **定義 數列的極限**
>
> 給定數列 $\{a_n\}$，若我們可找到某數 L，使得「只要 n 夠大，a_n 就可按照我們所希望的程度去逼近 L」，我們就稱「數列 $\{a_n\}$ 的極限值是 L」，並以
>
> $$\lim_{n \to \infty} a_n = L$$
>
> 或
>
> 當 $n \to \infty$，$a_n \to L$
>
> 記之。此時（$\lim_{n \to \infty} a_n = L$）也稱「此數列 $\{a_n\}$ **收斂**（converges）」；否則，我們就稱此數列**發散**（diverges）。

(a)

(b)

圖 7.1　兩個數列的極限值都是 1。

如圖 7.1，這兩個數列的極限值都是 1。

如果數列 $\{a_n\}$ 和一個函數 f 在正整數取值相同（即 $a_n = f(n)$），並且當 $x \to \infty$ 時，$f(x)$ 會趨近 L，則數列 $\{a_n\}$ 也會收斂到同一個極限 L。

定理 7.1　數列的極限

已知函數 f 在 $x \to \infty$ 時有極限 L，亦即

$$\lim_{x \to \infty} f(x) = L$$

如果 $f(n) = a_n$，n 是正整數，則數列 $\{a_n\}$ 亦以 L 為極限，即

$$\lim_{n \to \infty} a_n = L$$

注意 極限不存在的數列有好幾種情形。其中一種是一般項無上界的遞增，或是無下界的遞減。這兩種情形分別以記號表示如下。

$$\lim_{n \to \infty} a_n = \infty \quad 與 \quad \lim_{n \to \infty} a_n = -\infty$$

例 2　求數列的極限

已知數列的一般項為 $a_n = \left(1 + \dfrac{1}{n}\right)^n$，求此數列的極限。

解　由 1.6 節定理 1.9，得知

$$\lim_{x \to \infty} \left(1 + \frac{1}{x}\right)^x = e$$

再利用定理 7.1 得出

$$\lim_{n \to \infty} a_n = \lim_{n \to \infty} \left(1 + \frac{1}{n}\right)^n$$
$$= e$$

下面四個有關數列極限的性質與函數極限的性質類似。

定理 7.2　數列極限的性質

已知 $\lim\limits_{n \to \infty} a_n = L$ 與 $\lim\limits_{n \to \infty} b_n = K$，則有

1. $\lim\limits_{n \to \infty} (a_n \pm b_n) = L \pm K$
2. $\lim\limits_{n \to \infty} c a_n = cL$，其中 c 是任意實數
3. $\lim\limits_{n \to \infty} (a_n b_n) = LK$
4. $\lim\limits_{n \to \infty} \dfrac{a_n}{b_n} = \dfrac{L}{K}$，其中 $b_n \neq 0$ 且 $K \neq 0$

例 3　決定數列的斂散性

a. 由於數列 $\{a_n\} = \{3 + (-1)^n\}$ 依序為

$$2, 4, 2, 4, \ldots \qquad \text{見本節，例 1(a)}$$

其中，2 和 4 輪流出現，因此極限

$$\lim_{n \to \infty} a_n$$

不存在，也就是說此數列發散。

b. 我們可以將數列 $\{b_n\} = \left\{\dfrac{n}{1-2n}\right\}$ 的一般項之分子分母同除以 n 得到

$$\lim_{n \to \infty} \frac{n}{1-2n} = \lim_{n \to \infty} \frac{1}{(1/n)-2} = -\frac{1}{2} \qquad \text{見本節，例 1(b)}$$

因此數列收斂到 $-\dfrac{1}{2}$。

例 4　利用羅必達規則決定數列的收斂

求證數列 $a_n = \dfrac{n^2}{2^n - 1}$ 收斂。

解　考慮函數

$$f(x) = \dfrac{x^2}{2^x - 1}$$

應用兩次羅必達規則，得到

$$\lim_{x \to \infty} \dfrac{x^2}{2^x - 1} = \lim_{x \to \infty} \dfrac{2x}{(\ln 2)2^x} = \lim_{x \to \infty} \dfrac{2}{(\ln 2)^2 2^x} = 0$$

由於 $f(n) = a_n$，利用定理 7.1 得出

$$\lim_{n \to \infty} \dfrac{n^2}{2^n - 1} = 0 \qquad \text{見本節，例 1(c)}$$

所以數列收斂到 0。

察覺數列的規律　Pattern Recognition for Sequences

有時數列只呈現出前面幾項，而無一般項的表示，此時我們可能可以找出一些規律來描述一般項，一般項確定之後，再來討論數列的斂散性。

例 5　求數列的第 n 項

已知數列 $\{a_n\}$ 的前五項是

$$\dfrac{2}{1},\ \dfrac{4}{3},\ \dfrac{8}{5},\ \dfrac{16}{7},\ \dfrac{32}{9},\ \ldots$$

請找出 a_n 的一般項，並判斷 $\{a_n\}$ 的斂散性。

解　注意到分子是 2 的連續次方，而分母是正奇數，發現到規律是

$$\dfrac{2^1}{1},\ \dfrac{2^2}{3},\ \dfrac{2^3}{5},\ \dfrac{2^4}{7},\ \dfrac{2^5}{9},\ \ldots,\ \dfrac{2^n}{2n - 1}$$

利用羅必達規則求 $f(x) = 2^x/(2x - 1)$ 的極限，得到

$$\lim_{x \to \infty} \dfrac{2^x}{2x - 1} = \lim_{x \to \infty} \dfrac{2^x (\ln 2)}{2} = \infty \quad \Longrightarrow \quad \lim_{n \to \infty} \dfrac{2^n}{2n - 1} = \infty$$

因此，$\{a_n\}$ 發散。

無窮級數　Infinite Series

如果 $\{a_n\}$ 是一個無窮數列，則

$$\sum_{n=1}^{\infty} a_n = a_1 + a_2 + a_3 + \cdots + a_n + \cdots$$

無窮級數

就是一個**無窮級數**〔infinite series，簡稱**級數** (series)〕，$a_1, a_2, a_3 \ldots$ 稱為級數的**項**（terms）。有時，會以 a_0 表示首項，為了打字上的方便，一般將無窮級數表成 Σa_n，此時究竟首項的下標為何，要根據上、下文才能決定。

為了求無窮級數的和，考慮下面這一串**部分和數列**（sequence of partial sums）。

$$S_1 = a_1$$
$$S_2 = a_1 + a_2$$
$$S_3 = a_1 + a_2 + a_3$$
$$\vdots$$
$$S_n = a_1 + a_2 + a_3 + \cdots + a_n$$

如果部分和數列收斂的話，我們就稱相關的級數收斂，並將部分和數列的極限定為級數的和。

級數收斂或發散的定義

以 $S_n = a_1 + a_2 + \cdots + a_n$ 表無窮級數 Σa_n 的**部分和**（nth partial sum）。

如果數列 $\{S_n\}$ 收斂到 S，則級數 Σa_n **收斂**，並且以 S 為**級數和**（sum of the series），表成

$$S = a_1 + a_2 + \cdots + a_n + \cdots \quad \text{或} \quad \Sigma a_n = S$$

如果 $\{S_n\}$ 發散，則 Σa_n **發散**。

例 6　級數的收斂和發散

a. 級數

$$\sum_{n=1}^{\infty} \frac{1}{2^n} = \frac{1}{2} + \frac{1}{4} + \frac{1}{8} + \frac{1}{16} + \cdots$$

的部分和如下。

$$S_1 = \frac{1}{2}$$
$$S_2 = \frac{1}{2} + \frac{1}{4} = \frac{3}{4}$$
$$S_3 = \frac{1}{2} + \frac{1}{4} + \frac{1}{8} = \frac{7}{8}$$

$$S_n = \frac{1}{2} + \frac{1}{4} + \frac{1}{8} + \cdots + \frac{1}{2^n} = \frac{2^n - 1}{2^n}$$

由於

$$\lim_{x \to \infty} \frac{2^n - 1}{2^n} = 1$$

所以此級數收斂，其和為 1。

b. 級數

$$\sum_{n=1}^{\infty} \left(\frac{1}{n} - \frac{1}{n+1} \right) = \left(1 - \frac{1}{2} \right) + \left(\frac{1}{2} - \frac{1}{3} \right) + \left(\frac{1}{3} - \frac{1}{4} \right) + \cdots$$

的第 n 個部分和為

$$S_n = 1 - \frac{1}{n+1}$$

由於 S_n 的極限是 1，所以此級數收斂，其和為 1。

c. 級數

$$\sum_{n=1}^{\infty} 1 = 1 + 1 + 1 + 1 + \cdots$$

的部分和 $S_n = n$。部分和發散，所以原級數也發散。

例 1(b) 中的級數是一個所謂的**望遠鏡級數**（telescoping series），有如一個用無窮多個由大到小的套筒套成的望遠鏡，以下列形式呈現

$$(b_1 - b_2) + (b_2 - b_3) + (b_3 - b_4) + (b_4 - b_5) + \cdots$$

望遠鏡級數

注意到加上第二項時，b_2 消去；加上第三項時，b_3 消去等等，由於第 n 個部分和是

$$S_n = b_1 - b_{n+1}$$

所以望遠鏡級數收斂的主要條件是當 $n \to \infty$ 時，b_n 有極限。此時，級數的和是

$$S = b_1 - \lim_{n \to \infty} b_{n+1}$$

例 7　改寫為望遠鏡級數

求級數 $\displaystyle\sum_{n=1}^{\infty} \frac{2}{4n^2 - 1}$ 的和。

解　以部分分式的方法，將級數的一般項改寫為

$$a_n = \frac{2}{4n^2 - 1} = \frac{2}{(2n-1)(2n+1)} = \frac{1}{2n-1} - \frac{1}{2n+1}$$

這是一個望遠鏡級數，第 n 個部分和是

$$S_n = \left(\frac{1}{1} - \frac{1}{3}\right) + \left(\frac{1}{3} - \frac{1}{5}\right) + \cdots + \left(\frac{1}{2n-1} - \frac{1}{2n+1}\right) = 1 - \frac{1}{2n+1}$$

所以級數收斂，其和為 1，亦即

$$\sum_{n=1}^{\infty} \frac{2}{4n^2 - 1} = \lim_{n \to \infty} S_n = \lim_{n \to \infty}\left(1 - \frac{1}{2n+1}\right) = 1 \qquad \blacksquare$$

幾何級數 Geometric Series

例 1(a) 中的級數稱為**幾何級數**（geometric series），幾何級數一般的形式是

$$\sum_{n=0}^{\infty} ar^n = a + ar + ar^2 + \cdots + ar^n + \cdots, \quad a \neq 0 \qquad \text{幾何級數}$$

其中 a 為首項，r 為公比。

定理 7.3　幾何級數的收斂和發散

如果幾何級數的公比為 r，當 $|r| \geq 1$ 時，級數發散；而當 $0 < |r| < 1$ 時，級數收斂，其和為

$$\sum_{n=0}^{\infty} ar^n = \frac{a}{1-r}, \qquad 0 < |r| < 1$$

證明　在此僅說明 $0 < |r| < 1$ 的情形如下：此時，部分和 $S_n = a + ar + ar^2 + \ldots + ar^{n-1}$，乘以 r 後得到

$$rS_n = ar + ar^2 + ar^3 + \cdots + ar^n$$

因此，$S_n - rS_n = a - ar^n$，所以

$$S_n = \frac{a}{1-r}(1 - r^n)$$

如果 $0 < |r| < 1$，則因 $n \to \infty$ 時，$r^n \to 0$，可得

$$\lim_{n \to \infty} S_n = \lim_{n \to \infty}\left[\frac{a}{1-r}(1-r^n)\right] = \frac{a}{1-r}\left[\lim_{n \to \infty}(1-r^n)\right] = \frac{a}{1-r}$$

亦即級數收斂，其和為 $a/(1-r)$。 $\blacksquare$

例 8　幾何級數的收斂和發散

a. 幾何級數

$$\sum_{n=0}^{\infty} \frac{3}{2^n} = \sum_{n=0}^{\infty} 3\left(\frac{1}{2}\right)^n = 3(1) + 3\left(\frac{1}{2}\right) + 3\left(\frac{1}{2}\right)^2 + \cdots$$

公比 $r = \frac{1}{2}$，首項 $a = 3$。因為 $0 < |r| < 1$，級數收斂，其和為

$$S = \frac{a}{1-r} = \frac{3}{1-(1/2)} = 6$$

b. 幾何級數

$$\sum_{n=0}^{\infty} \left(\frac{3}{2}\right)^n = 1 + \frac{3}{2} + \frac{9}{4} + \frac{27}{8} + \cdots$$

公比 $r = \frac{3}{2}$，因為 $|r| \geq 1$，級數發散。

幾何級數求和公式可以用來將循環小數化為分數。

例 9　循環小數化為分數

請將 $0.\overline{08}$ 化為分數。

解

$$0.080808\ldots = \frac{8}{10^2} + \frac{8}{10^4} + \frac{8}{10^6} + \frac{8}{10^8} + \cdots = \sum_{n=0}^{\infty} \left(\frac{8}{10^2}\right)\left(\frac{1}{10^2}\right)^n$$

首項 $a = 8/10^2$，公比 $r = 1/10^2$，所以

$$0.080808\ldots = \frac{a}{1-r} = \frac{8/10^2}{1-(1/10^2)} = \frac{8}{99}$$

你可以用計算器計算 8 除以 99，看看結果是否為 $0.\overline{08}$。

一個級數不因除去有限項而影響它的收斂或發散。例如下面這兩個幾何級數同時收斂

$$\sum_{n=4}^{\infty} \left(\frac{1}{2}\right)^n \quad 和 \quad \sum_{n=0}^{\infty} \left(\frac{1}{2}\right)^n$$

在定理 7.3 中，說到：針對收斂的幾何級數，其和是首項除以 1 減公比 r。因此對級數 $\sum_{n=4}^{\infty} \left(\frac{1}{2}\right)^n$ 而言，其首項是 $(1/2)^4$，而公比是 $r = 1/2$，所以和是 $S = \frac{(1/2)^4}{1-(1/2)} = \frac{1}{8}$。另一種方式求 $\sum_{n=4}^{\infty} \left(\frac{1}{2}\right)^n$ 是：由於 $\sum_{n=0}^{\infty} \left(\frac{1}{2}\right)^n$ 的和是 $a/(1-r) = 2$，所以 $\sum_{n=4}^{\infty} \left(\frac{1}{2}\right)^n$ 的和是

$$S = 2 - \left[\left(\frac{1}{2}\right)^0 + \left(\frac{1}{2}\right)^1 + \left(\frac{1}{2}\right)^2 + \left(\frac{1}{2}\right)^3\right] = 2 - \frac{15}{8} = \frac{1}{8}$$

> **研讀指引**　注意要分辨數列和級數的不同，數列是一組數依序排列，而級數是將數列依序加起來。

由定理 7.2 數列極限的性質，可以導出無窮級數的相關性質如下。

定理 7.4　無窮級數的性質

如果 $\Sigma a_n = A$，$\Sigma b_n = B$，而 c 是一個實數，則下列級數會收斂到等號右邊的和。

1. $\displaystyle\sum_{n=1}^{\infty} c a_n = cA$　　　　2. $\displaystyle\sum_{n=1}^{\infty} (a_n + b_n) = A + B$

3. $\displaystyle\sum_{n=1}^{\infty} (a_n - b_n) = A - B$

利用一般項檢驗發散 nth-Term Test for Divergence

下面的定理說明當一個級數收斂時，它的一般項會趨近到 0。

注意 定理 7.5 的逆敘述通常是錯的，也就是說不能從 $\{a_n\}$ 收斂到 0 來推出 Σa_n 收斂。

定理 7.5　收斂級數一般項的極限

如果 $\displaystyle\sum_{n=1}^{\infty} a_n$ 收斂，則 $\displaystyle\lim_{n\to\infty} a_n = 0$。

證明　假設

$$\sum_{n=1}^{\infty} a_n = \lim_{n\to\infty} S_n = L$$

則因 $S_n = S_{n-1} + a_n$ 且 $\displaystyle\lim_{n\to\infty} S_n = \lim_{n\to\infty} S_{n-1} = L$

所以 $n \to \infty$ 時 a_n 的極限是 0。 ■

定理 7.5 相當於下面的定理 7.6。定理 7.6 利用**一般項檢驗發散**（nth-Term Test for Divergence），只要一般項不趨近 0，級數就會發散。

定理 7.6　利用一般項檢驗發散

如果 $\displaystyle\lim_{n\to\infty} a_n \neq 0$，則 $\displaystyle\sum_{n=1}^{\infty} a_n$ 發散。

例 10　利用一般項檢驗發散

a. 因為 $\displaystyle\lim_{n\to\infty} 2^n = \infty$，所以 $\displaystyle\sum_{n=0}^{\infty} 2^n$ 發散。

b. 因為 $\displaystyle\lim_{n\to\infty} \frac{n!}{2n! + 1} = \frac{1}{2}$，所以 $\displaystyle\sum_{n=1}^{\infty} \frac{n!}{2n! + 1}$ 發散。

c. 雖然無窮級數 $\displaystyle\sum_{n=1}^{\infty} \frac{1}{n}$ 的一般項的極限是 0，卻不能由此判斷此級數是否收斂（事實上，此級數發散，請見下節 7.2 的例 2）。 ■

> **研讀指引** 例 10(c) 中的級數在本章中扮演重要的角色。
> $$\sum_{n=1}^{\infty} \frac{1}{n} = 1 + \frac{1}{2} + \frac{1}{3} + \frac{1}{4} + \cdots$$
> 雖然一般項趨近到 0，但是此級數發散。

例 11　小皮球彈跳問題

一皮球從 6 公尺的高度落下，每次反彈的高度都是上一次的 3/4，求皮球在運動過程中的路徑長度。

解　如圖 7.2 所示，總距離是

$$D = 6 + 12\left(\frac{3}{4}\right) + 12\left(\frac{3}{4}\right)^2 + 12\left(\frac{3}{4}\right)^3 + \cdots$$
$$= 6 + 12\sum_{n=0}^{\infty}\left(\frac{3}{4}\right)^{n+1} = 6 + 12\left(\frac{3}{4}\right)\sum_{n=0}^{\infty}\left(\frac{3}{4}\right)^n$$
$$= 6 + 9\left(\frac{1}{1-\frac{3}{4}}\right) = 6 + 9(4) = 42 \text{ 公尺}$$

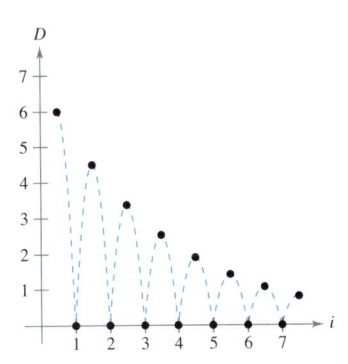

圖 7.2　每次反彈高度是前次的四分之三。

習題 7.1

習題 1～2，寫出數列的前 5 項。

1. $a_n = (-1)^{n+1}\left(\dfrac{2}{n}\right)$

2. $a_1 = 3,\ a_{k+1} = 2(a_k - 1)$

3. 求數列 $a_n = \dfrac{2n}{\sqrt{n^2 + 1}}$ 的極限。

習題 4～6，決定下列數列是否收斂。如果收斂的話，求其極限。

4. $a_n = \dfrac{5}{n+2}$

★ 5. $a_n = \dfrac{3n + \sqrt{n}}{4n}$

6. $a_n = \dfrac{(n+1)!}{n!}$

習題 7～9，求下列數列的第 n 項，再判斷此數列是否收斂。

7. $2, 8, 14, 20, \ldots$

8. $\dfrac{2}{3}, \dfrac{3}{4}, \dfrac{4}{5}, \dfrac{5}{6}, \ldots$

9. $2, 1 + \dfrac{1}{2}, 1 + \dfrac{1}{3}, 1 + \dfrac{1}{4}, 1 + \dfrac{1}{5}, \ldots$

10. 說明 $\displaystyle\sum_{n=0}^{\infty} 5\left(\dfrac{5}{2}\right)^n$ 此一級數發散。

11. 說明 $\displaystyle\sum_{n=0}^{\infty} \left(\dfrac{5}{6}\right)^n$ 此一級數收斂。

習題 12～16，求下列各收斂級數的和。

12. $\displaystyle\sum_{n=0}^{\infty} 5\left(\dfrac{2}{3}\right)^n$

13. $\displaystyle\sum_{n=1}^{\infty} \dfrac{4}{n(n+2)}$

14. $8 + 6 + \dfrac{9}{2} + \dfrac{27}{8} + \cdots$

15. $\displaystyle\sum_{n=0}^{\infty} \left(\dfrac{1}{2^n} - \dfrac{1}{3^n}\right)$

★ 16. $\displaystyle\sum_{n=1}^{\infty} (\sin 1)^n$

習題 17～22，決定下列各級數的斂散性。

17. $\displaystyle\sum_{n=0}^{\infty} (1.075)^n$

18. $\displaystyle\sum_{n=1}^{\infty} \dfrac{n+1}{2n-1}$

19. $\displaystyle\sum_{n=1}^{\infty} \left(\dfrac{1}{n} - \dfrac{1}{n+2}\right)$

20. $\displaystyle\sum_{n=1}^{\infty} \dfrac{3^n}{n^3}$

★ 21. $\displaystyle\sum_{n=2}^{\infty} \dfrac{n}{\ln n}$

★ 22. $\displaystyle\sum_{n=1}^{\infty} \left(1 + \dfrac{k}{n}\right)^n$

註：標誌 ★ 表示稍難題目。

7.2 收斂檢定　Covergence Tests

- 利用積分檢定判斷級數是否收斂。
- 利用 p- 級數和調和級數的性質。
- 利用（直接）互比檢定判斷級數的斂散性。
- 利用極限互比檢定判斷級數的斂散性。
- 利用交錯級數檢定來判斷一個無窮級數是否收斂。
- 利用比例檢定判斷一個級數是否收斂。
- 利用根式檢定判斷一個級數是否收斂。
- 活用各項檢定。

積分檢定 The Integral Test

在本節，我們要研究幾個有關級數的收斂檢定。

定理 7.7　積分檢定（適用於正項級數）

如果 f 在區間 $[1, \infty)$ 上是一個正的、連續並且遞減的函數，令 $a_n = f(n)$，則

$$\sum_{n=1}^{\infty} a_n \quad \text{與} \quad \int_1^{\infty} f(x)\,dx$$

同時收斂，或同時發散。

注意　Σa_n 的斂散性不因除去 N 項而改變。同樣的道理告訴我們只要檢查 $\int_N^{\infty} f(x)\,dx$ 即可，$N \geq 1$（見例 3）。

註：使用積分檢定時，要先確認函數在 $x \geq 1$ 是正的、連續的，且遞減。只要函數不符合上述條件之一，就不可用積分檢定。

例 1 應用積分檢定

應用積分檢定，討論級數 $\displaystyle\sum_{n=1}^{\infty} \frac{n}{n^2 + 1}$ 的斂散性。

解　當 $x > 1$ 時，函數 $f(x) = x/(x^2 + 1)$ 恆正並且連續。而 f 的導函數

$$f'(x) = \frac{(x^2 + 1)(1) - x(2x)}{(x^2 + 1)^2} = \frac{-x^2 + 1}{(x^2 + 1)^2}$$

當 $x > 1$ 時，$f'(x)$ 恆負，所以 f 遞減，因此滿足積分檢定的條件。從 1 到 ∞ 積分得到

$$\begin{aligned}
\int_1^{\infty} \frac{x}{x^2 + 1}\,dx &= \frac{1}{2}\int_1^{\infty} \frac{2x}{x^2 + 1}\,dx \\
&= \frac{1}{2}\lim_{b\to\infty}\int_1^{b} \frac{2x}{x^2 + 1}\,dx \\
&= \frac{1}{2}\lim_{b\to\infty}\left[\ln(x^2 + 1)\right]_1^{b} \\
&= \frac{1}{2}\lim_{b\to\infty}[\ln(b^2 + 1) - \ln 2] = \infty
\end{aligned}$$

因此原級數發散。

p- 級數與調和級數 p-Series and Harmonic Series

接下來我們要研究另一類型的級數，此類級數具下列形式

$$\sum_{n=1}^{\infty} \frac{1}{n^p} = \frac{1}{1^p} + \frac{1}{2^p} + \frac{1}{3^p} + \cdots \qquad p\text{-級數}$$

稱為 **p- 級數**（p-series），其中 p 是一個正數。

p- 級數的斂散性可以積分檢定處理，請見定理 7.8。

定理 7.8　p- 級數的收斂和發散

p- 級數

$$\sum_{n=1}^{\infty} \frac{1}{n^p} = \frac{1}{1^p} + \frac{1}{2^p} + \frac{1}{3^p} + \frac{1}{4^p} + \cdots$$

1. 當 $p > 1$ 時，p- 級數收斂。
2. 當 $0 < p \leq 1$ 時，p- 級數發散。

注意　例 2(b) 中級數的和是 $\pi^2/6$（Euler 的證明，有相當難度），但是積分檢定並沒有告訴我們 $\pi^2/6$ 這個和（它只告訴我們相關的級數收斂）。例 2(b) 中的積分部分答案是

$$\int_1^{\infty} \frac{1}{x^2} \, dx = 1$$

與 $\sum_{n=1}^{\infty} \frac{1}{n^2} = \frac{\pi^2}{6} \approx 1.645$ 完全不同。

例 2　p- 級數的收斂和發散

a. 由定理 7.8，調和級數發散。

$$\sum_{n=1}^{\infty} \frac{1}{n} = \frac{1}{1} + \frac{1}{2} + \frac{1}{3} + \cdots \qquad p = 1$$

b. 由定理 7.8，$p = 2$ 時下列級數收斂。

$$\sum_{n=1}^{\infty} \frac{1}{n^2} = \frac{1}{1^2} + \frac{1}{2^2} + \frac{1}{3^2} + \cdots \qquad p = 2$$

例 3　檢定級數的斂散性

判斷級數 $\displaystyle\sum_{n=2}^{\infty} \frac{1}{n \ln n}$ 是否收斂。

解　此級數與發散的調和級數類似，如果一般項比調和級數的一般項大的話，此級數就一定發散，但是它的一般項反而比較小，在此改用積分檢定。令

$$f(x) = \frac{1}{x \ln x}$$

首先，在 $x \geq 2$ 的範圍，$f(x)$ 恆正並且連續。其次將 $f(x)$ 改寫為 $(x \ln x)^{-1}$ 並求其導函數

$$f'(x) = (-1)(x \ln x)^{-2}(1 + \ln x) = -\frac{1 + \ln x}{x^2(\ln x)^2}$$

可看出：當 $x \geq 2$ 時，$f'(x) < 0$，因此 f 遞減，所以 $f(x)$ 在區間 $[2,\infty)$ 上滿足積分檢定的條件。再將 $f(x)$ 從 2 積分到 ∞，得到

$$\int_2^\infty \frac{1}{x \ln x} dx = \int_2^\infty \frac{1/x}{\ln x} dx = \lim_{b \to \infty} \Big[\ln(\ln x)\Big]_2^b$$
$$= \lim_{b \to \infty} [\ln(\ln b) - \ln(\ln 2)] = \infty$$

所以原級數發散。

直接互比檢定 Direct Comparison Test

目前所學到的收斂檢定只能應用在簡單或是樣式特殊的級數，如果樣式稍微改變，檢定法可能就用不上了。例如在下面每一個例子中，雖然第一個和第二個級數的樣子類似，但是第二個級數無法使用第一個級數使用的檢定。

1. $\sum_{n=0}^\infty \frac{1}{2^n}$ 是幾何級數，而 $\sum_{n=0}^\infty \frac{n}{2^n}$ 不是。

2. $\sum_{n=1}^\infty \frac{1}{n^3}$ 是 p- 級數，而 $\sum_{n=1}^\infty \frac{1}{n^3 + 1}$ 不是。

3. $a_n = \frac{n}{(n^2 + 3)^2}$ 可以用積分檢定，而 $b_n = \frac{n^2}{(n^2 + 3)^2}$ 不行。

現在我們要再學兩個正項級數的檢定法。這兩個檢定可以適用許多不同樣式的級數，方式是將一般項比較複雜的級數與一個已知斂散性的簡單級數互相比較。

> **定理 7.9　直接互比檢定（適用於正項級數）**
>
> 已知 $0 < a_n \leq b_n$，對所有 n 都成立。
>
> 1. 如果 $\sum_{n=1}^\infty b_n$ 收斂，則 $\sum_{n=1}^\infty a_n$ 收斂。
> 2. 如果 $\sum_{n=1}^\infty a_n$ 發散，則 $\sum_{n=1}^\infty b_n$ 發散。

注意 由於級數的斂散性與前面有限項無關，所以定理 7.9 的檢定只要 $0 < a_n \leq b_n$ 對某一個 N 以後成立，即可引用。

例 4　應用直接互比檢定

判斷級數 $\sum_{n=1}^\infty \frac{1}{2 + 3^n}$ 是否收斂。

解 此級數很像

$$\sum_{n=1}^{\infty} \frac{1}{3^n}$$

逐項比較得到

$$a_n = \frac{1}{2+3^n} < \frac{1}{3^n} = b_n, \quad n \geq 1$$

因此用直接互比檢定，此級數收斂。

例 5　應用直接互比檢定

判斷級數 $\sum_{n=1}^{\infty} \frac{1}{2+\sqrt{n}}$ 是否收斂。

解 此級數很像

$$\sum_{n=1}^{\infty} \frac{1}{n^{1/2}} \quad \text{發散的 } p\text{-級數}$$

逐項比較得到

$$\frac{1}{2+\sqrt{n}} \leq \frac{1}{\sqrt{n}}, \quad n \geq 1$$

此時不適用發散檢定的先決條件（定理 7.9），不妨選另一個發散級數來比較。

$$\sum_{n=1}^{\infty} \frac{1}{n} \quad \text{發散的調和級數}$$

再逐項比較，得到

$$a_n = \frac{1}{n} \leq \frac{1}{2+\sqrt{n}} = b_n, \quad n \geq 4$$

由定理 7.9 直接互比檢定得知此級數發散。

注意到直接互比檢定 1、2 都要求 $0 < a_n \leq b_n$，以一般的語言來說，本檢定對兩個非負級數的關係表達的是
1. 如果大的級數收斂，則小的級數也收斂。
2. 如果小的級數發散，則大的級數也發散。

極限互比檢定 Limit Comparison Test

有時我們會碰到給定一個級數和 p- 級數或幾何級數相似，但是卻無法直接使用直接互比檢定，此時或許可以嘗試**極限互比檢定**（Limit Comparison Test）。

定理 7.10　極限互比檢定（適用於正項級數）

假設 $a_n > 0$，$b_n > 0$，並且

$$\lim_{n \to \infty} \frac{a_n}{b_n} = L$$

其中 L 是一個有限的正數，則 $\sum_{n=1}^{\infty} a_n$ 和 $\sum_{n=1}^{\infty} b_n$ 同時收斂或同時發散。

注意　正如直接互比檢定，此處只需要求從某一個 N 以後，a_n 和 b_n 都大於 0 即可。

極限互比檢定特別適用於級數與 p-級數的比較。在比較的時候通常要選擇大小類似的 p-級數，請看下面的例子。

級數	比較級數	結論
$\sum_{n=1}^{\infty} \dfrac{1}{3n^2 - 4n + 5}$	$\sum_{n=1}^{\infty} \dfrac{1}{n^2}$	兩個都收斂
$\sum_{n=1}^{\infty} \dfrac{1}{\sqrt{3n-2}}$	$\sum_{n=1}^{\infty} \dfrac{1}{\sqrt{n}}$	兩個都發散
$\sum_{n=1}^{\infty} \dfrac{n^2 - 10}{4n^5 + n^3}$	$\sum_{n=1}^{\infty} \dfrac{n^2}{n^5} = \sum_{n=1}^{\infty} \dfrac{1}{n^3}$	兩個都收斂

換句話說，選擇的時候要分別參考分子和分母中的最高次。

例 6　應用極限互比檢定

判斷級數 $\sum_{n=1}^{\infty} \dfrac{\sqrt{n}}{n^2 + 1}$ 是否收斂。

解　參考分子和分母的最高次，我們選擇與

$$\sum_{n=1}^{\infty} \frac{\sqrt{n}}{n^2} = \sum_{n=1}^{\infty} \frac{1}{n^{3/2}} \qquad \text{收斂的 } p\text{-級數}$$

比較，因為

$$\lim_{n \to \infty} \frac{a_n}{b_n} = \lim_{n \to \infty} \left(\frac{\sqrt{n}}{n^2 + 1} \right) \left(\frac{n^{3/2}}{1} \right) = \lim_{n \to \infty} \frac{n^2}{n^2 + 1} = 1$$

根據極限互比檢定，此級數收斂。

注意　若有理函數的分子和分母是次數相同的多項式，則此有理函數在 $\pm\infty$ 的極限值，是分子與分母最高次項之係數的比值。

交錯級數 Alternating Series

到目前為止，我們所處理的級數每一項皆為正的。接下來，我們將討論包含正與負的項式，其中最簡單的形式為正項和負項輪流出現的級數，稱為**交錯級數**（alternating series）。例如下面這個幾何級數

$$\sum_{n=0}^{\infty}\left(-\frac{1}{2}\right)^n = \sum_{n=0}^{\infty}(-1)^n\frac{1}{2^n}$$
$$= 1 - \frac{1}{2} + \frac{1}{4} - \frac{1}{8} + \frac{1}{16} - \cdots$$

是一個公比 $r = -\frac{1}{2}$ 的交錯幾何級數。

定理 7.11　交錯級數檢定

令 $a_n > 0$，交錯級數

$$\sum_{n=1}^{\infty}(-1)^n a_n \quad \text{與} \quad \sum_{n=1}^{\infty}(-1)^{n+1} a_n$$

只要滿足下列兩個條件

1. $\lim\limits_{n \to \infty} a_n = 0$　　　　2. 對所有的 n 恆有 $a_{n+1} \leq a_n$

交錯級數就會收斂。

注意　定理 7.11 的第二個條件可放寬，只要對大於某一個 N 的所有 n 有 $0 < a_{n+1} \leq a_n$ 就可以了。

例 7　利用交錯級數檢定

判斷級數 $\sum\limits_{n=1}^{\infty}(-1)^{n+1}\frac{1}{n}$ 是否收斂。

解　因為

$$\frac{1}{n+1} \leq \frac{1}{n}$$

對所有 n 都成立，並且當 $n \to \infty$ 時，$\frac{1}{n} \to 0$，由交錯級數檢定得知此級數收斂。

注意　例 7 中的級數稱為交錯調和級數。

絕對與條件收斂 Absolute and Conditional Convergence

有時候，級數的一般項可正、可負，而又未必交錯。例如，級數

$$\sum_{n=1}^{\infty}\frac{\sin n}{n^2} = \frac{\sin 1}{1} + \frac{\sin 2}{4} + \frac{\sin 3}{9} + \cdots$$

就是如此，而一個瞭解這類級數是否收斂的辦法是看級數 $\sum\limits_{n=1}^{\infty}\left|\frac{\sin n}{n^2}\right|$，由直接互比檢定，$|\sin n| \leq 1$ 所以 $\left|\frac{\sin n}{n^2}\right| \leq \frac{1}{n^2}$, $n \geq 1$，因此 $\sum\left|\frac{\sin n}{n^2}\right|$ 收斂。下面的定理保證：原級數也會收斂。

定理 7.12　絕對收斂

如果級數 $\sum |a_n|$ 收斂，則級數 $\sum a_n$ 也會收斂。

定理 7.12 的逆敘述不正確,例如,**交錯調和級數**(alternating harmonic series)

$$\sum_{n=1}^{\infty} \frac{(-1)^{n+1}}{n} = \frac{1}{1} - \frac{1}{2} + \frac{1}{3} - \frac{1}{4} + \cdots$$

收斂,但是調和級數發散,這種收斂稱為**條件**(conditional)收斂。

絕對和條件收斂的定義

1. 若 $\Sigma |a_n|$ 收斂,則稱 Σa_n **絕對收斂**(absolutely convergent)。
2. 如果 Σa_n 收斂,但是 $\Sigma |a_n|$ 發散,我們稱 Σa_n **條件收斂**(conditionally convergent)。

因此,$\sum_{n=1}^{\infty} \frac{\sin n}{n^2}$ 是絕對收斂,而 $\sum_{n=1}^{\infty} \frac{(-1)^{n+1}}{n}$ 是條件收斂。

例 8　絕對與條件收斂

判斷下列級數是否收斂,並區分絕對與條件收斂。

a. $\sum_{n=0}^{\infty} \frac{(-1)^n n!}{2^n} = \frac{0!}{2^0} - \frac{1!}{2^1} + \frac{2!}{2^2} - \frac{3!}{2^3} + \cdots$

b. $\sum_{n=1}^{\infty} \frac{(-1)^{n(n+1)/2}}{3^n} = -\frac{1}{3} - \frac{1}{9} + \frac{1}{27} + \frac{1}{81} - \cdots$

c. $\sum_{n=1}^{\infty} \frac{(-1)^n}{\ln(n+1)} = -\frac{1}{\ln 2} + \frac{1}{\ln 3} - \frac{1}{\ln 4} + \frac{1}{\ln 5} - \cdots$

解

a. 由於一般項不趨近於 0,此級數發散。

b. 此級數並非交錯,但是因為

$$\sum_{n=1}^{\infty} \left| \frac{(-1)^{n(n+1)/2}}{3^n} \right| = \sum_{n=1}^{\infty} \frac{1}{3^n}$$

是收斂的幾何級數,利用定理 7.12,可以推得原級數是絕對收斂(注意到絕對收斂是比收斂更強的結論)。

c. 由交錯級數檢定可知此級數收斂,但是,級數

$$\sum_{n=1}^{\infty} \left| \frac{(-1)^n}{\ln(n+1)} \right| = \frac{1}{\ln 2} + \frac{1}{\ln 3} + \frac{1}{\ln 4} + \cdots$$

與調和級數互比檢定後,得到發散。所以原級數只是條件收斂。

比例檢定 The Ratio Test

接著我們先討論一個有關絕對收斂的檢定——**比例檢定**（Ratio Test）。

定理 7.13　比例檢定

令 Σa_n 表一個一般項不為 0 的級數。

1. 如果 $\lim\limits_{n\to\infty}\left|\dfrac{a_{n+1}}{a_n}\right| < 1$，則 Σa_n 絕對收斂。

2. 如果 $\lim\limits_{n\to\infty}\left|\dfrac{a_{n+1}}{a_n}\right| > 1$ 或 $\lim\limits_{n\to\infty}\left|\dfrac{a_{n+1}}{a_n}\right| = \infty$，則 Σa_n 發散。

3. 如果 $\lim\limits_{n\to\infty}\left|\dfrac{a_{n+1}}{a_n}\right| = 1$，本檢定暫無結論。

註：任何 p- 級數都不適用比例檢定。

注意　當 $|a_{n+1}/a_n| \to 1$ 時，可以從下面兩個級數 $\Sigma(1/n)$ 和 $\Sigma(1/n^2)$ 看出：比例檢定無法作出結論。前者發散，而後者收斂，但是均有 $\lim\limits_{n\to\infty}\left|\dfrac{a_{n+1}}{a_n}\right| = 1$。

例 9　利用比例檢定

判斷下列級數是否收斂。

a. $\displaystyle\sum_{n=0}^{\infty}\dfrac{n^2 2^{n+1}}{3^n}$　　**b.** $\displaystyle\sum_{n=1}^{\infty}\dfrac{n^n}{n!}$

解

a. $|a_{n+1}/a_n|$ 的極限小於 1，級數收斂。

$$\lim_{n\to\infty}\left|\dfrac{a_{n+1}}{a_n}\right| = \lim_{n\to\infty}\left[(n+1)^2\left(\dfrac{2^{n+2}}{3^{n+1}}\right)\left(\dfrac{3^n}{n^2 2^{n+1}}\right)\right]$$

$$= \lim_{n\to\infty}\dfrac{2(n+1)^2}{3n^2}$$

$$= \dfrac{2}{3} < 1$$

b. $|a_{n+1}/a_n|$ 的極限大於 1，級數發散。

$$\lim_{n\to\infty}\left|\dfrac{a_{n+1}}{a_n}\right| = \lim_{n\to\infty}\left[\dfrac{(n+1)^{n+1}}{(n+1)!}\left(\dfrac{n!}{n^n}\right)\right] = \lim_{n\to\infty}\left[\dfrac{(n+1)^{n+1}}{(n+1)}\left(\dfrac{1}{n^n}\right)\right]$$

$$= \lim_{n\to\infty}\dfrac{(n+1)^n}{n^n} = \lim_{n\to\infty}\left(1+\dfrac{1}{n}\right)^n = e > 1$$

根式檢定 The Root Test

當級數的一般項涉及指數形式時，下面這個檢定特別有用。

定理 7.14　根式檢定

令 Σa_n 表一個級數。

1. 如果 $\lim\limits_{n\to\infty} \sqrt[n]{|a_n|} < 1$，則 Σa_n 絕對收斂。
2. 如果 $\lim\limits_{n\to\infty} \sqrt[n]{|a_n|} > 1$ 或 $\lim\limits_{n\to\infty} \sqrt[n]{|a_n|} = \infty$，則 Σa_n 發散。
3. 如果 $\lim\limits_{n\to\infty} \sqrt[n]{|a_n|} = 1$，本檢定暫無結論。

注意　對 p-級數，使用根式檢定無法得出結論。

例 10　利用根式檢定

判斷級數 $\sum\limits_{n=1}^{\infty} \dfrac{e^{2n}}{n^n}$ 是否收斂。

解　利用根式檢定，計算如下

$$\lim_{n\to\infty} \sqrt[n]{|a_n|} = \lim_{n\to\infty} \sqrt[n]{\frac{e^{2n}}{n^n}} = \lim_{n\to\infty} \frac{e^{2n/n}}{n^{n/n}}$$

$$= \lim_{n\to\infty} \frac{e^2}{n} = 0 < 1$$

由於極限值小於 1，因此級數收斂（因此原級數收斂）。

檢定的策略　Strategies for Testing Series

我們已經學了十個檢定法來判斷級數的斂散性（請見本節的摘要表）。充分的練習可以提升選擇檢定方法的判斷力，下面提供一些基本的指導原則。

檢定斂散性的指導原則

1. 觀察一般項是否趨近於 0？如果不是的話，級數發散。
2. 是否級數有特別的形式——幾何級數、p-級數、望遠鏡級數，或交錯級數？
3. 積分檢定、比例檢定或根式檢定能否用上？
4. 是否能有一個恰當的已知級數可以用來互相比較？

判斷級數斂散性的各種檢定一覽表

檢定	級數	收斂的充分條件	發散的充分條件	評論
一般項	$\sum_{n=1}^{\infty} a_n$		$\lim_{n \to \infty} a_n \neq 0$	但是無法從 $\lim_{n \to \infty} a_n = 0$ 推得收斂
幾何級數	$\sum_{n=0}^{\infty} ar^n$	$0 < |r| < 1$	$|r| \geq 1$	和：$S = \dfrac{a}{1-r}$
望遠鏡級數	$\sum_{n=1}^{\infty} (b_n - b_{n+1})$	$\lim_{n \to \infty} b_n = L$		和：$S = b_1 - L$
p-級數	$\sum_{n=1}^{\infty} \dfrac{1}{n^p}$	$p > 1$	$0 < p \leq 1$	
交錯級數	$\sum_{n=1}^{\infty} (-1)^{n-1} a_n$	$0 < a_{n+1} \leq a_n$ 且 $\lim_{n \to \infty} a_n = 0$		
積分（f 連續、非負且遞減）	$\sum_{n=1}^{\infty} a_n$, $a_n = f(n) \geq 0$	$\int_1^{\infty} f(x)\,dx$ 收斂	$\int_1^{\infty} f(x)\,dx$ 發散	
根式	$\sum_{n=1}^{\infty} a_n$	$\lim_{n \to \infty} \sqrt[n]{|a_n|} < 1$	$\lim_{n \to \infty} \sqrt[n]{|a_n|} > 1$ 或 $= \infty$	如果 $\lim_{n \to \infty} \sqrt[n]{|a_n|} = 1$ 暫無結論
比例	$\sum_{n=1}^{\infty} a_n$	$\lim_{n \to \infty} \left|\dfrac{a_{n+1}}{a_n}\right| < 1$	$\lim_{n \to \infty} \left|\dfrac{a_{n+1}}{a_n}\right| > 1$ 或 $= \infty$	如果 $\lim_{n \to \infty} \left|\dfrac{a_{n+1}}{a_n}\right| = 1$ 暫無結論
直接互比 ($a_n, b_n > 0$)	$\sum_{n=1}^{\infty} a_n$	$0 < a_n \leq b_n$ 且 $\sum_{n=1}^{\infty} b_n$ 收斂	$0 < b_n \leq a_n$ 且 $\sum_{n=1}^{\infty} b_n$ 發散	
極限互比 ($a_n, b_n > 0$)	$\sum_{n=1}^{\infty} a_n$	$\lim_{n \to \infty} \dfrac{a_n}{b_n} = L > 0$ 且 $\sum_{n=1}^{\infty} b_n$ 收斂	$\lim_{n \to \infty} \dfrac{a_n}{b_n} = L > 0$ 且 $\sum_{n=1}^{\infty} b_n$ 發散	

例 11　應用檢驗斂散性的指導原則

判斷下列級數是否收斂

a. $\sum_{n=1}^{\infty} \dfrac{n+1}{3n+1}$　　　b. $\sum_{n=1}^{\infty} \left(\dfrac{\pi}{6}\right)^n$

c. $\sum_{n=1}^{\infty} ne^{-n^2}$　　　d. $\sum_{n=1}^{\infty} \dfrac{1}{3n+1}$

e. $\sum_{n=1}^{\infty} (-1)^n \dfrac{3}{4n+1}$　　　f. $\sum_{n=1}^{\infty} \dfrac{n!}{10^n}$

g. $\sum_{n=1}^{\infty} \left(\dfrac{n+1}{2n+1}\right)^n$

解　a. 當 $n \to \infty$ 時，$a_n \to \dfrac{1}{3}$，所以此級數的第 n 項的極限非零。根據一般性檢定，此級數發散。

b. 此數列是幾何級數，且其公比是
$$r = \dfrac{\pi}{6}$$
其絕對值小於1，所以此級數收斂。

c. 令
$$f(x) = xe^{-x^2}$$
因 $f(x)$ 的積分很好算，由積分檢定法，可知此級數收斂。

d. 將此級數的第 n 項與 $1/n$ 互比，再用極限互比檢定，可知此級數發散。

e. 此級數為交錯級數，$a_{n+1} \leq a_n$，且第 n 項趨近於0，套用交錯級數檢定，可知此級數收斂。

f. 此級數含有階乘，這暗示我們可以試著用比例檢定，套用之後，果然可得知此級數收斂。

g. 此級數的第 n 項含有指數 n，因此暗示我們可用根式檢定，套用之後，可得此級數收斂。

習題 7.2

★ **1.** 用積分檢定判斷 $\sum_{n=1}^{\infty} \dfrac{\arctan n}{n^2 + 1}$ 是否收斂。

習題2～3，用 p-級數檢定判斷下列級數是否收斂。

2. $\sum_{n=1}^{\infty} \dfrac{1}{\sqrt[5]{n}}$

3. $1 + \dfrac{1}{2\sqrt{2}} + \dfrac{1}{3\sqrt{3}} + \dfrac{1}{4\sqrt{4}} + \dfrac{1}{5\sqrt{5}} + \cdots$

習題4～5，用直接互比檢定判斷下列級數是否收斂。

★ **4.** $\sum_{n=2}^{\infty} \dfrac{\ln n}{n + 1}$

5. $\sum_{n=1}^{\infty} \dfrac{\sin^2 n}{n^3}$

習題6～7，用極限互比檢定判斷下列級數是否收斂。

6. $\sum_{n=1}^{\infty} \dfrac{n}{n^2 + 1}$

7. $\sum_{n=1}^{\infty} \dfrac{2n^2 - 1}{3n^5 + 2n + 1}$

8. 用交錯級數檢定說明 $\sum_{n=1}^{\infty} \dfrac{(-1)^{n+1}}{n + 1}$ 收斂。

習題9～13，判斷下列級數是否收斂，並區分絕對收斂和條件收斂。

9. $\sum_{n=1}^{\infty} \dfrac{(-1)^n}{2^n}$

10. $\sum_{n=1}^{\infty} \dfrac{(-1)^{n+1}}{\sqrt{n}}$

11. $\sum_{n=1}^{\infty} \dfrac{(-1)^{n+1} n^2}{(n+1)^2}$

12. $\sum_{n=2}^{\infty} \dfrac{(-1)^n}{n \ln n}$

13. $\sum_{n=2}^{\infty} \dfrac{(-1)^n n}{n^3 - 5}$

習題14～16，用比例檢定判斷下列級數是否收斂。

14. $\sum_{n=1}^{\infty} \dfrac{(n-1)!}{4^n}$

15. $\sum_{n=1}^{\infty} \dfrac{9^n}{n^5}$

16. $\sum_{n=1}^{\infty} \dfrac{n^3}{3^n}$

習題17～18，用根式檢定判斷下列級數是否收斂。

17. $\sum_{n=1}^{\infty} \left(\dfrac{n}{2n+1}\right)^n$

18. $\sum_{n=1}^{\infty} \left(\dfrac{3n+2}{n+3}\right)^n$

習題 19～27，選擇適當的檢定法，判斷下列級數是否收斂。

★ **19.** $\sum_{n=1}^{\infty} \dfrac{(-1)^{n+1} 5}{n}$

★ **20.** $\sum_{n=1}^{\infty} \dfrac{3}{n\sqrt{n}}$

★ **21.** $\sum_{n=1}^{\infty} \dfrac{5n}{2n - 1}$

★ **22.** $\sum_{n=1}^{\infty} \dfrac{(-1)^n 3^{n-2}}{2^n}$

★ **23.** $\sum_{n=1}^{\infty} \dfrac{10n + 3}{n 2^n}$

★ **24.** $\sum_{n=1}^{\infty} \dfrac{\cos n}{3^n}$

★ **25.** $\sum_{n=1}^{\infty} \dfrac{n!}{n 7^n}$

★ **26.** $\sum_{n=1}^{\infty} \dfrac{(-1)^n 3^{n-1}}{n!}$

★ **27.** $\sum_{n=1}^{\infty} \dfrac{(-3)^n}{3 \cdot 5 \cdot 7 \cdots (2n+1)}$

註：標誌 ★ 表示稍難題目。

7.3 泰勒多項式和近似值　Taylor Polynomials and Approximations

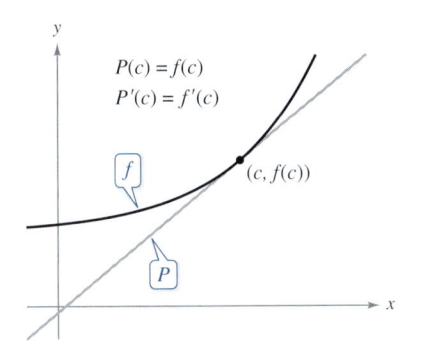

圖 7.3　在點 $(c, f(c))$ 附近，P 的圖形近似 f 的圖形。

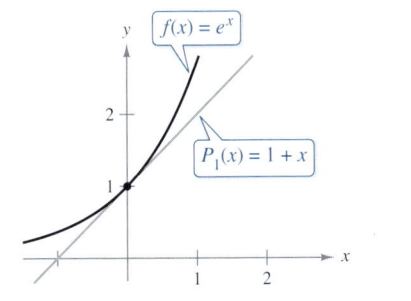

圖 7.4　P_1 是 $f(x) = e^x$ 的一次多項式近似。

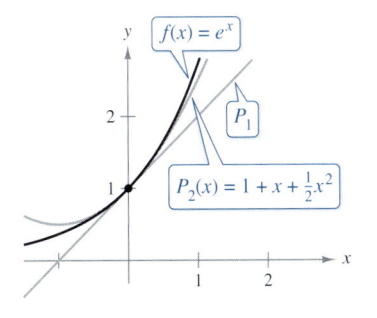

圖 7.5　P_2 是 $f(x) = e^x$ 的二次多項式近似。

注意　例 1 並非首次介紹如何以線性函數近似其他函數，早在介紹牛頓法時就已討論過一次。

◆ 求基本函數的多項式近似，並與原基本函數比較。
◆ 求基本函數的泰勒和馬克勞林多項式近似。

基本函數的多項式近似
Polynomial Approximations of Elementary Functions

本節的目的是學習如何以多項式近似基本函數。如果要找一個多項式 P 近似另一個函數 f，方法是先在 f 的定義域中選一個點 c，讓 P 和 f 在 c 取同樣的值，亦即

$$P(c) = f(c) \qquad \text{\textit{f} 和 \textit{P} 的圖形都過點 }(c, f(c))$$

從幾何的觀點看來，$P(c) = f(c)$ 代表 P 的圖形過點 $(c, f(c))$。當然，我們知道有無窮多個這樣的多項式，我們要找的是在此點附近和 f 的圖形最為相似的多項式。因此，我們可以再多加一個要求，即此一多項式在 $(c, f(c))$ 的切線斜率也和 f 相同。

$$P'(c) = f'(c) \qquad \text{\textit{f} 和 \textit{P} 的圖形在點 }(c, f(c))\text{ 有相同的斜率}$$

在以上這兩個要求之下，我們可以得到一個 f 的最佳線性近似，如圖 7.3 所示。

例 1　$f(x) = e^x$ 的一次多項式近似

求與 $f(x) = e^x$ 在 $x = 0$ 的值和斜率都符合的一次多項式。

$$P_1(x) = a_0 + a_1 x$$

解　由於 $f(x) = e^x$ 且 $f'(x) = e^x$。$f(x)$ 在 $x = 0$ 的值和斜率分別是

$$f(0) = e^0 = 1 \quad \text{和} \quad f'(0) = e^0 = 1$$

因為 $P_1(x) = a_0 + a_1 x$，由條件 $P_1(0) = f(0)$ 可得 $a_0 = 1$，因 $P_1'(x) = a_1$，由條件 $P_1'(0) = f'(0)$ 可得 $a_1 = 1$。因此，$P_1(x) = 1 + x$。圖 7.4 是 $P_1(x) = 1 + x$ 和 $f(x) = e^x$ 的圖形。

在圖 7.5 可以看到，靠近點 $(0, 1)$ 的時候，圖形

$$P_1(x) = 1 + x \qquad\qquad \text{一次近似}$$

與 $f(x) = e^x$ 的圖形非常貼近，但是如果遠離點 $(0, 1)$，$P_1(x)$ 和 $f(x)$ 的圖形就會分開，而使近似的準確度遞減。若要改進近似的情形，我們

可以再加一個條件 —— P 和 f 在 $x = 0$ 的二階導數也要相同,令 P_2 是滿足上述三個條件 $P_2(0) = f(0)$,$P_2'(0) = f'(0)$,和 $P_2''(0) = f''(0)$ 的最低次多項式,則可證出 P_2 一定是

$$P_2(x) = 1 + x + \frac{1}{2}x^2 \qquad \text{二次近似}$$

同時,在圖 7.5 中可以看到 P_2 比 P_1 近似 f 的效果更好。如果繼續此一思維,要求 $P_n(x)$ 在 $x = 0$ 的值和在 $x = 0$ 的前 n 階導數都和 f 相同,就可以得到 n 次近似如下:

$$P_n(x) = 1 + x + \frac{1}{2}x^2 + \frac{1}{3!}x^3 + \cdots + \frac{1}{n!}x^n \qquad n \text{ 次近似}$$
$$\approx e^x$$

泰勒和馬克勞林多項式 Taylor and Maclaurin Polynomials

針對任意 c 點,若要找 n 次多項式 $P_n(x)$,使得 $P_n(c) = f(c)$,$P_n'(c) = f'(c)$,$\cdots$,$P_n^{(n)}(c) = f^{(n)}(c)$,我們最好先將 $P_n(x)$ 寫成

$$P_n(x) = a_0 + a_1(x - c) + a_2(x - c)^2 + a_3(x - c)^3 + \cdots + a_n(x - c)^n$$

再將上式重複微分得出

$$P_n'(x) = a_1 + 2a_2(x - c) + 3a_3(x - c)^2 + \cdots + na_n(x - c)^{n-1}$$
$$P_n''(x) = 2a_2 + 2(3a_3)(x - c) + \cdots + n(n - 1)a_n(x - c)^{n-2}$$
$$P_n'''(x) = 2(3a_3) + \cdots + n(n-1)(n-2)a_n(x - c)^{n-3}$$
$$\vdots$$
$$P_n^{(n)}(x) = n(n - 1)(n - 2) \cdots (2)(1)a_n$$

令 $x = c$,我們得到

$$P_n(c) = a_0, \qquad P_n'(c) = a_1,$$
$$P_n''(c) = 2a_2, \ldots, \qquad P_n^{(n)}(c) = n!a_n$$

由於在 $x = c$,f 的值和前 n 階導數都要與 P_n 相符,所以 $a_0, a_1, \ldots, a_n$ 要滿足

$$f'(c) = a_1, \qquad \frac{f''(c)}{2!} = a_2, \quad \ldots, \quad \frac{f^{(n)}(c)}{n!} = a_n$$

Brook Taylor
(1685~1731)
雖然泰勒並不是第一位嘗試以多項式近似超越函數的數學家,但是他在 1715 年出版的結論可以說是歷史上第一份對此議題完整的研究報告。

注意 馬克勞林多項式是泰勒多項式 $c = 0$ 的特殊情形。

從這些特定的係數，我們分別得到所謂的**泰勒多項式**（Taylor polynomials）和**馬克勞林多項式**（Maclaurin polynomials）。

> **n 次泰勒多項式和 n 次馬克勞林多項式的定義**
>
> 如果 f 在 c 有 n 階導數，則
>
> $$P_n(x) = f(c) + f'(c)(x-c) + \frac{f''(c)}{2!}(x-c)^2 + \cdots + \frac{f^{(n)}(c)}{n!}(x-c)^n$$
>
> 稱為 f 在 c 的 **n 次泰勒多項式**（nth Taylor polynomial for f at c）。如果 $c = 0$，則
>
> $$P_n(x) = f(0) + f'(0)x + \frac{f''(0)}{2!}x^2 + \frac{f'''(0)}{3!}x^3 + \cdots + \frac{f^{(n)}(0)}{n!}x^n$$
>
> 也稱為 f 的 **n 次馬克勞林多項式**（nth Maclaurin polynomial for f）。

例 2 $f(x) = e^x$ 的馬克勞林多項式

求 $f(x) = e^x$ 的 n 次馬克勞林多項式。

解 $f(x) = e^x$ 的 n 次馬克勞林多項式是

$$P_n(x) = 1 + x + \frac{1}{2!}x^2 + \frac{1}{3!}x^3 + \cdots + \frac{1}{n!}x^n$$

例 3 求 $\ln x$ 的泰勒多項式

求 $f(x) = \ln x$ 在 $c = 1$ 的泰勒多項式 P_0、P_1、P_2、P_3 和 P_4。

解 $f(x)$ 在 $c = 1$ 展開，得到下列數據：

$$f(x) = \ln x \qquad f(1) = \ln 1 = 0$$
$$f'(x) = \frac{1}{x} \qquad f'(1) = \frac{1}{1} = 1$$
$$f''(x) = -\frac{1}{x^2} \qquad f''(1) = -\frac{1}{1^2} = -1$$
$$f'''(x) = \frac{2!}{x^3} \qquad f'''(1) = \frac{2!}{1^3} = 2$$
$$f^{(4)}(x) = -\frac{3!}{x^4} \qquad f^{(4)}(1) = -\frac{3!}{1^4} = -6$$

因此，相關的泰勒多項式如下：

$$P_0(x) = f(1) = 0$$
$$P_1(x) = f(1) + f'(1)(x-1) = (x-1)$$
$$P_2(x) = f(1) + f'(1)(x-1) + \frac{f''(1)}{2!}(x-1)^2$$
$$= (x-1) - \frac{1}{2}(x-1)^2$$

$$P_3(x) = f(1) + f'(1)(x-1) + \frac{f''(1)}{2!}(x-1)^2 + \frac{f'''(1)}{3!}(x-1)^3$$
$$= (x-1) - \frac{1}{2}(x-1)^2 + \frac{1}{3}(x-1)^3$$
$$P_4(x) = f(1) + f'(1)(x-1) + \frac{f''(1)}{2!}(x-1)^2 + \frac{f'''(1)}{3!}(x-1)^3$$
$$+ \frac{f^{(4)}(1)}{4!}(x-1)^4$$
$$= (x-1) - \frac{1}{2}(x-1)^2 + \frac{1}{3}(x-1)^3 - \frac{1}{4}(x-1)^4$$

圖 7.6 比較了 P_1、P_2、P_3、P_4 和 $f(x) = \ln x$ 的圖形。注意到在 $x = 1$ 附近圖形非常貼近，例如，$P_4(1.1) \approx 0.0953083$，而 $\ln(1.1) \approx 0.0953102$。

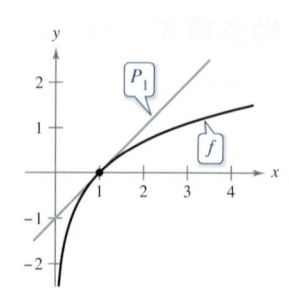

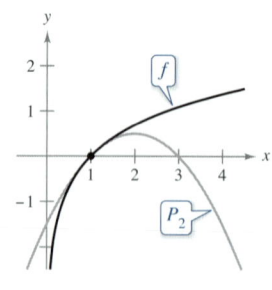

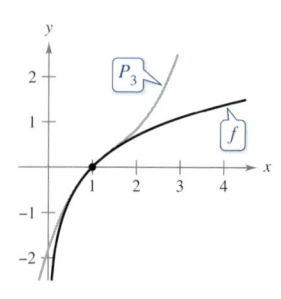

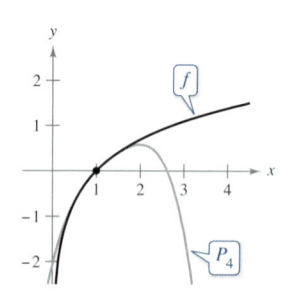

圖 7.6 當 n 遞增時，在 $x = 1$ 附近，圖形 P_n 近似圖形 $f(x) = \ln x$ 的情形越來越好。

例 4 求 $\cos x$ 的馬克勞林多項式

求 $f(x) = \cos x$ 的馬克勞林多項式 P_0、P_2、P_4 和 P_6，並以 $P_6(x)$ 求 $\cos(0.1)$ 的近似值。

解　在 $c = 0$ 展開 $f(x)$，得到下列數據：

$$f(x) = \cos x \qquad\qquad f(0) = \cos 0 = 1$$
$$f'(x) = -\sin x \qquad\qquad f'(0) = -\sin 0 = 0$$
$$f''(x) = -\cos x \qquad\qquad f''(0) = -\cos 0 = -1$$
$$f'''(x) = \sin x \qquad\qquad f'''(0) = \sin 0 = 0$$

繼續微分，可以看出 1，0，-1，0 的規律重複出現，因此得出馬克勞林多項式。

$$P_0(x) = 1$$
$$P_2(x) = 1 - \frac{1}{2!}x^2$$
$$P_4(x) = 1 - \frac{1}{2!}x^2 + \frac{1}{4!}x^4$$
$$P_6(x) = 1 - \frac{1}{2!}x^2 + \frac{1}{4!}x^4 - \frac{1}{6!}x^6$$

以 $P_6(x)$ 代 $x = 0.1$ 得到 $\cos(0.1) \approx 0.995004165$，此近似值準確到小數點後 9 位（可用計算機驗證）。圖 7.7 比較了 $f(x) = \cos x$ 和 P_6 的圖形。

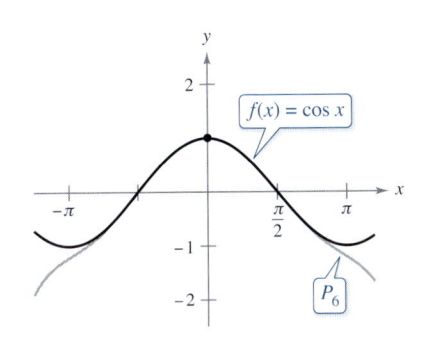

圖 7.7 在 $(0, 1)$ 附近，P_6 的圖形可以近似 $f(x) = \cos x$ 的圖形。

例 5　求 $\sin x$ 的泰勒多項式

求 $f(x) = \sin x$ 在 $c = \pi/6$ 的第三個泰勒多項式。

解　$f(x)$ 在 $c = \pi/6$ 展開，得到下列數據。

$$f(x) = \sin x \qquad f\left(\frac{\pi}{6}\right) = \sin\frac{\pi}{6} = \frac{1}{2}$$

$$f'(x) = \cos x \qquad f'\left(\frac{\pi}{6}\right) = \cos\frac{\pi}{6} = \frac{\sqrt{3}}{2}$$

$$f''(x) = -\sin x \qquad f''\left(\frac{\pi}{6}\right) = -\sin\frac{\pi}{6} = -\frac{1}{2}$$

$$f'''(x) = -\cos x \qquad f'''\left(\frac{\pi}{6}\right) = -\cos\frac{\pi}{6} = -\frac{\sqrt{3}}{2}$$

所以，$f(x) = \sin x$ 在 $c = \pi/6$ 展開的第三個泰勒多項式是

$$P_3(x) = f\left(\frac{\pi}{6}\right) + f'\left(\frac{\pi}{6}\right)\left(x - \frac{\pi}{6}\right) + \frac{f''\left(\frac{\pi}{6}\right)}{2!}\left(x - \frac{\pi}{6}\right)^2 + \frac{f'''\left(\frac{\pi}{6}\right)}{3!}\left(x - \frac{\pi}{6}\right)^3$$

$$= \frac{1}{2} + \frac{\sqrt{3}}{2}\left(x - \frac{\pi}{6}\right) - \frac{1}{2(2!)}\left(x - \frac{\pi}{6}\right)^2 - \frac{\sqrt{3}}{2(3!)}\left(x - \frac{\pi}{6}\right)^3$$

圖 7.8 比較了 $f(x) = \sin x$ 和 P_3 的圖形。

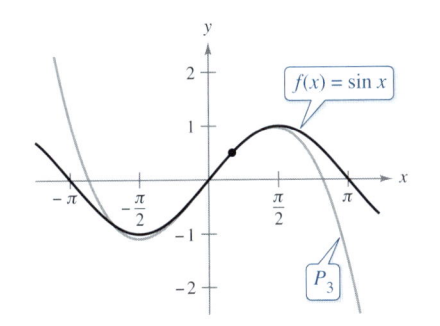

圖 7.8 在 $(\pi/6, 1/2)$ 附近，P_3 的圖形可以近似 $f(x) = \sin x$ 的圖形。

泰勒多項式和馬克勞林多項式可以用來求函數在特定點的近似值。例如，若要求 $\ln(1.1)$ 的近似值，可以用 $f(x) = \ln x$ 在 $c = 1$ 展開，如例 3 所示，或者用馬克勞林多項式如例 6 所示。

例 6　以馬克勞林多項式求近似值

利用第四個馬克勞林多項式，求 $\ln(1.1)$ 的近似值。

解　由於 1.1 比較靠近 1，我們應該用函數 $g(x) = \ln(1 + x)$ 的馬克勞林多項式。

$$g(x) = \ln(1 + x) \qquad g(0) = \ln(1 + 0) = 0$$
$$g'(x) = (1 + x)^{-1} \qquad g'(0) = (1 + 0)^{-1} = 1$$
$$g''(x) = -(1 + x)^{-2} \qquad g''(0) = -(1 + 0)^{-2} = -1$$
$$g'''(x) = 2(1 + x)^{-3} \qquad g'''(0) = 2(1 + 0)^{-3} = 2$$
$$g^{(4)}(x) = -6(1 + x)^{-4} \qquad g^{(4)}(0) = -6(1 + 0)^{-4} = -6$$

注意所得的數據與例 3 相同,因此 $g(x) = \ln(1+x)$ 的第四個馬克勞林多項式是

$$P_4(x) = g(0) + g'(0)x + \frac{g''(0)}{2!}x^2 + \frac{g'''(0)}{3!}x^3 + \frac{g^{(4)}(0)}{4!}x^4$$
$$= x - \frac{1}{2}x^2 + \frac{1}{3}x^3 - \frac{1}{4}x^4$$

與例 3 的差異只是此處以 x 代替了例 4 中的 $x-1$。再以 $P_4(0.1)$ 求近似值得到

$$\ln(1.1) = \ln(1+0.1) \approx P_4(0.1) \approx 0.0953083$$

若將例 3 中的 x 以 1.1 代入,所得與此處相同。

左邊的表列出了不同次數的泰勒多項式在 0.1 的值,當 n 變大時,$P_n(0.1)$ 會接近計算機按出的值 0.0953102。另一方面,右邊的表則指出當逐漸遠離 $c = 0$ 時,準確度會遞減。

n	$P_n(0.1)$
1	0.1000000
2	0.0950000
3	0.0953333
4	0.0953083

x	0	0.1	0.5	0.75	1.0
$\ln(1+x)$	0	0.0953102	0.4054651	0.5596158	0.6931472
$P_4(x)$	0	0.0953083	0.4010417	0.5302734	0.5833333

上述的現象顯示以泰勒(或馬克勞林)多項式求近似值時兩個重要的現象。

1. 靠近 c 的近似值要比遠離 c 的近似值準確。

2. 次數越高,近似的準確度也會越高。

習題 7.3

習題 1～4,求下列各函數的 n 次馬克勞林多項式。

1. $f(x) = e^{4x}, \quad n = 4$

2. $f(x) = \sin x, \quad n = 5$

3. $f(x) = \dfrac{1}{1-x}, \quad n = 5$

★ **4.** $f(x) = \sec x, \quad n = 2$

習題 5～6,求以 c 為中心的 n 次泰勒多項式。

5. $f(x) = \sqrt{x}, \quad n = 2, \quad c = 4$

6. $f(x) = \ln x, \quad n = 4, \quad c = 2$

7. 用習題 6 的結果,求 $f(2.1)$ 的近似值,其中 $f(x) = \ln x$。

註:標誌 ★ 表示稍難題目。

7.4 冪級數　Power Series

◆ 瞭解冪級數的定義。
◆ 求冪級數的收斂區間和收斂半徑。
◆ 求冪級數的微分與積分。

冪級數　Power Series

在 7.3 節中，我們介紹了如何以泰勒多項式來近似函數。舉例來說，$f(x) = e^x$ 可以 e^x 的馬克勞林多項式近似如下：

$$e^x \approx 1 + x \qquad \text{一次多項式}$$

$$e^x \approx 1 + x + \frac{x^2}{2!} \qquad \text{二次多項式}$$

$$e^x \approx 1 + x + \frac{x^2}{2!} + \frac{x^3}{3!} \qquad \text{三次多項式}$$

$$e^x \approx 1 + x + \frac{x^2}{2!} + \frac{x^3}{3!} + \frac{x^4}{4!} \qquad \text{四次多項式}$$

$$e^x \approx 1 + x + \frac{x^2}{2!} + \frac{x^3}{3!} + \frac{x^4}{4!} + \frac{x^5}{5!} \qquad \text{五次多項式}$$

我們同時也看到近似多項式的次數越高的話，近似的效果也會越好。事實上，一些重要的函數包括

$$f(x) = e^x$$

可以準確的以無窮級數代表；這種以無窮項多項式形式寫出的級數稱為**冪級數**（power series）。例如代表 e^x 的冪級數是

$$e^x = 1 + x + \frac{x^2}{2!} + \frac{x^3}{3!} + \cdots + \frac{x^n}{n!} + \cdots$$

目前已知：對每一個實數 x，上式的右邊都會收斂到 e^x。先介紹下面的定義：

注意　為了簡化符號，我們約定 $(x-c)^0 = 1$。

冪級數的定義

x 表一個變數，形狀如下的無窮級數

$$\sum_{n=0}^{\infty} a_n x^n = a_0 + a_1 x + a_2 x^2 + a_3 x^3 + \cdots + a_n x^n + \cdots$$

稱為一個**冪級數**。一般說來，如果以 $x-c$ 代換 x，得到形狀如下

$$\sum_{n=0}^{\infty} a_n (x-c)^n = a_0 + a_1(x-c) + a_2(x-c)^2 + \cdots + a_n(x-c)^n + \cdots$$

稱為一個**以 c 為中心的冪級數**（power series centered at c），其中 c 為常數。

例1 冪級數

a. 下面是一個以 0 為中心的冪級數。

$$\sum_{n=0}^{\infty} \frac{x^n}{n!} = 1 + x + \frac{x^2}{2} + \frac{x^3}{3!} + \cdots$$

b. 下面是一個以 -1 為中心的冪級數。

$$\sum_{n=0}^{\infty} (-1)^n (x+1)^n = 1 - (x+1) + (x+1)^2 - (x+1)^3 + \cdots$$

c. 下面是一個以 1 為中心的冪級數。

$$\sum_{n=1}^{\infty} \frac{1}{n}(x-1)^n = (x-1) + \frac{1}{2}(x-1)^2 + \frac{1}{3}(x-1)^3 + \cdots$$

收斂半徑和收斂區間 Radius and Interval of Convergence

一個冪級數可以看成是 x 的函數

$$f(x) = \sum_{n=0}^{\infty} a_n (x-c)^n$$

函數的定義域包括所有使冪級數收斂的 x，當然，每一個冪級數至少在中心 c 收斂，這是因為 x 以 c 代入時，只剩下首項 a_0，

$$f(c) = \sum_{n=0}^{\infty} a_n (c-c)^n = a_0(1) + 0 + 0 + \cdots + 0 + \cdots = a_0$$

所以至少中心 c 會在 f 的定義域中。下面的定理說明一個冪級數的定義域有三種可能：一個點，一個以 c 為中心的區間，或是實數的全體，如圖 7.9 所示。

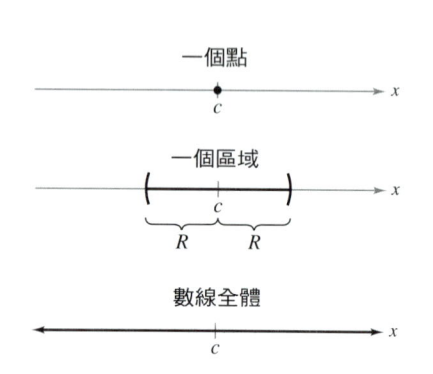

圖 7.9 冪級數的定義域只有三種形式：一個點，一個以 c 為中心的區間（可能包含端點），或是實數全體。

定理 7.15　冪級數的斂散性

一個以 c 為中心的冪級數，必滿足下列三者之一。
1. 此級數只在 c 收斂。
2. 存在一個實數 $R > 0$，使得此級數在 $|x-c| < R$ 時絕對收斂，而在 $|x-c| > R$ 時發散。
3. 對所有的 x，此級數絕對收斂。

R 稱為此冪級數的**收斂半徑**（radius of convergence），如果級數只在 c 收斂，收斂半徑 $R = 0$；而如果級數對所有的 x 都收斂，則收斂半徑 $R = \infty$，至於**收斂區間**（interval of convergence）就是使此冪級數收斂的 x 全體[註]。

註：在定理 7.15 的第 2 種情形，收斂區間其實就是必須另外針對端點 $C - R$ 及 $C + R$ 討論其斂散性。

以下的例子，若學過 7.2 節，可用比例檢定求冪級數的收斂半徑；若沒學過 7.2 節，可用以下公式求冪級數 $\sum_{n=0}^{\infty} a_n (x-c)^n$ 的收斂半徑 R。

用公式求冪級數 $\sum_{n=0}^{\infty} a_n(x-c)^n$ 的收斂半徑 R：

(1) 若 $\lim_{n\to\infty} \left|\dfrac{a_n}{a_{n+1}}\right| = 0$，則收斂半徑 $R = 0$，此冪級數只在 $x = c$ 收斂；

(2) 若 $\lim_{n\to\infty} \left|\dfrac{a_n}{a_{n+1}}\right| = L$，其中 L 是某正數，則收斂半徑 $R = L$，此冪級數在區間 $(C-R, C+R)$ 絕對收斂，在區間 $(-\infty, C-R)$ 或區間 $(C+R, \infty)$ 發散，在 $x = C-R$ 或 $x = C+R$ 可能收斂也可能發散；

(3) 若 $\lim_{n\to\infty} \left|\dfrac{a_n}{a_{n+1}}\right| = \infty$，則收斂半徑 $R = \infty$，此冪級數在任何實數 x 均收斂。

例2　求收斂半徑

求 $\sum_{n=0}^{\infty} n!x^n$ 的收斂半徑。

解　$x = 0$ 代入得到

$$f(0) = \sum_{n=0}^{\infty} n!0^n = 1 + 0 + 0 + \cdots = 1$$

再直接用公式求收斂半徑，此時 $a_n = n!$，$c = 0$，則

$$\lim_{n\to\infty} \left|\dfrac{a_n}{a_{n+1}}\right| = \lim_{n\to\infty} \left|\dfrac{n!}{(n+1)!}\right| = \lim_{n\to\infty} \left|\dfrac{n}{n+1}\right| = 0$$

因此收斂半徑 $R = 0$。

即此級數除了在中心 0 之外，到處發散，其收斂半徑 $R = 0$。

以下的例題，若未學習 7.2 節，直接將收斂區間以開區間表之。若學過 7.2 節，則可套用合適的檢定，一一檢驗其收斂性。

例3　求收斂半徑與收斂區間

求 $\sum_{n=0}^{\infty} 3(x-2)^n$ 的收斂半徑與收斂區間（以開區間表之）。

解

用公式求收斂半徑。此時，$a_n = 3$，$c = 2$，則 $\lim_{n\to\infty} \left|\dfrac{a_n}{a_{n+1}}\right| = \lim_{n\to\infty} \left|\dfrac{3}{3}\right| = 1$，

因此收斂半徑 R 是 1，收斂區間是 $(1, 3)$，如圖7.10。

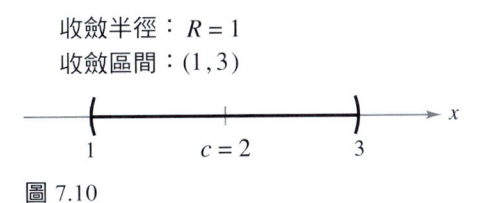

收斂半徑：$R = 1$
收斂區間：$(1, 3)$

圖 7.10

例 4　求收斂半徑與收斂區間

求下列級數的收斂半徑與收斂區間（以開區間表之）。

a. $\displaystyle\sum_{n=0}^{\infty}\frac{(-1)^n(x+1)^n}{2^n}$　　**b.** $\displaystyle\sum_{n=1}^{\infty}\frac{x^n}{n^2}$

解

a. 此數列的 $c=-1$，$a_n=\dfrac{(-1)^n}{2^n}$。所以 $a_{n+1}=\dfrac{(-1)^{n+1}}{2^{n+1}}$

$$\lim_{n\to\infty}\left|\frac{a_n}{a_{n+1}}\right|=\lim_{n\to\infty}\left|\frac{\dfrac{(-1)^n}{2^n}}{\dfrac{(-1)^{n+1}}{2^{n+1}}}\right|=\lim_{n\to\infty}2=2$$

因此收斂半徑 $R=2$，收斂區間是 $(-3, 1)$，如圖 7.11。

b. 此數列的 $c=0$，$a_n=\dfrac{1}{n^2}$，因此 $a_{n+1}=\dfrac{1}{(n+1)^2}$

$$\lim_{n\to\infty}\left|\frac{a_n}{a_{n+1}}\right|=\lim_{n\to\infty}\left|\frac{\dfrac{1}{n^2}}{\dfrac{1}{(n+1)^2}}\right|=\lim_{n\to\infty}\left(\frac{n+1}{n}\right)^2$$

$$=\lim_{n\to\infty}\left(1+\frac{1}{n}\right)^2=1$$

因此收斂半徑 $R=1$，收斂區間是 $(-1, 1)$，如圖 7.12。（註）

收斂半徑：$R=2$
收斂區間：$(-3, 1)$

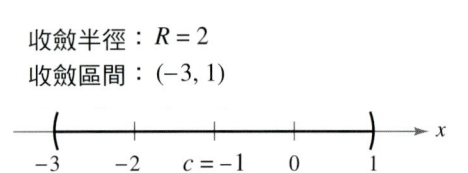

圖 7.11

收斂半徑：$R=1$
收斂區間：$(-1, 1)$

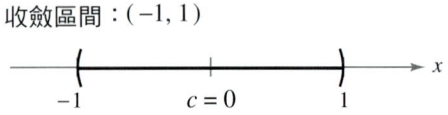

圖 7.12

註：若學過 7.2 節，可判斷此級數在端點 $x=\pm 1$ 是否收斂。針對此級數，令 $x=1$ 可得 p- 級數

$$\sum_{n=1}^{\infty}\frac{1}{n^2}=\frac{1}{1^2}+\frac{1}{2^2}+\frac{1}{3^2}+\frac{1}{4^2}+\cdots\ \text{收斂}$$

令 $x=-1$，可得交錯級數

$$\sum_{n=1}^{\infty}\frac{(-1)^n}{n^2}=-\frac{1}{1^2}+\frac{1}{2^2}-\frac{1}{3^2}+\frac{1}{4^2}-\cdots\ \text{收斂}$$

因此，其實它真正的收斂區間是 $[-1,1]$。

冪級數的微分與積分
Differentiation and Integration of Power Series

　　以冪級數來代表一個函數，在微積分的發展過程中扮演了重要的角色。事實上，牛頓在微分與積分上許多重要的工作都是在冪級數的範疇中完成──特別是與複雜的代數函數和超越函數相關的時候。Euler、Lagrange、Leibniz 和 Bernoulli 在研究時，也用冪級數來表示一個函數。

　　一旦以冪級數來定義函數，我們自然而然就會問：這樣的函數屬性如何，它會連續嗎？可微嗎？下面的定理可以回答這些問題。

> **定理 7.16　以冪級數定義的函數的性質**
> 函數 $f(x)$ 以冪級數表示如下
> $$f(x)=\sum_{n=0}^{\infty}a_n(x-c)^n$$
> $$=a_0+a_1(x-c)+a_2(x-c)^2+a_3(x-c)^3+\cdots$$

假設收斂半徑 $R > 0$，則在區間 $(c - R, c + R)$ 上，f 可微（因此連續）。f 的導函數和反導函數可以逐項計算如下：

1. $f'(x) = \sum_{n=1}^{\infty} na_n(x - c)^{n-1}$

$= a_1 + 2a_2(x - c) + 3a_3(x - c)^2 + \cdots$

2. $\int f(x)\, dx = C + \sum_{n=0}^{\infty} a_n \frac{(x - c)^{n+1}}{n + 1}$

$= C + a_0(x - c) + a_1 \frac{(x - c)^2}{2} + a_2 \frac{(x - c)^3}{3} + \cdots$

以上兩式以 $f(x)$ 右端逐項微分和積分得出的冪級數，其收斂半徑和 $f(x)$ 一樣都是 R。但是收斂區間可能因為在端點有所差異。

定理 7.16 說明了在許多方面冪級數和多項式相似：在它的收斂區間（端點不計）上，冪級數定出了一個連續函數，並且它的微分和積分可以逐項進行。例如下面這個冪級數

$$f(x) = \sum_{n=0}^{\infty} \frac{x^n}{n!} = 1 + x + \frac{x^2}{2} + \frac{x^3}{3!} + \frac{x^4}{4!} + \cdots$$

導函數是

$$f'(x) = 1 + (2)\frac{x}{2} + (3)\frac{x^2}{3!} + (4)\frac{x^3}{4!} + \cdots$$

$$= 1 + x + \frac{x^2}{2} + \frac{x^3}{3!} + \frac{x^4}{4!} + \cdots = f(x)$$

注意 $f'(x) = f(x)$。實際上，它代表的是 e^x。

例 5　$f(x)$、$f'(x)$ 和 $\int f(x)\, dx$ 的收斂區間

冪級數

$$f(x) = \sum_{n=1}^{\infty} \frac{x^n}{n} = x + \frac{x^2}{2} + \frac{x^3}{3} + \cdots$$

求下列各冪級數及其收斂區間（以開區間表之）。

a. $\int f(x)\, dx$　　**b.** $f(x)$　　**c.** $f'(x)$

解　由定理 7.16，得到

$$f'(x) = \sum_{n=1}^{\infty} x^{n-1} = 1 + x + x^2 + x^3 + \cdots$$

和

$$\int f(x)\, dx = C + \sum_{n=1}^{\infty} \frac{x^{n+1}}{n(n + 1)} = C + \frac{x^2}{1 \cdot 2} + \frac{x^3}{2 \cdot 3} + \frac{x^4}{3 \cdot 4} + \cdots$$

收斂半徑：$R = 1$
收斂區間：$[-1, 1]$

(a)

收斂半徑：$R = 1$
收斂區間：$[-1, 1)$

(b)

收斂半徑：$R = 1$
收斂區間：$(-1, 1)$

(c)

圖 7.13

由定理7.16，我們可知 $\int f(x)\,dx, f(x), f'(x)$ 三者的收斂半徑 R 相同，因此直接計算 $f(x)$ 的收斂半徑 R 即可。

$$f(x) = \sum_{n=1}^{\infty} \frac{x^n}{n}$$

因此 $c = 0$, $a_n = \dfrac{1}{n}$，$a_{n+1} = \dfrac{1}{n+1}$，而

$$R = \lim_{n \to \infty} \left|\frac{a_n}{a_{n+1}}\right| = \lim_{n \to \infty} \left|\frac{\frac{1}{n}}{\frac{1}{n+1}}\right| = \lim_{n \to \infty} \left(\frac{n+1}{n}\right)$$

$$= \lim_{n \to \infty} \left(1 + \frac{1}{n}\right) = 1$$

因此收斂半徑 $R = 1$，收斂區間是 $(-1, 1)$。

但若學過 7.2 節，可一一針對這三個級數在端點 $x = \pm 1$ 進行收斂，如圖7.13所示。

習題 7.4

1. 求冪級數 $\displaystyle\sum_{n=1}^{\infty} \frac{(x-2)^n}{n^3}$ 的中心位置。

習題 2～3，求下列冪級數的收斂半徑。

2. $\displaystyle\sum_{n=0}^{\infty} (-1)^n \frac{x^n}{n+1}$

3. $\displaystyle\sum_{n=1}^{\infty} \frac{(4x)^n}{n^2}$

習題 4～10，求下列冪級數的收斂區間（以開區間表之）。

4. $\displaystyle\sum_{n=0}^{\infty} \left(\frac{x}{4}\right)^n$

5. $\displaystyle\sum_{n=1}^{\infty} \frac{(-1)^n x^n}{n}$

★ 6. $\displaystyle\sum_{n=0}^{\infty} (2n)! \left(\frac{x}{3}\right)^n$

7. $\displaystyle\sum_{n=1}^{\infty} \frac{(-1)^{n+1} x^n}{6^n}$

8. $\displaystyle\sum_{n=1}^{\infty} \frac{(-1)^{n+1}(x-4)^n}{n 9^n}$

9. $\displaystyle\sum_{n=1}^{\infty} \frac{(x-3)^{n-1}}{3^{n-1}}$

★ 10. $\displaystyle\sum_{n=1}^{\infty} \frac{(-1)^{n+1} 3 \cdot 7 \cdot 11 \cdots (4n-1)(x-3)^n}{4^n}$

習題 11～13，在下列各題中，求 (a) $f(x)$；(b) $f'(x)$；(c) $f''(x)$ 與 (d) $\int f(x)dx$ 及其收斂區間。（若有學過 7.2 節，請檢驗端點上的收斂性。）

★ 11. $f(x) = \displaystyle\sum_{n=0}^{\infty} \left(\frac{x}{3}\right)^n$

★ 12. $f(x) = \displaystyle\sum_{n=0}^{\infty} \frac{(-1)^{n+1}(x-1)^{n+1}}{n+1}$

★ 13. $f(x) = \displaystyle\sum_{n=1}^{\infty} \frac{(-1)^{n+1}(x-2)^n}{n}$

註：標誌 ★ 表示稍難題目。

7.5 以冪級數表示函數　Representation of Functions by Power Series

◆ 將一個函數表成幾何冪級數。
◆ 利用級數的運算求冪級數。

幾何冪級數 Geometric Power Series

在本節和下節中，我們要研究如何將一個函數表成冪級數。考慮 $f(x) = 1/(1-x)$，f 的形式和下列幾何級數的求和公式非常相似。

$$\sum_{n=0}^{\infty} ar^n = \frac{a}{1-r}, \quad 0 < |r| < 1$$

換句話說，令 $a = 1$，$r = x$，一個以 0 為中心代表 $1/(1-x)$ 的冪級數是

$$\frac{1}{1-x} = \sum_{n=0}^{\infty} x^n = 1 + x + x^2 + x^3 + \cdots, \quad |x| < 1$$

當然，冪級數只能在區間 $(-1, 1)$ 代表 $f(x) = 1/(1-x)$，而 $f(x) = 1/(1-x)$ 卻是除了 $x = 1$ 之外，到處都有定義，如圖 7.14 所示。如要在其他的區間以冪級數代表 f，則需要不同的冪級數。例如，中心如果取為 -1，我們可以將 $f(x)$ 寫成

$$\frac{1}{1-x} = \frac{1}{2-(x+1)} = \frac{1/2}{1-[(x+1)/2]} = \frac{a}{1-r}$$

這表示 $a = \frac{1}{2}$ 和 $r = (x+1)/2$，所以，當 $|x+1| < 2$ 時，我們有

$$\frac{1}{1-x} = \sum_{n=0}^{\infty} \left(\frac{1}{2}\right)\left(\frac{x+1}{2}\right)^n$$

$$= \frac{1}{2}\left[1 + \frac{(x+1)}{2} + \frac{(x+1)^2}{4} + \frac{(x+1)^3}{8} + \cdots\right], \quad |x+1| < 2$$

此冪級數在區間 $(-3, 1)$ 上收斂，收斂半徑 $R = 2$。

Joseph Fourier
（1768～1830）
早年有一些關於以冪級數表達函數的工作是由法國數學家 Joseph Fourier 完成。Fourier 的工作在微積分史上之所以重要，部分歸功於他的研究迫使數學家反思當時所使用的函數觀念是否恰當。Cauchy 和 Dirichlet 兩人都受到 Fourier 在無窮級數上研究的啟發。Dirichlet 最後在 1837 年發表了現今所使用有關函數的一般性定義。

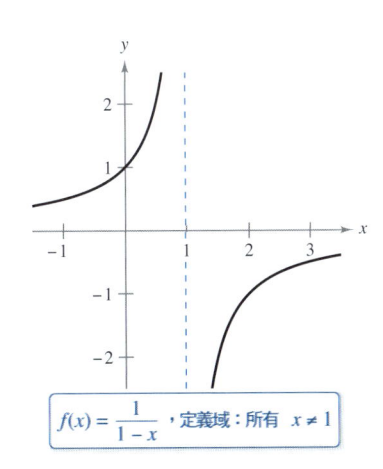

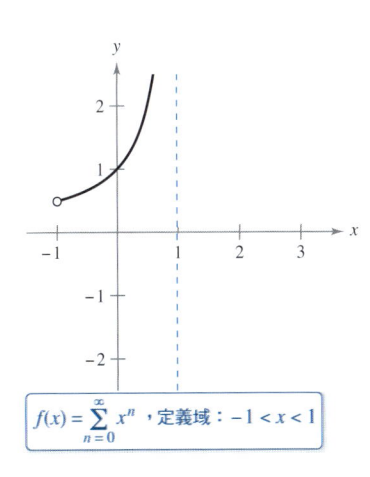

圖 7.14

$f(x) = \dfrac{1}{1-x}$，定義域：所有 $x \neq 1$

$f(x) = \displaystyle\sum_{n=0}^{\infty} x^n$，定義域：$-1 < x < 1$

例 1　求以 0 為中心的幾何冪級數

求一個以 0 為中心的冪級數，來代表 $f(x) = \dfrac{4}{x+2}$。

解　先將 $f(x)$ 改寫成 $a/(1-r)$ 的形式。

$$\frac{4}{2+x} = \frac{2}{1-(-x/2)} = \frac{a}{1-r}$$

這表示 $a = 2$，而且 $r = -x/2$，所以代表 $f(x)$ 的冪級數是

$$\frac{4}{x+2} = \sum_{n=0}^{\infty} ar^n = \sum_{n=0}^{\infty} 2\left(-\frac{x}{2}\right)^n = 2\left(1 - \frac{x}{2} + \frac{x^2}{4} - \frac{x^3}{8} + \cdots\right)$$

此冪級數在

$$\left|-\frac{x}{2}\right| < 1$$

時收斂，收斂區間是 $(-2, 2)$。

例 2　求以 1 為中心的幾何冪級數

求一個以 1 為中心的冪級數，來代表 $f(x) = \dfrac{1}{x}$。

解　先將 $f(x)$ 改寫成 $a/(1-r)$ 的形式

$$\frac{1}{x} = \frac{1}{1-(-x+1)} = \frac{a}{1-r}$$

這表示 $a = 1$，而且 $r = 1 - x = -(x-1)$。所以代表 $f(x)$ 的冪級數是

$$\frac{1}{x} = \sum_{n=0}^{\infty} ar^n = \sum_{n=0}^{\infty} [-(x-1)]^n$$

$$= \sum_{n=0}^{\infty} (-1)^n (x-1)^n = 1 - (x-1) + (x-1)^2 - (x-1)^3 + \cdots$$

此冪級數在 $|x-1| < 1$ 時收斂，收斂區間是 $(0, 2)$。

冪級數的運算 Operations with Power Series

我們先討論有關冪級數的運算規則，這些運算規則配上微分和積分，可以處理相當多樣的基本函數的冪級數展開（為了簡單起見，下面的性質只說明中心為 0 的情形）。

冪級數的運算規則

令 $f(x) = \sum\limits_{n=0}^{\infty} a_n x^n$，$g(x) = \sum\limits_{n=0}^{\infty} b_n x^n$，則

1. $f(kx) = \sum\limits_{n=0}^{\infty} a_n k^n x^n$
2. $f(x^N) = \sum\limits_{n=0}^{\infty} a_n x^{nN}$
3. $f(x) \pm g(x) = \sum\limits_{n=0}^{\infty} (a_n \pm b_n) x^n$

上述的運算可能會改變收斂區間。例如下面兩個冪級數相加之後，收斂區間變成是原來個別收斂區間的交集。

$$\underbrace{\sum_{n=0}^{\infty} x^n}_{(-1,\,1)} + \underbrace{\sum_{n=0}^{\infty} \left(\frac{x}{2}\right)^n}_{(-2,\,2)} = \underbrace{\sum_{n=0}^{\infty} \left(1 + \frac{1}{2^n}\right) x^n}_{(-1,\,1)}$$

$(-1,\,1) \cap (-2,\,2) = (-1,\,1)$

例 3　兩個冪級數的和

求一個以 0 為中心的冪級數，來代表 $f(x) = \dfrac{3x-1}{x^2-1}$。

解　先將 $f(x)$ 寫成部分分式

$$\frac{3x-1}{x^2-1} = \frac{2}{x+1} + \frac{1}{x-1}$$

再將兩個幾何冪級數

$$\frac{2}{x+1} = \frac{2}{1-(-x)} = \sum_{n=0}^{\infty} 2(-1)^n x^n, \;\; |x| < 1$$

與

$$\frac{1}{x-1} = \frac{-1}{1-x} = -\sum_{n=0}^{\infty} x^n, \;\; |x| < 1$$

相加，得到下面的結果。

$$\frac{3x-1}{x^2-1} = \sum_{n=0}^{\infty} [2(-1)^n - 1] x^n = 1 - 3x + x^2 - 3x^3 + x^4 - \cdots$$

此冪級數的收斂區間是 $(-1,\,1)$。

例 4　積分求冪級數

求一個以 1 為中心的冪級數，來代表 $f(x) = \ln x$。

解　從例 2 得知

$$\frac{1}{x} = \sum_{n=0}^{\infty} (-1)^n (x-1)^n \qquad \text{收斂區間：}(0,\,2)$$

將此冪級數積分得到

$$\ln x = \int \frac{1}{x}\, dx + C = C + \sum_{n=0}^{\infty} (-1)^n \frac{(x-1)^{n+1}}{n+1}$$

令 $x = 1$，求出 $C = 0$，因此

$$\begin{aligned}
\ln x &= \sum_{n=0}^{\infty} (-1)^n \frac{(x-1)^{n+1}}{n+1} \\
&= \frac{(x-1)}{1} - \frac{(x-1)^2}{2} + \frac{(x-1)^3}{3} - \frac{(x-1)^4}{4} + \cdots
\end{aligned}$$
收斂區間：$(0,\,2]$

注意此冪級數在 $x = 2$ 收斂。這就是先前曾經提過：積分可能會改變在收斂區間端點的斂散性（但若未學過 7.2 節，可先不考慮端點的收斂性）。

之前在 7.3 節的例子，我們已求出自然對數函數在 $c = 1$ 時的四次泰勒多項式

$$\ln x \approx (x-1) - \frac{(x-1)^2}{2} + \frac{(x-1)^3}{3} - \frac{(x-1)^4}{4}$$

當時，也用上式求 $\ln(1.1)$ 的近似值

$$\ln(1.1) \approx (0.1) - \frac{1}{2}(0.1)^2 + \frac{1}{3}(0.1)^3 - \frac{1}{4}(0.1)^4$$
$$\approx 0.0953083$$

以下也是類似的想法，用冪級數幫我們求近似值。

例 5　積分求冪級數

求一個以 0 為中心的冪級數，來代表 $g(x) = \arctan x$。

解　由於 $D_x[\arctan x] = 1/(1+x^2)$，我們可以從

$$f(x) = \frac{1}{1+x} = \sum_{n=0}^{\infty}(-1)^n x^n \qquad \text{收斂區間}:(-1, 1)$$

將式中的 x 代以 x^2 而得

$$f(x^2) = \frac{1}{1+x^2} = \sum_{n=0}^{\infty}(-1)^n x^{2n}$$

兩邊同時積分，得到

$$\arctan x = \int \frac{1}{1+x^2}dx + C$$
$$= C + \sum_{n=0}^{\infty}(-1)^n \frac{x^{2n+1}}{2n+1}$$
$$= \sum_{n=0}^{\infty}(-1)^n \frac{x^{2n+1}}{2n+1} \qquad \text{令 } x = 0\text{，則 } C = 0$$
$$= x - \frac{x^3}{3} + \frac{x^5}{5} - \frac{x^7}{7} + \cdots \qquad \text{收斂區間}:(-1, 1)$$

事實上，例 5 的收斂區間可推廣到端點 $x \pm 1$。

因此，當 $x = 1$，可得

$$\arctan 1 = 1 - \frac{1}{3} + \frac{1}{5} - \frac{1}{7} + \cdots$$
$$= \frac{\pi}{4}$$

在例 6，我們用 arctan 的冪級數的前幾項作用在兩個不同的值，來求得 π 的近似值。這也是 John Machin 在 1706 年時做的估計。

例 6 用級數求 π 的近似值

用下列的三角恆等式

$$4 \arctan \frac{1}{5} - \arctan \frac{1}{239} = \frac{\pi}{4}$$

求 π 的近似值。

解 在例 5，已知

$$\arctan x = x - \frac{x^3}{3} + \frac{x^5}{5} - \frac{x^7}{7} + \frac{x^9}{9} + \cdots$$

分別代入 $x = \frac{1}{5}$ 於前五項，以及 $x = \frac{1}{239}$ 於前兩項

$$\arctan \frac{1}{5} \approx 0.197395562$$

$$\arctan \frac{1}{239} \approx 0.004184076$$

因此

$$4 \left(4 \arctan \frac{1}{5} - \arctan \frac{1}{239} \right) \approx 3.1415927$$

這個 π 的近似值，其誤差小於 0.0000001。

習題 7.5

習題 1～6，求一個以 c 為中心的冪級數，來代表下列各題中所指定的函數。

1. $f(x) = \dfrac{1}{6 - x}$, $c = 1$

2. $f(x) = \dfrac{1}{1 - 3x}$, $c = 0$

3. $g(x) = \dfrac{5}{2x - 3}$, $c = -3$

4. $f(x) = \dfrac{2}{5x + 4}$, $c = -1$

★ 5. $g(x) = \dfrac{4x}{x^2 + 2x - 3}$, $c = 0$

★ 6. $f(x) = \dfrac{2}{1 - x^2}$, $c = 0$

習題 7～11，藉由冪級數表示式

$$\frac{1}{1 + x} = \sum_{n=0}^{\infty} (-1)^n x^n$$

來決定一個以 0 為中心的冪級數，代表下列各題中所指定的函數。並求此冪級數的收斂區間。（若沒學過 7.2 節，可不考慮端點的收斂性。）

7. $h(x) = \dfrac{-2}{x^2 - 1} = \dfrac{1}{1 + x} + \dfrac{1}{1 - x}$

8. $f(x) = -\dfrac{1}{(x + 1)^2} = \dfrac{d}{dx}\left[\dfrac{1}{x + 1} \right]$

9. $f(x) = \ln(x + 1) = \displaystyle\int \frac{1}{x + 1} dx$

★ 10. $g(x) = \dfrac{1}{x^2 + 1}$

★ 11. $h(x) = \dfrac{1}{4x^2 + 1}$

註：標誌 ★ 表示稍難題目。

7.6 泰勒和馬克勞林級數　Taylor and Maclaurin Series

◆ 求函數的泰勒或馬克勞林級數。
◆ 求二項級數。
◆ 利用已知泰勒級數求其他的泰勒級數。

泰勒和馬克勞林級數　Taylor Series and Maclaurin Series

在 7.5 節中，利用幾何級數逐項微分和積分得到了一些函數的冪級數。在本節中我們要研究如何對一個無窮次可微的函數找出它的冪級數，下面的定理說明了任何一個收斂的冪級數必要的形式。

定理 7.17　收斂冪級數的形式

如果冪級數 $\Sigma a_n (x-c)^n$ 在一個含 c 的開區間 I 上代表函數 f，亦即對所有 I 中的 x 恆有 $f(x) = \Sigma a_n (x-c)^n$ 則 $a_n = f^{(n)}(c)/n!$，且

$$f(x) = f(c) + f'(c)(x-c) + \frac{f''(c)}{2!}(x-c)^2 + \cdots + \frac{f^{(n)}(c)}{n!}(x-c)^n + \cdots$$

注意　定理 7.17 是說如果一個冪級數收斂到 $f(x)$，則此級數一定是泰勒級數，但定理 7.17 並沒有說任一個以係數 $a_n = f^{(n)}(c)/n!$ 所寫出的冪級數都會收斂到 $f(x)$。

注意到定理 7.17 中冪級數的係數，正是 7.3 節中所定義的 $f(x)$ 的泰勒多項式的係數，因此我們稱定理 7.17 中的冪級數為 $f(x)$ 在 c 的**泰勒級數**（Taylor series）。

泰勒和馬克勞林級數的定義

如果函數 f 在 $x = c$ 無窮次可微，則我們稱下列級數

$$\sum_{n=0}^{\infty} \frac{f^{(n)}(c)}{n!}(x-c)^n = f(c) + f'(c)(x-c) + \cdots + \frac{f^{(n)}(c)}{n!}(x-c)^n + \cdots$$

為 $f(x)$ **在** c **的泰勒級數**（Taylor series for $f(x)$ at c）；如果 $c = 0$，此級數也稱為 f **的馬克勞林級數**（Maclaurin series for f）。

如果能瞭解泰勒多項式相關係數的規律，就可以得出泰勒級數。例如，在 7.3 節的例 3 中，$\ln x$ 在中心為 1 的四次泰勒多項式是

$$P_4(x) = (x-1) - \frac{1}{2}(x-1)^2 + \frac{1}{3}(x-1)^3 - \frac{1}{4}(x-1)^4$$

由係數的規律，可以寫下中心 c 為 1 的泰勒級數。

$$(x-1) - \frac{1}{2}(x-1)^2 + \cdots + \frac{(-1)^{n+1}}{n}(x-1)^n + \cdots$$

例 1 寫下冪級數

寫下 $f(x) = \sin x$ 的馬克勞林級數。

$$\sum_{n=0}^{\infty} \frac{f^{(n)}(0)}{n!} x^n = f(0) + f'(0)x + \frac{f''(0)}{2!}x^2 + \frac{f^{(3)}(0)}{3!}x^3 + \frac{f^{(4)}(0)}{4!}x^4 + \cdots$$

解 連續微分 $f(x)$ 得出

$$\begin{aligned} f(x) &= \sin x & f(0) &= \sin 0 = 0 \\ f'(x) &= \cos x & f'(0) &= \cos 0 = 1 \\ f''(x) &= -\sin x & f''(0) &= -\sin 0 = 0 \\ f^{(3)}(x) &= -\cos x & f^{(3)}(0) &= -\cos 0 = -1 \\ f^{(4)}(x) &= \sin x & f^{(4)}(0) &= \sin 0 = 0 \\ f^{(5)}(x) &= \cos x & f^{(5)}(0) &= \cos 0 = 1 \end{aligned}$$

等等，從三階導數之後數字出現規律，因此，冪級數為

$$\sum_{n=0}^{\infty} \frac{f^{(n)}(0)}{n!} x^n = f(0) + f'(0)x + \frac{f''(0)}{2!}x^2 + \frac{f^{(3)}(0)}{3!}x^3 + \frac{f^{(4)}(0)}{4!}x^4 + \cdots$$

$$\sum_{n=0}^{\infty} \frac{(-1)^n x^{2n+1}}{(2n+1)!} = 0 + (1)x + \frac{0}{2!}x^2 + \frac{(-1)}{3!}x^3 + \frac{0}{4!}x^4 + \frac{1}{5!}x^5 + \frac{0}{6!}x^6$$

$$+ \frac{(-1)}{7!}x^7 + \cdots$$

$$= x - \frac{x^3}{3!} + \frac{x^5}{5!} - \frac{x^7}{7!} + \cdots$$

註：由比例檢定（在7.2節）得知此級數對所有的 x 都收斂。

　　注意在例 1 中我們並不知道冪級數是否收斂到 $\sin x$，我們只知道此一冪級數會收斂到某一個函數，但是不知道這個函數是什麼，而這正是討論泰勒或馬克勞林級數時非常重要的一點。利用 $f(x)$ 在 c 點的所有導數所寫下的泰勒級數

$$f(c) + f'(c)(x-c) + \frac{f''(c)}{2!}(x-c)^2 + \cdots + \frac{f^{(n)}(c)}{n!}(x-c)^n + \cdots$$

也許有可能收斂到異於 f 的另一個函數，為什麼呢？只要有另一個函數，它在 $x = c$ 的值和在 $x = c$ 所有各階導數的值都和 f 一樣，但是卻非 f，我們的懷疑就是合理的。一般而言，要回答下列級數

$$f(x) = f(c) + f'(c)(x-c) + \frac{f''(c)}{2!}(x-c)^2 + \cdots + \frac{f^{(n)}(c)}{n!}(x-c)^n + R_n(x)$$

是否收斂到 $f(x)$ 這個問題，必須對每一個 n，

$$R_n(x) = \frac{f^{(n+1)}(z)}{(n+1)!}(x-c)^{n+1}$$

如果 $R_n \to 0$，下面定理保證 f 的泰勒級數對所有 I 中的 x 都會收斂到 $f(x)$。

> **定理 7.18　泰勒級數的斂散性**
>
> 如果對區間 I 中所有的 x 都有 $\lim\limits_{n \to \infty} R_n = 0$，則 f 的泰勒級數會收斂，且收斂值等於 $f(x)$，
>
> $$f(x) = \sum_{n=0}^{\infty} \frac{f^{(n)}(c)}{n!}(x-c)^n$$

圖 7.15 比較馬克勞林多項式 $P_1(x)$、$P_3(x)$、$P_5(x)$ 和 $P_7(x)$ 圖形與 $\sin x$ 圖形之間的關係，注意到當多項式次數增加的時候，圖形會越來越像正弦函數的圖形。事實上，對任意實數 x，$f(x) = \sin x$ 的馬克勞林級數也的確收斂到 $\sin x$。

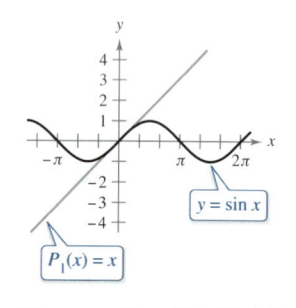

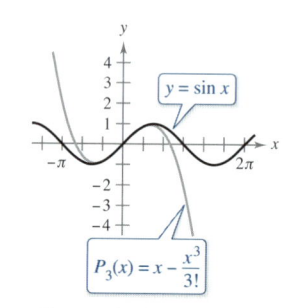

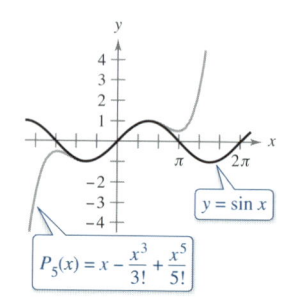

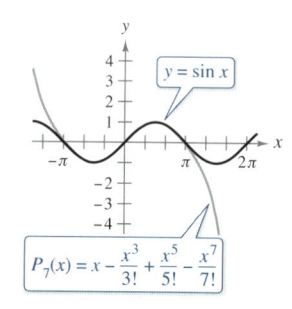

$P_1(x) = x$　　$P_3(x) = x - \dfrac{x^3}{3!}$　　$P_5(x) = x - \dfrac{x^3}{3!} + \dfrac{x^5}{5!}$　　$P_7(x) = x - \dfrac{x^3}{3!} + \dfrac{x^5}{5!} - \dfrac{x^7}{7!}$

圖 7.15　當 n 增加的時候，P_n 的圖形越來越像正弦函數。

> **求泰勒級數的指導原則**
>
> 1. 連續微 $f(x)$ 若干次後，在 $x = c$ 求各階導數
>
> $$f(c), f'(c), f''(c), f'''(c), \cdots, f^{(n)}(c), \cdots$$
>
>   看看是否能找出規律。
>
> 2. 以係數 $a_n = f^{(n)}(c)/n!$ 寫下泰勒級數
>
> $$f(c) + f'(c)(x-c) + \frac{f''(c)}{2!}(x-c)^2 + \cdots + \frac{f^{(n)}(c)}{n!}(x-c)^n + \cdots$$
>
>   並決定收斂區間。
>
> 3. 在收斂區間中，判斷此一冪級數是否收斂到 $f(x)$。

注意：若在步驟 1 時，找出規律性有其困難時，就只好用定理 7.17——找出其係數。此外，也可用已知的泰勒或馬克勞林級數，去轉換成你要的級數，如例 2。

例 2　利用已知的馬克勞林級數求新的級數

求 $f(x) = \sin x^2$ 的馬克勞林級數。

解 若直接用定理7.17，或上述的指數原則，直接對 $f(x) = \sin x^2$ 連續微分兩次，可得

$$f'(x) = 2x \cos x^2$$

且

$$f''(x) = -4x^2 \sin x^2 + 2 \cos x^2$$

不難看出，再微分下去，只會越來越複雜。還好，我們有替代方案如下，先套用例1的結果，已知

$$g(x) = \sin x$$
$$= x - \frac{x^3}{3!} + \frac{x^5}{5!} - \frac{x^7}{7!} + \cdots$$

則 $\sin x^2 = g(x^2)$，因此將上式 x 都以 x^2 取代，可得

$$\sin x^2 = g(x^2)$$
$$= x^2 - \frac{x^6}{3!} + \frac{x^{10}}{5!} - \frac{x^{14}}{7!} + \cdots$$

提醒同學：要徹底理解例 2 的精髓。這是因為直接用指導方針求泰勒級數通常不大方便，其實求泰勒級數最實用的方法，是用基本函數的泰勒級數轉換而來，如加、減、乘、除、微分、積分、變數變換等等。

二項級數 Binomial Series

當 k 不一定是正整數時，對於函數 $f(x) = (1 + x)^k$，考慮它在 $x = 0$ 的泰勒展開式，這個特別的級數稱為二項級數。

例 3　二項級數

假設 k 非正整數，求 $f(x) = (1 + x)^k$ 的馬克勞林級數，並求其收斂區間。

解 連續微分，得到

$$\begin{aligned}
f(x) &= (1+x)^k & f(0) &= 1 \\
f'(x) &= k(1+x)^{k-1} & f'(0) &= k \\
f''(x) &= k(k-1)(1+x)^{k-2} & f''(0) &= k(k-1) \\
f'''(x) &= k(k-1)(k-2)(1+x)^{k-3} & f'''(0) &= k(k-1)(k-2) \\
&\vdots & &\vdots \\
f^{(n)}(x) &= k\cdots(k-n+1)(1+x)^{k-n} & f^{(n)}(0) &= k(k-1)\cdots(k-n+1)
\end{aligned}$$

寫下馬克勞林級數

$$1 + kx + \frac{k(k-1)x^2}{2} + \cdots + \frac{k(k-1)\cdots(k-n+1)x^n}{n!} + \cdots$$

由於 $|a_n/a_{n+1}| \to 1$，可知收斂半徑 $R = 1$，所以級數在區間 $(-1, 1)$ 上收斂到某一個函數。

注意在例 2 中，我們並沒有證明此一冪級數在區間 $(-1, 1)$ 上確實收斂到 $(1+x)^k$，若要證明此事，必須應用定理 7.18，證明 $R_n(x)$ 趨近到 0。

例 4　求二項級數

求 $f(x) = \sqrt[3]{1 + x}$ 的馬克勞林級數。

解　由例 3 中所得的二項級數

$$(1 + x)^k = 1 + kx + \frac{k(k-1)x^2}{2!} + \frac{k(k-1)(k-2)x^3}{3!} + \cdots$$

令 $k = \frac{1}{3}$ 代入得

$$(1 + x)^{1/3} = 1 + \frac{x}{3} - \frac{2x^2}{3^2 2!} + \frac{2 \cdot 5 x^3}{3^3 3!} - \frac{2 \cdot 5 \cdot 8 x^4}{3^4 4!} + \cdots$$

此一冪級數在 $-1 \leq x \leq 1$ 上收斂。

基本泰勒級數表 Deriving Taylor Series from a Basic List

下表列出一些代表基本函數的冪級數，及其對應的收斂區間。同時，下表也說明了這些冪級數的確會收斂到原基本函數。

基本函數的冪級數

函數	收斂區間
$\dfrac{1}{x} = 1 - (x-1) + (x-1)^2 - (x-1)^3 + (x-1)^4 - \cdots + (-1)^n (x-1)^n + \cdots$	$0 < x < 2$
$\dfrac{1}{1+x} = 1 - x + x^2 - x^3 + x^4 - x^5 + \cdots + (-1)^n x^n + \cdots$	$-1 < x < 1$
$\ln x = (x-1) - \dfrac{(x-1)^2}{2} + \dfrac{(x-1)^3}{3} - \dfrac{(x-1)^4}{4} + \cdots + \dfrac{(-1)^{n-1}(x-1)^n}{n} + \cdots$	$0 < x \leq 2$
$e^x = 1 + x + \dfrac{x^2}{2!} + \dfrac{x^3}{3!} + \dfrac{x^4}{4!} + \dfrac{x^5}{5!} + \cdots + \dfrac{x^n}{n!} + \cdots$	$-\infty < x < \infty$
$\sin x = x - \dfrac{x^3}{3!} + \dfrac{x^5}{5!} - \dfrac{x^7}{7!} + \dfrac{x^9}{9!} - \cdots + \dfrac{(-1)^n x^{2n+1}}{(2n+1)!} + \cdots$	$-\infty < x < \infty$
$\cos x = 1 - \dfrac{x^2}{2!} + \dfrac{x^4}{4!} - \dfrac{x^6}{6!} + \dfrac{x^8}{8!} - \cdots + \dfrac{(-1)^n x^{2n}}{(2n)!} + \cdots$	$-\infty < x < \infty$
$\arctan x = x - \dfrac{x^3}{3} + \dfrac{x^5}{5} - \dfrac{x^7}{7} + \dfrac{x^9}{9} - \cdots + \dfrac{(-1)^n x^{2n+1}}{2n+1} + \cdots$	$-1 \leq x \leq 1$
$\arcsin x = x + \dfrac{x^3}{2 \cdot 3} + \dfrac{1 \cdot 3 x^5}{2 \cdot 4 \cdot 5} + \dfrac{1 \cdot 3 \cdot 5 x^7}{2 \cdot 4 \cdot 6 \cdot 7} + \cdots + \dfrac{(2n)! x^{2n+1}}{(2^n n!)^2 (2n+1)} + \cdots$	$-1 \leq x \leq 1$
$(1 + x)^k = 1 + kx + \dfrac{k(k-1)x^2}{2!} + \dfrac{k(k-1)(k-2)x^3}{3!} + \dfrac{k(k-1)(k-2)(k-3)x^4}{4!} + \cdots$	$-1 < x < 1$ [註]

註：在 $x = \pm 1$ 的斂散性與 k 值有關。

注意 二項級數主要是針對非正整數的 k 值，如果 k 是正整數，$(1+x)^k$ 就照高中所學二項式定理展開即可。

例 5　從基本表求冪級數

求 $f(x) = \cos\sqrt{x}$ 的馬克勞林級數。

解　利用冪級數

$$\cos x = 1 - \frac{x^2}{2!} + \frac{x^4}{4!} - \frac{x^6}{6!} + \frac{x^8}{8!} - \cdots$$

以 $\sqrt{x}$ 代 x 得出

$$\cos\sqrt{x} = 1 - \frac{x}{2!} + \frac{x^2}{4!} - \frac{x^3}{6!} + \frac{x^4}{8!} - \cdots$$

此一冪級數對所有 $x \geq 0$ 都收斂。

　　冪級數可以像多項式一樣相乘與相除，通常進行了前面幾項之後，或許可以得到一些規律。

例 6　冪級數的乘除

求 $f(x) = e^x \arctan x$ 的馬克勞林級數的前三項。

解

利用表格中 e^x 和 $\arctan x$ 的馬克勞林級數，得到

$$e^x \arctan x = \left(1 + \frac{x}{1!} + \frac{x^2}{2!} + \frac{x^3}{3!} + \frac{x^4}{4!} + \cdots\right)\left(x - \frac{x^3}{3} + \frac{x^5}{5} - \cdots\right)$$

把兩式乘開，以升冪排列

$$\begin{array}{r}
1 + x + \frac{1}{2}x^2 + \frac{1}{6}x^3 + \frac{1}{24}x^4 + \cdots \\
x \quad\quad\quad - \frac{1}{3}x^3 \quad\quad\quad + \frac{1}{5}x^5 - \cdots \\
\hline
x + \; x^2 + \frac{1}{2}x^3 + \frac{1}{6}x^4 + \frac{1}{24}x^5 + \cdots \\
- \frac{1}{3}x^3 - \frac{1}{3}x^4 - \frac{1}{6}x^5 - \cdots \\
+ \frac{1}{5}x^5 + \cdots \\
\hline
x + \; x^2 + \frac{1}{6}x^3 - \frac{1}{6}x^4 + \frac{3}{40}x^5 + \cdots
\end{array}$$

所以，$e^x \arctan x = x + x^2 + \frac{1}{6}x^3 + \cdots$。

　　正如前節所言，冪級數可以用來製作超越函數值表，對於有些無法求出反導數的定積分，也可以利用冪級數來估算，請看下面的例子。

例 7　定積分的冪級數近似法

利用冪級數求 $\int_0^1 e^{-x^2}\, dx$ 的近似值，並使其誤差不超過 0.01。

解　將 e^x 的級數中以 $-x^2$ 代 x 後得出

$$e^{-x^2} = 1 - x^2 + \frac{x^4}{2!} - \frac{x^6}{3!} + \frac{x^8}{4!} - \cdots$$

$$\int_0^1 e^{-x^2}\, dx = \left[x - \frac{x^3}{3} + \frac{x^5}{5 \cdot 2!} - \frac{x^7}{7 \cdot 3!} + \frac{x^9}{9 \cdot 4!} - \cdots \right]_0^1$$

$$= 1 - \frac{1}{3} + \frac{1}{10} - \frac{1}{42} + \frac{1}{216} - \cdots$$

對前四項求和，得出

$$\int_0^1 e^{-x^2}\, dx \approx 0.74$$

從交錯級數檢定，得知誤差小於 $\frac{1}{216} \approx 0.005$。

習題 7.6

習題 1～4，求下列各題以 c 為中心的泰勒級數。

1. $f(x) = e^{2x},\quad c = 0$
2. $f(x) = \cos x,\quad c = \frac{\pi}{4}$
3. $f(x) = \frac{1}{x},\quad c = 1$
4. $f(x) = \ln x,\quad c = 1$
5. 利用二項級數，求 $f(x) = \sqrt[4]{1 + x}$ 的馬克勞林級數。

習題 6～9，利用基本函數的冪級數，求下列各函數的馬克勞林級數。

6. $f(x) = e^{x^2/2}$
7. $f(x) = \ln(1 + x)$
8. $f(x) = \cos 4x$
★ 9. $g(x) = \arctan 5x$
★ 10. 用冪級數求 $\int_0^1 e^{-x^3}\, dx$ 的近似值，使其誤差不超過 0.0001。

註：標誌 ★ 表示稍難題目。

本章習題

習題 1～2，已知數列的第 n 項 a_n 如下，判斷此數列是否收斂，若是的話，求其極限。

1. $a_n = \dfrac{1}{\sqrt{n}}$

2. $a_n = \left(\dfrac{2}{5}\right)^n + 5$

3. 寫出數列 3, 8, 13, 18, 23.... 的第 n 項，再判斷此數列是否收斂。

4. 求 $\displaystyle\sum_{n=0}^{\infty}[(0.4)^n + (0.9)^n]$ 之和。

習題 5～7，判斷下列級數是否收斂。

◎ 5. $\displaystyle\sum_{n=1}^{\infty}\dfrac{4}{n^{2\pi}}$

6. $\displaystyle\sum_{n=1}^{\infty}\dfrac{5n^3+6}{7n^3+2n}$

7. $\displaystyle\sum_{n=1}^{\infty}\dfrac{10^n}{4+9^n}$

8. 求 $f(x) = e^{-2x}$ 以 0 為中心的三次馬克勞林多項式。

9. 求 $f(x) = \dfrac{1}{x^3}$ 以 1 為中心的三次泰勒多項式。

習題 10～12，求下列冪級數的收斂區間（以開區間表之）。

10. $\displaystyle\sum_{n=0}^{\infty}\left(\dfrac{x}{10}\right)^n$

11. $\displaystyle\sum_{n=0}^{\infty}\dfrac{(-1)^n(x-2)^n}{(n+1)^2}$

12. $\displaystyle\sum_{n=0}^{\infty}n!(x-2)^n$

13. $f(x) = \displaystyle\sum_{n=0}^{\infty}\left(\dfrac{x}{5}\right)^n$ 求 (a) $f(x)$；(b) $f'(x)$；(c) $f''(x)$ 及 (d) $\int f(x)\,dx$ 收斂區間（以開區間表之）。（可以不必考慮端點，除非學過 7.2 節）

14. 將 $g(x) = \dfrac{2}{3-x}$ 表成以 0 為中心的幾何冪級數。

15. 將 $f(x) = \dfrac{6}{4-x}$ 表成以 1 為中心的冪級數。

★ 16. 直接用泰勒級數的定義，求 $f(x) = \dfrac{1}{x}$ 以 -1 為中心的泰勒級數。

習題 17～18，利用 7.6 節中的基本泰勒級數表，來求下列函數的馬克勞林級數。

17. $f(x) = e^{6x}$

18. $f(x) = \sin 5x$

★ 19. 用冪級數求 $\displaystyle\int_0^{0.5}\cos x^3\,dx$ 的近似值，使其誤差不超過 0.01。

註：標誌 ◎ 為選材題目。
　　標誌 ★ 表示稍難題目。

8 多變數函數
Functions of Several Variables

8.1 多變數函數導論　Introduction to Functions of Several Variables

◆ 瞭解多變數函數的記號。
◆ 描繪雙變數函數的圖形。
◆ 描繪雙變數函數的等高線。

多變數函數　Functions of Several Variables

到目前為止，我們都只是討論一個變數的函數，其實許多常見的量都是兩個或更多變數的函數。例如，正圓柱的體積 $V = \pi r^2 h$ 是兩個變數的函數，長方體的體積 $V = lwh$ 是三個變數的函數。這類函數的記號和單變數函數的記號類似，請看下面的例子。

$$z = \underbrace{f(x, y)}_{\text{雙變數}} = x^2 + xy \qquad \text{兩個變數的函數}$$

和

$$w = \underbrace{f(x, y, z)}_{\text{三變數}} = x + 2y - 3z \qquad \text{三個變數的函數}$$

> **雙變數函數的定義**
>
> D 是一個有序實數對的集合。如果對 D 中任一個序對 (x, y) 恆有唯一的實數 $f(x, y)$ 與之對應，則 f 就稱為一個 **x 和 y 的函數**（function of x and y）。集合 D 是 f 的**定義域**（domain），所對應的 $f(x, y)$ 的全體稱為 f 的**值域**（range）。

習慣上，我們以 $z = f(x, y)$ 表一個雙變數的函數，其中 x 和 y 稱為**自變數**（independent variables），z 稱為**應變數**（dependent variable）。

三個變數、四個變數或是 n 個變數的函數定義的方法類似，定義域分別包含有序三元數（x_1, x_2, x_3）、有序四元數（x_1, x_2, x_3, x_4）或是有序 n 元數（$x_1, x_2, \ldots, x_n$），而值域都是一組實數。本章只討論兩個或三個變數的函數。

正如單變數的情形，描述一個多變數函數最常用的方式就是給出一個方程式，只要能使該方程式有意義的點都在函數的定義域中。例如，函數 $f(x, y) = x^2 + y^2$ 的定義域就是所有的 xy 平面。同理，函數

$f(x, y) = \ln xy$ 的定義域是平面上所有滿足 $xy > 0$ 的序對 (x, y)，也就是一、三兩個象限。

例 1　多變數函數的定義域

求下列函數的定義域。

a. $f(x, y) = \dfrac{\sqrt{x^2 + y^2 - 9}}{x}$

b. $g(x, y, z) = \dfrac{x}{\sqrt{9 - x^2 - y^2 - z^2}}$

解

a. 函數 f 對所有滿足 $x \neq 0$ 和 $x^2 + y^2 \geq 9$ 的序對 (x, y) 都有定義，因此，f 的定義域是扣掉圓 $x^2 + y^2 = 9$ 的內部和 y 軸之後剩下的點，如圖 8.1 所示。

b. 函數 g 對所有滿足 $x^2 + y^2 + z^2 < 9$ 的序對 (x, y, z) 都有定義，因此 g 的定義域是球心在原點，半徑為 3 的球體內部。

$f(x, y) = \dfrac{\sqrt{x^2 + y^2 - 9}}{x}$ 的定義域

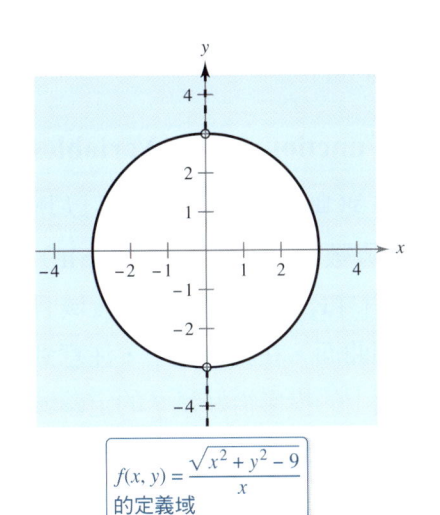

圖 8.1

一如單變數，多變數函數之間亦有加、減、乘、除的運算，下面以雙變數函數來說明。

$$(f \pm g)(x, y) = f(x, y) \pm g(x, y) \qquad \text{和或差}$$
$$(fg)(x, y) = f(x, y)g(x, y) \qquad \text{積}$$
$$\dfrac{f}{g}(x, y) = \dfrac{f(x, y)}{g(x, y)}, \qquad g(x, y) \neq 0 \qquad \text{商}$$

兩個多變數函數無法直接合成一個新的函數，但是若 h 是多變數而 g 是單變數的函數，h 和 g 可以形成一個新的**合成**（composite）函數 $(g \circ h)(x, y)$ 如下。

$$(g \circ h)(x, y) = g(h(x, y)) \qquad \text{合成函數}$$

此一合成函數的定義域中的序對 (x, y) 一方面要在 h 的定義域中，而同時也要滿足 $h(x, y)$ 會落在 g 的定義域中，例如函數 f

$$f(x, y) = \sqrt{16 - 4x^2 - y^2}$$

可以看成是雙變數函數 $h(x, y) = 16 - 4x^2 - y^2$ 和單變數函數 $g(u) = \sqrt{u}$ 的合成函數，因此 f 的定義域就是在橢圓 $4x^2 + y^2 = 16$ 之上或是內部所有的點。

如果函數可以表成 $cx^m y^n$（c 是常數，m 和 n 是非負整數）的和，

就稱為雙變數的**多項式函數**（polynomial function），例如下面這兩個函數

$$f(x, y) = x^2 + y^2 - 2xy + x + 2 \quad 和 \quad g(x, y) = 3xy^2 + x - 2$$

都是雙變數的多項式。我們稱兩個多項式函數的商是**有理函數**（rational function），同樣的名稱也適用更多變數的情形。

雙變數函數的圖形 The Graph of a Function of Two Variables

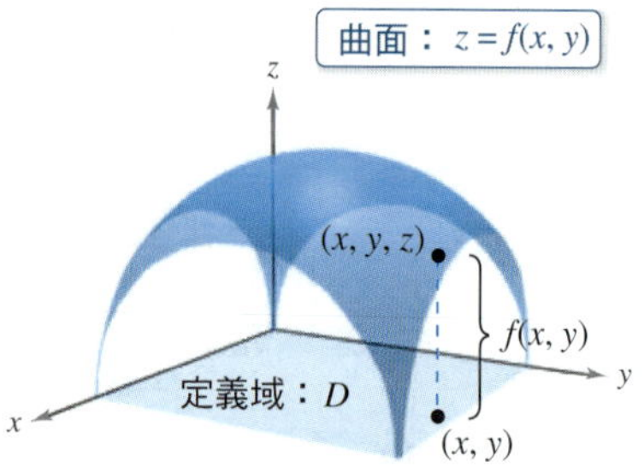

正如單變數的情形，描繪一個雙變數函數的圖形可以增進我們對該函數的瞭解。一個雙變數函數 f 的**圖形**（graph）是空間中所有的點 (x, y, z)，其中序對 (x, y) 在 f 的定義域且 $z = f(x, y)$。圖形可以看成是空間中的一個曲面。在圖 8.2 中，注意到 $z = f(x, y)$ 的曲面圖形，該曲面在 xy 平面上的投影恰好是 f 的定義域 D。平面中，D 上的每一個序對 (x, y) 都會對應到空間中曲面上的一點 (x, y, z)，反之，空間中的曲面上的一點 (x, y, z) 也對應了平面中 D 上的序對 (x, y)。換句話說，圖形所形成的曲面，與定義域 D 的關係是一對一的對應。（註）

圖 8.2

曲面：$z = f(x, y)$
定義域：D

例 2　描述雙變數函數的圖形

令 $f(x, y) = \sqrt{16 - 4x^2 - y^2}$ 的圖形，

a. 求此函數的定義域與值域；**b.** 描述其圖形。

解　**a.** 從 f 的方程式可以推得定義域 D 正是所有滿足 $16 - 4x^2 - y^2 \geq 0$ 的序對 (x, y)，所以 D 是所有在橢圓之上或是內部的序對。

$$\frac{x^2}{4} + \frac{y^2}{16} = 1 \quad \text{\textit{xy}-平面上的橢圓}$$

f 的值域是所有的 z 滿足 $z = f(x, y)$，也就是 $0 \leq z \leq \sqrt{16}$，或者

$$0 \leq z \leq 4 \quad \text{\textit{f} 的值域}$$

b. 點 (x, y, z) 出現在 f 圖形上的充要條件是

註：本章節常探討雙變數實數值函數 $f(x, y)$，其中 f 的定義域 D 是平面上的某些點（序對）所成的集合；而函數圖 $z = f(x, y)$ 則是空間中的點 $(x, y, f(x, y))$ 所成的集合，其中 (x, y) 在 f 的定義域 D 上。因此，「點」此一名詞有時指平面上的點（序對），有時則是空間中的點。為避免混淆，以下大多將平面上的點 (a, b) 稱為序對，而將空間中的點 (a, b, c) 仍稱為點 (a, b, c)，但必要時仍會沿用原英文書的用語，一律稱為點，此時只需注意其背景資料，並不難分辨。

$$z = \sqrt{16 - 4x^2 - y^2}$$
$$z^2 = 16 - 4x^2 - y^2$$
$$4x^2 + y^2 + z^2 = 16$$
$$\frac{x^2}{4} + \frac{y^2}{16} + \frac{z^2}{16} = 1, \quad 0 \le z \le 4$$

f 的圖形是橢球面的上半部，如圖 8.3 所示。

若要手繪空間中的曲面，應多利用與坐標面平行的一組平面與曲面所截出的截痕，如圖 8.3 所示。例如，要求曲面在平面 $z = 2$ 上的截痕，將 $z = 2$ 代入方程式 $z = \sqrt{16 - 4x^2 - y^2}$ 之中可得到

$$2 = \sqrt{16 - 4x^2 - y^2} \quad \Rightarrow \quad \frac{x^2}{3} + \frac{y^2}{12} = 1$$

因此，截痕是以點 (0, 0, 2) 為中心，長軸和短軸分別是 $4\sqrt{3}$ 和 $2\sqrt{3}$ 的橢圓。

電腦軟體繪製三度空間中的圖時，多半使用截痕的表示法，如圖 8.4 是例 2 的電腦圖，圖中電腦顯示了平行 xy 平面的 25 個截痕和垂直 xy 平面的 12 個截痕。

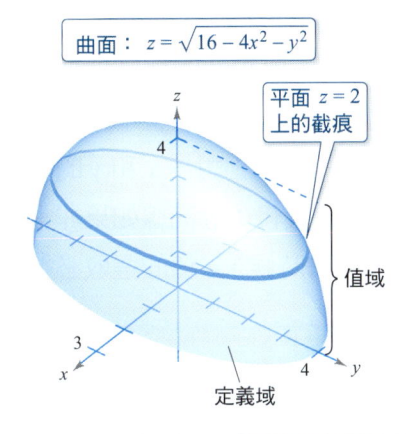

圖 8.3 $f(x, y) = \sqrt{16 - 4x^2 - y^2}$ 的圖形是橢圓球面的上半部。

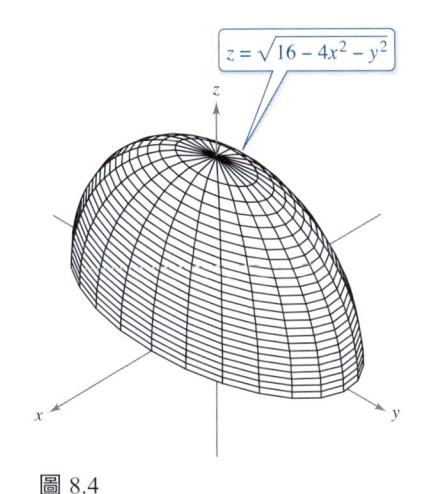

圖 8.4

等高線 Level Curves

另一個瞭解雙變數函數的方式是將 $z = f(x, y)$ 看成是賦予平面上的點 (x, y) 的一個**純量場**（scalar field）。給定某常數 c，純量場 $f(x, y) = c$ 的曲線，稱為**等高線**（level curves）或是**輪廓線**（contour lines）。例如，圖 8.5 是一幅天氣圖，圖中的等高線就是所謂的**等壓線**（isobars）。如果等高線代表的是等溫度的點集合，該等高線就稱為**等溫線**（isotherms），如圖 8.6 所示。如果等高線是代表電位相等的點集合，該等高線就稱為**等位線**（equipotential lines）。

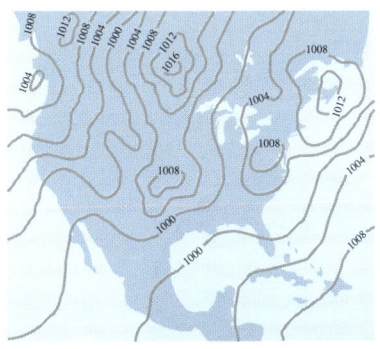

圖 8.5 等高線即等壓線的情形，單位是毫巴，1013 毫巴相當於 76 公分汞柱高的大氣壓。

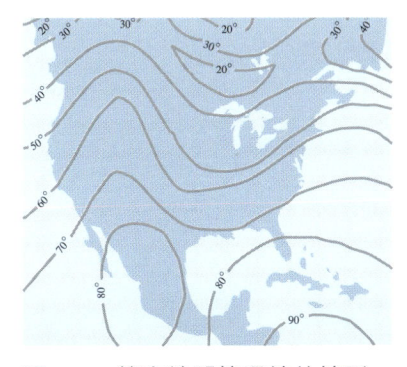

圖 8.6 等高線即等溫線的情形，單位是華氏度。

由等高線組成的地形輪廓圖通常用來表示地球表面的區域，其中等高線表示與海平面比較高度相等的點集合，此類地圖稱為**地形圖**（topographic map）。例如，圖 8.7 的山脈表成為圖 8.8 的地形圖。

從輪廓圖上等高線之間的距離，可以重建高度 z 相對於 x 和 y 的變化。等高線之間如果分得很開，就表示 z 的變化緩慢；等高線如果非常密集，就表示 z 的變化很大。所以在畫輪廓圖的時候，c 值的選取必須要等間距，才能忠實的反映三度空間的地形。

圖 8.7

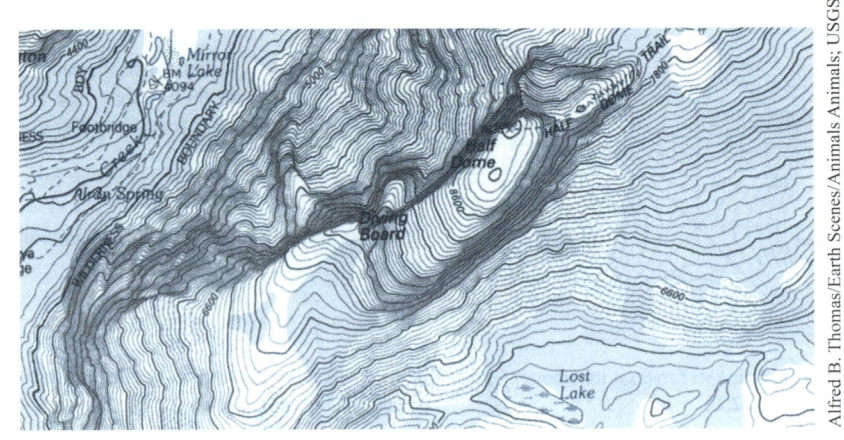

圖 8.8

例 3 描繪輪廓圖

$f(x, y) = \sqrt{64 - x^2 - y^2}$ 的圖形是一個上半球面，如圖 8.9 所示。利用對應於 $c = 0, 1, 2, \ldots, 8$ 的等高線，來描繪曲面 $f(x, y)$ 的輪廓圖。

解 對任一個 c 值，方程式 $f(x, y) = c$ 代表 xy 平面上的一個圓（或一個點）。例如，當 $c_1 = 0$ 時，等高線是

$$x^2 + y^2 = 64 \quad \text{半徑為 8 的圓}$$

代表一個半徑為 8 的圓。圖 8.10 顯示對應於上半球面的 9 條等高線。

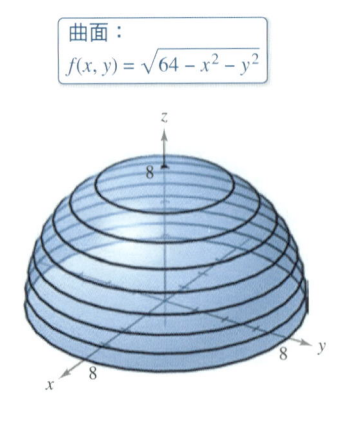

曲面：
$f(x, y) = \sqrt{64 - x^2 - y^2}$

$c_1 = 0$, $c_2 = 1$, $c_3 = 2$, $c_4 = 3$, $c_5 = 4$, $c_6 = 5$, $c_7 = 6$, $c_8 = 7$, $c_9 = 8$

圖 8.9　上半球面。

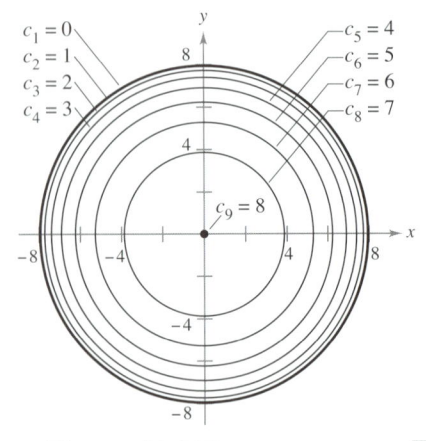

圖 8.10　輪廓圖。

例 4 描繪輪廓圖

圖 8.11 是一個由 $z = y^2 - x^2$ 所定出的雙曲拋物面，請畫此曲面的輪廓圖。

解 對任一個 c 值，令 $f(x, y) = c$，然後在 xy 平面上畫此曲線（等高線）。當 $c \neq 0$ 時，每一條等高線都是以直線 $y = \pm x$ 為漸近線的雙曲線。如果 $c < 0$，貫軸是水平的，例如當 $c = -4$ 時，等高線的方程式為

$$\frac{x^2}{2^2} - \frac{y^2}{2^2} = 1 \qquad \text{水平貫軸的雙曲線}$$

如果 $c > 0$，貫軸是鉛直的，例如當 $c = 4$ 時，等高線的方程式為

$$\frac{y^2}{2^2} - \frac{x^2}{2^2} = 1 \qquad \text{鉛直貫軸的雙曲線}$$

如果 $c = 0$，等高線是兩條相交的漸近線 $y = \pm x$ 代表退化的情形，請見圖 8.12。

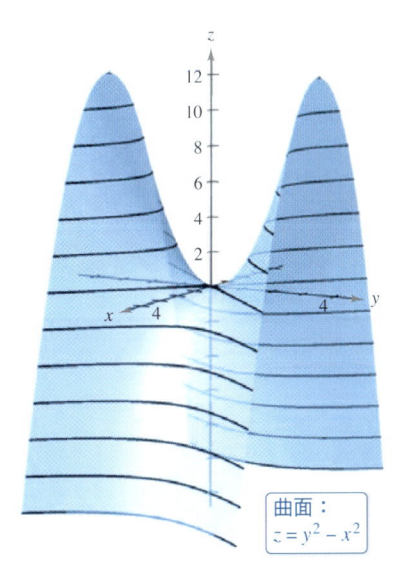

圖 8.11 雙曲拋物面。

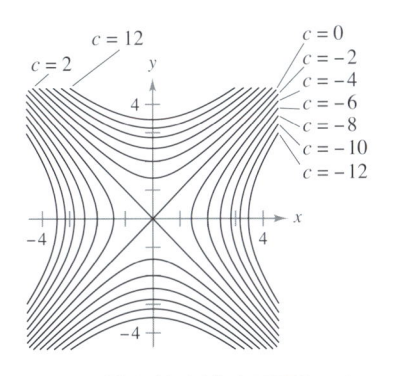

圖 8.12 雙曲等高線（間距為 2）。

習題 8.1

習題 1～2，判斷 z 是否為 x 和 y 的函數。

1. $x^2z + 3y^2 - xy = 10$
2. $\dfrac{x^2}{4} + \dfrac{y^2}{9} + z^2 = 1$

習題 3～7，求下列函數的定義域和值域。

3. $f(x, y) = 3x^2 - y$
4. $g(x, y) = x\sqrt{y}$
★ 5. $z = \dfrac{x+y}{xy}$
6. $f(x, y) = \sqrt{4 - x^2 - y^2}$
★ 7. $f(x, y) = \ln(5 - x - y)$

★ 習題 8～9，下列各題分別呈現了函數圖形和輪廓圖，請將它們配對連結。

(a)　　　(b)

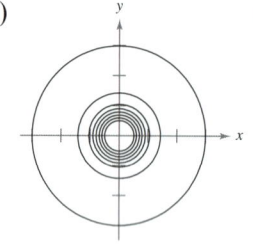

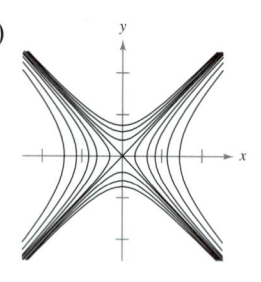

8. $f(x, y) = e^{1-x^2-y^2}$ 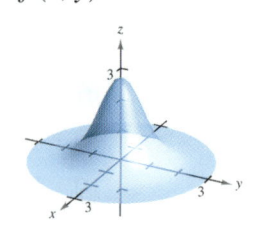
9. $f(x, y) = e^{1-x^2+y^2}$

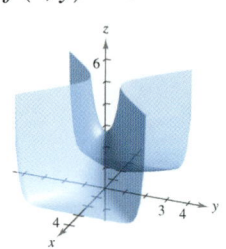

習題 10～12，下列各題中，由給定的 c 值，描繪其等高線。

10. $z = x + y$, $c = -1, 0, 2, 4$
★ 11. $z = x^2 + 4y^2$, $c = 0, 1, 2, 3, 4$
12. $f(x, y) = \sqrt{9 - x^2 - y^2}$, $c = 0, 1, 2, 3$

註：標誌 ★ 表示稍難題目。

8.2 極限與連續　Limits and Continuity

◆ 瞭解雙變數函數極限的概念。
◆ 瞭解雙變數函數連續的概念。

雙變數函數的極限　Limit of a Function of Two Variables

雙變數函數極限的定義

給定函數 $f(x, y)$ 與序對 (x_0, y_0)（註），若我們可找到某定數 L，使得「只要 (x, y) 能夠接近序對 (x_0, y_0)，$f(x, y)$ 即可按我們希望的程度去逼近 L」，則我們稱「當 (x, y) 逼近 (x_0, y_0) 時，$f(x, y)$ 的極限為 L」，以

$$\lim_{(x, y) \to (x_0, y_0)} f(x, y) = L$$

或

當 $(x, y) \to (x_0, y_0)$ 時，$f(x, y) \to L$

記之。

　　雙變數函數的極限定義與單變數的定義方式類似，只是有一關鍵性的差異。在單變數的時候，如果要決定函數是否有極限，只需要檢查兩個方向，從左邊和右邊趨近看看極限是否相等。但是在雙變數時，陳述

$$(x, y) \to (x_0, y_0)$$

表示序對 (x, y) 是從各個可能的方向趨近 (x_0, y_0)。如果極限值

$$\lim_{(x, y) \to (x_0, y_0)} f(x, y)$$

對不同的趨近方向或**路徑**（paths）可能會不同時，極限就不會存在。

例 1　求極限

求 $\displaystyle\lim_{(x, y) \to (1, 2)} \frac{5x^2 y}{x^2 + y^2}$。

解　利用極限相乘與相加的性質，可得

$$\lim_{(x, y) \to (1, 2)} 5x^2 y = 5(1^2)(2)$$
$$= 10$$

註：由上面的定義來看，序對 (x_0, y_0) 只需在 f 的定義域 D 上即可。但比較嚴謹來說，必須要有某個半徑 δ 的開圓盤 $\{(x, y) \mid (x - x_0)^2 + (y - y_0)^2 < \delta^2\}$ 整個在 D 上，才去考慮極限。

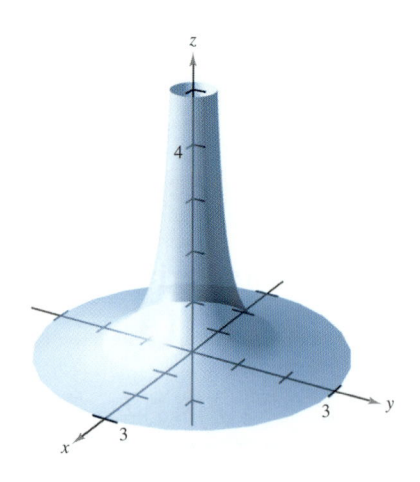

和
$$\lim_{(x, y)\to(1, 2)} (x^2 + y^2) = (1^2 + 2^2) = 5$$

由於在分母不等於 0 時，商的極限就是分子和分母的極限相除，因此

$$\lim_{(x, y)\to(1, 2)} \frac{5x^2 y}{x^2 + y^2} = \frac{10}{5} = 2$$

很容易看出某些函數的極限不存在，例如極限

$$\lim_{(x, y)\to(0, 0)} \frac{1}{x^2 + y^2}$$

不可能存在，因為當 (x, y) 從任意路徑趨近序對 $(0, 0)$ 時，$f(x, y)$ 會無止境的增加（見圖 8.13）。

還有一些函數極限不存在，但是不容易確認。下面這個例子極限不存在的原因主要是：因為沿著不同的路徑趨近序對 $(0, 0)$ 時，函數的極限不盡相同。

圖 8.13　$\lim_{(x,y)\to(0,0)} \frac{1}{x^2+y^2}$ 不存在

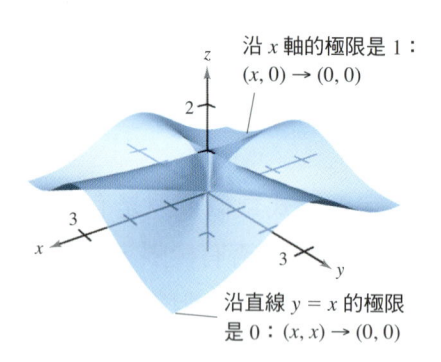

例 2　極限不存在

說明 $\lim_{(x, y)\to(0, 0)} \left(\dfrac{x^2 - y^2}{x^2 + y^2}\right)^2$ 的極限不存在。

解　函數 $f(x, y) = \left(\dfrac{x^2 - y^2}{x^2 + y^2}\right)^2$ 的定義域是除了序對 $(0, 0)$ 之外所有的點。為了說明當 (x, y) 趨近序對 $(0, 0)$ 時，極限不會存在，我們選擇兩個路徑趨近序對 $(0, 0)$，如圖 8.14 所示。沿著 x 軸，每一序對的坐標是 $(x, 0)$，因此沿 x 軸的極限是

$$\lim_{(x, 0)\to(0, 0)} \left(\frac{x^2 - 0^2}{x^2 + 0^2}\right)^2 = \lim_{(x, 0)\to(0, 0)} (1)^2 = 1 \quad \text{沿 } x \text{ 軸的極限}$$

但是如果沿直線 $y = x$ 趨近序對 $(0, 0)$，會得到

$$\lim_{(x, x)\to(0, 0)} \left(\frac{x^2 - x^2}{x^2 + x^2}\right)^2 = \lim_{(x, x)\to(0, 0)} \left(\frac{0}{2x^2}\right)^2 = 0 \quad \text{沿直線 } y = x \text{ 的極限}$$

因此，當 $(x, y) \to (0, 0)$ 時，f 的極限不存在。

沿 x 軸的極限是 1：$(x, 0) \to (0, 0)$
沿直線 $y = x$ 的極限是 0：$(x, x) \to (0, 0)$

$\lim_{(x, y)\to(0, 0)} \left(\dfrac{x^2 - y^2}{x^2 + y^2}\right)^2$ 不存在

圖 8.14

注意　在例 2 中，發現沿著兩個不同的路徑，得到不同的極限，此項證據已經足夠說明極限不存在。但是如果沿兩個路徑會得到相同的極限，並無法推出極限存在，我們必須說明沿任意路徑都得到相同的極限才能做出極限存在的結論。

雙變數函數的連續性
Continuity of a Function of Two Variables

注意到在例 2 中當 $(x, y) \to (1, 2)$ 時，$f(x, y) = 5x^2 y/(x^2 + y^2)$ 的極限可以直接代值來求，答案是 $f(1, 2) = 2$，我們稱 f 在序對 $(1, 2)$ **連續**（continuous）。

雙變數函數連續的定義

給定雙變數函數 $f(x, y)$，其定義域是 D。考慮 D 上一序對 (x_0, y_0)（註），若

$$\lim_{(x, y) \to (x_0, y_0)} f(x, y) = f(x_0, y_0)$$

我們就稱 f 在序對 (x_0, y_0) 連續（continuous at a point (x_0, y_0)）。若 f 在 D 上的每一序對（點）都連續，我們就稱 f 在 D 上（處處）連續（continuous in D）。

定理 8.1　雙變數的連續函數

假設 k 是實數，並且 f 和 g 在序對 (x_0, y_0) 連續，則下列函數均在序對 (x_0, y_0) 連續。
1. 常數倍：kf
2. 和差：$f \pm g$
3. 乘積：fg
4. 商：f/g, $g(x_0, y_0) \neq 0$

　　從定理 8.1 可以證得多項式和有理函數會在它們的定義域上連續，而其他形式函數的連續性，通常可以從單變數的情形自然推廣到兩個變數。例如圖 8.15 和圖 8.16 中的函數在平面上每一點都連續。

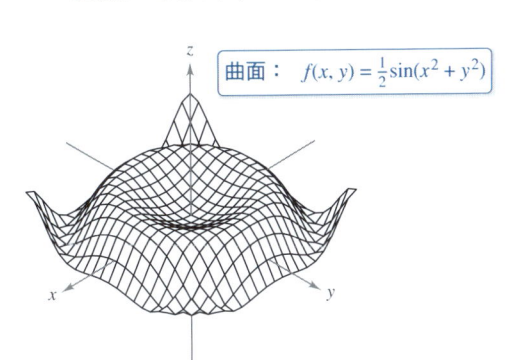

曲面：$f(x, y) = \frac{1}{2}\sin(x^2 + y^2)$

曲面：$f(x, y) = \cos(y^2) e^{-\sqrt{x^2 + y^2}}$

圖 8.15　f 在平面上各點連續。 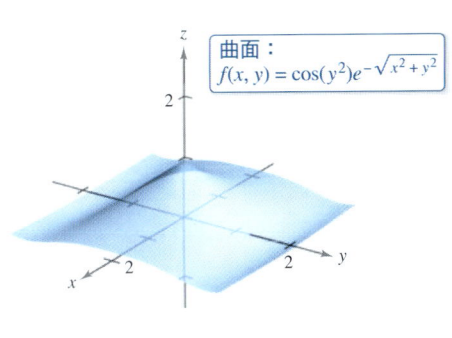　　　　圖 8.16　f 在平面上各點連續。

下面的定理討論合成函數何時連續。

定理 8.2　合成函數的連續性

如果 h 在序對 (x_0, y_0) 連續，並且 g 在 $h(x_0, y_0)$ 連續，則合成函數 $(g \circ h)(x, y) = g(h(x, y))$ 也在序對 (x_0, y_0) 連續。亦即

$$\lim_{(x, y) \to (x_0, y_0)} g(h(x, y)) = g(h(x_0, y_0))$$

注意　在定理 8.2 中，h 是雙變數的函數，而 g 是單變數的函數。

註：嚴格來說，區域 D 應為開區域（open region）。所謂開區域，就是區域上任何一點（序對）(x_0, y_0)，我們都可找到一個半徑 δ 的開圓盤 $d = \{(x, y) \mid (x - x_0)^2 + (y - y_0)^2 < \delta^2\}$ 整個落在區域 D 中。

例3 檢驗連續性

討論下列函數的連續性。

a. $f(x, y) = \dfrac{x - 2y}{x^2 + y^2}$ **b.** $g(x, y) = \dfrac{2}{y - x^2}$

解

a. 由於有理函數在定義域上連續，所以 f 在序對 $(0, 0)$ 以外的各點連續，如圖 8.17 所示。

b. 函數 $g(x, y) = 2/(y - x^2)$ 在分母不為 0 的序對上處處連續。至於使分母為 0 的序對是拋物線 $y = x^2$。在該拋物線的內部，$y > x^2$，因此函數圖形所代表的曲面在 xy 平面的上方；而在拋物線之外，$y < x^2$，因此圖形在 xy 平面的下方，如圖 8.18 所示。

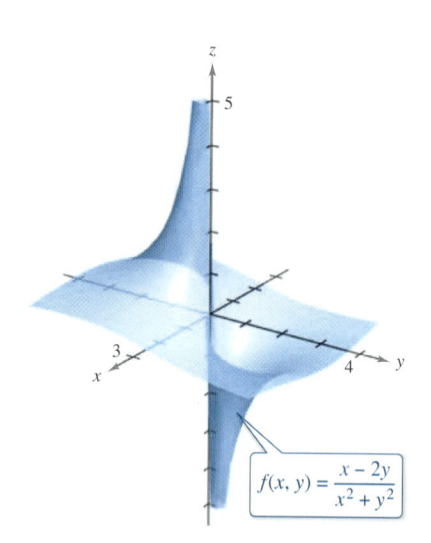

圖 8.17　函數 f 在序對 $(0, 0)$ 不連續。

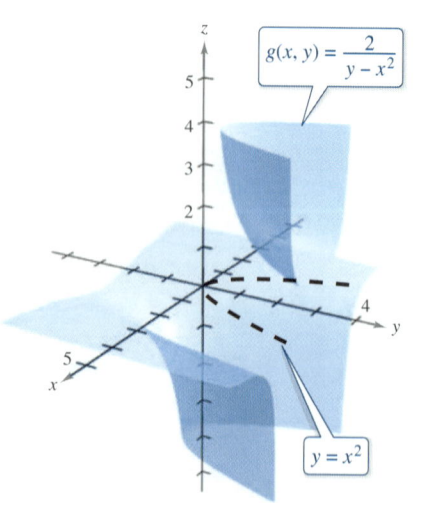

圖 8.18　函數 g 在拋物線 $y = x^2$ 上不連續。

習題 8.2

習題 1~3，求下列函數在指定序對的極限，並說明函數的連續性。

1. $\lim\limits_{(x, y)\to(3, 1)} (x^2 - 2y)$

2. $\lim\limits_{(x, y)\to(1, 2)} e^{xy}$

3. $\lim\limits_{(x, y)\to(0, 2)} \dfrac{x}{y}$

習題 4~5，求下列各極限。若極限不存在的話，請說明理由。

4. $\lim\limits_{(x, y)\to(0, 0)} \dfrac{x - y}{\sqrt{x} - \sqrt{y}}$

★ 5. $\lim\limits_{(x, y)\to(0, 0)} \dfrac{x + y}{x^2 + y}$

6. 考慮 $\lim\limits_{(x, y)\to(0, 0)} \dfrac{x^2 + y^2}{xy}$（請參考下圖）。

   (a) 決定沿直線 $y = ax$ 趨近時的極限（若存在的話）

   (b) 決定沿拋物線 $y = x^2$ 趨近時的極限（若存在的話）。

   (c) 此極限是否存在？

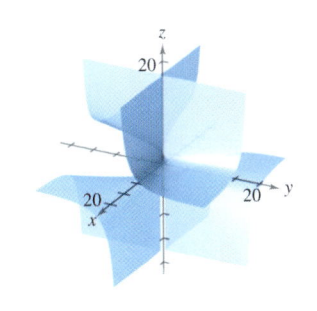

★ 7. 說明下列函數 f 與 g 的連續性。

$$f(x, y) = \begin{cases} \dfrac{x^4 - y^4}{x^2 + y^2}, & (x, y) \neq (0, 0) \\ 0, & (x, y) = (0, 0) \end{cases}$$

$$g(x, y) = \begin{cases} \dfrac{x^4 - y^4}{x^2 + y^2}, & (x, y) \neq (0, 0) \\ 1, & (x, y) = (0, 0) \end{cases}$$

★ 8. 說明函數 $f(x, y)$ 的連續性，其中

$$f(x, y) = \begin{cases} \dfrac{\sin xy}{xy}, & xy \neq 0 \\ 1, & xy = 0 \end{cases}$$

註：標誌 ★ 表示稍難題目。

8.3 偏導數　Partial Derivatives

◆ 計算與應用雙變數函數的偏導函數^(註)。
◆ 計算與應用三個或三個以上變數函數的偏導函數。
◆ 計算高階偏導函數。

雙變數函數的偏導函數
Partial Derivatives of a Function of Two Variables

在多變數函數的應用中，我們經常會問「如果改變它的獨立變數，對此函數會有什麼影響？」一個回答的方式是一次只考慮一個獨立變數的改變。例如，想要瞭解某一個催化劑對實驗的影響，化學家會將其他的變數如溫度和壓力保持不變，而以不同分量的催化劑實驗若干次。類似的操作也用來決定函數 f 相對於它某一個特定變數的變率。這個過程稱為**偏微分**（partial differentiation），所得的結果稱為 f 對此特定變數的**偏導數**（partial derivative）。

> **雙變數函數的偏導數**
>
> 如果 $z = f(x, y)$ 是一個雙變數的函數，則 f 對 x 和 y 的**一階偏導數**（first partial derivatives）f_x 和 f_y 的定義分別是
>
> $$f_x(x, y) = \lim_{\Delta x \to 0} \frac{f(x + \Delta x, y) - f(x, y)}{\Delta x}$$
>
> $$f_y(x, y) = \lim_{\Delta y \to 0} \frac{f(x, y + \Delta y) - f(x, y)}{\Delta y}$$
>
> （如果極限存在的話）。

此定義指出求 f_x 的時候，y 要看成常數而對 x 微分；同理，求 f_y 的時候 x 要看成常數而對 y 微分。

例 1　求偏導函數

求下列函數的 f_x 和 f_y。

$$f(x, y) = 3x - x^2 y^2 + 2x^3 y \qquad \text{原函數}$$

解　令 y 為常數而對 x 微分得到

$$f(x, y) = 3x - x^2 y^2 + 2x^3 y \qquad \text{原式}$$

$$f_x(x, y) = 3 - 2xy^2 + 6x^2 y \qquad \text{對 } x \text{ 偏微}$$

註：亦稱偏導函數或偏微分，如特指在某一點的值，則稱在該點的偏導數。

令 x 為常數而對 y 微分得到

$$f(x, y) = 3x - x^2y^2 + 2x^3y \qquad \text{原式}$$
$$f_y(x, y) = -2x^2y + 2x^3 \qquad \text{對 } y \text{ 偏微}$$

一階偏導函數的記號

函數 $z = f(x, y)$ 的偏導數 f_x 和 f_y 的各種記法如下

$$\frac{\partial}{\partial x}f(x, y) = f_x(x, y) = z_x = \frac{\partial z}{\partial x}$$

與

$$\frac{\partial}{\partial y}f(x, y) = f_y(x, y) = z_y = \frac{\partial z}{\partial y}$$

而偏導數在序對 (a, b) 的值則記為

$$\left.\frac{\partial z}{\partial x}\right|_{(a,b)} = f_x(a, b) \quad \text{和} \quad \left.\frac{\partial z}{\partial y}\right|_{(a,b)} = f_y(a, b)$$

例 2　求偏導函數並計算其值

$f(x, y) = xe^{x^2y}$，求 f_x、f_y，以及這兩個偏導函數在序對 $(1, \ln 2)$ 的值。

解　由於

$$f_x(x, y) = xe^{x^2y}(2xy) + e^{x^2y} \qquad \text{對 } x \text{ 偏微}$$

在序對 $(1, \ln 2)$ 的值是

$$f_x(1, \ln 2) = e^{\ln 2}(2\ln 2) + e^{\ln 2} = 4\ln 2 + 2$$

又因

$$f_y(x, y) = xe^{x^2y}(x^2)$$
$$= x^3 e^{x^2y} \qquad \text{對 } y \text{ 偏微}$$

其在序對 $(1, \ln 2)$ 的值是

$$f_y(1, \ln 2) = e^{\ln 2} = 2$$

雙變數函數的偏導數 $z = f(x, y)$ 有一幾何解釋。當 $y = y_0$ 代入時，$z = f(x, y_0)$ 表示曲面 $z = f(x, y)$ 和平面 $y = y_0$ 相交的曲線，如圖 8.19 所示，因此

$$f_x(x_0, y_0) = \lim_{\Delta x \to 0} \frac{f(x_0 + \Delta x, y_0) - f(x_0, y_0)}{\Delta x}$$

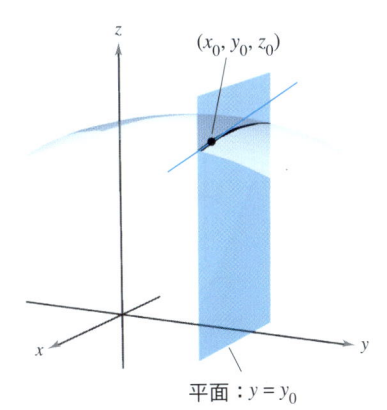

$\dfrac{\partial f}{\partial x} = x\text{-方向的斜率}$
圖 8.19

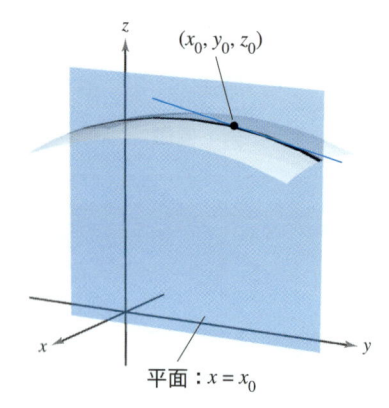

$\dfrac{\partial f}{\partial y} = y\text{-方向的斜率}$

圖 8.20

代表此一曲線在點 $(x_0, y_0, f(x_0, y_0))$ 的切線斜率。注意到曲線本身和切線都在平面 $y = y_0$ 上。同理

$$f_y(x_0, y_0) = \lim_{\Delta y \to 0} \frac{f(x_0, y_0 + \Delta y) - f(x_0, y_0)}{\Delta y}$$

代表曲面 $z = f(x, y)$ 和平面 $x = x_0$ 交出的曲線在點 $(x_0, y_0, f(x_0, y_0))$ 的切線斜率，如圖 8.20 所示。$\partial f/\partial x$ 和 $\partial f/\partial y$ 在點 (x_0, y_0, z_0) 的值也（非正式的）分別稱為**曲面在該點 x 方向和 y 方向的斜率**（the slopes of the surface in the x- and y-directions）。

例 3　求曲面在 x 方向和 y 方向的斜率

求曲面

$$f(x, y) = -\frac{x^2}{2} - y^2 + \frac{25}{8}$$

在點 $\left(\dfrac{1}{2}, 1, 2\right)$ 於 x 方向和 y 方向的斜率。

解 f 對 x 和 y 的偏導函數為

$$f_x(x, y) = -x \quad \text{和} \quad f_y(x, y) = -2y \qquad \text{偏導函數}$$

所以在 x 方向，其斜率為

$$f_x\left(\frac{1}{2}, 1\right) = -\frac{1}{2} \qquad \text{圖 8.21(a)}$$

在 y 方向，其斜率為

$$f_y\left(\frac{1}{2}, 1\right) = -2 \qquad \text{圖 8.21(b)}$$

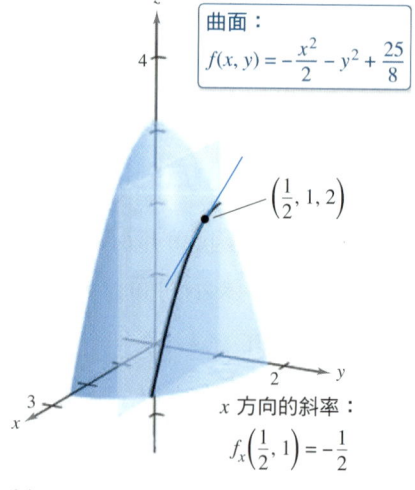

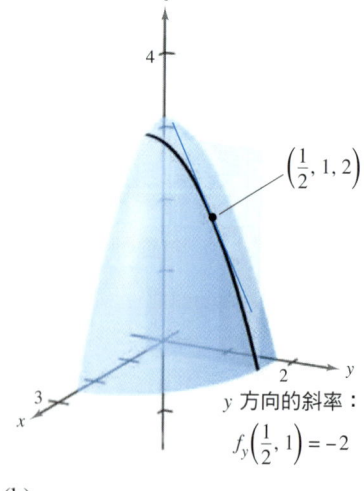

圖 8.21　(a)　　(b)

例 4　求曲面在 x 方向和 y 方向的斜率

求曲面
$$f(x, y) = 1 - (x - 1)^2 - (y - 2)^2$$
在點 $(1, 2, 1)$ 於 x 方向和 y 方向的斜率。

解　f 對 x 和 y 的偏導數為

$$f_x(x, y) = -2(x - 1) \quad \text{和} \quad f_y(x, y) = -2(y - 2) \qquad \text{偏導函數}$$

所以在點 $(1, 2, 1)$ 於 x 方向和 y 方向的斜率為

$$f_x(1, 2) = -2(1 - 1) = 0$$

和

$$f_y(1, 2) = -2(2 - 2) = 0$$

如圖 8.22 所示。

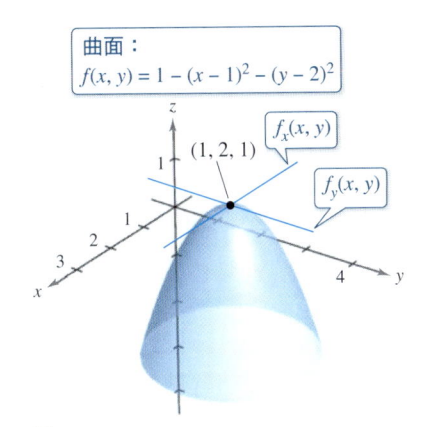

圖 8.22

曲面：
$f(x, y) = 1 - (x - 1)^2 - (y - 2)^2$

三個或三個以上變數函數的偏導數 | Partial Derivatives of a Function of Three or More Variables

偏導數的概念可以推廣到三個或多個變數的函數。如果 $w = f(x, y, z)$，輪流令兩個變數為常數，可以得到三個偏導數。亦即，令 y 和 z 為常數而對 x 微分，就會得到 w 對 x 的偏導數。而求 w 對 y，和 w 對 z 的偏導數，也是用類似的方法。

$$\frac{\partial w}{\partial x} = f_x(x, y, z) = \lim_{\Delta x \to 0} \frac{f(x + \Delta x, y, z) - f(x, y, z)}{\Delta x}$$

$$\frac{\partial w}{\partial y} = f_y(x, y, z) = \lim_{\Delta y \to 0} \frac{f(x, y + \Delta y, z) - f(x, y, z)}{\Delta y}$$

$$\frac{\partial w}{\partial z} = f_z(x, y, z) = \lim_{\Delta z \to 0} \frac{f(x, y, z + \Delta z) - f(x, y, z)}{\Delta z}$$

通常，若是 $w = f(x_1, x_2, \ldots, x_n)$ 是 n 個變數的函數，其相關的 n 個偏導數記為

$$\frac{\partial w}{\partial x_k} = f_{x_k}(x_1, x_2, \ldots, x_n), \quad k = 1, 2, \ldots, n$$

在求 w 對某一個變數的偏導數時，令其餘的變數為常數，對該變數微分即得。

例 5　求偏導數

a. 求 $f(x, y, z) = xy + yz^2 + xz$ 對 z 的偏導數時，令 x 和 y 為常數，對 z 微分得出

$$\frac{\partial}{\partial z}[xy + yz^2 + xz] = 2yz + x$$

b. 求 $f(x, y, z) = z \sin(xy^2 + 2z)$ 對 z 的偏導數時，令 x 和 y 為常數，以積的規則，對 z 微分得出

$$\frac{\partial}{\partial z}[z \sin(xy^2 + 2z)] = (z)\frac{\partial}{\partial z}[\sin(xy^2 + 2z)] + \sin(xy^2 + 2z)\frac{\partial}{\partial z}[z]$$
$$= (z)[\cos(xy^2 + 2z)](2) + \sin(xy^2 + 2z)$$
$$= 2z \cos(xy^2 + 2z) + \sin(xy^2 + 2z)$$

c. 求 $f(x, y, z, w) = (x + y + z)/w$ 對 w 的偏導數時，令 x、y 和 z 為常數，對 w 微分得出

$$\frac{\partial}{\partial w}\left[\frac{x + y + z}{w}\right] = -\frac{x + y + z}{w^2}$$

高階偏導數 Higher-Order Partial Derivatives

正如單變數的時候有高階導數，多變數函數亦有高階偏導數，記錄高階偏導數的方式是照順序記下其偏微分的過程，比方，$z = f(x, y)$ 有下列四種二階偏導數。

1. 對 x 偏微兩次：

$$\frac{\partial}{\partial x}\left(\frac{\partial f}{\partial x}\right) = \frac{\partial^2 f}{\partial x^2} = f_{xx}$$

2. 對 y 偏微兩次：

$$\frac{\partial}{\partial y}\left(\frac{\partial f}{\partial y}\right) = \frac{\partial^2 f}{\partial y^2} = f_{yy}$$

3. 先對 x 再對 y 偏微：

$$\frac{\partial}{\partial y}\left(\frac{\partial f}{\partial x}\right) = \frac{\partial^2 f}{\partial y \partial x} = f_{xy}$$

4. 先對 y 再對 x 偏微：

$$\frac{\partial}{\partial x}\left(\frac{\partial f}{\partial y}\right) = \frac{\partial^2 f}{\partial x \partial y} = f_{yx}$$

注意 我們介紹了兩種表示混合偏導數的記號，對偏微的先後順序記法略有不同。

$$\frac{\partial}{\partial y}\left(\frac{\partial f}{\partial x}\right) = \frac{\partial^2 f}{\partial y \partial x} \quad \text{先右後左}$$

$$(f_x)_y = f_{xy} \quad \text{先左後右}$$

可以解讀成是「對最靠近 f」的變數先微。

第 3 和第 4 種情形稱為**混合型偏導數**（mixed partial derivatives）。

例 6　求二階偏導數

求 $f(x, y) = 3xy^2 - 2y + 5x^2y^2$ 的二階偏導數，並求 $f_{xy}(-1, 2)$。

解　先求對 x 和 y 的一階偏導數。

$$f_x(x, y) = 3y^2 + 10xy^2 \quad \text{和} \quad f_y(x, y) = 6xy - 2 + 10x^2y$$

然後，將 f_x 和 f_y 各自對 x 和 y 偏微。

$$f_{xx}(x, y) = 10y^2 \quad \text{和} \quad f_{yy}(x, y) = 6x + 10x^2$$

$$f_{xy}(x, y) = 6y + 20xy \quad \text{和} \quad f_{yx}(x, y) = 6y + 20xy$$

在序對 $(-1, 2)$，f_{xy} 的值是 $f_{xy}(-1, 2) = 12 - 40 = -28$。

在例 6 中，注意到兩個混合型偏導數相等，定理 8.3 給出混合型偏導數相等的充分條件。

定理 8.3　混合型偏導數相等的條件

若雙變數函數 $f(x, y)$ 定義在某一圓盤 D 上，且 f_{xy} 及 f_{yx} 在 D 上均連續，則對圓盤上任意一序對 (a, b)，$f_{xy}(a, b) = f_{yx}(a, b)$

只要所有的二階偏導數連續，定理 8.3 也適用於更多變數的函數。例如，若 $w = f(x, y, z)$ 在一個開區域 R 上所有二階偏導數都連續的話，則 w 的混合偏導數與偏微的先後順序無關。

習題 8.3

習題 1～13，求下列函數的一階偏導數。

1. $z = 6x - x^2y + 8y^2$
2. $z = x\sqrt{y}$
3. $z = e^{xy}$
4. $z = x^2 e^{2y}$
5. $z = \ln \dfrac{x}{y}$
6. $z = \ln(x^2 + y^2)$
7. $z = \dfrac{x^2}{2y} + \dfrac{3y^2}{x}$
8. $h(x, y) = e^{-(x^2 + y^2)}$
9. $f(x, y) = \sqrt{x^2 + y^2}$
10. $z = \cos xy$
11. $z = \tan(2x - y)$
★ 12. $z = e^y \sin 8xy$
★ 13. $f(x, y) = \displaystyle\int_x^y (t^2 - 1)\, dt$

習題 14～15，求下列函數在其指定序對上的一階偏導數。

14. $f(x, y) = \dfrac{xy}{x - y},\quad (2, -2)$
15. $f(x, y) = \dfrac{2xy}{\sqrt{4x^2 + 5y^2}},\quad (1, 1)$
16. 求曲面 $g(x, y) = 4 - x^2 - y^2$ 在點 $(1, 1, 2)$ 於 x 方向與 y 方向的斜率。

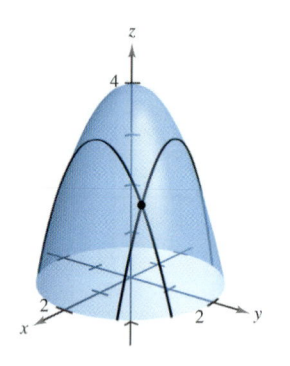

17. 求三變數函數
$$H(x, y, z) = \sin(x + 2y + 3z)$$
的一階偏導數。

18. 令 $z = 3xy^2$，求出其四個二階偏導數，並驗證混合型偏導數相等。

註：標誌 ★ 表示稍難題目。

8.4 微分與連鎖規則　Differential and the Chain Rule

◆ 瞭解增量和微分的概念。
◆ 以微分求近似。
◆ 多變數函數連鎖規則的應用。
◆ 以隱微分法求偏導數。

增量與微分　Increments and Differentials

在本節中，我們推廣單變數函數增量和微分的概念到多變數函數。在學習單變數的微分時，對函數 $y = f(x)$，y 的微分是定義為 $dy = f'(x)\,dx$，同樣的術語也用在雙變數函數 $z = f(x, y)$；亦即，當 Δx 和 Δy 是 **x 和 y的增量**（increments of x and y）時，**z 的增量**（increment of z）定義為

$$\Delta z = f(x + \Delta x, y + \Delta y) - f(x, y) \qquad \text{z 的增量}$$

全微分的定義

如果 $z = f(x, y)$ 並且 Δx 和 Δy 是 x 和 y 的增量，則獨立變數 x 和 y 的**微分**（differentials）是

$$dx = \Delta x \qquad \text{和} \qquad dy = \Delta y^{(\text{註})}$$

我們定義應變數 z 的全微分（total differential）dz 如下

$$dz = \frac{\partial z}{\partial x}\,dx + \frac{\partial z}{\partial y}\,dy = f_x(x, y)\,dx + f_y(x, y)\,dy$$

上述定義也適用三個或三個以上變數的函數。例如，若 $w = f(x, y, z, u)$，則 $dx = \Delta x$、$dy = \Delta y$、$dz = \Delta z$、$du = \Delta u$，而 w 的全微分是

$$dw = \frac{\partial w}{\partial x}\,dx + \frac{\partial w}{\partial y}\,dy + \frac{\partial w}{\partial z}\,dz + \frac{\partial w}{\partial u}\,du$$

例 1　求全微分

求下列各函數的全微分。

a. $z = 2x \sin y - 3x^2 y^2$ **b.** $w = x^2 + y^2 + z^2$

解

a. 函數 $z = 2x \sin y - 3x^2 y^2$ 的全微分 dz 是

註：此處微分的用法同單變數的情形。

$$dz = \frac{\partial z}{\partial x}dx + \frac{\partial z}{\partial y}dy \qquad \text{全微分 } dz$$
$$= (2\sin y - 6xy^2)\,dx + (2x\cos y - 6x^2 y)\,dy$$

b. 函數 $w = x^2 + y^2 + z^2$ 的全微分 dw 是

$$dw = \frac{\partial w}{\partial x}dx + \frac{\partial w}{\partial y}dy + \frac{\partial w}{\partial z}dz \qquad \text{全微分 } dw$$
$$= 2x\,dx + 2y\,dy + 2z\,dz$$

以微分求近似值 Approximation by Differentials

當 Δx 和 Δy 很小的時候，Δz 可用 dz 來近似

$$\Delta z \approx dz$$

圖 8.23 展示近似的情形，記得偏導數 $\partial z/\partial x$ 和 $\partial z/\partial y$ 可以解釋為曲面上於 x 方向和 y 方向的斜率，亦即下列方程式

$$dz = \frac{\partial z}{\partial x}\Delta x + \frac{\partial z}{\partial y}\Delta y$$

表示曲面在 $(x, y, f(x, y))$ 此點當 x 變化到 $x + \Delta x$，y 變化到 $y + \Delta y$ 時，其切面高度的變化，又因為空間中平面的方程式是 x、y、z 的線性（一次）表示，所以用 dz 來近似 Δz 稱為**線性近似**（linear approximation）。在 8.5 節中，將會學到更進一步的幾何解釋[註]。

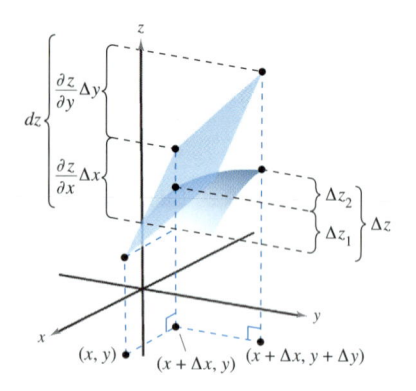

圖 8.23 z 的準確變化量是 Δz，Δz 可以微分 dz 來近似。

例2 以微分求近似值

當 (x, y) 從序對 $(1, 1)$ 變化到序對 $(1.01, 0.97)$ 時，請以 dz 求 $z = \sqrt{4 - x^2 - y^2}$ 的變化量的近似值，並與準確值比較。

解 令 $(x, y) = (1, 1)$，$(x + \Delta x, y + \Delta y) = (1.01, 0.97)$ 得到 $dx = \Delta x = 0.01$，$dy = \Delta y = -0.03$，所以 z 的變化量可用下式近似

$$\Delta z \approx dz = \frac{\partial z}{\partial x}dx + \frac{\partial z}{\partial y}dy$$

$$= \frac{-x}{\sqrt{4 - x^2 - y^2}}\Delta x + \frac{-y}{\sqrt{4 - x^2 - y^2}}\Delta y$$

當 $x = 1$ 和 $y = 1$ 時，可得

$$\Delta z \approx -\frac{1}{\sqrt{2}}(0.01) - \frac{1}{\sqrt{2}}(-0.03) = \frac{0.02}{\sqrt{2}} = \sqrt{2}(0.01) \approx 0.0141$$

註：此處當 x、y 分別變化到 $x + \Delta x$、$y + \Delta y$ 時，曲面本身高度的變化是 Δz，切面高度的變化是 dz。

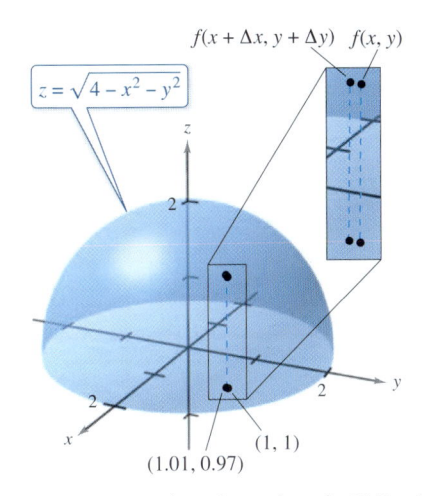

圖 8.24 當 (x, y) 從 $(1, 1)$ 變化到 $(1.01, 0.97)$ 時，$f(x, y)$ 的變化量大約是 0.0137。

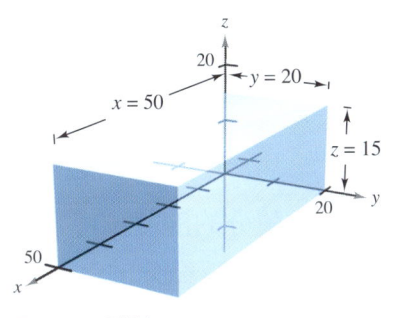

圖 8.25 體積 $= xyz$。

從圖 8.24 可以看出準確的變化量對應的是上半球面上兩點的高度差。此差額是

$$\Delta z = f(1.01, 0.97) - f(1, 1)$$
$$= \sqrt{4 - (1.01)^2 - (0.97)^2} - \sqrt{4 - 1^2 - 1^2} \approx 0.0137$$

在第 3 章，我們曾經利用微分求因測量誤差而引起的傳遞誤差的近似值，現在進一步推廣到三變數函數，請見例 3。

例 3 誤差分析

量測一個長方體盒子，其各邊的誤差是 ± 0.1 毫米，如圖 8.25。量測的結果是 $x = 50$ 公分，$y = 20$ 公分，$z = 15$ 公分，請以 dV 估計計算體積時的傳遞誤差與相對誤差。

解 盒子的體積是 $V = xyz$，因此

$$dV = \frac{\partial V}{\partial x} dx + \frac{\partial V}{\partial y} dy + \frac{\partial V}{\partial z} dz$$
$$= yz\, dx + xz\, dy + xy\, dz$$

由於 0.1 毫米 = 0.01 公分，所以 $dx = dy = dz = \pm 0.01$，代入上式得到傳遞誤差的近似值是

$$dV = (20)(15)(\pm 0.01) + (50)(15)(\pm 0.01) + (50)(20)(\pm 0.01)$$
$$= 300(\pm 0.01) + 750(\pm 0.01) + 1000(\pm 0.01)$$
$$= 2050(\pm 0.01) = \pm 20.5 \text{ 立方公分}$$

又因量出的體積是

$$V = (50)(20)(15) = 15{,}000 \text{ 立方公分}$$

相對誤差 $\Delta V/V$ 的近似值是

$$\frac{\Delta V}{V} \approx \frac{dV}{V} = \frac{\pm 20.5}{15{,}000} \approx 0.0014$$

也就是 0.14% 的相對誤差。

多變數函數的連鎖規則
Chain Rules for Functions of Several Variables

上節有關微分的學習中，對求雙變數函數的連鎖規則提供了良好基礎。以下的連鎖規則涉及到一個 x 和 y 的函數 w，而 x 和 y 分別是另一個獨立變數 t 的函數，如下定理 8.4 所示。

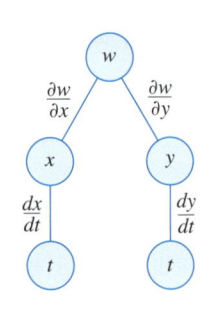

圖 8.26 連鎖規則：w 是 x 和 y 的函數，而後兩者同時又是 t 的函數，本圖代表 w 對 t 的導函數。

定理 8.4　連鎖規則：一個獨立變數的情形

假設 $w = f(x, y)$ 是 x 和 y 的可微函數，$x = g(t)$ 和 $y = h(t)$ 又是 t 的可微函數，則 w 是 t 的可微函數，並且

$$\frac{dw}{dt} = \frac{\partial w}{\partial x}\frac{dx}{dt} + \frac{\partial w}{\partial y}\frac{dy}{dt}$$

（見圖 8.26）

例 4　利用一個獨立變數的連鎖規則

令 $w = x^2y - y^2$，而 $x = \sin t$ 和 $y = e^t$，求 $t = 0$ 時 dw/dt 之值。

解　由一個獨立變數的連鎖規則可得

$$\begin{aligned}
\frac{dw}{dt} &= \frac{\partial w}{\partial x}\frac{dx}{dt} + \frac{\partial w}{\partial y}\frac{dy}{dt} \\
&= 2xy(\cos t) + (x^2 - 2y)e^t \\
&= 2(\sin t)(e^t)(\cos t) + (\sin^2 t - 2e^t)e^t \\
&= 2e^t \sin t \cos t + e^t \sin^2 t - 2e^{2t}
\end{aligned}$$

當 $t = 0$ 時，$\dfrac{dw}{dt} = -2$。

本節談論的連鎖規則提供了一些單變數微積分的解題技巧。例如，在例 4，也可以先將 w 寫成 t 的函數，然後直接對 t 微分。

$$\begin{aligned}
w &= x^2y - y^2 \\
&= (\sin t)^2(e^t) - (e^t)^2 \\
&= e^t \sin^2 t - e^{2t}
\end{aligned}$$

w 對 t 微分得出與例 4 相同的結果

$$\frac{dw}{dt} = 2e^t \sin t \cos t + e^t \sin^2 t - 2e^{2t}$$

定理 8.4 的連鎖規則可以推廣到任意多的變數，例如，若每一個 x_i 都是單變數 t 的可微函數，則對

$$w = f(x_1, x_2, \ldots, x_n)$$

我們有

$$\frac{dw}{dt} = \frac{\partial w}{\partial x_1}\frac{dx_1}{dt} + \frac{\partial w}{\partial x_2}\frac{dx_2}{dt} + \cdots + \frac{\partial w}{\partial x_n}\frac{dx_n}{dt}$$

例 5　以代入法求偏導數

已知 $x = s^2 + t^2$，$y = s/t$ 和 $w = 2xy$，求 $\partial w/\partial s$ 和 $\partial w/\partial t$。

解 以 $x = s^2 + t^2$，$y = s/t$ 代入方程式 $w = 2xy$ 得到

$$w = 2xy = 2(s^2 + t^2)\left(\frac{s}{t}\right) = 2\left(\frac{s^3}{t} + st\right)$$

然後，令 t 為常數，對 s 微分求 $\partial w/\partial s$。

$$\frac{\partial w}{\partial s} = 2\left(\frac{3s^2}{t} + t\right) = \frac{6s^2 + 2t^2}{t}$$

同理，令 s 為常數，對 t 微分求 $\partial w/\partial t$。

$$\frac{\partial w}{\partial t} = 2\left(-\frac{s^3}{t^2} + s\right) = 2\left(\frac{-s^3 + st^2}{t^2}\right) = \frac{2st^2 - 2s^3}{t^2}$$

定理 8.5 說明：即使不將 w 寫成 s、t 的函數，也可以求例題 5 中 w 對 s 和 t 的偏導數。

定理 8.5　連鎖規則：兩個獨立變數的情形

假設 $w = f(x, y)$ 是 x 和 y 的可微函數，$x = g(s, t)$ 和 $y = h(s, t)$ 又是 s 和 t 的函數，且 $\partial x/\partial s$、$\partial x/\partial t$、$\partial y/\partial s$ 與 $\partial y/\partial t$ 均存在，則 $\partial w/\partial s$ 和 $\partial w/\partial t$ 也會存在，且

$$\frac{\partial w}{\partial s} = \frac{\partial w}{\partial x}\frac{\partial x}{\partial s} + \frac{\partial w}{\partial y}\frac{\partial y}{\partial s} \qquad 與 \qquad \frac{\partial w}{\partial s} = \frac{\partial w}{\partial x}\frac{\partial x}{\partial s} + \frac{\partial w}{\partial y}\frac{\partial y}{\partial s}$$

證明　令 t 為常數，應用定理 8.4 求 $\partial w/\partial s$ 就可得出上式，同理，令 s 為常數並應用定理 8.5 求出 $\partial w/\partial t$。

注意　圖 8.27 以圖解說明本定理中的連鎖規則。

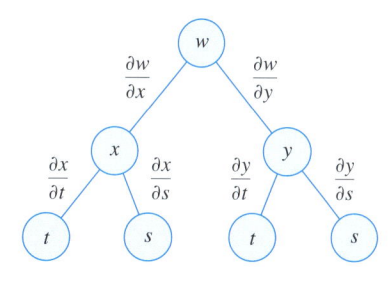

圖 8.27　連鎖規則：兩個獨立變數。

定理 8.5 中的連鎖規則可以推廣到任意多的變數，例如，若 w 是 n 個變數 $x_1, x_2, \ldots, x_n$ 的可微函數，而每一個 x_i 又是 m 個變數 $t_1, t_2, \ldots, t_m$ 的可微函數，則可對

$$w = f(x_1, x_2, \ldots, x_n)$$

求偏導函數而得到下列各式。

$$\frac{\partial w}{\partial t_1} = \frac{\partial w}{\partial x_1}\frac{\partial x_1}{\partial t_1} + \frac{\partial w}{\partial x_2}\frac{\partial x_2}{\partial t_1} + \cdots + \frac{\partial w}{\partial x_n}\frac{\partial x_n}{\partial t_1}$$

$$\frac{\partial w}{\partial t_2} = \frac{\partial w}{\partial x_1}\frac{\partial x_1}{\partial t_2} + \frac{\partial w}{\partial x_2}\frac{\partial x_2}{\partial t_2} + \cdots + \frac{\partial w}{\partial x_n}\frac{\partial x_n}{\partial t_2}$$

$$\vdots$$

$$\frac{\partial w}{\partial t_m} = \frac{\partial w}{\partial x_1}\frac{\partial x_1}{\partial t_m} + \frac{\partial w}{\partial x_2}\frac{\partial x_2}{\partial t_m} + \cdots + \frac{\partial w}{\partial x_n}\frac{\partial x_n}{\partial t_m}$$

例6 兩個獨立變數的連鎖規則

利用連鎖規則求 $\partial w/\partial s$ 和 $\partial w/\partial t$，其中 $w = 2xy$，$x = s^2 + t^2$ 和 $y = s/t$。

解 （本題與例 5 相同）利用定理 8.5，令 t 為常數，對 s 微分得到

$$\frac{\partial w}{\partial s} = \frac{\partial w}{\partial x}\frac{\partial x}{\partial s} + \frac{\partial w}{\partial y}\frac{\partial y}{\partial s} = 2y(2s) + 2x\left(\frac{1}{t}\right)$$

$$= 2\left(\frac{s}{t}\right)(2s) + 2(s^2 + t^2)\left(\frac{1}{t}\right) \quad \text{y 以 s/t，x 以 } s^2 + t^2 \text{ 代回}$$

$$= \frac{4s^2}{t} + \frac{2s^2 + 2t^2}{t}$$

$$= \frac{6s^2 + 2t^2}{t}$$

同理，令 s 為常數，對 t 微分得到

$$\frac{\partial w}{\partial t} = \frac{\partial w}{\partial x}\frac{\partial x}{\partial t} + \frac{\partial w}{\partial y}\frac{\partial y}{\partial t} = 2y(2t) + 2x\left(\frac{-s}{t^2}\right)$$

$$= 2\left(\frac{s}{t}\right)(2t) + 2(s^2 + t^2)\left(\frac{-s}{t^2}\right) \quad \text{y 以 s/t，x 以 } s^2 + t^2 \text{ 代回}$$

$$= 4s - \frac{2s^3 + 2st^2}{t^2} = \frac{4st^2 - 2s^3 - 2st^2}{t^2} = \frac{2st^2 - 2s^3}{t^2}$$

$$= \frac{2st^2 - 2s^3}{t^2}$$

例7 三個變數函數的連鎖規則

已知 $w = xy + yz + zx$，$x = s\cos t$，$y = s\sin t$ 和 $z = t$，求在 $s = 1$ 且 $t = 2\pi$ 時，$\partial w/\partial s$ 與 $\partial w/\partial t$ 之值。

解 推廣定理 8.5 的規則得到

$$\frac{\partial w}{\partial s} = \frac{\partial w}{\partial x}\frac{\partial x}{\partial s} + \frac{\partial w}{\partial y}\frac{\partial y}{\partial s} + \frac{\partial w}{\partial z}\frac{\partial z}{\partial s}$$
$$= (y + z)(\cos t) + (x + z)(\sin t) + (y + x)(0)$$
$$= (y + z)(\cos t) + (x + z)(\sin t)$$

當 $s = 1$ 與 $t = 2\pi$ 時，$x = 1$，$y = 0$ 和 $z = 2\pi$。因此 $\partial w/\partial s = 2\pi\,(1) + (1 + 2\pi)\,(0) + 0 = 2\pi$。同理可得

$$\frac{\partial w}{\partial t} = \frac{\partial w}{\partial x}\frac{\partial x}{\partial t} + \frac{\partial w}{\partial y}\frac{\partial y}{\partial t} + \frac{\partial w}{\partial z}\frac{\partial z}{\partial t}$$
$$= (y + z)(-s \sin t) + (x + z)(s \cos t) + (y + x)(1)$$

當 $s = 1$ 與 $t = 2\pi$，代入 $x = 1$，$y = 0$ 和 $z = 2\pi$，得到

$$\frac{\partial w}{\partial t} = (0 + 2\pi)(0) + (1 + 2\pi)(1) + (0 + 1)(1) = 2 + 2\pi$$

隱（偏）微分 Implicit Partial Differentiation

本節最後討論如何透過連鎖規則，求一個隱函數的導函數。假設 $y = f(x)$ 是一個由方程式 $F(x, y) = 0$ 定出的可微分隱函數，我們可以用 2.5 節的技巧求 dy/dx。另一方面，連鎖規則也提供了一個方便的辦法。如果我們考慮函數 $w = F(x, y) = F(x, f(x))$，應用定理 8.4 得出

$$\frac{dw}{dx} = F_x(x, y)\frac{dx}{dx} + F_y(x, y)\frac{dy}{dx}$$

又因 $w = F(x, y) = 0$ 對所有 f 定義域中的 x 都成立，所以 $dw/dx = 0$，因此得出

$$F_x(x, y)\frac{dx}{dx} + F_y(x, y)\frac{dy}{dx} = 0$$

如果 $F_y(x, y) \neq 0$，利用 $dx/dx = 1$ 可以得出

$$\frac{dy}{dx} = -\frac{F_x(x, y)}{F_y(x, y)}$$

如果函數的變數不只兩個，同樣的辦法也可用來求隱函數的偏導數。

定理 8.6　連鎖規則：隱微分

如果方程式 $F(x, y) = 0$ 定出一個 x 的可微隱函數 y，則

$$\frac{dy}{dx} = -\frac{F_x(x, y)}{F_y(x, y)}, \quad \text{其中} \quad F_y(x, y) \neq 0$$

如果方程式 $F(x, y, z) = 0$ 定出一個 x 和 y 的可微隱函數 z，則

$$\frac{\partial z}{\partial x} = -\frac{F_x(x, y, z)}{F_z(x, y, z)} \quad \text{與} \quad \frac{\partial z}{\partial y} = -\frac{F_y(x, y, z)}{F_z(x, y, z)}, \quad \text{其中} \quad F_z(x, y, z) \neq 0$$

本定理可以推廣到任意多變數的可微隱函數。

例 8　隱微分求導數

已知 $y^3 + y^2 - 5y - x^2 + 4 = 0$，求 dy/dx。

解 以 F 表函數 $F(x, y) = y^3 + y^2 - 5y - x^2 + 4$，則

$$F_x(x, y) = -2x \quad \text{和} \quad F_y(x, y) = 3y^2 + 2y - 5$$

利用定理 8.6，可得

$$\frac{dy}{dx} = -\frac{F_x(x, y)}{F_y(x, y)} = \frac{-(-2x)}{3y^2 + 2y - 5} = \frac{2x}{3y^2 + 2y - 5}$$

注意　2.5 節例 2 和本節例 8，是一樣的題目，也有一樣的解答，但解題方式不同。在 2.5 節，是將方程式視為「y 是 x 的隱函數」，再用隱微分。而本節，是將方程式視為「雙變數函數 $F(x, y) = 0$」，再用連鎖規則。

例 9　隱微分求導數

已知 $3x^2z - x^2y^2 + 2z^3 + 3yz - 5 = 0$，求 $\partial z/\partial x$ 和 $\partial z/\partial y$。

解 令

$$F(x, y, z) = 3x^2z - x^2y^2 + 2z^3 + 3yz - 5$$

利用定理 8.6 並計算各偏導數如下：

$$F_x(x, y, z) = 6xz - 2xy^2$$
$$F_y(x, y, z) = -2x^2y + 3z$$
$$F_z(x, y, z) = 3x^2 + 6z^2 + 3y$$

根據該定理得出

$$\frac{\partial z}{\partial x} = -\frac{F_x(x, y, z)}{F_z(x, y, z)} = \frac{2xy^2 - 6xz}{3x^2 + 6z^2 + 3y}$$
$$\frac{\partial z}{\partial y} = -\frac{F_y(x, y, z)}{F_z(x, y, z)} = \frac{2x^2y - 3z}{3x^2 + 6z^2 + 3y}$$

習題 8.4

習題 1~2，求下列各函數的全微分。

1. $z = 5x^3y^2$

2. $z = \frac{1}{2}\left(e^{x^2+y^2} - e^{-x^2-y^2}\right)$

3. 令 $f(x, y) = 16 - x^2 - y^2$，(a) 求 $f(2, 1)$ 和 $f(2.1, 1.05)$，並計算 Δz 之值；(b) 以全微分 dz 來求 Δz 的近似值。

4. 寫出 $z = f(x. y)$，並以全微分求 $(2.01)^2(9.02) - 2^2 \cdot 9$ 的近似值。

★ 5. 測量某長方體的長、寬、高分別是8公分、5公分與12公分，但每一個邊的可能誤差是 ± 0.02 公分。用全微分估計其體積的傳達誤差與相對誤差。

習題 6~7，以連鎖規則，求 dw/dt，再求在指定 t 值的導數 dw/dt。

6. 函數　　　　　　　　值
   $w = x^2 + 5y$　　　　$t = 2$
   $x = 2t, \; y = t$

7. $w = x \sin y$　　　　　$t = 0$
   $x = e^t, \; y = \pi - t$

8. 令 $w = x - \dfrac{1}{y}, \quad x = e^{2t}, \quad y = t^3$。分別以 (a) 連鎖規則；(b) 將 w 改寫成 t 的函數，求 dw/dt。

習題 9~10，以連鎖規則，求 $\partial w/\partial s$ 和 $\partial w/\partial t$，再求在指定 s 值與 t 值偏導數。

9. 函數　　　　　　　　值
   $w = x^2 + y^2$　　　　$s = 1, \; t = 3$
   $x = s + t, \; y = s - t$

10. $w = \sin(2x + 3y)$　　$s = 0, \; t = \dfrac{\pi}{2}$
    $x = s + t, \; y = s - t$

★ 11. 令 $w = xyz, \; x = s + t, \; y = s - t, \; z = st^2$，分別以 (a) 連鎖規則；(b) 將 w 改寫成 s 與 t 的函數，再分別求其偏導函數。

12. 以隱微分法求 dy/dx，其中
    $x^2 - xy + y^2 - x + y = 0$。

習題 13~15，以隱微分法，求 z 的一階偏導數。

13. $x^2 + y^2 + z^2 = 1$

14. $x^2 + 2yz + z^2 = 1$

★ 15. $e^{xz} + xy = 0$

註：標誌 ★ 表示稍難題目。

8.5 方向導數、梯度向量和切平面
Directional Derivatives, Gradients and Tangent Planes

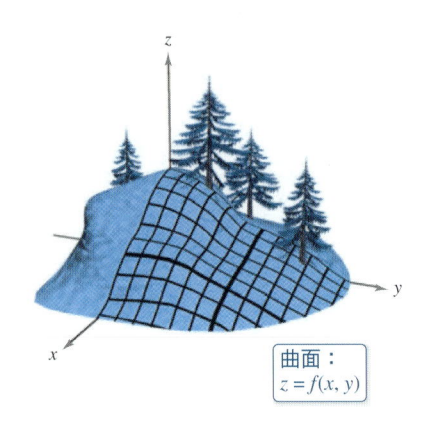

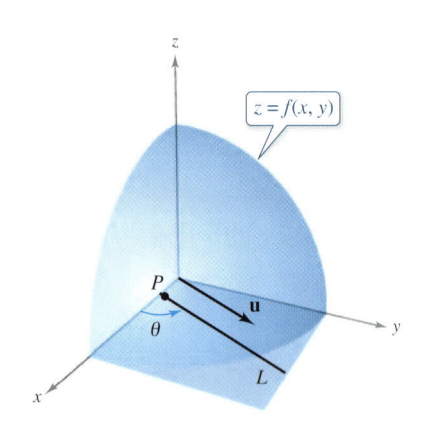

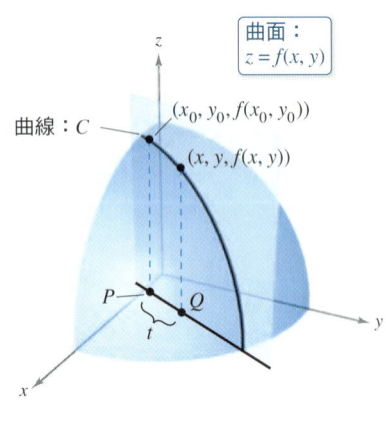

◆ 求雙變數函數的方向導數（註）。
◆ 求雙變數函數的梯度向量。
◆ 求曲面之切平面的方程式。

方向導數 Directional Derivatives

假想我們站在圖 8.28 中所畫的山邊，想要決定山朝向 z 軸的傾斜度。如果山以方程式 $z = f(x, y)$ 表之，我們學過如何計算沿著兩個不同方向上的斜率——沿 y 方向的斜率是偏導數 $f_y(x, y)$，而沿 x 方向的斜率是偏導數 $f_x(x, y)$。在本節中，將學習如何用這兩個偏導數來求出沿任意方向的斜率。

為了決定曲面上一點的斜率，我們要定一個稱為**方向導數**（directional derivative）的新導函數。我們考慮曲面 $z = f(x, y)$ 和 f 定義域中的一序對 $P(x_0, y_0)$，如圖 8.29。方向導數一詞中的方向是指下列單位向量

$$\mathbf{u} = \cos\theta\mathbf{i} + \sin\theta\mathbf{j}$$

其中 θ 是向量與 x 軸正向的夾角。若要求此一方向的斜率，以一個過 P 點而平行於向量 $\mathbf{u}$ 的鉛直平面與曲面相交得一曲線 C，如圖 8.30 所示。我們定義此曲面在點 $(x_0, y_0, f(x_0, y_0))$，沿 $\mathbf{u}$ 方向的斜率為曲線 C 在該點的斜率。

正如單變數微積分的情形，我們可以非正式地將曲線 C 的斜率寫成一個極限方程式。假設與曲面交出 C 的鉛直平面與 xy 平面的交線是 L，L 可用參數方程式表達如下

$$x = x_0 + t\cos\theta \quad \text{和} \quad y = y_0 + t\sin\theta$$

因此對任意 t，點 $Q(x, y)$ 都落在 L 上，對 P 和任意的 Q 也都各有一點在曲面上。

$(x_0, y_0, f(x_0, y_0))$　　　P 上方的點
$(x, y, f(x, y))$　　　Q 上方的點

又因為 P 和 Q 之間的距離是

$$\sqrt{(x - x_0)^2 + (y - y_0)^2} = \sqrt{(t\cos\theta)^2 + (t\sin\theta)^2} = |t|$$

我們可以將過 $(x_0, y_0, f(x_0, y_0))$ 和 $(x, y, f(x, y))$ 這兩點割線的斜率寫成

註：視為函數時，亦可稱為方向導函數。

$$\frac{f(x,y) - f(x_0, y_0)}{t} = \frac{f(x_0 + t\cos\theta, y_0 + t\sin\theta) - f(x_0, y_0)}{t}$$

然後，令 t 趨近於 0，我們得到下列的定義。

注意 方向導數其實就是函數沿著單位向量。

$\mathbf{u} = \cos\theta\mathbf{i} + \sin\theta\mathbf{j}$ 此方向的變化率（rate of change）。

從幾何的眼光來看，你也可將方向導數視為在曲面 $z = f(x, y)$ 上，點 (x, y) 沿著 $\mathbf{u}$ 方向的斜率，如圖 8.32。

> **方向導數的定義**
>
> 令 $f(x, y)$ 為某雙變數函數，$\mathbf{u} = \cos\theta\mathbf{i} + \sin\theta\mathbf{j}$ 是一個單位向量。如果極限
>
> $$D_{\mathbf{u}}f(x, y) = \lim_{t \to 0}\frac{f(x + t\cos\theta, y + t\sin\theta) - f(x, y)}{t}$$
>
> 存在，我們稱此極限為 f 沿 $\mathbf{u}$ 方向的方向導數（directional derivative of f in the direction of $\mathbf{u}$），以 $D_{\mathbf{u}}f$ 表示。

注意 在求方向導數時，代表方向的向量長度必須是 1，否則就要先將此向量取長度為 1 之後，才能應用定理 8.7。

由上述定義計算方向導數的過程，類似於利用極限求單變數函數的導函數（見 2.1 節）。一個比較直接的算法是利用偏導數 f_x 和 f_y 來表示方向導數。

> **定理 8.7　方向導數**
>
> 若 $f(x, y)$ 是可微函數，則沿方向 $\mathbf{u} = \cos\theta\mathbf{i} + \sin\theta\mathbf{j}$ 的方向導數是
>
> $$D_{\mathbf{u}}f(x, y) = f_x(x, y)\cos\theta + f_y(x, y)\sin\theta$$

在曲面上一點，對每一個方向 $\mathbf{u}$ 都有一個方向導數，因此可以說有無窮多個方向導數，如圖 8.31 所示。其中 x 方向和 y 方向所決定的方向導數就是 f_x 和 f_y。

1. x 軸正向的方向導數（$\theta = 0$）：$\mathbf{u} = \cos 0\mathbf{i} + \sin 0\mathbf{j} = \mathbf{i}$

$$D_{\mathbf{i}}f(x, y) = f_x(x, y)\cos 0 + f_y(x, y)\sin 0 = f_x(x, y)$$

2. y 軸正向的方向導數（$\theta = \frac{\pi}{2}$）：$\mathbf{u} = \cos\frac{\pi}{2}\mathbf{i} + \sin\frac{\pi}{2}\mathbf{j} = \mathbf{j}$

$$D_{\mathbf{j}}f(x, y) = f_x(x, y)\cos\frac{\pi}{2} + f_y(x, y)\sin\frac{\pi}{2} = f_y(x, y)$$

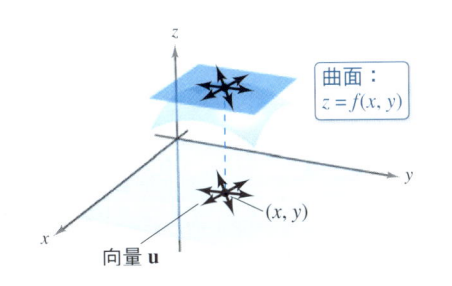

圖 8.31

例 1　求方向導數

求函數

$$f(x, y) = 4 - x^2 - \frac{1}{4}y^2 \qquad \text{曲面}$$

在序對 $(1, 2)$，沿方向

$$\mathbf{u} = \left(\cos\frac{\pi}{3}\right)\mathbf{i} + \left(\sin\frac{\pi}{3}\right)\mathbf{j} \qquad \text{方向}$$

的方向導數。

418 | 8 多變數函數

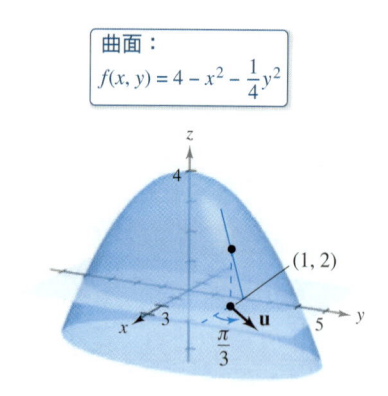

曲面： $f(x, y) = 4 - x^2 - \frac{1}{4}y^2$

圖 8.32

注意 在圖 8.32 中，方向導數其實就是曲面在點 $(1, 2, 2)$ 沿單位向量 **u** 方向的斜率。

解 由於 f_x 和 f_y 連續，因此 f 可微，應用定理 8.7 得到

$$D_{\mathbf{u}} f(x, y) = f_x(x, y) \cos \theta + f_y(x, y) \sin \theta$$
$$= (-2x) \cos \theta + \left(-\frac{y}{2}\right) \sin \theta$$

在 $\theta = \pi/3$，$x = 1$ 和 $y = 2$ 取值得到

$$D_{\mathbf{u}} f(1, 2) = (-2)\left(\frac{1}{2}\right) + (-1)\left(\frac{\sqrt{3}}{2}\right)$$
$$= -1 - \frac{\sqrt{3}}{2} \approx -1.866 \quad (\text{見圖 8.32})$$

我們通常以單位向量來表示方向，如果代表方向的向量長度不是 1，應該先將向量放大或縮小化成單位向量後，再使用定理 8.7 中的公式。

雙變數函數的梯度向量
The Gradient of a Function of Two Variables

雙變數函數的**梯度向量**（gradient）是一個雙變數的向量值函數（註）。我們將在本節介紹梯度向量函數重要的應用。

雙變數函數的梯度向量的定義

假設 $z = f(x, y)$，並且 f_x 和 f_y 都存在，則向量

$$\nabla f(x, y) = f_x(x, y)\mathbf{i} + f_y(x, y)\mathbf{j}$$

稱為 f 的梯度（向量）（gradient of f）以 $\nabla f(x, y)$ 表示。∇f 讀做 "del f"。另一個常用的記號是 **grad** $f(x, y)$。在圖 8.33 中，注意到對每一個序對 (x, y) 而言，梯度向量 $\nabla f(x, y)$ 都是一個平面向量（而非空間向量）。

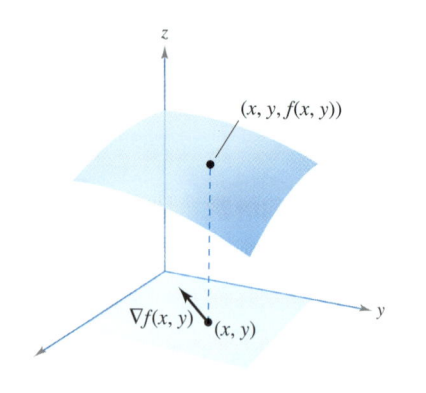

圖 8.33 f 的梯度向量是 xy 平面上的向量。

提醒一下：∇ 記號本身必須要和函數合在一起使用才有意義，正如記號 d/dx，當 d/dx 作用在單變數函數 $g(x)$ 上時所得到的是 $g(x)$ 的導函數 dg/dx，而當 ∇ 作用在函數 $f(x, y)$ 上時，所得到的是向量 $\nabla f(x, y)$。

例 2 求函數的梯度向量

求函數 $f(x, y) = y \ln x + xy^2$ 在序對 $(1, 2)$ 的梯度向量。

註：一函數若取向量值，稱為向量值函數，本節所謂的梯度向量是在雙變數上取值，值為平面向量。

解 以

$$f_x(x, y) = \frac{y}{x} + y^2 \quad \text{和} \quad f_y(x, y) = \ln x + 2xy$$

得到

$$\nabla f(x, y) = \left(\frac{y}{x} + y^2\right)\mathbf{i} + (\ln x + 2xy)\mathbf{j}$$

在序對 (1, 2)，梯度向量是

$$\nabla f(1, 2) = \left(\frac{2}{1} + 2^2\right)\mathbf{i} + [\ln 1 + 2(1)(2)]\mathbf{j} = 6\mathbf{i} + 4\mathbf{j}$$

由於 f 的梯度是一個向量，我們可以將 f 沿方向 $\mathbf{u}$ 的方向導數寫成

$$D_{\mathbf{u}}f(x, y) = [f_x(x, y)\mathbf{i} + f_y(x, y)\mathbf{j}] \cdot [\cos\theta\mathbf{i} + \sin\theta\mathbf{j}]$$

換句話說，方向導數是梯度向量和方向向量的內積，請看下面的定理。

定理 8.8　方向導數的內積形式

若 $f(x, y)$ 是可微函數，則沿單位向量 $\mathbf{u}$ 方向的方向導數是

$$D_{\mathbf{u}}f(x, y) = \nabla f(x, y) \cdot \mathbf{u}$$

例 3　利用 $\nabla f(x, y)$ 求方向導數

求函數 $f(x, y) = 3x^2 - 2y^2$ 在序對 $\left(-\frac{3}{4}, 0\right)$，沿著從 $P\left(-\frac{3}{4}, 0\right)$ 到 $Q(0, 1)$ 方向的方向導數。

解　由於 f 的偏導數連續，所以 f 可微。從 P 到 Q 的向量是

$$\overrightarrow{PQ} = \left(0 + \frac{3}{4}\right)\mathbf{i} + (1 - 0)\mathbf{j} = \frac{3}{4}\mathbf{i} + \mathbf{j}$$

在此方向的單位向量是

$$\mathbf{u} = \frac{\mathbf{v}}{\|\mathbf{v}\|} = \frac{3}{5}\mathbf{i} + \frac{4}{5}\mathbf{j}. \qquad \overrightarrow{PQ} \text{方向的單位向量}$$

因為 $\nabla f(x, y) = f_x(x, y)\mathbf{i} + f_y(x, y)\mathbf{j} = 6x\mathbf{i} - 4y\mathbf{j}$，在序對 $\left(-\frac{3}{4}, 0\right)$ 的梯度向量是

$$\nabla f\left(-\frac{3}{4}, 0\right) = -\frac{9}{2}\mathbf{i} + 0\mathbf{j} \qquad \text{在} \left(-\frac{3}{4}, 0\right) \text{的梯度向量}$$

因此，在序對 $\left(-\frac{3}{4}, 0\right)$ 的方向導數是

曲面：
$f(x, y) = 3x^2 - 2y^2$

$$D_{\mathbf{u}}f\left(-\frac{3}{4}, 0\right) = \nabla f\left(-\frac{3}{4}, 0\right) \cdot \mathbf{u} = \left(-\frac{9}{2}\mathbf{i} + 0\mathbf{j}\right) \cdot \left(\frac{3}{5}\mathbf{i} + \frac{4}{5}\mathbf{j}\right)$$

$$= -\frac{27}{10} \qquad \text{在} \left(-\frac{3}{4}, 0\right) \text{的方向導數}$$

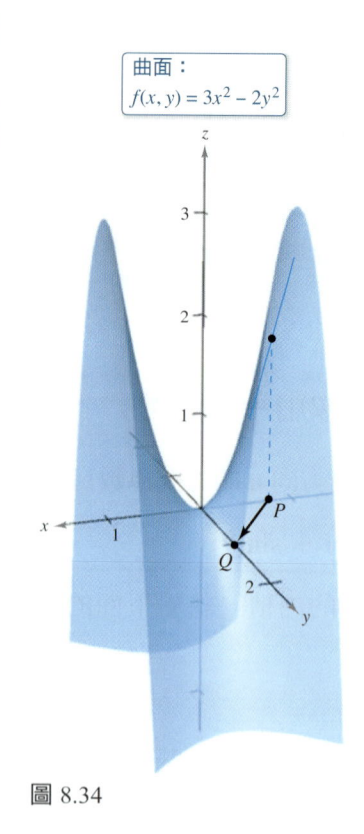

（見圖 8.34）。

曲面的切平面 (註) Tangent Plane to a Surface

到目前為止，我們主要是以方程式

$$z = f(x, y) \qquad \text{曲面 } S \text{ 的方程式}$$

表示空間中的曲面，然而在以下的討論中，使用更一般的方程式 $F(x, y, z) = 0$ 會比較方便。至於以 $z = f(x, y)$ 表出的曲面，只要將 F 定成

$$F(x, y, z) = f(x, y) - z$$

則曲面 S 就是

$$F(x, y, z) = 0 \qquad \text{曲面 } S \text{ 方程式的另一種形式}$$

以下說明如何求曲面 S 的**切平面**（tangent plane）方程式。假設曲面 S 以

$$F(x, y, z) = 0$$

定出，$P(x_0, y_0, z_0)$ 是其上一點，令 C 是 S 上過 P 的一條曲線，其參數方程式為

$$\mathbf{r}(t) = x(t)\mathbf{i} + y(t)\mathbf{j} + z(t)\mathbf{k}$$

則對所有的 t 有

$$F(x(t), y(t), z(t)) = 0$$

如果 F 可微並且 $x'(t)$、$y'(t)$、$z'(t)$ 都存在，則由連鎖規則可得

$$0 = F'(t) = F_x(x, y, z)x'(t) + F_y(x, y, z)y'(t) + F_z(x, y, z)z'(t)$$

因此，在點 (x_0, y_0, z_0)，將上式改以向量的形式，可寫成

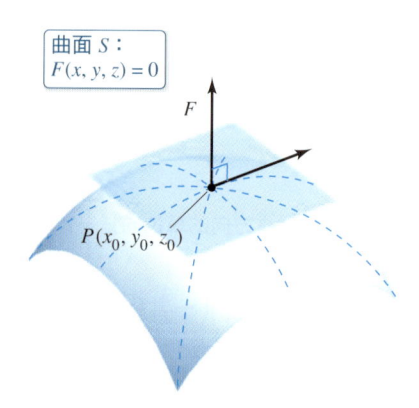

$$0 = \underbrace{\nabla F(x_0, y_0, z_0)}_{\text{梯度向量}} \cdot \underbrace{\mathbf{r}'(t_0)}_{\text{切向量}}$$

曲面 S：
$F(x, y, z) = 0$

$P(x_0, y_0, z_0)$

圖 8.35　曲面在 P 點的切平面。

這代表：在點 P 的梯度向量 $\nabla F(x_0, y_0, z_0)$，和曲面 S 上每一條過 P 的曲線的切向量都垂直。因此，在 S 上過 P 的所有切線，都會落在過 P 點且以 $\nabla F(x_0, y_0, z_0)$ 為法向量的平面上，如圖 8.35 所示。

註：此部分涉及一點空間向量，若有需要，可見附錄 A 第二部分。

> **切平面的定義**
>
> 已知方程式 $F(x, y, z) = 0$ 定出一個曲面 S。如果函數 $F(x, y, z)$ 在 S 上一點 $P(x_0, y_0, z_0)$ 可微，並且有 $\nabla F(x_0, y_0, z_0) \neq \mathbf{0}$，我們定義 S 在 P 點的切平面如下：
>
> **S 在 P 點的切平面**（tangent plane to S at P）就是過 P 點，且以 $\nabla F(x_0, y_0, z_0)$ 為法向量的平面。

注意 此後在本節中，除非特別聲明，否則我們都假設 $\nabla F(x_0, y_0, z_0) \neq 0$。

若要寫下 S 在 (x_0, y_0, z_0) 的切平面方程式，令 (x, y, z) 是該平面中的任一點，則向量

$$\mathbf{v} = (x - x_0)\mathbf{i} + (y - y_0)\mathbf{j} + (z - z_0)\mathbf{k}$$

會落在此平面中。由於 $\nabla F(x_0, y_0, z_0)$ 是切平面的法向量，所以會與平面中任一個向量垂直，因此我們有 $\nabla F(x_0, y_0, z_0) \cdot \mathbf{v} = 0$，而導出下面的定理。

定理 8.9　切平面方程式

如果 F 在點 (x_0, y_0, z_0) 可微，並且點 (x_0, y_0, z_0) 在 $F(x, y, z) = 0$ 所定出的曲面上，則此曲面在點 (x_0, y_0, z_0) 的切平面方程式是

$$F_x(x_0, y_0, z_0)(x - x_0) + F_y(x_0, y_0, z_0)(y - y_0) + F_z(x_0, y_0, z_0)(z - z_0) = 0$$

例 4　求切平面方程式

求雙曲面 $z^2 - 2x^2 - 2y^2 = 12$ 在點 $(1, -1, 4)$ 的切平面方程式。

解　先將曲面方程式寫成

$$z^2 - 2x^2 - 2y^2 - 12 = 0$$

然後令

$$F(x, y, z) = z^2 - 2x^2 - 2y^2 - 12$$

求偏導數得到

$$F_x(x, y, z) = -4x, \quad F_y(x, y, z) = -4y, \quad \text{和} \quad F_z(x, y, z) = 2z$$

在點 $(1, -1, 4)$，其偏導數為

$$F_x(1, -1, 4) = -4, \quad F_y(1, -1, 4) = 4, \quad \text{和} \quad F_z(1, -1, 4) = 8$$

因此，在點 $(1, -1, 4)$ 的切平面方程式為

$$\begin{aligned} -4(x-1) + 4(y+1) + 8(z-4) &= 0 \\ -4x + 4 + 4y + 4 + 8z - 32 &= 0 \\ -4x + 4y + 8z - 24 &= 0 \\ x - y - 2z + 6 &= 0 \end{aligned}$$

圖 8.36 顯示出一部分的雙曲面和切平面。

若要求 曲面 $z = f(x, y)$ 上一點的切平面，可以將函數 F 定成

$$F(x, y, z) = f(x, y) - z$$

則曲面 S 則是 $F(x, y, z) = 0$ 的函數圖，由定理 8.9，S 在點 (x_0, y_0, z_0) 的切平面是

$$f_x(x_0, y_0)(x - x_0) + f_y(x_0, y_0)(y - y_0) - (z - z_0) = 0$$

其中 $z_0 = f(x_0, y_0)$。

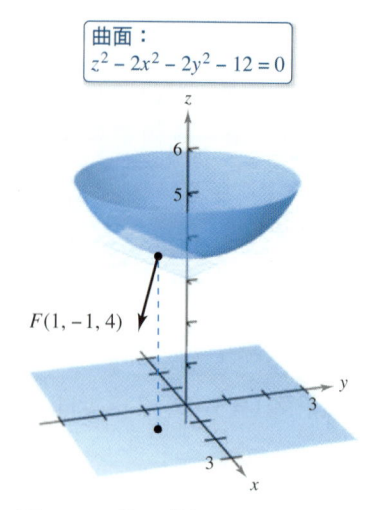

圖 8.36 曲面的切平面。

例5 求切平面方程式

求下列拋物面在點 $(1, 1, \frac{1}{2})$ 的切平面方程式。

$$z = 1 - \frac{1}{10}(x^2 + 4y^2)$$

解 從 $z = f(x, y) = 1 - \frac{1}{10}(x^2 + 4y^2)$ 得到

$$f_x(x, y) = -\frac{x}{5} \quad \Longrightarrow \quad f_x(1, 1) = -\frac{1}{5}$$

和

$$f_y(x, y) = -\frac{4y}{5} \quad \Longrightarrow \quad f_y(1, 1) = -\frac{4}{5}$$

因此在點 $(1, 1, \frac{1}{2})$ 的切平面方程式是

$$f_x(1, 1)(x - 1) + f_y(1, 1)(y - 1) - \left(z - \tfrac{1}{2}\right) = 0$$

$$-\frac{1}{5}(x - 1) - \frac{4}{5}(y - 1) - \left(z - \tfrac{1}{2}\right) = 0$$

$$-\frac{1}{5}x - \frac{4}{5}y - z + \frac{3}{2} = 0$$

該切平面如圖 8.37 所示。

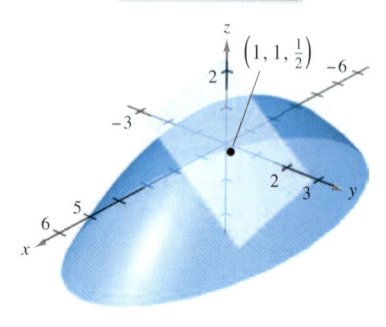

圖 8.37

習題 8.5

習題 1~2，求下列各函數在方向 $\mathbf{u} = \cos\theta\mathbf{i} + \sin\theta\mathbf{j}$ 的方向導數。

1. $f(x, y) = x^2 + y^2$, $P(1, -2)$, $\theta = \dfrac{\pi}{4}$

★ 2. $f(x, y) = \sin(2x + y)$, $P(0, \pi)$, $\theta = -\dfrac{5\pi}{6}$

習題 3~4，求下列各函數在指定點 P 於指定方向 $\mathbf{v}$ 的方向導數。

3. $f(x, y) = 3x - 4xy + 9y$, $P(1, 2)$, $\mathbf{v} = \dfrac{3}{5}\mathbf{i} + \dfrac{4}{5}\mathbf{j}$

4. $g(x, y) = \sqrt{x^2 + y^2}$, $P(3, 4)$, $\mathbf{v} = 3\mathbf{i} - 4\mathbf{j}$

習題 5~6，求下列各函數在指定點 P，沿著 P 到 Q 方向的方向導數。

5. $f(x, y) = x^2 + 3y^2$, $P(1, 1)$, $Q(4, 5)$

6. $f(x, y) = e^y \sin x$, $P(0, 0)$, $Q(2, 1)$

習題 7~8，求下列各函數在指定點的梯度向量。

7. $f(x, y) = 3x + 5y^2 + 1$, $(2, 1)$

8. $z = \dfrac{\ln(x^2 - y)}{x} - 4$, $(2, 3)$

9. 求 $f(x, y) = xy$ 在點 $P(0, -2)$ 沿著 $\mathbf{v} = \dfrac{1}{2}(\mathbf{i} + \sqrt{3}\mathbf{j})$ 方向的方向導數。

10. 求 $g(x, y) = x^2 + y^2 + 1$ 在點 $P(1, 2)$ 沿著 $\overrightarrow{PQ}$ 方向的方向導數，其中 $Q(2, 3)$。

習題 11~14，求下列各曲面在指定點的切平面方程式。

11. $z = x^2 + y^2 + 3$, $(2, 1, 8)$

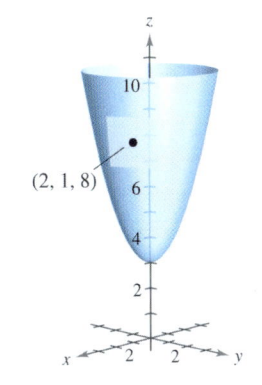

12. $z = \sqrt{x^2 + y^2}$, $(3, 4, 5)$
13. $g(x, y) = x^2 + y^2$, $(1, -1, 2)$
★ 14. $x^2 + y^2 - 5z^2 = 15$, $(-4, -2, 1)$

註：標誌 ★ 表示稍難題目。

8.6 雙變數函數的相對極值
Relative Extrema of Functions of Two Variables

◆ 利用二階偏導數檢定求雙變數函數的相對極值。

相對極值的定義

f 是定義在包含序對 (x_0, y_0) 的一個區域 R 上的函數。

1. 如果在一個含序對 (x_0, y_0) 的開圓盤上，對所有圓盤上的點 (x, y) 恆有

$$f(x, y) \geq f(x_0, y_0)$$

則稱 f 在序對 (x_0, y_0) 有**相對極小值**（relative minimum）$f(x_0, y_0)$。

2. 如果在一個含序對 (x_0, y_0) 的開圓盤上，對所有圓盤上的點 (x, y) 恆有

$$f(x, y) \leq f(x_0, y_0)$$

則稱 f 在序對 (x_0, y_0) 有**相對極大值**（relative maximum）$f(x_0, y_0)$。

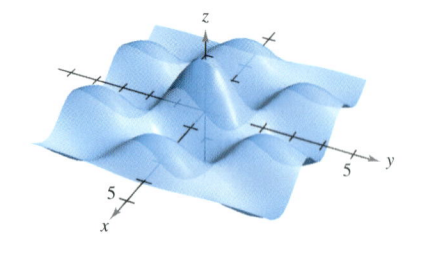

圖8.38　相對極值。

f 在序對 (x_0, y_0) 有相對極大值的意思是：在圖形上，點 (x_0, y_0, z_0) 至少不比附近的點低。同理，f 在序對 (x_0, y_0) 有相對極小值，意指：在圖形上，點 (x_0, y_0, z_0) 絕不高於附近的點（見圖 8.38）。

我們可以在 f 的梯度向量等於 0 或偏導數不存在的點，來找相對極值，這一類的點通稱為 f 的**臨界點**（critical point）。

臨界點的定義

針對定義域為 D [註] 的雙變數函數 $f(x, y)$，序對 (x_0, y_0) 為 D 上一點，如果下式之一成立，就稱序對 (x_0, y_0) 是 f 的一個**臨界點**（critical point）。

1. $f_x(x_0, y_0) = 0$ 和 $f_y(x_0, y_0) = 0$ 同時成立。
2. $f_x(x_0, y_0)$ 或 $f_y(x_0, y_0)$ 不存在。

若 $f(x, y)$ 在序對 (x_0, y_0) 的每一個方向導數都是 0，此時如圖 8.39 所示，函數圖形在序對 (x_0, y_0) 的切平面必然是水平的，看來很可能在此點有相對極值，定理 8.10 說明相對極值發生的必要條件。

註：嚴格來說，D 必須是開區域（見 8.2 節）。

圖 8.39　有相對極大值。　　　　　　　　　　　　　有相對極小值。

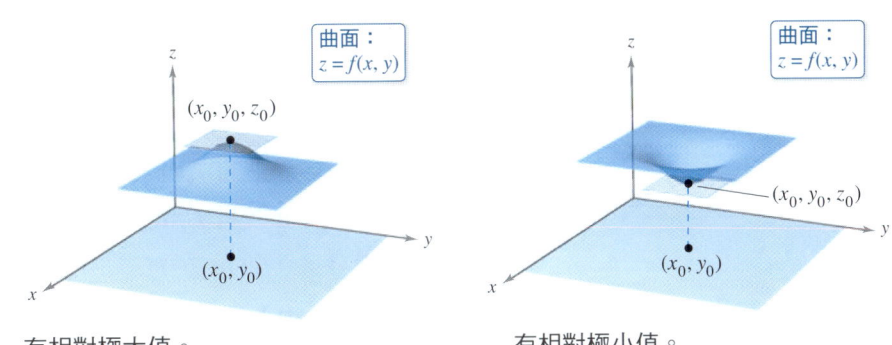

定理 8.10　相對極值一定發生在臨界點

若 $f(x, y)$ 在序對 (a, b) 有局部極值，且 $f_x(a, b)$ 與 $f_y(a, b)$ 均存在，則 $f_x(a, b) = 0$ 且 $f_y(a, b) = 0$

二階偏導數檢定　|　The Second Partials Test

　　定理 8.10 說：只要考察 $f(x, y)$ 在臨界點的狀況，就可以找出相對極值。不過，正如單變數的情形，雙變數函數的臨界點不必然就是相對極大或是相對極小，某些臨界點可能是**鞍點**（saddle point），既非相對極大，亦非相對極小。再說明一下：鞍點時常是沿著某個方向看是相對極大，但沿著另一個方向看是相對極小，因此整體而言，既非相對極大，亦非相對極小。如下圖8.40，在序對(0, 0)，沿著「左右」方向看，$f(0, 0, 0)$是相對極小；但沿著「前後」方向看，$f(0, 0, 0)$是相對極大。

　　考慮下面的曲面，它有一個非相對極值的臨界點（如圖 8.40 所示）。

$$f(x, y) = y^2 - x^2 \quad \text{雙面拋物面}$$

在序對 (0, 0) 兩個偏導數都等於 0，但是因為函數 f 在以此點為心的任意圓盤上，有時為正（沿著 y 軸）、有時為負（沿著 x 軸），所以序對 (0, 0) 不是 f 的相對極值。事實上，我們稱圖形上的點 (0, 0, 0) 為鞍點（因為圖 8.40 中的曲面看來像一個馬鞍而得名）。

　　以下的檢定，可說是源自於單變數函數的二階導數檢定，旨在判斷臨界點的類型。

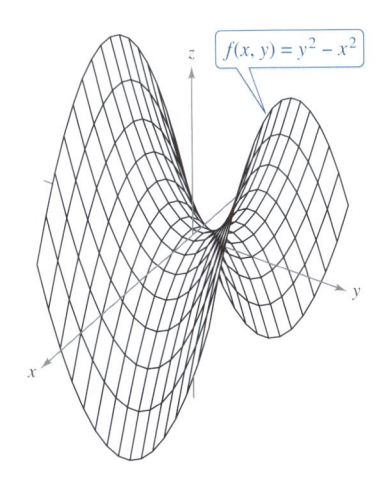

圖 8.40　f 在 $(0, 0, 0)$ 是鞍點，但 $f_x(0, 0) = f_y(0, 0) = 0$。

定理 8.11　二階偏導數檢定

假設函數 f 在一個含序對 (a, b) 的圓盤上有定義，具連續的二階偏導數，並且

$$f_x(a, b) = 0 \quad \text{和} \quad f_y(a, b) = 0$$

令
$$d = f_{xx}(a,b)f_{yy}(a,b) - [f_{xy}(a,b)]^2$$

1. 如果 $d > 0$ 並且 $f_{xx}(a,b) > 0$，則 f 在序對 (a,b) 有**相對極小值** $f(a,b)$。
2. 如果 $d > 0$ 並且 $f_{xx}(a,b) < 0$，則 f 在序對 (a,b) 有**相對極大值** $f(a,b)$。
3. 如果 $d < 0$ 則 $(a,b,f(a,b))$ 是一個**鞍點**。
4. 如果 $d = 0$，本檢定無結論。

若將 $d = f_{xx}(a,b)f_{yy}(a,b) - [f_{yy}(a,b)]^2$ 寫成下列 2×2 階的行列式會比較好記，

$$d = \begin{vmatrix} f_{xx}(a,b) & f_{xy}(a,b) \\ f_{yx}(a,b) & f_{yy}(a,b) \end{vmatrix}$$

根據定理 8.3 式，$f_{xy}(a,b)$ 和 $f_{yx}(a,b)$ 其實是相等的。

例1 應用二階偏導數檢定

求 $f(x,y) = -x^3 + 4xy - 2y^2 + 1$ 的相對極值與鞍點。

解 先求 f 的臨界點。因為

$$f_x(x,y) = -3x^2 + 4y \quad 和 \quad f_y(x,y) = 4x - 4y$$

在任何 (x,y) 都存在，所以臨界點就是兩個偏導數同時為 0 的點。令 $f_x(x,y)$ 和 $f_y(x,y)$ 同時為 0，可得方程式 $-3x^2 + 4y = 0$ 和 $4x - 4y = 0$。從第二個方程式解出 $x = y$，代回第一個方程式，得到兩組解 $y = x = 0$ 和 $y = x = \frac{4}{3}$，又因為

$$f_{xx}(x,y) = -6x, \quad f_{yy}(x,y) = -4, \quad 和 \quad f_{xy}(x,y) = 4$$

對臨界點 $(0,0)$，此時

$$d = f_{xx}(0,0)f_{yy}(0,0) - [f_{xy}(0,0)]^2 = 0 - 16 < 0$$

由二階偏導數檢定得知 $(0,0,1)$ 是 f 的一個鞍點。再看臨界點 $\left(\frac{4}{3}, \frac{4}{3}\right)$，此時

$$d = f_{xx}\left(\tfrac{4}{3}, \tfrac{4}{3}\right) f_{yy}\left(\tfrac{4}{3}, \tfrac{4}{3}\right) - \left[f_{xy}\left(\tfrac{4}{3}, \tfrac{4}{3}\right)\right]^2$$
$$= -8(-4) - 16 = 16 > 0$$

因為 $f_{xx}\left(\frac{4}{3}, \frac{4}{3}\right) = -8 < 0$，可推得 f 在序對 $\left(\frac{4}{3}, \frac{4}{3}\right)$ 有相對極大值 $f\left(\frac{4}{3}, \frac{4}{3}\right)$，如圖 8.41 所示。

再多看一個例子。

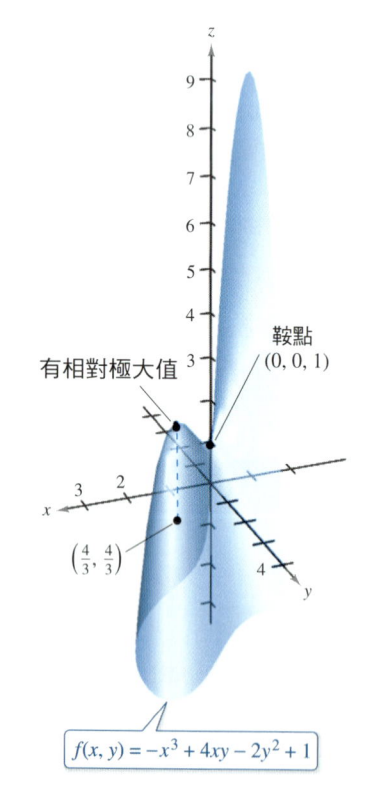

例 2　應用二階偏導數檢定

求 $f(x, y) = x^3 + y^3 - 6xy$ 的相對極值與鞍點。

解　先求 f 的臨界點。因 $f_x(x, y) = 3x^2 - 6y$，且 $f_y(x, y) = 3y^2 - 6x$，在任何一點 (x, y) 均存在，所以臨界點就是這兩個偏導數同時為 0 的點，即

$$\begin{cases} 3x^2 - 6y = 0 \\ 3y^2 - 6x = 0 \end{cases}$$

將下式移項得 $x = \dfrac{y^2}{2}$ 代回上式，再因式分解可得
$\dfrac{3}{4} y (y - 2)(y^2 + 2y + 4) = 0$，此式可解得兩實根：$y = 0, 2$。而此兩個實根會引出兩個臨界點 $(0, 0)$ 與 $(2, 2)$。

接下來求二階偏導數與 d 值如下，

$$f_{xx} = 6x \qquad f_{xy} = f_{yx} = -6 \qquad f_{yy} = 6y$$
$$d = f_{xx} f_{yy} - (f_{xy})^2 = 36xy - 36$$

在 $x = 0$ 且 $y = 0$ 時，$d = -36 < 0$，由二階偏導數檢定，可知點 $(0, 0, 0)$ 是 f 的一個鞍點；在 $x = 2$ 且 $y = 2$ 時，$d = 108 > 0$ 且 $f_{xx}(2, 2) = 12 > 0$，由二階偏導數檢定可知 f 在點 $(2, 2, -8)$ 有相對極小值 -8。

習題 8.6

習題 1～5，求下列各函數的相對極值和鞍點。

1. $f(x, y) = x^2 + y^2 + 8x - 12y - 3$
2. $z = x^2 + xy + \dfrac{1}{2} y^2 - 2x + y$
3. $f(x, y) = x^2 - xy - y^2 - 3x - y$

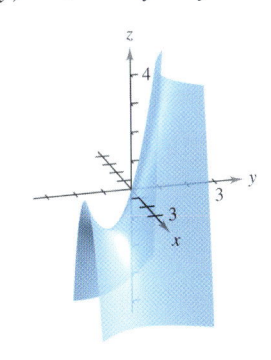

★ 4. $f(x, y) = 2xy - \dfrac{1}{2}(x^4 + y^4) + 1$

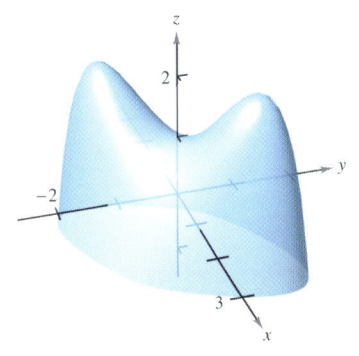

5. $h(x, y) = x^2 - 3xy - y^2$

註：標誌 ★ 表示稍難題目。

8.7 拉格朗日乘子法　Lagrange Multipliers

◆ 瞭解拉格朗日乘子法。
◆ 利用拉格朗日乘子法解決在單一限制條件下的極值問題。

拉格朗日乘子法　Lagrange Multipliers

在上一個章節 8.6，我們探討雙變數函數 $f(x, y)$ 的相對極值。在本章節，我們則是探討在某些限制條件下，雙變數函數的絕對極值。

> **絕對極值的定義**
> 在平面某集合 D 上考慮雙變數函數 $f(x, y)$。
> 1. 若 D 上有一序對 (a, b)，使得「在 D 上任何一個序對 (x, y)，都有 $f(x, y) \geq f(a, b)$」，我們就稱「f 在序對 (a, b) 有絕對極小值 $f(a, b)$」。
> 2. 若 D 上有一序對 (a, b)，使得「在 D 上任何一序對 (x, y)，都有 $f(x, y) \leq f(a, b)$」，我們就稱「f 在序對 (a, b) 有絕對極大值 $f(a, b)$」。
>
> 說明：如同在單變數函數，除非特別聲明，極值泛指絕對極值。

許多極值問題由於問題本身的特質，在討論的時候，會對問題中涉及的變數作一些範圍上的限制。限制了範圍之後，極值可能變成發生在某一區域的邊緣（而非內部），因此直接對函數求臨界點的辦法不太適用。在本節中，我們要學習一個由數學家拉格朗日提出的好辦法來解決在限制條件下的極值問題，這個辦法就是**拉格朗日乘子法**（Method of Lagrange Multipliers）。

先看一個例子，如果我們想要在內接於橢圓

$$\frac{x^2}{3^2} + \frac{y^2}{4^2} = 1$$

所有的矩形中求出面積的最大值，我們可以如下進行。如圖 8.42，令 (x, y) 表矩形在第一象限中的頂點，由於此一矩形的邊長分別為 $2x$ 和 $2y$，因此面積函數是

$$f(x, y) = 4xy \qquad \text{目標函數}$$

我們想要求出 $f(x, y)$ 的極大值的發生處。注意到我們所選擇的 (x, y) 是在第一象限並且座落在橢圓

$$\frac{x^2}{3^2} + \frac{y^2}{4^2} = 1 \qquad \text{限制條件}$$

橢圓：$\frac{x^2}{3^2} + \frac{y^2}{4^2} = 1$

目標函數：$f(x, y) = 4xy$。
圖 8.42

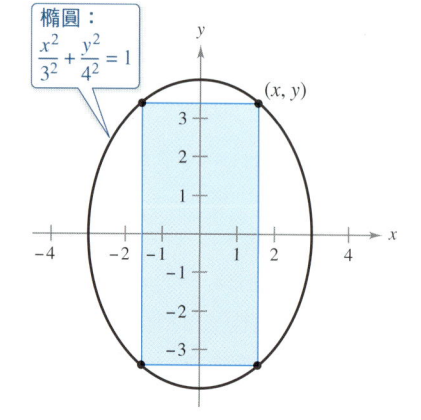

上。現在，把限制條件看成是函數 $g(x, y)$

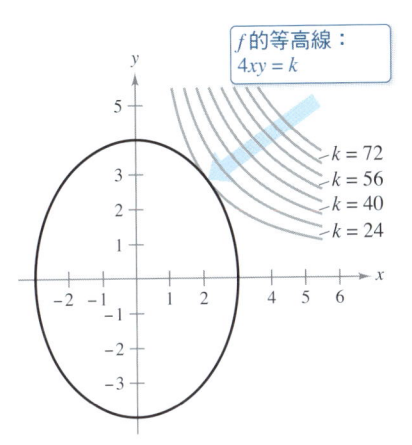

$$g(x, y) = \frac{x^2}{3^2} + \frac{y^2}{4^2}$$

一條特定的等高線。另一方面，f 所有的等高線代表一組雙曲線

$$f(x, y) = 4xy = k$$

因此，在 f 的等高線中，符合限制條件的正是那些和橢圓相交的雙曲線，且由於限制條件的要求，我們只能就這些和橢圓相交的雙曲線來考慮。由圖 8.43 可以看出最大值發生在雙曲線和橢圓剛好相切的時候。

因為兩條曲線相切的時候，在切點具有相同的切線，又因為切線與梯度向量垂直，所以兩者在切點的梯度向量會互相平行。這表示在切點，向量 $\nabla f(x, y)$ 和向量 $\nabla g(x, y)$ 是一個倍數關係。

$$\nabla f(x, y) = \lambda \nabla g(x, y)$$

式中的 λ（讀作 lambda）是一個待定的實數。在討論限制條件下的極值問題時，這個倍數習慣上以 λ 表示，由於相乘時，倍數在中文的另一個稱謂是乘數（或乘子），所以 λ 也稱為**拉格朗日乘數**（Lagrange multiplier）。下面這個定理說明拉格朗日乘子存在的必要條件。

定理 8.12　拉格朗日定理

已知雙變數函數 f 和 g 所有的一階偏導數都是連續函數，並且限制在平滑曲線 $g(x, y) = c$ 上討論時，函數 f 在序對 (x_0, y_0) 有極值。如果 $\nabla g(x_0, y_0) \neq 0$，則必存在實數 λ 使得

$$\nabla f(x_0, y_0) = \lambda \nabla g(x_0, y_0)$$

在利用定理 8.12 實際解題時步驟如下。

拉格朗日乘子法

函數 f 和 g 滿足定理 8.12 中拉格朗日定理的假設，並且 f 在限制條件 $g(x, y) = c$ 上有極值。求極值的步驟是：

1. 解聯立方程式 $\nabla f(x, y) = \lambda \nabla g(x, y)$ 和 $g(x, y) = c$，亦即

$$f_x(x, y) = \lambda g_x(x, y)$$
$$f_y(x, y) = \lambda g_y(x, y)$$
$$g(x, y) = c$$

2. 將步驟 1 所有的解代入 $f(x, y)$ 中，比較大小以求出 f 在限制條件 $g(x, y) = c$ 之下的最大值和最小值。

---

f 的等高線：
$4xy = k$

$k = 72$
$k = 56$
$k = 40$
$k = 24$

限制條件：$g(x, y) = \dfrac{x^2}{3^2} + \dfrac{y^2}{4^2} = 1$

圖 8.43

拉格朗日
Joseph-Louis Lagrange
（1736～1813）

拉格朗日乘子法以發明者法國數學家拉格朗日為名。拉格朗日在 19 歲時發表的一篇有關力學的名作中首次介紹這個方法。他也是第一位證出均值定理的大數學家，在 3.2 節均值定理也有介紹。

注意　拉格朗日定理在三個變數的情形也同樣成立。

注意　在例 1 中，引用拉格朗日乘子法會得到一組聯立方程式，求這組聯立方程式的解需要一些代數技巧。

限制條件下的最佳化問題
Constrained Optimization Problems

以下，我們用例子說明如何用拉格朗日乘子法來解極值問題。

例 1　一個限制條件下的拉格朗日乘子法

求 $f(x, y) = x + 4y$ 限制在 $xy = 1$ 的極值。

解　令 $g(x, y) = xy = 1$

再令向量 $\nabla f(x, y) = 1\mathbf{i} + 4\mathbf{j}$，與向量 $\lambda \nabla g(x, y) = \lambda y \mathbf{i} + \lambda x \mathbf{j}$ 相等，可得聯立方程組

$$1 = \lambda y \quad\quad f_x(x, y) = \lambda g_x(x, y)$$
$$4 = \lambda x \quad\quad f_y(x, y) = \lambda g_y(x, y)$$
$$xy = 1 \quad\quad \text{限制條件}$$

由第一式得 $y = \dfrac{1}{\lambda}$，由第二式得 $x = \dfrac{4}{\lambda}$，兩者都代入第三式可得

$$\frac{4}{\lambda^2} = 1 \rightarrow \lambda = \pm 2$$

若 $\lambda = 2$，則 $x = 2$，$y = \dfrac{1}{2}$，此時 $f(x, y) = 4$；若 $\lambda = -2$，則 $x = -2$，$y = -\dfrac{1}{2}$，此時 $f(x, y) = -4$。因此 f 在此限制條件下，有極大值 4，有極小值 -4。

在下面的例子，我們將使用拉格朗日乘子法，來回答在本節一開始所提出的面積求極值問題。

例 2　一個限制條件下的拉格朗日乘子法

在限制條件 $(x^2/3^2) + (y^2/4^2) = 1$ 之下，求 $f(x, y) = 4xy$ 的極大值，式中 $x > 0$，$y > 0$。

解　先令 $g(x, y) = \dfrac{x^2}{3^2} + \dfrac{y^2}{4^2} = 1$

再令向量 $\nabla f(x, y) = 4y\mathbf{i} + 4x\mathbf{j}$ 和向量 $\lambda \nabla g(x, y) = (2\lambda x/9)\mathbf{i} + (\lambda y/8)\mathbf{j}$ 相等；總共可以得到下列三個聯立方程式

$$4y = \frac{2}{9}\lambda x \quad\quad f_x(x, y) = \lambda g_x(x, y)$$
$$4x = \frac{1}{8}\lambda y \quad\quad f_y(x, y) = \lambda g_y(x, y)$$
$$\frac{x^2}{3^2} + \frac{y^2}{4^2} = 1 \quad\quad \text{限制條件}$$

由第一式解得 $\lambda = 18y/x$，代入第二式得到

$$4x = \frac{1}{8}\left(\frac{18y}{x}\right)y \implies x^2 = \frac{9}{16}y^2$$

注意 例 2 也可以用第 3 章所學的方法求解。從限制條件 $\frac{x^2}{3^2} + \frac{y^2}{4^2} = 1$ 解 y（將 y 表成 x 的式子），得到 $y = \frac{4}{3}\sqrt{9-x^2}$

再將 y 代入面積函數 A
$A = 4xy$

得到
$A = 4x\left(\frac{4}{3}\sqrt{9-x^2}\right)$

直接對 A 用第 3 章的方法求極大值。

再把 x^2 以 $9/16y^2$ 代入第三式得到

$$\frac{1}{9}\left(\frac{9}{16}y^2\right) + \frac{1}{16}y^2 = 1 \quad \Longrightarrow \quad y^2 = 8$$

所以 $y = \pm 2\sqrt{2}$。取正值，再代回 $x^2 = 9/16y^2$ 解 x，且 x 取正值

$$x^2 = \frac{9}{16}y^2 = \frac{9}{16}(8) = \frac{9}{2} \qquad x = \frac{3}{\sqrt{2}}$$

因此，f 的極大值是

$$f\left(\frac{3}{\sqrt{2}}, 2\sqrt{2}\right) = 4xy = 4\left(\frac{3}{\sqrt{2}}\right)(2\sqrt{2}) = 24$$

注意到將限制條件寫成

$$g(x, y) = \frac{x^2}{3^2} + \frac{y^2}{4^2} = 1 \quad 或 \quad g(x, y) = \frac{x^2}{3^2} + \frac{y^2}{4^2} - 1 = 0$$

並不影響解題，因為差一個常數不會影響 ∇g。

例 3　在區域內部最佳化

在 $x^2 + y^2 \le 10$ 的限制條件下，求目標函數
$f(x, y) = x^2 + 2y^2 - 2x + 3$ 的極值。

解 我們把限制條件分成兩個部分：

a. 對在圓 $x^2 + y^2 = 10$ 上的點，我們可以用拉格朗日乘子法求得 $f(x, y)$ 的極大值是 24，這發生在序對 $(-1, 3)$ 和序對 $(-1, -3)$。$f(x, y)$ 的極小值近似 6.675，這發生在序對 $(\sqrt{10}, 0)$。

b. 對圓內的點，我們可以用 8.6 節的方法求得函數 $f(x, y)$ 在序對 $(1, 0)$ 有相對極小值 2。

從 (a)(b) 的結果，總結目標函數 f 在 $(-1, \pm 3)$ 有極大值 24，在 $(1, 0)$ 有極小值 2，如圖 8.44 所示。

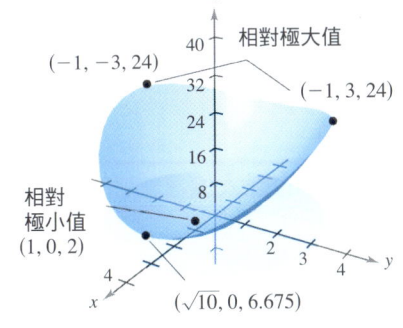

圖 8.44

習題 8.7

習題 1～4，在下列的問題中，假設 $x > 0$，$y > 0$，請以拉格朗日乘子法求限制條件下的極值。

1. 限制條件：$x + y = 10$
   求 $f(x, y) = xy$ 的極大值

2. 限制條件：$x + 2y - 5 = 0$
   求 $f(x, y) = x^2 + y^2$ 的極小值

3. 限制條件：$2x + y = 100$
   求 $f(x, y) = 2x + 2xy + y$ 的極大值

4. 限制條件：$x + y - 2 = 0$
   求 $f(x, y) = \sqrt{6 - x^2 - y^2}$ 的極大值

習題 5～6，請以拉格朗日乘子法，求下列函數在限制條件 $x^2 + y^2 \le 1$ 下的極值。

5. $f(x, y) = x^2 + 3xy + y^2$

★ 6. $f(x, y) = e^{-xy/4}$

註：標誌 ★ 表示稍難題目。

本章習題

1. 求 $f(x, y) = \sqrt{36 - x^2 - y^2}$ 的定義域與值域。
2. 畫 $z = 3 - 2x + y$ 在 $c = 0, 2, 4, 6, 8$ 的等高線圖。

習題 3～4，求下列各極限，以及其相關函數的連續性。

3. $\lim_{(x, y) \to (1, 1)} \dfrac{xy}{x^2 + y^2}$

★ 4. $\lim_{(x, y) \to (1, 1)} \dfrac{xy}{x^2 - y^2}$

習題 5～8，求下列各函數的一階偏導數。

5. $f(x, y) = 5x^3 + 7y - 3$
6. $f(x, y) = e^x \cos y$
7. $f(x, y) = y^3 e^{y/x}$
8. $z = \ln(x^2 + y^2 + 1)$
9. 求 $f(x, y) = x^2 - y$ 的一階偏導函數，並求在序對 $(0, 2)$ 的偏導數。
10. 求 $h(x, y) = x \sin y + y \cos x$ 的四個二階偏導數，並驗證當中二個混合的偏導數相等。
11. 求曲面 $z = x^2 \ln(y + 1)$ 在點 $(2, 0, 0)$ 於 x 方向以及 y 方向的斜率。
12. 求 $z = x \sin xy$ 的全微分。
13. 令 $f(x, y) = 4x + 2y$，(a) 分別求 $f(2, 1)$、$f(2.1, 1.05)$，與 Δz；(b) 再用全微分 dz 估計 Δz。
14. 某圓柱體的底半徑是 2 公分，高度是 5 公分，但上述兩者都可能有 $\pm\frac{1}{8}$ 公分的誤差，用全微分估計其體積的傳遞誤差與相對誤差。

習題 15～16，分別以 (a) 連鎖規則，與 (b) 直接代入後再微分，來求下列各函數的導函數（或偏導數）。

15. $w = \ln(x^2 + y)$, $\dfrac{dw}{dt}$
    $x = 2t$, $y = 4 - t$

16. $w = \dfrac{xy}{z}$, $\dfrac{\partial w}{\partial r}, \dfrac{\partial w}{\partial t}$
    $x = 2r + t$, $y = rt$, $z = 2r - t$

17. $x^3 - xy + 5y = 0$，求 dy/dx。
18. 已知 $x^2 + xy + y^2 + yz + z^2 = 0$，用隱微分求 $\partial z / \partial x$ 與 $\partial z / \partial y$。
19. 求 $f(x, y) = \dfrac{1}{4} y^2 - x^2$ 在序點 $(1, 4)$ 於 $\mathbf{v} = 2\mathbf{i} + \mathbf{j}$ 此一方向的方向導數。
20. 求 $z = x^2 + y^2 + 2$ 在點 $(1, 3, 12)$ 的切平面方程式。
21. 求 $f(x, y) = 2x^2 + 6xy + 9y^2 + 8x + 14$ 的相對極值與鞍點。

習題 22～23，若 $x > 0$，$y > 0$，用拉格朗日乘子法求限制條件下的極值。

◎22. 限制條件：$x + 2y = 29$
      求 $f(x, y) = 2x + 3xy + y$ 的極大值。

◎23. 限制條件：$2x + y = 12$
      求 $f(x, y) = 2xy$ 的極大值。

註：標誌 ◎ 為選材題目。
　　標誌 ★ 表示稍難題目。

9 多重積分
Multiple Integration

9.1 逐次積分　Iterated Integrals

◆ 計算逐次積分。

逐次積分 Iterated Integrals

在上一章，我們學了偏微分，知道如何將其他的變數都看成常數，而對一個特定的變數微分。同樣地，我們也可以將其他的變數都看成常數，而對一個特定的變數積分。例如，若已知偏導數 $f_x(x, y) = 2xy$，則將 y 想成常數，我們可以把 $f_x(x, y)$ 對 x 積分而得到

$$\begin{aligned} f(x, y) &= \int f_x(x, y)\, dx & &\text{對 } x \text{ 積分} \\ &= \int 2xy\, dx & &\text{令 } y \text{ 為常數} \\ &= y \int 2x\, dx & &\text{提出常數 } y \\ &= y(x^2) + C(y) & &2x \text{ 的反導數是 } x^2 \\ &= x^2 y + C(y) & &C(y) \text{ 是 } y \text{ 的函數} \end{aligned}$$

式中的積分「常數」$C(y)$ 是一個 y 的函數。換句話說，對 x 積分無法完全得回 $f(x, y)$，除非能夠根據額外的條件得出 $C(y)$。在本章中，我們先來學習如何將定積分推廣到多變數函數。例如，若把 y 看成常數，我們可以應用微積分基本定理計算下式

$$\int_1^{2y} 2xy\, dx = x^2 y \Big]_1^{2y} = (2y)^2 y - (1)^2 y = 4y^3 - y$$

x 是積分變數，y 看成常數。　　x 以積分上、下限分別代入後相減。　　結果是 y 的函數。

注意　積分變數不能出現在積分的上、下限中。例如下式沒有意義，原因是作為積分變數的 x 出現在積分的上限。

$$\int_0^x y\, dx$$

同理，我們也可以將 x 看成常數而對 y 積分。我們總結這兩種積分如下

$$\int_{h_1(y)}^{h_2(y)} f_x(x, y)\, dx = f(x, y) \Big]_{h_1(y)}^{h_2(y)} = f(h_2(y), y) - f(h_1(y), y) \qquad \text{對 } x \text{ 積分}$$

$$\int_{g_1(x)}^{g_2(x)} f_y(x, y)\, dy = f(x, y) \Big]_{g_1(x)}^{g_2(x)} = f(x, g_2(x)) - f(x, g_1(x)) \qquad \text{對 } y \text{ 積分}$$

註：記住，可用微分來驗算不定積分。如在例 1，我們可經由

$$\frac{\partial}{\partial y}[xy^2 + y^3] = 2xy + 3y^2$$

而確認 $\int 2xy + 3y^2 \, dy$ 的正確答案的確是 $xy^2 + y^3$。

例 1　對 y 積分

計算 $\displaystyle\int_1^x (2xy + 3y^2) \, dy$。

解　先把 x 看成常數，對 y 積分得到

$$\int_1^x (2xy + 3y^2) \, dy = \left[xy^2 + y^3 \right]_1^x \quad \text{對 } y \text{ 積分}$$
$$= (2x^3) - (x + 1)$$
$$= 2x^3 - x - 1.$$

例 2　積分的積分

計算 $\displaystyle\int_1^2 \left[\int_1^x (2xy + 3y^2) \, dy \right] dx$。

解　利用例 1 的結果，得到

$$\int_1^2 \left[\int_1^x (2xy + 3y^2) \, dy \right] dx = \int_1^2 (2x^3 - x - 1) \, dx$$
$$= \left[\frac{x^4}{2} - \frac{x^2}{2} - x \right]_1^2 \quad \text{對 } x \text{ 積分}$$
$$= 4 - (-1)$$
$$= 5$$

例 2 中的積分稱為**逐次積分**（iterated integral）。此後在類似例 2 的題目裡，中括號通常不寫，而簡單寫成

$$\int_a^b \int_{g_1(x)}^{g_2(x)} f(x, y) \, dy \, dx \quad \text{和} \quad \int_c^d \int_{h_1(y)}^{h_2(y)} f(x, y) \, dx \, dy$$

內層積分的上、下限（inside limits of integration）可以是外層的積分變數的函數，但是，**外層積分的上、下限**（outside limits of integration）卻必須是（相對於兩層積分的變數而言）常數。內層積分完畢後，我們得到一個以前學過的「標準」定積分（見第 4 章），第二次積分會得出一個實數。一個逐次積分的上、下限事實上給出了相關變數的兩組閉區間，以例 2 為例，外層積分的上、下限說明 x 要在區間 $1 \leq x \leq 2$ 之中；而內層積分的上、下限則說明 y 要在 $1 \leq y \leq x$ 這個區間之中。這兩個聯立不等式決定了這個逐次積分的**積分區域 R**（region of integration R），如圖 9.1 所示。

由於逐次積分只不過是一種特殊形式的定積分——定積分的被積函數是另一個積分——所以可以應用定積分的性質計算逐次積分。我們再看一個逐次積分的例子。

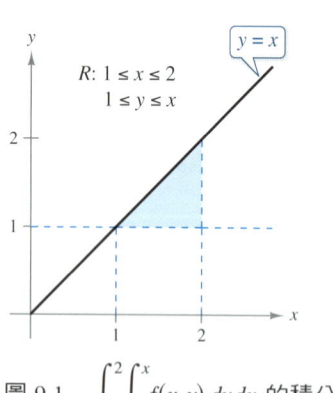

圖 9.1　$\displaystyle\int_1^2 \int_1^x f(x, y) \, dy \, dx$ 的積分區域。

例3 逐次積分

計算 $\int_0^1 \int_0^x (xy - x + 1)\, dy\, dx$。

解 如同例 1，先將 x 視為某一個介於 0、1 之間的常數，並將 y 視為變數，同時保留外圈的積分，先做內圈的計算

$$\int_0^1 \int_0^x (xy - x + 1)\, dy\, dx = \int_0^1 \left(\frac{1}{2}xy^2 - xy + y\right)\Big]_{y=0}^{y=x} dx$$

$$= \int_0^1 \left(\frac{1}{2}x^3 - x^2 + x\right) dx = \frac{1}{8}x^4 - \frac{1}{3}x^3 + \frac{1}{2}x^2 \Big]_0^1 = \frac{7}{24}$$

習題 9.1

1. 計算 $\int_x^{x^2} \frac{y}{x}\, dy$ 的積分。

習題 2～8，計算下列各題的逐次積分。

2. $\int_0^1 \int_0^2 (x + y)\, dy\, dx$

3. $\int_0^{\pi/4} \int_0^1 y \cos x\, dy\, dx$

4. $\int_0^2 \int_0^{6x^2} x^3\, dy\, dx$

★ 5. $\int_0^{\pi/2} \int_0^{\cos x} (1 + \sin x)\, dy\, dx$

6. $\int_0^1 \int_0^x \sqrt{1 - x^2}\, dy\, dx$

★ 7. $\int_0^1 \int_0^{\sqrt{1-y^2}} (x + y)\, dx\, dy$

8. $\int_0^2 \int_0^{\sqrt{4-y^2}} \frac{2}{\sqrt{4 - y^2}}\, dx\, dy$

註：標誌 ★ 表示稍難題目。

9.2 二重積分和體積 — Double Integrals and Volume

◆ 以二重積分表示立體的體積。
◆ 應用二重積分的性質。
◆ 以逐次積分計算二重積分。

二重積分和立體的體積
Double Integrals and Volume of a Solid Region

在此之前，我們已經學習透過求極限的過程，利用在一個區間上的定積分來求某些量，如面積、體積和弧長。在本節中，我們要以類似的方法來定義兩變數函數在平面區域上的**二重積分**（double integral）。

先看一個定義在 xy 平面中區域 R 上的非負連續函數 $f(x, y)$。我們的目的是求出介於 xy 平面和下列曲面之間立體區域的體積

$$z = f(x, y) \quad \text{曲面在 } xy \text{ 平面上方}$$

如圖 9.2 所示。我們先在區域 R 上畫好長方形的小格子，如圖 9.3，其中完全落在 R 內的長方形構成 R 的一個**內部分割**（inner partition）Δ，Δ 的**範數**（norm）$\|\Delta\|$ 就定義為所有 Δ 中各長方形對角線長的最大值。然後在第 i 個長方形中任選一點 (x_i, y_i)，向上架一個以 $f(x_i, y_i)$ 為高的長方柱體，如圖 9.4。由於第 i 個長方形的面積是

$$\Delta A_i \quad \text{第 } i \text{ 個長方形面積}$$

因此第 i 個長方柱體的體積是

$$f(x_i, y_i)\, \Delta A_i \quad \text{第 } i \text{ 個柱體體積}$$

這些柱體體積的和稱為一個黎曼和，可以作為立體區域體積的近似值

$$\sum_{i=1}^{n} f(x_i, y_i)\, \Delta A_i \quad \text{黎曼和}$$

如圖 9.5 所示。此一近似值在長方形格子越縮越小的過程中，近似的程度會越來越佳，請見例 1。

例 1　近似立體的體積

請用邊長為 $\frac{1}{4}$ 的正方形分割求在拋物面

$$f(x, y) = 1 - \frac{1}{2}x^2 - \frac{1}{2}y^2$$

之下，正方形區域 R（$0 \le x \le 1, 0 \le y \le 1$）之上立體體積的近似值。

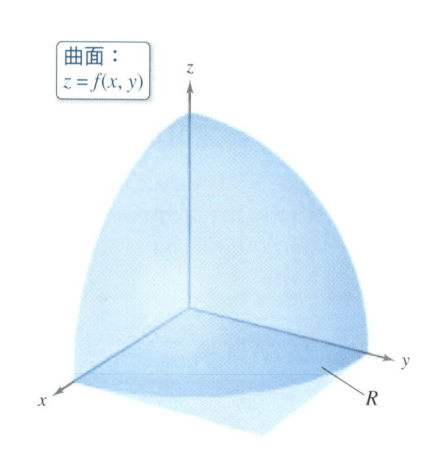

圖 9.2

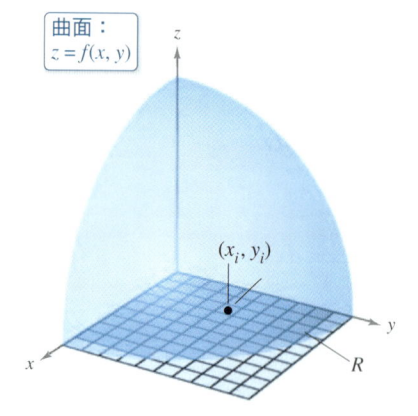

圖 9.3　在 R 內的長方形形成 R 的一個內部分割。

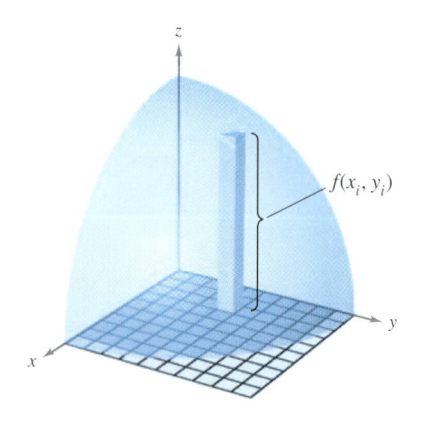

圖 9.4　長方柱體的底面積是 ΔA_i，高是 $f(x_i, y_i)$。

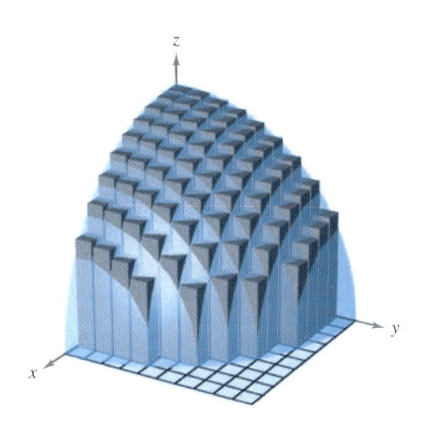

圖 9.5 以長方柱體的體積和近似立體區域的體積。

曲面：
$f(x, y) = 1 - \frac{1}{2}x^2 - \frac{1}{2}y^2$

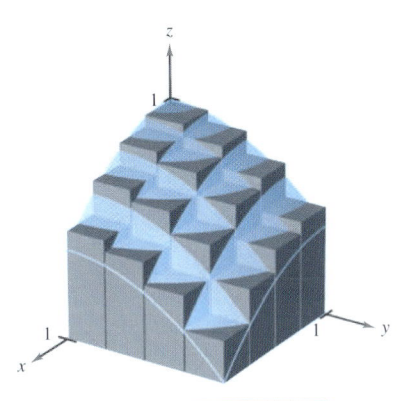

圖 9.6

注意 定義了二重積分之後，原先學過的單變數積分有時也稱為單積分（single integral）。

解 先將 R 分割為邊長為 $\frac{1}{4}$ 的小正方形。為方便起見，我們選擇小正方形的中心來計算相關的 $f(x, y)$。

$\left(\frac{1}{8}, \frac{1}{8}\right)$ $\left(\frac{1}{8}, \frac{3}{8}\right)$ $\left(\frac{1}{8}, \frac{5}{8}\right)$ $\left(\frac{1}{8}, \frac{7}{8}\right)$
$\left(\frac{3}{8}, \frac{1}{8}\right)$ $\left(\frac{3}{8}, \frac{3}{8}\right)$ $\left(\frac{3}{8}, \frac{5}{8}\right)$ $\left(\frac{3}{8}, \frac{7}{8}\right)$
$\left(\frac{5}{8}, \frac{1}{8}\right)$ $\left(\frac{5}{8}, \frac{3}{8}\right)$ $\left(\frac{5}{8}, \frac{5}{8}\right)$ $\left(\frac{5}{8}, \frac{7}{8}\right)$
$\left(\frac{7}{8}, \frac{1}{8}\right)$ $\left(\frac{7}{8}, \frac{3}{8}\right)$ $\left(\frac{7}{8}, \frac{5}{8}\right)$ $\left(\frac{7}{8}, \frac{7}{8}\right)$

由於每一個正方形的面積都是 $\Delta A_i = \frac{1}{16}$，作為近似值的黎曼和是

$$\sum_{i=1}^{16} f(x_i, y_i) \Delta A_i = \sum_{i=1}^{16} \left(1 - \frac{1}{2}x_i^2 - \frac{1}{2}y_i^2\right)\left(\frac{1}{16}\right) \approx 0.672$$

圖 9.6 顯示此一近似立體區域的長方柱。體積的準確值是 $\frac{2}{3}$（見例 2）。如果選取更細的分割，近似的程度會更佳。例如，若取邊長為 $\frac{1}{10}$ 的正方形分割，近似值是 0.668。

在例 1 中，注意到選取更細的分割，近似的程度會更佳。此一觀察提示我們應該透過極限來得到體積的準確值，亦即

$$體積 = \lim_{\|\Delta\| \to 0} \sum_{i=1}^{n} f(x_i, y_i) \Delta A_i$$

利用黎曼和的極限定義體積是利用極限定義**二重積分**的特例，差別在於通常我們不必要求函數一定非負或是連續。

> **二重積分的定義**
>
> f 是定義在 xy 平面中一個有界閉區域 R 上的函數，如果極限
>
> $$\iint_R f(x, y) \, dA = \lim_{\|\Delta\| \to 0} \sum_{i=1}^{n} f(x_i, y_i) \Delta A_i$$
>
> 存在，我們就稱 f 在 R 上**可積（分）**（integrable），而以 $\int_R \int f(x, y) \, dA$ 表此極限值，稱為 **f 在 R 上的二重積分**（double integral of f over R）。
>
> 說明：$\|\Delta\|$ 為切出的 n 塊區域 A_i $(1 \le i \le n)$ 中，各長方形對角線的最大值。

二重積分可以用來求出介於 xy 平面和曲面 $z = f(x, y)$ 之間立體區域的體積。

> **立體區域的體積**
>
> 如果 $f(x, y) \ge 0$，並且在平面區域 R 上可積，則定義在 R 之上，在 f 的圖形之下的立體區域體積為
>
> $$V = \iint_R f(x, y) \, dA$$

二重積分的性質 Properties of Double Integrals

二重積分有許多性質和單積分一樣。

> **定理 9.1　二重積分的性質**
>
> f 和 g 都是平面中一個有界閉區域 R 上的連續函數，c 是一個常數，則 f 和 g 均在 R 上可積並且有下列性質。
>
> 1. $\iint_R cf(x, y)\, dA = c \iint_R f(x, y)\, dA$
> 2. $\iint_R [f(x, y) \pm g(x, y)]\, dA = \iint_R f(x, y)\, dA \pm \iint_R g(x, y)\, dA$
> 3. 若 $f(x, y) \geq 0$，則 $\iint_R f(x, y)\, dA \geq 0$
> 4. 若 $f(x, y) \geq g(x, y)$，則 $\iint_R f(x, y)\, dA \geq \iint_R g(x, y)\, dA$
>
> 若 R 是兩個互不重疊區域 R_1 和 R_2 的聯集，則
>
> 5. $\iint_R f(x, y)\, dA = \iint_{R_1} f(x, y)\, dA + \iint_{R_2} f(x, y)\, dA$

下面是義大利數學家 Guido Fubini（1879～1943）證得的定理，旨將二重積分改為逐次積分。我們實際上多以逐次積分來求二重積分之值。

> **定理 9.2　Fubini 定理**
>
> 已知 f 在平面區域 R 上連續。
>
> 1. 如果 R 由聯立不等式 $a \leq x \leq b$，$g_1(x) \leq y \leq g_2(x)$ 定義，式中 g_1 和 g_2 都在區間 $[a, b]$ 上連續，則
>
> $$\iint_R f(x, y)\, dA = \int_a^b \int_{g_1(x)}^{g_2(x)} f(x, y)\, dy\, dx$$
>
> 2. 如果 R 由聯立不等式 $c \leq y \leq d$，$h_1(y) \leq x \leq h_2(y)$ 定義，式中 h_1 和 h_2 都在區間 $[c, d]$ 上連續，則
>
> $$\iint_R f(x, y)\, dA = \int_c^d \int_{h_1(y)}^{h_2(y)} f(x, y)\, dx\, dy$$

例 2　以逐次積分計算二重積分

計算 $\iint_R \left(1 - \dfrac{1}{2}x^2 - \dfrac{1}{2}y^2\right) dA$，式中 R 是由不等式 $0 \leq x \leq 1$，$0 \leq y \leq 1$ 定出的區域。

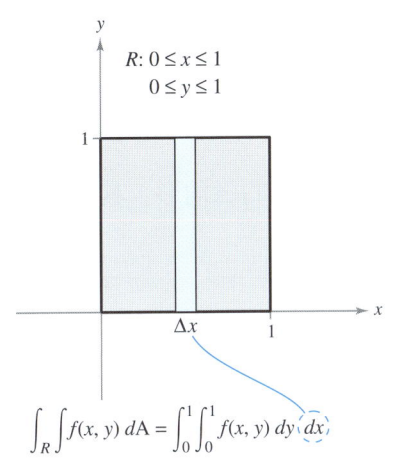

圖 9.7 立體區域的體積是 $\frac{2}{3}$。

$\int_R\int f(x,y)\,dA = \int_0^1\int_0^1 f(x,y)\,dy\,dx$

解 由於 R 是一個單純的正方形，既是鉛直也是水平單純形，因此可以任取一個順序求逐次積分。如果選擇 $dy\,dx$，並且在 R 上架一個鉛直的樣本長方形，如圖 9.7 所示。進行逐次積分得到

$$\int_R\int \left(1 - \frac{1}{2}x^2 - \frac{1}{2}y^2\right) dA = \int_0^1\int_0^1 \left(1 - \frac{1}{2}x^2 - \frac{1}{2}y^2\right) dy\,dx$$

$$= \int_0^1 \left[\left(1 - \frac{1}{2}x^2\right)y - \frac{y^3}{6}\right]_0^1 dx$$

$$= \int_0^1 \left(\frac{5}{6} - \frac{1}{2}x^2\right) dx$$

$$= \left[\frac{5}{6}x - \frac{x^3}{6}\right]_0^1 = \frac{2}{3}$$

例 2 計算的二重積分代表例 1 中求近似值的立體區域體積的準確值。我們再看一個以逐次積分求二重積分的例子。

例 3　以逐次積分計算二重積分

計算 $\int_R\int (x+y)\,dA$，其中 R 是由 $x=0$、$x=1$、$y=\sqrt{x}$ 及 $y=x$ 所圍出的區域。

解 區域 R 如圖 9.8(a) 所示，因此

$$\int_R\int (x+y)\,dA = \int_0^1\int_x^{\sqrt{x}} (x+y)\,dy\,dx$$

$$= \int_0^1 \left(xy + \frac{1}{2}y^2\right]_{y=x}^{y=\sqrt{x}} dx$$

$$= \int_0^1 \left(-\frac{3}{2}x^2 + x^{\frac{3}{2}} + \frac{1}{2}x\right) dx = \frac{3}{20}$$

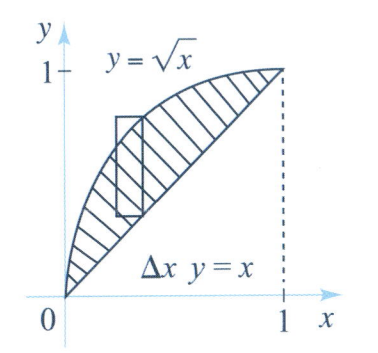

圖 9.8(a)　固定 x 之值，y 的範圍是 $x \le y \le \sqrt{x}$。

另一方面，區域 R 也可視為圖 9.8(b)，因此二重積分也可寫成

$$\int_0^1\int_{y^2}^{y} (x+y)\,dx\,dy = \int_0^1 \left(\frac{1}{2}x^2 + xy\right]_{x=y^2}^{x=y} dx = \frac{3}{20}$$

可看出二者答案相同。

在此說明，例 3 的重積分其實就是計算某一立體區域的體積，此一立體區域以區域 R 為底，R 上每一點 (x,y) 的高度是 $z = x + y$。接下來的例 4 與例 5，也是用二重積分求體積。

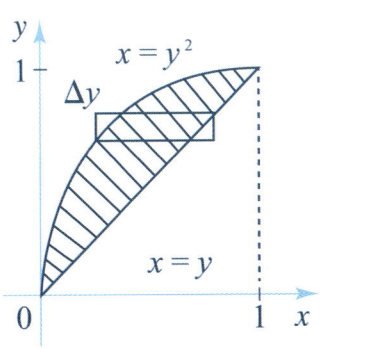

圖 9.8(b)　固定 y 之值，x 的範圍是 $y^2 \le x \le y$。

例 4　以二重積分求體積

求平面 $z = f(x,y) = 2 - x - 2y$ 與三個坐標平面圍出的立體區域的體積。

解 可用立體區域的體積公式

$$體積 = \iint_R f(x,y)\,dA = \iint_R (2-x-2y)\,dA$$

令 $z=0$，可看出此立體區域立基於 xy 平面上的三角形，其底部如圖 9.9。

所以 $V = \int_0^2 \int_0^{\frac{2-x}{2}} (2-x-2y)\,dy\,dx$

$= \int_0^2 \left[(2-x)y - y^2\right]_0^{\frac{2-x}{2}}$ 對 y 積分

$= \int_0^2 \frac{(2-x)^2}{4}\,dx$

$= -\frac{(2-x)^3}{12}\Big]_0^2$ 對 x 積分

$= \frac{2}{3}$

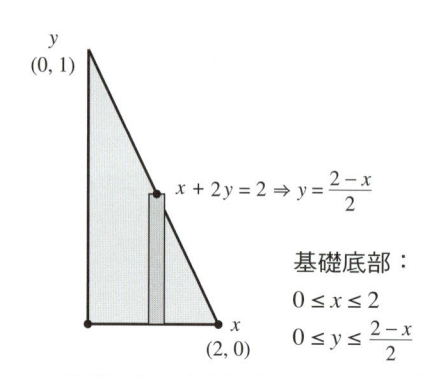

圖9.9

基礎底部：
$0 \leq x \leq 2$
$0 \leq y \leq \frac{2-x}{2}$

但本題若用 6.2 節中介紹的利用橫截面求立體體積（選材），也是可行的！如圖 9.10，而此時的橫截面 $A(x)$ 為一個三角形，其底部 $y = \frac{(2-x)}{2}$，高度 $z = 2-x$，所以 $A(x) = \frac{1}{2}\left(\frac{2-x}{2}\right)(2-x) = \frac{(2-x)^2}{4}$，因此

$$V = \int_0^2 A(x)\,dx = \int_0^2 \frac{(2-x)^2}{4}\,dx = \frac{2}{3}$$

與之前算法的結果一致。

但此時，應有同學注意到本題其實是一個三角錐，因此其體積

$V = \frac{1}{3}$ 底面積 $\times$ 高

$= \frac{1}{3} \times \frac{2 \times 1}{2} \times 2 = \frac{2}{3}$

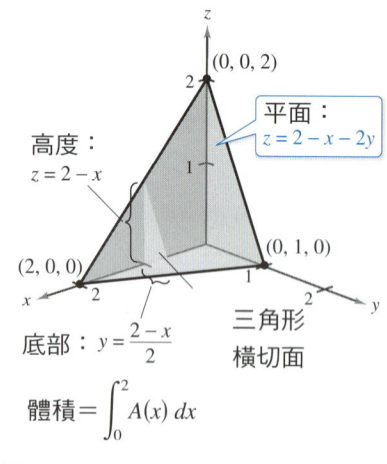

圖9.10

例5 以二重積分求體積

求以拋物面 $z = 4 - x^2 - 2y^2$ 和 xy 平面為界的立體區域體積。

解 令 $z=0$，可以看出立體區域立基於 xy 平面上的橢圓 $x^2 + 2y^2 = 4$，如圖 9.11(a) 所示。我們選 $dy\,dx$ 將二重積分改為逐次積分。

y 的（變數）上、下限： $-\sqrt{\frac{(4-x^2)}{2}} \leq y \leq \sqrt{\frac{(4-x^2)}{2}}$

x 的常數界限： $-2 \leq x \leq 2$

計算體積如下：

$$V = \int_{-2}^{2} \int_{-\sqrt{(4-x^2)/2}}^{\sqrt{(4-x^2)/2}} (4 - x^2 - 2y^2) \, dy \, dx \quad \text{見圖 9.11(b)}$$

$$= \int_{-2}^{2} \left[(4-x^2)y - \frac{2y^3}{3} \right]_{-\sqrt{(4-x^2)/2}}^{\sqrt{(4-x^2)/2}} dx$$

$$= \frac{4}{3\sqrt{2}} \int_{-2}^{2} (4-x^2)^{3/2} \, dx$$

$$= \frac{4}{3\sqrt{2}} \int_{-\pi/2}^{\pi/2} 16\cos^4\theta \, d\theta \quad x = 2\sin\theta$$

$$= \frac{64}{3\sqrt{2}}(2) \int_{0}^{\pi/2} \cos^4\theta \, d\theta$$

$$= \frac{128}{3\sqrt{2}} \left(\frac{3\pi}{16} \right)$$

$$= 4\sqrt{2}\pi$$

注意 $\int \cos^4\theta \, d\theta$ 此積分可參考 5.2 節例 3。

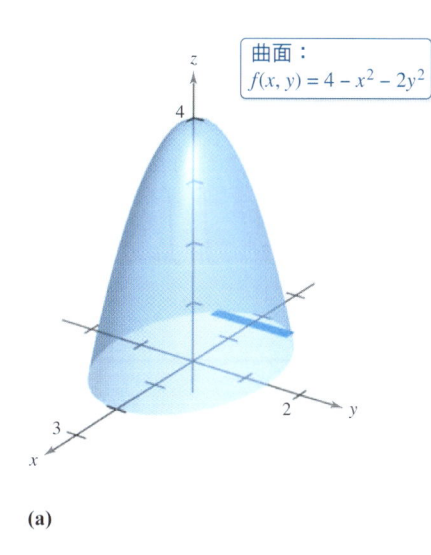

圖 9.11

在例 2、例 3 與例 4 中，積分順序選擇 dx dy 或 dy dx 均可，只是不同的順序有不同的難度。但在某些場合，就非得按某一種順序才能得解，請看例 6。

例 6　比較積分的順序

如圖 9.12，求以曲面

$$f(x, y) = e^{-x^2} \quad \text{曲面}$$

平面 $z = 0$，平面 $y = 0$，平面 $y = x$ 和平面 $x = 1$ 為界的立體區域體積。

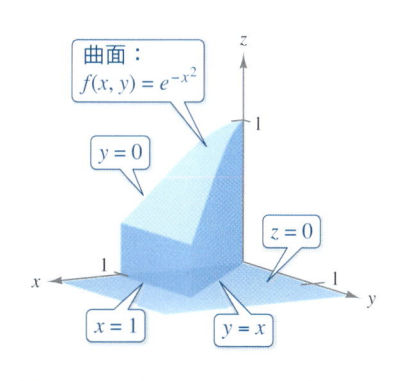

圖 9.12 以 $y = 0$，$y = x$ 和 $x = 1$ 為界的基礎。

解 立體區域 R 在 xy 平面上的基礎是以直線 $y = 0$、$x = 1$ 和 $y = x$ 為界的三角形，圖 9.13 顯示兩個可能的積分順序。

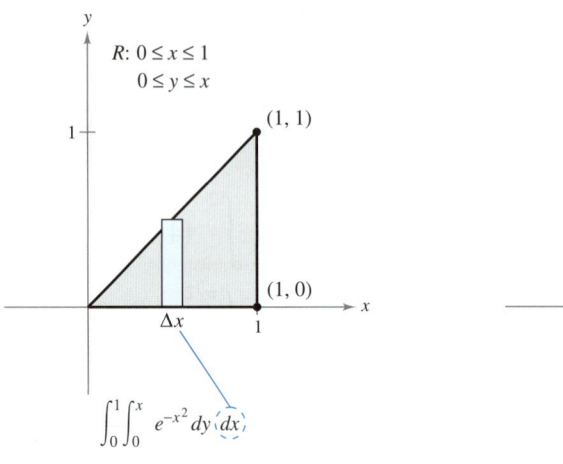

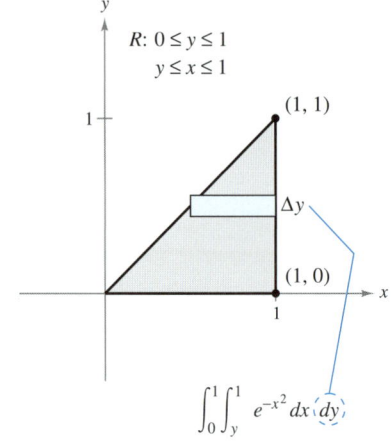

$R: 0 \leq x \leq 1$
$\quad 0 \leq y \leq x$

$R: 0 \leq y \leq 1$
$\quad y \leq x \leq 1$

$$\int_0^1 \int_0^x e^{-x^2}\, dy\, dx \qquad \int_0^1 \int_y^1 e^{-x^2}\, dx\, dy$$

圖 9.13

開始進行逐次積分的時候，順序 $dx\, dy$ 需要知道 $\int e^{-x^2}\, dx$，亦即 e^{-x^2} 的反導數，但是因為 e^{-x^2} 的反導數不是基本函數，所以無法求出。但若改用 $dy\, dx$ 此一順序，由於在內層積分進行之後，變成要求 xe^{-x^2} 的反導數，這個反導數是基本函數，請看下面的計算。

$$\int_0^1 \int_0^x e^{-x^2}\, dy\, dx = \int_0^1 e^{-x^2} y \Big]_0^x dx \qquad \text{對 } y \text{ 積分}$$

$$= \int_0^1 xe^{-x^2}\, dx$$

$$= -\frac{1}{2} e^{-x^2} \Big]_0^1 \qquad \text{對 } x \text{ 積分}$$

$$= -\frac{1}{2}\left(\frac{1}{e} - 1\right)$$

$$= \frac{e-1}{2e} \qquad \text{圖 9.12 之立體區域的體積。}$$

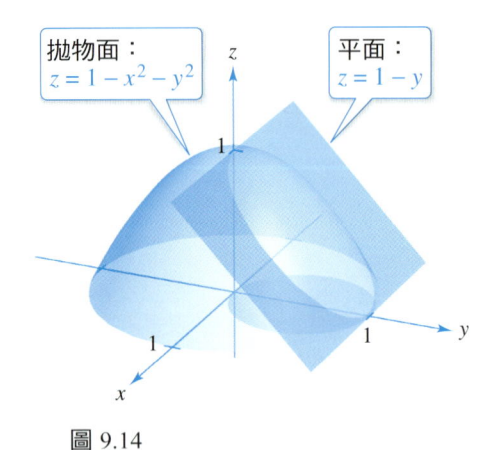

$$\approx 0.316$$

例 7　介於兩個曲面之立體區域的體積

求在拋物面

$$z = 1 - x^2 - y^2 \qquad \text{拋物面}$$

之下，且在平面

$$z = 1 - y \qquad \text{平面}$$

之上的立體區域之體積，如圖 9.14。

拋物面：$z = 1 - x^2 - y^2$
平面：$z = 1 - y$

圖 9.14

9.2 二重積分和體積

解 聯立此拋物面與平面方程式，可得

$$1 - y = 1 - x^2 - y^2 \implies x^2 = y - y^2$$

此區域 R 為 xy 平面上的圓，如圖 9.15。

而本題所求的體積即為：在區域 R 上，拋物面下方的體積與平面下方的體積之差，即

V = 拋物面下方的體積 — 平面下方的體積

$$= \int_0^1 \int_{-\sqrt{y-y^2}}^{\sqrt{y-y^2}} (1 - x^2 - y^2)\, dx\, dy - \int_0^1 \int_{-\sqrt{y-y^2}}^{\sqrt{y-y^2}} (1 - y)\, dx\, dy$$

$$= \int_0^1 \int_{-\sqrt{y-y^2}}^{\sqrt{y-y^2}} (y - y^2 - x^2)\, dx\, dy$$

$$= \int_0^1 \left[(y - y^2)x - \frac{x^3}{3} \right]_{-\sqrt{y-y^2}}^{\sqrt{y-y^2}} dy$$

$$= \frac{4}{3} \int_0^1 (y - y^2)^{3/2}\, dy$$

$$= \left(\frac{4}{3}\right)\left(\frac{1}{8}\right) \int_0^1 [1 - (2y - 1)^2]^{3/2}\, dy$$

$$= \frac{1}{6} \int_{-\pi/2}^{\pi/2} \frac{\cos^4 \theta}{2}\, d\theta \qquad 2y - 1 = \sin \theta$$

$$= \frac{1}{6} \int_0^{\pi/2} \cos^4 \theta\, d\theta \quad \text{(註)}$$

$$= \left(\frac{1}{6}\right)\left(\frac{3\pi}{16}\right)$$

$$= \frac{\pi}{32}$$

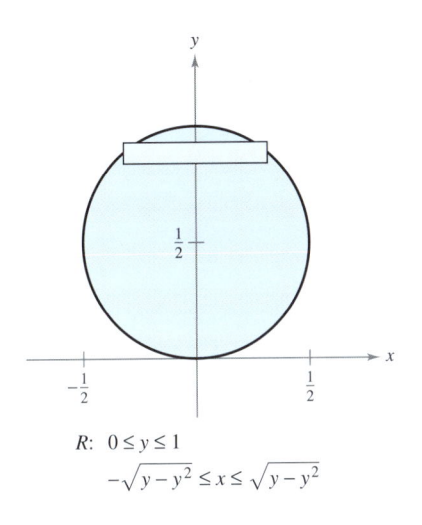

圖 9.15

R: $0 \le y \le 1$
$-\sqrt{y-y^2} \le x \le \sqrt{y-y^2}$

註：
可用 Wallis 公式
若 n 是偶數

$$\int_0^{\pi/2} \cos^n x\, dx = \left(\frac{1}{2}\right)\left(\frac{3}{4}\right)\left(\frac{5}{6}\right)\cdots\left(\frac{n-1}{n}\right)\left(\frac{\pi}{2}\right)$$

因此 $\int_0^{\pi/2} \cos^4 dx = \frac{1}{2} \times \frac{3}{4} \times \frac{\pi}{2} = \frac{3\pi}{16}$

習題 9.2

習題 1～3，先描繪出積分區域，再計算逐次積分。

1. $\int_0^2 \int_0^1 (1 - 4x + 8y)\, dy\, dx$

2. $\int_0^6 \int_{y/2}^3 (x + y)\, dx\, dy$

3. $\int_{-3}^3 \int_{-\sqrt{9-x^2}}^{\sqrt{9-x^2}} (x + y)\, dy\, dx$

習題 4～8，將下列各題中的二重積分以兩種順序表成逐次積分，並選一個方便的順序計算答案。

4. $\iint_R xy\, dA$

   R：以 $(0, 0), (0, 5), (3, 5), (3, 0)$ 為頂點的長方形

5. $\iint_R \dfrac{y}{x^2 + y^2}\, dA$

   R：以 $y = x, y = 2x, x = 1, x = 2$ 為界的區域

6. $\iint_R -2y\, dA$

   R：以 $y = 4 - x^2, y = 4 - x$ 為界的區域

★ 7. $\iint_R \dfrac{y}{1 + x^2}\, dA$

   R：以 $y = 0, y = \sqrt{x}, x = 4$ 為界的區域

★ 8. $\iint_R (x^2 + y^2)\, dA$

   R：以 $y = \sqrt{4 - x^2}, y = 0$ 為界的區域

習題 9～12，利用二重積分，求下列立體區域的體積。

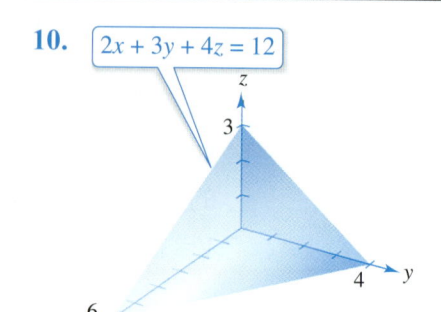

9. ($z = \dfrac{y}{2}$)

   $0 \le x \le 4$
   $0 \le y \le 2$

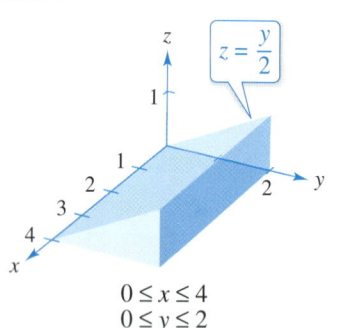

10. ($2x + 3y + 4z = 12$)

★ 11. ($z = 1 - xy$, $y = x$, $y = 1$)

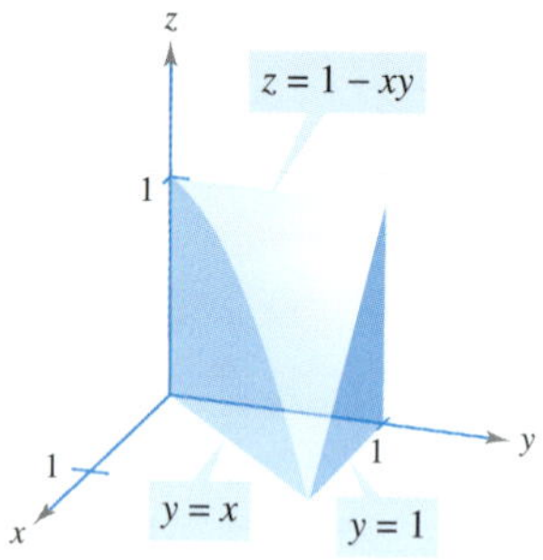

★ 12. ($z = 4 - y^2$, $y = x$, $y = 2$)

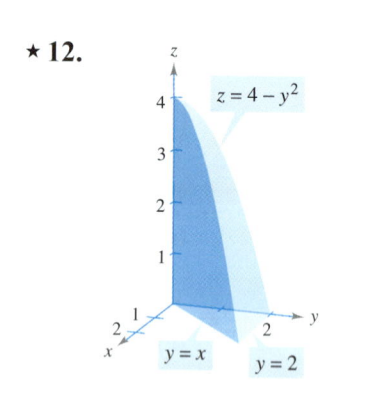

習題 13～15，利用二重積分，求下列各題中以方程式圖形為界的立體體積。

13. $z = xy, z = 0, y = x^3, x = 1$，第一卦限

★ 14. $z = x + y, x^2 + y^2 = 4$，第一卦限

★ 15. $y = 4 - x^2, z = 4 - x^2$，第一卦限

習題 16～18，描繪下列各題中的積分區域，並計算積分值。提示：必須調換積分順序。

★ 16. $\int_0^1 \int_{y/2}^{1/2} e^{-x^2}\, dx\, dy$

★ 17. $\int_{-2}^2 \int_{-\sqrt{4-x^2}}^{\sqrt{4-x^2}} \sqrt{4 - y^2}\, dy\, dx$

★ 18. $\int_0^2 \int_{2x}^4 \sin y^2\, dy\, dx$

註：標誌 ★ 表示稍難題目。

9.3 積分變數變換：極坐標
Change of Variables: Polar Coordinates

◆ 以極坐標表示並計算二重積分^(註)。

在極坐標系中計算二重積分
Double Integrals in Polar Coordinates

有時在極坐標系中計算二重積分，要比在直角坐標中來得容易。特別是積分區域是圓形區域，且被積函數中有 $x^2 + y^2$ 這類很容易以極坐標表示的式子。

同一個點 P 的直角坐標 (x, y) 和極坐標 (r, θ) 之間的關係如下：

$$x = r \cos \theta \quad \text{和} \quad y = r \sin \theta$$

$$r^2 = x^2 + y^2 \quad \text{和} \quad \tan \theta = \frac{y}{x}$$

習慣上，r 表示點 P 到原點 0 的距離，因此除了 $(0, 0)$ 以外，r 取正值，原點 0 也稱為極點。當點 P 非極點時，θ 是指從 x 軸正向出發到 $\overrightarrow{OP}$ 向量的旋轉角，逆時鐘旋轉取正，順時鐘旋轉取負。θ 的值容許差一個 π 的偶數倍，亦即 (r, θ) 和 $(r, \theta + 2n\pi)$ 代表同一個點（n 是整數，$r > 0$）。

例 1　以極坐標描寫平面區域

以極坐標表出圖 9.16 中的區域。

(a)

(b)

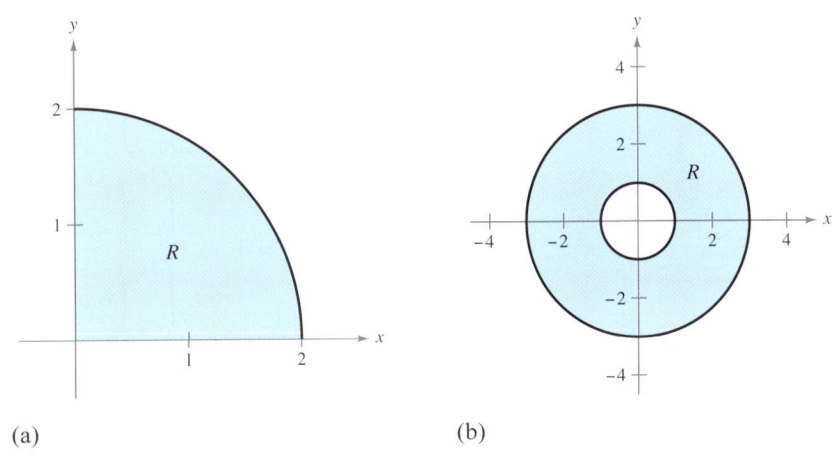

圖 9.16

註：極坐標的複習請見附錄A。

解

a. 區域 R 是半徑為 2 的四分之一圓域，其極坐標表示法為

$$R = \{(r, \theta): 0 \le r \le 2, \quad 0 \le \theta \le \pi/2\}$$

b. 區域 R 是介於半徑為 1 和 3 的同心圓間的區域，其極坐標表示法為

$$R = \{(r, \theta): 1 \le r \le 3, \quad 0 \le \theta \le 2\pi\}$$

注意 如果 $z = f(x, y)$ 在 R 上非負，則定理 9.3 中的積分可以解釋為介於 f 的圖形和區域 R 之間立體區域的體積。當使用定理 9.3 的積分算式時，不要遺漏了在積分式中有一個 r。

定理 9.3　極坐標積分變數變換

區域 R 在極坐標系中以聯立不等式 $0 \le g_1(\theta) \le r \le g_2(\theta), \alpha \le \theta \le \beta$ 定出，其中 $0 \le (\beta - \alpha) \le 2\pi$。如果 g_1 與 g_2 在 $[\alpha, \beta]$ 上連續，且 $f(x, y)$ 在 R 上連續，則

$$\iint_R f(x, y)\,dA = \int_\alpha^\beta \int_{g_1(\theta)}^{g_2(\theta)} f(r\cos\theta, r\sin\theta)\,r\,dr\,d\theta$$

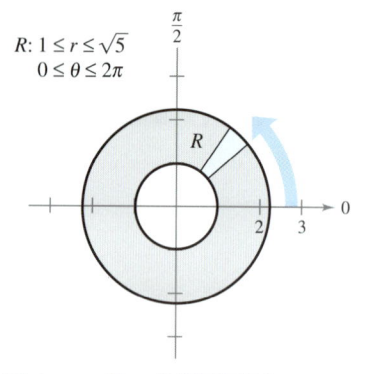

$R: 1 \le r \le \sqrt{5}$
$0 \le \theta \le 2\pi$

圖 9.17　例 2 的環形區域。

例 2　計算極坐標二重積分

如圖 9.17 區域 R 是介於圓 $x^2 + y^2 = 1$ 和 $x^2 + y^2 = 5$ 之間的環形區域，求積分 $\iint_R (x^2 + y)\,dA$。

解　相關的極坐標範圍是 $1 \le r \le \sqrt{5}$ 和 $0 \le \theta \le 2\pi$。將 x 與 y 分別以 $r\cos\theta$ 與 $r\sin\theta$ 代入被積函數，得到

$$\begin{aligned}
\iint_R (x^2 + y)\,dA &= \int_0^{2\pi} \int_1^{\sqrt{5}} (r^2\cos^2\theta + r\sin\theta) r\,dr\,d\theta \\
&= \int_0^{2\pi} \int_1^{\sqrt{5}} (r^3\cos^2\theta + r^2\sin\theta)\,dr\,d\theta \\
&= \int_0^{2\pi} \left(\frac{r^4}{4}\cos^2\theta + \frac{r^3}{3}\sin\theta\right)\Bigg]_1^{\sqrt{5}} d\theta \\
&= \int_0^{2\pi} \left(6\cos^2\theta + \frac{5\sqrt{5} - 1}{3}\sin\theta\right) d\theta \\
&= \int_0^{2\pi} \left(3 + 3\cos 2\theta + \frac{5\sqrt{5} - 1}{3}\sin\theta\right) d\theta = 6\pi
\end{aligned}$$

在例 2 中，不要忘了在被積函數部分要乘上一個額外的 r，這是因為 $dA = r\,dr\,d\theta$ 或是 $dx\,dy = r\,dr\,d\theta$。

例3　極坐標積分變數變換

如圖 9.18，以極坐標積分求以半球面

$$z = \sqrt{16 - x^2 - y^2}$$ 　　半球面構成上緣

為上界，而以圓形區域 R

$$x^2 + y^2 \leq 4$$ 　　圓域構成下緣

為下界的立體區域體積。

解　在圖 9.18 中，可以看出 R 以聯立不等式

$$-\sqrt{4-y^2} \leq x \leq \sqrt{4-y^2}, \quad -2 \leq y \leq 2$$

定出，且 $0 \leq z \leq \sqrt{16 - x^2 - y^2}$。而在極坐標，相關的不等式是

$$0 \leq r \leq 2 \quad \text{和} \quad 0 \leq \theta \leq 2\pi$$

高是 $z = \sqrt{16 - x^2 - y^2} = \sqrt{16 - r^2}$。因此，所求體積為

$$\begin{aligned}
V &= \iint_R f(x, y)\, dA & \text{體積公式} \\
&= \int_0^{2\pi} \int_0^2 \sqrt{16 - r^2}\, r\, dr\, d\theta & \text{改用極坐標} \\
&= -\frac{1}{3} \int_0^{2\pi} (16 - r^2)^{3/2} \Big]_0^2 d\theta & \text{對 } r \text{ 積分} \\
&= -\frac{1}{3} \int_0^{2\pi} \left(24\sqrt{3} - 64\right) d\theta \\
&= -\frac{8}{3}(3\sqrt{3} - 8)\theta \Big]_0^{2\pi} & \text{對 } \theta \text{ 積分} \\
&= \frac{16\pi}{3}\left(8 - 3\sqrt{3}\right) \\
&\approx 46.979
\end{aligned}$$

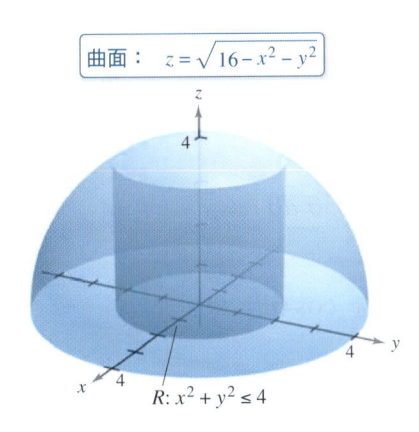

圖 9.18

曲面：$z = \sqrt{16 - x^2 - y^2}$

$R: x^2 + y^2 \leq 4$

注意　如果以直角坐標直接計算下列積分，就會看到使用極坐標計算例 3 的好處。

$$\int_{-2}^{2} \int_{-\sqrt{4-y^2}}^{\sqrt{4-y^2}} \sqrt{16 - x^2 - y^2}\, dx\, dy$$

例4　求極坐標的區域面積

如圖 9.19，用重積分求曲線 $r = 3\cos 3\theta$ 所圍出的區域面積。

解

如圖 9.19，此區域狀如三花瓣，令區域 R 是其中一瓣：$-\pi/6 \leq \theta \leq \pi/6$，且 $0 \leq r \leq 3\cos 3\theta$，因此 R 的面積是

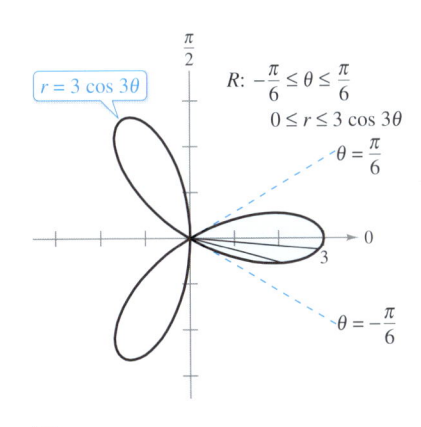

圖 9.19

$r = 3\cos 3\theta$

$R: -\dfrac{\pi}{6} \leq \theta \leq \dfrac{\pi}{6}$

$0 \leq r \leq 3\cos 3\theta$

$$\iint_R dA = \int_{-\pi/6}^{\pi/6} \int_0^{3\cos 3\theta} r\, dr\, d\theta$$

$$= \int_{-\pi/6}^{\pi/6} \left.\frac{r^2}{2}\right]_0^{3\cos 3\theta} d\theta \quad \text{對 } r \text{ 積分}$$

$$= \frac{9}{2}\int_{-\pi/6}^{\pi/6} \cos^2 3\theta\, d\theta$$

$$= \frac{9}{4}\int_{-\pi/6}^{\pi/6} (1+\cos 6\theta)\, d\theta$$

$$= \frac{9}{4}\left[\theta + \frac{1}{6}\sin 6\theta\right]_{-\pi/6}^{\pi/6} \quad \text{對 } \theta \text{ 積分}$$

$$= \frac{3\pi}{4}$$

因此，總面積是 $A = 9\pi/4$。

到目前為止，極坐標的重積分的型式都是

$$\int_\alpha^\beta \int_{g_1(\theta)}^{g_2(\theta)} f(r\cos\theta, r\sin\theta)r\, dr\, d\theta$$

也就是都先對 r 積分，但其實也可先對 θ 積分，如下例。

例5 先對 θ 積分

求在螺旋線 $r = \dfrac{\pi}{3\theta}$ 之下，極軸之上，且介於 $r=1$ 與 $r=2$ 之間的區域面積，如圖 9.20。

解　其區域面積如圖 9.20 所示。在極坐標中，此區域的邊界是

$$1 \le r \le 2,\ 0 \le \theta \le \frac{\pi}{3r}$$

因此，區域面積是

$$A = \int_1^2 \int_0^{\pi/(3r)} r\, d\theta\, dr = \int_1^2 r\theta\Big]_0^{\pi/(3r)} dr = \int_1^2 \frac{\pi}{3}\, dr = \frac{\pi r}{3}\Big]_1^2 = \frac{\pi}{3}$$

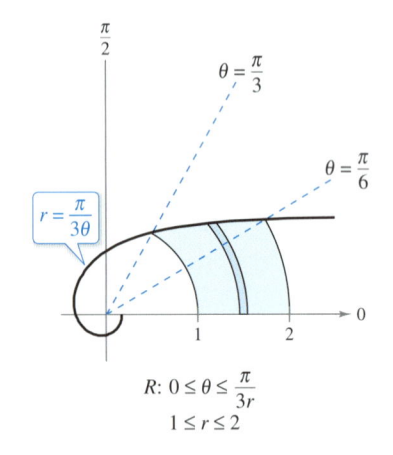

圖 9.20

習題 9.3

習題 1～2，以極坐標表出下列區域

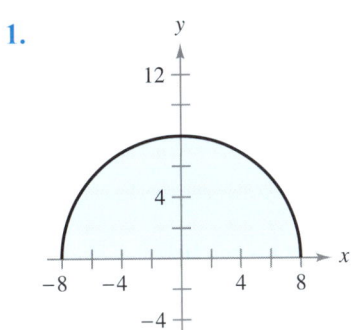

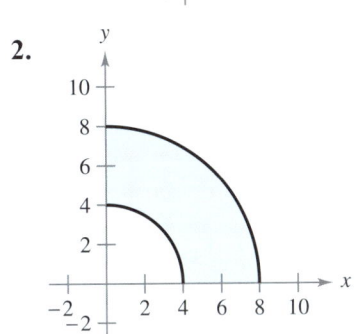

1.

2.

習題 3～5，求二重積分 $\int_R\int f(r, \theta)\, dA$，並描繪區域 R。

3. $\displaystyle\int_0^{\pi}\int_0^{2\cos\theta} r\, dr\, d\theta$

4. $\displaystyle\int_0^{2\pi}\int_0^{1} 6r^2 \sin\theta\, dr\, d\theta$

5. $\displaystyle\int_0^{\pi/2}\int_1^{3} \sqrt{9-r^2}\, r\, dr\, d\theta$

習題 6～8，將下列各逐次積分變換為極坐標，再積分。

6. $\displaystyle\int_0^{3}\int_0^{\sqrt{9-y^2}} y\, dx\, dy$

7. $\displaystyle\int_{-2}^{2}\int_0^{\sqrt{4-x^2}} (x^2+y^2)\, dy\, dx$

8. $\displaystyle\int_0^{2}\int_0^{\sqrt{2x-x^2}} xy\, dy\, dx$

習題 9～10，利用極坐標二重積分，求下列各題中以曲面為界的立體體積。

9. $z = x^2 + y^2 + 3, z = 0, x^2 + y^2 = 1$

10. $z = \sqrt{x^2 + y^2}, z = 0, x^2 + y^2 = 25$

習題 11～13，用極坐標二重積分求下列區域面積。

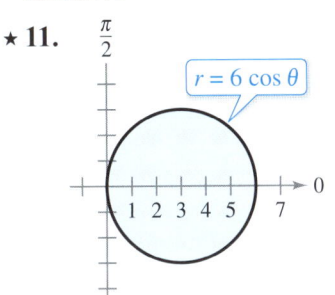

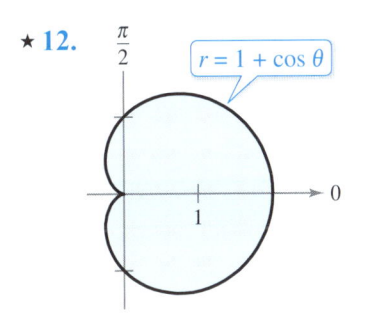

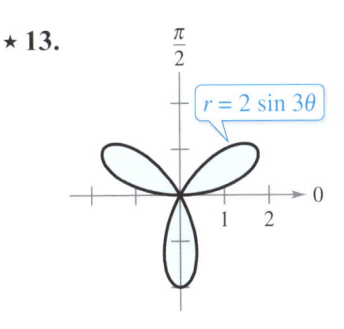

★ 11. $r = 6\cos\theta$

★ 12. $r = 1 + \cos\theta$

★ 13. $r = 2\sin 3\theta$

註：標誌 ★ 表示稍難題目。

本章習題

習題 1～3，求下列逐次積分。

1. $\int_0^1 \int_0^{1+x} (3x+2y)\, dy\, dx$

★ 2. $\int_0^1 \int_0^{\sqrt{1-x^4}} x^3\, dy\, dx$

3. 求 $\iint_R 4xy\, dA$，$R: (0,0), (0,4), (2,4), (2,0)$ 為四頂點的矩形。

習題 4～5，用重積分求下列立體區域的體積。

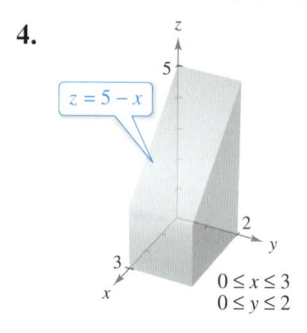

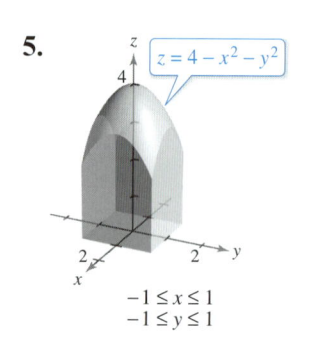

4. $z = 5 - x$，$0 \leq x \leq 3$，$0 \leq y \leq 2$

5. $z = 4 - x^2 - y^2$，$-1 \leq x \leq 1$，$-1 \leq y \leq 1$

◎ 6. 將 $\int_0^{\sqrt{5}} \int_0^{\sqrt{5-x^2}} \sqrt{x^2+y^2}\, dy\, dx$ 轉為極坐標後再求值。

◎ 7. 用重積分求被 $z = xy^2$，$x^2 + y^2 = 9$，第一卦限所圍住的立體區域的體積。

◎ 8. 用重積分求下列區域面積。

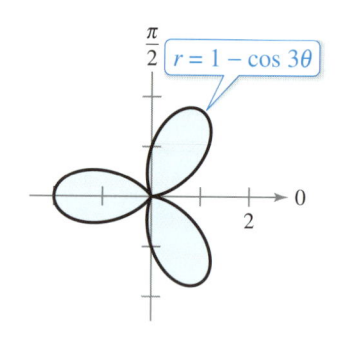

$r = 1 - \cos 3\theta$

◎ 9. 令區域 R 是在曲線 $r = 3 + 2\cos\theta$ 之內且在 $r = 4$ 之外的區域，畫出 R 之後，再用重積分求區域面積。

註：標誌 ◎ 為選材題目。
　　標誌 ★ 表示稍難題目。

附 錄 A 極坐標、空間坐標和向量

A.1 極坐標　Polar Coordinates

一般均以直角坐標描寫平面上的點。在直角坐標系統下，平面上的每一個點 P 都以一個有序實數對 (x, y) 表示，其中 x 表橫坐標，y 表縱坐標。為了強調 P 點的坐標是 (x, y)，經常也記成 $P(x, y)$。

x 軸和 y 軸的交點稱為原點 O，O 點的坐標是 $(0, 0)$。從 O 點到 P 點畫一個有向線段，如圖 A.1。

從 x 軸正向出發逆時針旋轉到達 $\overrightarrow{OP}$ 所掃過的角度，以正度數記錄，順時針旋轉到達 $\overrightarrow{OP}$ 所掃過的角度，以負度數記錄，所以對同一個 $P(x, y)$ 點，至少可以賦予正、負兩個角度，兩者都稱為 $P(x, y)$ 的幅角，例如

$P(x, y)$	正角度（幅角）	負角度（幅角）
$P(1, 0)$	0°（360°）	0°（−360°）
$P(1, 1)$	45°	−315°
$P(−1, 1)$	135°	−225°
$P(−1, −1)$	225°	−135°
$P(1, −1)$	315°	−45°

而 $(0, 0)$ 的幅角，因無法定義而不論，或者為了配合直角坐標和極坐標的轉換公式而令 $(0, 0)$ 的幅角為任意度數，這樣的約定只是為了方便，並沒有幾何意義。

過去，在討論三角函數時，為了納入廣義角而有了負數角度和大於 180° 的角度。現在，我們擴充定義 $P(x, y)$ 的幅角為上述定義的幅角，再加上 360° 的任意整數倍。例如，$P(1, 1)$ 的幅角可以是 45° + 360°n，$n = 0, \pm1, \pm2 \cdots$。也就是說 45°, 405°, −315°…等都是 $P(1, 1)$ 的幅角。

平面上一點 $P(x, y)$ 的極坐標包括兩個量 r 和 θ。第一個坐標 r 定為 $\sqrt{x^2+y^2}$，表示 $P(x, y)$ 到原點的距離，第二個坐標 θ 定為 $P(x, y)$ 的幅角。

r 是確定的，θ 則可差上 360° 或 2π 的任意整數倍。以上表為例，除了 $P(1, 0)$ 的 r 是 1 以外，其餘四點 $P(\pm1, \pm1)$ 的 r 都是 $\sqrt{2}$。

注意　記錄度數的另一個單位——弧度量，在這個系統中，180° 記成 π，而 45° 則記成 $\pi/4$。

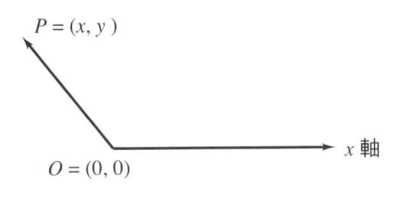

圖 A.1

直角坐標與極坐標的轉換

如果一點 P 的極坐標是 (r, θ)，則從三角函數的學習得知 P 點的直角坐標 (x, y) 滿足

$$x = r\cos\theta, y = r\sin\theta$$

反之，已知 P 點的直角坐標 (x, y)，則其極坐標 (r, θ)，$r = \sqrt{x^2+y^2}$；至於 θ，如果 $P(x, y)$ 落在第 I、IV 象限，則 θ 可取為 $\tan^{-1}(y/x)$（因為 $-\pi/2 < \tan^{-1}m < \pi/2$）。一般而言，從 $x/\sqrt{x^2+y^2} = \cos\theta$，$y/\sqrt{x^2+y^2} = \sin\theta$，聯立可求出 θ，θ 的值容許差上 2π 或 $360°$ 的整數倍。

如前所述，$(0, 0)$ 極坐標為 $r = 0$，$\theta = $ 任意角度。

複數的極式

我們習慣以數線表所有的實數，同樣地，也可以用直角坐標系表所有的複數，只要將 $P(x, y)$ 對應複數 $x + \mathbf{i}y$，而實數的部分 $x + \mathbf{i}0$ 就對應 x 軸上的點（因為 $y = 0$）。

$P(x, y)$ 的極坐標 r, u 和 x, y 的關係如上述，$x = r\cos\theta, y = r\sin\theta$，所以有

$$x + \mathbf{i}y = r\cos\theta + \mathbf{i}\, r\sin\theta$$
$$= r(\cos\theta + \mathbf{i}\cos\theta)$$

$r(\cos\theta + \mathbf{i}\cos\theta)$ 稱為複數 $x + \mathbf{i}y$ 的極式，其中 $r = \sqrt{x^2+y^2}$ 也稱為 $x + \mathbf{i}y$ 的大小或絕對值，θ 稱為 $x + \mathbf{i}y$ 的幅角。

A.2 空間坐標和向量　Space Coordinates and Vectors

A.2.1 空間坐標 Coordinates in Space

在談論三維空間中的向量之前，先介紹**三維空間的坐標系**（three-dimensional coordinate system）。我們可以從 xy 平面出發作一個 z 軸過原點，並與 x 軸和 y 軸互相垂直。圖 A.2 表出各坐標軸正的部分，任兩根軸可以決定一個**坐標平面**（coordinate planes），分別是 **xy 平面**（xy-plane），**xz 平面**（xz-plane）和 **yz 平面**（yz-plane）。這三個坐標平面將空間分成 8 個卦限（octants）。第一個卦限就是三個坐標全是正數的全體，在坐標系中，我們定空間中一點 P 的坐標 (x, y, z) 如下。

$x = P$ 點到 yz 平面的有向距離
$y = P$ 點到 xz 平面的有向距離
$z = P$ 點到 xy 平面的有向距離

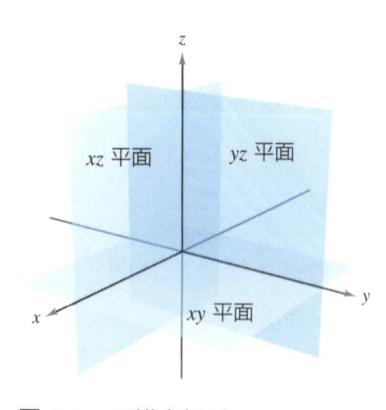

圖 A.2　三維坐標系

附錄 A　極坐標、空間坐標和向量　**A3**

圖 A.3　表出四個點。

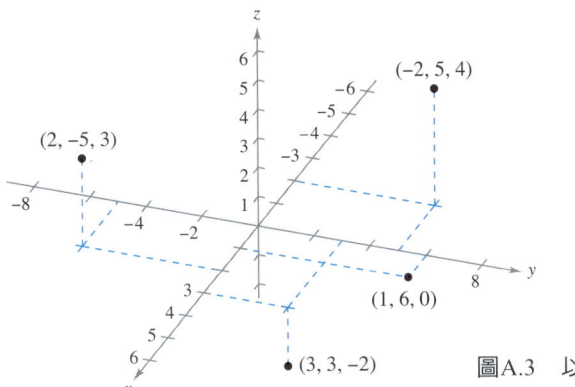

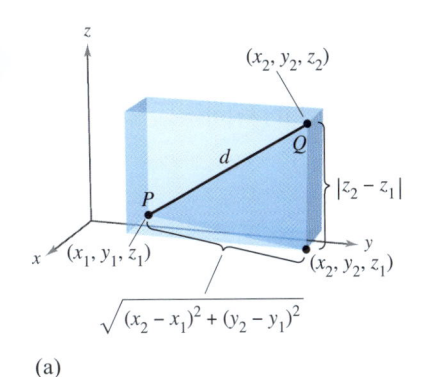

(a)

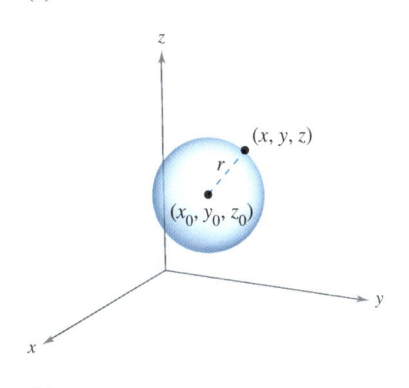

(b)

圖 A.4　空間中兩點的距離。

圖A.3　以三個坐標表達空間中的點。

許多在二維坐標系出現過的公式都可以推廣到三維空間，例如，如果要求空間中兩點的距離，可以連續兩次使用畢氏定理而得出點 (x_1, y_1, z_1) 和 (x_2, y_2, z_2) 之間的距離，如圖 A.4(a) 所示。

$$d = \sqrt{(x_2 - x_1)^2 + (y_2 - y_1)^2 + (z_2 - z_1)^2}$$ 　距離公式

以 (x_0, y_0, z_0) 為心，半徑為 r 的**球面**（sphere）是指所有與 (x_0, y_0, z_0) 的距離都等於 r 的點 (x, y, z)，我們可以用距離公式求 (x, y, z) 應該滿足的**球面標準式**（standard equation of a sphere）如下

$$(x - x_0)^2 + (y - y_0)^2 + (z - z_0)^2 = r^2$$ 　球面方程式

如圖 A.4(b) 所示，而兩點 (x_1, y_1, z_1) 和 (x_2, y_2, z_2) 連線段的中點坐標是

$$\left(\frac{x_1 + x_2}{2}, \frac{y_1 + y_2}{2}, \frac{z_1 + z_2}{2}\right)$$ 　中點規則

A.2.2 空間向量 Vectors in Space

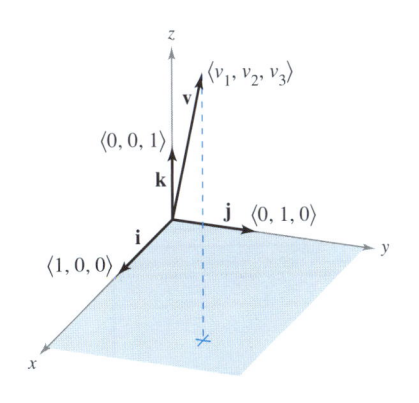

在空間中我們以三個坐標表示一個向量 $\mathbf{v} = \langle v_1, v_2, v_3 \rangle$，**零向量**（zero vector）則以 $\mathbf{0} = \langle 0, 0, 0 \rangle$ 表示，並且以 $\mathbf{i} = \langle 1, 0, 0 \rangle$，$\mathbf{j} = \langle 0, 1, 0 \rangle$ 和 $\mathbf{k} = \langle 0, 0, 1 \rangle$ 分別表示 x 軸，y 軸，和 z 軸正向的單位向量，而 $\mathbf{v}$ 以**標準單位向量**（standard unit vector notation）的線性組合表示如下（見圖 A.5）。

圖 A.5　空間中的標準單位向量。

$$\mathbf{v} = v_1 \mathbf{i} + v_2 \mathbf{j} + v_3 \mathbf{k}$$

如果以從 $P(p_1, p_2, p_3)$ 到 $Q(q_1, q_2, q_3)$ 的有向線段代表向量 $\mathbf{v}$（見圖 A.6），則 $\mathbf{v}$ 的分量形式就是終點的坐標減去始點的坐標，計算如下。

$$\mathbf{v} = \langle v_1, v_2, v_3 \rangle = \langle q_1 - p_1, q_2 - p_2, q_3 - p_3 \rangle$$

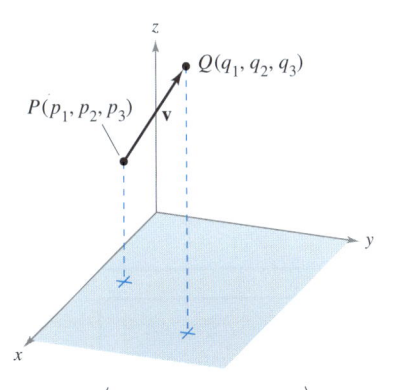

$\mathbf{v} = \langle q_1 - p_1, q_2 - p_2, q_3 - p_3 \rangle$

圖 A.6

空間向量的基本性質

令 $\mathbf{u} = \langle u_1, u_2, u_3 \rangle$，$\mathbf{v} = \langle v_1, v_2, v_3 \rangle$ 為空間向量，c 為純量，則

1. 向量的相等：$\mathbf{u} = \mathbf{v}$ 若且唯若 $u_1 = v_1, u_2 = v_2$, 和 $u_3 = v_3$
2. 分量形式：$\mathbf{v}$ 如果是以從 $P(p_1, p_2, p_3)$ 到 $Q(q_1, q_2, q_3)$ 的有向線段表示，則 $\mathbf{v} = \langle v_1, v_2, v_3 \rangle = \langle q_1 - p_1, q_2 - p_2, q_3 - p_3 \rangle$
3. 長度：$\|\mathbf{v}\| = \sqrt{v_1^2 + v_2^2 + v_3^2}$
4. $\mathbf{v}$ 方向的單位向量：$\dfrac{\mathbf{v}}{\|\mathbf{v}\|} = \left(\dfrac{1}{\|\mathbf{v}\|}\right)\langle v_1, v_2, v_3\rangle, \quad \mathbf{v} \neq \mathbf{0}$
5. 向量相加：$\mathbf{v} + \mathbf{u} = \langle v_1 + u_1, v_2 + u_2, v_3 + u_3\rangle$
6. 純量與向量相乘：$c\mathbf{v} = \langle cv_1, cv_2, cv_3\rangle$

從純量和向量相乘的定義不難看出，純量是正的話，相乘之後，方向不變；而純量如果是負的，相乘之後，方向相反。如果兩個向量只差一個純量倍，我們就稱此兩向量**平行**（parallel）。

平行向量的定義
如果 $\mathbf{u}, \mathbf{v}$ 兩個非零向量滿足 $\mathbf{u} = c\mathbf{v}$，就稱 $\mathbf{u}$ 和 $\mathbf{v}$ 平行。

例如，在圖 A.7 中因為 $\mathbf{u} = 2\mathbf{v}$，並且 $\mathbf{w} = -\mathbf{v}$，所以向量 $\mathbf{u}, \mathbf{v}$ 和 $\mathbf{w}$ 互相平行。

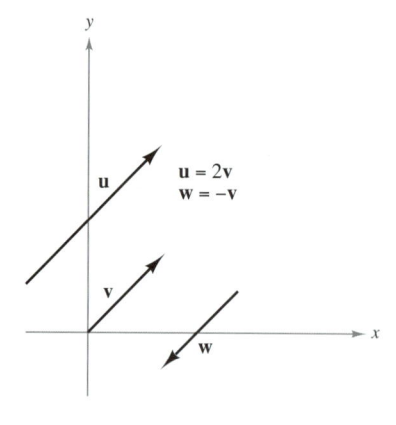

圖 A.7　平行向量。

A.2.3 向量的內積 The Inner Product

內積的定義
$\mathbf{u} = \langle u_1, u_2\rangle$ 和 $\mathbf{v} = \langle v_1, v_2\rangle$ 的內積是

$$\mathbf{u} \cdot \mathbf{v} = u_1 v_1 + u_2 v_2$$

而 $\mathbf{u} = \langle u_1, u_2, u_3\rangle$ 和 $\mathbf{v} = \langle v_1, v_2, v_3\rangle$ 的內積是

$$\mathbf{u} \cdot \mathbf{v} = u_1 v_1 + u_2 v_2 + u_3 v_3$$

注意　內積的結果是純量，所以也稱為純量積（scalar product），又因內積的記號是一個點，所以也稱為點積（dot product）。

內積的性質
令 $\mathbf{u}, \mathbf{v}$ 和 $\mathbf{w}$ 表平面或空間向量，c 是一個純量，則有
1. $\mathbf{u} \cdot \mathbf{v} = \mathbf{v} \cdot \mathbf{u}$　　　　　　　　交換律
2. $\mathbf{u} \cdot (\mathbf{v} + \mathbf{w}) = \mathbf{u} \cdot \mathbf{v} + \mathbf{u} \cdot \mathbf{w}$　分配律
3. $c(\mathbf{u} \cdot \mathbf{v}) = c\mathbf{u} \cdot \mathbf{v} = \mathbf{u} \cdot c\mathbf{v}$
4. $\mathbf{0} \cdot \mathbf{v} = 0$
5. $\mathbf{v} \cdot \mathbf{v} = \|\mathbf{v}\|^2$

兩向量的夾角
如果兩個非零向量 $\mathbf{u}$ 和 $\mathbf{v}$ 的夾角是 θ，則

$$\cos\theta = \dfrac{\mathbf{u} \cdot \mathbf{v}}{\|\mathbf{u}\|\|\mathbf{v}\|}$$

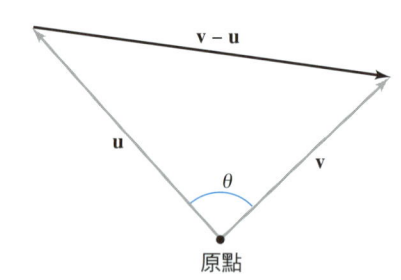

圖 A.8　兩向量的夾角。

註：正交的英文是 orthogonal，垂直的英文是 perpendicular，法向量（normal vector）通常是指垂直一個平面的（單位）向量，都代表夾直角的意思。

正交的定義

如果 $\mathbf{u} \cdot \mathbf{v} = 0$，我們稱 $\mathbf{u}$ 和 $\mathbf{v}$ 正交（註）。

我們不妨說零向量與任一向量正交（因為 $\mathbf{0} \cdot \mathbf{u} = 0$），而由於 θ 的範圍在 0 到 π，所以 $\cos\theta = 0$ 等價於 $\theta = \pi/2$，也就是說 $\mathbf{u}$ 和 $\mathbf{v}$ 正交等價於 $\mathbf{u}$ 和 $\mathbf{v}$ 的夾角是 $\pi/2$。

利用內積求投影

$\mathbf{u}$ 和 $\mathbf{v}$ 是非零向量，則 $\mathbf{u}$ 在 $\mathbf{v}$ 方向上的投影是

$$\text{proj}_\mathbf{v} \mathbf{u} = \left(\frac{\mathbf{u} \cdot \mathbf{v}}{\|\mathbf{v}\|^2}\right)\mathbf{v}$$

上述的投影也可以寫成沿 $\mathbf{v}$ 方向的單位向量的倍數，亦即

$$\left(\frac{\mathbf{u} \cdot \mathbf{v}}{\|\mathbf{v}\|^2}\right)\mathbf{v} = \left(\frac{\mathbf{u} \cdot \mathbf{v}}{\|\mathbf{v}\|}\right)\frac{\mathbf{v}}{\|\mathbf{v}\|} = (k)\frac{\mathbf{v}}{\|\mathbf{v}\|} \quad \Longrightarrow \quad k = \frac{\mathbf{u} \cdot \mathbf{v}}{\|\mathbf{v}\|} = \|\mathbf{u}\|\cos\theta$$

純量 k 也稱為 $\mathbf{u}$ 在 $\mathbf{v}$ 方向的（純量）分量。

A.2.4 向量的外積 The Cross Product

許多在物理、工程和幾何上的應用都涉及到：給定了兩個空間向量後，要求出第三個向量與此兩給定的向量同時垂直。第三個向量稱為前兩個向量的**外積**（cross product），兩個向量的外積可以利用標準單位向量表示。由於兩個向量外積的結果是一個向量，所以又稱為**向量積**（vector product）。

空間中兩個向量外積的定義

$\mathbf{u} = u_1\mathbf{i} + u_2\mathbf{j} + u_3\mathbf{k}$ 和 $\mathbf{v} = v_1\mathbf{i} + v_2\mathbf{j} + v_3\mathbf{k}$ 是兩個空間向量。$\mathbf{u}$ 和 $\mathbf{v}$ 的**外積**（cross product）定義為

$$\mathbf{u} \times \mathbf{v} = (u_2v_3 - u_3v_2)\mathbf{i} - (u_1v_3 - u_3v_1)\mathbf{j} + (u_1v_2 - u_2v_1)\mathbf{k}$$

注意 此定義僅適用空間向量，如果 $\mathbf{u}, \mathbf{v}$ 是平面向量，要先看成是在空間之中才能進行外積。

我們可以利用行列式的計算處理 $\mathbf{u} \times \mathbf{v}$（嚴格說來，由於對應矩陣的第一列是 $\mathbf{i}, \mathbf{j}, \mathbf{k}$ 三個向量記號而非實數，因此此法可以看成是一個計算技巧）。

$$\mathbf{u} \times \mathbf{v} = \begin{vmatrix} \mathbf{i} & \mathbf{j} & \mathbf{k} \\ u_1 & u_2 & u_3 \\ v_1 & v_2 & v_3 \end{vmatrix} \quad \leftarrow 將 "\mathbf{u}" 置於第二列 \\ \leftarrow 將 "\mathbf{v}" 置於第三列$$

$$= \begin{vmatrix} \mathbf{i} & \mathbf{j} & \mathbf{k} \\ u_1 & u_2 & u_3 \\ v_1 & v_2 & v_3 \end{vmatrix} \mathbf{i} - \begin{vmatrix} \mathbf{i} & \mathbf{j} & \mathbf{k} \\ u_1 & u_2 & u_3 \\ v_1 & v_2 & v_3 \end{vmatrix} \mathbf{j} + \begin{vmatrix} \mathbf{i} & \mathbf{j} & \mathbf{k} \\ u_1 & u_2 & u_3 \\ v_1 & v_2 & v_3 \end{vmatrix} \mathbf{k}$$

$$= \begin{vmatrix} u_2 & u_3 \\ v_2 & v_3 \end{vmatrix} \mathbf{i} - \begin{vmatrix} u_1 & u_3 \\ v_1 & v_3 \end{vmatrix} \mathbf{j} + \begin{vmatrix} u_1 & u_2 \\ v_1 & v_2 \end{vmatrix} \mathbf{k}$$

$$= (u_2 v_3 - u_3 v_2) \mathbf{i} - (u_1 v_3 - u_3 v_1) \mathbf{j} + (u_1 v_2 - u_2 v_1) \mathbf{k}$$

注意 $\mathbf{j}$ 的分量出現負號,而每一個 2×2 的行列式應以下式計算。

$$\begin{vmatrix} a & b \\ c & d \end{vmatrix} = ad - bc$$

下面是一些例子:

$$\begin{vmatrix} 2 & 4 \\ 3 & -1 \end{vmatrix} = (2)(-1) - (4)(3) = -2 - 12 = -14$$

$$\begin{vmatrix} 4 & 0 \\ -6 & 3 \end{vmatrix} = (4)(3) - (0)(-6) = 12$$

外積的代數性質

令 $\mathbf{u}, \mathbf{v}, \mathbf{w}$ 為空間中的向量,c 是一個純量,則有
1. $\mathbf{u} \times \mathbf{v} = -(\mathbf{v} \times \mathbf{u})$
2. $\mathbf{u} \times (\mathbf{v} + \mathbf{w}) = (\mathbf{u} \times \mathbf{v}) + (\mathbf{u} \times \mathbf{w})$
3. $c(\mathbf{u} \times \mathbf{v}) = (c\mathbf{u}) \times \mathbf{v} = \mathbf{u} \times (c\mathbf{v})$
4. $\mathbf{u} \times \mathbf{0} = \mathbf{0} \times \mathbf{u} = \mathbf{0}$
5. $\mathbf{u} \times \mathbf{u} = \mathbf{0}$
6. $\mathbf{u} \cdot (\mathbf{v} \times \mathbf{w}) = (\mathbf{u} \times \mathbf{v}) \cdot \mathbf{w}$

外積的幾何性質

令 $\mathbf{u}$ 和 $\mathbf{v}$ 是空間中的非零向量,θ 是其間的夾角
1. $\mathbf{u} \times \mathbf{v}$ 既垂直於 $\mathbf{u}$ 也垂直於 $\mathbf{v}$。
2. $\| \mathbf{u} \times \mathbf{v} \| = \| \mathbf{u} \| \| \mathbf{v} \| \sin \theta$。
3. $\mathbf{u} \times \mathbf{v} = \mathbf{0}$ 的充要條件是 $\mathbf{u}$ 和 $\mathbf{v}$ 互為倍數。
4. $\| \mathbf{u} \times \mathbf{v} \| =$ 以 $\mathbf{u}$ 和 $\mathbf{v}$ 為鄰邊的平行四邊形面積。

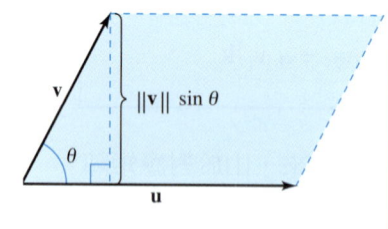

圖 A.9 以 u 和 v 為鄰邊的平行四邊行。

向量 $\mathbf{u} \times \mathbf{v}$ 和 $\mathbf{v} \times \mathbf{u}$ 都與 $\mathbf{u}$ 和 $\mathbf{v}$ 所決定的平面垂直 。

A.2.5 空間中的平面 Planes in Space

已知空間中平面上一點，和與平面垂直的向量就可求得該平面的方程式（註）。

假設平面過點 $P(x_1, y_1, z_1)$，法向量是 $\mathbf{n} = \langle a, b, c \rangle$。如圖 A.10，此平面由所有滿足與 $\mathbf{n}$ 垂直的向量 $\overrightarrow{PQ}$ 的終點 $Q(x, y, z)$ 組成，以內積表示如下：

$$\mathbf{n} \cdot \overrightarrow{PQ} = 0$$
$$\langle a, b, c \rangle \cdot \langle x - x_1, y - y_1, z - z_1 \rangle = 0$$
$$a(x - x_1) + b(y - y_1) + c(z - z_1) = 0$$

第三個方程式稱為平面的**標準式**（standard form）。

註：與平面垂直的向量，在本書中都稱為法向量，並不額外要求必須是單位長。

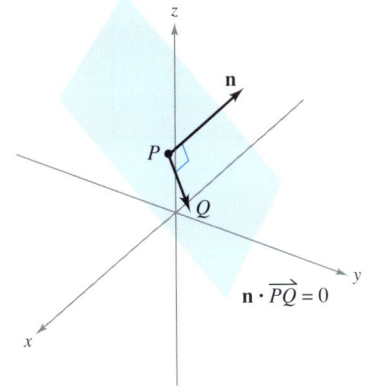

圖 A.10　法向量與所以落在平面中的向量 $\overrightarrow{PQ}$ 垂直。

空間中平面方程式的標準式
我們將以下列標準式代表具法向量 $\mathbf{n} = \langle a, b, c \rangle$，過點 $P(x_1, y_1, z_1)$ 的平面上所有的點。
$$a(x - x_1) + b(y - y_1) + c(z - z_1) = 0$$

若將 $-ax_1 - bx_1 - cz_1$ 以 d 表就得到空間中平面方程式的**一般式**（general form）。

$$ax + by + cz + d = 0 \qquad \text{平面的一般式}$$

若已知一平面方程式的一般式，很容易就可以看出該平面的法向量。其實就是用 x, y, z 的係數依序寫出 $\mathbf{n} = \langle a, b, c \rangle$。

空間中兩相異平面或者平行，或者相交出一條直線。如果相交，可以從其法向量之間的夾角 θ ($0 \leq \theta \leq \pi/2$) 決定兩平面的夾角，如圖 A.11 所示。今設此兩平面的法向量分別為 $\mathbf{n}_1$，$\mathbf{n}_2$，則兩平面之間的夾角滿足

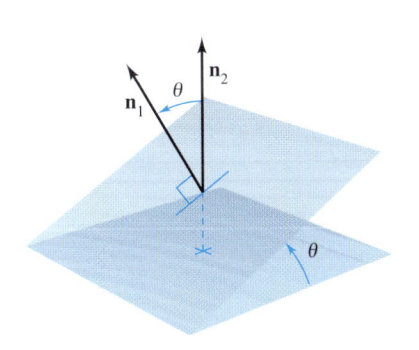

圖 A.11　兩平面之間的夾角。

$$\cos \theta = \frac{|\mathbf{n}_1 \cdot \mathbf{n}_2|}{\|\mathbf{n}_1\| \|\mathbf{n}_2\|} \qquad \text{兩平面之間的夾角}$$

因此，以 $\mathbf{n}_1$，$\mathbf{n}_2$ 為法向量的兩平面
1. 如果 $\mathbf{n}_1 \cdot \mathbf{n}_2 = 0$，則兩平面垂直。
2. 如果 $\mathbf{n}_1$ 與 $\mathbf{n}_2$ 互為倍數，則兩平面平行。

附錄 B 部分定理的證明
Proofs of Selected Theorems

> **導數的另一種形式（2.1節）**
>
> 如果極限
>
> $$\lim_{x \to c} \frac{f(x) - f(c)}{x - c}$$
>
> 存在，則必等於 f 在 c 的導數 $f'(c)$。

證明 因為 f 在 c 的導數由下式定義

$$f'(c) = \lim_{\Delta x \to 0} \frac{f(c + \Delta x) - f(c)}{\Delta x}$$

令 $x = c + \Delta x$ 代入，注意到 $x \to c$ 和 $\Delta x \to 0$ 同義，所以有

$$f'(c) = \lim_{\Delta x \to 0} \frac{f(c + \Delta x) - f(c)}{\Delta x} = \lim_{x \to c} \frac{f(x) - f(c)}{x - c}$$

> **定理 2.11 連鎖規則**
>
> 假設 $y = f(u)$ 是 u 的可微函數，$u = g(x)$ 是 x 的可微函數，則 $y = f(g(x))$ 也是 x 的可微函數，並且有
>
> $$\frac{dy}{dx} = \frac{dy}{du} \cdot \frac{du}{dx} \qquad 亦即 \qquad \frac{d}{dx}[f(g(x))] = f'(g(x))g'(x)$$

證明 先看 f 的導數

$$f'(x) = \lim_{\Delta x \to 0} \frac{f(x + \Delta x) - f(x)}{\Delta x} = \lim_{\Delta x \to 0} \frac{\Delta y}{\Delta x}$$

固定 x，定一個新的函數 η 如下（η 是 Δx 的函數）

$$\eta(\Delta x) = \begin{cases} 0, & \Delta x = 0 \\ \dfrac{\Delta y}{\Delta x} - f'(x), & \Delta x \neq 0 \end{cases}$$

由於在考慮 $\Delta x \to 0$ 時，$\eta(\Delta x)$ 的極限與 $\eta(0)$ 無關，所以，從 $f'(x)$ 的存在性可以得出

$$\lim_{\Delta x \to 0} \eta(\Delta x) = \lim_{\Delta x \to 0} \left[\frac{\Delta y}{\Delta x} - f'(x) \right] = 0$$

也就是說 η 在 0 連續。再者，因為 f 在 x 連續，即當 $\Delta x = 0$ 時有 $\Delta y = 0$，方程式

$$\Delta y = \Delta x \eta(\Delta x) + \Delta x f'(x)$$

不論 Δx 是否為 0，都會成立。

現在，令 $\Delta u = g(x + \Delta x) - g(x)$，$g$ 連續，所以

$$\lim_{\Delta x \to 0} \Delta u = \lim_{\Delta x \to 0} [g(x + \Delta x) - g(x)] = 0$$

又從 $\Delta u \to 0$，得到當 $\Delta x \to 0$ 時，$\eta(\Delta u)$ 也趨近於 0。

$$\lim_{\Delta x \to 0} \eta(\Delta u) = 0$$

最後，計算 $\Delta y/\Delta x$，$\Delta x \neq 0$

$$\Delta y = \Delta u \eta(\Delta u) + \Delta u f'(u) \to \frac{\Delta y}{\Delta x} = \frac{\Delta u}{\Delta x} \eta(\Delta u) + \frac{\Delta u}{\Delta x} f'(u), \quad \Delta x \neq 0$$

並且令 $\Delta x \to 0$，取 $\Delta y/\Delta x$ 的極限得到

$$\frac{dy}{dx} = \frac{du}{dx}\left[\lim_{\Delta x \to 0} \eta(\Delta u)\right] + \frac{du}{dx} f'(u) = \frac{du}{dx}(0) + \frac{du}{dx} f'(u)$$

$$= \frac{du}{dx} f'(u) = \frac{du}{dx} \cdot \frac{dy}{du}$$

定理 2.17　反函數的導函數

假設 f 可微，並且有反函數 g，則在 $f'(g(x)) \neq 0$ 時，g 在 x 可微，導數是

$$g'(x) = \frac{1}{f'(g(x))}, \quad f'(g(x)) \neq 0$$

證明　因 g 是 f 的反函數，所以 $x = f(g(x))$。再以連鎖規則對方程式 $x = f(g(x))$ 左右兩邊同時對 x 微分得到

$$1 = f'(g(x)) \frac{d}{dx}[g(x)]$$

因為 $f'(g(x)) \neq 0$，所以得到

$$\frac{d}{dx}[g(x)] = \frac{1}{f'(g(x))}$$

對凹性的圖解（3.4節）

1. 假設 f 在開區間 I 上可微。如果 f 的圖形在 I 上凹口向上，則 f 的圖形會在它自己所有切線的上方。
2. 假設 f 在開區間 I 上可微。如果 f 的圖形在 I 上凹口向下，則 f 的圖形會在它自己所有切線的下方。

證明　假設 f 在 $I = (a, b)$ 上凹口向上，則 f' 在 (a, b) 上遞增。

令 $a < c < b$，f 的函數圖形在 c 點的切線方程式是

$$g(x) = f(c) + f'(c)(x - c)$$

如果 x 在 (c, b) 上,則在 f 圖形上一點 $(x, f(x))$ 到切線上相應的點 $(x, g(x))$ 的有向距離是

$$d = f(x) - [f(c) + f'(c)(x - c)]$$
$$= f(x) - f(c) - f'(c)(x - c)$$

再者,由均值定理,在 (c, x) 上存在一點 z 使得

$$f'(z) = \frac{f(x) - f(c)}{x - c}$$

代入 d 的右邊得到

$$d = f(x) - f(c) - f'(c)(x - c)$$
$$= f'(z)(x - c) - f'(c)(x - c)$$
$$= [f'(z) - f'(c)](x - c)$$

式中,因為 $c < x$,所以 $x - c > 0$,並且由於 f' 遞增,$f'(z) - f'(c)$ 也大於 0,因此 $d > 0$,代表 f 的圖形在過 c 點的切線之上。如果 x 是在 (a, c) 上,同理可得相同的結果。如此證出第一種情形,至於第二種情形證明的方法類似。

定理 3.11 羅必達規則

函數 f 和 g 在一個包含 c 點的開區間 (a, b) 上可微,但是在 c 點不見得有定義,並且假設 $g'(x)$ 在區間 (a, c) 和區間 (c, b) 上均不為 0,已知當 x 趨近 c 時,$f(x)/g(x)$ 的極限是不定型 $0/0$,則有

$$\lim_{x \to c} \frac{f(x)}{g(x)} = \lim_{x \to c} \frac{f'(x)}{g'(x)}$$

只要上一行右式的極限存在(極限值為一個數)或為正(負)無窮。如果當 x 趨近 c 時,$f(x)/g(x)$ 的極限屬於下列任何一種不定型 ∞/∞,$(-\infty)/\infty$,$\infty/(-\infty)$,$(-\infty)/(-\infty)$,本定理也一併適用。

下面只證明不定型是 $0/0$ 的情形。至於 $x \to c^-$ 和 $x \to c$ 的情形留給讀者自行證明。

證明 考慮下列情形

$$\lim_{x \to c^+} f(x) = 0 \quad \text{和} \quad \lim_{x \to c^+} g(x) = 0$$

定義兩個新的函數

$$F(x) = \begin{cases} f(x), & x \neq c \\ 0, & x = c \end{cases} \quad \text{和} \quad G(x) = \begin{cases} g(x), & x \neq c \\ 0, & x = c \end{cases}$$

對任意 x,$c < x < b$,F 和 G 都在 (c, x) 上可微,並且在 $[c, x]$ 上連續。因此可以引用廣義均值定理而得到 (c, x) 中一點 z 滿足

$$\frac{F'(z)}{G'(z)} = \frac{F(x) - F(c)}{G(x) - G(c)} = \frac{F(x)}{G(x)} = \frac{f'(z)}{g'(z)} = \frac{f(x)}{g(x)}$$

然後，令 x 從右邊趨近 c，$x \to c^+$，因為 $c < z < x$，所以 z 也趨近於 c^+，計算相關的極限 $\dfrac{f(x)}{g(x)}$ 得到

$$\lim_{x \to c^+} \frac{f(x)}{g(x)} = \lim_{x \to c^+} \frac{f'(z)}{g'(z)} = \lim_{z \to c^+} \frac{f'(z)}{g'(z)} = \lim_{x \to c^+} \frac{f'(x)}{g'(x)}$$

定理 4.2　求和公式

1. $\displaystyle\sum_{i=1}^{n} c = cn$，其中 c 是常數
2. $\displaystyle\sum_{i=1}^{n} i = \dfrac{n(n+1)}{2}$
3. $\displaystyle\sum_{i=1}^{n} i^2 = \dfrac{n(n+1)(2n+1)}{6}$
4. $\displaystyle\sum_{i=1}^{n} i^3 = \dfrac{n^2(n+1)^2}{4}$

證明　性質 1 的證明很簡單，只是把 c 連加 n 次表成 cn。

至於性質 2 的證明，只要把同樣的和按照反向順序再寫一次，與原來的和相加。

$$\sum_{i=1}^{n} i = \quad 1 \quad + \quad 2 \quad + \quad 3 \quad + \cdots + (n-1) + \quad n$$
$$\downarrow \qquad \downarrow \qquad \qquad \downarrow \qquad \quad \downarrow$$
$$\sum_{i=1}^{n} i = \quad n \quad + (n-1) + (n-2) + \cdots + \quad 2 \quad + \quad 1$$
$$\downarrow \qquad \downarrow \qquad \downarrow \qquad \qquad \downarrow \qquad \downarrow$$
$$2\sum_{i=1}^{n} i = (n+1) + (n+1) + (n+1) + \cdots + (n+1) + (n+1)$$

n 項

兩邊同除以 2 就得到所求。

$$\sum_{i=1}^{n} i = \frac{n(n+1)}{2}$$

現在以數學歸納法證明性質 3，$n = 1$ 時，因為

$$\sum_{i=1}^{1} i^2 = 1^2 = 1 = \frac{1(1+1)(2+1)}{6}$$

定理成立。

假設 $n = k$ 時，定理成立，我們要證 $n = k+1$ 時也成立，做法如下：

$$\sum_{i=1}^{k+1} i^2 = \sum_{i=1}^{k} i^2 + (k+1)^2 = \frac{k(k+1)(2k+1)}{6} + (k+1)^2$$
$$= \frac{k+1}{6}(2k^2 + k + 6k + 6) = \frac{k+1}{6}[(2k+3)(k+2)]$$
$$= \frac{(k+1)(k+2)[2(k+1)+1]}{6}$$

性質 4 也可以用數學歸納法以類似的方法證明。

附錄 C 積分表
Integration Tables

u^n 型

1. $\int u^n \, du = \dfrac{u^{n+1}}{n+1} + C, \; n \neq -1$

2. $\int \dfrac{1}{u} \, du = \ln|u| + C$

$a + bu$ 型

3. $\int \dfrac{u}{a+bu} \, du = \dfrac{1}{b^2}\big(bu - a\ln|a+bu|\big) + C$

4. $\int \dfrac{u}{(a+bu)^2} \, du = \dfrac{1}{b^2}\left(\dfrac{a}{a+bu} + \ln|a+bu|\right) + C$

5. $\int \dfrac{u}{(a+bu)^n} \, du = \dfrac{1}{b^2}\left[\dfrac{-1}{(n-2)(a+bu)^{n-2}} + \dfrac{a}{(n-1)(a+bu)^{n-1}}\right] + C, \; n \neq 1, 2$

6. $\int \dfrac{u^2}{a+bu} \, du = \dfrac{1}{b^3}\left[-\dfrac{bu}{2}(2a-bu) + a^2\ln|a+bu|\right] + C$

7. $\int \dfrac{u^2}{(a+bu)^2} \, du = \dfrac{1}{b^3}\left(bu - \dfrac{a^2}{a+bu} - 2a\ln|a+bu|\right) + C$

8. $\int \dfrac{u^2}{(a+bu)^3} \, du = \dfrac{1}{b^3}\left[\dfrac{2a}{a+bu} - \dfrac{a^2}{2(a+bu)^2} + \ln|a+bu|\right] + C$

9. $\int \dfrac{u^2}{(a+bu)^n} \, du = \dfrac{1}{b^3}\left[\dfrac{-1}{(n-3)(a+bu)^{n-3}} + \dfrac{2a}{(n-2)(a+bu)^{n-2}} - \dfrac{a^2}{(n-1)(a+bu)^{n-1}}\right] + C, \; n \neq 1, 2, 3$

10. $\int \dfrac{1}{u(a+bu)} \, du = \dfrac{1}{a}\ln\left|\dfrac{u}{a+bu}\right| + C$

11. $\int \dfrac{1}{u(a+bu)^2} \, du = \dfrac{1}{a}\left(\dfrac{1}{a+bu} + \dfrac{1}{a}\ln\left|\dfrac{u}{a+bu}\right|\right) + C$

12. $\int \dfrac{1}{u^2(a+bu)} \, du = -\dfrac{1}{a}\left(\dfrac{1}{u} + \dfrac{b}{a}\ln\left|\dfrac{u}{a+bu}\right|\right) + C$

13. $\int \dfrac{1}{u^2(a+bu)^2} \, du = -\dfrac{1}{a^2}\left[\dfrac{a+2bu}{u(a+bu)} + \dfrac{2b}{a}\ln\left|\dfrac{u}{a+bu}\right|\right] + C$

$a + bu + cu^2$ 型，$b^2 \neq 4ac$

14. $\int \dfrac{1}{a+bu+cu^2} \, du = \begin{cases} \dfrac{2}{\sqrt{4ac-b^2}} \arctan \dfrac{2cu+b}{\sqrt{4ac-b^2}} + C, & b^2 < 4ac \\[2mm] \dfrac{1}{\sqrt{b^2-4ac}} \ln\left|\dfrac{2cu+b-\sqrt{b^2-4ac}}{2cu+b+\sqrt{b^2-4ac}}\right| + C, & b^2 > 4ac \end{cases}$

15. $\int \dfrac{u}{a+bu+cu^2} \, du = \dfrac{1}{2c}\left(\ln|a+bu+cu^2| - b\int \dfrac{1}{a+bu+cu^2} \, du\right)$

$\sqrt{a + bu}$ 型

16. $\displaystyle\int u^n \sqrt{a + bu}\, du = \frac{2}{b(2n + 3)}\left[u^n(a + bu)^{3/2} - na\int u^{n-1}\sqrt{a + bu}\, du\right]$

17. $\displaystyle\int \frac{1}{u\sqrt{a + bu}}\, du = \begin{cases} \dfrac{1}{\sqrt{a}} \ln\left|\dfrac{\sqrt{a + bu} - \sqrt{a}}{\sqrt{a + bu} + \sqrt{a}}\right| + C, & a > 0 \\ \dfrac{2}{\sqrt{-a}} \arctan\sqrt{\dfrac{a + bu}{-a}} + C, & a < 0 \end{cases}$

18. $\displaystyle\int \frac{1}{u^n\sqrt{a + bu}}\, du = \frac{-1}{a(n-1)}\left[\frac{\sqrt{a + bu}}{u^{n-1}} + \frac{(2n-3)b}{2}\int \frac{1}{u^{n-1}\sqrt{a + bu}}\, du\right],\ n \neq 1$

19. $\displaystyle\int \frac{\sqrt{a + bu}}{u}\, du = 2\sqrt{a + bu} + a\int \frac{1}{u\sqrt{a + bu}}\, du$

20. $\displaystyle\int \frac{\sqrt{a + bu}}{u^n}\, du = \frac{-1}{a(n-1)}\left[\frac{(a + bu)^{3/2}}{u^{n-1}} + \frac{(2n-5)b}{2}\int \frac{\sqrt{a + bu}}{u^{n-1}}\, du\right],\ n \neq 1$

21. $\displaystyle\int \frac{u}{\sqrt{a + bu}}\, du = \frac{-2(2a - bu)}{3b^2}\sqrt{a + bu} + C$

22. $\displaystyle\int \frac{u^n}{\sqrt{a + bu}}\, du = \frac{2}{(2n + 1)b}\left(u^n\sqrt{a + bu} - na\int \frac{u^{n-1}}{\sqrt{a + bu}}\, du\right)$

$a^2 \pm u^2$ 型, $a > 0$

23. $\displaystyle\int \frac{1}{a^2 + u^2}\, du = \frac{1}{a}\arctan\frac{u}{a} + C$

24. $\displaystyle\int \frac{1}{u^2 - a^2}\, du = -\int \frac{1}{a^2 - u^2}\, du = \frac{1}{2a}\ln\left|\frac{u - a}{u + a}\right| + C$

25. $\displaystyle\int \frac{1}{(a^2 \pm u^2)^n}\, du = \frac{1}{2a^2(n-1)}\left[\frac{u}{(a^2 \pm u^2)^{n-1}} + (2n - 3)\int \frac{1}{(a^2 \pm u^2)^{n-1}}\, du\right],\ n \neq 1$

$\sqrt{u^2 \pm a^2}$ 型, $a > 0$

26. $\displaystyle\int \sqrt{u^2 \pm a^2}\, du = \frac{1}{2}\left(u\sqrt{u^2 \pm a^2} \pm a^2 \ln\left|u + \sqrt{u^2 \pm a^2}\right|\right) + C$

27. $\displaystyle\int u^2\sqrt{u^2 \pm a^2}\, du = \frac{1}{8}\left[u(2u^2 \pm a^2)\sqrt{u^2 \pm a^2} - a^4 \ln\left|u + \sqrt{u^2 \pm a^2}\right|\right] + C$

28. $\displaystyle\int \frac{\sqrt{u^2 + a^2}}{u}\, du = \sqrt{u^2 + a^2} - a\ln\left|\frac{a + \sqrt{u^2 + a^2}}{u}\right| + C$

29. $\displaystyle\int \frac{\sqrt{u^2-a^2}}{u}\,du = \sqrt{u^2-a^2} - a\,\text{arcsec}\,\frac{|u|}{a} + C$

30. $\displaystyle\int \frac{\sqrt{u^2\pm a^2}}{u^2}\,du = \frac{-\sqrt{u^2\pm a^2}}{u} + \ln|u + \sqrt{u^2\pm a^2}| + C$

31. $\displaystyle\int \frac{1}{\sqrt{u^2\pm a^2}}\,du = \ln|u + \sqrt{u^2\pm a^2}| + C$

32. $\displaystyle\int \frac{1}{u\sqrt{u^2+a^2}}\,du = \frac{-1}{a}\ln\left|\frac{a+\sqrt{u^2+a^2}}{u}\right| + C$

33. $\displaystyle\int \frac{1}{u\sqrt{u^2-a^2}}\,du = \frac{1}{a}\,\text{arcsec}\,\frac{|u|}{a} + C$

34. $\displaystyle\int \frac{u^2}{\sqrt{u^2\pm a^2}}\,du = \frac{1}{2}\left(u\sqrt{u^2\pm a^2} \mp a^2\ln|u+\sqrt{u^2\pm a^2}|\right) + C$

35. $\displaystyle\int \frac{1}{u^2\sqrt{u^2\pm a^2}}\,du = \mp \frac{\sqrt{u^2\pm a^2}}{a^2 u} + C$

36. $\displaystyle\int \frac{1}{(u^2\pm a^2)^{3/2}}\,du = \frac{\pm u}{a^2\sqrt{u^2\pm a^2}} + C$

$\sqrt{a^2-u^2}$ 型 , $a>0$

37. $\displaystyle\int \sqrt{a^2-u^2}\,du = \frac{1}{2}\left(u\sqrt{a^2-u^2} + a^2\arcsin\frac{u}{a}\right) + C$

38. $\displaystyle\int u^2\sqrt{a^2-u^2}\,du = \frac{1}{8}\left[u(2u^2-a^2)\sqrt{a^2-u^2} + a^4\arcsin\frac{u}{a}\right] + C$

39. $\displaystyle\int \frac{\sqrt{a^2-u^2}}{u}\,du = \sqrt{a^2-u^2} - a\ln\left|\frac{a+\sqrt{a^2-u^2}}{u}\right| + C$

40. $\displaystyle\int \frac{\sqrt{a^2-u^2}}{u^2}\,du = \frac{-\sqrt{a^2-u^2}}{u} - \arcsin\frac{u}{a} + C$

41. $\displaystyle\int \frac{1}{\sqrt{a^2-u^2}}\,du = \arcsin\frac{u}{a} + C$

42. $\displaystyle\int \frac{1}{u\sqrt{a^2-u^2}}\,du = \frac{-1}{a}\ln\left|\frac{a+\sqrt{a^2-u^2}}{u}\right| + C$

43. $\displaystyle\int \frac{u^2}{\sqrt{a^2-u^2}}\,du = \frac{1}{2}\left(-u\sqrt{a^2-u^2} + a^2\arcsin\frac{u}{a}\right) + C$

44. $\displaystyle\int \frac{1}{u^2\sqrt{a^2-u^2}}\,du = \frac{-\sqrt{a^2-u^2}}{a^2 u} + C$

45. $\displaystyle\int \frac{1}{(a^2-u^2)^{3/2}}\,du = \frac{u}{a^2\sqrt{a^2-u^2}} + C$

$\sin u$, $\cos u$ 型

46. $\int \sin u \, du = -\cos u + C$

47. $\int \cos u \, du = \sin u + C$

48. $\int \sin^2 u \, du = \dfrac{1}{2}(u - \sin u \cos u) + C$

49. $\int \cos^2 u \, du = \dfrac{1}{2}(u + \sin u \cos u) + C$

50. $\int \sin^n u \, du = -\dfrac{\sin^{n-1} u \cos u}{n} + \dfrac{n-1}{n}\int \sin^{n-2} u \, du$

51. $\int \cos^n u \, du = \dfrac{\cos^{n-1} u \sin u}{n} + \dfrac{n-1}{n}\int \cos^{n-2} u \, du$

52. $\int u \sin u \, du = \sin u - u \cos u + C$

53. $\int u \cos u \, du = \cos u + u \sin u + C$

54. $\int u^n \sin u \, du = -u^n \cos u + n\int u^{n-1} \cos u \, du$

55. $\int u^n \cos u \, du = u^n \sin u - n\int u^{n-1} \sin u \, du$

56. $\int \dfrac{1}{1 \pm \sin u} \, du = \tan u \mp \sec u + C$

57. $\int \dfrac{1}{1 \pm \cos u} \, du = -\cot u \pm \csc u + C$

58. $\int \dfrac{1}{\sin u \cos u} \, du = \ln|\tan u| + C$

其他三角函數

59. $\int \tan u \, du = -\ln|\cos u| + C$

60. $\int \cot u \, du = \ln|\sin u| + C$

61. $\int \sec u \, du = \ln|\sec u + \tan u| + C$

62. $\int \csc u \, du = \ln|\csc u - \cot u| + C$

63. $\int \tan^2 u \, du = -u + \tan u + C$

64. $\int \cot^2 u \, du = -u - \cot u + C$

65. $\int \sec^2 u \, du = \tan u + C$

66. $\int \csc^2 u \, du = -\cot u + C$

67. $\int \tan^n u \, du = \dfrac{\tan^{n-1} u}{n-1} - \int \tan^{n-2} u \, du, \ n \neq 1$

68. $\int \cot^n u \, du = -\dfrac{\cot^{n-1} u}{n-1} - \int (\cot^{n-2} u) \, du, \ n \neq 1$

69. $\int \sec^n u \, du = \dfrac{\sec^{n-2} u \tan u}{n-1} + \dfrac{n-2}{n-1}\int \sec^{n-2} u \, du, \ n \neq 1$

70. $\int \csc^n u \, du = -\dfrac{\csc^{n-2} u \cot u}{n-1} + \dfrac{n-2}{n-1}\int \csc^{n-2} u \, du, \ n \neq 1$

71. $\int \dfrac{1}{1 \pm \tan u} \, du = \dfrac{1}{2}\bigl(u \pm \ln|\cos u \pm \sin u|\bigr) + C$

72. $\int \dfrac{1}{1 \pm \cot u} \, du = \dfrac{1}{2}\bigl(u \mp \ln|\sin u \pm \cos u|\bigr) + C$

73. $\int \dfrac{1}{1 \pm \sec u} \, du = u + \cot u \mp \csc u + C$

74. $\int \dfrac{1}{1 \pm \csc u} \, du = u - \tan u \pm \sec u + C$

反三角函數

75. $\int \arcsin u \, du = u \arcsin u + \sqrt{1 - u^2} + C$

76. $\int \arccos u \, du = u \arccos u - \sqrt{1 - u^2} + C$

77. $\int \arctan u \, du = u \arctan u - \ln\sqrt{1 + u^2} + C$

78. $\int \text{arccot}\, u \, du = u \,\text{arccot}\, u + \ln\sqrt{1 + u^2} + C$

79. $\int \text{arcsec}\, u \, du = u \,\text{arcsec}\, u - \ln\left|u + \sqrt{u^2 - 1}\right| + C$

80. $\int \text{arccsc}\, u \, du = u \,\text{arccsc}\, u + \ln\left|u + \sqrt{u^2 - 1}\right| + C$

指數函數

81. $\int e^u \, du = e^u + C$

82. $\int u e^u \, du = (u - 1)e^u + C$

83. $\int u^n e^u \, du = u^n e^u - n \int u^{n-1} e^u \, du$

84. $\int \dfrac{1}{1 + e^u} \, du = u - \ln(1 + e^u) + C$

85. $\int e^{au} \sin bu \, du = \dfrac{e^{au}}{a^2 + b^2}(a \sin bu - b \cos bu) + C$

86. $\int e^{au} \cos bu \, du = \dfrac{e^{au}}{a^2 + b^2}(a \cos bu + b \sin bu) + C$

對數函數

87. $\int \ln u \, du = u(-1 + \ln u) + C$

88. $\int u \ln u \, du = \dfrac{u^2}{4}(-1 + 2 \ln u) + C$

89. $\int u^n \ln u \, du = \dfrac{u^{n+1}}{(n+1)^2}[-1 + (n+1) \ln u] + C, \ n \neq -1$

90. $\int (\ln u)^2 \, du = u\left[2 - 2 \ln u + (\ln u)^2\right] + C$

91. $\int (\ln u)^n \, du = u(\ln u)^n - n \int (\ln u)^{n-1} \, du$

雙曲函數

92. $\int \cosh u \, du = \sinh u + C$

93. $\int \sinh u \, du = \cosh u + C$

94. $\int \text{sech}^2 u \, du = \tanh u + C$

95. $\int \text{csch}^2 u \, du = -\coth u + C$

96. $\int \text{sech}\, u \tanh u \, du = -\text{sech}\, u + C$

97. $\int \text{csch}\, u \coth u \, du = -\text{csch}\, u + C$

反雙曲函數（對數函數型）

98. $\int \dfrac{du}{\sqrt{u^2 \pm a^2}} = \ln\left(u + \sqrt{u^2 \pm a^2}\right) + C$

99. $\int \dfrac{du}{a^2 + u^2} = \dfrac{1}{2a} \ln\left|\dfrac{a+u}{a-u}\right| + C$

100. $\int \dfrac{du}{u\sqrt{a^2 \pm u^2}} = -\dfrac{1}{a} \ln \dfrac{a + \sqrt{a^2 \pm u^2}}{|u|} + C$

中文索引 | Index

一劃

一階導數檢定　First Derivative Test 144
一階偏導數　First partial derivatives 400
一般項檢驗發散　nth-Term Test for Divergence 348

二劃

二項級數　Binomial series 383
二分法　Bisection method 57
二重積分　Double integral 436, 437
　f 在 R 上的二重積分　of f over R 437
　二重積分的性質　properties of 438
二階導函數　Second derivative 91
二階導數檢定　Second Derivative Test 149
二階偏導數檢定　Second Partials Test 425

三劃

三階導函數　Third derivative 91
三角函數　Trigonometric function(s) 13
　三角函數的導函數　derivative of 90
三角代換法　Trigonometric substitution 269
　上和　Upper sum 203
　下和　Lower sum 203

四劃

反導函數　Antiderivative 190
反微分　Antidifferentiation 192
反函數的存在　Existence of an inverse function 21
反導函數通解　General antiderivative 191
反曲點　Inflection point 151
反函數　Inverse function 19
　反函數的存在　existence of 21
　反函數的水平線檢定　Horizontal Line Test 21

反三角函數　Inverse trigonometric functions 23
　反三角函數的導函數 derivatives of 113, 115
　涉及以反三角函數為反微分的積分　integral involving 246
平均速度　Average velocity 83
互比檢定　Comparison Test
　直接互比檢定　Direct 353
　極限互比檢定　Limit 354
分割　Partition
　內部分割　Inner 436
　極坐標　polar 445
分部積分法　Integration by parts 254
方向導數　Directional derivative 416
　f 沿 $\mathbf{u}$ 方向的方向導數　of f in the direction of $\mathbf{u}$ 417
不連續性　Discontinuity 49
　無窮大的不連續 infinite 295
　不可消除的不連續性 nonremovable 49
　可以消除的不連續性　removable 49
不定型　Indeterminate form 44, 157, 181
水平漸近線　Horizontal asymptote 156
內部分割　Inner partition 436
內接長方形　Inscribed rectangle 203
內層積分的上、下限　Inside limits of integration 434
中間值定理　Intermediate Value Theorem 56
牛頓　Newton, Isaac (1642-1727) 67
牛頓冷卻定律　New's Law of Cooling 336
牛頓法　Newton's Method 126
　牛頓法的收斂　convergence of 128
　迭代法　iteration 127
比例常數　Proportionality constant 333
比例檢定　Ratio Test 357
切線　Tangent line(s) 67
　切線近似　approximation 174
　切線問題　problem 67
　鉛直切線　vertical 69
切平面　Tangent plane 416

曲面的切平面　to a surface 420

五劃

外接長方形　Circumscribed rectangle 203
凹口向下 Concave downward 149
凹口向上 Concave upward 149
凹性　Concavity 149
可微函數　Differentiable function
　在(a, b) 上可微　on an open interval (a, b) 70
　在閉$[a, b]$區間上可微分　on the closed interval $[a, b]$ 73
可求長的曲線　Rectifiable curve 326
可以消除的不連續性　Removable discontinuity 49
平面區域　Region in the plane
　平面區域面積　area of 202
平滑曲線　Smooth curve 326
半衰期 Half-life 334
半徑　Radius
　半徑收斂　of convergence 370
外層積分的上、下限　Outside limits of integration 434
主方程式　Primary equation 167

六劃

交錯級數　Alternating series 355
合成函數　Composite function 16
　連續性　continuity of 54
收斂　Convergence
　絕對收斂　absolute 357
　收斂區間 interval of 370
　函數有無窮大極限之瑕積分 of improper integral with infinite discontinuities 298
　上（下）限是無窮大的瑕積分 of improper integral with infinite integration limits 295
　收斂半徑　radius of 370
級數檢定　tests for series
　直接互比檢定　Direct Comparison Test 353
　積分檢定　Integral Test 351
　極限互比檢定　Limit Comparison Test 354
　比例檢定　Ratio Test 358
　根式檢定　Root Test 358

在 x 可微　Differentiable at x　70
在無窮遠處的極限　Infinity, limit at　155
存在定理　Existence theorem　56
自然指數函數　Natural exponential function
　自然對數函數的導函數 derivative of　99
百分誤差　Percent error　177
多項式　Polynomial
多項式近似　Polynomial approximation　363
多項式函數　Polynomial function　12
地形圖　Topographic map　382

七劃

伽利略　Galilei, Galileo (1564-1642)　117
初始條件　Initial condition　195
初始條件　Initial value　333
求和的尾項序號 Lower bound of summation　199
求和時一般項的序號 Index of summation　199
均值定理　Mean Value Theorem　138, 139
　積分的均值定理　for Integrals　219
　位置函數　Position function　83
辛浦森法　Simpson's rule　285
夾擠定理　Squeeze Theorem　46

八劃

函數的絕對極大值　Absolute maximum of a function　132
函數的絕對極小值　Absolute minimum of a function　132
函數的極值　Extreme values of a function　132
函數　Function
　函數的絕對極大值　absolute maximum of　132
　函數的絕對極小值　absolute minimum of　132
　累積量的函數　accumulation　222
　代數函數　algebraic　13
　反導函數　antiderivative of　190
　弧長　arc length　326

函數的平均值　average value of　219
合成函數　composite　16
函數凹口向下　concave downward　149
函數凹口向上　concave upward　149
連續　continuous　40
連續可微　continuously differentiable　326
臨界數　critical number of　132
遞減函數　decreasing　142
導函數　derivative of　70
基本函數　elementary　12
　指數函數　exponential　28
　對數函數　logarithmic　28
　三角函數　trigonometric　13
以 a 為底的指數函數 exponential to base a　101
函數的極值　extrema of　132
函數的極值　extremem values of　132
最大整數函數　greatest integer　51
隱藏　implicitly　105
遞增函數　increasing　142
可積（分）　integrable　209
反函數　inverse　19
以 a 為底的對數函數 logarithmic to base a　101
自然對數函數　natural logarithmic　30
　方向導數　directional derivative　416
　梯度向量　gradient of　416
雙變數函數　of two variables　390
雙變數函數的連續性 continuity of　395
應變數　dependent variable　8, 388
微分　differential of　407
定義域　domain of　388
梯度向量　gradient of　416
自變數　independent variables　8, 388
偏導數　partial derivative of　400
值域　range of　388
全微分　total differential of　407
反曲點　point of inflection　151

相對極值　relative extrema of　132
函數的相對極大值　relative maximum of　132
函數的相對極小值　relative minimum of　132
階梯函數　step　52
　超越函數　transcendental　13
近似根　Approximating zeros
　二分法　bisection method　57
　中間值定理　Intermediate Value Theorem　56
　牛頓法　with Newton's Method　126
近似　Approximation
　線性近似　linear　174, 176, 408
　切線近似　tangent line　174, 176
弧長　Arc length　326
阿基米德　Archimedes (287-212 B.C.)　201
底數　Base(s)　101
　一般底數的導函數　other than e, derivatives for　101
定積分　Definite integral(s)　208
　變換變數求定積分　change of variables　234
直接互比檢定　Direct Comparison Test　353
直接代值　Direct substitution　40
使用積分表求積分　Integration by tables　290
使用積分表求積分　Tables, integration by　290
和的第 i 項　ith term of a sum　199
和差規則　Sum and Difference Rule　80
和　Summation
　和的尾項序號　lower bound of　199
拉格朗日乘數　Lagrange multiplier　429
拉格朗日　Lagrange, Joseph-Louis (1736-1813)　140, 429
拉格朗日乘子法　Method of Lagrange Multipliers　428
長方形　Rectangle
　長方形面積　area of　201
　外接長方形　circumscribed　203
　內接長方形　inscribed　203
　樣本長方形　representative　303

九劃

面積 Area
　旋轉面的面積 of a surface of revolution 329
指數衰退 Exponential decay 333
指數函數 Exponential function 28
　指數函數的導函數 derivative of 81
　以 a 為底的指數函數 to base a 101
指數成長 Exponential growth 333
　初始條件 initial value 333
　比例常數 proportionality constant 333
指數規則 Power Rule 76
　微分的廣義指數規則 general 95
　積分的廣義指數規則 general for integration 233
迭代法 Iteration 127
約化公式 Reduction formulas 292
相關變率 Related-rate equation 120
相對誤差 Relative error 177
相對極值 Relative extrema
　一階導數檢定 First Derivative Test for 144
　函數的相對極值 of a function 132
　雙變數函數的相對極值 of two variables 424
　二階導數檢定 Second Derivative Test for 149
　二階偏導數檢定 Second Partials Test for 425
相對極大值 Relative maximum
　一階導數檢定 First Derivative Test for 144
　函數的相對極大值 of a function 132
　雙變數函數的相對極大值 of two variables 425
　二階導數檢定 Second Derivative Test for 153
　相對極大值的二階偏導數檢定 Second Partials Test for 425
相對極小值 Relative minimum
　一階導數檢定 First Derivative Test for 144
　函數的相對極小值 of a function 132
　雙變數函數的相對極小值 of two variables 424
　二階導數檢定 Second Derivative Test for 149
　相對極小值的二階偏導數檢定 Second Partials Test for 425

十劃

配方 Completing the square 248
差商 Difference quotient 68
　微分式 differential form 177
高階導函數 Higher-order derivative 91
馬克勞林多項式 Maclaurin polynomial 363, 364
馬克勞林級數 Maclaurin series 380
根式檢定 Root Test 358
級數 Series 343
　絕對收斂 absolutely convergent 356
　交錯級數 alternating 355
　二項級數 binomial 383
　一般項檢驗發散 nth-term test for 348
　幾何級數 geometric 346
　無窮級數 infinite 340, 343
　馬克勞林級數 Maclaurin 380
　部分和 nth partial sum 344
　收斂級數的一般項 nth term of convergent 348
　冪級數 power 369
　p-級數 p-series 352
　級數和 sum of 344
　泰勒級數 Taylor 380
　望遠鏡級數 telescoping 345
泰勒多項式 Taylor polynomial 363, 364
泰勒級數 Taylor series 380
泰勒 Taylor, Brook (1685-1731) 365

十一劃

累積量的函數 Accumulation function 222
區間 Interval
　收斂區間 of convergence 370
旋轉軸 Axis of revolution 311
旋轉體的內緣半徑 Inner radius of a solid of revolution 314
旋轉體的外緣半徑 Outer radius of a solid of revolution 314
旋轉 Revolution
　旋轉軸 axis of 311
　旋轉體 solid of 311
　旋轉面 surface of 326
　　旋轉面的面積 area of 329
旋轉體 Solid of revolution 311
　內緣半徑 inner radius of 311
旋轉面 Surface of revolution 326
　旋轉面的面積 area of 329
基本積分規則 Basic integration rules 249
基本函數 Elementary function(s) 12, 117
基本定理 Fundamental Theorem
　微積分基本定理 of Calculus 216
　微積分基本定理第二式 Second 221
連鎖規則 Chain rule 94, 98
　三角函數和連鎖規則 and trigonometric functions 98
　多變數函數的連鎖規則 for functions of several variables 410
連續 Continuous 49
　處處連續 everywhere 49
　從左邊看來和從右邊看來 from the left and from the right 52
　在 (a, b) 上連續 on an open interval (a, b) 49
連續可微 Continuously differentiable 326
連續性 Continuity
　連續的性質 properties of 54
連續可微 Differentiable, continuously 326
處處連續 Everywhere continuous 49
梯度向量 Grad 418
梯形法 Trapezoidal Rule 284
逐次積分 Iterated integral 433
　內層積分的上、下限 inside limits of integration 434
　外層積分的上、下限 outside limits of integration 434
部分分式法 Method of partial fractions 275
　基本方程式 basic equation 281
部分和 nth partial sum 344
部分分式 Partial fractions 275,

276
    部分分式法 method of 275
部分和數列 Partial sums, sequence of 344
符號 Notation
    萊布尼茲符號 Leibniz 178
    ∑符號 Sigma 199
偏導數 Partial derivative(s) 400
    一階偏導數 first 400
    混合偏導數 mixed 404
    雙變數函數的偏導數 of a function of two variables 400
偏微分 Partial differentiation 400
商的規則 Quotient Rule 86
規則 Rule(s)
    基本積分規則 basic integration 249
    辛浦森法 Simpson's 285
    梯形法 Trapezoidal 284
斜率 Slope(s)
    函數 f 的圖形在 $x=c$ 的斜率 of the graph of f at $x=c$ 68
速率 Speed 83
速度 Velocity 83
    平均速度 average 83
望遠鏡級數 Telescoping series 345

十二劃

絕對收斂 Absolute convergence 356
發散 Diverge 296, 299
    函數有無窮大極限之瑕積分 of improper integral with infinite discontinuities 298
    上（下）限是無窮大的瑕積分 of improper integral with infinite integration limits 295
級數檢定 tests for series
    直接互比檢定 Direct Comparison Test 353
    積分檢定 Integral Test 351
    極限互比檢定 Limit Comparison Test 354
    利用一般項檢驗發散 nth-Term Test 348
    比例檢定 Ratio Test 358
    根式檢定 Root Test 358
等位線 Equipotential lines 391
等壓線 Isobars 391
等溫線 Isotherms 391
等高線 Level curve 391
極值 Extrema 132
    端點極值 Endpoint 133
    相對極值 relative 132
極限互比檢定 Limit Comparison Test 354
極限 Limit(s) 1
    在無窮遠處的極限 at infinity 155
    在無窮遠處的無窮大極限 infinite 161
    極限的定義 definition of 38
    計算極限 evaluating
        約分 divide out common factors 44
        分子有理化 rationalize the numerator 44
    左極限 from the left 51
    右極限 from the right 51
    無窮極限 infinite 59
    極限不存在 nonexistence of 35
    雙變數函數的極限 of a function of two variables 395
    數列的極限 of a sequence 341
    內層的積分上、下限 inside 434
    積分的下限 lower 209
    單側極限 one-sided 49, 51
        左極限 from the left 51
        右極限 from the right 51
    極限的性質 properties of 40
    求極限的策略 strategy for finding 42
極大值 Maximum
    絕對極大值 absolute 132
    相對極大值 relative 132
極小值 Minimum
    絕對極小值 absolute 132
    相對極小值 relative 133
階梯函數 Step function 52
最大整數函數 Greatest integer function 51
無窮大的不連續 Infinite discontinuity 295
無窮極限 Infinite limit(s) 59
    在無窮遠處的無窮大極限 at infinity 161
無窮級數 Infinite series 340
    交錯級數 alternating 355
    無窮級數的部分和 nth partial sum 344

p-級數 p-series 352
    無窮級數的和 sum of 344
    望遠鏡級數 telescoping 345
    萊布尼茲符號 Leibniz notation 178
    單側極限 One-sided limit 49, 51
單積分 Single integral 437
開區域 Open region 397
    在開區域上（處處）連續 continuous in 397
割線 Secant line 68
項 Terms
    數列的項 of a sequence 340

十三劃

微分 Differential 175
    x 的微分 of x 175
    y 的微分 of y 175
微分方程 Differential equation 191
    微分方程的通解 general solution of 191
    初始條件 initial condition 195
    微分方程的特解 particular solution of 195
微分式 Differential form 177
微分 Differentiation 67
    隱微分法 implicit 105
    對數微分 logarithmic 110
    偏微分 partial 400
微分規則 Differentiation rules
    連鎖規則 Chain 94
    常數規則 Constant 76
    倍數規則 Constant Multiple 78
    廣義指數規則 General Power 95
    指數規則 Power 76
    積的規則 Product 86
    商的規則 Quotient 87
微分方程的通解 General solution of a differential equation 191
微分方程的特解 Particular solution of a differential equation 195
微積分基本定理第二式 Second fundamental Theorem of Calculus 221
圓盤 Disk 311
    圓盤法 method 311, 312
圓柱殼法 Shell method 320
瑕積分 Improper integral 295
    瑕積分收斂 convergence of 296
    瑕積分發散 divergence of 296
路徑 Path 395

傳遞誤差　Propagated error 176
解　Solution
　開根號解　by radicals 129
鉛直漸近線　Vertical asymptote 61
鉛直切線　Vertical tangent line 69

十四劃

漸近線　Asymptote(s)
　水平漸近線　horizontal 156
　鉛直漸近線　vertical 61
遞減函數　Decreasing function 142
遞增函數　Increasing function 142
端點極值　Endpoint extrema 132
誤差　Error
　百分誤差　percent error 177
　傳遞誤差　propagated error 176
　相對誤差　relative error 177
對數微分　Logarithmic differentiation 110
對數函數　Logarithmic function
　以 a 為底的對數函數　to base a 101
輔方程式　Secondary equation 169

十五劃

數列　Sequence 340
　收斂數列　convergence of 341
　數列的發散　divergence of 341
　數列的極限　limit of 341
　部分和數列　of partial sums 344
　數列的項　terms of 340
輪廓線　Contour lines 391
餘項 Remainder
　交錯級數　alternating series 355
廣義指數規則　General Power Rule
　微分的廣義指數規則　for differentiation 95
　積分的廣義指數規則　for integration 233
調和級數　Harmonic series 352
線性近似 Linear approximation 174, 176, 408
黎曼和　Riemann sum 208
黎曼　Riemann, Georg Friedrich Bernhard (1826-1866) 208
鞍點　Saddle point 425

十六劃

導（函）數　Derivative(s)
　連鎖規則　chain rule 94
　三角函數和連鎖規則 and trigonometric functions 98
　隱微分　implicit differentiation 13
　倍數規則　Constant Multiple Rule 78
　常數規則　Constant Rule 76
　方向導數　Directional 416
　左導數和右導數　from the left and from the right 72
　廣義指數規則　General Power 95
　高階導函數　higher-order 91
　函數的導函數　of a function 70
　以 a 為底的對數函數 of a logarithmic function, base a 101
　以 a 為底的指數函數 of an exponential function, base a 101
　反函數的導函數　of an inverse function 113
　反三角函數的導函數 of inverse trigonometric functions 115
　冪級數的微分　of power series 372
　自然對數函數的導函數 of the natural logarithmic function 99
　三角函數的導函數　of trigonometric functions 90
　偏導數　partial 400
　　一階偏導數　first 400
　指數規則　Power Rule 76
　積的規則　Product Rule 86
　商的規則　Quotient Rule 87
　二階導函數　second 91
　和差規則　Sum and Difference Rule 80
　三階導函數　third 91
積分檢定　Integral Test 351
積分　Integral(s)
　定積分　definite 209
　二重積分　double 436
　瑕積分　improper 295
　不定積分　indefinite 190, 192
　涉及以反三角函數為反微分的積分　involving inverse trigonometric functions 246
　逐次積分　iterated 433
　積分的均值定理　Mean Value Theorem 219
　單積分　single 437
積分　Integration
　基本積分規則　basic rules of 249
　變數變換　change of variables 231
　積分常數　constant of 191
　不定積分　indefinite 190, 192
　積分的對數規則　Log Rule 246
　積分的下限　lower limit of 209
　冪級數的積分　of power series 372
　積分的上限　upper limit of 209
積分公式　Integration formulas
　約化公式　reduction formulas 292
積分規則　Integration rules
　基本積分規則　basic 249
　積分的廣義指數規則　General Power Rule 233
積分技巧　Integration techniques 254
　分部積分法　integration by parts 254
　部分分式法　method of partial fractions 275
　積分表　tables 290
　三角代換法　trigonometric substitution 269
　積分的對數規則　Log Rule for Integration 246
　積分的下限　Lower limit of integration 209
　積的規則　Product Rule 86
　積分區域 R　Region of integration R 434
　頭項序號　Upper bound 199
　和的頭項序號　of summation 199
　積分的上限　Upper limit of integration 209
冪級數　Power series 369
　以 c 為中心的冪級數　centered at c 369
　積分　integration of 372
　收斂區間 interval of convergence of 370
　收斂半徑　radius of convergence of 370
橡皮圈　Washer 314
橡皮圈法　Washer method 314

十七劃

隱微分法　Implicit differentiation 105
檢定　Test(s)
　收斂檢定　for convergence
　　直接互比檢定　Direct Comparison Test 353
　　積分檢定　Integral Test 351
　　極限互比檢定　Limit Comparison Test 354
　　比例檢定　Ratio Test 358
　　根式檢定　Root Test 358

十八劃至二十三劃

臨界數　Critical number(s)
　函數的臨界數　of a function 132
臨界點　Critical point
　雙變數函數　of a function of two variables 424
臨界數　Number, critical 132
羅必達　L'Hôpital, Guillaume (1661-1704) 182
羅必達規則　L'Hôpital's Rule 182
變數變換　Change of variables 231
　變數變換求定積分　for definite integrals 234
變化率　Rate of change 3
　平均變化率　average 4
體積　Volume of a solid
　圓盤法求體積　disk method 312
　圓柱殼法求體積　shell method 320
　橡皮圈法　washer method 314
　已知橫截面的立體　with known cross sections 317

其他

Fubini 定理　Fubini's Theorem 438
f 在 c 的 n 次馬克勞林多項式　nth Maclauri polynomial for f at c 365
f 在 c 的 n 次泰勒多項式　nth Taylor polynomial for f at c 365
p-級數　p-series 352
　調和級數　harmonic 352
Rolle 定理　Rolle's Theorem 138
u 變數代換　u-substitution 228
x 的變化量　Change in x 68
x 和 y 的增量　Increments of x and y 407
y 的變化量　Change in y 68
z 的增量　Increment of z 407
Σ 符號　Sigma notation 199
　求和時一般項的序號　index of summation 199
　第 i 項　ith term 199
　求和的尾項序號　lower bound of summation 199
　求和的頭項序號　upper bound of summation 199

英文索引 | Index

A

Absolute convergence　絕對收斂 356
Absolute maximum of a function　函數的絕對極大值 132
Absolute minimum of a function　函數的絕對極小值 132
Accumulation function　累積量的函數 222
Alternating series　交錯級數 355
Antiderivative　反導函數 190
Antidifferentiation　反微分 192
Approximating zeros　近似根
　bisection method　二分法 57
　Intermediate Value Theorem　中間值定理 56
　with Newton's Method　牛頓法 126
Approximation　近似
　linear　線性近似 174, 176
　tangent line　切線近似 174, 176
Arc length　弧長 326
Archimedes (287-212 B.C.)　阿基米德 201
Area　面積
　of a surface of revolution　旋轉面的面積 329
Asymptote(s)　漸近線
　horizontal　水平漸近線 156
　vertical　鉛直漸近線 61
Average velocity　平均速度 83
Axis of revolution　旋轉軸 311

B

Base(s)　底數 101
　other than e, derivatives for　一般底數的導函數 101
Basic integration rules　基本積分規則 249
Binomial series　二項級數 383
Bisection method　二分法 57

C

Chain rule　連鎖規則 94, 98
　and trigonometric functions　三角函數和連鎖規則 98
　for functions of several variables　多變數函數的連續則 410
Change in x　x 的變化量 68
Change in y　y 的變化量 68
Change of variables　變數變換 231
　for definite integrals　變數變換求定積分 234
Circumscribed rectangle　外接長方形 203
Comparison Test　互比檢定
　Direct　直接互比檢定 353
　Limit　極限互比檢定 354
Completing the square　配方 248
Composite function　合成函數 16
　continuity of　連續性 54
Concave downward　凹口向下 149
Concave upward　凹口向上 149
Concavity　凹性 149
Continuity　連續性
　properties of　連續的性質 54
Continuous　連續 49
　everywhere　處處連續 49
　from the left and from the right　從左邊看來和從右邊看來 52
　on an open interval (a, b)　在 (a, b) 上連續 49
Continuously differentiable　連續可微 326
Contour lines　輪廓線 391
Convergence　收斂
　absolute　絕對收斂 357
　interval of　收斂區間 370
　of improper integral with infinite discontinuities　函數有無窮大極限之瑕積分 298

of improper integral with infinite integration limits 上（下）限是無窮大的瑕積分 295
　radius of 收斂半徑 370
　tests for series 級數檢定
　　Direct Comparison Test 直接互比檢定 353
　　Integral Test 積分檢定 351
　　Limit Comparison Test 極限互比檢定 354
　　Ratio Test 比例檢定 358
　　Root Test 根式檢定 358
Critical number(s) 臨界數
　of a function 函數的臨界數 132
Critical point 臨界點
　of a function of two variables 雙變數函數 424

D

Decreasing function 遞減函數 142
Definite integral(s) 定積分 208
　change of variables 變換變數求定積分 234
Derivative(s) 導（函）數
　Chain rule 連鎖規則 94, 98
　　and trigonometric functions 三角函數和連鎖規則 98
　　implicit differentiation 隱微分 13
　Constant Multiple Rule 倍數規則 78
　Constant Rule 常數規則 76
　Directional 方向導數 416
　from the left and from the right 左導數和右導數 72
　General Power Rule 廣義指數規則 95
　higher-order 高階導函數 91
　of a function 函數的導函數 70
　of a logarithmic function, base a 以 a 為底的對數函數 101
　of an exponential function, base a 以 a 為底的指數函數 101
　of an inverse function 反函數的導函數 113
　of inverse trigonometric functions 反三角函數的導函數 115
　of power series 冪級數的微分 372
　of the natural logarithmic function 自然對數函數的導函數 99

　of trigonometric functions 三角函數的導函數 90
　partial 偏導數 400
　　first 一階偏導數 400
　Power Rule 指數規則 76
　Product Rule 積的規則 86
　Quotient Rule 商的規則 87
　second 二階導函數 91
　Sum and Difference Rule 和差規則 80
　third 三階導函數 91
Difference quotient 差商 68
　differential form 微分式 177
Differentiable at x 在 x 可微 70
Differentiable function 可微函數
　on an open interval (a, b) 在 (a, b) 上可微 70
　on the closed interval $[a, b]$ 在閉 $[a, b]$ 區間上可微分 73
Differentiable, continuously 連續可微 326
Differential 微分 175
　of x x 的微分 175
　of y y 的微分 175
　Differential equation 微分方程 191
　　general solution of 微分方程的通解 191
　　initial condition 初始條件 195
　　particular solution of 微分方程的特解 195
Differential form 微分式 177
Differentiation 微分 67
　implicit 隱微分法 105
　logarithmic 對數微分 110
　partial 偏微分 400
Differentiation rules 微分規則
　Chain 連鎖規則 94
　Constant 常數規則 76
　Constant Multiple 倍數規則 78
　General Power 廣義指數規則 95
　Power 指數規則 76
　Product 積的規則 86
　Quotient 商的規則 87
Direct Comparison Test 直接互比檢定 353
Direct substitution 直接代值 40
Directional derivative 方向導數 416

　of f in the direction of $\mathbf{u}$ f 沿 $\mathbf{u}$ 方向的方向導數 417
Discontinuity 不連續性 49
　infinite 無窮大的不連續 295
　nonremovable 不可消除的不連續性 49
　removable 可以消除的不連續性 49
Disk 圓盤 311
　method 圓盤法 311, 312
Diverge 發散 296, 299
　of improper integral with infinite discontinuities 函數有無窮大極限之瑕積分 298
　of improper integral with infinite integration limits 上（下）限是無窮大的瑕積分 295
　tests for series 級數檢定
　　Direct Comparison Test 直接互比檢定 353
　　Integral Test 積分檢定 351
　　Limit Comparison Test 極限互比檢定 354
　　nth-Term Test 利用一般項檢驗發散 348
　　Ratio Test 比例檢定 358
　　Root Test 根式檢定 358
Double integral 二重積分 436, 437
　of f over R f 在 R 上的二重積分 437
　properties of 二重積分的性質 438

E

Elementary function(s) 基本函數 12, 117
Endpoint extrema 端點極值 132
Equipotential lines 等位線 391
Error 誤差
　percent error 百分誤差 177
　propagated error 傳遞誤差 176
　relative error 相對誤差 177
Everywhere continuous 處處連續 49
Existence of an inverse function 反函數的存在 21
Existence theorem 存在定理 56
Exponential decay 指數衰退 333
Exponential function 指數函數 28

derivative of 指數函數的導函數 81
    to base a 以 a 為底的指數函數 101
Exponential growth 指數成長 333
    initial value 初始條件 333
    proportionality constant 比例常數 333
Extrema 極值 132
Endpoint 端點極值 133
    relative 相對極值 132
Extreme values of a function 函數的極值 132

F

First Derivative Test 一階導數檢定 144
First partial derivatives 一階偏導數 400
Fubini's Theorem Fubini 定理 438
Function 函數
    absolute maximum of 函數的絕對極大值 132
    absolute minimum of 函數的絕對極小值 132
    accumulation 累積量的函數 222
    algebraic 代數函數 13
    antiderivative of 反導函數 190
    arc length 弧長 326
    average value of 函數的平均值 219
    composite 合成函數 16
    concave downward 函數凹口向下 149
    concave upward 函數凹口向上 149
    continuous 連續 40
    continuously differentiable 連續可微 326
    critical number of 臨界數 132
    decreasing 遞減函數 142
    derivative of 導函數 70
    elementary 基本函數 12
        exponential 指數函數 28
        logarithmic 對數函數 28
        trigonometric 三角函數 13
    exponential to base a 以 a 為底的指數函數 101
    extrema of 函數的極值 132

extremem values of 函數的極值 132
    greatest integer 最大整數函數 51
    implicitly defined 隱藏 105
    increasing 遞增函數 142
    integrable 可積（分）209
    inverse 反函數 19
    inverse trigonometric 反三角函數 23
    logarithmic to base a 以 a 為底的對數函數 101
    natural logarithmic 自然對數函數 30
        directional derivative 方向導數 416
        gradient of 梯度向量 416
    of two variables 雙變數函數 390
        continuity of 雙變數函數的連續性 395
        dependent variable 應變數 8, 388
        differential of 微分 407
        domain of 定義域 388
        gradient of 梯度向量 416
        independent variables 自變數 8, 388
        partial derivative of 偏導數 400
        range of 值域 388
        total differential of 全微分 407
    point of inflection 反曲點 151
    relative extrema of 相對極值 132
    relative maximum of 函數的相對極大值 132
    relative minimum of 函數的相對極小值 132
    step 階梯函數 52
    transcendental 超越函數 13
Fundamental Theorem 基本定理
    of Calculus 微積分基本定理 216
    Second 微積分基本定理第二式 221

G

Galilei, Galileo (1564-1642) 伽利略 117

General Power Rule 廣義指數規則
    for differentiation 微分的廣義指數規則 95
    for integration 積分的廣義指數規則 233
General solution of a differential equation 微分方程的通解 191
Grad 梯度向量 418
Greatest integer function 最大整數函數 51

H

Half-life 半衰期 334
Harmonic series 調和級數 352
Higher-order derivative 高階導函數 91
Horizontal asymptote 水平漸近線 156

I

Implicit differentiation 隱微分法 105
Improper integral 瑕積分 295
    convergence of 瑕積分收斂 296
    divergence of 瑕積分發散 296
Increasing function 遞增函數 142
Increment of z z 的增量 407
Increments of x and y x 和 y 的增量 407
Indefinite integral 不定積分 190
Indeterminate form 不定型 44, 157, 181
Index of summation 求和時一般項的序號 199
Infinite discontinuity 無窮大的不連續 295
Infinite limit(s) 無窮極限 59
    at infinity 在無窮遠處的無窮大極限 161
Infinite series 無窮級數 340
    alternating 交錯級數 355
    nth partial sum 無窮級數的部分和 344
    p-series p-級數 352
    sum of 無窮級數的和 344
    telescoping 望遠鏡級數 345
Infinity, limit at 在無窮遠處的極限 155
Inflection point 反曲點 151
Initial condition 初始條件 195

Initial value　初始條件　333
Inner partition　內部分割　436
Inner radius of a solid of revolution　旋轉體的內緣半徑　314
Inscribed rectangle　內接長方形　203
Inside limits of integration　內層積分的上、下限　434
Integral Test　積分檢定　351
Integral(s)　積分
　definite　定積分　209
　double　二重積分　436
　improper　瑕積分　295 indefinite 不定積分　190, 192
　iterated　逐次積分　433
　Mean Value Theorem　積分的均值定理　219
　single　單積分　437
Integration　積分
　basic rules of　基本積分規則　249
　change of variables　變數變換　231
　constant of　積分常數　191
　indefinite　不定積分　190, 192
　Log Rule　積分的對數規則　246
　lower limit of　積分的下限　209
　of power series　冪級數的積分　372
　upper limit of　積分的上限　209
Integration by parts　分部積分法　254
Integration by tables　使用積分表求積分　290
Integration formulas　積分公式
　reduction formulas　約化公式　292
Integration rules　積分規則
　basic　基本積分規則　249
　General Power Rule　積分的廣義指數規則　233
Integration techniques　積分技巧　254
　integration by parts　分部積分法　254
　method of partial fractions　部分分式法　275
　tables　積分表　290
　trigonometric substitution　三角代換法　269

Intermediate Value Theorem　中間值定理　56
Interval　區間
　of convergence　收斂區間　370
Inverse function　反函數　19
　existence of　反函數的存在　21
　Horizontal Line Test　反函數的水平線檢定　21
Inverse trigonometric functions　反三角函數　23
　derivatives of　反三角函數的導函數　113, 115
　integral involving　涉及以反三角函數為反微分的積分　246
Isobars　等壓線　391
Isotherms　等溫線　391
Iterated integra　逐次積分　433
　inside limits of integration　內層積分的上、下限　434
　outside limits of integration　外層積分的上、下限　434
Iteration　迭代法　127
ith term of a sum　和的第 i 項　199

L

L'Hôpital, Guillaume (1661-1704)　羅必達　182
L'Hôpital's Rule　羅必達規則　182
Lagrange multiplier　拉格朗日乘數　429
Lagrange, Joseph-Louis (1736-1813)　拉格朗日　140, 429
Leibniz notation　萊布尼茲符號　178
Level curve　等高線　391
Limit Comparison Test　極限互比檢定　354
Limit(s)　極限　1
　at infinity　在無窮遠處的極限　155
　　infinite　在無窮遠處的無窮大極限　161
　definition of　極限的定義　38
　evaluating　計算極限
　　divide out common factors　約分　44
　　rationalize the numerator　分子有理化　44
　from the left　左極限　51
　from the right　右極限　51
　infinite　無窮極限　59

nonexistence of　極限不存在　35
of a function of two variables　雙變數函數的極限　395
of a sequence　數列的極限　341
　inside　內層的積分上、下限　434
　lower　積分的下限　209
　one-sided　單側極限　49, 51
　　from the left　左極限　51 from the right　右極限　51
　properties of　極限的性質　40
　strategy for finding　求極限的策略　42
Linear approximation　線性近似　174, 176, 408
Log Rule for Integration　積分的對數規則　246
Logarithmic differentiation　對數微分　110
Logarithmic function　對數函數
　to base a　以 a 為底的對數函數　101
Lower bound of summation　求和的尾項序號　199
Lower limit of integration　積分的下限　209
Lower sum　下和　203

M

Maclaurin polynomial　馬克勞林多項式　363, 364
Maclaurin series　馬克勞林級數　380
Maximum　極大值
　absolute　絕對極大值　132
　relative　相對極大值　132
Mean Value Theorem　均值定理　138, 139
　for Integrals　積分的均值定理　219
Method of Lagrange Multipliers　拉格朗日乘子法　428
Method of partial fractions　部分分式法　275
Minimum　極小值
　absolute　絕對極小值　132
　relative　相對極小值　133
Mixed partial derivatives　混合偏導數　404

N

Natural exponential function　自然指數函數
　　derivative of　自然對數函數的導函數　99
Newton, Isaac (1642-1727)　牛頓　67
Newton's Law of Cooling　牛頓冷卻定律　336
Newton's Method　牛頓法　126
　　convergence of　牛頓法的收斂　128
　　iteration　迭代法　127
Notation　符號
　　Leibniz　萊布尼茲符號　178
　　Sigma　∑符號　199
nth Maclauri polynomial for f at c　f 在 c 的 n 次馬克勞林多項式　365
nth partial sum　部分和　344
nth Taylor polynomial for f at c　f 在 c 的 n 次泰勒多項式　365
nth-Term Test for Divergence　一般項檢驗發散　348
Number, critical　臨界數　132

O

One-sided limit　單側極限　49, 51
Open region　開區域　397
　　continuous in　在開區域上（處處）連續　397
Outer radius of a solid of revolution　旋轉體的外緣半徑　314
Outside limits of integration　外層積分的上、下限　434

P~Q

Partial derivative(s)　偏導數　400
　　first　一階偏導數　400
　　of a function of two variables　雙變數函數的偏導數　400
Partial differentiation　偏微分　3400
Partial fractions　部分分式　275, 276
　　method of　部分分式法　275
Partial sums, sequence of　部分和數列　344
Particular solution of a differential equation　微分方程的特解　195
Partition　分割
　　Inner　內部分割　436

　　polar　極坐標　445
Path　路徑　395
Percent error　百分誤差　177
Polynomial　多項式
　　Polynomial approximation　多項式近似　363
　　Polynomial function　多項式函數　12
Position function　位置函數　83
Power Rule　指數規則　76
　　general　廣義指數規則　95
　　general for integration　積分的廣義指數規則　233
Power series　冪級數　369
　　centered at c　以 c 為中心的冪級數　369
　　integration of　積分　372
　　interval of convergence of　收斂區間　370
　　radius of convergence of　收斂半徑　370
Primary equation　主方程式　167
Product Rule　積的規則　86
Propagated error　傳遞誤差　176
Proportionality constant　比例常數　333
p-series　p-級數　352
　　harmonic　調和級數　352
Quotient Rule　商的規則　86

R

Radius　半徑
　　of convergence　半徑收斂　370
Rate of change　變化率　3
　　average　平均變化率　4
Ratio Test　比例檢定　357
Rectangle　長方形
　　area of　長方形面積　201
　　circumscribed　外接長方形　203
　　inscribed　內接長方形　203
　　representative　樣本長方形　303
Rectifiable curve　可求長的曲線　326
Reduction formulas　約化公式　292
Region in the plane　平面區域
　　area of　平面區域面積　202
Region of integration R　積分區域 R　434
Related-rate equation　相關變率　120
Relative error　相對誤差　177

Relative extrema　相對極值
　　First Derivative Test for　一階導數檢定　144
　　of a function　函數的相對極值　132
　　of two variables　雙變數函數的相對極值　424
　　Second Derivative Test for　二階導數檢定　149
　　Second Partials Test for　二階偏導數檢定　425
Relative maximum　相對極大值
　　First Derivative Test for　一階導數檢定　144
　　of a function　函數的相對極大值　132
　　of two variables　雙變數函數的相對極大值　425
　　Second Derivative Test for　二階導數檢定　153
　　Second Partials Test for　相對極大值的二階偏導數檢定　425
Relative minimum　相對極小值
　　First Derivative Test for　一階導數檢定　144
　　of a function　函數的相對極小值　132
　　of two variables　雙變數函數的相對極小值　424
　　Second Derivative Test for　二階導數檢定　149
　　Second Partials Test for　相對極小值的二階偏導數檢定　425
Remainder　餘項
　　alternating series　交錯級數　355
Removable discontinuity　可以消除的不連續性　49
Revolution　旋轉
　　axis of　旋轉軸　311
　　solid of　旋轉體　311
　　surface of　旋轉面　326
　　　area of　旋轉面的面積　329
Riemann sum　黎曼和　208
Riemann, Georg Friedrich Bernhard (1826-1866)　黎曼　208
Rolle's Theorem　Rolle 定理　138
Root Test　根式檢定　358
Rule(s)　規則
　　basic integration　基本積分規則　249
　　Simpson's　辛浦森法　285

Trapezoidal 梯形法 284

S

Saddle point 鞍點 425
Secant line 割線 68
Second derivative 二階導函數 91
Second Derivative Test 二階導數檢定 149
Second fundamental Theorem of Calculus 微積分基本定理第二式 221
Second Partials Test 二階偏導數檢定 425
Secondary equation 輔方程式 169
Sequence 數列 340
   convergence of 收斂數列 341
   divergence of 數列的發散 341
   limit of 數列的極限 341
   of partial sums 部分和數列 344
   terms of 數列的項 340
Series 級數 343
   absolutely convergent 絕對收斂 356
   alternating 交錯級數 355
   binomial 二項級數 383
     nth-term test for 一般項檢驗發散 348
   geometric 幾何級數 346
   infinite 無窮級數 340, 343
   Maclaurin 馬克勞林級數 380
   nth partial sum 部分和 344
   nth term of convergent 收斂級數的一般項 348
   power 冪級數 369
   p-series p-級數 352
   sum of 級數和 344
   Taylor 泰勒級數 380
   telescoping 望遠鏡級數 345
Shell method 圓柱殼法 320
Sigma notation ∑符號 199
   index of summation 求和時一般項的序號 199
   ith term 第 i 項 199
   lower bound of summation 求和的尾項序號 199
   upper bound of summation 求和的頭項序號 199
Simpson's rule 辛浦森法 285
Single integral 單積分 437

Slope(s) 斜率
   of the graph of f at $x = c$ 函數 f 的圖形在 $x=c$ 的斜率 68
Smooth curve 平滑曲線 326
Solid of revolution 旋轉體 311
   inner radius of 內緣半徑 311
   outer radius 外緣半徑 314
Solution 解
   by radicals 開根號解 129
Speed 速率 83
Squeeze Theorem 夾擠定理 46
Step function 階梯函數 52
Sum and Difference Rule 和差規則 80
Summation 和
   lower bound of 和的尾項序號 199
Surface of revolution 旋轉面 326
   area of 旋轉面的面積 329

T

Tables, integration by 使用積分表求積分 290
Tangent line(s) 切線 67
   approximation 切線近似 174
   problem 切線問題 67
   vertical 鉛直切線 69
Tangent plane 切平面 416
   to a surface 曲面的切平面 420
Taylor polynomial 泰勒多項式 363, 364
Taylor series 泰勒級數 380
Taylor, Brook (1685-1731) 泰勒 365
Telescoping series 望遠鏡級數 345
Terms 項
   of a sequence 數列的項 340
Test(s) 檢定
   for convergence 收斂檢定
   Direct Comparison Test 直接互比檢定 353
   Integral Test 積分檢定 351
   Limit Comparison Test 極限互比檢定 354
   Ratio Test 比例檢定 358
   Root Test 根式檢定 358
Third derivative 三階導函數 91
Topographic map 地形圖 382
Trapezoidal Rule 梯形法 284

Trigonometric function(s) 三角函數 13
   derivative of 三角函數的導函數 90
Trigonometric substitution 三角代換法 269

U

Upper bound 頭項序號 199
   of summation 和的頭項序號 199
Upper limit of integration 積分的上限 209
Upper sum 上和 203
u-substitution u 變數代換 228

V

Velocity 速度 83
   average 平均速度 83
Vertical asymptote 鉛直漸近線 61
Vertical tangent line 鉛直切線 69
Volume of a solid 體積
   disk method 圓盤法求體積 312
   shell method 圓柱殼法求體積 320
   washer method 橡皮圈法 314
   with known cross sections 已知橫截面的立體 317

W～Z

Washer 橡皮圈 314
Washer method 橡皮圈法 314
Zero of a function 函數的零根 14

代數 ALGEBRA

多項式因式定理 Factors and Zeros of Polynomials

多項式 $p(x) = a_n x^n + a_{n-1} x^{n-1} + \cdots + a_1 x + a_0$ 若有一根 a，即 $p(a) = 0$，則 $(x-a)$ 必為 $p(x)$ 之因式。

代數基本定理 Fundamental Theorem of Algebra

n 次多項式有 n 個根（包含重根），某些根可能非實數，但是奇次多項式至少有一實根。

一元二次公式解 Quadratic Formula

一元二次多項式 $p(x) = ax^2 + bx + c$ 的根是 $x = \left(-b \pm \sqrt{b^2 - 4ac}\right)/2a$，當 $b^2 - 4ac \geq 0$ 時，根為實數。

基本因式分解 Special Factors

$x^2 - a^2 = (x-a)(x+a)$ $\qquad$ $x^3 - a^3 = (x-a)(x^2 + ax + a^2)$

$x^3 + a^3 = (x+a)(x^2 - ax + a^2)$ $\qquad$ $x^4 - a^4 = (x^2 - a^2)(x^2 + a^2)$

二項式定理 Binomial Theorem

$(x + y)^2 = x^2 + 2xy + y^2$ $\qquad$ $(x - y)^2 = x^2 - 2xy + y^2$

$(x + y)^3 = x^3 + 3x^2 y + 3xy^2 + y^3$ $\qquad$ $(x - y)^3 = x^3 - 3x^2 y + 3xy^2 - y^3$

$(x + y)^4 = x^4 + 4x^3 y + 6x^2 y^2 + 4xy^3 + y^4$ $\qquad$ $(x - y)^4 = x^4 - 4x^3 y + 6x^2 y^2 - 4xy^3 + y^4$

$(x + y)^n = x^n + nx^{n-1} y + \dfrac{n(n-1)}{2!} x^{n-2} y^2 + \cdots + nxy^{n-1} + y^n$

$(x - y)^n = x^n - nx^{n-1} y + \dfrac{n(n-1)}{2!} x^{n-2} y^2 - \cdots \pm nxy^{n-1} \mp y^n$

有理根定理 Rational Zero Theorem

若整係數多項式 $p(x) = a_n x^n + a_{n-1} x^{n-1} + \cdots + a_1 x + a_0$ 有一根為有理數，則此根必可寫成 r/s，其中 r 整除 a_0，s 整除 a_n。

集項分解因式 Factoring by Grouping

$acx^3 + adx^2 + bcx + bd = ax^2(cx + d) + b(cx + d) = (ax^2 + b)(cx + d)$

算術運算 Arithmetic Operations

$ab + ac = a(b + c)$ $\qquad$ $\dfrac{a}{b} + \dfrac{c}{d} = \dfrac{ad + bc}{bd}$ $\qquad$ $\dfrac{a + b}{c} = \dfrac{a}{c} + \dfrac{b}{c}$

$\dfrac{\left(\dfrac{a}{b}\right)}{\left(\dfrac{c}{d}\right)} = \left(\dfrac{a}{b}\right)\left(\dfrac{d}{c}\right) = \dfrac{ad}{bc}$ $\qquad$ $\dfrac{\left(\dfrac{a}{b}\right)}{c} = \dfrac{a}{bc}$ $\qquad$ $\dfrac{a}{\left(\dfrac{b}{c}\right)} = \dfrac{ac}{b}$

$a\left(\dfrac{b}{c}\right) = \dfrac{ab}{c}$ $\qquad$ $\dfrac{a - b}{c - d} = \dfrac{b - a}{d - c}$ $\qquad$ $\dfrac{ab + ac}{a} = b + c$

指數與根式 Exponents and Radicals

$a^0 = 1, \quad a \neq 0$ $\qquad$ $(ab)^x = a^x b^x$ $\qquad$ $a^x a^y = a^{x+y}$ $\qquad$ $\sqrt{a} = a^{1/2}$ $\qquad$ $\dfrac{a^x}{a^y} = a^{x-y}$ $\qquad$ $\sqrt[n]{a} = a^{1/n}$

$\left(\dfrac{a}{b}\right)^x = \dfrac{a^x}{b^x}$ $\qquad$ $\sqrt[n]{a^m} = a^{m/n}$ $\qquad$ $a^{-x} = \dfrac{1}{a^x}$ $\qquad$ $\sqrt[n]{ab} = \sqrt[n]{a}\,\sqrt[n]{b}$ $\qquad$ $(a^x)^y = a^{xy}$ $\qquad$ $\sqrt[n]{\dfrac{a}{b}} = \dfrac{\sqrt[n]{a}}{\sqrt[n]{b}}$

幾何公式 FORMULAS FROM GEOMETRY

三角形 Triangle
$h = a \sin \theta$
面積 $= \dfrac{1}{2}bh$
（餘弦定律）
$c^2 = a^2 + b^2 - 2ab \cos \theta$

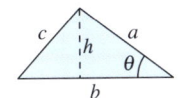

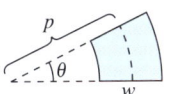

直角三角形 Right Triangle
（畢氏定理）
$c^2 = a^2 + b^2$

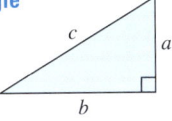

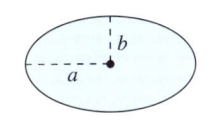

正三角形 Equilateral Triangle
$h = \dfrac{\sqrt{3}\,s}{2}$
面積 $= \dfrac{\sqrt{3}\,s^2}{4}$

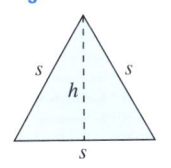

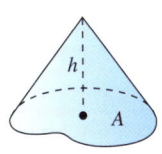

平行四邊形 Parallelogram
面積 $= bh$

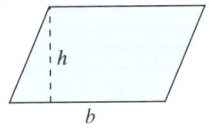

梯形 Trapezoid
面積 $= \dfrac{h}{2}(a+b)$

圓 Circle
面積 $= \pi r^2$
周長 $= 2\pi r$

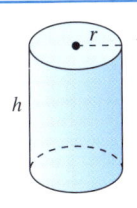

扇形 Sector of Circle
（θ 弧度）
面積 $= \dfrac{\theta r^2}{2}$
$s = r\theta$

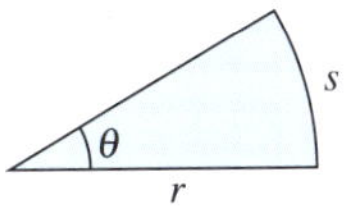

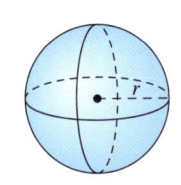

圓環 Circular Ring
（p = 平均半徑
w = 環寬）
面積 $= \pi(R^2 - r^2)$
$\quad\;\; = 2\pi pw$

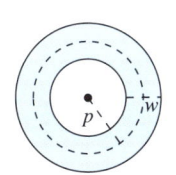

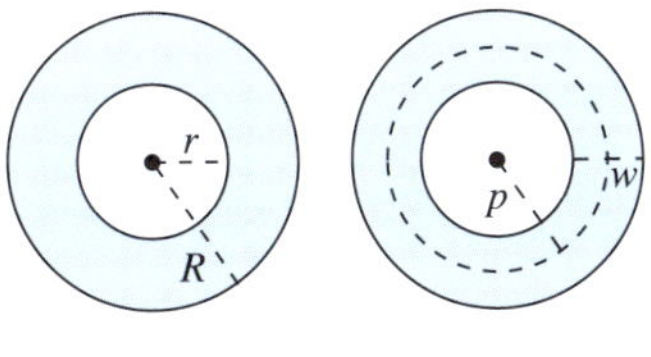

圓環狀扇形（極扇形） Sector of Circular Ring
（p = 平均半徑
w = 環寬
θ 弧度）
面積 $= \theta pw$

橢圓 Ellipse
面積 $= \pi ab$
周長 $\approx 2\pi \sqrt{\dfrac{a^2 + b^2}{2}}$

錐 Cone
（A = 底面積）
體積 $= \dfrac{Ah}{3}$

正圓錐 Right Circular Cone
體積 $= \dfrac{\pi r^2 h}{3}$
側表面積 $= \pi r \sqrt{r^2 + h^2}$

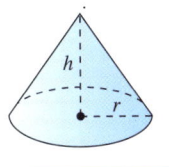

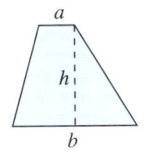

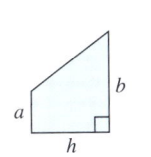

正圓錐台 Frustum of Right Circular Cone
體積 $= \dfrac{\pi(r^2 + rR + R^2)h}{3}$
側表面積 $= \pi s(R + r)$

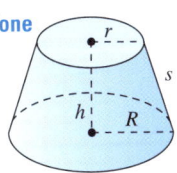

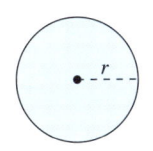

正圓柱 Right Circular Cylinder
體積 $= \pi r^2 h$
側表面積 $= 2\pi rh$

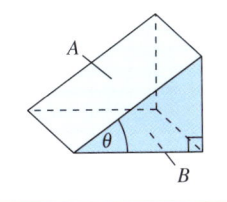

球 Sphere
體積 $= \dfrac{4}{3}\pi r^3$
表面積 $= 4\pi r^2$

楔形體 Wedge
（A = 上方面積
B = 底面積）
$A = B \sec \theta$

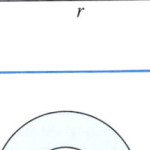